中国国家标准汇编

472

GB 25506～25516

（2010 年制定）

中国标准出版社　编

中国质检出版社
中国标准出版社
北　京

图书在版编目（CIP）数据

中国国家标准汇编：2010年制定．472：GB 25506～25516/
中国标准出版社编．—北京：中国标准出版社，2011
ISBN 978-7-5066-6547-6

Ⅰ．①中…　Ⅱ．①中…　Ⅲ．①国家标准-汇编-中国-2010
Ⅳ．①T-652.1

中国版本图书馆 CIP 数据核字(2011)第 195063 号

中国质检出版社
中国标准出版社
出版发行

北京市朝阳区和平里西街甲 2 号(100013)
北京市西城区三里河北街 16 号(100045)

网址：www.spc.net.cn
总编室：(010)64275323　发行中心：(010)51780235
读者服务部：(010)68523946
中国标准出版社秦皇岛印刷厂印刷
各地新华书店经销

*

开本 880×1230　1/16　印张 41.5　字数 1 202 千字
2011 年 12 月第一版　　2011 年 12 月第一次印刷

*

定价 220.00 元

出 版 说 明

1.《中国国家标准汇编》是一部大型综合性国家标准全集。自1983年起，按国家标准顺序号以精装本、平装本两种装帧形式陆续分册汇编出版。它在一定程度上反映了我国建国以来标准化事业发展的基本情况和主要成就，是各级标准化管理机构，工矿企事业单位，农林牧副渔系统，科研、设计、教学等部门必不可少的工具书。

2.《中国国家标准汇编》收入我国每年正式发布的全部国家标准，分为"制定"卷和"修订"卷两种编辑版本。

"制定"卷收入上一年度我国发布的、新制定的国家标准，顺延前年度标准编号分成若干分册，封面和书脊上注明"20××年制定"字样及分册号，分册号一直连续。各分册中的标准是按照标准编号顺序连续排列的，如有标准顺序号缺号的，除特殊情况注明外，暂为空号。

"修订"卷收入上一年度我国发布的、修订的国家标准，视篇幅分设若干分册，但与"制定"卷分册号无关联，仅在封面和书脊上注明"20××年修订-1,-2,-3,……"字样。"修订"卷各分册中的标准，仍按标准编号顺序排列(但不连续)；如有遗漏的，均在当年最后一分册中补齐。需提请读者注意的是，个别非顺延前年度标准编号的新制定的国家标准没有收入在"制定"卷中，而是收入在"修订"卷中。

读者配套购买《中国国家标准汇编》"制定"卷和"修订"卷则可收齐上一年度我国制定和修订的全部国家标准。

3. 由于读者需求的变化，自1996年起，《中国国家标准汇编》仅出版精装本。

4. 2010年我国制修订国家标准共2 846项。本分册为"2010年制定"卷第472分册，收入国家标准GB 25506～25516的最新版本。

中国标准出版社
2011年8月

目　　录

目　　录

ICS 13.220.20
C 81

中华人民共和国国家标准

GB 25506—2010

消防控制室通用技术要求

General technical requirements for fire control center

2011-01-10 发布　　　　2011-07-01 实施

中华人民共和国国家质量监督检验检疫总局
中国国家标准化管理委员会　发布

1

前　言

本标准的第4章、第5章、第6章和第7章为强制性的，其余为推荐性的。

本标准的附录A和附录B为规范性附录。

本标准由中华人民共和国公安部提出。

本标准由全国消防标准化技术委员会火灾探测与报警分技术委员会(SAC/TC 113/SC 6)归口。

本标准负责起草单位：公安部沈阳消防研究所。

本标准参加起草单位：辽宁省公安消防总队、浙江省公安消防总队、西安盛赛尔电子有限公司、海湾安全技术有限公司、上海市松江电子仪器厂、北京利达华信电子有限公司、北京狮岛消防电子有限公司、河北北大青鸟环宇消防设备有限公司、南京消防器材股份有限公司、中国中安消防安全工程有限公司、北京利华消防工程公司。

本标准主要起草人：丁宏军、马恒、潘刚、沈纹、屈励、张颖琮、刘阿芳、赵庆平、马辛、宇平。

消防控制室通用技术要求

1 范围

本标准规定了消防控制室的一般要求、资料和管理要求、控制和显示要求、图形显示装置的信息记录要求、信息传输要求。

本标准适用于 GB 50116 中规定的集中火灾报警系统、控制中心报警系统中的消防控制室或消防控制中心；亦适用于未设置消防控制室但设置本标准涉及的自动消防系统的建筑。

2 规范性引用文件

下列文件中的条款通过本标准的引用而成为本标准的条款。凡是注日期的引用文件，其随后所有的修改单(不包括勘误的内容)或修订版均不适用于本标准，然而，鼓励根据本标准达成协议的各方研究是否可使用这些文件的最新版本。凡是不注日期的引用文件，其最新版本适用于本标准。

GB 25201 建筑消防设施的维护管理

GB 50116 火灾自动报警系统设计规范

3 一般要求

3.1 消防控制室内设置的消防设备应包括火灾报警控制器、消防联动控制器、消防控制室图形显示装置、消防电话总机、消防应急广播控制装置、消防应急照明和疏散指示系统控制装置、消防电源监控器等设备，或具有相应功能的组合设备。

3.2 消防控制室内设置的消防设备应能监控并显示建筑消防设施运行状态信息，并应具有向城市消防远程监控中心(以下简称监控中心)传输这些信息的功能。建筑消防设施运行状态信息见附录 A。

3.3 消防控制室内应保存 4.1 规定的资料和附录 B 规定的消防安全管理信息，并可具有向监控中心传输消防安全管理信息的功能。

3.4 具有两个或两个以上消防控制室时，应确定主消防控制室和分消防控制室。主消防控制室的消防设备应对系统内共用的消防设备进行控制，并显示其状态信息；主消防控制室内的消防设备应能显示各分消防控制室内消防设备的状态信息，并可对分消防控制室内的消防设备及其控制的消防系统和设备进行控制；各分消防控制室之间的消防设备之间可以互相传输、显示状态信息，但不应互相控制。

3.5 消防控制室内设置的消防设备应为符合国家市场准入制度的产品。消防控制室的设计、建设和运行应符合国家现行有关标准的规定。

3.6 消防设备组成系统时，各设备之间应满足系统兼容性要求。

4 资料和管理要求

4.1 消防控制室资料

消防控制室内应保存下列纸质和电子档案资料：

a) 建(构)筑物竣工后的总平面布局图、建筑消防设施平面布置图、建筑消防设施系统图及安全出口布置图、重点部位位置图等；

b) 消防安全管理规章制度、应急灭火预案、应急疏散预案等；

c) 消防安全组织结构图，包括消防安全责任人、管理人、专职、义务消防人员等内容；

d) 消防安全培训记录、灭火和应急疏散预案的演练记录；

e) 值班情况、消防安全检查情况及巡查情况的记录；

f) 消防设施一览表，包括消防设施的类型、数量、状态等内容；

g) 消防系统控制逻辑关系说明、设备使用说明书、系统操作规程、系统和设备维护保养制度等；

h) 设备运行状况、接报警记录、火灾处理情况、设备检修检测报告等资料，这些资料应能定期保存和归档。

4.2 消防控制室管理及应急程序

4.2.1 消防控制室管理应符合下列要求：

a) 应实行每日 24 h 专人值班制度，每班不应少于 2 人，值班人员应持有消防控制室操作职业资格证书；

b) 消防设施日常维护管理应符合 GB 25201 的要求；

c) 应确保火灾自动报警系统、灭火系统和其他联动控制设备处于正常工作状态，不得将应处于自动状态的设在手动状态；

d) 应确保高位消防水箱、消防水池、气压水罐等消防储水设施水量充足，确保消防泵出水管阀门、自动喷水灭火系统管道上的阀门常开；确保消防水泵、防排烟风机、防火卷帘等消防用电设备的配电柜启动开关处于自动位置（通电状态）。

4.2.2 消防控制室的值班应急程序应符合下列要求：

a) 接到火灾警报后，值班人员应立即以最快方式确认；

b) 火灾确认后，值班人员应立即确认火灾报警联动控制开关处于自动状态，同时拨打“119”报警，报警时应说明着火单位地点、起火部位、着火物种类、火势大小、报警人姓名和联系电话；

c) 值班人员应立即启动单位内部应急疏散和灭火预案，并同时报告单位负责人。

5 控制和显示要求

5.1 消防控制室图形显示装置

消防控制室图形显示装置应符合下列要求：

a) 应能显示 4.1 规定的资料内容及附录 B 规定的其他相关信息；

b) 应能用同一界面显示建（构）筑物周边消防车道、消防登高车操作场地、消防水源位置，以及相邻建筑的防火间距、建筑面积、建筑高度、使用性质等情况；

c) 应能显示消防系统及设备的名称、位置和 5.2～5.7 规定的动态信息；

d) 当有火灾报警信号、监管报警信号、反馈信号、屏蔽信号、故障信号输入时，应有相应状态的专用总指示，在总平面布局图中应显示输入信号所在的建（构）筑物的位置，在建筑平面图上应显示输入信号所在的位置和名称，并记录时间、信号类别和部位等信息；

e) 应在 10 s 内显示输入的火灾报警信号和反馈信号的状态信息，100 s 内显示其他输入信号的状态信息；

f) 应采用中文标注和中文界面，界面对角线长度不应小于 430 mm；

g) 应能显示可燃气体探测报警系统、电气火灾监控系统的报警信息、故障信息和相关联动反馈信息。

5.2 火灾报警控制器

火灾报警控制器应符合下列要求：

a) 应能显示火灾探测器、火灾显示盘、手动火灾报警按钮的正常工作状态、火灾报警状态、屏蔽状态及故障状态等相关信息；

b) 应能控制火灾声光警报器启动和停止。

5.3 消防联动控制器

5.3.1 应能将 5.3.2～5.3.10 消防系统及设备的状态信息传输到消防控制室图形显示装置。

5.3.2 对自动喷水灭火系统的控制和显示应符合下列要求：

a) 应能显示喷淋泵电源的工作状态；

b) 应能显示喷淋泵(稳压或增压泵)的启、停状态和故障状态，并显示水流指示器、信号阀、报警阀、压力开关等设备的正常工作状态和动作状态、消防水箱(池)最低水位信息和管网最低压力报警信息；

c) 应能手动控制喷淋泵的启、停，并显示其手动启、停和自动启动的动作反馈信号。

5.3.3 对消火栓系统的控制和显示应符合下列要求：

a) 应能显示消防水泵电源的工作状态；

b) 应能显示消防水泵(稳压或增压泵)的启、停状态和故障状态，并显示消火栓按钮的正常工作状态和动作状态及位置等信息、消防水箱(池)最低水位信息和管网最低压力报警信息；

c) 应能手动和自动控制消防水泵启、停，并显示其动作反馈信号。

5.3.4 对气体灭火系统的控制和显示应符合下列要求：

a) 应能显示系统的手动、自动工作状态及故障状态；

b) 应能显示系统的驱动装置的正常工作状态和动作状态，并能显示防护区域中的防火门(窗)、防火阀、通风空调等设备的正常工作状态和动作状态；

c) 应能手动控制系统的启、停，并显示延时状态信号、紧急停止信号和管网压力信号。

5.3.5 对水喷雾、细水雾灭火系统的控制和显示应符合下列要求：

a) 水喷雾灭火系统、采用水泵供水的细水雾灭火系统应符合5.3.2的要求；

b) 采用压力容器供水的细水雾灭火系统应符合5.3.4的要求。

5.3.6 对泡沫灭火系统的控制和显示应符合下列要求：

a) 应能显示消防水泵、泡沫液泵电源的工作状态；

b) 应能显示系统的手动、自动工作状态及故障状态；

c) 应能显示消防水泵、泡沫液泵的启、停状态和故障状态，并显示消防水池(箱)最低水位和泡沫液罐最低液位信息；

d) 应能手动控制消防水泵和泡沫液泵的启、停，并显示其动作反馈信号。

5.3.7 对干粉灭火系统的控制和显示应符合下列要求：

a) 应能显示系统的手动、自动工作状态及故障状态；

b) 应能显示系统的驱动装置的正常工作状态和动作状态，并能显示防护区域中的防火门窗、防火阀、通风空调等设备的正常工作状态和动作状态；

c) 应能手动控制系统的启动和停止，并显示延时状态信号、紧急停止信号和管网压力信号。

5.3.8 对防烟排烟系统及通风空调系统的控制和显示应符合下列要求：

a) 应能显示防烟排烟系统风机电源的工作状态；

b) 应能显示防烟排烟系统的手动、自动工作状态及防烟排烟系统风机的正常工作状态和动作状态；

c) 应能控制防烟排烟系统及通风空调系统的风机和电动排烟防火阀、电控挡烟垂壁、电动防火阀、常闭送风口、排烟阀(口)、电动排烟窗的动作，并显示其反馈信号。

5.3.9 对防火门及防火卷帘系统的控制和显示应符合下列要求：

a) 应能显示防火门控制器、防火卷帘控制器的工作状态和故障状态等动态信息；

b) 应能显示防火卷帘、常开防火门、人员密集场所中因管理需要平时常闭的疏散门及具有信号反馈功能的防火门的工作状态；

c) 应能关闭防火卷帘和常开防火门，并显示其反馈信号。

5.3.10 对电梯的控制和显示应符合下列要求：

a) 应能控制所有电梯全部回降首层，非消防电梯应开门停用，消防电梯应开门待用，并显示反馈信号及消防电梯运行时所在楼层；

b） 应能显示消防电梯的故障状态和停用状态。

5.4 消防电话总机

消防电话总机应符合下列要求：

a） 应能与各消防电话分机通话，并具有插入通话功能；

b） 应能接收来自消防电话插孔的呼叫，并能通话；

c） 应有消防电话通话录音功能；

d） 应能显示各消防电话的故障状态，并能将故障状态信息传输给消防控制室图形显示装置。

5.5 消防应急广播控制装置

消防应急广播控制装置应符合下列要求：

a） 应能显示处于应急广播状态的广播分区、预设广播信息；

b） 应能分别通过手动和按照预设控制逻辑自动控制选择广播分区、启动或停止应急广播，并在扬声器进行应急广播时自动对广播内容进行录音；

c） 应能显示应急广播的故障状态，并能将故障状态信息传输给消防控制室图形显示装置。

5.6 消防应急照明和疏散指示系统控制装置

消防应急照明和疏散指示系统控制装置应符合下列要求：

a） 应能手动控制自带电源型消防应急照明和疏散指示系统的主电工作状态和应急工作状态的转换；

b） 应能分别通过手动和自动控制集中电源型消防应急照明和疏散指示系统、集中控制型消防应急照明和疏散指示系统从主电工作状态切换到应急工作状态；

c） 受消防联动控制器控制的系统应能将系统的故障状态和应急工作状态信息传输给消防控制室图形显示装置；

d） 不受消防联动控制器控制的系统应能将系统的故障状态和应急工作状态信息传输给消防控制室图形显示装置。

5.7 消防电源监控器

消防电源监控器应符合下列要求：

a） 应能显示消防用电设备的供电电源和备用电源的工作状态和故障报警信息；

b） 应能将消防用电设备的供电电源和备用电源的工作状态和欠压报警信息传输给消防控制室图形显示装置。

6 消防控制室图形显示装置的信息记录要求

6.1 应记录附录A中规定的建筑消防设施运行状态信息，记录容量不应少于10 000条，记录备份后方可被覆盖。

6.2 应具有产品维护保养的内容和时间、系统程序的进入和退出时间、操作人员姓名或代码等内容的记录，存储记录容量不应少于10 000条，记录备份后方可被覆盖。

6.3 应记录附录B中规定的消防安全管理信息及系统内各个消防设备（设施）的制造商、产品有效期，记录容量不应少于10 000条，记录备份后方可被覆盖。

6.4 应能对历史记录打印归档或刻录存盘归档。

7 信息传输要求

7.1 消防控制室图形显示装置应能在接收到火灾报警信号或联动信号后10 s内将相应信息按规定的通讯协议格式传送给监控中心。

7.2 消防控制室图形显示装置应能在接收到建筑消防设施运行状态信息后100 s内将相应信息按规定的通讯协议格式传送给监控中心。

7.3 当具有自动向监控中心传输消防安全管理信息功能时，消防控制室图形显示装置应能在发出传输信息指令后100 s内将相应信息按规定的通讯协议格式传送给监控中心。

7.4 消防控制室图形显示装置应能接收监控中心的查询指令并按规定的通讯协议格式将附录A、附录B规定的信息传送给监控中心。

7.5 消防控制室图形显示装置应有信息传输指示灯，在处理和传输信息时，该指示灯应闪亮，在得到监控中心的正确接收确认后，该指示灯应常亮并保持直至该状态复位。当信息传送失败时应有声、光指示。

7.6 火灾报警信息应优先于其他信息传输。

7.7 信息传输不应受保护区域内消防系统及设备任何操作的影响。

附 录 A
（规范性附录）
建筑消防设施运行状态信息

建筑消防设施运行状态信息内容应符合表 A.1 要求。

表 A.1 建筑消防设施运行状态信息

<table>
<tr><th colspan="2">设施名称</th><th>内 容</th></tr>
<tr><td colspan="2">火灾探测报警系统</td><td>火灾报警信息、可燃气体探测报警信息、电气火灾监控报警信息、屏蔽信息、故障信息</td></tr>
<tr><td rowspan="13">消防联动控制系统</td><td>消防联动控制器</td><td>动作状态、屏蔽信息、故障信息</td></tr>
<tr><td>消火栓系统</td><td>消防水泵电源的工作状态，消防水泵的启、停状态和故障状态，消防水箱（池）水位、管网压力报警信息及消火栓按钮的报警信息</td></tr>
<tr><td>自动喷水灭火系统、水喷雾（细水雾）灭火系统（泵供水方式）</td><td>喷淋泵电源工作状态，喷淋泵的启、停状态和故障状态，水流指示器、信号阀、报警阀、压力开关的正常工作状态和动作状态</td></tr>
<tr><td>气体灭火系统、细水雾灭火系统（压力容器供水方式）</td><td>系统的手动、自动工作状态及故障状态，阀驱动装置的正常工作状态和动作状态，防护区域中的防火门（窗）、防火阀、通风空调等设备的正常工作状态和动作状态，系统的启、停信息，紧急停止信号和管网压力信号</td></tr>
<tr><td>泡沫灭火系统</td><td>消防水泵、泡沫液泵电源的工作状态，系统的手动、自动工作状态及故障状态，消防水泵、泡沫液泵的正常工作状态和动作状态</td></tr>
<tr><td>干粉灭火系统</td><td>系统的手动、自动工作状态及故障状态，阀驱动装置的正常工作状态和动作状态，系统的启、停信息，紧急停止信号和管网压力信号</td></tr>
<tr><td>防烟排烟系统</td><td>系统的手动、自动工作状态，防烟排烟风机电源的工作状态，风机、电动防火阀、电动排烟防火阀、常闭送风口、排烟阀（口）、电动排烟窗、电动挡烟垂壁的正常工作状态和动作状态</td></tr>
<tr><td>防火门及卷帘系统</td><td>防火卷帘控制器、防火门控制器的工作状态和故障状态；卷帘门的工作状态，具有反馈信号的各类防火门、疏散门的工作状态和故障状态等动态信息</td></tr>
<tr><td>消防电梯</td><td>消防电梯的停用和故障状态</td></tr>
<tr><td>消防应急广播</td><td>消防应急广播的启动、停止和故障状态</td></tr>
<tr><td>消防应急照明和疏散指示系统</td><td>消防应急照明和疏散指示系统的故障状态和应急工作状态信息</td></tr>
<tr><td>消防电源</td><td>系统内各消防用电设备的供电电源和备用电源工作状态和欠压报警信息</td></tr>
</table>

附　录　B
（规范性附录）
消防安全管理信息

消防安全管理信息内容应符合表B.1要求。

表B.1　消防安全管理信息

序号	名　称		内　容
1	基本情况		单位名称、编号、类别、地址、联系电话、邮政编码，消防控制室电话；单位职工人数、成立时间、上级主管（或管辖）单位名称、占地面积、总建筑面积、单位总平面图（含消防车道、毗邻建筑等）；单位法人代表、消防安全责任人、消防安全管理人及专兼职消防管理人的姓名、身份证号码、电话
2	主要建（构）筑物等信息	建（构）筑	建筑物名称、编号、使用性质、耐火等级、结构类型、建筑高度、地上层数及建筑面积、地下层数及建筑面积、隧道高度及长度等，建造日期、主要储存物名称及数量、建筑物内最大容纳人数、建筑立面图及消防设施平面布置图；消防控制室位置，安全出口的数量、位置及形式（指疏散楼梯）；毗邻建筑的使用性质、结构类型、建筑高度、与本建筑的间距
		堆场	堆场名称、主要堆放物品名称、总储量、最大堆高、堆场平面图（含消防车道、防火间距）
		储罐	储罐区名称、储罐类型（指地上、地下、立式、卧式、浮顶、固定顶等）、总容积、最大单罐容积及高度、储存物名称、性质和形态、储罐区平面图（含消防车道、防火间距）
		装置	装置区名称、占地面积、最大高度、设计日产量、主要原料、主要产品、装置区平面图（含消防车道、防火间距）
3	单位（场所）内消防安全重点部位信息		重点部位名称、所在位置、使用性质、建筑面积、耐火等级、有无消防设施、责任人姓名、身份证号码及电话
4	室内外消防设施信息	火灾自动报警系统	设置部位、系统形式、维保单位名称、联系电话；控制器（含火灾报警、消防联动、可燃气体报警、电气火灾监控等）、探测器（含火灾探测、可燃气体探测、电气火灾探测等）、手动报警按钮、消防电气控制装置等的类型、型号、数量、制造商；火灾自动报警系统图
		消防水源	市政给水管网形式（指环状、支状）及管径、市政管网向建（构）筑物供水的进水管数量及管径、消防水池位置及容量、屋顶水箱位置及容量、其他水源形式及供水量、消防泵房设置位置及水泵数量、消防给水系统平面布置图
		室外消火栓	室外消火栓管网形式（指环状、支状）及管径、消火栓数量、室外消火栓平面布置图
		室内消火栓系统	室内消火栓管网形式（指环状、支状）及管径、消火栓数量、水泵接合器位置及数量、有无与本系统相连的屋顶消防水箱
		自动喷水灭火系统（含雨淋、水幕）	设置部位、系统形式（指湿式、干式、预作用，开式、闭式等）、报警阀位置及数量、水泵接合器位置及数量、有无与本系统相连的屋顶消防水箱、自动喷水灭火系统图

表 B.1（续）

<table>
<tr><th>序号</th><th colspan="2">名　　称</th><th>内　　容</th></tr>
<tr><td rowspan="11">4</td><td rowspan="11">室内外消防设施信息</td><td>水喷雾（细水雾）灭火系统</td><td>设置部位、报警阀位置及数量、水喷雾（细水雾）灭火系统图</td></tr>
<tr><td>气体灭火系统</td><td>系统形式（指有管网、无管网，组合分配、独立式，高压、低压等）、系统保护的防护区数量及位置、手动控制装置的位置、钢瓶间位置、灭火剂类型、气体灭火系统图</td></tr>
<tr><td>泡沫灭火系统</td><td>设置部位、泡沫种类（指低倍、中倍、高倍，抗溶、氟蛋白等）、系统形式（指液上、液下，固定、半固定等）、泡沫灭火系统图</td></tr>
<tr><td>干粉灭火系统</td><td>设置部位、干粉储罐位置、干粉灭火系统图</td></tr>
<tr><td>防烟排烟系统</td><td>设置部位、风机安装位置、风机数量、风机类型、防烟排烟系统图</td></tr>
<tr><td>防火门及卷帘</td><td>设置部位、数量</td></tr>
<tr><td>消防应急广播</td><td>设置部位、数量、消防应急广播系统图</td></tr>
<tr><td>应急照明和疏散指示系统</td><td>设置部位、数量、应急照明和疏散指示系统图</td></tr>
<tr><td>消防电源</td><td>设置部位、消防主电源在配电室是否有独立配电柜供电、备用电源形式（市电、发电机、EPS等）</td></tr>
<tr><td>灭火器</td><td>设置部位、配置类型（指手提式、推车式等）、数量、生产日期、更换药剂日期</td></tr>
<tr><td colspan="2"></td></tr>
<tr><td>5</td><td colspan="2">消防设施定期检查及维护保养信息</td><td>检查人姓名、检查日期、检查类别（指日检、月检、季检、年检等）、检查内容（指各类消防设施相关技术规范规定的内容）及处理结果，维护保养日期、内容</td></tr>
<tr><td rowspan="5">6</td><td rowspan="5">日常防火巡查记录</td><td>基本信息</td><td>值班人员姓名、每日巡查次数、巡查时间、巡查部位</td></tr>
<tr><td>用火用电</td><td>用火、用电、用气有无违章情况</td></tr>
<tr><td>疏散通道</td><td>安全出口、疏散通道、疏散楼梯是否畅通，是否堆放可燃物；疏散走道、疏散楼梯、顶棚装修材料是否合格</td></tr>
<tr><td>防火门、防火卷帘</td><td>常闭防火门是否处于正常工作状态，是否被锁闭；防火卷帘是否处于正常工作状态，防火卷帘下方是否堆放物品影响使用</td></tr>
<tr><td>消防设施</td><td>疏散指示标志、应急照明是否处于正常完好状态；火灾自动报警系统探测器是否处于正常完好状态；自动喷水灭火系统喷头、末端放（试）水装置、报警阀是否处于正常完好状态；室内、室外消火栓系统是否处于正常完好状态；灭火器是否处于正常完好状态</td></tr>
<tr><td>7</td><td colspan="2">火灾信息</td><td>起火时间、起火部位、起火原因、报警方式（指自动、人工等）、灭火方式（指气体、喷水、水喷雾、泡沫、干粉灭火系统，灭火器，消防队等）</td></tr>
</table>

ICS 35.080
L 77

中华人民共和国国家标准

GB/T 25507—2010/ISO/PAS 16739:2005

工业基础类平台规范

Industry foundation classes platform

(ISO/PAS 16739:2005,IDT)

2010-12-01 发布 2011-05-01 实施

中华人民共和国国家质量监督检验检疫总局
中国国家标准化管理委员会 发布

前　言

本标准等同采用 ISO/PAS 16739:2005《工业基础类平台规范》。

本标准在技术内容上与 ISO/PAS 16739 保持一致，仅由于为将其转化为我国国家标准，根据我国国家标准的制定要求，在编写格式上作了一些改动，主要是:

——由于原文本是超文本电子格式，不适合于出版发行，将其编辑为一般顺序文本。

——为了符合国家标准的制定要求，添加了原文中没有的范围、规范性引用文件、术语和定义及缩略语三章。

——为了方便读者理解标准内容，对标准中信息模型整体结构作了解释，形成标准的第 4 章。

——第 5 章～第 7 章，分别对应 IFC 规范中的资源层模式、核心层模式和协同层模式，为本标准的等同采用部分。

——在实体、类型、实体属性的解释中，首次出现应用英文原文，其后应用中文翻译。

本标准的附录 A 和附录 B 为资料性附录。

本标准由中国标准化研究院提出。

本标准由中国标准化研究院归口。

本标准主要起草单位:中国建筑科学研究院、中国标准化研究院、清华大学、上海现代集团、上海交通大学。

本标准主要起草人:李云贵、詹俊峰、邱奎宁、方天培、王静、张建平、马智亮、王国俭、李文武、邓雪原、张之勇、刘照球。

本标准为首次发布。

工业基础类平台规范

1 范围

本标准给出了 IFC 信息模型体系结构、资源层模式、核心层模式和协同层模式。

本标准适用于从事建筑工程应用软件开发及有关管理人员。

2 规范性引用文件

下列文件中的条款通过本标准的引用而成为本标准的条款。凡是注明日期的引用文件，其随后所有的修改单(不包括勘误的内容)或修订版均不适用于本标准，然而，鼓励根据本标准达成协议的各方研究是否可使用这些文件的最新版本。凡是不注日期的引用文件，其最新版本适用于本标准。

GB 3100—1993 国际单位制及其应用(eqv ISO 1000:1992)

GB 3101—1993 有关量、单位和符号的一般原则(eqv ISO 31-0:1992)

GB/T 7408—2005 数据元和交换格式 信息交换 日期和时间表表示法(ISO 8601:2000,IDT)

GB/T 16656.1 工业自动化系统与集成 产品数据表达与交换 第 1 部分:概述与基本原理(GB/T 16656.1—2008,ISO 10303-1:1994,MOD)

GB/T 16656.11 工业自动化系统与集成 产品数据表达与交换 第 11 部分:描述方法 EXPRESS 语言参考手册(GB/T 16656.11—2010,ISO 10303-1:1994,MOD)

GB/T 16656.41 工业自动化系统与集成 产品数据表达与交换 第 41 部分:集成通用资源 产品描述和支持的基本原理(GB/T 16656.41—2010,ISO 10303-41:1994,IDT)

GB/T 16656.42 工业自动化系统与集成 产品数据表达与交换 第 42 部分:集成通用资源 几何与拓扑表达(GB/T 16656.42—2010,ISO 10303-42:2003,IDT)

3 术语和定义及缩略语

3.1 术语和定义

GB/T 16656.1 中确立的下列术语和定义适用于本标准:

——应用(application);

——数据(data);

——数据交换(data exchange);

——数据规范化语言(data specification language);

——信息(information);

——信息模型(information model)。

3.2 缩略语

下列缩略语适用于本标准:

AEC/FM Architectural, Engineering, Construction and Facilities Management 建筑、设计、施工和设备管理;

CAWS Common Arrangement of Work Sections 工作区的公共布置;

EPIC European Product Information Coding 欧洲产品信息编码;

GUID Globally Unique Identifier 全球唯一标识;

HVAC Heating, Ventilating and Air Conditioning 暖通空调;

IAI Industry Alliance for Interoperability 工业协作联盟;

ICIS　International Construction Information Society　国际建造信息协会；

IFC　Industry Foundation Classes　工业基础类；

ISO　International Organization for Standardization　国际标准化组织；

MIME　Multipurpose Internet Mail Extension protocol　多用途的网际邮件扩充协议；

STEP　Standard for the Exchange of Product Model Data　产品模型数据交换标准。

4　IFC 信息模型体系结构

IFC 信息模型体系结构为模型模块的开发提供一个模块化结构。IFC 信息模型体系结构由四个概念层次组成，四个概念层次相互间有严格的调用关系。一个类型可以引用同层或低层次的类型，但不能引用高层的类型。每个概念层次中定义一系列模型模块。

第一个概念层次是资源层，它提供资源类型，可以被高层次的类型调用；第二概念层次是核心层，它提供建筑工程核心数据模型，包括一个内核模块和几个核心扩展模块；第三概念层次是协同层，提供一系列模块，定义了跨多个专业领域或 AEC 工业领域的共同概念或对象；最后，第四概念层次是专业领域层，它是 IFC 信息模型的最高层次，为特定 AEC 工业领域或应用类型定制一系列模块。

图 1 为 IFC 信息模型体系结构图，本标准是 IFC 信息模型体系结构中的平台部分，由图中共享建筑单元、产品扩展等 17 个黑色粗线框的部分组成。

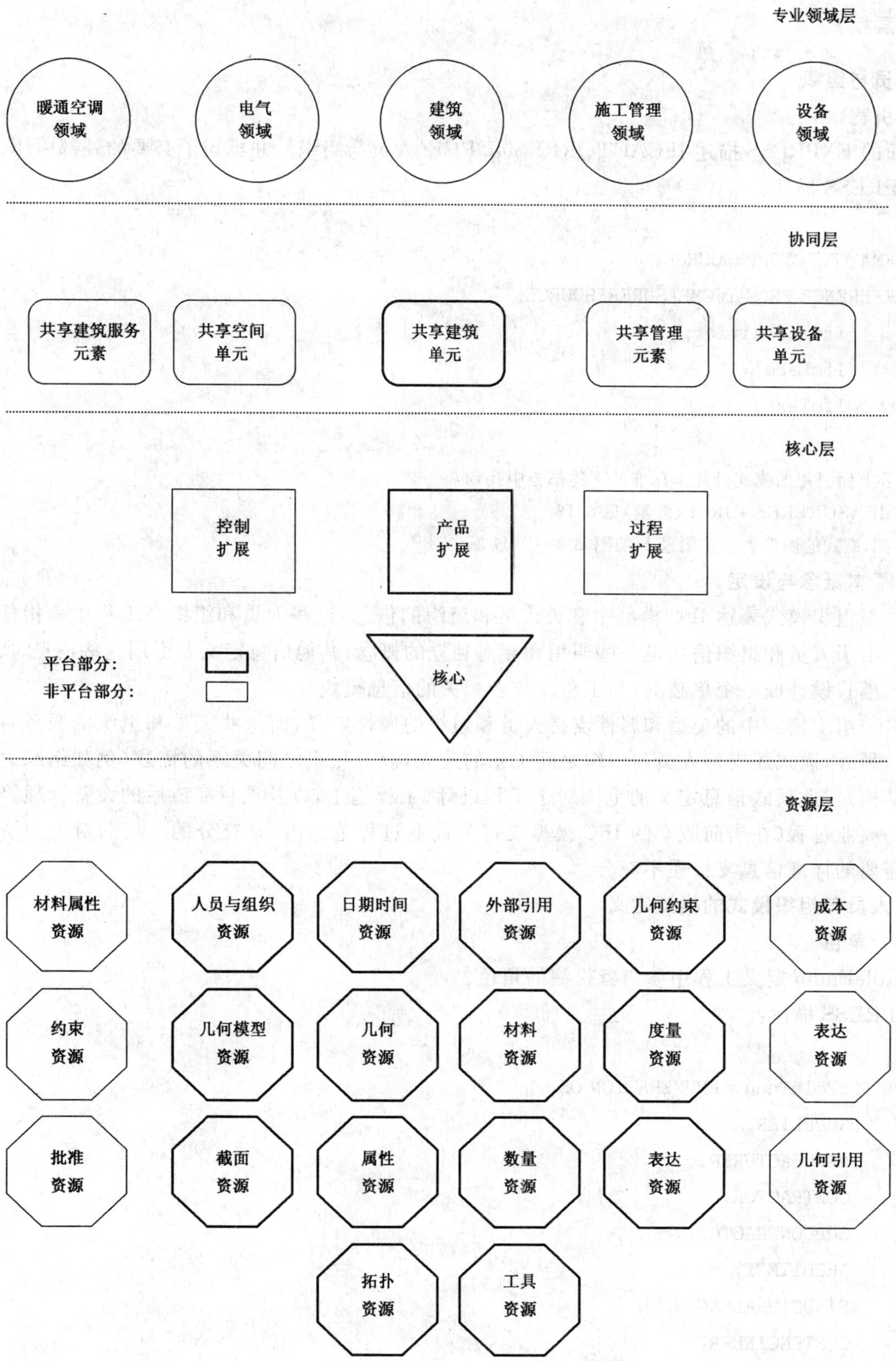

图 1　IFC 信息模型体系结构

5 资源层模式

5.1 人员与组织

5.1.1 引言

下面的 EXPRESS 描述 IFCACTORRESOURCE(人员与组织),并标识了必要的外部引用。

EXPRESS 描述:

```
*)
SCHEMA IFCACTORRESOURCE;
  REFERENCE FROM IFCMEASURERESOURCE
      (IfcIdentifier,
       IfcLabel,
       IfcText);
(*
```

注 1:上面引用的模式可在本标准的下述部分中找到:

IFCMEASURERESOURCE(度量)见 5.12。

注 2:本模式的图形表达见附录 B 的图 B.1～图 B.3。

5.1.2 基本概念与设定

人员与组织模式表达 IFC 模型中有关人员和组织的信息,这些人员和组织在工程中承担任务并负有责任。由于人员和组织信息是一些通用和相对独立的概念,其他信息定义要引用这些信息,所以将人员与组织模式设计成一个单独的、与工程参与者相关的信息模块。

人员与组织模式中的类型和属性支持人员和组织的属性定义,而这些人员和组织的服务将在工程中应用。另外,模式还支持人员与组织之间关系的建立,以及组织之间关系的描述(例如组织之间的分级组织结构)。此模式信息定义的范围对于工程设计、工程施工,以及项目完成后的设备管理等 IFC 模型支持的商业过程(在当前版本的 IFC 模型支持的商业过程范围内)是充分的。目前对人力资源信息交换所需要的详细信息支持还不充分。

5.1.3 人员与组织模式的类型定义

5.1.3.1 角色

IfcRoleEnum 定义工程中参与者扮演的角色。

EXPRESS 描述:

```
*)
TYPE IfcRoleEnum = ENUMERATION OF
     (SUPPLIER,
      MANUFACTURER,
      CONTRACTOR,
      SUBCONTRACTOR,
      ARCHITECT,
      STRUCTURALENGINEER,
      COSTENGINEER,
      CLIENT,
      BUILDINGOWNER,
      BUILDINGOPERATOR,
      MECHANICALENGINEER,
      ELECTRICALENGINEER,
```

```
        PROJECTMANAGER,
        FACILITIESMANAGER,
        CIVILENGINEER,
        COMMISSIONINGENGINEER,
        ENGINEER,
        OWNER,
        CONSULTANT,
        CONSTRUCTIONMANAGER,
        FIELDCONSTRUCTIONMANAGER,
        RESELLER,
        USERDEFINED);
END_TYPE;
(*
```

枚举项定义：

SUPPLIER：供应商；

MANUFACTURER：制造商；

CONTRACTOR：承包商；

SUBCONTRACTOR：分包商；

ARCHITECT：建筑师；

STRUCTURALENGINEER：结构工程师；

COSTENGINEER：造价工程师；

CLIENT：客户；

BUILDINGOWNER：建筑物业主；

BUILDINGOPERATOR：物业管理商；

MECHANICALENGINEER：机械工程师；

ELECTRICALENGINEER：电气工程师；

PROJECTMANAGER：项目经理；

FACILITIESMANAGER：设备经理；

CIVILENGINEER：土木工程师；

COMMISSIONINGENGINEER：测试工程师；

ENGINEER：工程师；

OWNER：业主；

CONSULTANT：顾问；

CONSTRUCTIONMANAGER：工程经理；

FIELDCONSTRUCTIONMANAGER：专项工程经理；

RESELLER：分销商；

USERDEFINED：用户自定义。

5.1.3.2 地址类型

IfcAddressTypeEnum 定义地址的逻辑位置。

EXPRESS 描述：

```
*)
TYPE IfcAddressTypeEnum = ENUMERATION OF
      (OFFICE,
```

```
        SITE,
        HOME,
        DISTRIBUTIONPOINT,
        USERDEFINED);
END_TYPE;
(*
```

枚举项定义：

OFFICE:办公地址；

SITE:场地地址；

HOME:家庭地址；

DISTRIBUTIONPOINT:邮政分发地址；

USERDEFINED:用户自定义地址。

5.1.3.3 参与者选择

IfcActorSelect 定义可以引用的人员和(或)组织。

EXPRESS 描述：

```
*)
TYPE IfcActorSelect = SELECT
     (IfcOrganization,
      IfcPerson,
      IfcPersonAndOrganization);
END_TYPE;
(*
```

5.1.4 人员与组织模式的实体定义

5.1.4.1 组织

IfcOrganization 定义具有共同身份，并有一定的名称和结构的组织。

注：组织之间的关系，例如公司中的一个部门，可以用 IfcOrganizationRelationship 表达。

EXPRESS 描述：

```
*)
ENTITY IfcOrganization;
        Id             : OPTIONAL IfcIdentifier;
        Name           : IfcLabel;
        Description    : OPTIONAL IfcText;
        Roles          : OPTIONAL LIST [1 : ?] OF IfcActorRole;
        Addresses      : OPTIONAL LIST [1 : ?] OF IfcAddress;
      INVERSE
        IsRelatedBy    : SET OF IfcOrganizationRelationship FOR RelatedOrganizations;
        Relates        : SET OF IfcOrganizationRelationship FOR RelatingOrganization;
        Engages        : SET OF IfcPersonAndOrganization FOR TheOrganization;
END_ENTITY;
(*
```

属性定义：

Id(标识)：组织的标识；

Name(名称)：用于引用组织的词(或一组词)；

Description(描述):描述组织特色的文字;

Roles(角色):由此组织扮演的角色;

Addresses(地址):组织的邮政和电信地址;

注:一个组织可以有多个地址。

IsRelatedBy(被关联):与 IfcOrganizationRelationship 实体 RelatedOrganizations 属性形成反向关系;

Relates(关联):与 IfcOrganizationRelationship 实体 RelatingOrganization 属性形成反向关系;

Engages(参与):与 IfcPersonAndOrganization 实体 TheOrganization 属性形成反向关系。

5.1.4.2 参与者角色

IfcActorRole 定义参与者扮演的角色,扮演角色的参与者可以是个人、组织或关联到组织的个人。

注:为 Role 属性定义的角色列表枚举值不可能覆盖所有的值。因此使用 USERDEFINED 枚举值,用户可以自己用 UserDefinedRole 属性为他/她提供一个角色。

EXPRESS 描述:

```
*)
ENTITY IfcActorRole;
        Role              : IfcRoleEnum;
        UserDefinedRole   : OPTIONAL IfcLabel;
        Description       : OPTIONAL IfcText;
   WHERE
     WR1 : (Role <> IfcRoleEnum.USERDEFINED)OR
           ((Role = IfcRoleEnum.USERDEFINED)AND
           EXISTS(SELF.UserDefinedRole));
END_ENTITY;
(*
```

属性定义:

Role(角色):参与者扮演的角色。如果此属性为 USERDEFINED,那么就应该提供给属性 UserDefinedRole 一个用户定义的角色名字;

UserDefinedRole(用户定义角色):除了 IfcRoleEnum 类型定义的角色外,用户可以自定义角色。如果为 UserDefinedRole 属性提供了值,那么 Role 属性的值应该为 USERDEFINED;

Description(描述):对参与者扮演的角色特征的一段文本描述。

形式约束:

WR1:如果角色属性为 USERDEFINED,那么用户定义角色属性就应该有一个值。

5.1.4.3 地址

IfcAddress 定义各种邮政地址和电信地址的抽象实体类。

EXPRESS 描述:

```
*)
ENTITY IfcAddress
     ABSTRACT SUPERTYPE OF(ONEOF(IfcPostalAddress,IfcTelecomAddress));
       Purpose               : OPTIONAL IfcAddressTypeEnum;
       Description           : OPTIONAL IfcText;
       UserDefinedPurpose    : OPTIONAL IfcLabel;
     INVERSE
       OfPerson              : SET OF IfcPerson FOR Addresses;
```

```
    OfOrganization      : SET OF IfcOrganization FOR Addresses;
  WHERE
    WR1 : (NOT(EXISTS(Purpose))) OR
          ((Purpose <> IfcAddressTypeEnum.USERDEFINED)OR
          ((Purpose = IfcAddressTypeEnum.USERDEFINED)AND
          EXISTS(SELF.UserDefinedPurpose)));
END_ENTITY;
(*
```

属性定义：

Purpose(目的)：确定地址的逻辑位置；

Description(描述)：描述地址特征的文本；

UserDefinedPurpose(用户定义的目的)：对用户自定义(不在 IfcAddressTypeEnum 类型的 Purpose 属性的范围之内)的地址目的描述。如果为 UserDefinedPurpose 属性赋值，那么 Purpose 属性的值应该是 USERDEFINED；

OfPerson(属于人)：与个人的地址属性相连的反向属性；

OfOrganization(属于组织)：与组织的地址属性相连的反向属性。

形式约束：

WR1：或者不给目的属性赋值，或者目的属性值为 USERDEFINED 时应该为用户定义的目的属性赋值。

5.1.4.4 邮政地址

IfcPostalAddress 定义纸介邮件的交付地址。

EXPRESS 描述：

```
*)
ENTITY IfcPostalAddress
   SUBTYPE OF(IfcAddress);
      InternalLocation : OPTIONAL IfcLabel;
      AddressLines     : OPTIONAL LIST [1 : ?] OF IfcLabel;
      PostalBox        : OPTIONAL IfcLabel;
      Town             : OPTIONAL IfcLabel;
      Region           : OPTIONAL IfcLabel;
      PostalCode       : OPTIONAL IfcLabel;
      Country          : OPTIONAL IfcLabel;
  WHERE
      WR1 : EXISTS (InternalLocation)OR
            EXISTS (AddressLines)OR
            EXISTS (PostalBox)OR
            EXISTS (PostalCode)OR
            EXISTS (Town)OR
            EXISTS (Region)OR
            EXISTS (Country);
END_ENTITY;
(*
```

属性定义：

InternalLocation(内部地址)：组织定义的内部邮件交付地址；

AddressLines(地址行)：邮政地址；

注：一个邮政地址可能占用几行来记录。建议使用正规的用法，将相关地址概念合并在一起。例如，街道名称(北三环东路)、街道号码(30号)、建筑物名称(综合楼)、建筑内的位置(4层)。不同国家对地址的使用习惯不同。

PostalBox(邮箱)：可确认的邮箱地址；

Town(城镇)：城镇名称；

Region(区)：区的名称；

注：省或直辖市都是区的例子。

PostalCode(邮政编码)：国家邮电业使用的编码；

Country(国家)：国家名称。

形式约束：

WR1：至少要给内部地址、地址行、城镇、区或国家属性中的一个赋值。不接受这些属性都为空的邮政地址。

5.1.4.5 电信地址

IfcTelecomAddress 定义电话、电子邮件或其他电信的地址。

EXPRESS 描述：

```
*)
ENTITY IfcTelecomAddress
    SUBTYPE OF(IfcAddress);
      TelephoneNumbers          : OPTIONAL LIST [1 : ?]OF IfcLabel;
      FacsimileNumbers          : OPTIONAL LIST [1 : ?]OF IfcLabel;
      PagerNumber               : OPTIONAL IfcLabel;
      ElectronicMailAddresses   : OPTIONAL LIST [1 : ?]OF IfcLabel;
      WWWHomePageURL            : OPTIONAL IfcLabel;
   WHERE
     WR1 : EXISTS (TelephoneNumbers)OR
           EXISTS (PagerNumber)OR
           EXISTS (FacsimileNumbers)OR
           EXISTS (ElectronicMailAddresses)OR
           EXISTS (WWWHomePageURL);
END_ENTITY;
(*
```

属性定义：

TelephoneNumbers(电话号码)：可以收到电话信息的电话号码列表；

FacsimileNumbers(传真机号码)：可以收到传真信息的传真机号码列表；

PagerNumber(寻呼机号码)：可以收到寻呼机信息的寻呼机号码；

ElectronicMailAddresses(电子邮件地址)：可以收到电子邮件信息的电子邮件地址列表；

WWWHomePageURL(网页地址)：在国际互联网上定位人员或组织的基本信息的首页地址。

注：国际互联网上人员或组织的信息可能会被分割为若干页，所有信息跨越多个连接联系起来。这里假定所有的信息都可以从单一页面引用，也就是人员或组织的主页。

形式约束：

WR1：至少要给传真机号码、电话号码、电子邮件地址、寻呼机号码或网页地址属性中的一个赋值。不接受这些属性都为空的电信地址。

5.1.4.6 人员

IfcPerson 定义个人信息。

注：很多国家对于如何唯一鉴别个人身份都有相应的立法，并将这部分信息保存在数据库里。虽然建立 IFC 模型的目的是为了规范数据交换和共享，但是也可以将 IFC 文件当作一个数据库结合相应的立法唯一地识别一个人的身份。这里需要用户注意的是，在 IFC 应用的不同地方的立法会有所不同。

EXPRESS 描述：

```
*)
ENTITY IfcPerson;
        Id            : OPTIONAL IfcIdentifier;
        FamilyName    : OPTIONAL IfcLabel;
        GivenName     : OPTIONAL IfcLabel;
        MiddleNames   : OPTIONAL LIST [1 : ?]OF IfcLabel;
        PrefixTitles  : OPTIONAL LIST [1 : ?]OF IfcLabel;
        SuffixTitles  : OPTIONAL LIST [1 : ?]OF IfcLabel;
        Roles         : OPTIONAL LIST [1 : ?]OF IfcActorRole;
        Addresses     : OPTIONAL LIST [1 : ?]OF IfcAddress;
      INVERSE
        EngagedIn     : SET OF IfcPersonAndOrganization FOR ThePerson;
      WHERE
          WR1 : EXISTS(FamilyName)OR
                EXISTS(GivenName);
END_ENTITY;
(*
```

属性定义：

Id(标识)：人的标识；

FamilyName(姓)：识别某个人的家庭标识的名称；

注：由于地域和文化的差别，姓可能会出现在姓名的不同位置，或前或后。

GivenName(名)：家庭中识别某个人的标识；

注：由于地域和文化的差别，名字可能会出现在姓名的不同位置，或前或后。

MiddleNames(中间名)：用于区别于其他具有相同或相近姓名的附加名。在一般的交流中，中间名不常用，但在必要时可以提供额外的信息用于识别某个人。当在一个区域内某个姓氏常用时，中间名的作用就非常大；

PrefixTitles(前缀头衔)：在人名前出现的，表达人的社会关系和(或)职业水平的词(或一组词)；

SuffixTitles(后缀头衔)：在人名后出现的，表达人的社会关系和(或)职业水平的词(或一组词)；

Roles(角色)：人员扮演的角色；

Addresses(地址)：人员的邮政和电信地址；

注：一个人可以由多个地址。

EngagedIn(参与)：与 IfcPersonAndOrganization 实体形成反向关系。

形式约束：

WR1：姓和名两者至少要给出一个。不接受没有姓名的人员信息。

5.1.4.7 组织人员

IfcPersonAndOrganization 标识组织中的个人。

EXPRESS 描述：

```
*)
ENTITY IfcPersonAndOrganization;
        ThePerson          : IfcPerson;
        TheOrganization    : IfcOrganization;
        Roles              : OPTIONAL LIST [1 : ?] OF IfcActorRole;
END_ENTITY;
(*
```

属性定义：

ThePerson(人员)：与组织关联的人员；

TheOrganization(组织)：人员关联的组织；

Roles(角色)：人员在组织中扮演的角色。

5.1.4.8 组织关系

IfcOrganizationRelationship 定义一个组织与其他一个或多个组织的关联关系。

EXPRESS 描述：

```
*)
ENTITY IfcOrganizationRelationship;
        Name                     : IfcLabel;
        Description              : OPTIONAL IfcText;
        RelatingOrganization     : IfcOrganization;
        RelatedOrganizations     : SET [1 : ?] OF IfcOrganization;
END_ENTITY;
(*
```

属性定义：

Name(名称)：引用关系的词(一组词)；

Description(描述)：描述关系特征的文本；

RelatingOrganization(关联组织)：组织关系中的关联组织；

RelatedOrganizations(被关联的组织)：组织关系中的其他被关联的组织，可能依赖于这个关系。

```
*)
END_SCHEMA;——IFCACTORRESOURCE
(*
```

5.2 日期时间

5.2.1 引言

下面的 EXPRESS 描述 IFCDATETIMERESOURCE(日期时间)。

EXPRESS 描述：

```
*)
SCHEMA IFCDATETIMERESOURCE;
(*
```

注 1：本模式的图形表达见附录 B 的图 B.4。

5.2.2 基本概念与设定

日期时间模式定义在模型中应用到的日期和时间概念。日期和时间概念包括日历日期、当地时间(可能包含相对于太阳时间的日光补偿偏移)、相对于统一格林威治时间的当地时间偏移以及结合日期和时间的完整定义。

5.2.3 日期时间模式的类型定义

5.2.3.1 月中日的序数

IfcDayInMonthNumber 定义在一个月中特定日的次序。

EXPRESS 描述：

```
*)
TYPE IfcDayInMonthNumber = INTEGER;
END_TYPE;
(*
```

5.2.3.2 日光补偿小时

IfcDaylightSavingHour 定义在一特定位置，时钟时间偏移太阳时间的正整数。

EXPRESS 描述：

```
*)
TYPE IfcDaylightSavingHour = INTEGER;
    WHERE
      WR1 : { 0<= SELF<= 2 };
END_TYPE;
(*
```

形式约束：

WR1：日光补偿数永远是正数，最大提前当地时间 2 h。以位置和一年中的时间段来决定可取值，可取值有 0、1、2。

5.2.3.3 日中的时

IfcHourInDay 定义按 24 小时时钟规定时间的时元素。

EXPRESS 描述：

```
*)
TYPE IfcHourInDay = INTEGER;
    WHERE
      WR1 : { 0<= SELF< 24 };
END_TYPE;
(*
```

形式约束：

WR1：这个整数值必须在 0 和 23 之间。

5.2.3.4 时中的分

IfcMinuteInHour 定义时间的分元素。

EXPRESS 描述：

```
*)
TYPE IfcMinuteInHour = INTEGER;
    WHERE
      WR1 : {0<= SELF<= 59 };
END_TYPE;
(*
```

形式约束：

WR1：这个整数值必须在 0 和 59 之间。

5.2.3.5 年中月的序数

IfcMonthInYearNumber 定义按 GB/T 7408—2005 的 5.2.1 中定义的一年中特定月份排序。

EXPRESS 描述：

```
*)
TYPE IfcMonthInYearNumber = INTEGER;
    WHERE
      WR1 : { 1<= SELF<= 12 };
END_TYPE;
(*
```

形式约束：

WR1:这个整数值必须在 1 和 12 之间。

5.2.3.6 分中的秒

IfcSecondInMinute 定义时间的秒元素。

EXPRESS 描述：

```
*)
TYPE IfcSecondInMinute = REAL;
    WHERE
      WR1 : { 0<= SELF< 60 };
END_TYPE;
(*
```

形式约束：

WR1:这个实数值应是 0 到 59。

5.2.3.7 年序数

IfcYearNumber 定义了西历的年。

注：GB/T 7408 中定义了西历。

EXPRESS 描述：

```
*)
TYPE IfcYearNumber = INTEGER;
END_TYPE;
(*
```

5.2.3.8 日期-时间的选择

IfcDateTimeSelect 提供要引用的日期和/或当地时间。

EXPRESS 描述：

```
*)
TYPE IfcDateTimeSelect = SELECT
    (IfcCalendarDate,
     IfcLocalTime,
     IfcDateAndTime);
END_TYPE;
(*
```

5.2.3.9 前或后

IfcAheadOrBehind 定义一个当地时间相对于统一的世界时间(格林威治时间)是提前还是落后。

EXPRESS 描述：

```
*)
TYPE IfcAheadOrBehind = ENUMERATION OF
```

```
    (AHEAD,
     BEHIND);
END_TYPE;
(*
```

枚举项定义：

AHEAD:提前于统一的世界时间；

BEHIND:落后于统一的世界时间。

5.2.4 日期时间模式的实体定义

5.2.4.1 日历日期

IfcCalendarDate 定义用年、月、日表达的日历日期。

EXPRESS 描述：

```
*)
ENTITY IfcCalendarDate;
      DayComponent    : IfcDayInMonthNumber;
      MonthComponent  : IfcMonthInYearNumber;
      YearComponent   : IfcYearNumber;
    WHERE
      WR21 : IfcValidCalendarDate (SELF);
END_ENTITY;
(*
```

属性定义：

DayComponent(日份)：日历日期的天元素；

MonthComponent(月份)：日历日期的月元素；

YearComponent(年份)：日历日期的年元素。

形式约束：

WR21:检查日期是否包含了无效天数。主要根据年份(是否为闰年)和月份的数值来判定。

5.2.4.2 当地时间

IfcLocalTime 用时、分、秒来定义时间的瞬间，用 24 小时制来表达。

注：当地时间表达为时钟时间而不是太阳时间，是因为日光补偿值的作用使时钟时间偏移太阳时间。

EXPRESS 描述：

```
*)
ENTITY IfcLocalTime;
        HourComponent             : IfcHourInDay;
        MinuteComponent           : OPTIONAL IfcMinuteInHour;
        SecondComponent           : OPTIONAL IfcSecondInMinute;
        Zone                      : OPTIONAL IfcCoordinatedUniversalTimeOffset;
        DaylightSavingOffset      : OPTIONAL IfcDaylightSavingHour;
    WHERE
      WR21 : IfcValidTime (SELF);
END_ENTITY;
(*
```

属性定义：

HourComponent(时部分)：当地时间的小时数；

MinuteComponent(分部分):当地时间的分钟数;

SecondComponent(秒部分):当地时间的秒数;

Zone(时区):当地时间与统一的世界时间的关系;

DaylightSavingOffset(日光补偿时间偏移):日光补偿时间偏移基本时间的量。

形式约束:

WR21:只有在分钟存在的情况下秒才能存在。

5.2.4.3 统一的世界时间的时差

IfcCoordinatedUniversalTimeOffset 定义时差(按小时和分钟来定义)和方向,将一个时间与统一的世界时间关联起来。

EXPRESS 描述:

```
*)
ENTITY IfcCoordinatedUniversalTimeOffset;
        HourOffset   : IfcHourInDay;
        MinuteOffset : OPTIONAL IfcMinuteInHour;
        Sense        : IfcAheadOrBehind;
END_ENTITY;
(*
```

属性定义:

HourOffset(小时差):一个当地时间与统一的格林威治时间偏差的小时数;

MinuteOffset(分差):一个当地时间与统一的格林威治时间偏差的分钟数;

Sense(方向):时差的方向。

注:方向的数据类型为枚举值。AHEAD 表达正偏差;BEHIND 表达负偏差。

5.2.4.4 日期时间

IfcDateAndTime 定义具体某一天的某一瞬间。

EXPRESS 描述:

```
*)
ENTITY IfcDateAndTime;
        DateComponent  : IfcCalendarDate;
        TimeComponent  : IfcLocalTime;
END_ENTITY;
(*
```

属性定义:

DateComponent(日期部分):日期时间组合的日期元素;

TimeComponent(时间部分):日期时间组合的时间元素。

5.2.5 日期时间模式的函数定义

5.2.5.1 有效的日历日期

IfcValidCalendarDate 函数确定一个日历日期实例是否是一个有效的日期。如果日期有效则返回 TRUE,否则返回 FALSE。

EXPRESS 描述:

```
*)
FUNCTION IfcValidCalendarDate (Date : IfcCalendarDate) : LOGICAL;
  IF NOT ({1<= Date.DayComponent<= 31}) THEN
    RETURN(FALSE);
```

```
  END_IF;
  CASE Date.MonthComponent OF
    4  : RETURN({ 1<= Date.DayComponent<= 30});
    6  : RETURN({ 1<= Date.DayComponent<= 30});
    9  : RETURN({ 1<= Date.DayComponent<= 30});
    11 : RETURN({ 1<= Date.DayComponent<= 30});
    2  :
      BEGIN
        IF (IfcLeapYear(Date.YearComponent)) THEN
          RETURN({ 1<= Date.DayComponent<= 29});
        ELSE
          RETURN({ 1<= Date.DayComponent<= 28});
        END_IF;
      END;
    OTHERWISE : RETURN(TRUE);
  END_CASE;
END_FUNCTION;
(*
```

变量定义：

Date(日期)：要检查的日历日期实例。

5.2.5.2 有效时间

IfcValidTime 函数验证一个当地时间实例在有秒的情况下是否有分钟部分。如果条件不满足则返回 FALSE，其他条件下返回 TRUE。

EXPRESS 描述：

```
*)
FUNCTION IfcValidTime (Time: IfcLocalTime) : BOOLEAN;
  IF EXISTS (Time.SecondComponent) THEN
    RETURN (EXISTS (Time.MinuteComponent));
  ELSE
    RETURN (TRUE);
  END_IF;
END_FUNCTION;
(*
```

变量定义：

Time(时间)：要检查的当地时间实例。

5.2.5.3 闰年

IfcLeapYear 函数根据西历算法确定给出的某年是否是闰年。如果是闰年则返回 TRUE，否则返回 FALSE。

EXPRESS 描述：

```
*)
FUNCTION IfcLeapYear (Year : IfcYearNumber):BOOLEAN;
  IF ((((Year MOD 4) = 0) AND ((Year MOD 100)<>0)) OR ((Year MOD 400) = 0))
  THEN
```

```
            RETURN(TRUE);
        ELSE
            RETURN(FALSE);
        END_IF;
END_FUNCTION;
(*
```

变量定义：

Year(年)：要检查的年序数实例。

```
*)
END_SCHEMA;——IFCDATETIMERESOURCE
(*
```

5.3 几何

5.3.1 引言

下面的 EXPRESS 描述 IFCGEOMETRYRESOURCE(几何)，并标识了必要的外部引用。

EXPRESS 描述：

```
*)
SCHEMA IFCGEOMETRYRESOURCE;
  REFERENCE FROM IFCGEOMETRICMODELRESOURCE
    (IfcBooleanResult,
     IfcSolidModel,
     IfcHalfSpaceSolid,
     IfcBoundingBox,
     IfcSectionedSpine,
     IfcGeometricSet,
     IfcFaceBasedSurfaceModel,
     IfcShellBasedSurfaceModel);
  REFERENCE FROM IFCMEASURERESOURCE
    (IfcLengthMeasure,
     IfcPositiveLengthMeasure,
     IfcParameterValue,
     IfcSiUnit);
  REFERENCE FROM IFCPROFILERESOURCE
    (IfcProfileDef,
     IfcProfileTypeEnum);
  REFERENCE FROM IFCREPRESENTATIONRESOURCE
    (IfcRepresentation);
  REFERENCE FROM IFCTOPOLOGYRESOURCE
    (IfcTopologicalRepresentationItem,
     IfcOpenShell,
     IfcClosedShell);
    (*
```

注 1：上面引用的模式可在本标准的下述部分中找到：

IFCTOPOLOGYRESOURCE(拓扑)见 5.4；

IFCGEOMETRICMODELRESOURCE(几何模型)见 5.5;

IFCREPRESENTATIONRESOURCE(表达)见 5.6;

IFCPROFILERESOURCE(截面)见 5.8;

IFCMEASURERESOURCE(度量)见 5.12。

注 2:本模式的图形表达见附录 B 的图 B.15~图 B.22。

5.3.2 基本概念与设定

几何模式定义几何表达的资源。这个模式主要应用在形成产品模型的形状或几何的表达。

下面内容属于这个版本的几何资源的几何表达:

- 用坐标值直接定义点;
- 定义方向、矢量和坐标轴;
- 定义变换操作;
- 定义参数曲线(包括子类型);
- 定义二次曲线和基本曲面(包括子类型);
- 由参数曲面定义的曲线;
- 定义扫掠曲面;
- 定义偏置曲线。

位置坐标系:用一个直角笛卡尔坐标系定义空间几何实体的位置,同时描述属性的解释和曲线和表面实体的参数化。

基本概念和假定:

- 空间维数:所有的几何都定义在右手系直角笛卡尔坐标系中,每个轴用相同的单位。用一个共同的模式定义二维和三维几何。点和方向存在二维和三维两种格式,这些格式用是否有第三坐标值来单独区分。用点和方向定义复杂几何实体,从中也可以推演出它们的空间维数。
- 解析曲线和表面的参数化:在这里描述的每个曲线和表面都有一个参数化定义。有些情况下,用参数条件定义;其他情况下,二次曲线和基本表面用几何条件定义。在后一种情况下,用一个位置坐标系定义参数化,几何定义包含需要的数据,但不是全部。定义这个位置坐标系的相关数据包含在二维坐标(IfcAxis2Placement)中,与单个曲线和表面实体关联。
- 曲线:曲线实体包括直线、一些基本圆锥曲线和一些参考或处理定义曲线。所有这些曲线都具有定义得很好的参数化方法,使通过参数值整理一条曲线或标识曲线上的点成为可能。对二次曲线,用一个表达方式分离它们的几何形式和它们在空间中的方向和位置。在每种情况下,用一个二维坐标(IfcAxis2Placement)传达位置和方向信息。提供组合曲线实体构造更复杂曲线,其中包含在曲线与曲线转换点连接连续性信息的方法。偏移曲线类型是一种引用其他几何的定义曲线。对二维和三维应用分别定义偏移曲线实体。
- 表面:简单的表面是平面、旋转表面和线性拉伸表面。像曲线一样,所有表面有一个关联的标准参数。在很多情况下,定义的表面是无边界的,所以假定它们或者是显式或者是隐式有界的。显式的边界通过有界表面(例如平面)实现;隐式边界需要关联附加的拓扑信息定义一个表面。

5.3.3 几何模式的类型定义

5.3.3.1 维数

IfcDimensionCount 定义一个几何表达环境的坐标空间维数的正整数。在定义中,限制 IfcDimensionCount 的维数只能是 1、2 或 3,形式约束 WR1 对 STEP P42 中的 dimension_count 实体增加了约束。相对于 STEP P42 中的约束(强制一个几何表达环境中所有几何表达条目有相同的维数),在 IFC 的几何中,允许几何维数的混用,也就是说在一个几何环境中可以同时有一维、二维和三维的几何元素,特别是在定义平面表面的边界时。

EXPRESS 描述：

```
*)
TYPE IfcDimensionCount = INTEGER;
    WHERE
      WR1 : { 0< SELF<= 3 };
END_TYPE;
(*
```

形式约束：

WR1:维数只能是从 1 到 3 的整数。

5.3.3.2 过渡代码

IfcTransitionCode 传递复合曲线或曲面的连续特性，该连续性指的是几何连续性，而不是参数的连续性。

EXPRESS 描述：

```
*)
TYPE IfcTransitionCode = ENUMERATION OF
    (DISCONTINUOUS,
     CONTINUOUS,
     CONTSAMEGRADIENT,
     CONTSAMEGRADIENTSAMECURVATURE);
END_TYPE;
(*
```

枚举项定义：

DISCONTINUOUS:各曲线段或曲面片是不连接的，这仅允许指明在曲线或曲面的边界处是不连接的；

CONTINUOUS:各曲线段或曲面片是连接的，但其不含切线的条件；

CONTSAMEGRADIENT:各曲线段或曲面片是连接的，且它们的切向量或切平面是平行的，在连接处具有相同的方向，不要求导数相等。

CONTSAMEGRADIENTSAMECURVATURE:对曲线、各段连接，它们的切向量平行且方向相同，在连接处曲率相等，不要求导数相等。对曲面，这意味着主曲率相同且主方向沿共同边界重合。

注：枚举项的属性见图 2。

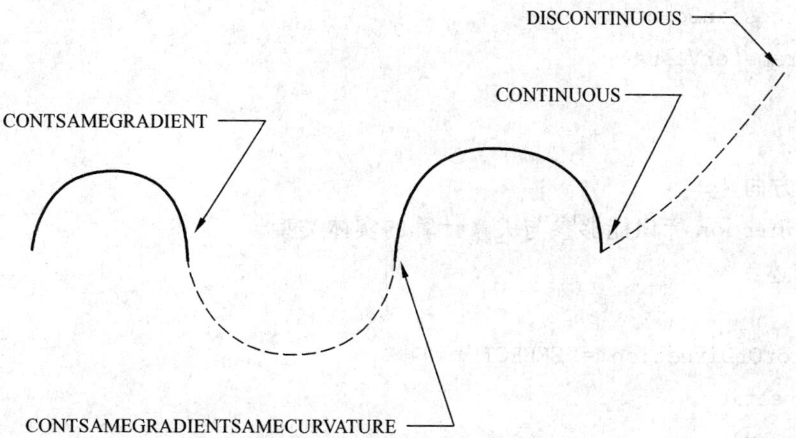

图 2　过渡代码示意图

5.3.3.3 剪裁优先权

IfcTrimmingPreference 指明剪裁一个参数曲线的优先方法(其中,剪裁有多种定义)。

EXPRESS 描述:

```
*)
TYPE IfcTrimmingPreference = ENUMERATION OF
     (CARTESIAN,
      PARAMETER,
      UNSPECIFIED);
END_TYPE;
 (*
```

枚举项定义:

CARTESIAN:表达优先选用笛卡尔坐标点进行剪裁;

PARAMETER:表达优先选用参数进行剪裁;

UNSPECIFIED:表达没有裁剪优先权。

5.3.3.4 轴 2 方位

IfcAxis2Placement 定义一个选择类型,把用于二维或三维笛卡尔空间中轴 2 方位的两种形式集中到一起。这使需要这个信息的实体能够去引用它们而无需指明空间的维数。

EXPRESS 描述:

```
*)
TYPE IfcAxis2Placement = SELECT
     (IfcAxis2Placement2D,
      IfcAxis2Placement3D);
END_TYPE;
 (*
```

5.3.3.5 剪裁选择

IfcTrimmingSelect 标识剪裁一个参数曲线的两种可能的方法,即通过在曲线上的笛卡尔坐标点,或通过在曲线参数范围内一个参数定义的一个实数。

EXPRESS 描述:

```
*)
TYPE IfcTrimmingSelect = SELECT
     (IfcCartesianPoint,
      IfcParameterValue);
END_TYPE;
 (*
```

5.3.3.6 矢量或方向

IfcVectorOrDirection 标识能够参与矢量计算的实体类型。

EXPRESS 描述:

```
*)
TYPE IfcVectorOrDirection = SELECT
     (IfcDirection,
      IfcVector);
END_TYPE;
 (*
```

5.3.4 几何模式的实体定义

5.3.4.1 几何表达项

IfcGeometricRepresentationItem 定义一种表达项，它具有几何位置或方向或这两者的附加意义。这意味着它是根据：

- 一个笛卡尔点或一个方向给出的；
- 直接引用的一个笛卡尔点或方向给出的；
- 间接引用的一个笛卡尔点或方向给出的。

间接引用一个笛卡尔点或方向意味着一个已知的几何表达项通过一个或多个中介属性引用笛卡尔点或方向。在许多情况下，这个信息是以轴 2 方位的形式给出的。

示例：考虑一个圆。它通过依次引用一个笛卡尔点和几个方向轴 2 方位的引用得到它的几何位置和方向。

示例：IfcManifoldSolidBrep（流形实体的边界表达）是一个几何表达项，该项通过 IfcTopologicalRepresentationItem（拓扑表达项）的几个层次去引用曲线、曲面和点。通过附加的中介实体曲线和曲面去引用笛卡尔点和方向。

几何表达项维数的来源不同于 STEP，每一个类有一个特殊的导出属性定义维数。而在 STEP 中，在 representation_context 中定义维数，需要所有的 geometric_representation_item 在那里拥有同样的维数。

几何表达项扫掠面实体的定义不同于 STEP，它基于预先定义截面（横截面）集，这是一种在工业界广泛支持的参数化几何方法。用这些截面通过拉伸、旋转和横截面扫掠操作产生体。这个方法叫做属性驱动几何表达，在原先的 IFC 中，称之为隐含几何。

EXPRESS 描述：

```
*)
ENTITY IfcGeometricRepresentationItem
    ABSTRACT SUPERTYPE OF (ONEOF(IfcCompositeCurveSegment,
                                 IfcCurve,
                                 IfcDirection,
                                 IfcPlacement,
                                 IfcPoint,
                                 IfcSurface,
                                 IfcVector,
                                 IfcBooleanResult,
                                 IfcSolidModel,
                                 IfcHalfSpaceSolid,
                                 IfcBoundingBox,
                                 IfcCartesianTransformationOperator,
                                 IfcSectionedSpine,
                                 IfcGeometricSet,
                                 IfcFaceBasedSurfaceModel,
                                 IfcShellBasedSurfaceModel))
     SUBTYPE OF(IfcRepresentationItem);
END_ENTITY;
 (*
```

5.3.4.2 点

IfcPoint 定义某实数笛卡尔坐标空间 R^m（m = 1、2 或 3）中的一个位置。

EXPRESS 描述：

```
*)
ENTITY IfcPoint
   ABSTRACT SUPERTYPE
   SUBTYPE OF(IfcGeometricRepresentationItem);
END_ENTITY;
(*
```

5.3.4.3 笛卡尔点

IfcCartesianPoint 定义在笛卡尔直角坐标系中或在参数空间通过其坐标定义的点。该实体定义在二维或三维空间。

EXPRESS 描述：

```
*)
ENTITY IfcCartesianPoint
   SUBTYPE OF(IfcPoint);
    Coordinates : LIST [1 : 3] OF IfcLengthMeasure;
   DERIVE
    Dim          : IfcDimensionCount := HIINDEX(Coordinates);
   WHERE
      WR1 : HIINDEX(Coordinates)>= 2;
END_ENTITY;
(*
```

属性定义：

Coordinates(坐标)：点位置的第一、第二和第三坐标。如果在二维或三维笛卡尔直角坐标系中，Coordinates[1]是 X 坐标，Coordinates[2]是 Y 坐标，Coordinates[3]是 Z 坐标；

Dim(维数)：这个类的空间维数，由坐标属性的列元素数量决定。

形式约束：

WR1：为定义 IFC 几何资源的需要，只使用二维或三维点。

5.3.4.4 方向

IfcDirection 定义二维或三维空间中的普通方向矢量。各分量的实际数值并不影响已定义的方向，仅要求 $X:Y:Z$ 或 $X:Y$ 的比例是有意义的。

注：该实体的各分量并不是规范化的，如果需要一个单位矢量，则在使用前应先行规范化。

EXPRESS 描述：

```
*)
   ENTITY IfcDirection
    SUBTYPE OF(IfcGeometricRepresentationItem);
      DirectionRatios : LIST [2 : 3] OF REAL;
     DERIVE
       Dim            : IfcDimensionCount := HIINDEX(DirectionRatios);
   END_ENTITY;
   (*
```

属性定义：

DirectionRatios[1](方向比例 1)：X 轴方向上的分量；

DirectionRatios[2](方向比例 2)：Y 轴方向上的分量；

DirectionRatios[3](方向比例 3)：Z 轴方向上的分量。在二维坐标空间中，这一方向的分量将不存在。

Dim(维数):这个类的空间维数,由 DirectionRatios 属性的实际数量定义。

5.3.4.5 矢量

IfcVector 通过一个矢量的方向和量来定义矢量,量值(Magnitude)属性的值定义了矢量的大小。

注:矢量的量值未必要从方向(Orientation)属性的分量去计算,选择这种表达形式是为了减少数值不稳定的问题。例如,一个量值为 2.0 mm 且与各坐标轴的倾角相同的矢量可用(1.0,1.0,1.0)的方向属性来表达。

EXPRESS 描述:

```
*)
  ENTITY IfcVector
    SUBTYPE OF(IfcGeometricRepresentationItem);
      Orientation : IfcDirection;
      Magnitude   : IfcLengthMeasure;
    DERIVE
      Dim        : IfcDimensionCount := Orientation.Dim;
    WHERE
      WR1        : Magnitude>= 0.0;
  END_ENTITY;
(*
```

属性定义:

Orientation(方向):矢量的方向;

Magnitude(量值):矢量的大小。量值为 0.0 的所有矢量都认为在值上是相等的,而不考虑方向属性。

形式约束:

WR1:量值应为正值或零。

5.3.4.6 方位

IfcPlacement 定义一个几何项相对于它的几何相关环境坐标系的位置。它定位的项要在轴方位子类型的情况下被定义,并且给出它的方向。

方位是不可以直接实例化的抽象超类,然而在 STEP P42 中,可以实例化方位定义一个没有方向的方位。增加了一个 Dim 属性,有关问题见 IfcGeometricRepresentationItem 的解释。

EXPRESS 描述:

```
*)
ENTITY IfcPlacement
    ABSTRACT SUPERTYPE OF (ONEOF(IfcAxis1Placement,
IfcAxis2Placement2D,
IfcAxis2Placement3D))
    SUBTYPE OF(IfcGeometricRepresentationItem);
      Location : IfcCartesianPoint;
    DERIVE
      Dim      : IfcDimensionCount := Location.Dim;
END_ENTITY;
(*
```

属性定义:

Location(位置):要被定义的项的一个参考点的几何位置,诸如一个圆的圆心;

Dim(维数):这个类的空间维数,从位置的维数导出。

5.3.4.7 轴1方位

IfcAxis1Placement 定义一个单轴的方向和位置。轴1方位是通过一个定位点(从方位超类型继承的)和一个轴的方向定义的,它或是轴的方向,或是缺省为(0.0,0.0,1.0)。轴方位的实际方向由导出属性Z给出。轴1方位示意图见图3。

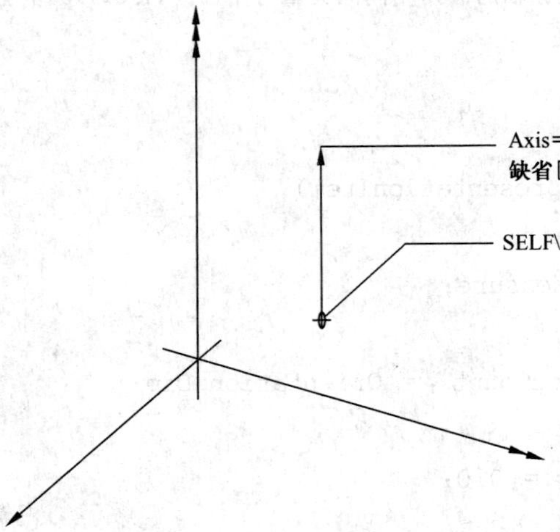

图3 轴1方位示意图

EXPRESS 描述:

```
*)
ENTITY IfcAxis1Placement
    SUBTYPE OF(IfcPlacement);
      Axis : OPTIONAL IfcDirection;
    DERIVE
      Z         :    IfcDirection    := NVL  (IfcNormalise(Axis),  IfcDummyGri ||
IfcDirection([0.0,0.0,1.0]));
    WHERE
      WR1 : (NOT (EXISTS (Axis))) OR (Axis.Dim = 3);
      WR2 : SELF\IfcPlacement.Location.Dim = 3;
END_ENTITY;
(*
```

属性定义:

Axis(轴):局部 *Z* 轴的方向;

Z:局部 *Z* 轴的法方向。

形式约束:

WR1:或者不存在 Axis 属性,或者 Axis. Dim = 3;

WR2:笛卡尔点定义的坐标应该有三个维度。

5.3.4.8 二维空间的轴2方位

IfcAxis2Placement2D 定义在二维空间中,两个相互垂直的轴的位置和方向。二维空间的轴2方位是通过一个点(从 IfcPlacement 超类型继承的)和一个轴定义的。它适用于二维空间中对象的定位和定向,以及方位坐标系的定义。该实体包括一个构成方位坐标系原点的点,为完成方位坐标系的定义还需要一个方向矢量。这个参考方向定义了方位 *X* 轴,方位 *Y* 轴的方向由此导出。二维空间的轴2方位示意图见图4。

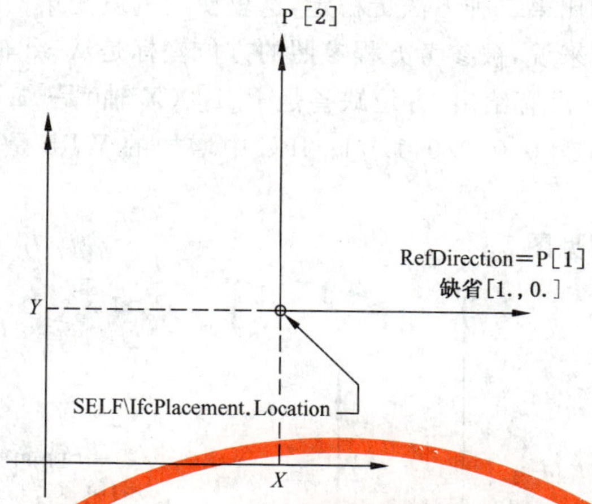

图4　二维空间的轴2方位示意图

EXPRESS 描述：

```
*)
ENTITY IfcAxis2Placement2D
    SUBTYPE OF(IfcPlacement);
      RefDirection : OPTIONAL IfcDirection;
     DERIVE
       P : LIST [2 : 2] OF IfcDirection := IfcBuild2Axes(RefDirection);
     WHERE
       WR1 : (NOT (EXISTS (RefDirection))) OR (RefDirection.Dim = 2);
       WR2 : SELF\IfcPlacement.Location.Dim = 2;
END_ENTITY;
(*
```

属性定义：

RefDirection(参考方向)：用于确定局部 *X* 轴方向的方向。如果它被省略，则其方向即采用几何坐标系的方向。

P：方位坐标系轴的集合。P[1]方位 *X* 轴的法方向，如果参考方向缺省，则它是(1.0,0.0)。P[2]方位 *Y* 轴的法方向，这是一个导出属性且垂直于 P[1]。

形式约束：

WR1：如果参考方向属性不为空，则 RefDirection.Dim = 2；

WR2：二维轴2方位的空间维数为2。

5.3.4.9　三维空间轴2方位

IfcAxis2Placement3D 定义在坐标轴两两相互垂直的三维空间中的位置和方向。三维空间的轴2方位实体是利用一个点(从方位超类型继承的)和两个(正交的)轴定义的。它可用于空间中非轴对称的对象的方位和定向，以及方位坐标系的定义。该实体包括一个构成方位坐标系原点的点，为完成方位坐标系的定义还需要两个方向矢量。其中一个轴是方位 *Z* 轴的方向，另一个 RefDirection(参考方向)是方位 *X* 轴方向的近似方向。

注：设 z 是方位 *Z* 轴的方向，a 是近似的方位 *X* 轴的方向。有两种在数学上等同、但在数值上不同的方法可用于计算方位 *X* 轴和 *Y* 轴的方向。

矢量 a 投影到由原点 *P* 和矢量 *Z* 所定义的平面上，以给出方位 *X* 轴的方向为 $X=(a-(a\cdot z)z)$ 方位 *Y* 轴的方向则由给出；

方位 *Y* 轴的方向按 $Y=(z\cdot a)$ 式计算，而方位 *X* 轴的方向则由 $X=(y\cdot z)$ 给出。

第一种方法在数值上可能比第二种方法更稳定，这里使用的就是第一种方法。

对于圆锥曲线和基本曲面来说，被参考方程参照的方位坐标是从3d轴2方位的数据中导出的。

属性 Axis 和 RefDirection 没有给出，方位缺省是 P[1]（X 轴）是[1.0,0.0,0.0]、P[2]（Y 轴）是[0.0,1.0,0.0]、P[3]（Z 轴）是[0.0,0.0,1.0]。IFC 中增加的 WR5 是为了保证两个属性或者都给出，或者都省略。

三维空间轴2方位示意图见图5。

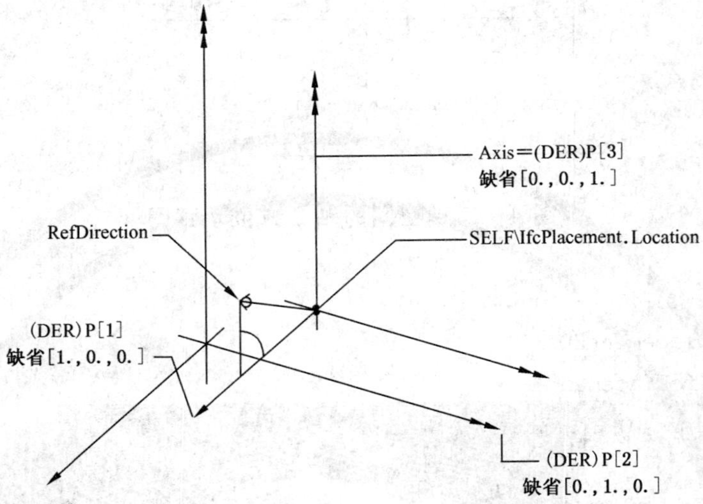

图5　三维空间轴2方位示意图

EXPRESS 描述：

```
*)
ENTITY IfcAxis2Placement3D
    SUBTYPE OF(IfcPlacement);
     Axis        : OPTIONAL IfcDirection;
     RefDirection: OPTIONAL IfcDirection;
    DERIVE
      P    : LIST [3 : 3] OF IfcDirection := IfcBuildAxes(Axis, RefDirection);
    WHERE
      WR1 : SELF\IfcPlacement.Location.Dim = 3;
      WR2 : (NOT (EXISTS (Axis))) OR (Axis.Dim = 3);
      WR3 : (NOT (EXISTS (RefDirection))) OR (RefDirection.Dim = 3);
      WR4 : (NOT (EXISTS (Axis))) OR (NOT (EXISTS (RefDirection))) OR
            (IfcCrossProduct(Axis,RefDirection).Magnitude>0.0);
      WR5 : NOT ((EXISTS (Axis)) XOR (EXISTS (RefDirection)));
   END_ENTITY;
(*
```

属性定义：

SELF\IfcPlacement.Location：参考点和相联方位坐标系原点的空间位置；

Axis(轴)：局部 Z 轴的精确方向；

RefDirection(参考方向)：用于确定局部 X 轴方向的方向。必要时可以进行调整，以保持该轴方向的垂直性。如果轴和(或)参考方向缺省，这些方向即采用几何坐标系的方向。

P：方位坐标系的轴。这些轴的方向是从属性中导出的，如需要可带有适当的缺省值。

P[1]:局部 X 轴的法方向;

P[2]:局部 Y 轴的法方向;

P[3]:局部 Z 轴的法方向。

形式约束:

WR1:SELF\IfcPlacement. Location 的空间维数应当是 3;

WR2:轴的空间维数应当是 3;

WR3:参考方向的空间维数是 3;

WR4:轴和参考方向不应平行或反向平行;

WR5:轴属性和参考方向属性或者都给出,或者都省略。

5.3.4.10 笛卡尔变换运算符

IfcCartesianTransformationOperator 定义平移、旋转、镜像和均匀比例缩放组成的几何变换。规范化的矢量 u 的表定义一个正交矩阵 T 的列,这些矢量通过基轴函数(base_axis)从方向属性轴 1、轴 2 并按在三维空间的笛卡尔变换运算符轴 3 计算出来。如果 $|T|=-1$,则该变换包含有镜像变换。局部原点 A、缩放比例值 S 和矩阵 T 一起定义一个变换。

具有位置矢量 P 的一个点的变换由下式定义:

$P \rightarrow A + STP$

方向 d 的变换由下式定义:$d \rightarrow Td$

一个具有方向 d、量值 k 的矢量的变换由下式定义:

$d \rightarrow Td$

与

$k \rightarrow Sk$

对于包含轴 2 方位属性的那些实体,应用该变换,在演算之后,以定义方位坐标方向的导出属性。对于被变幻的曲面,在任意点的曲面的法线方向通过在原曲面对应点法线的变换得到。对于带有长度量纲属性(诸如圆的半径)的几何实体,其值应乘以 S。

对于曲面上的曲线,P_curve. reference_to_curve(参数域曲线的参考曲线)不受变换的影响。

笛卡尔变换运算符仅适用于各坐标轴具有同样单位的统一单位制定义的几何。如果全部属性都省略,则其变换也缺省为恒等变换。笛卡尔变换运算符仅应作为它的子类型之一予以例示。

EXPRESS 描述:

```
*)
ENTITY IfcCartesianTransformationOperator
    ABSTRACT SUPERTYPE OF (ONEOF(IfcCartesianTransformationOperator2D,
                                IfcCartesianTransformationOperator3D))
    SUBTYPE OF(IfcGeometricRepresentationItem);
      Axis1       : OPTIONAL IfcDirection;
      Axis2       : OPTIONAL IfcDirection;
      LocalOrigin : IfcCartesianPoint;
      Scale       : OPTIONAL REAL;
    DERIVE
      Scl         : REAL := NVL(Scale, 1.0);
      Dim         : IfcDimensionCount := LocalOrigin.Dim;
    WHERE
      WR1 : Scl > 0.0;
END_ENTITY;
```

(*

属性定义:

Axis1(轴 1):用于确定 $u(1)$的方向,导出 X 轴的方向;

Axis2(轴 2):用于确定 $u(2)$的方向,导出 Y 轴的方向;

LocalOrigin(局部原点):规定作为一个笛卡尔点所需要的平移变换。这个变换包含的实际平移是从几何原点到局部原点。

Scale(缩放比例):规定用于缩放变换的比例值;

Scl:缩放变换导出的比例值 S,如果它存在,则等于缩放比例,否则等于 1.0。

Dim(维数):这个类的空间维数,局部原点的空间维数决定。

形式约束:

WR1:导出的缩放比例值 Scl 应大于零。

5.3.4.11 3D 笛卡尔变换运算符

IfcCartesianTransformationOperator3D 定义由平移、旋转、镜像和均匀比例缩放组成的、在三维空间中的几何变换。规范化的矢量 u 的表定义一个正交矩阵 T 的列,这些矢量通过基轴函数(base_axis)从方向属性轴 1、轴 2 和轴 3 计算得到。如果 $|T|=-1$,则该变换包含有镜像变换。

EXPRESS 描述:

*)

```
ENTITY IfcCartesianTransformationOperator3D
    SUBTYPE OF(IfcCartesianTransformationOperator);
      Axis3 : OPTIONAL IfcDirection;
    DERIVE
      U      : LIST [3 : 3] OF IfcDirection :=
IfcBaseAxis(3,SELF\IfcCartesianTransformationOperator.Axis1,
          SELF\IfcCartesianTransformationOperator.Axis2,Axis3);
    WHERE
      WR1 : SELF\IfcCartesianTransformationOperator.Dim = 3;
      WR2 : NOT(EXISTS(SELF\IfcCartesianTransformationOperator.Axis1)) OR
          (SELF\IfcCartesianTransformationOperator.Axis1.Dim = 3);
       WR3 : NOT(EXISTS(SELF\IfcCartesianTransformationOperator.Axis2)) OR
           (SELF\IfcCartesianTransformationOperator.Axis2.Dim = 3);
       WR4 : NOT(EXISTS(Axis3)) OR (Axis3.Dim = 3);
END_ENTITY;
```

(*

属性定义:

Axis3(轴 3):U[3]的实际方向,导出 Z 轴方向;

U:定义变换矩阵的、相互垂直的规范化矢量表。以 Axis3、Axis1 和 Axis2 的顺序导出。

形式约束:

WR1:这个实体的坐标空间维数必须是 3;

WR2:继承的 Axis1(如果给出)的维数是 3;

WR3:继承的 Axis2(如果给出)的维数是 3;

WR3:轴 3 属性(如果给出)的维数是 3。

5.3.4.12 3D 笛卡尔非均匀比例变换运算符

IfcCartesianTransformationOperator3DnonUniform 定义在三维空间中的非均匀比例几何变换,包

括平移、旋转、镜像和非均匀比例缩放。

注：在超类定义的笛卡尔变换运算符的比例因子(Scl)用于表达缩放比例 1(通常是 X 轴比例因子)。

EXPRESS 描述：

```
*)
ENTITY IfcCartesianTransformationOperator3DnonUniform
    SUBTYPE OF(IfcCartesianTransformationOperator3D);
      Scale2 : OPTIONAL REAL;
      Scale3 : OPTIONAL REAL;
     DERIVE
       Scl2 : REAL := NVL(Scale2, SELF\IfcCartesianTransformationOperator.Scl);
       Scl3 : REAL := NVL(Scale3, SELF\IfcCartesianTransformationOperator.Scl);
     WHERE
       WR1 : Scl2>0.0;
       WR2 : Scl3>0.0;
END_ENTITY;
(*
```

属性定义：

Scale2(缩放比例 2)：规定用于沿轴 2 缩放变换的比例值，通常是 Y 轴比例因子；

Scale3(缩放比例 3)：规定用于沿轴 3 缩放变换的比例值，通常是 Z 轴比例因子；

Scl2：沿轴 2(通常是 Y 轴)缩放变换导出的比例值 S(2)，如果它存在，则等于缩放比例 Scale2，否则等于导出的 Scl (通常是 X 轴比例因子)。

Scl3：沿轴 3(通常是 Z 轴)缩放变换导出的比例值 S(3)，如果它存在，则等于缩放比例 Scale3，否则等于导出的 Scl (通常是 X 轴比例因子)。

形式约束：

WR1：导出的缩放比例值 Scl2 应大于零；

WR2：导出的缩放比例值 Scl3 应大于零。

5.3.4.13 2D 笛卡尔变换运算符

IfcCartesianTransformationOperator2D 定义在二维空间中的几何变换，包括平移、旋转、镜像和均匀比例缩放。规范化的矢量 u 的表定义一个正交矩阵 T 的列，这些矢量通过基轴函数(base_axis)从方向属性轴 1、轴 2 计算得到。如果 $|T|=-1$，则该变换包含有镜像变换。

EXPRESS 描述：

```
*)
ENTITY IfcCartesianTransformationOperator2D
    SUBTYPE OF(IfcCartesianTransformationOperator);
    DERIVE
      U : LIST [2:2] OF IfcDirection :=
         IfcBaseAxis(2,SELF\IfcCartesianTransformationOperator.Axis1,
         SELF\IfcCartesianTransformationOperator.Axis2,?);
    WHERE
      WR1 : SELF\IfcCartesianTransformationOperator.Dim = 2;
      WR2 : NOT(EXISTS(SELF\IfcCartesianTransformationOperator.Axis1)) OR
            (SELF\IfcCartesianTransformationOperator.Axis1.Dim = 2);
      WR3 : NOT(EXISTS(SELF\IfcCartesianTransformationOperator.Axis2)) OR
            (SELF\IfcCartesianTransformationOperator.Axis2.Dim = 2);
```

```
END_ENTITY;
(*
```

属性定义：

U:定义变换矩阵的、相互垂直的规范化矢量表。

形式约束：

WR1:这个实体的坐标空间维数必须是 2；

WR2:继承的 Axis1(如果给出)的维数是 2；

WR3:继承的 Axis2(如果给出)的维数是 2。

5.3.4.14 2D 笛卡尔非均匀比例变换运算符

IfcCartesianTransformationOperator2DnonUniform 定义在二维空间中的非均匀比例几何变换，包括平移、旋转、镜像和非均匀比例缩放。

注：在超类定义的笛卡尔变换运算符的比例因子(Scl)用于表达缩放比例 1(通常是 X 轴比例因子)。

EXPRESS 描述：

```
*)
ENTITY IfcCartesianTransformationOperator2DnonUniform
    SUBTYPE OF(IfcCartesianTransformationOperator2D);
     Scale2 : OPTIONAL REAL;
    DERIVE
      Scl2 REAL := NVL(Scale2,SELF\IfcCartesianTransformationOperator.Scl);
    WHERE
      WR1 : Scl2>0.0;
END_ENTITY;
(*
```

属性定义：

Scale2(缩放比例 2):规定用于沿轴 2 缩放变换的比例值，通常是 Y 轴比例因子；

Scl2:沿轴 2(通常是 Y 轴)缩放变换导出的比例值 $S(2)$，如果它存在，则等于缩放比例 Scale2，否则等于导出的 Scl (通常是 X 轴比例因子)。

形式约束：

WR1:导出的缩放比例值 Scl2 应大于零。

5.3.4.15 曲线

IfcCurve 定义一个点在它的坐标空间中运动的路径。

EXPRESS 描述：

```
*)
ENTITY IfcCurve
    ABSTRACT SUPERTYPE OF (ONEOF(IfcBoundedCurve,
                                IfcConic,
                                IfcLine,
                                IfcOffsetCurve2D,
                                IfcOffsetCurve3D))
     SUBTYPE OF(IfcGeometricRepresentationItem);
     DERIVE
       Dim : IfcDimensionCount := IfcCurveDim(SELF);
END_ENTITY;
```

(*

属性定义:

Dim(维数):这个抽象类的空间维数,由它的子类(例如 IfcLine、IfcConic 和 IfcBoundedCurve)分别定义。

非形式约束:

IP1:曲线应是弧式连通的;

IP2:曲线的弧长应大于零。

5.3.4.16 直线

IfcLine 定义一条切线方向不变的无界曲线。直线由一个点和一个方向定义。直线的正向是由方向矢量(Dir)的方向确定的。

该曲线(直线)的参数化如下:

$P=\mathrm{Pnt}$

$V=\mathrm{Dir}$

$\lambda(u)=P+uV$

且参数 u 的范围为:$-\infty<u<\infty$。

EXPRESS 描述:

```
*)
ENTITY IfcLine
    SUBTYPE OF(IfcCurve);
      Pnt : IfcCartesianPoint;
      Dir : IfcVector;
     WHERE
      WR1 : Dir.Dim = Pnt.Dim;
END_ENTITY;
(*
```

属性定义:

Pnt:直线的定位点;

Dir:直线的方向。Dir 的量值和单位影响着直线的参数化。

形式约束:

WR1:Pnt 和 Dir 二者或应当是二维的实体,或应当为三维实体。

5.3.4.17 圆锥曲线

IfcConic 定义一个平面曲线,其可以由一平面与一个圆锥面相交而成。圆锥曲线是通过它的内在几何特性定义的,而不是通过其他几何描述的。圆锥曲线实体总有一个由轴 2 方位属性定义的方位坐标空间,且通过这个方位坐标空间来定义它的参数化表达。

EXPRESS 描述:

```
*)
ENTITY IfcConic
    ABSTRACT SUPERTYPE OF (ONEOF(IfcCircle, IfcEllipse))
    SUBTYPE OF(IfcCurve);
      Position : IfcAxis2Placement;
END_ENTITY;
(*
```

属性定义:

Position(位置):圆锥曲线的位置与方向,该属性更详细的说明在各子类型中给出。

5.3.4.18 圆

IfcCircle 由它的半径及圆的位置和方位定义,其数据说明如下:

C = SELF\IfcConic.Position.Location(圆心)

x = SELF\IfcConic.Position.P[1]

y = SELF\IfcConic.Position.P[2]

z = SELF\IfcConic.Position.P[3]

R = Radius

且参数化圆为:

$\lambda(u)=C+R((\cos u)x+(\sin u)y)$

参数范围是 $0\leqslant u\leqslant 360°$。

在上面定义的方位坐标空间中,圆的方程为 $C=0$,其中:

$C(x,y,z)=x^2+y^2-R^2$

圆在任意点的正方向就是该曲线在该点的切线方向 T,其中:

$T=(-C,C,0)$

注:圆弧通过修剪曲线(IfcTrimmedCurve)实体连同圆实体一起来定义。

圆的几何表达示意图见图 6。

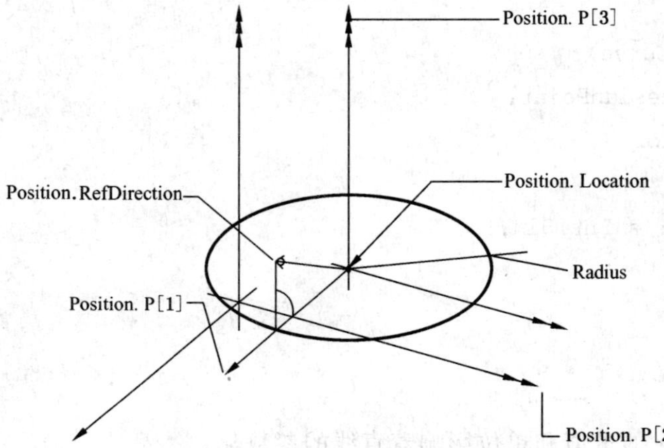

图 6 圆

EXPRESS 描述:

```
*)
ENTITY IfcCircle
    SUBTYPE OF(IfcConic);
      Radius:IfcPositiveLengthMeasure;
END_ENTITY;
(*
```

属性定义:

SELF\IfcConic.Position.Location:该继承属性定义圆心;

Radius(半径):圆的半径,应大于零。

5.3.4.19 椭圆

IfcEllipse 定义由长、短半轴的长度和曲线的位置(中心和焦点连线的中心)和方向定义的一条圆锥截线。其数据说明如下:

C=SELF\IfcConic.Position.Location(中心)

x=SELF\IfcConic.Position.P[1]

y=SELF\IfcConic.Position.P[2]

z=SELF\IfcConic.Position.P[3]

R_1=半轴1

R_2=半轴2

且参数方程为：

$\lambda(u)=C+(R_1\cos u)x+(R_2\sin u)y$

参数范围是 $0\leqslant u\leqslant 360°$。

在上面定义的方位坐标空间中，椭圆的方程为 $C=0$，其中：

$C(x,y,z)=x^2/R_1^2+y^2/R_2^2-1$

在任意点，椭圆的正方向就是该曲线在该点的切线方向 T，其中：

$T=(-C,C,0)$

椭圆实体属性定义的图示见图7。

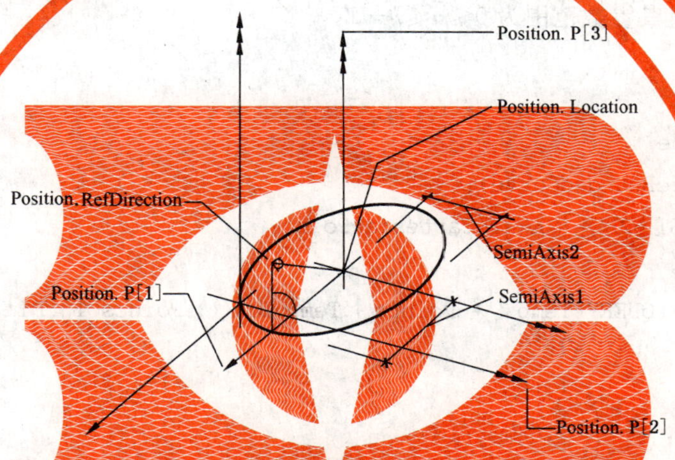

图7 椭圆

EXPRESS 描述：

```
*)
ENTITY IfcEllipse
   SUBTYPE OF(IfcConic);
     SemiAxis1:IfcPositiveLengthMeasure;
     SemiAxis2:IfcPositiveLengthMeasure;
END_ENTITY;
(*
```

属性定义：

SELF\IfcConic.Position:IfcConic.Position.Location 是椭圆的中心，而 IFCConic.Position.P[1] 是半轴1的方向；

SemiAxis1(半轴1)：椭圆的第一个半径，其应为正值；

SemiAxis2(半轴2)：椭圆的第二个半径，其应为正值。

5.3.4.20 有界曲线

IfcBoundedCurve 定义一条带有可识别端点的有限弧长的曲线。

EXPRESS 描述：

```
*)
ENTITY IfcBoundedCurve
```

```
    ABSTRACT SUPERTYPE OF (ONEOF(IfcCompositeCurve,
                                 IfcPolyline,
                                 IfcTrimmedCurve))
    SUBTYPE OF(IfcCurve);
END_ENTITY;
(*
```

非形式约束：

IP1:有界曲线具有有限的弧长；

IP2:有界曲线具有始点和终点。

5.3.4.21 折线

IfcPolyline 定义由 $P_1, P_2, \cdots, P_n$ 的 n 个点排列成的 $n-1$ 个直线段构成的有界曲线。曲线第 i 段的参数化表达为：

$\lambda(u)=P_i(i-u)+P_{i+1}(u+1-i), 1\leqslant i\leqslant n-1$

其中 $i-1\leqslant u\leqslant i$，且其参数范围为 $0\leqslant u\leqslant n-1$。

EXPRESS 描述：

```
*)
ENTITY IfcPolyline
    SUBTYPE OF(IfcBoundedCurve);
      Points: LIST [2 : ?] OF IfcCartesianPoint;
    WHERE
      WR1: SIZEOF(QUERY(Temp <* Points | Temp.Dim <> Points[1].Dim)) = 0;
END_ENTITY;
(*
```

属性定义：

Points(点):定义该折线的点。

形式约束：

WR1:所有点的空间维数相等。

5.3.4.22 剪裁曲线

IfcTrimmedCurve 定义一条有界曲线，它是通过相关基曲线的两个标定点间的选择部分建立的。它不改变基曲线且可以有多于一条的剪裁曲线引用同一条基曲线。

曲线的剪裁点可以用下述方式标识：

- 利用参数值；
- 利用几何位置；
- 利用前两者。

在曲线的每个端点，至少要规定上述三者之一。方向使它能够明确地定义一封闭曲线(诸如一个圆等)的任何一段，方向和有序的端点的组合使它能够定义在一个圆或其他封闭曲线上的连接两个不同点的四个不同的有向曲线段。为此，假设参数范围具有循环特征，如 370°等于 10°。

剪裁曲线有一种参数化方法，它是从被引用的具体基曲线继承而来的，更确切地说，剪裁曲线的参数 S 是从如下所述的基曲线的参数 t 导出的：

- 如果方向为 TRUE(真)：$S=t-t_1$；
- 如果方向为 FALSE(假)：$S=t_2-t$。

在上面的方程中，t_1 是由属性 Trim1 或对应于点 1(point_1)的参数值给出的值。t_2 是由属性 Trim2 或对应于点 2(point_2)的参数值给出的参数值。如果生成的剪裁曲线具有参数 S，其范围为在

第 1 个剪裁点的 0 到第 2 个剪裁点的 $|t_2-t_1|$。

注：在封闭的基曲线的情况下，为了方向标志的一致性，利用参数长度来增加 t_1 或 t_2 可能是需要的。

示例：当属性 SenseAgreement（方向一致）＝TRUE（真）且 $t_2<t_1$ 时，则利用参数长度来增加 t_2。当 SenseAgreement＝FALSE 且 $t_1<t_2$ 时，则利用参数长度来增加 t_1。

EXPRESS 描述：

```
*)
ENTITY IfcTrimmedCurve
    SUBTYPE OF(IfcBoundedCurve);
      BasisCurve            :IfcCurve;
      Trim1                 :SET [1 : 2] OF IfcTrimmingSelect;
      Trim2                 :SET [1 : 2] OF IfcTrinmingSelect;
      SenseAgreement        :BOOLEAN;
      MasterRepresentation:IfcTrimmingPreference;
    WHERE
      WR1:(HIINDEX(Trim1) = 1) OR (TYPEOF(Trim1[1]) <> TYPEOF(Trim1[2]));
      WR2:(HIINDEX(Trim2) = 1) OR (TYPEOF(Trim2[1]) <> TYPEOF(Trim2[2]));
      WR3:NOT('IFC_FINAL.IFCBOUNDEDCURVE'IN TYPEOF(BasisCurve));
  END_ENTITY;
  (*
```

属性定义：

BasisCurve（基曲线）：要剪裁的曲线。对于具有多种表达法的曲线，由 Trim1 或 Trim2 给出的参数值仅指的是基曲线的主表达法。

Trim1（第 1 剪裁点）：可能规定为一个笛卡尔点（point_1）或一个实参数值（parameter_1＝t_1），或两者。

Trim2（第 2 剪裁点）：可能规定为一个笛卡尔点（point_2）或一个实参数值（parameter_2＝t_2），或两者。

SenseAgreement（方向一致）：指示剪裁曲线的方向与基曲线的方向是一致还是相反的标志。SenseAgreement＝TRUE（真），当曲线沿参数值增加的方向通过时。SenseAgreement＝FALSE（假）则不然，对于一个开曲线，当 $t_1>t_2$ 时，SenseAgreement＝FALSE；当 $t_2>t_1$，SenseAgreement＝TRUE。在这种情况下，方向信息是冗余的，但对于一个封闭曲线来说却是重要的。

MasterRepresentation（主表达法）：在曲线的两端给出了参数和点两者，这指明它是曲线的较优形式。多种表达法提供了多于一种的数据通信能力。当然，希望这些数据在几何上是相同的。

注：主表达属性不可能证实多种形式保证相等，且允许指出较优的形式，这或许要数据的建立者来确定。对于一个具有多种表达形式的形体来说，全部特征，诸如参数化方法、域，以及计算结果等，都可以从主表达形式导出。从实用考虑，利用其他任何表达形式都是一种折衷考虑。

形式约束：

WR1：对于 Trim1，或规定一个值，或规定两个类型不同的剪裁值（点和参数）。

WR2：对于 Trim2，或规定一个值，或规定两个类型不同的剪裁值（点和参数）。

非形式约束：

IP1：对于 Trim1 或 Trim2，参数值和笛卡尔点都存在时，它们应当一致，即按参数值计算得到的基曲线应与规定的点重合。

IP2：当由 Trim1 或 Trim2 规定一个笛卡尔点时，它应位于基曲线上。

IP3：除封闭曲线的情况外，其中 parameter_1 和 parameter_2 都存在，它们应与方向标志一致，即方向=(parameter_1〈parameter_2)。

IP4:当 parameter_1 和 parameter_2 都存在时,则 parameter_1〈〉parameter_2。

IP5:当由 Trim1 或 Trim2 规定一个参数值时,它应当在基曲线的参数范围之内。

5.3.4.23 复合曲线

IfcCompositeCurve 定义端点与端点相连的曲线的集合,各个曲线段本身被定义为复合曲线段 IfcCompositeCurveSegment。复合曲线的参数化是各被引用的有界曲线参数范围的累加,第一段的参数从 0 到 l_1,对于 $i \geqslant 2$,第 i 段的参数从:

$$\sum_{k=1}^{k=i-1} l_k \text{ 到 } \sum_{k=1}^{k=i} l_k$$

其中,l_k 是第 k 段曲线参数的长度(即最大与最小参数值间的差)。

EXPRESS 描述:

```
*)
ENTITY IfcCompositeCurve
    SUBTYPE OF(IfcBoundedCurve);
      Segments       :LIST [1 : ?] OF IfcCompositeCurveSegment;
      SelfIntersect  :LOGICAL;
    DERIVE
      NSegments   :INTEGER: = SIZEOF(Segments);
      ClosedCurve:LOGICAL: = Segments[NSegments].Transition 〈〉 Discontinuous;
    WHERE
      WR1:((NOT ClosedCurve) AND (SIZEOF(QUERY(Temp 〈 * Segments |
         Temp.Transition = Discontinuous)) = 1)) OR ((ClosedCurve) AND
         (SIZEOF(QUERY(Temp 〈 * Segments | Temp.Transition = Discontinuous))
          = 0));
      WR2:SIZEOF( QUERY( Temp 〈 * Segments | Temp.Dim 〈〉 Segments[1].Dim)) = 0;
END_ENTITY;
(*
```

属性定义:

Segments(曲线段):构成复合曲线的有界曲线、它们的过渡与方向。最后一段的过渡属性定义了最后一段终点与第一段始点间的过渡。这个过渡属性可以去 discontinuous(不连续)值,其表明是一个开的曲线。

SelfIntersect(自相交):指明曲线是否是自身相交的。这仅为信息。

NSegments(n 段):构成复合曲线的曲线段的段数。

ClosedCurve(封闭曲线):指明曲线是否是封闭的。这可从最后一段的过渡码导出。

形式约束:

WR1:除最后的开曲线代码外,不应有不连续的过渡码。

WR2:保证所有的曲线段有相同的维数。

5.3.4.24 复合曲线段

IfcCompositeCurveSegment 定义一个有界曲线及其用于构造复合曲线的过渡信息。

EXPRESS 描述:

```
*)
ENTITY IfcCompositeCurveSegment
    SUBTYPE OF(IfcGeometricRepresentationItem);
```

```
    Transition  :IfcTransitionCode;
    SameSense   :BOOLEAN;
    ParentCurve :IfcCurve;
  DERIVE
    Dim:IfcDimensionCount:= ParentCurve.Dim;
  INVERSE
    UsingCurves:SET [1:?] OF IfcCompositeCurve FOR Segments;
  WHERE
    WR1:('IFC_FINAL.IFCBOUNDEDCURVE' IN TYPEOF(ParentCurve));
END_ENTITY;
```

(*

属性定义：

Transition(过渡)：在复合曲线中过渡码(即从该段的最后一点到下一段第一点的几何连续性)。

SameSense(同方向)：本段的方向与父曲线的方向是否相同的标识。如果 SameSense 值为 FALSE,则具有最大参数值的点取做本段的第一个点。

ParentCurve(父曲线)：定义该段几何的有界曲线。

Dim(维数)：这个类的空间维数,由第一个 ParentCurve 的维数定义。

UsingCurves(使用的曲线)：使用该 IfcCompositeCurveSegment 作为一段的复合曲线的集合。该集合不应为空集。

形式约束：

WR1：父曲线应该是有界曲线。

5.3.4.25 2D 复合曲线

Ifc2DCompositeCurve 定义在 IfcPlane 的坐标空间里的 IfcCompositeCurve。因此,2D 复合曲线的维数是 2。

EXPRESS 描述：

*)

```
ENTITY Ifc2DCompositeCurve
  SUBTYPE OF(IfcCompositeCurve);
  WHERE
    WR1:SELF\IfcCompositeCurve.ClosedCurve;
    WR2:SELF\IfcCurve.Dim = 2;
END_ENTITY;
```

(*

形式约束：

WR1：限制曲线是封闭的；

WR2：限制维数是 2。

5.3.4.26 二维偏置曲线

IfcOffsetCurve2D 定义一条在二维空间中与基曲线的距离保持不变的曲线。该实体定义了一个简单的平面偏置曲线,它是在基曲线的平面内沿基曲线的法向的距离进行偏置。基曲线上的每一点的切线方向都应有明确定义;在复合曲线的情况下,每一段间的过渡码都应是连续且同斜率的或是连续、同斜率的且同曲率的。

注：2D 偏置曲线在性质上可能与基曲线不同;一个非自相交曲线的偏置曲线可能是自相交的。应当注意,连续曲线的偏置曲线应保证其不变成不连续的。

2D 偏置曲线的参数化取决于它的基曲线，2D 偏置曲线参数化形式为：

$\lambda(u)=C(u)+d(orthogonal\_complement(T))$

式中，T 是基曲线 $C(u)$ 在参数值 u 处的单位切矢量，d 是距离，基曲线应当是二维的。

EXPRESS 描述：

```
*)
ENTITY IfcOffsetCurve2D
    SUBTYPE OF(IfcCurve);
      BasisCurve     :IfcCurve;
      Distance       :IfcLengthMeasure;
      SelfIntersect  :LOGICAL;
    WHERE
      WR1:BasisCurve.Dim = 2;
END_ENTITY;
(*
```

属性定义：

BasisCurve(基曲线)：要偏置的曲线。

Distance(距离)：偏置曲线与基曲线的距离。这个距离可以是正的、负的或零。距离为正值定义了这样一条偏置曲线，在方向上，它是曲线的法向，即在给定点将曲线的切矢量反时针旋转 90°的方向(即是 orthogonal_complement(T)的方向)。

SelfIntersect(自相交)：指明偏置曲线是否是自相交的。这仅作为信息。

形式约束：

WR1：基曲线应定义在二维空间中。

5.3.4.27 3D 偏置曲线

IfcOffsetCurve3D 定义一条在三维空间中与基曲线的距离保持不变的曲线。基曲线上的每一点的切线方向都应有明确定义；在复合曲线的情况下，每一段间的过渡码都应是连续且同斜率的或是连续、同斜率的且同曲率的。基曲线上的任意点(参数)的偏置曲线都以 $V\times T$ 为方向，其中 V 是固定的参考方向，而 T 是基曲线的单位切矢量。对明确定义的偏置方向来说，在曲线上任意点处，T 的方向都不应与 V 的方向相同或相反。

注：3D 偏置曲线在性质上可能与基曲线不同；一个非自相交曲线的偏置曲线可能是自相交的。应当注意，连续曲线的偏置曲线应保证其不变成不连续的。

3D 偏置曲线的参数化取自段的基曲线，偏置曲线参数化形式为：

$\lambda(u)=C(u)+dv\times T$

式中，T 是基曲线 $C(u)$ 在参数值 u 处的单位切矢量，d 是距离。

EXPRESS 描述：

```
*)
ENTITY IfcOffsetCurve3D
    SUBTYPE OF(IfcCurve);
      BasisCurve     :IfcCurve;
      Distance       :IfcLengthMeasure;
      SelfIntersect  :LOGICAL;
      RefDirection   :IfcDirection;
    WHERE
      WR1:BasisCurve.Dim = 3;
```

```
END_ENTITY;
(*
```

属性定义:

BasisCurve(基曲线):要偏置的曲线。

Distance(距离):偏置曲线与基曲线的距离。这个距离可以是正的、负的或零。

SelfIntersect(自相交):指明偏置曲线是否是自相交的。仅用作信息。

RefDirection(参考方向):用于定义偏置曲线方向的、来自基曲线的方向。

形式约束:

WR1:基曲线与参考方向两者都应定义在三维空间中。

非形式约束:

IP1:在该曲线上没有任何点的切矢量的方向与参考方向平行或相反。

5.3.4.28 曲面

IfcSurface 定义三维空间中的一个连通的点集,它总是局部二维连通的,但不必是一个流形。曲面不应是一个单点、或部分或完整的一条曲线。

每个曲面有一个参数表达形式:

$\sigma(u,v)$

其中 u 和 v 是无量纲的独立参数。曲面上任意点的单位法矢 N 由下列方程给出:

$$N(u,v)=\left(\frac{\partial\sigma}{\partial u}\times\frac{\partial\sigma}{\partial v}\right)$$

EXPRESS 描述:

```
*)
ENTITY IfcSurface
    ABSTRACT SUPERTYPE OF (ONEOF(IfcElementarySurface,
                                IfcSweptSurface,
                                IfcBoundedSurface))
    SUBTYPE OF(IfcGeometricRepresentationItem);
END_ENTITY;
(*
```

非形式约束:

IP1:曲面的面积不应为零。

IP2:曲面是弧式连通的。

5.3.4.29 基本曲面

IfcElementarySurface 定义一个简单的解析曲面,其带有确定的参数表达形式。

EXPRESS 描述:

```
*)
ENTITY IfcElementarySurface
    ABSTRACT SUPERTYPE
    SUBTYPE OF(IfcSurface);
      Position:IfcAxis2Placement3D;
    DERIVE
      Dim :IfcDimensionCount: = Position.Dim;
END_ENTITY;
(*
```

属性定义：

Position(位置)：曲面的位置和方向。这个属性适用于曲面的参数化定义。

Dim(维数)：这个类的空间维数，从 Position 属性的维数导出。

5.3.4.30 平面

IfcPlane 定义一个具有不变法向的无界曲面。一个平面是该平面上的一个点和该平面的法方向定义的，其数据说明如下：

C=SELF\IfcElementarySurface. Position. Location

x=SELF\IfcElementarySurface. Position. P[1]

y=SELF\IfcElementarySurface. Position. P[2]

z=SELF\IfcElementarySurface. Position. P[3] =平面的法线

且平面的参数化表达为：

$\sigma(u,v)=C+xu+yv$

式中，参数化范围为$-\infty<u,v<\infty$，在上述参数化表达中，单位矢量 x 和 y 的长度单位从平面的相关环境中导出。

EXPRESS 描述：

```
*)
ENTITY IfcPlane
    SUBTYPE OF(IfcElementarySurface);
END_ENTITY;
(*
```

属性定义：

SELF\IfcElementarySurface. Position：曲面的位置和方向。这个属性是从基本曲面超类型继承而来的。

Position. Location：平面内的一个点。

Position. P[3]：这个等于 Position. Axis 的方向定义该平面法线的方向。

5.3.4.31 扫掠曲面

IfcSweptSurface 定义一个曲线沿着另一条曲线扫掠所构成的曲面。

EXPRESS 描述：

```
*)
ENTITY IfcSweptSurface
    ABSTRACT SUPERTYPE OF (ONEOF(IfcSurfaceOfRevolution, IfcSurfaceOfLinearExtrusion))
    SUBTYPE OF(IfcSurface);
      SweptCurve    :IfcProfileDef;
      Position      :IfcAxis2Placement3D;
    DERIVE
      Dim           :IfcDimensionCount: = Position.Dim;
    WHERE
      WR1:NOT('IFCPROFILERESOURCE.IFCDERIVEDPROFILEDEF'IN TYPEOF(SweptCurve));
      WR2:SweptCurve.ProfileType = IfcProfileTypeEnum.Curve;
END_ENTITY;
(*
```

属性定义：

SweptCurve(扫掠曲线)：在扫掠曲面的定义中要扫掠的曲线。如果扫掠曲线是一条参数域曲线，则扫掠曲面就是该曲线在三维几何空间中扫成的图像,而不是参数空间曲线的图像。

Position(位置):在 XY 坐标平面内,位置的方位坐标系。

Dim(维数):这个类的空间维数,从 Position 属性的维数导出。

形式约束:

WR1:SweptCurve 的类型不包括 IfcDerivedProfileDef。

WR2:SweptCurve. ProfileType 的值是 IfcProfileTypeEnum. Curve。

5.3.4.32 线性拉伸曲面

IfcSurfaceOfLinearExtrusion 定义一种简单的扫掠曲面或一个在给定方向上扫掠一条曲线所得的广义柱面,其参数化表达如下,其中曲线的参数化形式为 $\lambda(u)$:

V=ExtrusionAxis(拉伸方向)

$\sigma(u,v)=\lambda(u)+vV$

v 的参数化范围为 $-\infty<v<\infty$,而 u 由曲线的参数化法确定。

EXPRESS 描述:

```
*)
ENTITY IfcSurfaceOfLinearExtrusion
   SUBTYPE OF(IfcSweptSurface);
     ExtrudedDirection :IfcDirection;
     Depth             :IfcLengthMeasure;
   DERIVE
     ExtrusionAxis     : IfcVector: = IfcDummyGri || IfcVector (ExtrudedDirection,
Depth);
   WHERE
     WR41:Depth>0;
END_ENTITY;
(*
```

属性定义:

ExtrudedDirection(拉伸方向):拉伸的方向;

Depth(深度):拉伸的长度,它决定参数;

ExtrusionAxis(拉伸方向):拉伸的方向。该矢量的量值定出参数化法。

非形式约束:

WR41:深度要大于零。

5.3.4.33 旋转曲面

IfcSurfaceOfRevolution 定义由一条曲线绕一轴旋转一周所得到的曲面。

其数据说明如下:

下面是其参数化表达,其中曲线的参数化表达为 $\lambda(v)$;

C=Position. Location

V=Position. Z

$\sigma(u,v)=C+(\lambda(v)-C)\cos u+((\lambda(v)-C)\cdot V)V(1-\cos u)+V(\lambda(v)-C)\sin u$

为了旋转一周生成一个单值曲面,该曲线应当是这样的,即在以 C 为中心、V 为轴的柱面坐标系 (γ,φ,z) 中表达时,在该曲线上没有两个不同的参数点具有相同的 (γ,z) 值。

注:在这个相关环境下,单值曲面可以解释为从对应于它的参数范围的参数空间中的矩形内部到由该曲面方程定义的几何空间的映像是一对一的。

对于旋转曲面,参数范围为 $0\leqslant u\leqslant 360°$。

v 的参数范围由参数曲线定义。

注：曲面的几何形状不依赖于曲线参数化法。

EXPRESS 描述：

```
*)
ENTITY IfcSurfaceOfRevolution
    SUBTYPE OF(IfcSweptSurface);
      AxisPosition:IfcAxis1Placement;
    DERIVE
    AxisLine   :  IfcLine:= IfcDummyGri || IfcCurve() ||
              IfcLine(AxisPosition.Location, IfcDummyGri ||
              IfcVector(AxisPosition.Z,1.0));
END_ENTITY;
(*
```

属性定义：

AxisPosition(轴的方位)：旋转轴上的一个点和旋转轴的方向；

AxisLine(轴线)：与旋转轴重合的直线。

非形式约束：

IP1：该曲面不应自相交；

IP2：扫掠曲线不应与轴线的任何有限长度部分重合。

5.3.4.34 有界曲面

IfcBoundedSurface 定义一个具有可标识边界的、有限面积的曲面。

EXPRESS 描述：

```
*)
ENTITY IfcBoundedSurface
    SUPERTYPE OF (ONEOF(IfcCurveBoundedPlane, IfcRectangularTrimmedSurface))
    SUBTYPE OF(IfcSurface);
END_ENTITY;
(*
```

非形式约束：

IP1：有界曲面具有有限但非零的面积；

IP2：有界曲面具有边界曲线。

5.3.4.35 矩形剪裁曲面

IfcRectangularTrimmedSurface 定义一个简单的有界曲面，其中，边界是不变参数的直线：$u_1 = \mathrm{U1}$，$u_2 = \mathrm{U2}$，$v_1 = \mathrm{V1}$，$v_2 = \mathrm{V2}$。全部这些值都应在参考曲面的参数范围之内，假定这个参数范围具有周期性。

示例：对使用周期函数(如正弦和余弦函数)定义的参数形式的曲面，370°等于 10°。矩形剪裁曲面直接继承了基曲面的参数表达，且参数范围从 0 到 $|u_2 - u_1|$ 和从 0 到 $|v_2 - v_1|$。

注：如果该曲面在给定的参数方式上是封闭的，则 u_2 或 v_2 的值可能需要按周期范围增加。

EXPRESS 描述：

```
*)
ENTITY IfcRectangularTrimmedSurface
    SUBTYPE OF(IfcBoundedSurface);
      BasisSurface :IfcSurface;
```

```
        U1            :IfcParameterValue;
        V1            :IfcParameterValue;
        U2            :IfcParameterValue;
        V2            :IfcParameterValue;
        Usense        :BOOLEAN;
        Vsense        :BOOLEAN;
    WHERE
        WR1:U1 <> U2;
        WR2:V1 <> V2;
        WR3:(('IFCGEOMETRYRESOURCE.IFCELEMENTARYSURFACE' IN TYPEOF (BasisSurface)) AND
            (NOT ('IFCGEOMETRYRESOURCE.IFCPLANE' IN TYPEOF (BasisSurface)))) OR
            ('IFCGEOMETRYRESOURCE.IFCSURFACEOFREVOLUTION' IN TYPEOF (BasisSurface)) OR
            (Usense = (U2 > U1));
        WR4:Vsense = (V2 > V1);
END_ENTITY;
(*
```

属性定义：

BasisSurface(基曲面)：要被剪裁的曲面；

U1：*u* 参数的第一个值；

V1：*v* 参数的第一个值；

U2：*u* 参数的第二个值；

V2：*v* 参数的第二个值；

Usense(*u* 方向)：指示该剪裁曲面第一个参数的方向与基曲面 *u* 的方向是一致还是相反的标志；

Vsense(*v* 方向)：指示该剪裁曲面第一个参数的方向与基曲面 *v* 的方向是一致还是相反的标志。

形式约束：

WR1：U1 与 U2 的值应不同；

WR2：V1 与 V2 的值应不同；

WR3：除在 *u* 参数方向上封闭的曲线外，Usense 应与 *u* 的排序的参数值相一致；

WR4：Vsense 应与 *v* 的排序的参数值相一致。

非形式约束：

IP1：剪裁曲面的域应在要被剪裁曲面的域之内。

5.3.4.36 曲线边界的曲面

IfcCurveBoundedPlane 定义一个或多个边界曲线定义的曲线边界的参数曲面。在基曲面内的曲线边界的曲面的范围定义为从该边界上任意点的 $N \times T$ 方向基曲面，其中 N 是该曲面的法矢量，T 为该点上边界曲线的切矢量，这样定义的区域应是弧式连通的。

曲线边界的曲面是一种特殊的有界曲面类型，只处理基本有界平面表面。这种定义方式与 STEP 不同，内外边界分别定义，并引用特殊的 IFC 类型 Ifc2DcompositeCurve。这种定义只支持 IfcPlane 的基本表面类型，因为把无界表面作为基本表面，所以没有给出隐含外边界。

EXPRESS 描述：

```
*)
ENTITY IfcCurveBoundedPlane
    SUBTYPE OF(IfcBoundedSurface);
        BasisSurface      :IfcPlane;
```

```
      OuterBoundary    :Ifc2DCompositeCurve;
      InnerBoundaries  :SET OF Ifc2DCompositeCurve;
    DERIVE
      Dim              :IfcDimensionCount:= BasisSurface.Dim;
END_ENTITY;
(*
```

属性定义:

BasisSurface(基本表面):被围的表面。

OuterBoundary(外部边界):表面的外部边界。

InnerBoundaries(内部边界):可选的内部边界集合。它们之间以及与外部边界没有相交。

Dim:这个类的空间维数,由基本表面的维数定义。

5.3.4.37 表示项

IfcRepresentationItem 定义参与一个或多个表达项或参与另一个表达项定义的产品数据的一个元素。当一个表达项被另一个表达项引用时,则这个表达项便参与了另一个表达项的定义。

EXPRESS 描述:

```
*)
ENTITY IfcRepresentationItem
    ABSTRACT SUPERTYPE OF (ONEOF(IfcTopologicalRepresentationItem,
                                 IfcGeometricRepresentationItem,
                                 IfcMappedItem));
END_ENTITY;
(*
```

5.3.4.38 映射项

IfcMappedItem 定义用已经有的一个表达(映射源,被映射的表达)作为另一个表达的表达项。

注:映射项是 IfcRepresentationItem 的一个子类型。它能够使一个 IfcRepresentation 在一个或多个其他 IfcRepresentation 中被用作一个 IfcRepresentationItem。该 IfcMappedItem 可供使用其他 IfcRepresentation 定义一个 IfcRepresentation 用。

映射项是源定义(与块、单元、宏定义比较)嵌入实例。这个实例用 MappingTarget 属性的笛卡尔变换因子嵌入。

EXPRESS 描述:

```
*)
ENTITY IfcMappedItem
    SUBTYPE OF(IfcRepresentationItem);
      MappingSource:IfcRepresentationMap;
      MappingTarget:IfcCartesianTransformationOperator;
END_ENTITY;
(*
```

属性定义:

MappingSource(映射源):映射项的源的一个 IfcRepresentationMap,可以将它看作一个块(或单元、宏)定义。

MappingTarget(映射目标):映射源映射的表达项目标,限制它只能是笛卡尔变换因子。

5.3.4.39 表达映像

IfcRepresentationMap 定义映射的一个 IfcRepresentation 和该 IfcRepresentation 中一个 IfcMappedItem 的标志。这个 IfcMappedItem 定义该映射的原点，而 IfcRepresentationMap 是用作通过一个 IfcMappedItem 进行映射的源。

注：用于给定一个新的 IfcRepresentationItem 的映射的定义由一个 IfcRepresentationMap 实体和一个 IfcMappedItem 实体构成。如果没有这两个实体，映射的定义就不完整。这两个实体被规定为可使用同一个源表达(IfcRepresentationMap. mapped_representation)映射成多个新的表达(IfcMappedItem)。

在作为方位坐标系统定义的映射源中，一个表达映像规定基本的定义(也象引用块、单元或宏)。限制这个表达映射是笛卡尔映射。

EXPRESS 描述：

```
*)
ENTITY IfcRepresentationMap;
      MappingOrigin          :IfcAxis2Placement;
      MappedRepresentation:IfcRepresentation;
    INVERSE
      MapUsage               :SET OF IfcMappedItem FOR MappingSource;
END_ENTITY;
(*
```

属性定义：

MappingOrigin(映射原点)：要进行映射的 MappedRepresentation 的一个 IfcRepresentationItem；

注：考虑一个几何 IfcRepresentation 到另一个几何 IfcRepresentation 的笛卡尔映射。该映射原点可能是 MappedRepresentation 环境中的一个 IfcAxis2Placement3D，它定义要进行映射的 MappedRepresentation 的位置。

MappedRepresentation(映射表达)：至少要被映射成一个 IfcMappedItem 的 IfcRepresentation；

MapUsage(映射的应用)：被映射的表达映像的一个或多个 IfcMappedItem 的集合。

5.3.5 几何模式的函数定义

5.3.5.1 基轴

IfcBaseAxis 函数返回三个规范化的垂直方向，u[1]、u[2]、u[3]。在三维的情况下，带有全部的输入数据。u[3]取轴 3 的方向，u[1]取轴 1 到垂直于 u[3]的平面上投影的方向，u[2]的方向取为轴 2 的相同方向。在二维的情况下，u[1]是轴 1 的方向，u[2]垂直于 u[1]，其方向取轴 2 的方向。对于不完全的输入数据可导出适当的缺省值。

EXPRESS 描述：

```
*)
FUNCTION IfcBaseAxis
    (Dim:INTEGER;
    Axis1, Axis2, Axis3:IfcDirection)
      :LIST [2 : 3] OF IfcDirection;

LOCAL
    U:LIST [2 : 3] OF IfcDirection;
    Factor:REAL;
    D1, D2:IfcDirection;
END_LOCAL;

IF (Dim = 3) THEN
  D1: = NVL(IfcNormalise(Axis3), IfcDummyGri || IfcDirection([0.0,0.0,1.0]));
```

```
    D2: = IfcFirstProjAxis(D1,Axis1);
    U := [D2, IfcSecondProjAxis(D1, D2, Axis2), D1];
  ELSE
    IF EXISTS(Axis1) THEN
      D1: = IfcNormalise(Axis1);
      U := [D1, IfcOrthogonalComplement(D1)];
      IF EXISTS(Axis2) THEN
        Factor: = IfcDotProduct(Axis2, U[2]);
        IF (Factor < 0.0) THEN
          U[2].DirectionRatios[1]: = - U[2].DirectionRatios[1];
          U[2].DirectionRatios[2]: = - U[2].DirectionRatios[2];
      END_IF;
    END_IF;
  ELSE
    IF EXISTS(Axis2) THEN
      D1: = IfcNormalise(Axis2);
      U := [IfcOrthogonalComplement(D1), D1];
      U[1].DirectionRatios[1]: = - U[1].DirectionRatios[1];
      U[1].DirectionRatios[2]: = - U[1].DirectionRatios[2];
      ELSE
        U: = [IfcDummyGri || IfcDirection([1.0, 0.0]), IfcDummyGri || IfcDirection([0.0,1.0])];
        END_IF;
      END_IF;
    END_IF;
    RETURN(U);
  END_FUNCTION;
```

(*

变量定义：

Dim(维数)：(输入)空间维数的整数值，其中需要规范化的垂直方向；

Axis1(轴 1)：(输入)一个方向，用作第一个近似于输出轴 u[1]的方向；

Axis2(轴 2)：(输入)一个方向，用于确定 u[2]的方向；

Axis3(轴 3)：(输入)在 Dim=3 的情况下为 u[3]的方向，在 Dim=2 的情况下，不存在(NULL)；

U：(输出)Dim(即 2 或 3)彼此垂直方向的一个表。

5.3.5.2 二轴构建

IfcBuild2Axes 函数返回两个规范化垂直方向。D[1]取参考方向(RefDirection)的方向，D[2]则垂直于 D[1]。当输入数据不完全时，缺省值(1.0,0.0)提供给 RefDirection。

EXPRESS 描述：

*)

```
FUNCTION IfcBuild2Axes
    (RefDirection:IfcDirection)
      :LIST [2 : 2] OF IfcDirection;
  LOCAL
```

```
    D:IfcDirection:= NVL(IfcNormalise(RefDirection),
      IfcDummyGri || IfcDirection([1.0,0.0]));
END_LOCAL;
    RETURN([D, IfcOrthogonalComplement(D)]);
  END_FUNCTION;
  (*
```

变量定义：

RefDirection(参考方向)：(输入)在2D空间中的一个参考方向，可以缺省为(1.0,0.0)；

D：(输出)2个彼此垂直方向的表，D[1]平行于参考方向。

5.3.5.3 轴构建

IfcBuildAxes函数返回三个规范化的垂直方向。D[3]取轴的方向，D[1]取RefDirection到垂直于D[3]地平面上的投影的方向，D[2]是D[1]和D[3]的叉积。如果输入数据不完全可提供缺省值。

EXPRESS描述：

```
  *)
  FUNCTION IfcBuildAxes
      (Axis, RefDirection:IfcDirection)
        :LIST [3 : 3] OF IfcDirection;
    LOCAL
      D1, D2:IfcDirection;
    END_LOCAL;
      D1:= NVL(IfcNormalise(Axis), IfcDummyGri || IfcDirection([0.0,0.0,1.0]));
      D2:= IfcFirstProjAxis(D1, RefDirection);
      RETURN ([D2, IfcNormalise(IfcCrossProduct(D1,D2)).Orientation, D1]);
  END_FUNCTION;
  (*
```

变量定义：

Axis(轴)：(输入)D[3]预期的方向，还可缺省为(0.0,0.0,1.0)；

RefDirection(参考方向)：(输入)用于计算D[1]方向的方向；

D1, D2：(输出)在3D空间中，3个相互垂直规范化的方向。

5.3.5.4 叉积

IfcCrossProduct函数返回一个矢量，即两个输入方向的叉积(矢量积)。输入的方向必须是3D的并且开始计算时被规范化，其结果总是一个无单位矢量。如果输入的方向平行或反向平行，则返回一个方向等于Arg1的零矢量。

EXPRESS描述：

```
  *)
  FUNCTION IfcCrossProduct
        (Arg1, Arg2:IfcDirection)
          :IfcVector;
    LOCAL
      Mag:REAL;
      Res:IfcDirection;
      V1,V2:LIST[3 : 3] OF REAL;
      Result:IfcVector;
```

```
END_LOCAL;

IF (NOT EXISTS (Arg1) OR (Arg1.Dim = 2)) OR (NOT EXISTS (Arg2) OR
    (Arg2.Dim = 2)) THEN
    RETURN(?);
ELSE
    BEGIN
      V1:= IfcNormalise(Arg1).DirectionRatios;
      V2:= IfcNormalise(Arg2).DirectionRatios;
      Res:= IfcDummyGri || IfcDirection([(V1[2] * V2[3] - V1[3] * V2[2]),
            (V1[3] * V2[1] - V1[1] * V2[3]), (V1[1] * V2[2] - V1[2] * V2[1])]);
      Mag:= 0.0;
      REPEAT i:= 1 TO 3;
        Mag:= Mag + Res.DirectionRatios[i] * Res.DirectionRatios[i];
      END_REPEAT;
      IF (Mag>0.0) THEN
        Result:= IfcDummyGri || IfcVector(Res, SQRT(Mag));
      ELSE
        Result:= IfcDummyGri || IfcVector(arg1, 0.0);
      END_IF;
      RETURN(Result);
    END;
  END_IF;
END_FUNCTION;
(*
```

变量定义：

Arg1:(输入)在叉积运算中定义第一个矢量的方向；

Arg2:(输入)在叉积运算中定义第二个矢量的方向；

Result(结果):(输出)Arg1 和 Arg2 的叉积矢量。

5.3.5.5 曲线维数

IfcCurveDim 函数返回曲线的维数。

EXPRESS 描述：

```
*)
FUNCTION IfcCurveDim
  (Curve:IfcCurve)
        :IfcDimensionCount;
  LOCAL
    TempDim:IfcDimensionCount:= 3;
  END_LOCAL;
    IF ('IFC_FINAL.IFCLINE' IN TYPEOF(Curve))
      THEN TempDim:= Curve.Pnt.Dim;
      ELSE
```

```
      IF ('IFC_FINAL.IFCCONIC'IN TYPEOF(Curve))
        THEN TempDim: = Curve.Position.Dim;
        ELSE
        IF ('IFC_FINAL.IFCPOLYLINE'IN TYPEOF(Curve))
          THEN TempDim: = Curve.Points[1].Dim;
          ELSE
          IF ('IFC_FINAL.IFCTRIMMEDCURVE'IN TYPEOF(Curve))
            THEN TempDim: = IfcCurveDim(Curve.BasisCurve);
            ELSE
            IF ('IFC_FINAL.IFCCOMPOSITECURVE'IN TYPEOF(Curve))
              THEN TempDim: = Curve.Segments[1].Dim;
              ELSE
              IF ('IFC_FINAL.IFCOFFSETCURVE2D'IN TYPEOF(Curve))
                THEN TempDim: = 2;
                ELSE
                IF ('IFC_FINAL.IFCOFFSETCURVE3D'IN TYPEOF(Curve))
                  THEN TempDim: = 3;
                  ELSE TempDim: = ?;
                END_IF;
              END_IF;
            END_IF;
          END_IF;
        END_IF;
      END_IF;
    END_IF;
  RETURN (TempDim);
END_FUNCTION;
(*
变量定义:
Curve:(输入)要计算维数的曲线;
TempDim:(输出)曲线的维数。
```

5.3.5.6 点积

IfcDotProduct 函数返回一个标量,即两个方向的点积。输入的变量可以是二维或三维空间中的方向,并且在计算开始时即被规范化。如果输入的方向维数不同或无定义时,则返回的标量也不确定。

EXPRESS 描述:

```
*)
FUNCTION IfcDotProduct
      (Arg1, Arg2:IfcDirection)
          :REAL;
    LOCAL
    Scalar:REAL;
    Vec1, Vec2:IfcDirection;
    Ndim :INTEGER;
```

```
  END_LOCAL;
      IF NOT EXISTS (Arg1) OR NOT EXISTS (Arg2) THEN
      Scalar:=?;
    ELSE
      IF (Arg1.Dim <> Arg2.Dim) THEN
        Scalar:=?;
      ELSE
        BEGIN
          Vec1:=IfcNormalise(Arg1);
          Vec2:=IfcNormalise(Arg2);
          Ndim:=Arg1.Dim;
          Scalar:=0.0;
          REPEAT i:=1 TO Ndim;
            Scalar:=Scalar+
                      Vec1.DirectionRatios[i] * Vec2.DirectionRatios[i];
        END_REPEAT;
      END;
    END_IF;
  END_IF;
  RETURN (Scalar);
END_FUNCTION;
(*
```

变量定义：

Arg1:(输入)定义点积或标量积运算中第一矢量的方向；

Arg2:(输入)定义点积运算中第二矢量的方向；

Scalar(标量):(输出)Arg1 和 Arg2 点积运算的标量结果。

5.3.5.7 第一投影轴

IfcFirstProjAxis 函数生成一个 3D 的方向，如果输入的数据全部定义了，则这个方向是 Arg 到垂直于 Z 轴的平面上的投影；如果使用的是缺省的 Arg，则结果是(1.0,0.0,0.0)到这个平面上的投影。除此之外，如果 Zaxis=(1.0,0.0,0.0)，则(0.0,1.0,0.0)是对 Arg 的缺省。如果 Arg 取与输入的 Z 轴同方向，则出现违例。

EXPRESS 描述：

```
*)
FUNCTION IfcFirstProjAxis
    (ZAxis, Arg:IfcDirection):IfcDirection;
  LOCAL
    XAxis:IfcDirection;
    V:IfcDirection;
    Z:IfcDirection;
    XVec:IfcVector;
  END_LOCAL;

    IF (NOT EXISTS(ZAxis)) THEN
```

```
      RETURN (?) ;
    ELSE
      Z:= IfcNormalise(ZAxis);
      IF NOT EXISTS(Arg) THEN
        IF (Z.DirectionRatios <> [1.0,0.0,0.0]) THEN
          V:= IfcDummyGri || IfcDirection([1.0,0.0,0.0]);
        ELSE
          V:= IfcDummyGri || IfcDirection([0.0,1.0,0.0]);
        END_IF;
      ELSE
        IF (Arg.Dim <> 3) THEN
          RETURN (?) ;
        END_IF;
        IF ((IfcCrossProduct(Arg,Z).Magnitude) = 0.0) THEN
          RETURN (?);
        ELSE
          V:= IfcNormalise(Arg);
        END_IF;
      END_IF;
      XVec := IfcScalarTimesVector(IfcDotProduct(V, Z), Z);
      XAxis:= IfcVectorDifference(V, XVec).Orientation;
      XAxis:= IfcNormalise(XAxis);
    END_IF;
    RETURN(XAxis);
END_FUNCTION;
(*
```

变量定义：

ZAxis(*Z* 轴)：(输入)定义一个局部 *Z* 轴的方向；

Arg：(输入)一个不平行于 *Z* 轴的方向；

XAxis(*X* 轴)：(输入)一个方向，它取 Arg 到垂直于 *Z* 轴平面上的投影方向。

5.3.5.8 规范化

IfcNormalise 函数返回一个各分量都已规范化的矢量或方向，即其为 1.0 的平方和。该输出与输入变量同类型(指输入的矢量或方向，且具有同样的单位)。如果输入变量没定义或为零长度，则输出矢量不确定。

EXPRESS 描述：

```
 *)
FUNCTION IfcNormalise
      (Arg:IfcVectorOrDirection)
        :IfcVectorOrDirection;
    LOCAL
    Ndim:INTEGER;
    V :IfcDirection
      := IfcDummyGri || IfcDirection([1.,0.]);
```

```
    Vec :IfcVector
        := IfcDummyGri || IfcVector (
            IfcDummyGri || IfcDirection([1.,0.]), 1.);
    Mag:REAL;
    Result :IfcVectorOrDirection
        := V;
  END_LOCAL;

    IF NOT EXISTS (Arg) THEN
      RETURN (?);
    ELSE
      Ndim:= Arg.Dim;
      IF'IFC_FINAL.IFCVECTOR' IN TYPEOF(Arg) THEN
        BEGIN
          Vec:= Arg;
          V:= Arg.Orientation;
          IF Arg.Magnitude = 0.0 THEN
            RETURN(?);
          ELSE
            Vec.Magnitude:= 1.0;
          END_IF;
        END;
      ELSE
        V:= Arg;
      END_IF;
      Mag:= 0.0;
        REPEAT i:= 1 TO Ndim;
          Mag:= Mag + V.DirectionRatios[i] * V.DirectionRatios[i];
        END_REPEAT;
      IF Mag>0.0 THEN
        Mag:= SQRT(Mag);
        REPEAT i:= 1 TO Ndim;
          V.DirectionRatios[i]:= V.DirectionRatios[i]/Mag;
        END_REPEAT;
          IF'IFC_FINAL.IFCVECTOR' IN TYPEOF(arg) THEN
            Vec.Orientation:= V;
            Result:= Vec;
          ELSE
            Result:= V;
          END_IF;
        ELSE
          RETURN(?);
        END_IF;
```

```
        END_IF;
        RETURN (Result);
END_FUNCTION;
```

（*

变量定义：

Arg：(输入)要规范化的一个矢量或方向；

Result(结果)：(输出)平行于 Arg 且为单位长度的一个矢量或方向。

5.3.5.9　**正交补**

IfcOrthogonalComplement 函数返回一个输入方向的正交补方向。输入方向必须是一个二维方向，结果是一个同类型且垂直于输入矢量的矢量。

EXPRESS 描述：

*）

```
FUNCTION IfcOrthogonalComplement
        (Vec:IfcDirection)
          :IfcDirection;
     LOCAL
        Result:IfcDirection ;
     END_LOCAL;
        IF NOT EXISTS (Vec) OR (Vec.Dim <> 2) THEN
          RETURN(?);
        ELSE
          Result: = IfcDummyGri || IfcDirection([-Vec.DirectionRatios[2], Vec.Direction-
Ratios[1]]);
          RETURN(Result);
        END_IF;
END_FUNCTION;
```

（*

变量定义：

Vec(矢量)：(输入)二维空间中的一个方向；

Result(结果)：(输入)垂直于 Vec 的方向。

5.3.5.10　**标量乘矢量**

IfcScalarTimesVector 函数返回一个输入矢量的标量倍数的矢量。它接受作为输入的是一个标量和一个"矢量"(其可以是方向或矢量)，输出是一个与输入矢量同单位的矢量，或当输入的是方向时，则输出无单位。如果输入变量无定义，则返回矢量也不确定。如果该标量为负值，则矢量的方向相反。

EXPRESS 描述：

*）

```
FUNCTION IfcScalarTimesVector
        (Scalar:REAL; Vec:IfcVectorOrDirection)
          :IfcVector;
     LOCAL
     V:IfcDirection;
     Mag:REAL;
     Result:IfcVector;
```

```
  END_LOCAL;
    IF NOT EXISTS (Scalar) OR NOT EXISTS (Vec) THEN
      RETURN (?) ;
    ELSE
      IF' IFC_FINAL.IFCVECTOR' IN TYPEOF (Vec) THEN
        V: = Vec.Orientation;
        Mag: = Scalar * Vec.Magnitude;
      ELSE
        V: = Vec;
        Mag: = Scalar;
      END_IF;
      IF (Mag < 0.0 ) THEN
        REPEAT i: = 1 TO SIZEOF(V.DirectionRatios);
          V.DirectionRatios[i]: = - V.DirectionRatios[i];
        END_REPEAT;
        Mag: = - Mag;
      END_IF;
      Result: = IfcDummyGri || IfcVector(IfcNormalise(V), Mag);
    END_IF;
    RETURN (Result);
END_FUNCTION;
(*
```

变量定义：

Scalar(标量)：(输入)参与乘积的一个实数；

Vec(矢量)：(输入)要乘以倍数的矢量或方向；

Result(结果)：(输出)输入标量与矢量之积的矢量。

5.3.5.11 矢量差

IfcVectorDifference 函数返回输入变量的如(Arg1-Arg2)形式的差，即返回一个矢量，其为两个输入“矢量”的矢量差的矢量。两个输入变量应当同维数，但它们可以是方向，也可以是矢量。如果两个输入变量皆为矢量，则它们必须以相同单位表达。如果两者皆为方向，则所产生的结果无单位。一个零值差矢量生成一个在 Arg1 方向上的零矢量。

EXPRESS 描述：

```
*)
FUNCTION IfcVectorDifference
    (Arg1,Arg2:IfcVectorOrDirection)
      :IfcVector;
  LOCAL
    Result:IfcVector;
    Res,Vec1,Vec2:IfcDirection;
    Mag,Mag1,Mag2:REAL;
    Ndim:INTEGER;
  END_LOCAL;
```

```
    IF ((NOT EXISTS (Arg1)) OR (NOT EXISTS (Arg2))) OR (Arg1.Dim <> Arg2.Dim)
      THEN
      RETURN (?) ;
    ELSE
      BEGIN
        IF'IFC_FINAL.IFCVECTOR' IN TYPEOF(Arg1) THEN
          Mag1:= Arg1.Magnitude;
          Vec1:= Arg1.Orientation;
        ELSE
          Mag1:= 1.0;
          Vec1:= Arg1;
        END_IF;
        IF'IFC_FINAL.IFCVECTOR' IN TYPEOF(Arg2) THEN
          Mag2:= Arg2.Magnitude;
          Vec2:= Arg2.Orientation;
        ELSE
          Mag2:= 1.0;
          Vec2:= Arg2;
        END_IF;
        Vec1:= IfcNormalise (Vec1);
        Vec2:= IfcNormalise (Vec2);
        Ndim:= SIZEOF(Vec1.DirectionRatios);
        Mag:= 0.0;
        Res:= IfcDummyGri || IfcDirection([]);
        REPEAT i:= 1 TO Ndim;
          Res.DirectionRatios[i]:= Mag1 * Vec1.DirectionRatios[i] +
                                   Mag2 * Vec2.DirectionRatios[i];
          Mag:= Mag + (Res.DirectionRatios[i] * Res.DirectionRatios[i]);
        END_REPEAT;
        IF (Mag > 0.0 ) THEN
          Result:= IfcDummyGri || IfcVector( Res, SQRT(Mag));
        ELSE
          Result:= IfcDummyGri || IfcVector( Vec1, 0.0);
        END_IF;
      END;
    END_IF;
    RETURN (Result);
END_FUNCTION;
(*
```

变量定义：

Arg1:(输入)在矢量差运算中定义第一个矢量的方向；

Arg2:(输入)在矢量差运算中定义第二个矢量的方向；

Result(结果):(输出)Arg1 和 Arg2 矢量之差的矢量。

5.3.5.12 矢量和

IfcVectorSum 函数返回输入变量之和。函数的返回是一个矢量，它是两个输入“矢量”的矢量和。两个输入变量必须同维数，但它们可以是方向，也可以是矢量。当两个输入变量皆为矢量，则它们必须具有相同单位。一个零的和矢量产生一个在 Arg1 方向上的零矢量，当两个输入变量皆为方向时，结果无单位。

EXPRESS 描述：

```
*)
FUNCTION IfcVectorSum
    (Arg1,Arg2:IfcVectorOrDirection)
      :IfcVector;
  LOCAL
    Result:IfcVector;
    Res,Vec1,Vec2:IfcDirection;
    Mag,Mag1,Mag2:REAL;
    Ndim:INTEGER;
  END_LOCAL;

    IF ((NOT EXISTS (Arg1)) OR (NOT EXISTS (Arg2))) OR (Arg1.Dim <> Arg2.Dim) THEN
      RETURN (?) ;
    ELSE
      BEGIN
        IF'IFC_FINAL.IFCVECTOR' IN TYPEOF(Arg1) THEN
          Mag1:=Arg1.Magnitude;
          Vec1:=Arg1.Orientation;
        ELSE
          Mag1:=1.0;
          Vec1:=Arg1;
        END_IF;
        IF'IFC_FINAL.IFCVECTOR' IN TYPEOF(Arg2) THEN
          Mag2:=Arg2.Magnitude;
          Vec2:=Arg2.Orientation;
        ELSE
          Mag2:=1.0;
          Vec2:=Arg2;
        END_IF;
        Vec1:=IfcNormalise(Vec1);
        Vec2:=IfcNormalise(Vec2);
        Ndim:=SIZEOF(Vec1.DirectionRatios);
        Mag:=0.0;
        Res:=IfcDummyGri || IfcDirection([]);
        REPEAT i:=1 TO Ndim;
          Res.DirectionRatios[i]:=Mag1 * Vec1.DirectionRatios[i] +
                                  Mag2 * Vec2.DirectionRatios[i];
```

```
            Mag: = Mag + (Res.DirectionRatios[i] * Res.DirectionRatios[i]);
          END_REPEAT;
          IF (Mag > 0.0 ) THEN
            Result: = IfcDummyGri || IfcVector(Res, SQRT(Mag));
          ELSE
            Result: = IfcDummyGri || IfcVector(Vec1, 0.0);
          END_IF;
        END;
      END_IF;
      RETURN (Result);
END_FUNCTION;
(*
```

变量定义：

Arg1:(输入)在矢量和运算中定义第一个矢量的方向；

Arg2:(输入)在矢量和运算中定义第二个矢量的方向；

Result(结果):(输出)Arg1 和 Arg2 矢量之和的矢量。

5.3.5.13 **第二投影轴**

IfcSecondProjAxis 函数返回一个规范化矢量，这个矢量同时为 Arg 到垂直于矢量 Z 轴平面和到垂直于矢量 X 轴平面上的投影。如果 Arg 不存在，则返回矢量(0.0,1.0,0.0)到 Z 轴上的投影。

EXPRESS 描述：

```
*)
FUNCTION IfcSecondProjAxis
      (ZAxis, XAxis, Arg: IfcDirection)
        :IfcDirection;
    LOCAL
      YAxis :IfcVector;
      V     :IfcDirection;
      Temp  :IfcVector;
    END_LOCAL;

      IF NOT EXISTS(Arg) THEN
        V: = IfcDummyGri || IfcDirection([0.0,1.0,0.0]);
      ELSE
        V: = Arg;
      END_IF;
      Temp  : = IfcScalarTimesVector(IfcDotProduct(V, ZAxis), ZAxis);
      YAxis : = IfcVectorDifference(V, Temp);
      Temp  : = IfcScalarTimesVector(IfcDotProduct(V, XAxis), XAxis);
      YAxis : = IfcVectorDifference(YAxis, Temp);
      YAxis : = IfcNormalise(YAxis);
      RETURN(YAxis.Orientation);
 END_FUNCTION;
 (*
```

变量定义：

Zaxis(*Z* 轴)：(输入)定义一个局部 *Z* 轴的方向；

Xaxis(*X* 轴)：(输入)不平行于 *Z* 轴的一个方向；

Arg：(输入)用作第一个近似于 *Y* 轴方向的方向；

Yaxis. Orientation(*Y* 轴方向)：首先投影 Arg 到垂直于 *Z* 轴的平面上，然后将这个结果投影到垂直于 *X* 轴的平面上所确定的方向。

*)

END_SCHEMA；

(*

5.4 拓扑

5.4.1 引言

下面的 EXPRESS 描述 IFCTOPOLOGYRESOURCE(拓扑)，并标识了必要的外部引用。

EXPRESS 描述：

*)

```
SCHEMA IFCTOPOLOGYRESOURCE;
  REFERENCE FROM IFCGEOMETRYRESOURCE
      (IfcCartesianPoint,
      IfcDimensionCount,
      IfcPoint,
      IfcCurve,
      IfcLine,
      IfcPolyline,
      IfcTrimmedCurve,
      IfcCompositeCurve,
      IfcAxis2Placement2D,
      IfcAxis2Placement3D,
      IfcRepresentationItem,
      IfcCircle,
      IfcEllipse,
      IfcSurface,
      IfcPlane,
      IfcCurveBoundedPlane);
```

(*

注 1：上面引用的模式可在本标准的下述部分中找到：

IFCGEOMETRYRESOURCE(几何)见 5.3。

注 2：本模式的图形表达见附录 B 的图 B.36～图 B.37。

5.4.2 基本概念与设定

拓扑模式定义用于拓扑表达的各种资源。这个资源的首要应用就是其在形状的边界表达或产品模型的几何形状。

下列内容在拓扑模式的表达范围：

- 基本的拓扑实体定义，包括顶点、边和面，及其它们的特殊的子类型，这些子类型分别与几何中的点、曲线和面关联；
- 形成拓扑结构的基本实体集和，包括路径、环和壳，以及保证这些结构完整性的约束；

- 拓扑实体的方向。

5.4.3 拓扑模式的类型定义

5.4.3.1 壳

IfcShell定义较复杂模型时的引用，这个类型把具有壳特征的子类型集合到一起。壳是一个有确定维数($d=0$,1或2)的一个连通对象，典型地用于一个界定的区域。一个壳的域，如果存在的话，包括它的界且$0\leqslant \Xi \leqslant \infty$。

- 维数为0的壳由一个单顶点构成的图表达，这个顶点没有任何相联的边；
- 维数为1的壳是由一维的连通图表达的；
- 维数为2的壳是由沿边连接的面构成的一个拓扑实体。它的域，如果存在的话，是一个连通的、可定向的、带有边界的二维流形，即是一个连通的、有向的、有限的、非自相交的闭的或开的曲面。

维数为0和1的壳的表达不在IFC这个版本表达范围之内。

EXPRESS描述：

```
*)
TYPE IfcShell = SELECT
    (IfcClosedShell,
    IfcOpenShell);
END_TYPE;
(*
```

5.4.4 拓扑模式的实体定义

5.4.4.1 拓扑表达项

IfcTopologicalRepresentationItem定义构成一个对象表达的实体的拓扑或相连性。拓扑表达项在拓扑模式中是所有表达项的超类型。

EXPRESS描述：

```
*)
ENTITY IfcTopologicalRepresentationItem
    ABSTRACT SUPERTYPE OF (ONEOF(IfcConnectedFaceSet,
                                 IfcEdge,
                                 IfcFace,
                                 IfcFaceBound,
                                 IfcPath,
                                 IfcVertex,
                                 IfcLoop))
    SUBTYPE OF(IfcRepresentationItem);
END_ENTITY;
(*
```

5.4.4.2 顶点

IfcVertex定义对应于一个点的拓扑结构。它是零维的且其大小量度也为零。顶点的域如果存在的话是一个m维实空间R^m中的一个点，用顶点点子类型表达。

EXPRESS描述：

```
*)
ENTITY IfcVertex
    SUBTYPE OF(IfcTopologicalRepresentationItem);
```

```
END_ENTITY;
(*
```

非形式约束：

IP1:顶点的维数为零,这是顶点的基本特征；

IP2:顶点的大小量度也定义为零。

5.4.4.3 顶点点

IfcVertexPoint 定义一个顶点,它具有定义为一个点的几何。

EXPRESS 描述：

```
*)
ENTITY IfcVertexPoint
    SUBTYPE OF(IfcVertex);
      VertexGeometry:IfcPoint;
END_ENTITY;
(*
```

属性定义：

VertexGeometry(顶点几何):为一几何点,它定义顶点在几何空间中的位置。

非形式约束：

IP1:顶点的域形式上定义为它的顶点几何的域。

5.4.4.4 边

IfcEdge 定义对应于两顶点间连接的拓扑结构,更抽象地说,它可以代表两个顶点间的一种逻辑关系。边的域,如果存在的话,是 R^m 中一条有限的、非自相交的开曲线,即一个连通的一维流形。一个边的边界为两个顶点,它们未必是不同的。边通过选择从第一顶点到第二顶点的遍历方向来定向。如果两顶点相同,则该边是一个自环(self_loop)。边的域不包括边界,且 $0 \leqslant \Xi \leqslant \infty$。与一个边相关联的可以是一条几何曲线,以在坐标空间中定位这个边,这是通过边曲线子类型表达的。这条曲线在该边的域内是有限的和非自相交的,一个边是一个图,这样,它的重数 M 和图亏格 G^e 就可能由图的遍历算法来确定。因为 $M=\varepsilon=1$,故欧拉方程在这种情况下可简化为：

$v-(2-G^e)=0$

式中:$v=1$ 或 2,而 $G^e=1$ 或 0。

特别地,定义数据的拓扑边应满足：

一个边有两个顶点,

$|E\{V\}|=2$;

顶点未必相同,$1 \leqslant |E\{V\}| \leqslant 2$;

方程 $v-(2-G^e)=0$ 应使 $|E\{V\}|-2+G^e=0$;

EXPRESS 描述：

```
*)
ENTITY IfcEdge
    SUPERTYPE OF (ONEOF(IfcOrientedEdge, IfcEdgeCurve))
    SUBTYPE OF(IfcTopologicalRepresentationItem);
      EdgeStart:IfcVertex;
      EdgeEnd  :IfcVertex;
END_ENTITY;
(*
```

属性定义：

EdgeStart(边始点):边的始点(顶点);

EdgeEnd(边终点):边的终点(顶点)。边始点和边终点可能使用同一个顶点。

非形式约束:

IP1:边的维数为1;

IP2:边的度量应是有限但非零的。

5.4.4.5 边曲线

IfcEdgeCurve 定义边的一个特殊子类型,它有完全定义它的几何,该几何通过该边与一条可以是非有界的曲线的联系来定义。由于拓扑与几何的方向可能相反,故一个(同向——same_sense)指示器用来标识边与曲线的方向是相同还是相反。该逻辑值用真(TRUE)指示曲线与边的方向相同,用假(FALSE)指示它们的方向相反。任何与该边顶点相联系的几何都应当与该边的几何相容。多个边可以引用同一条曲线。

EXPRESS 描述:

```
*)
ENTITY IfcEdgeCurve
    SUBTYPE OF(IfcEdge);
      EdgeGeometry  :IfcCurve;
      SameSense     :BOOLEAN;
END_ENTITY;
(*
```

属性定义:

EdgeGeometry(边几何):定义该边的形状与空间位置的曲线,这条曲线可以是无界的,且隐含该曲线可被边的顶点剪裁。这定义了边的域。

SameSense(同向):这个逻辑值用于指示该边的方向与定义该边几何的曲线方向相同(TRUE)还是不同(FALSE)。一个边的方向是从边的始顶点到边的终顶点,曲线的方向是参数值递增的方向。

非形式约束:

IP1:边曲线的域形式上定义为被顶点剪裁它的边几何的域。这个域不含顶点;

IP2:边曲线具有非零的有限量值;

IP3:边曲线是一个流形;

IP4:边曲线是弧式连通的;

IP5:边的始顶点不是边域的一部分;

IP6:边的终顶点不是边域的一部分;

IP7:顶点几何与边几何应当一致。

5.4.4.6 有向边

IfcOrientedEdge 定义由另一个边构成的边且包含一个布尔(BOOLEAN)方向标志,以指示所构造的边与原边的方向是否一致。除可重新定义方向外,这个有向边与原边等价。

注:在实体建模系统中,一个普通的习惯做法是要有表达一个边的"用途"或"遍历"的实体,这个"用途"实体显式地表达一个流形实体的要求,即每个边仅能通过两次,每个方向一次。"用途"的功能是由边的子类型有向边(IfcOrientedEdge)提供的。

EXPRESS 描述:

```
*)
ENTITY IfcOrientedEdge
    SUBTYPE OF(IfcEdge);
      EdgeElement            :IfcEdge;
```

```
    Orientation              :BOOLEAN;
  DERIVE
    SELF\IfcEdge.EdgeStart  :IfcVertex:= IfcBooleanChoose
         (Orientation, EdgeElement.EdgeStart, EdgeElement.EdgeEnd);
    SELF\IfcEdge.EdgeEnd    :IfcVertex:= IfcBooleanChoose
         (Orientation, EdgeElement.EdgeEnd, EdgeElement.EdgeStart);
  WHERE
    WR1:NOT('IFC_FINAL.IFCORIENTEDEDGE'IN TYPEOF(EdgeElement));
END_ENTITY;
(*
```

属性定义：

EdgeElement(边元)：用于构造有向边的边实体。

Orientation(方向)：布尔值。如果为真(TRUE)，则拓扑方向与从边元的始顶点和终顶点的方向重合。

EdgeStart(边的始顶点)：有向边的始顶点。这是在考虑到方向属性后由边元顶点导出的。

EdgeEnd(边终顶点)：有向边的终顶点。这是在考虑到方向属性后由边元顶点导出的。

形式约束：

WR1：边元不应是一个有向边。

5.4.4.7 路径

IfcPath 定义由有向边的有序集合构成的一个拓扑实体，其使每个边的始顶点与前一个边的终顶点重合。这个路径的排序是从第一个有向边的边始顶点到最后一个有向边的边终顶点。在有向边中，方向属性的布尔值指示该边的方向与该路径的方向相同(TRUE)还是相反(FALSE)。

每个边仅可能被一个单个路径引用一次。一个边可能被多个路径引用。一个边的存在可能独立于一条路径。

EXPRESS 描述：

```
*)
ENTITY IfcPath
    SUBTYPE OF(IfcTopologicalRepresentationItem);
    EdgeList:LIST [1 : ?] OF UNIQUE IfcOrientedEdge;
  WHERE
    WR1:IfcPathHeadToTail(SELF);
END_ENTITY;
(*
```

属性定义：

EdgeList(边表)：有向边实体的表，其连在一起构成这个路经。

形式约束：

WR1：每一个有向边的终顶点应与其后继有向边的始顶点相同。

非形式约束：

IP1：路径的维数为 1；

IP2：路径是弧式连通的；

IP3：除了公共顶点外，路径的各边都是不相交的；

IP4：路径是有限的，且具有非零值；

IP5：路径不应包括带有同一个边元和同一个方向的两个有向边。

5.4.4.8 环

IfcLoop 定义由单一顶点，或由始终顶点相同的连成一串的(有向)边或直线段所构成的一个拓扑实体。环的维数为 0 或 1，0 维环的域是一个单点；1 维环的域是相连接的有向曲线，但不需要是一个流形。由于环是一个循环，所以，它始/终点的位置是任意的，环的域包括它的界，且 0≤Ξ<∞。

一个环由单一顶点、或通过有向边的有序集合，或通过点的有序集合来表达。

一个环是一个图，因此，其 M 和图亏格 G^l 可通过图的遍历算法确定，由于 $M=1$，故欧拉方程在这种情况下可简化为：

$(V-E_l)-(1-G^l)=0$

式中：V 和 E_l 是环中的单独的顶点和有向边的个数，G^l 是环的亏格。

EXPRESS 描述：

```
*)
ENTITY IfcLoop
     SUBTYPE OF(IfcTopologicalRepresentationItem);
END_ENTITY;
(*
```

非形式约束：

IP1：一个环具有有限的量值，在顶点环的情况下，其量值为 0；

IP2：一个环描述一个封闭的(拓扑)曲线，其具有重合的始、终顶点。

5.4.4.9 多边环

IfcPolyLoop 定义在空间中界定一个平面区域的直边环。多边环是一个亏格为 1 的，其环由形成该环顶点的有序共面点的集合表达。该环是通过连接集合中的一个点到集合中下一个点的直线段组成。封闭段是从该集合中最后一点到第一点。环的方向取线段的方向。与边环实体不同，多边环的边隐含是由多边环的点定义的。

注：这个实体的存在主要是为简化小面片的 B-rep(边界表达法)模型的有效通信。

多边环应遵守下述的拓扑约束条件：

环的亏格为 1；

方程 $(V-E_l)-(1-G^l)=0$ 应满足 $|(L)\{V\}|-|(L)\{E_l\}|=0$。

EXPRESS 描述：

```
*)
ENTITY IfcPolyLoop
    SUBTYPE OF(IfcLoop);
     Polygon:LIST[3 : ?]OF UNIQUE IfcCartesianPoint;
     DERIVE
       Dim     :IfcDimensionCount: = Polygon[1].Dim;
     WHERE
     WR21:SIZEOF(QUERY(Temp <* Polygon | Temp.Dim <> Polygon[1].Dim)) = 0;
END_ENTITY;
(*
```

属性定义：

Polygon(多边形)：定义该环的点表。在这个表中无重复点；

Dim(维数)：这个类的空间维数。从第一个点的维数导出。

形式约束：

WR21：所有点的空间维数相等。

非形式约束：

IP1:定义多边环的多边形里的点应该共面。

5.4.4.10 面边界

IfcFaceBound 定义一个用于面的环。

EXPRESS 描述：

```
*)
ENTITY IfcFaceBound
    SUBTYPE OF(IfcTopologicalRepresentationItem);
      Bound      :IfcLoop;
      Orientation:BOOLEAN;
END_ENTITY;
(*
```

属性定义：

Bound(边界)：用作一个面的边界的环；

Orientation(方向)：指示在首次定义时，该环的方向与用于界定该面的有向边的方向是(TRUE)或否(FALSE)相同。如果方向假，则所有用于该面的有向边的方向隐含着相反的意义。

5.4.4.11 面的外边界

IfcFaceOuterBound 定义面边界的一个特殊子类型，其含义定义该面外部边界的附加语义。一个面不能有多于一个的外边界类型。

EXPRESS 描述：

```
*)
ENTITY IfcFaceOuterBound
    SUBTYPE OF(IfcFaceBound);
END_ENTITY;
 (*
```

5.4.4.12 面

IfcFace 定义一个维数为 2 的拓扑实体，其对应于由环界定的曲面的一部分的直观表达。它的域(如果存在的话)是 R^m 空间的一个有向的、连通的、有限的二维流形。面的域不应有柄，但它可以有洞，每个洞由一个环界定。面的基础几何域(如果存在的话)不包含它的边界，且 $0<\Xi<\infty$。面由它的界定环表达，其定义为面边界。一个面至少有一个边界，且这些边界应当不同，并且不得相交。一个环的有选择的分类是面的其他边界都在外环之“内”。因为面域是弧式连通的，因此，内环不会再包含任何其他环。在这个平面内的其他嵌入选择都将不加考虑。

一个几何曲面可以与一个面相联系。这可以通过显式的面曲面(IfcFaceSurface)子类型或当该面由多边环定义时通过隐含的方式来做到这一点，对隐含的情况，曲面是包含多边环诸点的平面。在这两种情况下，一个拓扑的法矢量 n 与该面相联系，致使叉积 $n\times t$ 指向该面的内部，其中 t 是边界环的切矢量。当我们重点考虑的法矢量 n 时，即从上方观察时，每个环都绕着该面反时针方向运转。每个环都通过面边界实体与一个布尔标志相关联以指示该环的方向相对于该面的法矢量定向是一致的(TRUE)还是相反(FALSE)。

对于面曲面子类型的面，拓扑法矢量 n 的定义取自基曲面的法矢量，同时带有一个布尔属性同向(same_sense)，这通过上述的叉积规则依次确定该环处于面内的那一侧。对于隐含平面曲面的面，情况有所不同，如由多边环定义的面，其没有唯一的曲面法矢量。因为该面及其边界环位于一个平面内，故外环总可以找到而没有二义性。由于要求面是有限的，因此，面的内部必然位于外环的内侧和其余每一个环的外侧。这些条件与规定环的方向一起，用上述的叉积规则定义拓扑的法矢量。对于一个给定的面，全部的多边环的方向对 n 都应产生同样的值。

由面的环引用的边和顶点形成了一个图，图中的各个环都是连通的部分。这个图的欧拉方程变成：

$$(V-E)-(L-\sum_{i=1}^{L}(G_i^L))=0$$

其中 G_i^L 是该图第 i 个环的亏格。

EXPRESS 描述：

```
*)
ENTITY IfcFace
    SUBTYPE OF(IfcTopologicalRepresentationItem);
      Bounds:SET [1 : ?] OF IfcFaceBound;
    WHERE
      WR1:SIZEOF(QUERY(temp <* Bounds | 'IFC_FINAL.IFCFACEOUTERBOUND' IN TYPEOF(temp)))<= 1;
END_ENTITY;
(*
```

属性定义：

Bounds(边界)：面的边界，其中最多有一个是面的外边界。

形式约束：

WR1：至多一个边界为面外边界类型。

非形式约束：

IP1：边被面引用不可对于两次。在同一方向上不可多于一次；

IP2：面的不同面边界不应有公共顶点；

IP3：如果几何存在，则同一个面的不同环不应相交；

IP4：面应满足欧拉方程：(顶点个数)－(边的个数)－(环的个数)＋各环的亏格之和＝0；

IP5：有关边界的每一个环都应是唯一的。

5.4.4.13 面曲面

IfcFaceSurface 定义面的一个特殊子类型，其几何是由一个相关联的曲面定义的。该面所使用的曲面部分作为一个可能带有洞的开“盘”应是可嵌入平面内的。然而，该面同它的定界环的边和顶点的组合并未必要嵌入该平面。例如，它可能覆盖整个球面或圆环面。由于已经定义了面和几何曲面两者的法方向，所以一个布尔标志(方向属性)用于指示去面的法向与该面的法向相同(TRUE)，还是相反(FALSE)。与面的各环的任何组成部分相关联的几何都应与该曲面的几何相一致。在这种意义上，所有顶点和边曲线的域都应包含在这个面的几何曲面中。多个面曲面可引用一个曲面。

EXPRESS 描述：

```
*)
ENTITY IfcFaceSurface
    SUBTYPE OF(IfcFace);
      FaceSurface:IfcSurface;
      SameSense  :BOOLEAN;
END_ENTITY;
(*
```

属性定义：

FaceSurface(面几何)：定义面的固有形状的曲面。这个曲面可能是无界的。由该曲面和在继承属性 bounds 中的定界环定义该面的域。

SameSense(同向)：这个标志指示该曲面的法线方向与该面的拓扑方向是(TRUE)或否(FALSE)

一致。

非形式约束：

IP1：面曲面的域形式地定义为利用环剪裁过的面几何的域。这个域不包括定界环；

IP2：面曲面具有非零的有限量度值；

IP3：面曲面是一个流形；

IP4：面曲面是弧式连通的；

IP5：面曲面有曲面的亏格零；

IP6：环不是面域的一部分；

IP7：环几何应与面几何一致。这意味着界定该面曲面的环的定义中使用的任何边曲线或顶点点都位于该面几何之上；

IP8：面的各环不应相交。

5.4.4.14 开壳

IfcOpenShell 定义一个二维壳。它的域如果存在的话是一个有限的、连通的、有向的、带有边界的二维流形，但不是一个封闭的曲面。它可作为在一个封闭壳中冲出一个或多个孔的设想。一个开壳的域满足 $0<\Xi<\infty$。开壳在功能上比面更具有一般性，因为它的域可能有柄。

壳由面的集合来定义，这些面可以是有向面。在考虑了该方向之后，每个面的方向应与下面定义的壳的法线方向一致。这个方向可能作为布尔属性有向面直接提供，或在该壳的成员是一个元方向属性面时，这个方向被缺省为真(TRUE)。

下面设计了在开壳上的组合约束和它们的域上的几何约束，连同非形式约束一起，保证了任何与一开壳相关联的域都是可定向的流形。

每个面的引用应是唯一的；

一个开壳应当至少有一个面；

一个给定的面可存在于多于一个的开壳中。

开壳的边界是由它的面的边界(环)仅访问一次的边及其全部顶点所组成。开壳的域如果存在的话包括它的各个面的全部边和顶点。

注：这个面域的定义稍有不同，其包括不论它的哪一个边界。例如，一个面的域可能不包括一个孤立点或一个直线段，但一个开壳的域却可以包括它们。

在当前的 IFC 版本中，只为面边界(IfcFaceBound)的边界定义了多边环。这只允许小面片的 B-rep(边界表达法)。要得到进一步的说明，包括满足的欧拉方程，请参考 GB/T 16656.42。

EXPRESS 描述：

```
*)
ENTITY IfcOpenShell
    SUBTYPE OF(IfcConnectedFaceSet);
END_ENTITY;
(*
```

非形式约束：

IP1：每个边应被面的环至少引用一次，但不多于两次；

IP2：每个有向边的引用应是唯一的；

IP3：一个边不可以被多于两个的面引用；

IP4：这个壳的不同的面不应相交，但可以共享边或顶点；

IP5：不同的边不应相交，但可以共享顶点；

IP6：应满足欧拉方程；

IP7：开壳应是一个有向弧式连通的二维流形；

IP8:开壳至少应包含一个洞;

IP9:开壳的每个面的拓扑法方向应与该开壳的拓扑法方向一致。

5.4.4.15 封闭壳

IfcClosedShell 定义一个二维壳,其典型地用作在 R^3 空间中一个区域的边界。封闭壳没有边界,但有非零的有限量值。如果该壳具有 R^3 坐标空间的一个域,则它把该空间分成两个连通的区域,一个是有限的,另一个是无限的。在这种情况下,该壳的拓扑方向直接定义为从有限区域到无限区域。

这个壳由一个面的集合定义,这些面可以是有向面。在考虑这个方向后,每个面的方向,都应与上面定义的壳的法线方向一致。该方向可能直接作为有向面的布尔属性提供或当这个壳的成员是一个无方向属性的面时,其缺省为真(TRUE)。

封闭壳上的组合约束和它们的域上的几何约束保证与一个封闭壳相联的任何域都是封闭的、可定向的流形。封闭壳的域如果存在,则是一个连通的、封闭的、有向的二维流形。在拓扑的意义上,它总是等价于一个 H 重(H_fold)圆环面(对于某 $H \geqslant 0$)。数字 H 称为该壳的曲面亏格。如果亏格为 H 的壳有一个带有坐标空间 R^3 的域,则空间内部的有限区域在拓扑上等价于一个钻有 H 个通洞的实球。

该曲面的欧拉方程(7)适用于 $\beta=0$,因为,在这种情况下,没有洞。按开壳的情况,曲面的亏格 H 可能事先并不知道,但应当是一个不小于 0 的整数。因此,明确构成精确闭壳的必要而不充分的条件下:

$V-E-L$ 应为偶数且 $\leqslant 2-2F$。

在当前的 IFC 版本中,只为面边界的边界定义了多边环。这样只允许小面的 B-rep 方法。

EXPRESS 描述:

```
*)
ENTITY IfcClosedShell
    SUBTYPE OF(IfcConnectedFaceSet);
END_ENTITY;
(*
```

非形式约束:

IP1:面的环仅应引用每个边两次;

IP2:每一个有向边的引用应是唯一的;

IP3:不应有多于两个的面引用一个边;

IP4:壳的不同面不应相交,但可以共享边或顶点;

IP5:不同的边不应相交,但可以共享边或顶点;

IP6:每一个面的引用应是唯一的;

IP7:壳的环不应是多边环和其他类型的混合体;

注:虽然只定义多边环作为面边界的定义,还是给出了这个非形式约束。

IP8:封闭壳应是一个有向的、弧式连通的流形;

IP9:应满足欧拉方程;

IP10:封闭壳的每个面的拓扑法方向都应与该封闭壳拓扑法方向一致。这意味着在考虑了方向之后,如果每个面的方向存在应从由封闭壳界定的有界区域指向无限区域的外部。

5.4.4.16 连通边集

IfcConnectedFaceSet 定义一个边的集合,它使边的域与界定它们的点是弧式连通的。

EXPRESS 描述:

```
*)
ENTITY  IfcConnectedFaceSet
    SUPERTYPE OF (ONEOF(IfcClosedShell, IfcOpenShell))
    SUBTYPE OF(IfcTopologicalRepresentationItem);
```

```
        CfsFaces     :SET[1 : ?] OF IfcFace;
    END_ENTITY;
    (*
```

属性定义：

CfsFaces:在公共顶点上弧式连通的边的集合。

非形式约束：

IP1:连通边集的维数为1；

IP2:连通边集的边的域不应相交。

5.4.5 拓扑模式的函数定义

5.4.5.1 布尔选择

IfcBooleanChoose 函数依布尔输入变量的值返回两种选择之一。这两种选择也是输入变量。

EXPRESS 描述：

```
*)
FUNCTION IfcBooleanChoose
  (B:BOOLEAN ;
      Choice1,   Choice2 :GENERIC :Item) :GENERIC :Item;
      IF B THEN
         RETURN (Choice1);
      ELSE
         RETURN (Choice2);
      END_IF;
END_FUNCTION;
(*
```

变量定义：

B:(输入)用于选择元素 Choice1(真)或 Choice2(假)的布尔值；

Choice1:(输入)可选择的第一个项；

Choice2:(输入)可选择的第二个项。

5.4.5.2 路径首尾

IfcPathHeadToTail 函数对于输入路径的各边，如果每个边的终顶点与下一个边的始顶点相同，则返回真。

EXPRESS 描述：

```
*)
FUNCTION IfcPathHeadToTail
   (APath :IfcPath) :LOGICAL;
     LOCAL
       N:INTEGER := 0;
       P:LOGICAL := UNKNOWN;
      END_LOCAL;
        N := SIZEOF (APath.EdgeList);
      REPEAT i := 2 TO N;
         P:= P AND (APath.EdgeList[i - 1].EdgeEnd :=:
                     APath.EdgeList[i].EdgeStart);
      END_REPEAT;
```

```
    RETURN (P);
  END_FUNCTION;
  (*
  变量定义:
  APath:(输入)一个路径,需要检查它的各组成分的排序是否是顺序的首尾相接。
  *)
  END_SCHEMA;——IFCTOPOLOGYRESOURCE
  (*
```

5.5 几何模型

5.5.1 引言

下面的 EXPRESS 描述 IFCGEOMETRICMODELRESOURCE(几何模型),并标识了必要的外部引用。

EXPRESS 描述:

```
*)
SCHEMA IFCGEOMETRICMODELRESOURCE;
  REFERENCE FROM IFCGEOMETRYRESOURCE
      (IfcDimensionCount,
       IfcGeometricRepresentationItem,
       IfcSurface,
       IfcCartesianPoint,
       IfcDirection,
       IfcAxis1Placement,
       IfcLine,
       IfcCircle,
       IfcVectorSum,
       IfcAxis2Placement3D,
       IfcCompositeCurve,
       Ifc2DCompositeCurve,
       IfcPolyline,
       IfcTrimmedCurve,
       IfcPlane,
       IfcDummyGri,
       IfcCurve,
       IfcPoint,
       IfcVector,
       IfcDotProduct);
  REFERENCE FROM IFCMEASURERESOURCE
      (IfcPositiveLengthMeasure,
       IfcPlaneAngleMeasure);
  REFERENCE FROM IFCPROFILERESOURCE
      (IfcCircleProfileDef,
```

```
        IfcRectangleProfileDef,
        IfcTrapeziumProfileDef,
        IfcEllipseProfileDef,
        IfcRoundedRectangleProfileDef,
        IfcProfileDef,
        IfcProfileTypeEnum);
  REFERENCE FROM IFCTOPOLOGYRESOURCE
       (IfcClosedShell,
        IfcConnectedFaceSet,
        IfcShell);
        (*
```

注 1：上面引用的模式可在本标准的下述部分中找到：

IFCGEOMETRYRESOURCE(几何)见 5.3；

IFCTOPOLOGYRESOURCE(拓扑)见 5.4；

IFCPROFILERESOURCE(截面)5.8；

IFCMEASURERESOURCE(度量)见 5.12；

注 2：本模式的图形表达见附录 B 的图 B.10～图 B.14。

5.5.2 基本概念与设定

几何模型模式定义用于几何模型表达的资源。这个资源的主要应用是为了表达产品模型的形状或几何外形。

下面的内容在当前几何模型资源版本的几何模型表达的范围内：

- 三维实体对象的精确几何数据描述；
- 构造实体几何(CSG)模型；
- 半空间(简单 CSG 不在范围内)定义；
- 用扫掠操作(只有扫掠面实体)建立实体模型；
- 多种边界表达(Brep)模型(限制于小面片 Brep)；
- 表面模型；
- 几何集。

构造实体几何模型用它们的构成体素和在它们的构造过程中使用的一系列布尔运算(并、交或差)来表达。进行布尔运算逻辑顺序联系的实体是布尔结果(IfcBooleanResult),它标识一个运算符和两个运算项。因为运算项本身又可以是布尔结果,因此,能够嵌套运算。扫掠实体和半空间实体允许布尔操作。扫掠实体是旋转体和线性拉伸实体。扫掠实体通过拉伸或扫掠一个可以带洞的平面得到。半空间实体实质上可定义为在曲面一侧的半无限实体,它可通过箱域进行限定。

Brep 模型用定义它们的内外部边界的壳集合来表达。小面片的 Brep 被约束,以表达在其中的全部 Brep 面是平面,且每个环是多边环。对于这样的立体,这个实体提供了更有效的表达形式。基于壳的表面模型、基于面的表面模型和几何集实体不强制进行多实体 Brep 完整性检查,可以用于不完整模型(包括二维模型)的通信。

5.5.3 几何模型模式的类型定义

5.5.3.1 布尔运算符

IfcBooleanOperator 定义了三个用于 CSG 实体定义中使用的布尔运算符。

EXPRESS 描述：

```
*)
```

```
TYPE IfcBooleanOperator = ENUMERATION OF
    (UNION,
     INTERSECTION,
     DIFFERENCE);
END_TYPE;
```

(*

枚举项定义：

UNION:(并)构造由两个实体定义的立体的正则集合论的并运算；

INTERSECTION:(交)构造由两个实体定义的立体的正则集合论的交运算；

DIFFERENCE:(差)由两个实体定义的立体间的正则集合论的差运算。

5.5.3.2 几何集选择

IfcGeometricSetSelect 标识能够在一个几何集中出现的实体类型。

EXPRESS 描述：

*)

```
TYPE IfcGeometricSetSelect = SELECT
    (IfcPoint,
     IfcCurve,
     IfcSurface);
END_TYPE;
```

(*

5.5.3.3 CSG 选择

IfcCsgSelect 标识可以选择 CSG 树之根的实体类型，其中单个 CSG 体素不在 IFC 当前版本范围之内。

EXPRESS 描述：

*)

```
TYPE IfcCsgSelect = SELECT
    (IfcBooleanResult);
END_TYPE;
```

(*

5.5.3.4 布尔运算项

IfcBooleanOperand 标识全部可参与布尔运算以形成 CSG 实体的实体类型，其中单个 CSG 体素不在 IFC 当前版本范围之内。布尔运算的结果本身可以作为布尔运算项，所以布尔操作可以嵌套。

EXPRESS 描述：

*)

```
TYPE IfcBooleanOperand = SELECT
    (IfcSolidModel,
     IfcHalfSpaceSolid,
     IfcBooleanResult);
END_TYPE;
```

(*

5.5.4 几何模型模式的实体定义

5.5.4.1 实体模型

IfcSolidModel 定义产品标称形状的完整表达，它使其内部的点也都被连接起来。任何一点都可分类成一个实体的内点、外点或边界点。

EXPRESS 描述：

```
*)
ENTITY IfcSolidModel
    ABSTRACT SUPERTYPE OF (ONEOF(IfcManifoldSolidBrep,
                                 IfcSweptAreaSolid,
                                 IfcCsgSolid))
      SUBTYPE OF(IfcGeometricRepresentationItem);
      DERIVE
        Dim :IfcDimensionCount := 3;
END_ENTITY;
(*
```

属性定义：

Dim(维数)：实体的维数，总是 3。

5.5.4.2 流形实体的 Brep

IfcManifoldSolidBrep 定义一个或多个曲面界定的、有限的、弧式连通的立体，每一曲面都是连通的、有向的、有限的、封闭的二维流形。在这个立体中通孔的个数没有限制，空隙的个数也没有限制。

流形实体的边界表达(Brep)利用了嵌入在连通的、有向的、有限的、封闭的二维流形中的边和顶点的图。嵌入的图把该曲面分在称为面的弧式连通区域。因此，这些边和顶点构成了面的边界且面域不包括它的边界。嵌入的图可以是不连通的和可以是一个的图。图都加上标记，即图中的每个实体都有唯一的标志。用于规定一个面的几何的几何曲面的定义应当是在该面的域内可嵌入平的二流形，换句话说，它应当是连通的、有向的、有限的、非自相交的，且曲面的亏格为零。

面除沿着它的边界外是不相交的。沿着面边界的每个边至多被该面族中的另外一个面所共有。在 Brep 中的边族，除在它们的边界(即顶点)处外，也不相交于规定几何的几何曲线的定义应是弧式连通的。边在边域内不应自相交或重叠。边几何与由它形成部分边界的面的几何应是相容的。

用于定义顶点的几何应与由它形成部分边界的面和边的几何是相容的。

一个 Brep 应由一个或多个分离的封闭壳表达。一个外壳可以完全包围全部其他壳，其他壳不可以包围一个壳。定义带有一个或多个内部空隙的 Brep 的工具由子类型提供。下列形式的欧拉方程应被满足，其中 V、E、F、L_l 和 S 是该模型中单一顶点、边、面、面边界和壳的个数，G^s 是各壳的亏格之和：

$$x_{ms}=V-E+2F-L_l-2(S-G^s)=0$$

在当前版本的 IFC 模型中，所有 IfcManifoldSolidBrep 类型的实例必须是小面片的 Brep 类型的，只能用 IfcPolyLoop 作为 IfcFaceBound 的边界。

EXPRESS 描述：

```
*)
ENTITY IfcManifoldSolidBrep
    ABSTRACT SUPERTYPE OF (ONEOF(IfcFacetedBrep, IfcFacetedBrepWithVoids))
    SUBTYPE OF(IfcSolidModel);
      Outer :IfcClosedShell;
END_ENTITY;
(*
```

属性定义：

Outer(外部)：定义实体边界的封闭壳。该壳的法向应背向实体的内部。

非形式约束：

IP1：流形实体 Brep 的维数为 3；

IP2：流形实体 Brep 的量值应是有限的且非零；

IP3：流形实体 Brep 的全部元素都应有已定义的相联几何；

IP4：壳的法线应该是 Brep 的法线，指离 Brep 的实体表达；

IP5：流形实体 Brep 的壳仅引用每一个面一次；

IP6：对于 Brep，应满足欧拉方程，其中对于 Brep 的壳来说，壳亏格是各亏格值之和。

5.5.4.3 带有空隙的小面片 Brep

IfcFacetedBrepWithVoids 定义小面片 Brep 的一种特殊类型，其内部包含一个或多个洞。将这些洞表达为封闭壳，其定义使有向的封闭壳的法向指向空隙。

EXPRESS 描述：

```
*)
ENTITY IfcFacetedBrepWithVoids
    SUBTYPE OF(IfcManifoldSolidBrep);
      Voids :SET[1 : ?] OF IfcClosedShell;
END_ENTITY;
 (*
```

属性定义：

Voids(洞)：定义实体内洞的封闭壳集。

非形式约束：

IP1：每一个洞壳应与外壳及每个其他洞壳相分离；

IP2：每个洞壳都应包含在外壳之内，但不在任何其他洞壳之内。具体地说，外壳不在洞壳集合内；

IP3：每个在 IfcManifoldSolidBrep 内的壳仅应被引用一次；

IP4：所有 IfcFacetedBrep 中的壳的所有表面的所有边界环应该是 IfcPolyLoop 类型。

5.5.4.4 小面片 Brep

IfcFacetedBrep 定义边界表达模型的一种简单形式，在其中，所有的面都是平面且所有的边都是直线。与 Brep 模型不同，在小面片模型中，边和顶点不是显示表达的，但可以通过多边环实体隐式地利用。小面片 Brep 必须满足与流形实体 Brep 同样的拓扑约束条件。

注：为了支持仅带有平面的允许边界类型实体表达的大量系统，采用这种小面片 Brep。

EXPRESS 描述：

```
*)
ENTITY IfcFacetedBrep
    SUBTYPE OF(IfcManifoldSolidBrep);
END_ENTITY;
 (*
```

非形式约束：

IP1：在小面片 Brep 中所有壳的、所有面的、所有边界环都应是 IfcPolyLoop 类型。

5.5.4.5 CSG 实体

IfcCsgSolid 是利用正则布尔运算组合的所谓体素实体的集合定义的、表达成一个 CSG 模型的一个实体。所允许的运算有交(intersection)、并(union)、差(difference)。作为一种特殊情况,CSG 实体也可能由单个的 CSG 体素构成。

CSG 实体的完整定义需要两类信息:几何的和结构的。

几何信息由实体模型传递,典型地是体素立体、诸如圆柱、楔、拉伸体等,且可能包括一般的 Brep 模型。实体模型也可以是复制实体(不在当前 IFC 版本中)和半空间实体。

结构信息是在布尔结果树(严格地说,是非循环有向图)和 CSG 实体中,其表达构造该实体的方法。末端节点是几何体素和其他实体。确切地说,每个 CSG 实体都有一个与它相连的布尔结果,这就是定义该实体的树根(在树中可以有更深一层的布尔结果作为运算项)。IfcCsgSolid 实体的含义是通过相关联的树来定义这个实体,因此,它自身就是一个有意义的对象,并且按照这方法,它区别于在构造过程中表现中间结果的其他布尔结果实体。

EXPRESS 描述:

```
*)
ENTITY IfcCsgSolid
    SUBTYPE OF(IfcSolidModel);
      TreeRootExpression :IfcCsgSelect;
END_ENTITY;
(*
```

属性定义:

TreeRootExpression(树根表达式):描述该实体的体素与正则运算符的布尔表达式。这里显式地给出了布尔表达式的树根作为一个布尔结果实体或作为一个 CSG 体素。

5.5.4.6 布尔结果

IfcBooleanResult 定义在两个实体上建立一个新实体的正则运算结果。有效的运算是正则并、正则交、正则差。为了布尔运算的目的,一个实体被当成是一个正则点集。最终的布尔结果取决于它的运算和两个运算项。在差运算符的情况下,运算项的次序是有意义的。运算符可能是并、交、差,其作用描述如下:

- UNION(并):两个实体的并是一个新的实体,其包含在第一运算项或第二运算项或在两者中的全部点;
- INERSECTION(交):两个实体的交是一个新的实体,其既是在第一个运算项、又在第二个运算项中全部点的集合的正则化;
- DIFFERENCE(差):在两个实体上差运算的结果是在第一个运算项中,但不在第二个运算项中全部点的集合的正则化。

注:例如,当第一个运算项是一个长方形,第二个运算项是一个尺寸和位置适当的一个实圆柱体,则差运算符所生成的布尔结果将是一个带有一个圆洞的长方体。

EXPRESS 描述:

```
*)
ENTITY IfcBooleanResult
    SUBTYPE OF(IfcGeometricRepresentationItem);
      Operator          :IfcBooleanOperator;
      FirstOperand      :IfcBooleanOperand;
      SecondOperand     :IfcBooleanOperand;
     DERIVE
```

```
        Dim         :IfcDimensionCount := FirstOperand.Dim;
      WHERE
        WR1 :FirstOperand.Dim = SecondOperand.Dim;
END_ENTITY;
(*
```

属性定义：

Operator(运算符)：在运算中所产生布尔结果使用的布尔运算符；

FirstOperand(第一运算项)：由布尔运算在其上进行运算的第一个运算项；

SecondOperand(第二运算项)：为该运算所规定的第二个运算项；

Dim(维数)：这个实体的空间维数。同第一运算项的空间维数一样。WR1 保证两个运算符有同样的空间维数。

形式约束：

WR1：第一运算项的维数应该与第二运算项的维数相同。

5.5.4.7 扫掠面实体

IfcSweptAreaSolid 汇集了由在平面图形上的扫掠活动运程性定义的诸实体。扫掠实体空间中的位置取决于扫掠面的位置。除角度等于 360°的回转体的情况外，扫掠面是扫掠区域实体的一个面。

EXPRESS 描述：

```
*)
ENTITY IfcSweptAreaSolid
    ABSTRACT SUPERTYPE OF (ONEOF(IfcExtrudedAreaSolid, IfcRevolvedAreaSolid))
    SUBTYPE OF(IfcSolidModel);
      SweptArea :IfcProfileDef;
      Position  :IfcAxis2Placement3D;
    WHERE
      WR1 :NOT('IFC_FINAL.IFCDERIVEDPROFILEDEF' IN TYPEOF(SweptArea));
      WR2 :SweptArea.ProfileType = IfcProfileTypeEnum.Area;
END_ENTITY;
(*
```

属性定义：

SweptArea(扫掠面)：定义扫掠区域的面曲面。这个面的大小由被引用的面曲面的边界属性确定；

Position(位置)：扫掠面的位置坐标系。

非形式约束：

WR1：不能用导出截面定义扫掠面；

WR2：定义扫掠面实体的截面的类型应该是 AREA。

5.5.4.8 拉伸面实体

IfcExtrudedAreaSolid 通过扫掠一个平面定义实体。由方向矢量确定拉伸的方向，由距离深度(Depth)确定拉伸的长度。该平面可以有孔，其将被扫掠成实体的洞。

拉伸面实体的图示见图 8。

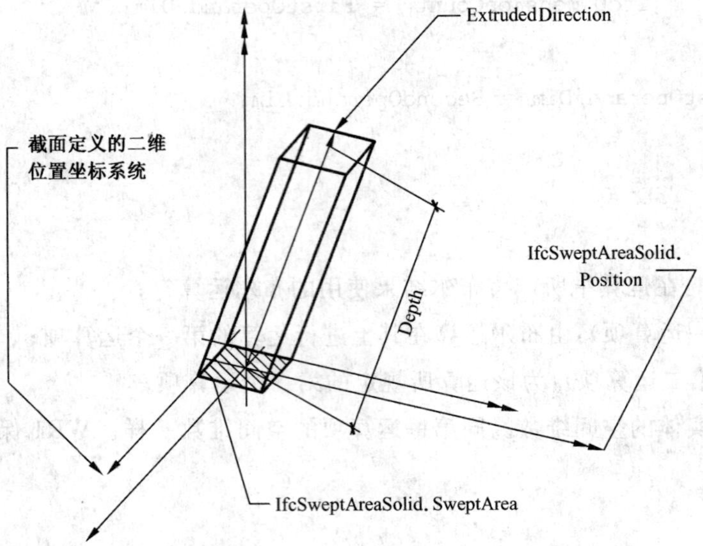

图 8　拉伸面实体示意图

用途:拉伸面实体定义一个二维面(由截面定义给出)在一个方向和长度的拉伸,其结果是一个实体。

参数:由截面定义给出扫掠面。截面定义为:

位置坐标系的 *XY* 平面内的一条二维有界曲线;

位置坐标系的 *XY* 平面内的一条二维带洞有界曲线;

定义在二维位置坐标系内的一条二维基本曲线,相对于位置坐标系的 *XY* 平面定位。

EXPRESS 描述:

```
*)
ENTITY IfcExtrudedAreaSolid
    SUBTYPE OF(IfcSweptAreaSolid);
      ExtrudedDirection:IfcDirection;
      Depth            :IfcPositiveLengthMeasure;
    WHERE
      WR1:IfcDotProduct(SELF\IfcSweptAreaSolid.Position.P[3],
ExtrudedDirection) <> 0.0;
END_ENTITY;
(*
```

属性定义:

ExtrudedDirection(拉伸方向):面要扫掠的方向;

Depth(深度):面要扫掠的距离。

形式约束:

WR1:拉伸方向不应垂直于拉伸面平面的法方向。

5.5.4.9　回转面实体

IfcRevolvedAreaSolid 是绕一轴旋转一平面所形成的回转体。轴应在该面的平面内,且该轴不应与面的内部相交。该平面可以有孔,其将被扫掠成实体的洞。当在正方向上延轴观察时,旋转的方向是顺时针的。

回转面实体的图示见图 9。

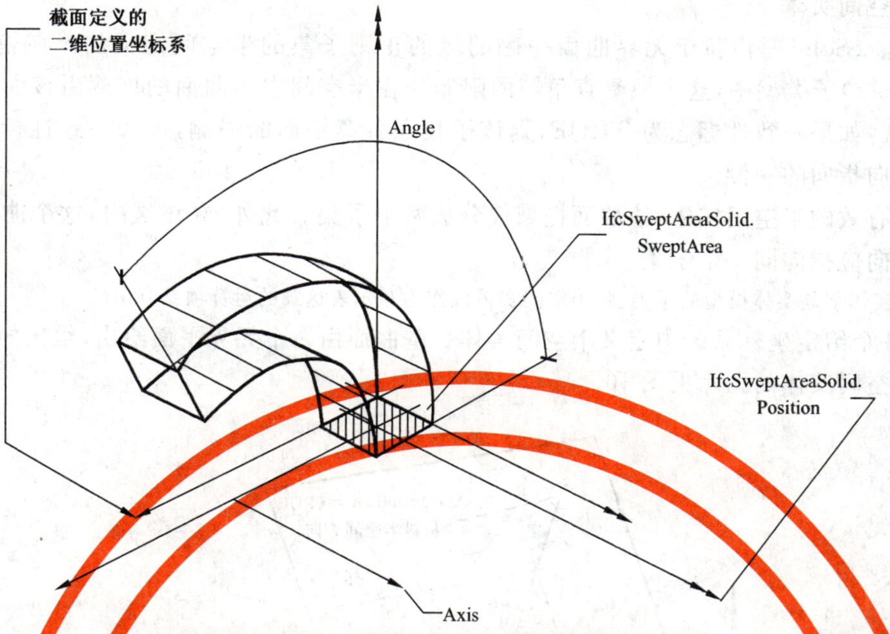

图 9 回转面实体的示意图

用途:回转面实体定义一个二维面(由截面定义给出)在一个轴和角度的回转,其结果是一个实体。

参数:由截面定义给出扫掠面。截面定义为:

位置坐标系的 *XY* 平面内的一条二维有界曲线;

位置坐标系的 *XY* 平面内的一条二维带洞有界曲线;

定义在二维位置坐标系内的一条二维基本曲线,相对于位置坐标系的 *XY* 平面定位。

EXPRESS 描述:

```
 *)
ENTITY IfcRevolvedAreaSolid
    SUBTYPE OF(IfcSweptAreaSolid);
      Axis      :IfcAxis1Placement;
      Angle     :IfcPlaneAngleMeasure;
     DERIVE
       AxisLine:IfcLine : = IfcDummyGri || IfcCurve() ||
IfcLine(Axis.Location,IfcDummyGri || IfcVector(Axis.Z,1.0));
    WHERE
      WR1:Axis.Location.Coordinates[3] = 0.0;
      WR2:Axis.Z.DirectionRatios[3] = 0.0;
END_ENTITY;
 (*
```

属性定义:

Axis(轴):要旋转以生成该实体的面;

Angle(角):扫掠通过的角。这个角从扫掠面的平面开始度量;

AxisLine(轴线):旋转轴的直线。

形式约束:

WR1:轴第三坐标为 0.0;

WR2:*Z* 轴方向 0.0。

5.5.4.10 半空间实体

IfcHalfSpaceSolid 是由位于无界曲面一侧的域的正则子集的半空间定义的。在箱形半空间(IfcBoxedHalfSpace)子类型中，这个域受直角箱的限制。在半空间中的曲面的该侧由该曲面的法向和一致性标志确定。如果一致性标志为 TRUE，则该子集在背离法向的一侧，如果一致性标志为 FALSE，则该子集在法向指向的一侧。

对于一个有效的半空间实体，该曲面把域仅分成两个子集。此外，在该域内，这个曲面应是流形且全部曲面的法向应指向同一个子集。

注：半空间实体不是实体模型的子类型；半空间实体仅作为布尔表达式的运算项是有用的。

图例：在一个给定坐标系统中定义半空间实体。基曲面由一个无界平面给出，给出的边界只是为了显示目的。半空间实体的图示见图 10。

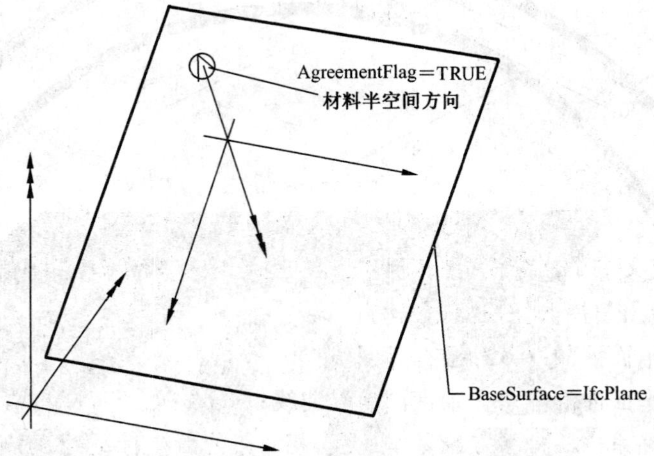

图 10 半空间实体示意图

EXPRESS 描述：

```
*)
ENTITY IfcHalfSpaceSolid
    SUPERTYPE OF (ONEOF(IfcBoxedHalfSpace, IfcPolygonalBoundedHalfSpace))
    SUBTYPE OF(IfcGeometricRepresentationItem);
      BaseSurface     :IfcSurface;
      AgreementFlag   :BOOLEAN;
DERIVE
  Dim                  :IfcDimensionCount := 3;
END_ENTITY;
 (*
```

属性定义：

BaseSurface(基曲面)：定义半空间侧面的曲面；

AgreementFlag(一致性标志)：当基取面的法向背离半空间实体的内容时，该标志为 TRUE；

Dim(维数)：这个类的空间维数总是 3。

非形式约束：

IP1：基曲面应把该域恰分成两个子集。当半空间实体是箱形半空间(IfcBoxedHalfSpace)子类型的实体时，所讨论的域是界限属性的域。在所有其他情况下，该域是整个空间，且基曲面应是无界的。

5.5.4.11 箱形半空间

IfcBoxedHalfSpace 是半空间实体的子类型，它通过围起来的矩形箱进行裁剪。这个箱的平行于几何坐标系坐标轴。

注：这个箱的用途是通过生成一个有限尺寸的实体而简化 CSG 的计算。

箱形半实体(像他的超类 IfcHalfSpaceSolid 一样)仅用于布尔操作。它将域分成两个子集，被讨论的域是属性 Enclosure。

箱形半空间实体的图示见图 11。

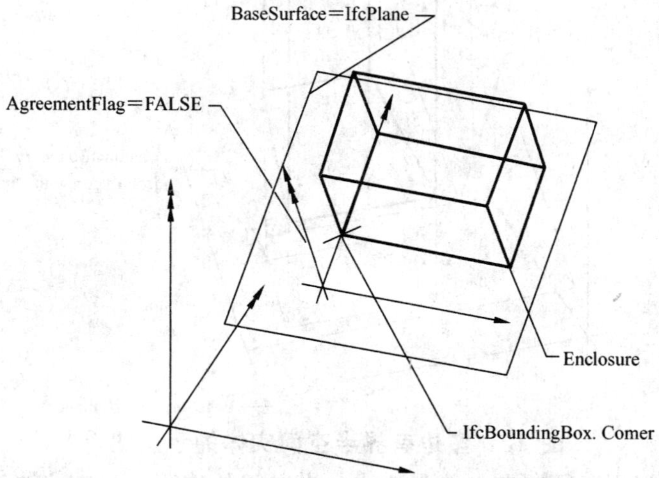

图 11 箱形半空间实体的示意图

用途：给出提供界限的 IfcBoundingBox，是为了方便接收应用程序能够用比较箱的尺寸提高效率(例如，如果没有考虑检查实体立体的交叉，就要检查箱是否交叉)。

参数：界限有助于防止处理有限尺寸相关问题。界限箱定位在由 BaseSurface 属性(参考 IfcElementarySurface. Position)给出的无界表面的位置坐标系内。AgreementFlag 定义箱是定义在正 Z 轴方向(FALSE)或是负 Z 轴方向(TRUE)。

EXPRESS 描述：

```
*)
ENTITY IfcBoxedHalfSpace
    SUBTYPE OF(IfcHalfSpaceSolid);
      Enclosure:IfcBoundingBox;
    WHERE
      WR1:NOT ('IFC_FINAL.IFCCURVEBOUNDEDPLANE' IN TYPEOF
(SELF\IfcHalfSpaceSolid.BaseSurface));
END_ENTITY;
(*
```

属性定义：

Enclosure(界限)：仅为了计算而界定半空间的箱。

形式约束：

WR1：定义半空间的 BaseSurface 不应该是有界表面。

5.5.4.12 多边有界半空间

IfcPolygonalBoundedHalfSpace 是半空间实体的一个特殊子类型，用于布尔表达式的半空间材料由多边边界限制。同时，半空间的基曲面和它的多边边界定义在相同的位置坐标系中。

边界定义由位置坐标系的 XY 平面内的一个二维折线定义。在半空间内的曲面的方向由曲面法向和统一标记确定。如果统一标记是 TRUE，那么子集就是法向点指离的部分；如果统一标记是 FALSE，那么子集就是法向点指入的部分。

多边有界半空间的图示见图 12。

注：多边有界半空间不是实体模型(IfcSolidModel)的子类型，半空间实体仅用于布尔表达式操作数。

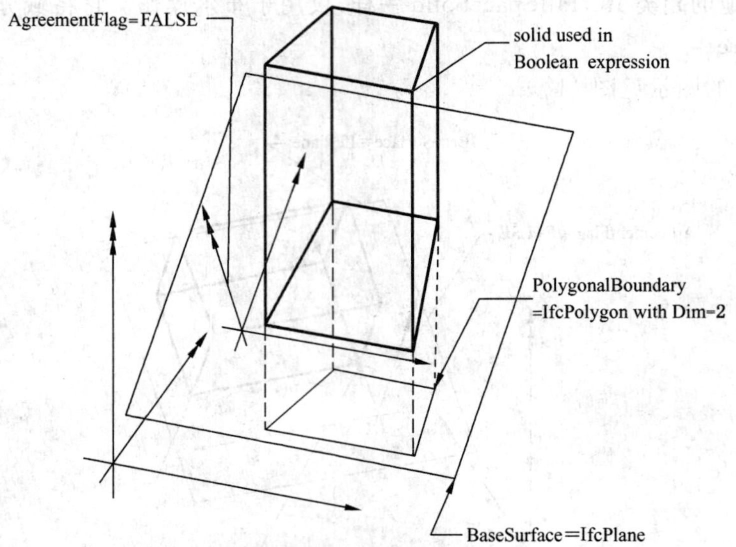

图 12 多边有界半空间实体的示意图

图例：多边有界半空间用于限制布尔差表达式中半空间的体积。只有由半空间实体和拉伸面实体的理论交集定义的部分用于布尔表达式，拉伸面实体由拉伸多边边界定义。

多边边界定义二维折线，这个折线圈定布尔表达式中半空间的范围。基曲面由一个平面定义，平面的法线和统一标识一起定义半空间的材料边。

EXPRESS 描述：

```
 *)
ENTITY IfcPolygonalBoundedHalfSpace
    SUBTYPE OF(IfcHalfSpaceSolid);
      Position           :IfcAxis2Placement3D;
      PolygonalBoundary:IfcPolyline;
    WHERE
      WR31:PolygonalBoundary.Dim = 2;
END_ENTITY;
(*
```

属性定义：

Position(位置)：为边界折线和基曲面定义的位置坐标系；

PolygonalBoundary(多边边界)：定义在位置坐标系 *XY* 平面内的二维折线。

形式约束：

WR31：边界折线的维数必须是 2。

5.5.4.13 箱域

IfcBoundingBox 定义一个有向的、平行于几何坐标系轴的、可用于限制半空间实体域的直角箱。该箱域通过左下角的坐标，以及按坐标轴的方向测得的边长给出的。

每一个有物理范围的语义对象可以有一个最小缺省箱域表达。同样，也将箱域用于任何几何表达对象的最小几何表达。因此，箱域是 IfcGeometricRepresentationItem 的子类型。箱域实体的图示见图 13。

图解：箱域由一个自己的位置定义，这个位置可以用于将箱域放置在相关几何坐标系下。箱域由左下角和右上角(在父坐标系下度量的 XDim、YDim、ZDim)定义。

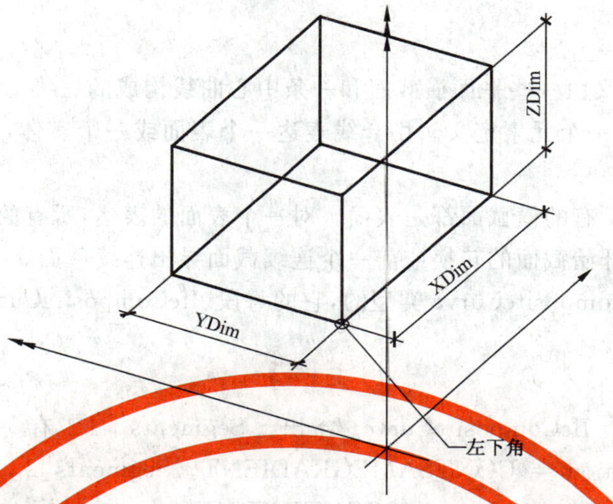

图 13 箱域实体的示意图

EXPRESS 描述：

```
*)
ENTITY IfcBoundingBox
    SUBTYPE OF(IfcGeometricRepresentationItem);
      Corner  :IfcCartesianPoint;
      XDim    :IfcPositiveLengthMeasure;
      YDim    :IfcPositiveLengthMeasure;
      ZDim    :IfcPositiveLengthMeasure;
     DERIVE
       Dim    :IfcDimensionCount := 3;
END_ENTITY;
(*
```

属性定义：

Corner(角)：具有最小值的箱角的坐标；

XDim(X 长度)：箱域沿平行于 X 轴的边的长度；

YDim(Y 长度)：箱域沿平行于 Y 轴的边的长度；

ZDim(Z 长度)：箱域沿平行于 Z 轴的边的长度；

Dim(维数)：这个类的空间维数总是 3。

5.5.4.14 几何集

IfcGeometricSet 在拓扑结构(例如连通面集或壳)不可利用和不是实体模型(例如扫掠实体、CSG 或 Brep)的时候，用于(二维或三维)点、曲线和(或)曲面构成的形状表达的交换。

EXPRESS 描述：

```
*)
ENTITY IfcGeometricSet
    SUBTYPE OF(IfcGeometricRepresentationItem);
      Elements   :SET [1 : ?] OF IfcGeometricSetSelect;
END_ENTITY;
(*
```

属性定义：

Elements(元素)：构成几何集的几何元素，它们可以是点、曲线或曲面，但它们应具有相同的坐标空间维数。

5.5.4.15 **脊线**

IfcSectionedSpine 定义由一些平面横截面和一条中心曲线构成的三维对象的形状表达。形状由横截面的第一个元素和最后一个元素定义。用脊线表达一个表面或一个实体，但横截面之间的形状的插补没有定义。

对一个实体的表达，所有的横截面都是表面。对一个表面的表达，所有的横截面都是曲线。横截面定义为截面，然而可以从开始截面的转换或前一个连续截面导出连续截面。

中心曲线应该是 IfcCompositeCurve 类型的，它的每段(IfcCompositeCurveSegment)应该对应于两个连续横截面之间的部分。

图解：

SpineCurve 由两段 IfcCompositeCurve 给出。Segments［1］有一个 IfcPolyline 类型的 ParentCurve，并且 Transition = CONTSAMEGRADIENT。Segments［2］有一个 IfcTrimmedCurve 类型的 ParentCurve，并且 Transition = DISCONTINUOUS。

每个 CrossSectionPosition 位于 Segments 的起点或终点。

每个 CrossSections 由 CrossSectionPositions 插入。前两个横截面是 IfcRectangleProfileDef 类型的，第三个是 IfcDerivedProfileDef 类型的。

脊线实体演示的图例见图 14。

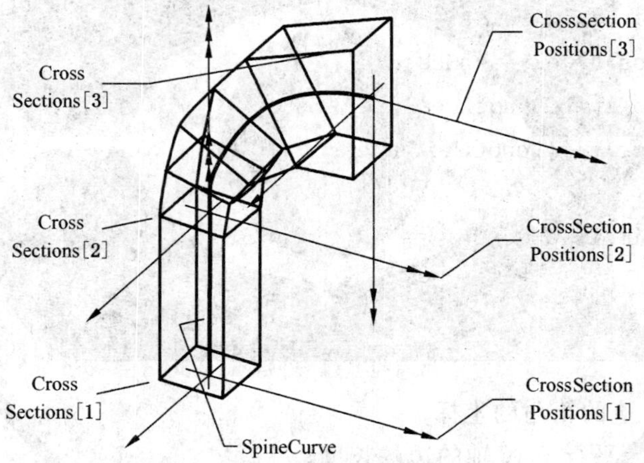

图 14 脊线的显示图

脊线的最后显示结果如图 15 所示。体(透明显示的)不是完全由交换定义定义的。

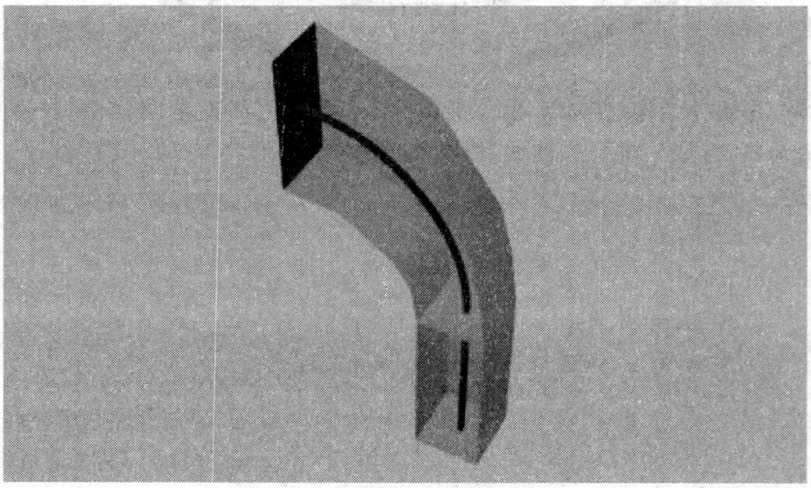

图 15 脊线的最后显示结果

EXPRESS 描述:

```
*)
ENTITY IfcSectionedSpine
    SUBTYPE OF(IfcGeometricRepresentationItem);
      SpineCurve              :IfcCompositeCurve;
      CrossSections           :LIST [2 : ?] OF IfcProfileDef;
      CrossSectionPositions   :LIST [2 : ?] OF IfcAxis2Placement3D;
    DERIVE
      Dim                     :IfcDimensionCount: = 3;
    WHERE
      WR1:SIZEOF(CrossSections) = SIZEOF(CrossSectionPositions);
      WR2:SIZEOF(QUERY(temp < * CrossSections | CrossSections[1].ProfileType
<> temp.ProfileType)) = 0;
      WR3 :SpineCurve.Dim = 3;
END_ENTITY;
    (*
```

属性定义:

SpineCurve(中心曲线):定义中心曲线的一条单一组合曲线。每段组合曲线对应两个横截面之间的部分。

CrossSections(横截面):至少两个横截面的列表,每个都定义在横截面的位置坐标系的 *XY* 平面内。位置坐标系由对应的 CrossSectionPositions 列表给出。

CrossSectionPositions(横截面位置):形成脊线的横截面的位置坐标系。截面定义的横截面由对应的位置坐标系的 *XY* 平面定位。

Dim(维数):中心曲线的维数总是 3。

形式约束:

WR1:横截面集和横截面位置集应该有相同的尺寸;

WR2:定义横截面的截面列表在截面类型(AREA 或 CURVE)上应该一致;

WR3:基本中心曲线实体应该是三维的。

非形式约束:

IP1:在由横截面位置定位后,横截面都不应该交叉;

IP2:在由横截面位置定位后,横截面都不应该位于相同的平面内;

IP3:每个横截面位置的本地原点都应该位于组合曲线段的开始或结束点。

5.5.4.16 基于面的表面模型

IfcFaceBasedSurfaceModel 通过维数为 2 的连通面集的集合来描述。连通面集除在边和顶点处,除一个连通面集的面可以与另一个连通面集的面重叠(只要面的边界相同)外,它们不应相交。这种表面模型应至少有一个连通面集。

一个连通面集可独立于一个表面模型而存在。

EXPRESS 描述:

```
*)
ENTITY  IfcFaceBasedSurfaceModel
    SUBTYPE OF(IfcGeometricRepresentationItem);
      FbsmFaces   :SET [1 : ?] OF IfcConnectedFaceSet;
END_ENTITY;
```

(*

属性定义：

FbsmFaces(基于面的表面模型的面集)：构成基于面的表面模型的连通面集的集合。

非形式约束：

IP1：基于面的表面模型的维数为 2；

IP2：除在公共面、边或顶点处外，各连通面集不应相交。

5.5.4.17 基于壳的表面模型

IfcShellBasedSurfaceModel 通过维数为 2 的开壳或封闭壳的集合来描述。除在边和顶点处，以及除一个壳的完整面可与另一个壳公用外，各壳不应相交。具体地说，不同的面不可相交。两个壳的重合部分应引用重合区域定义的同样的面、边和顶点。这种模型至少应有一个壳。

一个壳可独立于表面模型而存在。

EXPRESS 描述：

```
*)
ENTITY IfcShellBasedSurfaceModel
   SUBTYPE OF(IfcGeometricRepresentationItem);
     SbsmBoundary  :SET [1 : ?] OF IfcShell;
END_ENTITY;
(*
```

属性定义：

SbsmBoundary(基于壳的表面模型的边界)：定义表面模型的壳的集合。

非形式约束：

IP1：基于壳的表面模型的维数为 2；

IP2：各壳除了在公共面、边或顶点处外，不应重叠或相交。

5.5.4.18 布尔剪辑结果

IfcBooleanClippingResult 定义一般布尔结果(IfcBooleanResult)的一个特殊子类型。它限制操作数和布尔结果的操作符。

一个剪辑结果是一个立体(限制是扫掠区域实体)和一个半空间立体的布尔差，然而可以在布尔结果上应用多于一个差操作。

EXPRESS 描述：

```
*)
ENTITY IfcBooleanClippingResult
   SUBTYPE OF(IfcBooleanResult);
   WHERE
     WR1:('IFCGEOMETRICMODELRESOURCE.IFCSWEPTAREASOLID'
        IN TYPEOF(FirstOperand)) OR
           ('IFCGEOMETRICMODELRESOURCE.IFCBOOLEANRESULT'
        IN TYPEOF(FirstOperand));
     WR2:('IFCGEOMETRICMODELRESOURCE.IFCHALFSPACESOLID'
        IN TYPEOF(SecondOperand));
     WR3:Operator = DIFFERENCE;
 END_ENTITY;
(*
```

形式约束：

WR1:布尔剪辑操作的第一个操作数应该是一个 IfcSweptAreaSolid 或(在多于一个剪辑的情况下)一个 IfcBooleanResult;

WR2:布尔剪辑操作的第二个操作数应该是一个 IfcHalfSpaceSolid;

WR3:布尔剪辑操作符总是"差"。

```
*)
END_SCHEMA;
(*
```

5.6 表达

5.6.1 引言

下面的 EXPRESS 描述 IFCREPRESENTATIONRESOURCE(表达),并标识了必要的外部引用。

EXPRESS 描述:

```
*)
SCHEMA IFCREPRESENTATIONRESOURCE;
  REFERENCE FROM IFCGEOMETRYRESOURCE
      (IfcDimensionCount,
       IfcRepresentationItem,
       IfcAxis2Placement,
       IfcDirection,
       IfcAxis2Placement2D,
       IfcAxis2Placement3D);
    REFERENCE FROM IFCMEASURERESOURCE
       (IfcLabel,
        IfcText,
        IfcSiUnit,
        IfcDerivedUnit);
(*
```

注 1:上面引用的模式可在本标准的下述部分中找到:

IFCGEOMETRYRESOURCE(几何)见 5.3;

IFCMEASURERESOURCE(度量)见 5.12。

注 2:本模式的图形表达见附录 B 的图 B.34～图 B.35。

5.6.2 基本概念与设定

表达模式为 IFC 信息模型中定义的产品提供作为重要定义属性的形状和拓扑表达定义。这些表达刻画产品的某些属性,而且可以为任何产品定义 0、1 或更多这样的属性。本模式定义两种表达产品定义属性的方法:

- 拓扑表达;
- 几何形状表达。

几何形状表达允许:

- 一个产品的同一产品定义形状的多个形状表达;
- 用形状外表分离产品定义形状的部件或部分的形状表达。

5.6.3 表达模式的实体定义

5.6.3.1 几何表达相关环境

IfcGeometricRepresentationContext 定义应用到产品多个形状表达的环境。这个实体定义形状表达定义的环境类型。应用这个环境定义描述形状表达的详细设计水平(从父类继承),以及应用到环境当中应用到几何表达条目的数字精度。

EXPRESS 描述：

```
*)
ENTITY IfcGeometricRepresentationContext
    SUBTYPE OF(IfcRepresentationContext);
      CoordinateSpaceDimension :IfcDimensionCount;
      Precision                :OPTIONAL REAL;
      WorldCoordinateSystem    :IfcAxis2Placement;
      TrueNorth                :OPTIONAL IfcDirection;
END_ENTITY;
(*
```

属性定义：

CoordinateSpaceDimension(坐标空间维数)：在几何表达环境中坐标空间的整数维数；

Precision：几何模型的模型精度值。是一个双精度值(复数)，一般在1E-5～1E-8之间。这个精度值指出在什么公差条件下，两个点可以认为是一致的。在Brep模型中，这个值可以被用来设定边缘曲线到基本面表面的最大距离。

WorldCoordinateSystem(总体坐标系)：在项目中用到的表达环境的总体坐标系。

TrueNorth(真北方向)：表达环境中建立的总体坐标系的真北方向。

5.6.3.2 表达环境

IfcRepresentationContext 是与表达项的集合有关的相关环境。

表达环境实体定义一个表达的环境，产品形状定义或产品拓扑定义的表达与此关联。

EXPRESS 描述：

```
*)
ENTITY IfcRepresentationContext;
      ContextIdentifier          :OPTIONAL IfcLabel;
      ContextType                :OPTIONAL IfcLabel;
    INVERSE
      RepresentationsInContext :SET [1 : ?] OF IfcRepresentation FOR
                                 ContextOfItems;
END_ENTITY;
(*
```

属性定义：

ContextIdentifier(环境标识符)：在一个工程中，表达环境可选的标识符。

ContextType(环境类型)：对表达环境类型的描述。需要在实现者之间达成对支持的环境类型值的协议。

示例：子类 IfcGeometricRepresentationContext 的值可以是“草图”、“大纲”、“设计”、“详细设计”、“用户定义”、“未定义”。

RepresentationsInContext(环境中的表达)：定义在同一个表达环境中所有表达。

5.6.3.3 表达

IfcRepresentation 表达产品属性的一般概念。

EXPRESS 描述：

```
*)
ENTITY IfcRepresentation;
```

```
    ContextOfItems           :IfcRepresentationContext;
    RepresentationIdentifier :OPTIONAL IfcLabel;
    RepresentationType       :OPTIONAL IfcLabel;
    Items                    :SET [1 : ?] OF IfcRepresentationItem;
  INVERSE
    OfProductRepresentation  :SET [0 : 1] OF IfcProductRepresentation FOR
                              Representations;
END_ENTITY;
(*
```

属性定义：

ContextOfItems(表达环境)：定义不同表达子类型的有效表达环境。

RepresentationIdentifier(表达标识)：工程中，可选的表达标识。

RepresentationType(表达类型)：对表达环境类型的描述。需要在实现者之间达成对支持的环境类型值的协议。

注：对 IfcShapeRepresentation 子类型的可用值有："几何集"、"表面模型"、"实体模型"、"扫掠实体"、"Brep"、"CSG"等。

Items(条目)：为此表达定义的表达条目集合。

OfProductRepresentation(属于的产品表达)：引用形状表达属于的产品形状。

5.6.3.4 形状表达

IfcShapeRepresentation 定义在特定几何表达环境下，产品或产品部件的特定几何表达概念。几个形状表达的表达类型作为预定义的定义如下：

- GeometricSet：点、线、面。
- SurfaceModel：基于表面的模型。
- SolidModel：包括扫掠实体、布尔运算结果和 Brep 实体等。详细类型如下：
- SweptSolid：通过拉伸和旋转扫掠实体表面。
- Brep：带洞或不带洞的小面片 Brep。
- CSG：在实体模型、半空间和布尔结果的布尔操作结果。
- BoundingBox：用边界盒表达的简单 3D 表达。
- SectionedSpine：基于横断面的中心曲线表达。能够表达一个表面或一个实体，以及没有定义横断面之间的插值。
- MappedRepresentation：基于映射项的表达，引用表达图。

注：可以将其看作嵌入式块引用。

在继承属性"RepresentationType"用字符串给出表达类型。

EXPRESS 描述：

```
*)
ENTITY IfcShapeRepresentation
  SUBTYPE OF(IfcRepresentation);
  INVERSE
    OfShapeAspect :SET [0 : 1] OF IfcShapeAspect FOR ShapeRepresentations;
  WHERE
    WR1  :'IFC_FINAL.IFCGEOMETRICREPRESENTATIONCONTEXT'
          IN TYPEOF(SELF\IfcRepresentation.ContextOfItems);
    WR2  :EXISTS(SELF\IfcRepresentation.RepresentationType);
```

```
WR3  :(RepresentationType <> 'GeometricSet') OR
      ((RepresentationType = 'GeometricSet') AND
      (HIINDEX(SELF\IfcRepresentation.Items) = 1) AND
      ('IFCGEOMETRICMODELRESOURCE.IFCGEOMETRICSET' IN
      TYPEOF(SELF\IfcRepresentation.Items[1])));
WR4  :(RepresentationType <> 'SurfaceModel') OR
      ((RepresentationType = 'SurfaceModel') AND
      (('IFCGEOMETRICMODELRESOURCE.IFCSHELLBASEDSURFACEMODEL' IN
      TYPEOF(SELF\IfcRepresentation.Items[1])) OR
      ('IFCGEOMETRICMODELRESOURCE.IFCSHELLBASEDSURFACEMODEL' IN
      TYPEOF(SELF\IfcRepresentation.Items[1]))) AND
      (HIINDEX(SELF\IfcRepresentation.Items) = 1));
WR5  :(NOT(RepresentationType IN ['SolidModel','SweptSolid','CSG',
      'Brep'])) OR ((RepresentationType IN ['SolidModel', 'SweptSolid',
      'CSG', 'Brep'])AND (SIZEOF(QUERY(temp <*
      SELF\IfcRepresentation.Items |
      'IFCGEOMETRICMODELRESOURCE.IFCSOLIDMODEL' IN TYPEOF(temp)))
       = SIZEOF(SELF\IfcRepresentation.Items)));
WR6  :(RepresentationType <> 'SweptSolid') OR
      ((RepresentationType = 'SweptSolid') AND
      (SIZEOF(QUERY(temp <* SELF\IfcRepresentation.Items |
      'IFCGEOMETRICMODELRESOURCE.IFCSWEPTAREASOLID' IN TYPEOF(temp)))
      >= 1));
WR7  :(RepresentationType <> 'CSG') OR
      ((RepresentationType = 'CSG') AND
      (SIZEOF(QUERY(temp <* SELF\IfcRepresentation.Items |
      'IFCGEOMETRICMODELRESOURCE.IFCBOOLEANRESULT' IN TYPEOF(temp)))
       >= 1));
WR8  :(RepresentationType <> 'Brep') OR
      ((RepresentationType = 'Brep') AND
      (SIZEOF(QUERY(temp <* SELF\IfcRepresentation.Items |
      'IFCGEOMETRICMODELRESOURCE.IFCMANIFOLDSOLIDBREP' IN
      TYPEOF(temp)))>= 1));
WR9  :(RepresentationType <> 'BoundingBox') OR
       ((RepresentationType = 'BoundingBox') AND
       (HIINDEX(SELF\IfcRepresentation.Items) = 1) AND
       ('IFCGEOMETRYRESOURCE.IFCBOUNDINGBOX' IN
       TYPEOF(SELF\IfcRepresentation.Items[1])));
WR10 :(RepresentationType <> 'SectionedSpine') OR
       ((RepresentationType = 'SectionedSpine') AND
       (SIZEOF(QUERY(temp <* SELF\IfcRepresentation.Items |
       'IFCGEOMETRICMODELRESOURCE.IFCSECTIONEDSPINE' IN TYPEOF(temp)))
       >= 1));
```

```
        WR11   :(RepresentationType <> 'MappedRepresentation') OR
                ((RepresentationType = 'MappedRepresentation') AND
                 (HIINDEX(SELF\IfcRepresentation.Items) = 1) AND
                 ('IFCGEOMETRYRESOURCE.IFCMAPPEDITEM' IN TYPEOF
                 (SELF\IfcRepresentation.Items[1])));
END_ENTITY;
(*
```

属性定义：

OfShapeAspect(属于的形状外貌)：引用形状表达属于的形状外貌。

形式约束：

WR1：分配给 IfcShapeRepresentation 的环境必须是类型 IfcGeometricRepresentationContext；

WR2：必须给形状表达一个表达类型；

WR3：限定表达类型是'GeometricSet'；

WR4：限定表达类型是'SurfaceModel'；

WR5：限定表达类型是'SolidModel'；

WR6：限定表达类型是'SweptSolid'；

WR7：限定表达类型是'CSG'；

WR8：限定表达类型是'Brep'；

WR9：限定表达类型是'BoundingBox'；

WR10：限定表达类型是'SectionedSpine'；

WR11：限定表达类型是'MappedRepresentation'。

5.6.3.5 形状外貌

IfcShapeAspect 定义一个产品形状的可标识元素。

IfcShapeAspect 实体允许将表达一个产品形状的外貌(或部分)的形状表达条目分组。因此，表达产品不同部分的产品形状的部分形状表达可以明确访问。

EXPRESS 描述：

```
 *)
ENTITY IfcShapeAspect;
        ShapeRepresentations          :LIST [1 : ?] OF IfcShapeRepresentation;
        Name                          :OPTIONAL IfcLabel;
        Description                   :OPTIONAL IfcText;
        ProductDefinitional           :LOGICAL;
        PartOfProductDefinitionShape:IfcProductDefinitionShape;
END_ENTITY;
(*
```

属性定义：

ShapeRepresentations(形状表达)：包含形状表达列，每一个在一特定表达环境下，定义一种特殊类型(例如：边界盒、属性驱动、直接显示)的有效形状表达；

Name(名称)：一个词或词组，通过它可引用该 IfcShapeAspect。它是一个标签，在产品定义形状中，指示部件的特殊意义。例如用"装配玻璃"定义窗形状定义的玻璃面积区域；

Description(描述)：刻画产品外貌特性的一个词或词组。可以用它添加形状外貌的额外信息；

ProductDefinitional(产品定义)：标识这个形状外貌是否在 IfcProductDefinitionShape 的物理边界上。TRUE 表达在边界上，FALSE 表达不在边界上，UNKNOWN 表达不知道是否在边界上。例如标

示为脊线的形状外貌就是 FALSE,对一个悬臂梁则是 TRUE;

PartOfProductDefinitionShape(产品形状的部分):引用包含这个形状外貌的产品定义形状。

5.6.3.6 产品定义形状

IfcProductDefinitionShape 定义所有关于一个 IfcProduct 的形状相关信息。它允许相同产品的多个几何形状表达。

EXPRESS 描述:

```
*)
ENTITY IfcProductDefinitionShape
    SUBTYPE OF(IfcProductRepresentation);
    INVERSE
      HasShapeAspects:SET OF IfcShapeAspect FOR
                       PartOfProductDefinitionShape;
END_ENTITY;
(*
```

属性定义:

HasShapeAspects(拥有的形状外貌):引用形状外貌,这些形状外貌表达分别形状的部分或它的特点。

5.6.3.7 产品表达

IfcProductRepresentation 定义一个用于定义产品的属性,包括它的(几何和拓扑)表达。一个产品有零、一个或多个这样的产品表达,并且一个单一产品表达可以被多个不同产品共享。

EXPRESS 描述:

```
*)
ENTITY IfcProductRepresentation;
      Name              :OPTIONAL IfcLabel;
      Description       :OPTIONAL IfcText;
      Representations   :LIST [1 : ?] OF IfcRepresentation;
END_ENTITY;
(*
```

属性定义:

Name(名称):一个词或词组,通过它可引用该 IfcProductRepresentation;

Description(描述):描述产品定义的一个词或词组。用于添加产品定义名称的额外含义;

Representations(表达):包含的形状表达列,在一个特定的表达环境中,每个形状表达定义一个有效的特殊类型(例如:标准的、改进的、任意的等)的形状表达。

5.6.4 表达模式的函数定义

5.6.4.1 形状表达类型

IfcShapeRepresentationTypes 函数以表达类型和表达条目集合作为参数,校验表达条目集合与给定的表达类型符合。

EXPRESS 描述:

```
*)
FUNCTION IfcShapeRepresentationTypes
    (RepType:IfcLabel;Items:SET OF IfcRepresentationItem):LOGICAL;

    LOCAL
```

```
Count:INTEGER := 0;
END_LOCAL;

CASE RepType OF
'Curve2D' :
 BEGIN
  Count:= SIZEOF(QUERY(temp <* Items | ('IFCGEOMETRYRESOURCE.IFCCURVE'
     IN TYPEOF(temp)) AND (temp.Dim = 2)));
  END;
'GeometricSet' :
  BEGIN
    Count := SIZEOF(QUERY(temp <* Items |
        ('IFCGEOMETRYRESOURCE.IFCGEOMETRICSET' IN TYPEOF(temp))
         OR('IFCGEOMETRYRESOURCE.IFCPOINT' IN TYPEOF(temp))
         OR('IFCGEOMETRYRESOURCE.IFCCURVE' IN TYPEOF(temp))
         OR('IFCGEOMETRYRESOURCE.IFCSURFACE' IN TYPEOF(temp))));
   END;
'GeometricCurveSet' :
  BEGIN
    Count := SIZEOF(QUERY(temp <* Items |
        ('IFCGEOMETRYRESOURCE.IFCGEOMETRICSET' IN TYPEOF(temp))
         OR ('IFCGEOMETRYRESOURCE.IFCPOINT' IN TYPEOF(temp))
         OR ('IFCGEOMETRYRESOURCE.IFCCURVE' IN TYPEOF(temp))));
    REPEAT i:= 1 TO HIINDEX(Items);
      IF ('IFCGEOMETRYRESOURCE.IFCGEOMETRICSET' IN TYPEOF(Items[i]))
      THEN
        IF (SIZEOF(QUERY(temp <* Items[i].Elements |
           'IFCGEOMETRYRESOURCE.IFCSURFACE' IN TYPEOF(temp))) > 0)
      THEN
        Count := Count - 1;
       END_IF;
     END_IF;
   END_REPEAT;
 END;
'SurfaceModel' :
  BEGIN
    Count := SIZEOF(QUERY(temp <* Items |
      ('IFCGEOMETRICMODELRESOURCE.IFCSHELLBASEDSURFACEMODEL'
      IN TYPEOF(temp))OR
      ('IFCGEOMETRICMODELRESOURCE.IFCFACEBASEDSURFACEMODEL'
      IN TYPEOF(temp))));
  END;
'SolidModel' :
```

```
  BEGIN
    Count := SIZEOF(QUERY(temp <* Items |
          ('IFCGEOMETRICMODELRESOURCE.IFCSOLIDMODEL' IN TYPEOF(temp))));
  END;
'SweptSolid' :
  BEGIN
    Count := SIZEOF(QUERY(temp <* Items |
      ('IFCGEOMETRICMODELRESOURCE.IFCSWEPTAREASOLID' IN TYPEOF(temp))));
  END;
'CSG' :
  BEGIN
    Count := SIZEOF(QUERY(temp <* Items |
      ('IFCGEOMETRICMODELRESOURCE.IFCBOOLEANRESULT' IN TYPEOF(temp))));
  END;
'Clipping' :
  BEGIN
    Count := SIZEOF(QUERY(temp <* Items |
      ('IFCGEOMETRICMODELRESOURCE.IFCBOOLEANCLIPPINGRESULT'
        IN TYPEOF(temp))));
  END;
'Brep' :
  BEGIN
    Count := SIZEOF(QUERY(temp <* Items |
      ('IFCGEOMETRICMODELRESOURCE.IFCFACETEDBREP' IN TYPEOF(temp))
      OR ('IFCGEOMETRICMODELRESOURCE.IFCFACETEDBREPWITHVOIDS'
        IN TYPEOF(temp))));
  END;
'BoundingBox' :
  BEGIN
    Count := SIZEOF(QUERY(temp <* Items |
        ('IFCGEOMETRICMODELRESOURCE.IFCBOUNDINGBOX'IN TYPEOF(temp))));
     IF (SIZEOF(Items) > 1)
     THEN
       Count := 0;
     END_IF;
  END;
'SectionedSpine' :
  BEGIN
    Count := SIZEOF(QUERY(temp <* Items |
      ('IFCGEOMETRICMODELRESOURCE.IFCSECTIONEDSPINE' IN TYPEOF(temp))));
  END;
'MappedRepresentation' :
  BEGIN
```

```
          Count := SIZEOF(QUERY(temp <* Items |
            ('IFCGEOMETRYRESOURCE.IFCMAPPEDITEM' IN TYPEOF(temp))));
           IF (SIZEOF(Items) > 1)
           THEN
             Count:= 0;
           END_IF;
         END;
       OTHERWISE :RETURN(?);
     END_CASE;
   RETURN (Count = SIZEOF(Items));
END_FUNCTION;
END_SCHEMA;——IFCREPRESENTATIONRESOURCE
(*
```

5.7 几何约束

5.7.1 引言

下面的 EXPRESS 描述 IFCGEOMETRICCONSTRAINTRESOURCE(几何约束)，并标识了必要的外部引用。

EXPRESS 描述：

```
*)
SCHEMA IFCGEOMETRICCONSTRAINTRESOURCE;
  REFERENCE FROM IFCGEOMETRYRESOURCE
     (IfcPoint,
      IfcBoundedCurve,
      IfcSurface,
      IfcLine,
      IfcCircle,
      IfcPolyline,
      IfcCompositeCurve,
      IfcCartesianPoint,
      IfcSurfaceOfLinearExtrusion,
      IfcTrimmedCurve,
      IfcCurve,
      IfcAxis2Placement,
      IfcAxis2Placement2D,
      IfcAxis2Placement3D);
  REFERENCE FROM IFCMEASURERESOURCE
     (IfcLabel,
      IfcBoolean,
      IfcLengthMeasure);
  REFERENCE FROM IFCPROFILERESOURCE
     (IfcProfileDef);
(*
```

注 1：上面引用的模式可在本标准的下述部分中找到：

IFCGEOMETRYRESOURCE(几何)见5.3;

IFCPROFILERESOURCE(截面)见5.8;

IFCMEASURERESOURCE(度量)见5.12。

注2:本模式的图形表达见附录B的图B.8～图B.9。

5.7.2 基本概念与设定

几何约束模式定义用于决定在工程的几何表达环境中的产品形状表达的位置的资源。它也约束分配给产品连接定义的资源定义,决定那些产品之间的几何连接约束。

主要将这个资源应用到:

- 决定用于对象形状表达的对象坐标;
- 决定应用到对象两个形状之间连接的约束。

坐标:通过IfcObjectPlacement给出产品形状的坐标,通过IfcProduct. ObjectPlacement引用。对象坐标定义对象坐标系,这个产品的所有形状表达都定义在其中。作为如下情况给出:

- 绝对坐标;
- 相对坐标;
- 置于网格中。

通过使用IfcLocalPlacement描述绝对坐标,忽略属性PlacementRelTo。通过使用IfcLocalPlacement描述相对坐标,将PlacementRelTo属性指向用在另一个IfcProduct实例的一个IfcObjectPlacement。

通过IfcGridPlacement给出相对于一个网格的坐标,这个IfcGridPlacement指向一个(或两个)虚的IfcGridAxis交叉点。如果引用了两个虚的交叉点,那么第二个虚交点规定对象坐标的方向。

几何连接:几何连接约束两个产品形状之间的连通性。可以用几何表达项目定义约束:

- 点;
- 曲线;
- 表面。

作为一种特殊类型的表面表达,可以定义由截面定义表达的约束。

5.7.3 几何约束模式的实体定义

5.7.3.1 几何连接

IfcConnectionGeometry用于描述几何和拓扑约束,这些约束简化两个对象之间的物理连接。可以将它想象为一个控制,应用到元素连接关系上。

在IFC的当前版本中,几何约束是有限的,约束如下连接类型:

- 点;
- 线;
- 面;
- 截面。

这些类型在几何连接的子类型中处理。

EXPRESS描述:

```
*)
ENTITY IfcConnectionGeometry
    ABSTRACT SUPERTYPE OF (ONEOF(IfcConnectionPointGeometry,
                                 IfcConnectionCurveGeometry,
                                 IfcConnectionSurfaceGeometry,
                                 IfcConnectionPortGeometry));
```

```
END_ENTITY;
 (*
```

5.7.3.2 几何点连接

IfcConnectionPointGeometry 用于描述几何约束，在一个点（这里是 IfcCartesianPoint）上形成两个对象的物理连接。可以将它想象为一个控制，应用到连接关系元素。

几何使用定义：迪卡尔点定义这个点，在此被连接元素的基本几何项目相连接。

EXPRESS 描述：

```
*)
ENTITY IfcConnectionPointGeometry
SUBTYPE OF(IfcConnectionGeometry);
  PointOnRelatingElement:IfcPoint;
  PointOnRelatedElement :OPTIONAL IfcPoint;
END_ENTITY;
 (*
```

属性定义：

PointOnRelatingElement（关联元素点）：被连接对象与连接元素连接的点，由关联元素的局部坐标给出；

PointOnRelatedElement（被关联元素点）：连接对象与被连接元素连接的点，由被关联元素的局部坐标给出。如果这个信息被忽略，那么就使用被关联元素的原点。

5.7.3.3 几何曲线连接

IfcConnectionCurveGeometry 用于描述几何约束，在曲线（IfcBoundedCurve）上形成两个对象的物理连接。可以将它想象为一个控制，应用到连接关系元素。

对连接限制可应用的几何可以被进一步限制，通过应用 IfcPolyline 只允许直段。

几何使用定义：有界曲线定义直线（和弧）段，在此被连接元素的基本几何项目相连接。

EXPRESS 描述：

```
*)
ENTITY IfcConnectionCurveGeometry
    SUBTYPE OF(IfcConnectionGeometry);
      CurveOnRelatingElement:IfcBoundedCurve;
      CurveOnRelatedElement :OPTIONAL IfcBoundedCurve;
END_ENTITY;
 (*
```

属性定义：

CurveOnRelatingElement（关联元素曲线）：被连接对象与连接元素连接的曲线，由关联元素的局部坐标给出；

CurveOnRelatedElement（被关联元素曲线）：连接对象与被连接元素连接的曲线（有界曲线），由被关联元素的局部坐标给出。如果这个信息被忽略，那么就使用被关联元素的原点。

5.7.3.4 几何表面连接

IfcConnectionSurfaceGeometry 用于描述几何约束，在表面（IfcSurface）形成两个对象的物理连接。可以将它想象为一个控制，应用到连接关系元素。

EXPRESS 描述：

```
*)
ENTITY IfcConnectionSurfaceGeometry
    SUBTYPE OF(IfcConnectionGeometry);
      SurfaceOnRelatingElement:IfcSurface;
      SurfaceOnRelatedElement :OPTIONAL IfcSurface;
END_ENTITY;
(*
```

属性定义：

SurfaceOnRelatingElement(关联元素表面)：被关联对象与关联元素连接的表面，由关联元素的局部坐标给出；

SurfaceOnRelatedElement(被关联元素表面)：关联对象与被关联元素连接的表面，由被关联元素的局部坐标给出。如果这个信息被忽略，那么就使用被关联元素的原点。

5.7.3.5 几何端口连接

IfcConnectionPortGeometry 定义分布式元素上的端口的几何位置和外形。可以用这个信息决定如何物理连接分布式元素。

EXPRESS 描述：

```
*)
ENTITY IfcConnectionPortGeometry
    SUBTYPE OF(IfcConnectionGeometry);
      LocationAtRelatingElement :IfcAxis2Placement;
      LocationAtRelatedElement  :OPTIONAL IfcAxis2Placement;
      ProfileOfPort             :IfcProfileDef;
END_ENTITY;
(*
```

属性定义：

LocationAtRelatingElement(在关联元素上的位置)：相对于它的分布式元素的局部坐标的端口的局部坐标。被讨论的元素是在连接关系扮演关联角色的元素；

LocationAtRelatedElement(在被关联元素上的位置)：相对于它的分布式元素的局部坐标的端口的局部坐标。被讨论的元素是在连接关系扮演被关联角色的元素；

ProfileOfPort(端口截面)：截面定义端口的几何连接。它位于坐标的 XY 平面内，坐标由关联和(可选的)被关联分布式元素给出。

5.7.3.6 网格轴

IfcGridAxis 定义设计网格的环境。轴定义是基于二维曲线的。网格轴位于 IfcDesignGrid 定义的位置坐标系的 XY 平面内。

几何使用定义：用一个二维曲线实体定义网格轴的标准几何表达。网格轴一般由另一个轴的偏移定义。IfcOffsetCurve2D 支持这个概念。每个网格轴由曲线参数化给出方向。SameSense 属性是一个指示器，指示网格轴的方向是否与基本曲线相同或相反。

网格轴的示例见图 16。

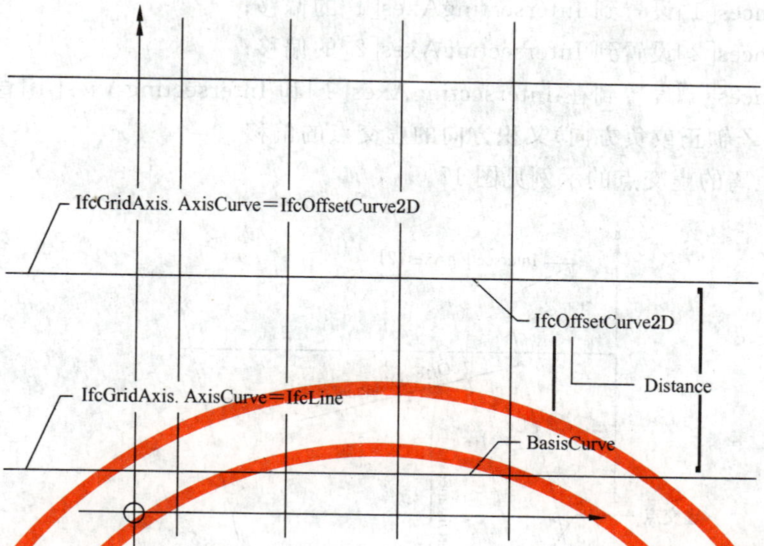

图 16　网格轴

网格轴是定义在位置坐标系的 *XY* 平面内的一条二维曲线。任何曲线都可以用于定义一条网格轴，一般情况下用 IfcLine 定义直线网格，用 IfcCircle 定义放射状网格。

一般由一对轴列定义网格。每一轴由一个基本网格轴定义，轴由基本轴的偏移定义。用 IfcOffsetCurve2D 作为基本轴曲线支持这个概念。

EXPRESS 描述：

```
*)
ENTITY IfcGridAxis;
    AxisTag   :OPTIONAL IfcLabel;
    AxisCurve:IfcCurve;
    SameSense:IfcBoolean;
  WHERE
    WR1:AxisCurve.Dim = 2;
END_ENTITY;
(*
```

属性定义：

AxisTag(轴标签)：这个网格轴的标签或名称；

AxisCurve(轴曲线)：为这个网格轴提供几何的基本曲线；

SameSense(相同方向)：定义是否使用曲线的原始方向，或它是否和网格轴环境相反。

形式约束：

WR1：网格轴的维数是 2。

5.7.3.7　虚网格交点

IfcVirtualGridIntersection 定义两个网格轴之间交点的导出位置。可以给出偏移值，设置一个到网格轴的偏移距离，以计算虚网格交点。

两个交叉轴(IntersectingAxes)定义交叉点，这个精确定位(以迪卡尔点的形式表达交点)必须从两个参与曲线的几何表达计算得出。

可以给出偏移值(OffsetDistances)。如果给出，OffsetDistances 列表的位置对应 IntersectingAxes 列表的位置。因此：

- OffsetDistances[1]设置到 IntersectingAxes[1]的偏移；
- OffsetDistances[2]设置到 IntersectingAxes[2]的偏移；
- OffsetDistances[3]设置到在 IntersectingAxes[1]和 IntersectingAxes[1]直角余角(这是设计网格位置的 *Z* 轴正或负方向)叉积方向的虚交点的偏移。

给出两个偏移距离的虚交点的示例见图 17。

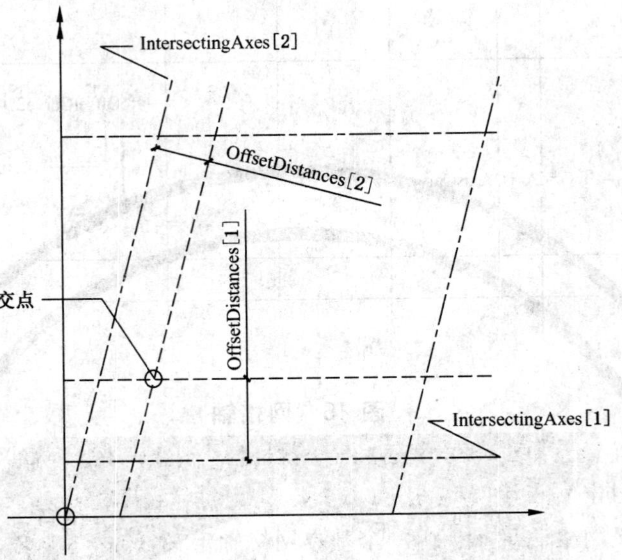

图 17 给出两个偏移距离的虚交点

给出两个偏移距离，在网格轴坐标的 *XY* 平面内定义虚交点。给出三个偏移距离的虚交点的示例见图 18。

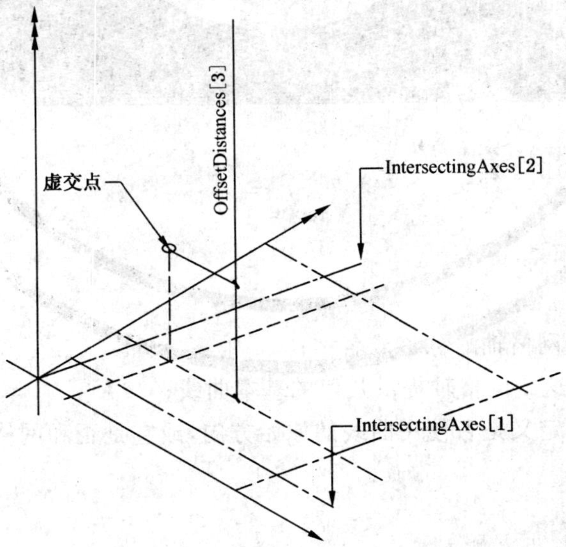

图 18 给出三个偏移距离的虚交点

给出三个偏移距离，用一个到网格轴坐标的 *XY* 平面虚交点的偏移(在设计网格坐标的 *Z* 轴方向)定义虚交点。

从基本曲线度量偏移曲线(OffsetDistances[n])的距离。距离可能正、负或零。正值的距离定义方向的偏移，是从给出点的矢量 T 的切线顺时针旋转 90°的曲线的法线(这是在直角余角的方向)。这能 IfcGridAxis 用的 SameSense 属性恢复，在中 IfcGridAxis 转换 AxisCurve 的方向。

负偏移的示意图见图 19。

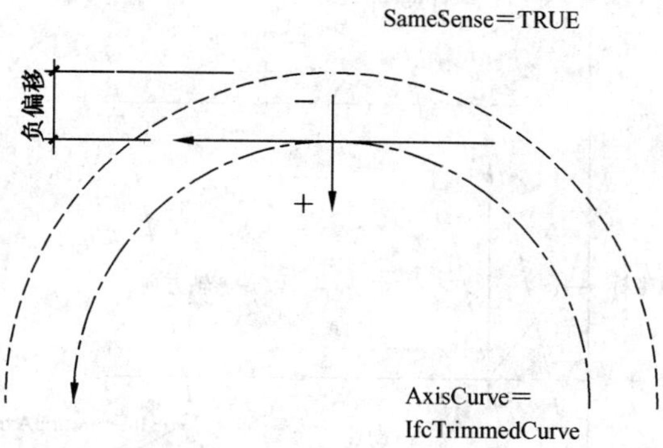

图 19 负偏移的例子

一个负偏移的例子。

- IntersectingAxes[1]. AxisCurve 是一个 IfcTrimmedCurve，IfcCircle 作为基本曲线，并且 SenseAgreement=TRUE；
- IntersectingAxes[1]. SameSense=TRUE；
- OffsetDistances[1]是一个负长度度量。

图示展示的是偏移的一面。

EXPRESS 描述：

```
*)
ENTITY IfcVirtualGridIntersection;
        IntersectingAxes  :LIST [2 : 2] OF UNIQUE IfcGridAxis;
        OffsetDistances   :LIST [2 : 3] OF IfcLengthMeasure;
END_ENTITY;
(*
```

属性定义：

IntersectingAxes(交叉轴)：在一个交点(参考 IfcGrid 的非形式建议)交叉的两个网格轴。如果 OffsetDistances 属性忽略，交点直接定义坐标或网格坐标的参考方向；如果给出 OffsetDistances，有网格轴的偏移曲线定义交点；

OffsetDistances(偏移距离)：网格轴的偏移距离。如果给出，它定义到网格轴的虚的偏移曲线。偏移曲线的交点描述虚网格交点。

5.7.3.8 网格坐标

IfcGridPlacement 提供一种特殊类型的 IfcObjectPlacement，通过对设计网格的引用在其中定义对象坐标系的坐标和轴方向。

通过属性 PlacementLocation 给出对象坐标系的定位。对象坐标系的轴方向(*X* 轴的)通过如下给出：

- 在 PlacementRefDirection 没有给出的情况下，通过在虚交点(如果给出 PlacementLocation. OffsetDistances，可能用偏移曲线)上第一网格轴(PlacementLocation. IntersectingAxes[1])的切线方向。
- 在 PlacementRefDirection 给出的情况下，在 PlacementLocation 的虚网格交点和 PlacementRefDirection 的虚网格交点之间的切线方向。

对象坐标系的 *Y* 轴方向是 *X* 轴的直角余角。*Z* 轴的方向是 *X* 轴和 *Y* 轴的叉积方向。

没有给出坐标引用方向的图例见图 20 和图 21。

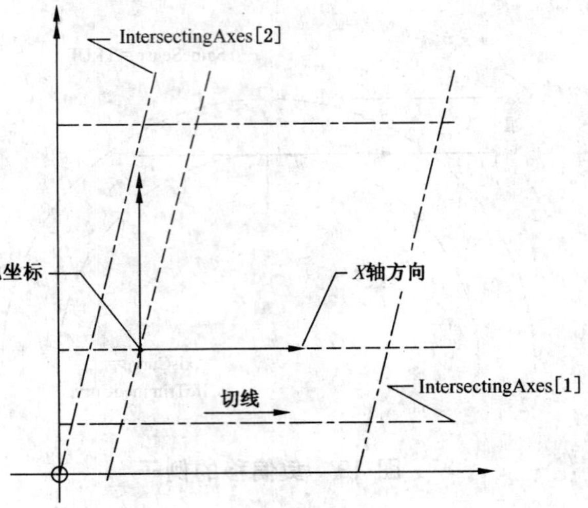

图 20　没有给出坐标引用方向的例子

PlacementRefDirection 没有给出，对象坐标系由如下定义：

- 它的位置：通过 PlacementLocation 的虚网格交点；
- 它的 *X* 轴方向：通过在虚网格交点的偏移位置的第一交叉轴切线给出。

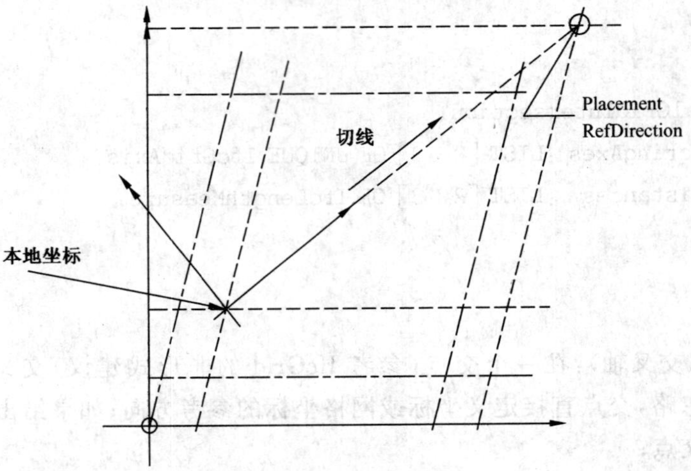

图 21　给出坐标引用方向的例子

PlacementRefDirection 给出，对象坐标系由如下定义：

- 它的位置：通过 PlacementLocation 的虚网格交点；
- 它的 *X* 轴方向：通过在 PlacementLocation 的虚网格交点和 PlacementRefDirection 的虚网格交点之间的切线方向。

EXPRESS 描述：

```
*)
ENTITY IfcGridPlacement
   SUBTYPE OF(IfcObjectPlacement);
     PlacementLocation      :IfcVirtualGridIntersection;
     PlacementRefDirection :OPTIONAL IfcVirtualGridIntersection;
END_ENTITY;
 (*
```

属性定义：

PlacementLocation(坐标位置)：约束拉伸实体的一个或两个路径端点；

PlacementRefDirection(坐标引用方向)：引用一个第二网格坐标轴交点，定义网格坐标的方向。

5.7.3.9 对象坐标

IfcObjectPlacement 定义特殊类型对象坐标系的抽象超类。对于每个有形状表达的产品都要提供对象坐标。

可以给出的对象坐标有：

- 绝对坐标，例如一个与总体坐标系有关的二维坐标；
- 相对坐标，例如与另一个产品对象坐标相关的一个二维坐标；
- 栅格引用，例如由设计栅格的两个轴给出的虚交叉点和基准方向。

在任何情况下，对象坐标必须明确定义对象坐标系为二维空间坐标(IfcAxis2Placement2D)或三维空间坐标(IfcAxis2Placement3D)。轴位置必须计算得出。

EXPRESS 描述：

```
*)
ENTITY IfcObjectPlacement
    ABSTRACT SUPERTYPE OF (ONEOF(IfcGridPlacement, IfcLocalPlacement));
    INVERSE
      ReferencedByPlacements:SET OF IfcLocalPlacement FOR PlacementRelTo;
END_ENTITY;
(*
```

属性定义：

ReferencedByPlacements(被坐标引用)：与对象坐标有相关关系的坐标。

5.7.3.10 局部坐标

IfcLocalPlacement 定义一个产品的相对位置，这个位置与其他产品的位置有关，或与工程几何表达环境内的某一产品的绝对位置有关。局部坐标定义由 IfcLocalPlacement(通过继承的 PlacesProduct)定位的 IfcProduct 通过引用 PlacementRelTo 定位在 IfcProduct 的局部坐标系内。防止循环关联坐标的规则要在应用水平实现。

如果使用相对坐标(在 IfcProduct 子类型水平给出更详细的坐标信息)，要应用下列约定：

- IfcSite 必须绝对定位在工程几何表达环境建立的总体坐标系中；
- IfcBuilding 应该相对定位在 IfcSite 的局部坐标内；
- IfcBuildingStorey 应该相对定位在 IfcBuilding 的局部坐标内；
- IfcElement 应该定位在它的容器(IfcSite、IfcBuilding、IfcBuildingStorey)的局部坐标内，或 IfcElement 的局部坐标内，它通过元素关系(IfcRelVoidsElement、IfcRelFillsElement、IfcRelCoversBldgElements、IfcRelAssemblesElements)与之捆绑。

如果没有给出 PlacementRelTo 关系，那么缺省是工作几何表达环境建立的总体坐标系绝对位置。

EXPRESS 描述：

```
*)
ENTITY IfcLocalPlacement
    SUBTYPE OF(IfcObjectPlacement);
      PlacementRelTo      :OPTIONAL IfcObjectPlacement;
      RelativePlacement  :IfcAxis2Placement;
END_ENTITY;
(*
```

属性定义：

PlacementRelTo(关联坐标)：引用提供通过其局部坐标系提供相对位置的对象。如果省略，应该几何表达环境建立的总体坐标系的本地位置；

RelativePlacement(相对坐标)：定义从被关联坐标系到关联坐标系转换的几何坐标。坐标可以是二维或三维的，以坐标系的维数为准。

```
*)
END_SCHEMA; ——IFCGEOMETRICCONSTRAINTRESOURCE
(*
```

5.8 截面

5.8.1 引言

下面的 EXPRESS 描述 IFCPROFILERESOURCE(截面)，并标识了必要的外部引用。

EXPRESS 描述：

```
*)
SCHEMA IFCPROFILERESOURCE;
  REFERENCE FROM IFCGEOMETRYRESOURCE
     (IfcAxis2Placement2D,
      IfcPolyline,
      IfcLine,
      IfcVectorSum,
      IfcTrimmedCurve,
      IfcAxis2Placement,
      IfcCurve,
      IfcConic,
      IfcCircle,
      IfcEllipse,
      IfcCartesianTransformationOperator2D,
      Ifc2DCompositeCurve,
      IfcCompositeCurve,
      IfcBoundedCurve);
  REFERENCE FROM IFCMEASURERESOURCE
     (IfcPositiveLengthMeasure,
      IfcLengthMeasure,
      IfcLabel);
(*
```

注 1：上面引用的模式可在本标准的下述部分中找到：

IFCGEOMETRYRESOURCE(几何)见 5.3；

IFCMEASURERESOURCE(度量)见 5.12。

注 2：本模式的图形表达见附录 B 的图 B.27～图 B.29。

5.8.2 基本概念与设定

截面模式定义用于定义几何形状表达的二维截面或横截面。截面定义应用于：

- 扫掠面；
- 扫掠区域实体；
- 脊线。

注：截面定义不是几何表达项目的子类型，不能直接用于表达一个对象的几何。

截面用于定义一条曲线或一个面积。在曲线的情况下,只有边界属于截面定义的范畴;在面积的情况下,边界和内部都是截面定义的范畴。一条曲线可以用于:

- 扫掠面;
- 脊线。

一个面积可以用于:

- 扫掠区域实体;
- 脊线。

注:截面定义使用的首选方式是定义棱形的形状表达产品。

截面定义(IfcProfileDef)可以实例化为不同的子类型。有四组不同截面定义:

- 参数化定义截面,由一个二维位置坐标系和维数参数产生的二维形式定义截面;
- 明确定义的截面,这些截面由在父坐标系中的一个(单个或多个)二维曲线定义;
- 导出截面,这些截面由一个父截面的笛卡尔转换产生;
- 组合截面,这些截面是其他截面的组合。

5.8.3 截面模式的类型定义

5.8.3.1 截面类型

IfcProfileTypeEnum 定义从几何学的角度一个截面形状的导出属性定义分解为一个曲线或一个表面。

EXPRESS 描述:

```
*)
TYPE IfcProfileTypeEnum = ENUMERATION OF
     (CURVE,
      AREA);
END_TYPE;
(*
```

枚举项定义:

CURVE:结果几何项目是曲线类型并且封闭(由 IfcArbitraryOpenProfileDef 产生的曲线是个例外,它产生一个开放曲线)。经过应用扫掠操作的结果几何是一个扫掠面,这可用于定义有细片的形状,例如管道,其中厚度不适于用几何表达;

AREA:结果几何项目是表面类型。经过应用扫掠操作的结果几何是一个有定义提及的扫掠立体。

5.8.4 截面模式的实体定义

5.8.4.1 截面定义

IfcProfileDef 是 IFC 中所有标准和任意截面定义的超类。截面定义实体用于定义一个普遍应用的、参数驱动的截面标准集合。这些截面定义用于几何和几何模型资源中,产生扫掠面或扫掠区域实体。在扫掠面或扫掠区域实体中定义截面的目的是为了定义一个横截面。截面也可以用于脊线中,其中可以基于导出截面给出的起始截面转换的连续截面。

标准的截面都是简单的二维图形,在工业中用它的描述性参数描述横截面。任意截面都是由一个外部边界的边界曲线定义的横截面,其中可能也包含洞,用内部边界定义。基于父截面的转换的导出截面也是可用截面定义的一部分。另外定义了组合截面,它包含两个或更多截面定义,定义一个结果截面。

如果用于扫掠区域实体中,一个截面定义被看作是边界面积。在这种情况下,截面的内部是截面的一部分,ProfileType 属性设置为 AREA。如果用于扫掠面中,一个截面定义被看作是一条曲线。在这种情况下,截面的内部(如果曲线是封闭的)不是截面的一部分,ProfileType 属性设置为 CURVE。可选属性 ProfileName 可以用于指示一个标准截面类型,例如在钢截面的截面表中给出。

截面定义的图解示例见图 22。

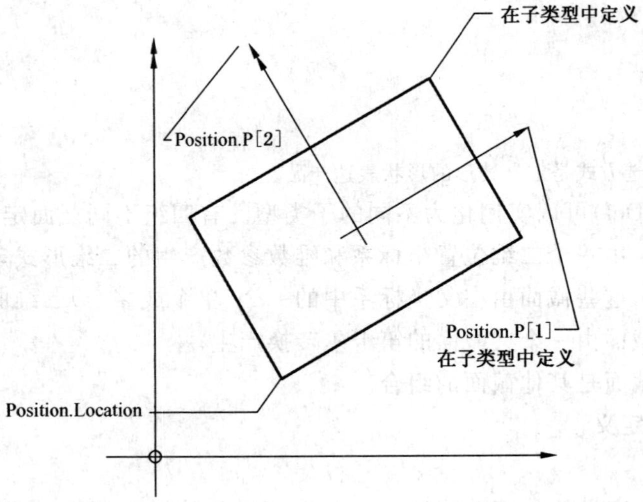

图 22 截面定义图解

位置:截面定义在二维坐标系中。标准截面定义定义一个二维位置坐标系,这个坐标系相对于 IfcProfileDef 的基本二维坐标系。

截面定义几何用法图解示例见图 23。

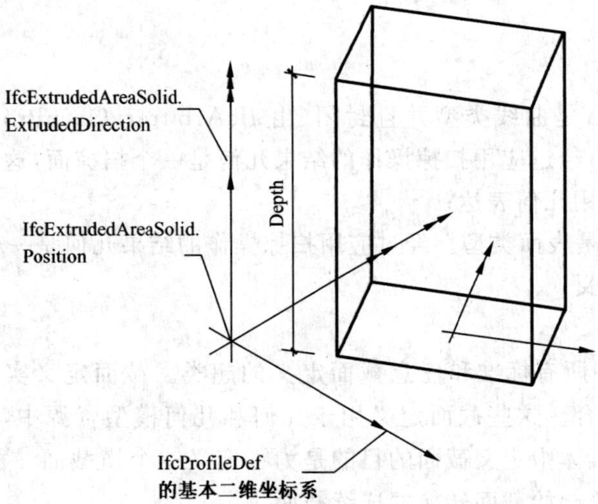

图 23 截面定义几何用法图解

在 IfcExtrudedAreaSolid 中(图解所示)或 IfcRevolvedAreaSolid 中使用截面定义,结果边界(截面定义的二维坐标系)的基本坐标系位于扫掠区域实体的三维位置坐标系的 *XY* 平面内,位置在(0.,0.),方向是(1.,0.)和(0.,1.)。

ProfileType 属性的不同用法有不同的结果,它定义内部(围起的面积)截面定义是(面积)或不是(曲线)截面定义的一部分。截面定义 ProfileType＝AREA 的图解示例见图 24。

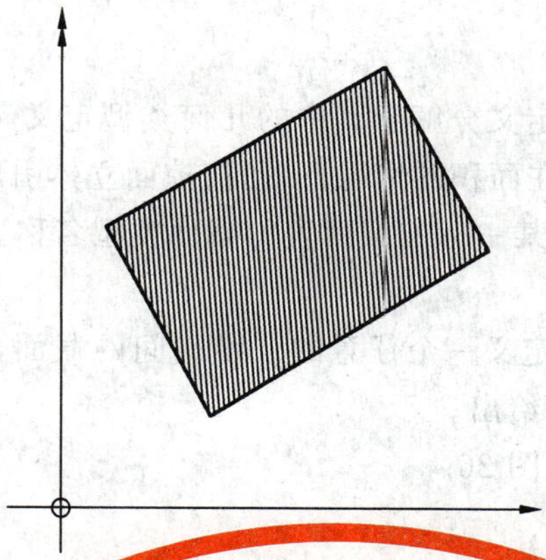

图 24　截面定义 ProfileType＝AREA 的示意图

其中 ProfileType＝AREA。

截面定义 ProfileType＝CURVE 的图示见图 25。

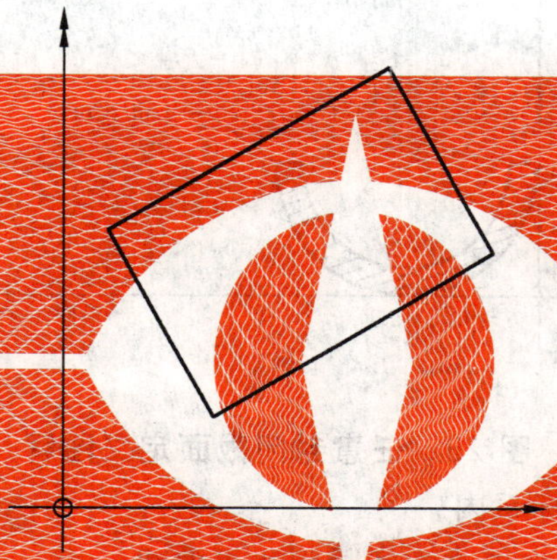

图 25　截面定义 ProfileType＝CURVE

其中 ProfileType＝CURVE。

EXPRESS 描述：

```
*)
ENTITY IfcProfileDef
    ABSTRACT SUPERTYPE OF (ONEOF(IfcArbitraryClosedProfileDef,
                                 IfcCircleProfileDef,
                                 IfcRectangleProfileDef,
                                 IfcTrapeziumProfileDef,
                                 IfcEllipseProfileDef,
                                 IfcRoundedRectangleProfileDef,
                                 IfcDerivedProfileDef,
                                 IfcArbitraryOpenProfileDef,
                                 IfcIshapeProfileDef,
                                 IfcCompositeProfileDef));
    ProfileType:IfcProfileTypeEnum;
    ProfileName:OPTIONAL IfcLabel;
END_ENTITY;
```

(*

属性定义:

ProfileType(截面类型):截面定义分解于其中的几何类型定义,或者是曲线,或者是表面积。在曲线的情况下,用扫掠面引用截面。在面积的情况下,用扫掠面立体引用截面;

ProfileName(截面名称):根据某一标准截面表的截面类型名称。

5.8.4.2 任意封闭截面定义

IfcArbitraryClosedProfileDef 定义一个任意的二维空间的截面,用于带有扫掠面几何或扫掠面立体。由构成表面或立体的外部边界给出。

任意封闭截面定义的示意图见图 26。

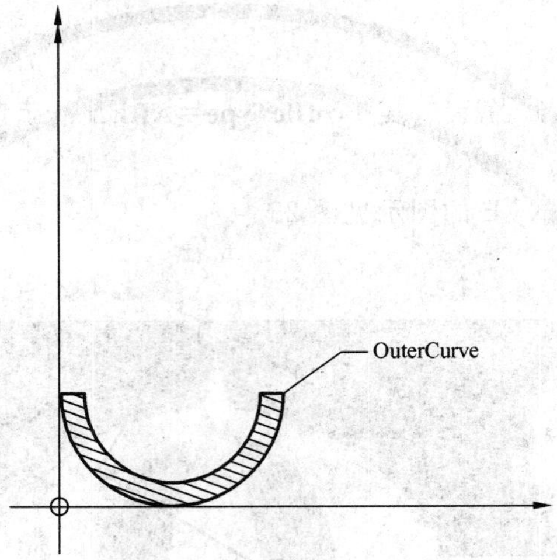

图 26 任意封闭截面定义图解

位置:外部曲线定义在基本坐标系内。

参数:OuterCurve 属性定义一个二维空间封闭边界曲线。

EXPRESS 描述:

```
*)
ENTITY IfcArbitraryClosedProfileDef
    SUBTYPE OF(IfcProfileDef);
      OuterCurve: IfcCurve;
    WHERE
        WR1:OuterCurve.Dim = 2;
        WR2:NOT('IFCGEOMETRYRESOURCE.IFCLINE' IN TYPEOF(OuterCurve));
        WR3:NOT('IFCGEOMETRYRESOURCE.IFCOFFSETCURVE2D' IN TYPEOF(OuterCurve));
END_ENTITY;
(*
```

属性定义:

OuterCurve(外部曲线):边界曲线,定义任意截面的外部边界。

形式约束:

WR1:用于外部曲线定义的曲线应该是二维空间的;

WR2:外部曲线不应该是 IfcLine 类型的,因为 IfcLine 不是封闭的曲线;

WR3:外部曲线不应该是 IfcOffsetCurve2D 类型的,因为不能将它定义为另一个曲线的偏移。

非形式约束:

IP1:外部曲线应该是闭合曲线。

5.8.4.3 **任意带洞截面定义**

IfcArbitraryProfileDefWithVoids 定义一个任意封闭二维带洞截面,用于扫掠面立体定义。由构成立体的外部边界和内部边界给出。

任意带洞截面定义的示意图见图 27。

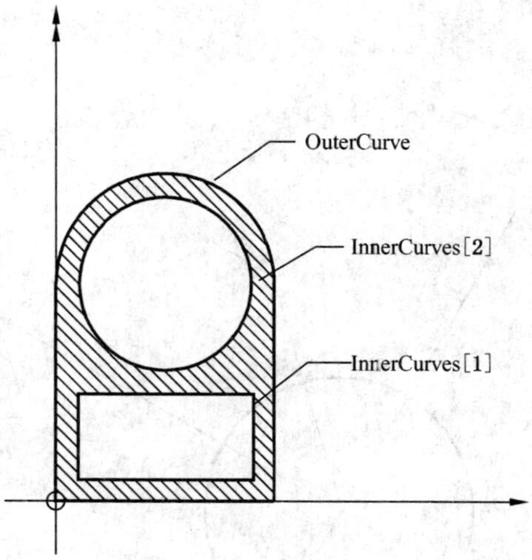

图 27 任意带洞截面定义的示意图

位置:定义在超类 IfcArbitraryClosedProfileDef 中的外部曲线和内部曲线在相同的基本坐标系下定义。

参数:OuterCurve 属性定义一个二维封闭边界曲线,InnerCurves 属性定义一个二维封闭边界曲线集合。

EXPRESS 描述:

```
*)
ENTITY IfcArbitraryProfileDefWithVoids
    SUBTYPE OF(IfcArbitraryClosedProfileDef);
      InnerCurves:SET [1 : ?] OF IfcCurve;
    WHERE
       WR1:SELF\IfcProfileDef.ProfileType = AREA;
       WR2:SIZEOF(QUERY(temp< * InnerCurves | temp.Dim <> 2)) = 0;
       WR3:SIZEOF(QUERY(temp< * InnerCurves | 'IFC_FINAL.IFCLINE' IN TYPEOF(temp))) = 0;
END_ENTITY;
(*
```

属性定义:

InnerCurves(内部曲线):边界曲线集合,定义任意截面的内部边界。

形式约束:

WR1:截面的类型应该是表面,因为它只适用于扫掠面定义;

WR2:所有的内部曲线应该是二维的;

WR3:内部曲线的类型不应该是 IfcLine,因为 IfcLine 不是封闭曲线。

非形式约束:

IP1:外部曲线和所有的内部曲线都应该是闭合曲线;

IP2:外部曲线应该包含所有的内部曲线;

IP3:任何内部曲线不应该与外部曲线和其他内部曲线交叉;

IP4:任何内部曲线不应该包含其他内部曲线。

5.8.4.4 圆截面定义

IfcCircleProfileDef 定义用于扫掠面几何或扫掠面立体的圆的截面定义。它由半径属性和位置属性给出,其中位置属性建立二维位置坐标系。

圆截面定义实体的示意图见图 28。

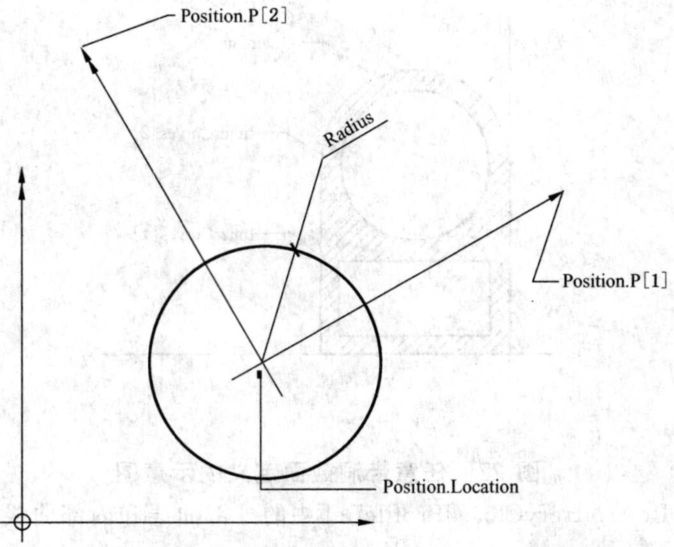

图 28 圆截面实体定义的示意图

位置:位置属性定义圆的二维位置坐标系。

参数:位置坐标系的定位定义圆的中心,半径属性定义圆的半径。

EXPRESS 描述:

```
  *)
  ENTITY IfcCircleProfileDef
     SUBTYPE OF(IfcProfileDef);
       Position:IfcAxis2Placement2D;
       Radius  :IfcPositiveLengthMeasure;
END_ENTITY;
 (*
```

属性定义:

Position(位置):圆截面定义的位置坐标系;

Radius(半径):圆的半径。

5.8.4.5 矩形截面定义

IfcRectangleProfileDef 定义用于扫掠面几何或扫掠面立体的矩形的截面定义。它由沿 *X* 轴和 *Y* 轴的延展,以及位置属性给出,其中位置属性建立二维位置坐标系。矩形截面放置在位置坐标系的中心。

矩形截面实体定义的示意图见图 29。

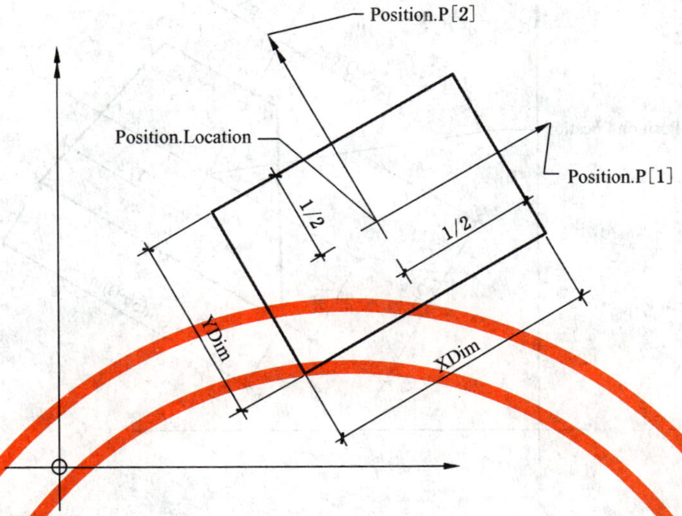

图 29　矩形截面实体定义的示意图

位置:位置属性定义二维矩形的位置坐标系。

参数:矩形截面定义实体定义在位置坐标系中,其中 XDim 定义矩形长度(沿正 X 轴的半轴)的距离度量,YDim 定义矩形宽度(沿正 Y 轴的半轴)的距离度量。

EXPRESS 描述:

```
*)
ENTITY IfcRectangleProfileDef
    SUBTYPE OF(IfcProfileDef);
      Position:IfcAxis2Placement2D;
      XDim   :IfcPositiveLengthMeasure;
      YDim   :IfcPositiveLengthMeasure;
END_ENTITY;
(*
```

属性定义:

Position(位置):矩形截面定义的位置坐标系;

Xdim(*X* 轴):矩形沿着 *X* 轴方向的延伸;

Ydim(*Y* 轴):矩形沿着 *Y* 轴方向的延伸。

5.8.4.6　梯形截面定义

IfcTrapeziumProfileDef 定义用于扫掠面几何或扫掠面立体的梯形的截面定义。它由顶部 *X* 轴的延展、底部 *X* 轴的延展、*Y* 轴延伸、顶部 *X* 轴的延展偏移,以及位置属性给出,其中位置属性建立二维位置坐标系。梯形截面放置在位置坐标系的中心。

梯形截面实体定义的图示见图 30。

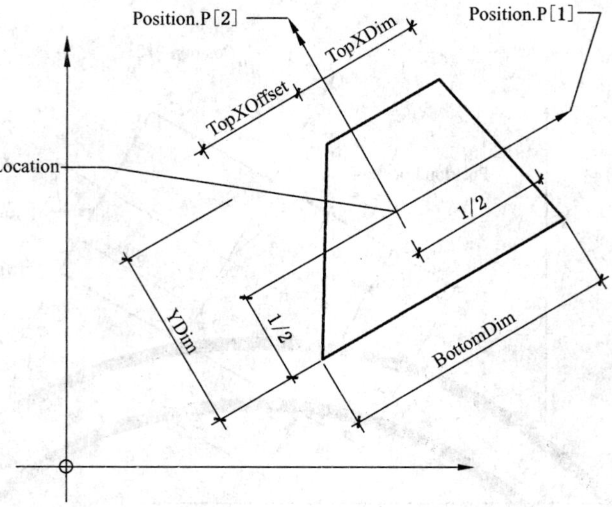

图 30　梯形截面实体定义的示意图

位置:位置属性定义二维矩形的位置坐标系。

参数:梯形截面定义实体定义在位置坐标系中,其中 BottomXDim 定义底部线(沿正 X 轴的半轴)的距离度量,YDim 定义平行底部线和顶部线(沿正 Y 轴的半轴)之间的距离度量。顶部线从 TopXOffset[−BottomLine/2,YDim]距离(可能为负、零或正)开始,距离为沿正 X 轴 TopXDim。

EXPRESS 描述:

```
 *)
ENTITY IfcTrapeziumProfileDef
    SUBTYPE OF(IfcProfileDef);
      Position      :IfcAxis2Placement2D;
      BottomXDim    :IfcPositiveLengthMeasure;
      TopXDim       :IfcPositiveLengthMeasure;
      YDim          :IfcPositiveLengthMeasure;
      TopXOffset    :IfcLengthMeasure;
END_ENTITY;
 (*
```

属性定义:

Position(位置):梯形截面定义的位置坐标系;

BottomXDim(底部 X 轴):沿暗示 X 轴底部线的延伸度量;

TopXDim(顶部 X 轴):沿暗示 X 轴顶部线的延伸度量;

YDim(Y 轴):沿暗示 Y 轴度量的平行底部线和顶部线之间的延伸距离;

TopXOffset(顶部 X 偏移):沿暗示 X 轴度量的从顶部线到底部线的偏移。

5.8.4.7　椭圆截面定义

IfcEllipseProfileDef 定义用于扫掠面几何或扫掠面立体的椭圆的截面定义。它由半轴属性和位置属性给出,其中位置属性建立二维位置坐标系。

椭圆截面实体描述的图示见图 31。

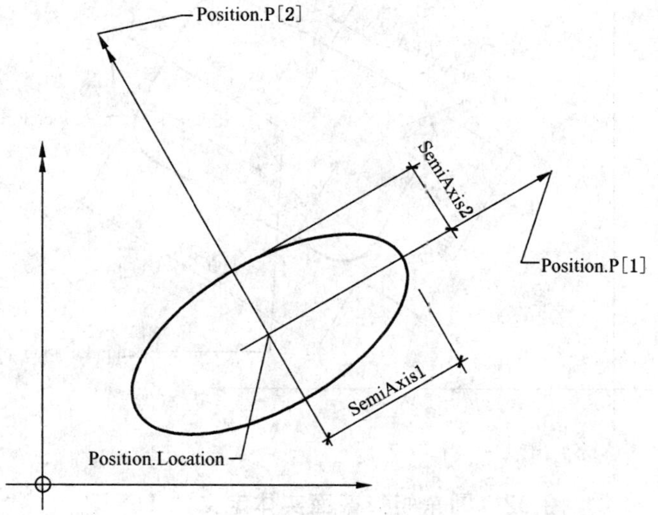

图 31 椭圆截面实体定义的示意图

位置:位置属性定义二维椭圆的位置坐标系。

参数:位置坐标系的定位定义了椭圆的中心。1半轴属性定义沿 X 轴方向椭圆的第一半径,2半轴属性定义沿 Y 轴方向椭圆的第二半径。

注:椭圆的两个半轴是相互定义的。

EXPRESS 描述:

```
*)
ENTITY IfcEllipseProfileDef
  SUBTYPE OF(IfcProfileDef);
    Position   :IfcAxis2Placement2D;
    SemiAxis1  :IfcPositiveLengthMeasure;
    SemiAxis2  :IfcPositiveLengthMeasure;
END_ENTITY;
(*
```

属性定义:

Position(位置):椭圆截面定义的位置坐标系;

SemiAxis1(1半轴):椭圆的第一半轴,沿 Position. P[1]方向度量;

SemiAxis2(2半轴):椭圆的第二半轴,沿 Position. P[2]方向度量。

5.8.4.8 圆角矩形截面定义

IfcRoundedRectangleProfileDef 定义用于扫掠面几何或扫掠面立体的带有相等圆弧角的矩形的截面定义。它由 X 轴扩展、Y 轴扩展、圆弧角半径,以及位置属性给出,其中位置属性建立二维位置坐标系。圆角矩形截面放置在位置坐标系的中心。

圆角矩形截面实体描述的图示见图 32。

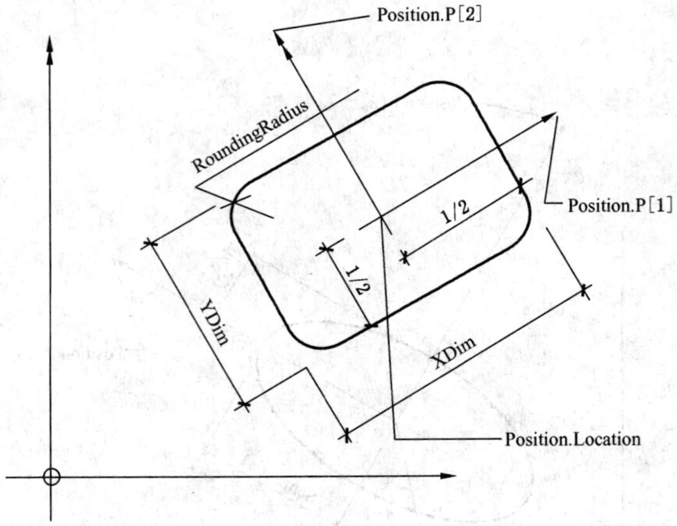

图 32　圆角矩形截面实体定义的示意图

位置:位置属性定义二维圆形矩形的位置坐标系。

参数:圆角矩形截面定义实体定义在位置坐标系中,其中 XDim 定义矩形长度(沿正 *X* 轴的半轴)的距离度量,YDim 定义矩形宽度(沿正 *Y* 轴的半轴)的距离度量,RoundingRadius 定义圆弧半径,对于矩形的所有边是相等的。

EXPRESS 描述:

```
*)
ENTITY IfcRoundedRectangleProfileDef
  SUBTYPE OF(IfcProfileDef);
    Position        :IfcAxis2Placement2D;
    XDim            :IfcPositiveLengthMeasure;
    YDim            :IfcPositiveLengthMeasure;
    RoundingRadius  :IfcPositiveLengthMeasure;
  WHERE
    WR21:((RoundingRadius<=(XDim/2)) AND (RoundingRadius<=(YDim/2)));
END_ENTITY;
(*
```

属性定义:

Position(位置):圆形矩形截面定义的位置坐标系;

Xdim(*X* 轴):基本矩形沿着暗示 *X* 轴方向的延伸;

Ydim(*Y* 轴):基本矩形沿着暗示 Y 轴方向的延伸;

RoundingRadius(圆弧半径):圆弧的半径,所有四个矩形角是相等的圆弧。

形式约束:

WR21:RoundingRadius 属性的值应该小于或等于 Xdim 属性和 YDim 属性的半值。

5.8.4.9　导出截面定义

IfcDerivedProfileDef 定义从父截面转换的截面。用一个二维转换操作符给出转换。转换包括平移、旋转和缩放比例,后者可以是一致的或不一致的。导出的截面可以用于定义脊线。

导出截面定义的一致转换示例见图 33。

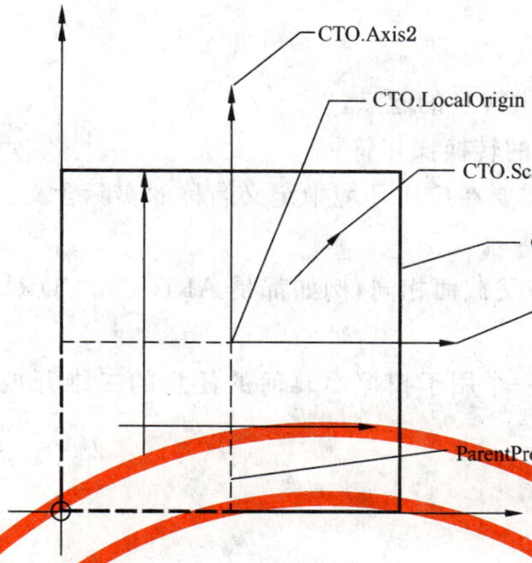

图 33 导出截面定义的一致转换

参数:导出截面定义实体用 IfcCartesianTransformationOperator2D(CTO)定义,CTO 应用于父截面定义,这个图解展示一个一致转换。导出截面定义的不一致转换示例见图 34。

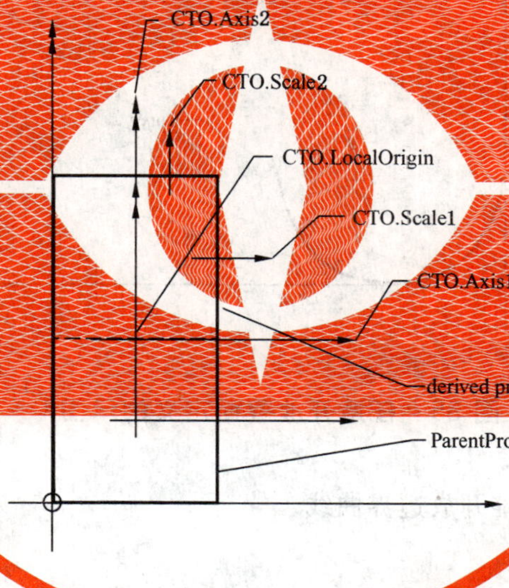

图 34 导出截面定义的不一致转换

参数:用一个二维 CTO 的子类型 IfcCartesianTransformationOperator2DnonUniform 可以产生一个不一致转换。

EXPRESS 描述:

```
 *)
ENTITY IfcDerivedProfileDef
    SUBTYPE OF(IfcProfileDef);
      ParentProfile:IfcProfileDef;
      Operator     :IfcCartesianTransformationOperator2D;
      Label        :OPTIONAL IfcLabel;
    WHERE
      WR1:SELF\IfcProfileDef.ProfileType = ParentProfile.ProfileType;
END_ENTITY;
```

(*

属性定义：

ParentProfile(父截面)：父截面提供转换的起点；

Operator(操作符)：应用到父截面的转换操作符；

Label(标签)：转换引用的名称。需要在应用环境中定义名称的实际含义。

形式约束：

WR1：导出截面的截面类型应该与父截面相同，例如都是 AREA 或 CURVE。

5.8.4.10 任意开放截面定义

IfcArbitraryOpenProfileDef 定义一个用于扫掠面几何的任意的二维开放截面。它由构成表面的开放边界给出。

任意开放截面定义的示例见图 35。

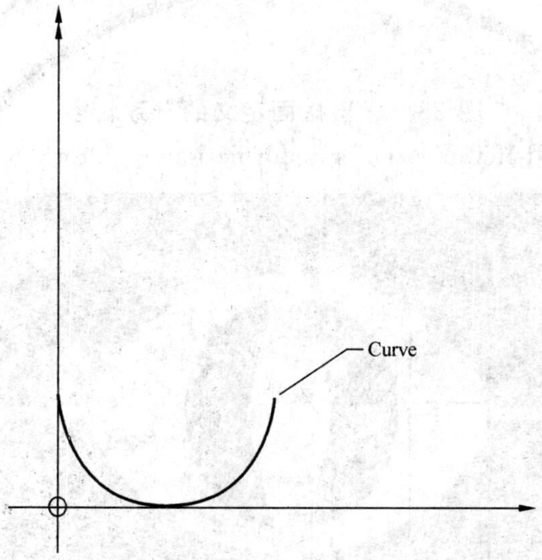

图 35 任意开放截面定义的示图

位置：曲线由基本坐标系定义。

参数：Curve 属性定义一个二维开放边界曲线。

EXPRESS 描述：

*)

```
ENTITY IfcArbitraryOpenProfileDef
    SUBTYPE OF(IfcProfileDef);
      Curve:IfcBoundedCurve;
    WHERE
        WR1:SELF\IfcProfileDef.ProfileType = IfcProfileTypeEnum.CURVE;
        WR2:Curve.Dim = 2;
END_ENTITY;
```

(*

属性定义：

Curve(曲线)：定义截面的开放边界曲线。

形式约束：

WR1：截面类型是一个 CURVE，一个开放截面只能用于定义一个扫掠面；

WR2：曲线的维数应该是 2。

非形式约束：

IP1：OuterCurve 应该是一个开放曲线。

5.8.4.11 工形截面定义

IfcIshapeProfileDef 定义一个对称“I”形截面定义，为扫掠面几何或扫掠面立体提供定义参数。工形截面的属性有总厚度、总宽度、腹板和翼缘厚度。另外给出一个导角半径。IfcIshapeProfileDef 实体表达一个对主和次轴对称的工形截面，并有相等的、对称于腹板的上下翼缘。

工形截面定义实体的示例见图 36，给出导角半径的工形截面定义实体的示例见图 37。

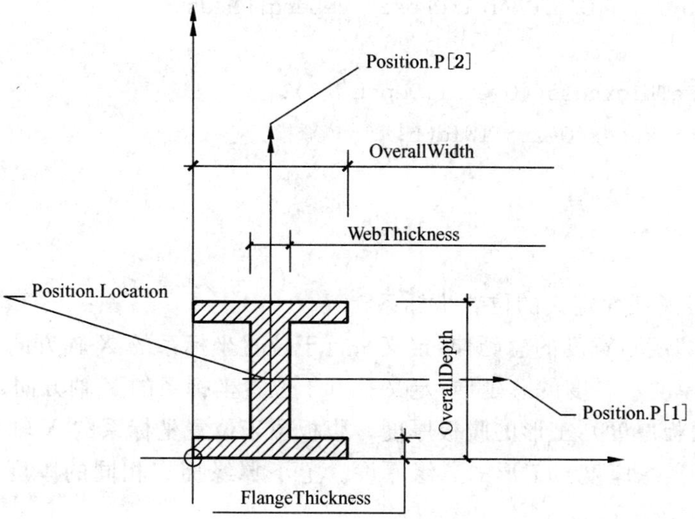

图 36 工形截面定义图解

位置：Position 属性定义二维矩形的位置坐标系。

参数：工形截面定义实体定义在位置坐标系中，其中 OverallWidth 定义工形的总长度的距离度量，OverallDepth 定义工形的宽度的距离度量，WebThickness 定义中心腹板的厚度，FlangeThickness 定义上下翼缘的相等厚度。

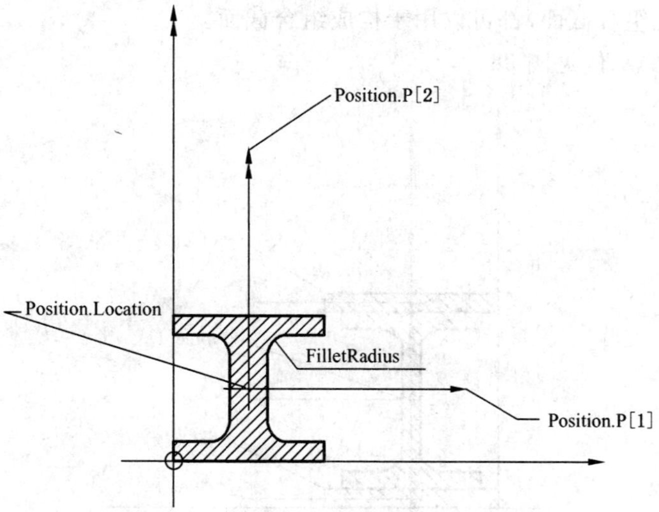

图 37 给出导角半径的工形截面定义

参数：如果给出导角半径，将它相等地应用于所有腹板和翼缘产生的四个角。

EXPRESS 描述：

*)

```
ENTITY IfcIshapeProfileDef
    SUBTYPE OF(IfcProfileDef);
      Position        :IfcAxis2Placement2D;
      OverallWidth    :IfcPositiveLengthMeasure;
      OverallDepth    :IfcPositiveLengthMeasure;
      WebThickness    :IfcPositiveLengthMeasure;
      FlangeThickness :IfcPositiveLengthMeasure;
      FilletRadius    :OPTIONAL IfcPositiveLengthMeasure;
    WHERE
        WR1:FlangeThickness<(OverallDepth / 2);
        WR2:WebThickness<OverallWidth;
END_ENTITY;
```

(*

属性定义：

Position(位置):工形截面定义的位置坐标系；

OverallWidth(总宽度):宽度的总延伸,定义平行于位置坐标系的 X 轴方向；

OverallDepth(总厚度):厚度的总延伸,定义平行于位置坐标系的 Y 轴方向；

WebThickness(腹板厚度):工形的腹板厚度。腹板位于位置坐标系的 X 轴和 Y 轴的中心；

FlangeThickness(翼缘厚度):工形的翼缘厚度。上下翼缘拥有相同的厚度,它们位于位置坐标系 Y 轴的中心；

FilletRadius(导角半径):腹板和翼缘之间的导角,如果没有给出,假定为零。

形式约束：

WR1:翼缘的厚度要小于总厚度的一半；

WR2:腹板厚度要小于总宽度。

5.8.4.12 组合截面定义

IfcCompositeProfileDef 定义组合其他截面的截面。一个组合截面至少由两个其他截面定义给出。任何截面定义(除了其他组合截面)都可以用于构成组合截面。

组合截面定义实体的示例见图 38。

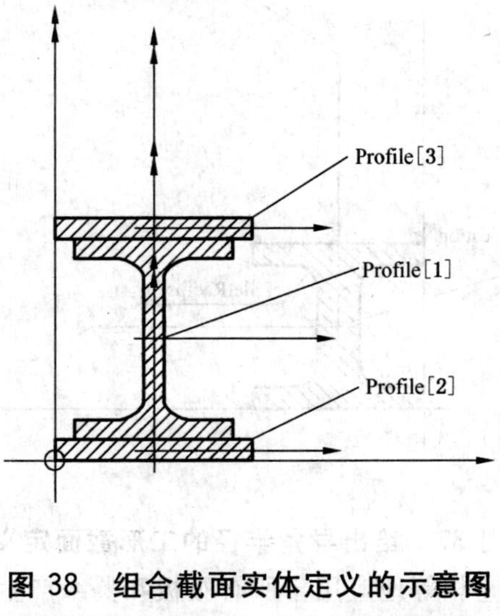

图 38 组合截面实体定义的示意图

参数:组合截面定义实体用其他截面定义来定义。在标准截面定义中,这些标准截面的 Position 属性定位相关截面。

EXPRESS 描述：

```
*)
ENTITY IfcCompositeProfileDef
    SUBTYPE OF(IfcProfileDef);
      Profiles:SET [2 : ?] OF IfcProfileDef;
      Label   :OPTIONAL IfcLabel;
    WHERE
       WR1:SIZEOF(QUERY(temp< * Profiles | temp.ProfileType <>
           Profiles[1].ProfileType)) = 0;
       WR2:SIZEOF(QUERY(temp< * Profiles |
           'IFC_FINAL.IFCCOMPOSITEPROFILEDEF' IN TYPEOF(temp))) = 0;
END_ENTITY;
 (*
```

属性定义：

Profiles(截面)：用于定义组合截面的截面；

Label(标签)：组合引用的名称。在应用环境中定义名称的实际含义。

形式约束：

WR1：所有的截面要么都是表面或都是曲线；

WR2：一个组合截面不能包含另一个组合截面，也就是说不允许递归定义。

```
 *)
END_SCHEMA;
(*
```

5.9 材料

5.9.1 引言

下面的 EXPRESS 描述 IFCMATERIALRESOURCE(材料)，并标识了必要的外部引用。

EXPRESS 描述：

```
 *)
SCHEMA IFCMATERIALRESOURCE;
  REFERENCE FROM IFCEXTERNALREFERENCERESOURCE
     (IfcClassificationNotationSelect,
      IfcClassificationReference);
  REFERENCE FROM IFCMEASURERESOURCE
     (IfcLengthMeasure,
      IfcPositiveLengthMeasure,
      IfcBoolean,
      IfcLabel,
      IfcSiUnit);
  REFERENCE FROM IFCPROPERTYRESOURCE
          (IfcPropertySingleValue,
           IfcPropertyBoundedValue,
           IfcPropertyTableValue);
           (*
```

注 1：上面引用的模式可在本标准的下述部分中找到：

IFCPROPERTYRESOURCE(属性)见 5.10;

IFCMEASURERESOURCE(度量)见 5.12;

IFCEXTERNALREFERENCERESOURCE(外部引用)见 5.13。

注 2:本模式的图形表达见附录 B 的图 B.23。

5.9.2 基本概念与设定

材料模式包含用于定义材料的类型和类。这里定义材料的一般概念,通过一个客观关系相关类型引用材料的用法。

注:有关材料属性定义,以及将其分配给 IfcMaterial 在模式 IfcMaterialPropertyResource 中定义。

5.9.3 材料模式的类型定义

5.9.3.1 层集方向

IfcLayerSetDirectionEnum 定义元素几何的轴,指示层集厚度方向。

EXPRESS 描述:

```
*)
TYPE IfcLayerSetDirectionEnum = ENUMERATION OF
    (AXIS1,
     AXIS2,
     AXIS3);
END_TYPE;
(*
```

枚举项定义:

AXIS1:轴 1;

AXIS2:轴 2;

AXIS3:轴 3。

5.9.3.2 方向指向

IfcDirectionSenseEnum 定义方向指向,指示按照给定轴的正方向还是负方向。

EXPRESS 描述:

```
*)
TYPE IfcDirectionSenseEnum = ENUMERATION OF
  (POSITIVE,
   NEGATIVE);
END_TYPE;
(*
```

枚举项定义:

POSITIVE :正方向;

NEGATIVE:负方向。

5.9.3.3 材料选择

IfcMaterialSelect 定义分配给一个元素的材料属性,是单一材料、材料层集或材料列表。

EXPRESS 描述:

```
*)
TYPE IfcMaterialSelect = SELECT
    (IfcMaterial,
     IfcMaterialList,
     IfcMaterialLayerSetUsage);
```

```
END_TYPE;
(*
```

5.9.4 材料模式的实体定义

5.9.4.1 材料

IfcMaterial 定义用来构成元素的同构的物质。

注：在 IFC 的这个版本中，只定义各向同性的材料。将来的版本会定义各向异性的材料及其用法。

EXPRESS 描述：

```
*)
ENTITY IfcMaterial;
    Name        :IfcLabel;
  INVERSE
    ClassifiedAs:SET [0 : 1] OF IfcMaterialClassificationRelationship FOR ClassifiedMa-
    terial;
END_ENTITY;
(*
```

属性定义：

Name(名称)：材料的名称；

ClassifiedAs(分类)：由某个分类体系定义的分类。

5.9.4.2 材料分类关系

IfcMaterialClassificationRelationship 定义分配给材料的分类关系。

EXPRESS 描述：

```
*)
ENTITY IfcMaterialClassificationRelationship;
        MaterialClassifications:SET [1 : ?] OF IfcClassificationNotationSelect;
        ClassifiedMaterial     :IfcMaterial;
END_ENTITY;
(*
```

属性定义：

MaterialClassifications(材料分类)：识别材料类型的材料分类；

ClassifiedMaterial(分类材料)：被分类的材料。

5.9.4.3 材料层

IfcMaterialLayer 定义由一些层构成的元素的单一和确定的部分。每一个材料层实例由引用它的相关材料层实例的 OffsetFromMlsBase 属性和 LayerThickness 属性定位，这两个属性由材料层集的本地 *X* 轴度量。

示例：砖砌体空心墙的每片应该使用三个材料层来建模：砖-空气-砖。

EXPRESS 描述：

```
*)
ENTITY IfcMaterialLayer;
        Material           :OPTIONAL IfcMaterial;
        LayerThickness     :IfcPositiveLengthMeasure;
        IsVentilated       :OPTIONAL IfcBoolean;
      INVERSE
        ToMaterialLayerSet:IfcMaterialLayerSet FOR MaterialLayers;
```

```
END_ENTITY;
 (*
```

属性定义:

Material(材料):构成材料层的材料;

LayerThickness(层厚度):层的厚度(沿着材料层集的本地 X 轴的正方向度量);

IsVentilated(是否通风):如果层(洞)与外界空气之间有气体交换,就设置为 TRUE;

ToMaterialLayerSet(引用材料层集):引用包含材料层的材料层集。

5.9.4.4 材料层集

IfcMaterialLayerSet 定义由若干材料层构成的元素的名称,通过这个实体单独层的相对位置也可以表达出来。

示例:一堵空心砖墙可以由一个包含三个 IfcMaterialLayers 实例的材料层集实例建模,这三个实例分别代表:砖、空气夹心和砖。

几何用法:每一个材料层集都暗含一个局部坐标系统,通过这个坐标系统材料层被定位。这个局部坐标系统的 X 轴指示每一层的厚度以及层集的厚度(在层集合中层沿 YZ 平面位置布置)。一个层集的总厚度由单独层的厚度累加得到,第一层从局部坐标系统的原点开始,接下去的层为前一层的上面(没有间隙或重叠)。材料层集的示例见图 39。

图 39 材料层集的示意图

EXPRESS 描述:

```
*)
ENTITY IfcMaterialLayerSet;
      MaterialLayers:LIST [1 : ?] OF IfcMaterialLayer;
      LayerSetName :OPTIONAL IfcLabel;
  DERIVE
     TotalThickness:IfcLengthMeasure: = IfcMlsTotalThickness(SELF);
END_ENTITY;
 (*
```

属性定义:

MaterialLayers(材料层):组成层集的各个层;

LayerSetName(层集的名字):层集的名字;

TotalThickness(总厚度):由函数 IfcMlsTotalThickness 计算得到层集总厚度。

5.9.4.5 材料层集使用方法

IfcMaterialLayerSetUsage 定义通过相对于关联元素几何的局部坐标和方向决定 IfcMaterialLayerSet 的使用方法。材料层集的位置应该同元素几何相一致(例如材料层应该位于元素几何的内部)。

示例：对于空心砖墙来说，IfcMaterialLayerSet. TotalThickness 等于墙的厚度（Y 轴的截面），层集的 X 轴应该是 Y 轴的正或负方向。这样 LayerSetDirection＝AXIS2。参考线是墙轴路径。

材料层集使用方法的示意图见图 40。

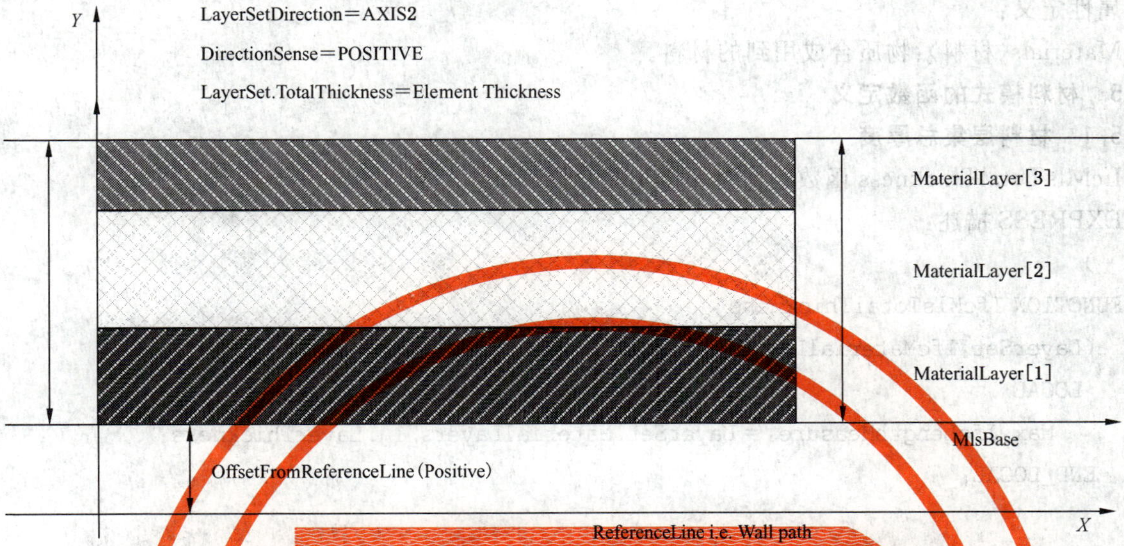

图 40　材料层集使用方法的示意图

EXPRESS 描述：

```
*)
ENTITY IfcMaterialLayerSetUsage;
        ForLayerSet                 :IfcMaterialLayerSet;
        LayerSetDirection           :IfcLayerSetDirectionEnum;
        DirectionSense              :IfcDirectionSenseEnum;
        OffsetFromReferenceLine     :IfcLengthMeasure;
END_ENTITY;
 (*
```

属性定义：

ForLayerSet（层集）：用法应用的层集；

LayerSetDirection（层集方向）：层集相对于元素几何的方向。这个属性值的使用方法应该在每个元素几何使用部分详细说明。对于拉伸几何表达，这个方向可以沿着拉伸路径给出（例如：对 IfcSlab）或沿着拉伸截面的任一个轴（例如：对 IfcWall 是 Y 轴）；

DirectionSense（方向指向）：指示层集是沿着层集方向给出的正方向还是负方向；

OffsetFromReferenceLine（偏离参考线）：层集偏离参考线的距离。除非在某一特殊建筑元素中指明使用定义或实现者约定，否则这个偏离可正可负。每个 IfcElement 的参考线在元素的用法定义中规定。

5.9.4.6　材料列表

IfcMaterialList 定义非同质的材料。

注：当用抽象的水平描述一个元素时，经常用材料列表。例如，对建筑师，关于混凝土柱的信息只需要说明它包含混凝土、加强钢筋和邦扎钢筋。

EXPRESS 描述：

```
*)
  ENTITY IfcMaterialList;
```

```
    Materials:LIST [1 : ?] OF IfcMaterial;
  END_ENTITY;
 (*
```

属性定义：

Materials(材料)：物质合成用到的材料。

5.9.5 材料模式的函数定义

5.9.5.1 材料层集总厚度

IfcMlsTotalThickness 函数返回材料层集的总厚度。

EXPRESS 描述：

```
 *)
FUNCTION IfcMlsTotalThickness
  (LayerSet:IfcMaterialLayerSet):IfcLengthMeasure;
   LOCAL
     Max:IfcLengthMeasure:= LayerSet.MaterialLayers[1].LayerThickness;
  END_LOCAL;

  IF SIZEOF(LayerSet.MaterialLayers)>1 THEN
     REPEAT i:= 2 TO HIINDEX(LayerSet.MaterialLayers);
        Max:= Max + LayerSet.MaterialLayers[i].LayerThickness;
     END_REPEAT;
  END_IF;
  RETURN (Max);
END_FUNCTION;
 (*
```

变量定义：

LayerSet(层集)：(输入)要计算总厚度的材料层集。

```
 *)
END_SCHEMA;——IFCMATERIALRESOURCE
(*
```

5.10 属性

5.10.1 引言

下面的 EXPRESS 描述 IFCPROPERTYRESOURCE(属性)，并标识了必要的外部引用。

EXPRESS 描述：

```
 *)
SCHEMA IFCPROPERTYRESOURCE;
REFERENCE FROM IFCACTORRESOURCE
   (IfcPerson,
    IfcOrganization,
    IfcPostalAddress,
    IfcPersonAndOrganization);
REFERENCE FROM IFCDATETIMERESOURCE
   (IfcDateAndTime,
    IfcCalendarDate,
```

```
    IfcLocalTime);
REFERENCE FROM IFCEXTERNALREFERENCERESOURCE
   (IfcDocumentReference,
    IfcLibraryReference,
    IfcClassificationReference,
    IfcExternalReference);
REFERENCE FROM IFCMATERIALRESOURCE
   (IfcMaterial,
    IfcMaterialList,
    IfcMaterialLayer);
REFERENCE FROM IFCMEASURERESOURCE
   (IfcValue,
    IfcUnit,
    IfcDerivedUnit,
    IfcNamedUnit,
    IfcContextDependentUnit,
    IfcConversionBasedUnit,
    IfcSiUnit,
    IfcMeasureValue,
    IfcLabel,
    IfcIdentifier,
    IfcReal,
    IfcLengthMeasure,
    IfcAreaMeasure,
    IfcVolumeMeasure,
    IfcRatioMeasure,
    IfcText);
    (*
```

注 1：上面引用的模式可在本标准的下述部分中找到：

IFCACTORRESOURCE(人员与组织)见 5.1；

IFCDATETIMERESOURCE(日期时间)见 5.2；

IFCMATERIALRESOURCE(材料)见 5.9；

IFCMEASURERESOURCE(度量)见 5.12；

FCEXTERNALREFERENCERESOURCE(外部引用)见 5.13。

注 2：本模式的图形表达见附录 B 的图 B.30～图 B.32。

5.10.2 基本概念与设定

属性模式定义基本的属性对象类型，这些属性对象通过 IfcPropertySet(在核心模式定义)与 IFC 对象联系起来。用这些基本属性为 IFC 对象分配属性定义。

经常需要为单个对象或对象组扩展附于其上的属性，然而没有必要为同一类型的每个对象扩展属性。同用元素类型一样的方式，可以定义这样的属性集合，并将它们与单独对象联系起来。

有两种不同方式定义属性与对象联系：

- 定义一个类型对象(IfcTypeObject)。这个类型对象定义特殊的对象信息(包括相关的属性)，附于所有类型对象的实例(事件)上(通过 IfcRelDefinedByType 关系)。

- 定义一个属性集(IfcPropertySet,一个相关属性的逻辑组)。这个属性集为一组实例(事件)定义共同属性信息,这通过 IfcRelDefinedByProperties 关系实现。

单独属性表达的语义信息通过 Name 属性给出。这个 Name 属性是人类可解释的,也可以通过协定由计算机解释。这个协定通过实现者的协议建立。

5.10.3 属性模式的类型定义

5.10.3.1 对象引用选择

IfcObjectReferenceSelect 定义一个选择类型,保存资源层实体的列表,这些实体可以用作属性集中的属性。

EXPRESS 描述:

```
*)
TYPE IfcObjectReferenceSelect = SELECT
    (IfcMaterial,
     IfcPerson,
     IfcDateAndTime,
     IfcMaterialList,
     IfcOrganization,
     IfcCalendarDate,
     IfcLocalTime,
     IfcPersonAndOrganization,
     IfcMaterialLayer,
     IfcExternalReference);
END_TYPE;
(*
```

5.10.4 属性模式的实体定义

5.10.4.1 枚举属性值

IfcPropertyEnumeratedValue 定义带有枚举值的属性,这个属性对象通过选择枚举分配一个值。定义的属性是属性名和给定度量类型(和一个可选单位)的合成值。

注:支持对属性枚举的多重选择。

单位由 IfcPropertyEnumeration 的 Unit 属性处理:

- 如果没有给出单位属性,那么单位已经由 IfcMeasureValue 或 IfcDerivedMeasureValue 类型暗示出来。关联的单位可以由项目全局(IfcProject. UnitsInContext)水平的 IfcUnitAssignment 找到;
- 如果给出 Unit 属性,那么单位属性分配的单位覆盖分配的全局单位。

在从一选择列表选择值的情况下定义一个属性,这些选项存储在一个动态枚举值中,同时从 IfcValue(参考 IfcPropertyEnumeration)中包含了类型信息。这使应用程序使用枚举值作为属性集(IfcPropertySet)中的一个属性,包含了所有可能选项。枚举值属性的例子见表 1 和表 2。

表 1 枚举属性值实体说明表

名称	值(EnumerationValue)	类型(通过 IfcValue)	引用 IfcPropertyEnumeration
刀刃动作	反向	IfcString	节气阀刀刃动作枚举
刀刃动作	平行	IfcString	节气阀刀刃动作枚举

IfcPropertyEnumeratedValue 引用 IfcPropertyEnumeration 的例子如下:

表 2 枚举值实体引用描述表

名 称	枚举值	类型(通过 IfcValue)	单 位
节气阀刀刃动作枚举	平行、反向、其他、未设置	IfcString	

EXPRESS 描述:

```
*)
ENTITY IfcPropertyEnumeratedValue
  SUBTYPE OF(IfcSimpleProperty);
    EnumerationValues    :LIST [1 : ?] OF IfcValue;
    EnumerationReference:OPTIONAL IfcPropertyEnumeration;
  WHERE
    WR1:NOT (EXISTS(EnumerationReference)) OR
        (SIZEOF(QUERY(temp< * EnumerationValues |
         temp IN EnumerationReference.EnumerationValues))
         = SIZEOF(EnumerationValues));
END_ENTITY;
 (*
```

属性定义:

EnumerationValues(枚举值):枚举值,如果给出 IfcPropertyEnumeration 引用,应该列在这个引用中;

EnumerationReference(枚举引用):可从中选择枚举的枚举。引用的枚举同时建立枚举值的单位。

形式约束:

WR1:每个枚举值应该是引用的 IfcPropertyEnumeration(如果给出)的 EnumerationValues 列表的成员。

5.10.4.2 **简单属性**

IfcSimpleProperty 定义一个简单属性对象的一般特性。简单属性不同的子类型建立不同的属性值设置的方式。

EXPRESS 描述:

```
*)
ENTITY IfcSimpleProperty
  ABSTRACT SUPERTYPE OF (ONEOF(IfcPropertySingleValue,
                               IfcPropertyEnumeratedValue,
                               IfcPropertyBoundedValue,
                               IfcPropertyTableValue,
                               IfcPropertyReferenceValue))
  SUBTYPE OF(IfcProperty);
END_ENTITY;
 (*
```

5.10.4.3 **属性**

IfcProperty 定义所有属性类型的一个抽象概念,通过属性集机制与 IFC 对象联系在一起。

EXPRESS 描述:

```
*)
ENTITY IfcProperty
```

```
  ABSTRACT SUPERTYPE OF (ONEOF(IfcComplexProperty, IfcSimpleProperty));
    Name :IfcIdentifier;
    Description   :OPTIONAL IfcText;
  INVERSE
    PartOfComplex:SET [0 : 1] OF IfcComplexProperty FOR HasProperties;
END_ENTITY;
(*
```

属性定义：

Name(名称)：属性的名称。这个标签是一个有意义的名称字符串，定义属性的语义含义；

Description(描述)：解释属性的信息文本；

PartOfComplex(复杂属性的部分)：引用包含属性的属性列。

5.10.4.4 复杂属性

IfcComplexProperty 定义 IfcProperty 对象的列表。包含在列表里的可以是 IfcProperty 的单一子类，也可以是混合子类。这能够在一个属性集中把一列属性作为一个单一“属性”条目定义。这样定义的属性列可以在很多不同的属性集中重用，但只能用在属性集的环境中(例如不能由 IfcRelAssignsProperties 关系直接附在对象上)。这个实体在一个属性集里，用于定义能够完整处理的复杂属性。

EXPRESS 描述：

```
*)
ENTITY IfcComplexProperty
  SUBTYPE OF(IfcProperty);
    UsageName  :IfcIdentifier;
    HasProperties:LIST [1 : ?] OF UNIQUE IfcProperty;
  WHERE
    WR1:SIZEOF(QUERY(temp(*HasProperties | SELF :=: temp)) = 0;
END_ENTITY;
(*
```

属性定义：

UsageName(使用名称)：属性集里，引用复杂属性的使用描述；

注：考虑玻璃窗属性的一个复杂属性，复杂属性的 Name 属性可以是 Pset_GlazingProperties，而 UsageName 属性可以是“外部上光平面”。

HasProperties(拥有属性)：用于属性之中的属性列表，由属性集(在核心模式中定义)引用。

形式约束：

WR1：IfcComplexProperty 不能在 HasProperties 属性引用自己。

5.10.4.5 单值属性

IfcPropertySingleValue 定义一个有赋有一个单一(数字或描述)值的属性对象。这个定义的属性有一个单一复合值，有属性名和度量类型值(单位是可选的)。

单位由 IfcPropertyEnumeration 的 Unit 属性处理：

- 如果没有给出单位属性，那么单位已经由 IfcMeasureValue 或 IfcDerivedMeasureValue 类型暗示出来。关联的单位可以由项目全局(IfcProject. UnitsInContext)水平的 IfcUnitAssignment 找到；
- 如果给出 Unit 属性，那么单位属性分配的单位覆盖分配的全局单位。

单值属性的例子见表 3。

表 3　单值属性实体说明表

Name	NominalValue	Type(通过 IfcValue)	Unit
描述	制造商“A”门	IfcLabel	
面板厚度	0.12	IfcPositiveLengthMeasure	从 IfcProject. UnitsInContext 得到的单位
热传导	2.6	IfcThermalTransmittanceMeasure	W/(m2K)

EXPRESS 描述：

```
*)
ENTITY IfcPropertySingleValue
    SUBTYPE OF(IfcSimpleProperty);
        NominalValue :IfcValue;
        Unit          :OPTIONAL IfcUnit;
END_ENTITY;
(*
```

属性定义：

NominalValue(标称值)：属性的值。

注：由于是定义数据类型(从 IfcValue 中选择值)，如果 Unit 属性没有值，可以从为工程定义的单位中找到适当的单位；

Unit(单位)：标称值的单位。如果没有给出，度量类型的缺省值(由标称值的类型给出)由分配给 IfcProject 的全局单位定义。

5.10.4.6　有界值属性

IfcPropertyBoundedValue 定义有两个(数字的或描述性的)分配值的一个属性对象，一个值说明上限，另一个值说明下限。这定义了属性-值组合限制(小-大)，由属性名、带有度量类型的上限值、带有度量类型(和可选的单位)的下限值给出。

单位由 Unit 属性处理：

- 如果没有给出 Unit 属性，那么单位已经由 IfcMeasureValue 或 IfcDerivedMeasureValue 的类型暗示出来。关联的单位可以在工程水平的全局定义 IfcUnitAssignment 中找到；
- 如果给出单位属性，由单位属性分配的单位覆盖全局分配的单位。

有界值属性实体允许说明属性描述的值成分的间隔。

带界限值的属性例子见表 4。

表 4　有界值属性说明表

名称	上限值	下限值	类型	单位
总高度	1 930	2 300	IfcPositiveLengthMeasure	从 IfcProject. UnitsInContext 提取单位
总宽度	0.9	1.25	IfcPositiveLengthMeasure	m

EXPRESS 描述：

```
*)
ENTITY IfcPropertyBoundedValue
   SUBTYPE OF(IfcSimpleProperty);
     UpperBoundValue:IfcValue;
```

```
    LowerBoundValue  :IfcValue;
    Unit             :OPTIONAL IfcUnit;
  WHERE
    WR1:TYPEOF(UpperBoundValue) = TYPEOF(LowerBoundValue);
END_ENTITY;
(*
```

属性定义：

UpperBoundValue(上限值)：定义属性值间隔的上限值；

LowerBoundValue(下限值)：定义属性值间隔的下限值；

Unit(单位)：上下限值的单位。如果没有给出，用 IfcProject 中定义的全局单位作为度量类型(由上下限值类型给出)的缺省值。

形式约束：

WR1：上限值的度量类型应该与下限值的度量类型相同。

非形式约束：

IP1：如果上限值和下限值的度量类型是数字度量值，则应该有：UpperBoundValue>LowerBoundValue。

5.10.4.7 表值属性

IfcPropertyTableValue 定义一个属性对象，这个属性对象有两列(数字的或描述性的)分配的值，这些值定义一个两列的表。定义的值提供第一列，建立被定义值(第二列)的范围。插值不在表值属性的范围之内。可选的表达式属性给出等式，用于导出范围值，这个范围值只用于提示信息目的。

表值属性实体定义了一个定义/被定义属性值组合，由属性名、带有度量类型(和可选的定义和被定义值单位)的定义和被定义值表给出。

单位由 DefiningUnit 和 DefinedUnit 属性处理：

- 如果 DefiningUnit 和 DefinedUnit 属性没有给出，那么单位已经由 IfcMeasureValue 或 IfcDerivedMeasureValue 的类型暗示出来。关联的单位可以在工程水平的全局定义 IfcUnitAssignment 中找到；
- 如果 DefiningUnit 和 DefinedUnit 属性给出，由单位属性分配的单位覆盖全局分配的单位。

IfcPropertyTableValue 允许说明一个属性描述的定义/被定义值对的表。

带有范围值的属性例子见表 5。

表 5 表值属性实体说明表

名称	定义值	定义值类型 (通过 IfcValue)	被定义值	被定义值类型 (通过 IfcValue)	定义单位	被定义单位
声音传输损耗	100	IfcFrequencyMeasure	20	IfcNumericMeasure	从 IfcProject.UnitsInContext 提取单位	dB
	200	IfcFrequencyMeasure	42	IfcNumericMeasure		
	400	IfcFrequencyMeasure	46	IfcNumericMeasure		
	800	IfcFrequencyMeasure	56	IfcNumericMeasure		
	1 600	IfcFrequencyMeasure	60	IfcNumericMeasure		
	3 200	IfcFrequencyMeasure	65	IfcNumericMeasure		

EXPRESS 描述：

```
*)
ENTITY IfcPropertyTableValue
```

```
    SUBTYPE OF(IfcSimpleProperty);
      DefiningValues :LIST [1 : ?] OF UNIQUE IfcValue;
      DefinedValues  :LIST [1 : ?] OF IfcValue;
      Expression     :OPTIONAL IfcText;
      DefiningUnit   :OPTIONAL IfcUnit;
      DefinedUnit    :OPTIONAL IfcUnit;
    WHERE
      WR1:SIZEOF(DefiningValues) = SIZEOF(DefinedValues);
      WR2:SIZEOF(QUERY(temp <* SELF.DefiningValues | TYPEOF(temp) <>
          TYPEOF(SELF.DefiningValues[1]))) = 0;
      WR3:SIZEOF(QUERY(temp <* SELF.DefinedValues | TYPEOF(temp) <>
          TYPEOF(SELF.DefinedValues[1]))) = 0;
END_ENTITY;
(*
```

属性定义：

DefiningValues(定义值)：定义值列，它决定被定义值；

DefinedValues(被定义值)：被定义值，对定义值定义的范围它是可应用的；

Expression(表达式)：从定义值引出被定义值的表达式，给出这个表达式只是为了提示信息，不能从表达式中得出自动的处理过程；

DefiningUnit(定义单位)：定义值的单位，如果没有给出，用 IfcProject 中定义的全局单位作为度量类型(由定义值类型给出)的缺省值；

DefinedUnit(被定义单位)：被定义值的单位，如果没有给出，用 IfcProject 中定义的全局单位作为度量类型(由被定义值类型给出)的缺省值。

形式约束：

WR1：定义值列的成员数目应该同被定义值列的成员数目一样；

WR2：所有定义值列的值应该有相同的度量类型；

WR3：所有被定义值列的值应该有相同的度量类型。

非形式约束：

IP1：定义值列与被定义值列应该一一对应。

5.10.4.8 引用值属性

IfcPropertyReferenceValue 定义允许在属性水平引用 IFC 资源定义中其他实体。这些其他实体被看作是预先定义的复杂属性，并可集合在一个属性集(IfcPropertySet)中。

EXPRESS 描述：

```
*)
ENTITY IfcPropertyReferenceValue
    SUBTYPE OF(IfcSimpleProperty);
      UsageName         :OPTIONAL IfcLabel;
      PropertyReference :IfcObjectReferenceSelect;
END_ENTITY;
(*
```

属性定义：

UsageName(使用名称)：描述引用值在属性中使用；

PropertyReference(属性引用)：通过 IfcObjectSelect 中的选择类型引用其他实体。

5.10.4.9 属性枚举

IfcPropertyEnumeration 定义简单或度量值的集合,这个集合定义一个规定的可选事务的集合,从中选择"枚举值"。这样可以在属性集中包含枚举值。属性枚举为枚举提供一个名称和一个(数字的或描述性的)值(分配有度量类型)列表。这个实体定义用于交换的可能枚举值。

单位由 Unit 属性处理:

- 如果没有给出 Unit 属性,那么单位已经由 IfcMeasureValue 或 IfcDerivedMeasureValue 的类型暗示出来。关联的单位可以在工程水平的全局定义 IfcUnitAssignment 中找到;
- 如果给出单位属性,由单位属性分配的单位覆盖全局分配的单位。

EXPRESS 描述:

```
*)
ENTITY IfcPropertyEnumeration;
    Name              :IfcLabel;
    EnumerationValues:LIST [1 : ?] OF UNIQUE IfcValue;
    Unit              :OPTIONAL IfcUnit;
  UNIQUE
    UR1:Name;
END_ENTITY;
(*
```

属性定义:

Name(名称):这枚举类的名称;

EnumerationValues(枚举值):形成枚举的值列表;

Unit(单位):枚举值的单位。如果没有给出,使用由 IfcProject 定义的全局分配单位的度量类型缺省值(通过标称值的类型给出)。

形式约束:

UR1:名称是唯一的。

```
*)
END_SCHEMA;——IFCPROPERTYRESOURCE
(*
```

5.11 数量

5.11.1 引言

下面的 EXPRESS 描述 IFCQUANTITYRESOURCE(数量),并标识了必要的外部引用。

EXPRESS 描述:

```
*)
SCHEMA IFCQUANTITYRESOURCE;
  REFERENCE FROM IFCMEASURERESOURCE
    (IfcLengthMeasure,
    IfcAreaMeasure,
    IfcVolumeMeasure,
    IfcCountMeasure,
    IfcMassMeasure,
    IfcLabel,
    IfcText,
    IfcNamedUnit,
```

```
    IfcSiUnit,
    IfcUnitEnum);
    (*
```

注 1：上面引用的模式可在本标准的下述部分中找到：

IFCMEASURERESOURCE(度量)见 5.12。

注 2：本模式的图形表达见附录 B 的图 B.33。

5.11.2 基本概念与设定

数量模式定义一套基本数量，通过 IfcProductExtension 模式中的 IfcElementQuantity 实体定义与产品关联。基本数量用于分配数量，在引用的度量方法中有特殊的意义。

5.11.3 数量模式的实体定义

5.11.3.1 物理量

IfcPhysicalQuantity 包含一个度量数量值(通过其子类定义)及其用途的语义定义。例如：一个墙单元可能有几个面积度量值，像基底面积、左墙表面面积、右墙表面面积。这些面积需要通过三个面积数量子类的实例来表达，并且有不同的名字值。

名字属性定义度量的实际用途和种类。名字标志的解释是建立在实际的交换环境下，另外每个度量值还可以附带一段信息文本。

EXPRESS 描述：

```
*)
ENTITY IfcPhysicalQuantity
    ABSTRACT SUPERTYPE OF (ONEOF(IfcQuantityLength,
                                  IfcQuantityArea,
                                  IfcQuantityVolume,
                                  IfcQuantityCount,
                                  IfcQuantityWeight));
      Name          :IfcLabel;
      Description   :OPTIONAL IfcText;
      Unit          :OPTIONAL IfcNamedUnit;
END_ENTITY;
(*
```

属性定义：

Name(名字)：元素数量或度量的名字，名字属性的定义应该建立在广泛的协定基础上才能被识别；

Description(描述)：对数量的进一步解释；

Unit(单位)：可选择分配的单位。如果没有给出单位，建立在项目中的全局单位就将应用到这个度量。

5.11.3.2 长度数量

IfcQuantityLength 定义一个长度度量值，给出元素的物理属性。一般在一种度量方法定义的度量规则下，从元素的物理属性导出。例如：屋顶结构中的椽通过长度来度量(从交叉部分算起)。实际的长度大小由用到的度量方法决定。

EXPRESS 描述：

```
*)
ENTITY IfcQuantityLength
    SUBTYPE OF(IfcPhysicalQuantity);
      LengthValue : IfcLengthMeasure;
```

```
    WHERE
      WR1:NOT(EXISTS(SELF\IfcPhysicalQuantity.Unit)) OR
          (SELF\IfcPhysicalQuantity.Unit.UnitType = IfcUnitEnum.LENGTHUNIT);
END_ENTITY;
(*
```

属性定义:

LengthValue(长度值):长度度量值。

形式约束:

WR1:如果给出单位,那么单位必须是长度单位。

5.11.3.3 面积数量

IfcQuantityArea 定义一个面积度量值,给出元素的物理属性。一般在一种度量方法定义的度量规则下,从元素的物理属性导出。例如:由于墙上的开洞,墙的净面积应该是减去开洞面积。实际的面积尺寸还要靠度量的方法。

EXPRESS 描述:

```
*)
ENTITY IfcQuantityArea
    SUBTYPE OF(IfcPhysicalQuantity);
      AreaValue : IfcAreaMeasure;
    WHERE
      WR1:NOT(EXISTS(SELF\IfcPhysicalQuantity.Unit)) OR
          (SELF\IfcPhysicalQuantity.Unit.UnitType = IfcUnitEnum.AREAUNIT);
END_ENTITY;
(*
```

属性定义:

AreaValue:面积度量值。

形式约束:

WR1:如果给出单位,那么单位必须是面积单位。

5.11.3.4 体积数量

IfcQuantityVolume 定义一个体积度量值,给出元素的物理属性。一般在一种度量方法定义的度量规则下,从元素的物理属性导出。例如:可以根据体积度量厚砖墙。实际的体积大小还要靠度量的方法。

EXPRESS 描述:

```
*)
ENTITY IfcQuantityVolume
    SUBTYPE OF(IfcPhysicalQuantity);
      VolumeValue : IfcVolumeMeasure;
    WHERE
      WR1:NOT(EXISTS(SELF\IfcPhysicalQuantity.Unit)) OR
          (SELF\IfcPhysicalQuantity.Unit.UnitType = IfcUnitEnum.VOLUMEUNIT);
END_ENTITY;
(*
```

属性定义:

VolumeValue:体积度量值。

形式约束:

WR1:如果给出单位,那么单位必须是体积单位。

5.11.3.5 **计数**

IfcQuantityCount 定义一个计数度量值,给出元素的物理属性。一般在一种度量方法定义的度量规则下,从元素的物理属性导出。例如:可以根据弹簧数量度量一个散热器。实际的数量大小还要靠度量的方法。

EXPRESS 描述:

```
*)
ENTITY IfcQuantityCount
    SUBTYPE OF(IfcPhysicalQuantity);
      CountValue : IfcCountMeasure;
END_ENTITY;
(*
```

属性定义:

CountValue:数量度量值。

5.11.3.6 **重量数量**

IfcQuantityWeight 定义一个重量度量值,给出元素的物理属性。一般在一种度量方法定义的度量规则下,从元素的物理属性导出。例如:可以根据重量度量建筑元素中钢筋的量。实际的重量大小还要靠度量的方法。

EXPRESS 描述:

```
*)
ENTITY IfcQuantityWeight
    SUBTYPE OF(IfcPhysicalQuantity);
      WeightValue:IfcMassMeasure;
    WHERE
     WR1:NOT(EXISTS(SELF\IfcPhysicalQuantity.Unit)) OR
         (SELF\IfcPhysicalQuantity.Unit.UnitType = IfcUnitEnum.MASSUNIT);
END_ENTITY;
(*
```

属性定义:

WeightValue:重量度量值。

形式约束:

WR1:如果给出单位,那么单位必须是重量单位。在目前的 IFC 版本中,对“Mass”和“Weight”的概念不加以区分。

```
*)
END_SCHEMA;——IFCQUANTITYRESOURCE
(*
```

5.12 **度量**

5.12.1 **引言**

下面的 EXPRESS 描述 IFCMEASURERESOURCE(度量)。

EXPRESS 描述:

```
*)
SCHEMA IFCMEASURERESOURCE;
(*
```

注 1:本模式的图形表达见附录 B 的图 B.24~图 B.26。

5.12.2 基本概念与设定

度量模式定义赋给数量的单位和度量类型。在这个模式中用到基本单位类型是基于 ISO 1000＋A1,1992,1998 中定义的 SI 系统。在度量系统中,不同于 SI 的单位可以通过本模式导出。

5.12.3 度量模式的类型定义

5.12.3.1 物质量度量

IfcAmountOfSubstanceMeasure 定义与 0.012 kg 的碳 12(C12)中的原子个数相比较时,一种物质的量值。一般用"mol(摩尔)"单位度量。

EXPRESS 描述:

```
*)
TYPE IfcAmountOfSubstanceMeasure = REAL;
END_TYPE;
(*
```

5.12.3.2 角速度度量

IfcAngularVelocityMeasure 用每单位时间内角度的变化度量物体的速度。一般用"rad/s(弧度/秒)"单位度量。

EXPRESS 描述:

```
*)
TYPE IfcAngularVelocityMeasure = REAL;
END_TYPE;
(*
```

5.12.3.3 面积度量

IfcAreaMeasure 定义一个表面的范围值。一般用"m^2(平方米)"单位度量。

EXPRESS 描述:

```
*)
TYPE IfcAreaMeasure = REAL;
END_TYPE;
(*
```

5.12.3.4 布尔

IfcBoolean 定义一种简单的布尔数据类型。布尔数据类型可以有 TRUE 和 FALSE 两种值。

注:因为 IfcSimpleValue 选择类型不同直接包含简单数据类型,所以定义了这个类型。

EXPRESS 描述:

```
*)
TYPE IfcBoolean = BOOLEAN;
END_TYPE;
(*
```

5.12.3.5 合成平面角度度量

IfcCompoundPlaneAngleMeasure 用弧度分、秒的水平定义平面角度的一个合成测度。

注:合成平面角度度量类型用于角度度量的精度小于 1°,而又需要用多个部分表达的时候。在度量员度量角度的时候,以及其他需要精度的时候使用。但是在用十进制小数表达度数时,就不要用它,而用 IfcPlaneAngleMeasure 类型。

EXPRESS 描述:

```
*)
TYPE IfcCompoundPlaneAngleMeasure = LIST [3 : 3] OF INTEGER;
```

```
WHERE
  WR1:{0<=SELF[1]<360};
  WR2:{0<=SELF[2]<60};
  WR3:{0<=SELF[3]<60};
END_TYPE;
(*
```

形式约束：

WR1:度的度量值应该在0°～360°之间；

WR2:分的度量值应该在0°～60°之间；

WR3:秒的度量值应该在0°～60°之间。

5.12.3.6 环境相关度量

IfcContextDependentMeasure 定义在由应用环境决定的情况下，一个物理量的值。一般用实数度量。

EXPRESS 描述：

```
*)
TYPE IfcContextDependentMeasure = REAL;
END_TYPE;
(*
```

5.12.3.7 计数度量

IfcCountMeasure 定义一个计数的量。

EXPRESS 描述：

```
*)
TYPE IfcCountMeasure = NUMBER;
END_TYPE;
(*
```

5.12.3.8 描述度量

IfcDescriptiveMeasure 定义一个人类可解释的计量值。

EXPRESS 描述：

```
*)
TYPE IfcDescriptiveMeasure = STRING;
END_TYPE;
(*
```

5.12.3.9 动力粘性度量

IfcDynamicViscosityMeasure 定义媒体粘性阻力的度量。一般用"Pa·s(帕斯卡·秒)"单位度量。

EXPRESS 描述：

```
*)
TYPE IfcDynamicViscosityMeasure = REAL;
END_TYPE;
(*
```

5.12.3.10 电流度量

IfcElectricCurrentMeasure 定义电学上的带电粒子运动的值。一般用"A(安培)"单位度量。

EXPRESS 描述：

```
*)
```

```
TYPE IfcElectricCurrentMeasure = REAL;
END_TYPE;
(*
```

5.12.3.11 电压度量

IfcElectricVoltageMeasure 定义电流的力量值。一般用“V(伏)”单位度量。

EXPRESS 描述：

```
*)
TYPE IfcElectricVoltageMeasure = REAL;
END_TYPE;
(*
```

5.12.3.12 能量度量

IfcEnergyMeasure 定义需要或使用的能量值。一般用“J(焦)”单位度量。

EXPRESS 描述：

```
*)
TYPE IfcEnergyMeasure = REAL;
END_TYPE;
(*
```

5.12.3.13 频率度量

IfcFrequencyMeasure 定义物质单位时间内震动的次数值。一般用“r/min(转每分)”或“Hz(赫)”单位度量。

EXPRESS 描述：

```
*)
TYPE IfcFrequencyMeasure = REAL;
END_TYPE;
(*
```

5.12.3.14 热流量密度度量

IfcHeatFluxDensityMeasure 定义物质体内热流量的密度值。一般用“W/m^2(瓦特/平方米)”单位度量。

EXPRESS 描述：

```
*)
TYPE IfcHeatFluxDensityMeasure = REAL;
END_TYPE;
(*
```

5.12.3.15 整数

IfcInteger 定义一个简单的数据类型，整数。原则上，整数类型的范围包括所有的整数值。因此在这里整数的位数不受限制，但在实际的环境中是有定义的。

注：因为 IfcSimpleValue 选择类型不同直接包含简单数据类型，所以定义了这个类型。

EXPRESS 描述：

```
*)
TYPE IfcInteger = INTEGER;
END_TYPE;
(*
```

5.12.3.16 整数计数速率度量

IfcIntegerCountRateMeasure 定义单位时间内流过的单位数量值(整数)。

注：这个类型可以用于度量每秒或每小时的单位整数。例如:在书籍机械装订系统中,可以用它度量每小时的书籍处理数;移动人行道每小时运送的人数;某一路段每小时通过的车辆数。

EXPRESS 描述：

```
*)
TYPE IfcIntegerCountRateMeasure = INTEGER;
END_TYPE;
(*
```

5.12.3.17 运动粘性度量

IfcKinematicViscosityMeasure 定义某一媒体对移动物体的粘性阻力值。一般用“m^2/s(平方米/秒)”单位度量。

EXPRESS 描述：

```
*)
TYPE IfcKinematicViscosityMeasure = REAL;
END_TYPE;
(*
```

5.12.3.18 长度度量

IfcLengthMeasure 定义一段距离的值。

EXPRESS 描述：

```
*)
TYPE IfcLengthMeasure = REAL;
END_TYPE;
(*
```

5.12.3.19 直线速率度量

IfcLinearVelocityMeasure 定义用每单位时间内距离的变化度量物体的速度。一般用“m/s(米/秒)”单位度量。

EXPRESS 描述：

```
*)
TYPE IfcLinearVelocityMeasure = REAL;
END_TYPE;
(*
```

5.12.3.20 光强度量

IfcLuminousIntensityMeasure 定义一个物体的亮度值。一般用“烛光”单位度量。

EXPRESS 描述：

```
*)
TYPE IfcLuminousIntensityMeasure = REAL;
END_TYPE;
(*
```

5.12.3.21 密度度量

IfcMassDensityMeasure 定义物体的密度值。一般用“kg/m^3(千克/立方米)”单位度量。

EXPRESS 描述：

```
*)
```

```
TYPE IfcMassDensityMeasure = REAL;
END_TYPE;
(*
```

5.12.3.22 流速度量

IfcMassFlowRateMeasure 定义物体单位时间内的流量。一般用"kg/m(千克/米)"单位度量。

EXPRESS 描述：

```
*)
TYPE IfcMassFlowRateMeasure = REAL;
END_TYPE;
(*
```

5.12.3.23 质量度量

IfcMassMeasure 定义一个物体包含的物质总量的值。一般用"kg(千克)"或"g(克)"单位度量。

EXPRESS 描述：

```
*)
TYPE IfcMassMeasure = REAL;
END_TYPE;
(*
```

5.12.3.24 货币度量

IfcMonetaryMeasure 定义货币的数量值,而不管它的货币单位。

EXPRESS 描述：

```
*)
TYPE IfcMonetaryMeasure = REAL;
END_TYPE;
(*
```

5.12.3.25 数字度量

IfcNumericMeasure 定义一个物理量的数字度量值。

EXPRESS 描述：

```
*)
TYPE IfcNumericMeasure = NUMBER;
END_TYPE;
(*
```

5.12.3.26 参数值

IfcParameterValue 定义在某个参数空间中规定参数数量的值。

EXPRESS 描述：

```
*)
TYPE IfcParameterValue = REAL;
END_TYPE;
(*
```

5.12.3.27 平面角度度量

IfcPlaneAngleMeasure 定义在一个平面内的角的值。一般用"rad(弧度)"单位度量。

注：平面角度度量类型用在度量精度小于1度,而又需要用十进制小数表达的角度度量中。这个类型在角度度量中应用广泛,但在需要用细致的度量单位制表达度量精度时,要用 IfcCompoundPlaneAngleMeasure 类型。

EXPRESS 描述：

```
*)
TYPE IfcPlaneAngleMeasure = REAL;
END_TYPE;
(*
```

5.12.3.28 **正长度度量**

IfcPositiveLengthMeasure 定义值大于 0 的 IfcLengthMeasure 类型。

EXPRESS 描述：

```
*)
TYPE IfcPositiveLengthMeasure = IfcLengthMeasure;
  WHERE
    WR1:SELF>0;
END_TYPE;
(*
```

形式约束：

WR1:该值应为正值。

5.12.3.29 **正平面角度度量**

IfcPositivePlaneAngleMeasure 定义值大于 0 的 IfcPlaneAngleMeasure 类型。

EXPRESS 描述：

```
*)
TYPE IfcPositivePlaneAngleMeasure = IfcPlaneAngleMeasure;
  WHERE
    WR1:SELF>0;
END_TYPE;
(*
```

形式约束：

WR1:该值应为正值。

5.12.3.30 **正比例度量**

IfcPositiveRatioMeasure 定义值大于 0 的 IfcRatioMeasure 类型。

EXPRESS 描述：

```
*)
TYPE IfcPositiveRatioMeasure = IfcRatioMeasure;
  WHERE
    WR1:SELF>0;
END_TYPE;
(*
```

形式约束：

WR1:该值应为正值。

5.12.3.31 **比例度量**

IfcRatioMeasure 定义同类的两个物理量间关系的值。

EXPRESS 描述：

```
*)
TYPE IfcRatioMeasure = REAL;
```

```
END_TYPE;
(*
```

5.12.3.32 功率度量

IfcPowerMeasure 定义需要或用到的动力值。一般用“W(瓦[特])”单位度量。

EXPRESS 描述：

```
*)
TYPE IfcPowerMeasure = REAL;
END_TYPE;
(*
```

5.12.3.33 压强度量

IfcPressureMeasure 定义媒介在单位面积上的压力值。一般用“Pa(帕[斯卡])”单位度量。

EXPRESS 描述：

```
*)
TYPE IfcPressureMeasure = REAL;
END_TYPE;
(*
```

5.12.3.34 实数

IfcReal 定义一个简单的数据类型，实数。原则上，实数类型的范围包括所有的有理数、无理数和科学计数法实数。因此在这里实数的精度不受限制，但在实际的环境中是有定义的。

注：因为 IfcSimpleValue 选择类型不同直接包含简单数据类型，所以定义了这个类型。

EXPRESS 描述：

```
*)
TYPE IfcReal = REAL;
END_TYPE;
(*
```

5.12.3.35 立体角度度量

IfcSolidAngleMeasure 定义一个立体的角度值。一般用“球面度”单位度量。

EXPRESS 描述：

```
*)
TYPE IfcSolidAngleMeasure = REAL;
END_TYPE;
(*
```

5.12.3.36 标识符

IfcIdentifier 定义一个字母数字串，它给出要标识的单个的事物。它可以不给出自然语言的意义。

EXPRESS 描述：

```
*)
TYPE IfcIdentifier = STRING;
END_TYPE;
(*
```

5.12.3.37 热吸收度量

IfcThermalAdmittanceMeasure 定义物体表面均匀散发热力能力的值。一般用“W/m^2(瓦[特]/平方米) 开氏温标”单位度量。

EXPRESS 描述：

```
*)
TYPE IfcThermalAdmittanceMeasure = REAL;
END_TYPE;
(*
```

5.12.3.38 热绝缘系数度量

IfcThermalResistanceMeasure 定义物体阻抗能量流动的能力的值。一般用“m^2·K/W(平方米·开[尔文]/瓦特)”单位度量。

EXPRESS 描述：

```
*)
TYPE IfcThermalResistanceMeasure = REAL;
END_TYPE;
(*
```

5.12.3.39 热传导度量

IfcThermalTransmittanceMeasure 定义物体传导能量速率的值。一般用“W/(m^2·K)(瓦特/平方米·开)”单位度量。

EXPRESS 描述：

```
*)
TYPE IfcThermalTransmittanceMeasure = REAL;
END_TYPE;
(*
```

5.12.3.40 热力学温度度量

IfcThermodynamicTemperatureMeasure 定义一个物体的热度的值。一般用“K(开[尔文])”单位度量。

EXPRESS 描述：

```
*)
TYPE IfcThermodynamicTemperatureMeasure = REAL;
END_TYPE;
(*
```

5.12.3.41 时间度量

IfcTimeMeasure 定义持续时间间隔的值。一般用“s(秒)”单位度量。

EXPRESS 描述：

```
*)
TYPE IfcTimeMeasure = REAL;
END_TYPE;
(*
```

5.12.3.42 时间戳

IfcTimeStamp 通过自 1970 年起消失的秒数来定义日期时间的值。

EXPRESS 描述：

```
*)
TYPE IfcTimeStamp = INTEGER;
END_TYPE;
(*
```

5.12.3.43 体积度量

IfcVolumeMeasure 定义一个物体容量的值。一般用"m^3(立方米)"单位度量。

EXPRESS 描述:

```
*)
TYPE IfcVolumeMeasure = REAL;
END_TYPE;
(*
```

5.12.3.44 体积流率度量

IfcVolumetricFlowRateMeasure 定义单位时间内物体流过的容量值。一般用"m^3/s(立方米/秒)"单位度量。

EXPRESS 描述:

```
*)
TYPE IfcVolumetricFlowRateMeasure = REAL;
END_TYPE;
(*
```

5.12.3.45 标签

IfcLabel 定义通过它可以引用某事物的专门用语。它是一个字符串,其表达人可解释的某事物的名称,并应具有自然语言的语义。

EXPRESS 描述:

```
*)
TYPE IfcLabel = STRING;
END_TYPE;
(*
```

5.12.3.46 正则比率度量

IfcNormalisedRatioMeasure 定义无量纲的比率值,范围从 0.0 到 1.0。

EXPRESS 描述:

```
*)
TYPE IfcNormalisedRatioMeasure = IfcRatioMeasure;
  WHERE
    WR1:{0.0<=SELF<=1.0};
END_TYPE;
(*
```

5.12.3.47 文本

IfcText 定义由字符构成的字母数字串,其意图在于供人阅读并理解。

EXPRESS 描述:

```
*)
TYPE IfcText = STRING;
END_TYPE;
(*
```

5.12.3.48 逻辑类型

IfcLogical 定义一个简单的数据类型。数据类型可以包含的值有 TREUE、FALSE 或 UNKNOWN。

注:因为 IfcSimpleValue 选择类型不同直接包含简单数据类型,所以定义了这个类型。

EXPRESS 描述：

```
*)
TYPE IfcLogical = LOGICAL;
END_TYPE;
(*
```

5.12.3.49 导热性度量

IfcThermalConductivityMeasure 定义物体的导热性的值。一般用“W/(m·K)[瓦/(米·开)]”单位度量。

EXPRESS 描述：

```
*)
TYPE IfcThermalConductivityMeasure = REAL;
END_TYPE;
(*
```

5.12.3.50 分子重量度量

IfcMolecularWeightMeasure 定义材料(代表性的是气体)的分子重量的值。一般用“克/克分子”单位度量。

EXPRESS 描述：

```
*)
TYPE IfcMolecularWeightMeasure = REAL;
END_TYPE;
(*
```

5.12.3.51 蒸发渗透性度量

IfcVaporPermeabilityMeasure 定义蒸发渗透性的值。一般用“kg/(s·m·Pa)[千克/(秒·米·帕斯卡)]”单位度量。

EXPRESS 描述：

```
*)
TYPE IfcVaporPermeabilityMeasure = REAL;
END_TYPE;
(*
```

5.12.3.52 潮湿扩散率度量

IfcMoistureDiffusivityMeasure 定义潮湿扩散率的值。一般用“m^3/m(立方米/米)”单位度量。

EXPRESS 描述：

```
*)
TYPE IfcMoistureDiffusivityMeasure = REAL;
END_TYPE;
(*
```

5.12.3.53 等温湿度度量

IfcIsothermalMoistureCapacityMeasure 定义等温湿度的值。一般用“m^3/kg(立方米/千克)”单位度量。

EXPRESS 描述：

```
*)
TYPE IfcIsothermalMoistureCapacityMeasure = REAL;
END_TYPE;
(*
```

5.12.3.54 比热度量

IfcSpecificHeatCapacityMeasure 定义材料的比热值，既每温度单位的绝对热能值。一般用“J/(kg·K)(焦[耳]/千克·开[尔文]”单位度量。

EXPRESS 描述：

```
*)
TYPE IfcSpecificHeatCapacityMeasure = REAL;
END_TYPE;
(*
```

5.12.3.55 磁感应强度度量

IfcMagneticFluxDensityMeasure 定义磁感应强度的值。一般用“T(特[斯拉])”单位度量。

EXPRESS 描述：

```
*)
TYPE IfcMagneticFluxDensityMeasure = REAL;
END_TYPE;
(*
```

5.12.3.56 磁通量

IfcMagneticFluxMeasure 定义磁通量的值。一般用“Wb(韦[伯])”单位度量。

EXPRESS 描述：

```
*)
TYPE IfcMagneticFluxMeasure = REAL;
END_TYPE;
(*
```

5.12.3.57 光通量度量

IfcLuminousFluxMeasure 定义光通量的值。一般用“lm(流[明])”单位度量。

EXPRESS 描述：

```
*)
TYPE IfcLuminousFluxMeasure = REAL;
END_TYPE;
(*
```

5.12.3.58 力度量

IfcForceMeasure 定义力的值。一般用“N(牛顿)”单位度量。

EXPRESS 描述：

```
*)
TYPE IfcForceMeasure = REAL;
END_TYPE;
(*
```

5.12.3.59 电感度量

IfcInductanceMeasure 定义电感的值。一般用“H(亨[利])”单位度量。

EXPRESS 描述：

```
*)
TYPE IfcInductanceMeasure = REAL;
END_TYPE;
(*
```

5.12.3.60 照明度量

IfcIlluminanceMeasure 定义照明的值。一般用"lx(勒[克斯])"单位度量。

EXPRESS 描述：

```
*)
TYPE IfcIlluminanceMeasure = REAL;
END_TYPE;
(*
```

5.12.3.61 电阻度量

IfcElectricResistanceMeasure 定义电阻的值。一般用"Ω(欧姆)"单位度量。

EXPRESS 描述：

```
*)
TYPE IfcElectricResistanceMeasure = REAL;
END_TYPE;
(*
```

5.12.3.62 电导度量

IfcElectricConductanceMeasure 定义电导系数的值。一般用"S/m(西[门子]每米)"单位度量。

EXPRESS 描述：

```
*)
TYPE IfcElectricConductanceMeasure = REAL;
END_TYPE;
(*
```

5.12.3.63 电荷度量

IfcElectricChargeMeasure 定义电荷的值。一般用"C([库仑])"单位度量。

EXPRESS 描述：

```
*)
TYPE IfcElectricChargeMeasure = REAL;
END_TYPE;
(*
```

5.12.3.64 剂量等价物度量

IfcDoseEquivalentMeasure 定义放射性剂量等价物的值。一般用"西韦特单位"单位度量。

EXPRESS 描述：

```
*)
TYPE IfcDoseEquivalentMeasure = REAL;
END_TYPE;
(*
```

5.12.3.65 电容度量

IfcElectricCapacitanceMeasure 定义电容的值。一般用"F(法[拉])"单位度量。

EXPRESS 描述：

```
*)
TYPE IfcElectricCapacitanceMeasure = REAL;
END_TYPE;
(*
```

5.12.3.66 放射性剂量度量

IfcAbsorbedDoseMeasure 定义放射性剂量的值。一般用“格雷”单位度量。

EXPRESS 描述：

```
*)
TYPE IfcAbsorbedDoseMeasure = REAL;
END_TYPE;
(*
```

5.12.3.67 放射性强度度量

IfcRadioActivityMeasure 定义放射性强度的值。一般用“贝克勒尔”单位度量。

EXPRESS 描述：

```
*)
TYPE IfcRadioActivityMeasure = REAL;
END_TYPE;
(*
```

5.12.3.68 转动频率度量

IfcRotationalFrequencyMeasure 定义物体在单位时间内旋转的循环数。一般用“循环/秒”单位度量。

EXPRESS 描述：

```
*)
TYPE IfcRotationalFrequencyMeasure = REAL;
END_TYPE;
(*
```

5.12.3.69 扭矩度量

IfcTorqueMeasure 定义力偶扭矩的值。一般用“N·m(牛[顿]米)”单位度量。

EXPRESS 描述：

```
*)
TYPE IfcTorqueMeasure = REAL;
END_TYPE;
(*
```

5.12.3.70 加速度度量

IfcAccelerationMeasure 定义加速度的值。一般用“m/s^2(米/秒^2)”单位度量。

EXPRESS 描述：

```
*)
TYPE IfcAccelerationMeasure = REAL;
END_TYPE;
(*
```

5.12.3.71 线荷载度量

IfcLinearForceMeasure 定义线荷载的值。一般用“N/m(牛顿/米)”单位度量。

EXPRESS 描述：

```
*)
TYPE IfcLinearForceMeasure = REAL;
END_TYPE;
(*
```

5.12.3.72 线刚度度量

IfcLinearStiffnessMeasure 定义线刚度的值。一般用"N/m(牛顿/米)"单位度量。

EXPRESS 描述：

```
*)
TYPE IfcLinearStiffnessMeasure = REAL;
END_TYPE;
(*
```

5.12.3.73 地基反力系数的度量

IfcModulusOfSubgradeReactionMeasure 定义基础结构与土壤之间的交互作用的土工度量值，也可以称之为基床度量。一般用"牛顿/立方米"单位度量。

EXPRESS 描述：

```
*)
TYPE IfcModulusOfSubgradeReactionMeasure = REAL;
END_TYPE;
(*
```

5.12.3.74 弹性模量度量

IfcModulusOfElasticityMeasure 定义弹性模量的值。一般用"N/m^2(牛顿/平方米)"单位度量。

EXPRESS 描述：

```
*)
TYPE IfcModulusOfElasticityMeasure = REAL;
END_TYPE;
(*
```

5.12.3.75 惯性矩度量

IfcMomentOfInertiaMeasure 定义惯性矩的值。一般用"m^4(米四次方)"单位度量。

EXPRESS 描述：

```
*)
TYPE IfcMomentOfInertiaMeasure = REAL;
END_TYPE;
(*
```

5.12.3.76 面荷载度量

IfcPlanarForceMeasure 定义面荷载的值。一般用"N/m^2(牛顿/平方米)"单位度量。

EXPRESS 描述：

```
*)
TYPE IfcPlanarForceMeasure = REAL;
END_TYPE;
(*
```

5.12.3.77 转动刚度度量

IfcRotationalStiffnessMeasure 定义转动刚度的值。一般用"N·m/cd(牛顿·米/拉德)"单位度量。

EXPRESS 描述：

```
*)
TYPE IfcRotationalStiffnessMeasure = REAL;
END_TYPE;
(*
```

5.12.3.78 **剪切模量度量**

IfcShearModulusMeasure 定义剪切模量的值。一般用“N/m^2(牛顿每平方米)”单位度量。

EXPRESS 描述：

```
*)
TYPE IfcShearModulusMeasure = REAL;
END_TYPE;
(*
```

5.12.3.79 **线性力矩度量**

IfcLinearMomentMeasure 定义线性力矩的值。一般用“N·m/m(牛顿·米/米)”单位度量。

EXPRESS 描述：

```
*)
TYPE IfcLinearMomentMeasure = REAL;
END_TYPE;
(*
```

5.12.3.80 **SI 前缀**

IfcSIPrefix 定义与一个 SI 单位相联结的前缀名称。SI 前缀的定义在 GB 3100—1993 的 3.3 中给出。

枚举：

EXA	10^18
PETA	10^15
TERA	10^12
GIGA	10^9
KILO	10^3
HECTO	10^2
DECA	10^1
DECI	10^-1
CENTI	10^-2
MILLI	10^3
MICRO	10^-6
NANO	10^-9
PICO	10^-12
PEMTO	10^15
ATTO	10^-18

EXPRESS 描述：

```
*)
TYPE IfcSIPrefix = ENUMERATION OF
    (EXA,
    PETA,
    TERA,
    GIGA,
    MEGA,
    KILO,
    HECTO,
```

```
    DECA,
    DECI,
    CENTI,
    MILLI,
    MICRO,
    NANO,
    PICO,
    FEMTO,
    ATTO);
END_TYPE;
(*
```

枚举项定义：

EXA(艾克,10^{18}):见 GB 3100—1993 的 3.3;

PETA(拍它,10^{15}):见 GB 3100—1993 的 3.3;

TERA(太拉,10^{12}):见 GB 3100—1993 的 3.3;

GIGA(千兆,十亿,吉,10^{9}):见 GB 3100—1993 的 3.3;

MEGA(兆,百万,10^{6}):见 GB 3100—1993 的 3.3;

KILO(千,10^{3}):见 GB 3100—1993 的 3.3;

HECTO(百,10^{2}):见 GB 3100—1993 的 3.3;

DECA(十,10):见 GB 3100—1993 的 3.3;

DECI(十分之一,分,10^{-1}):见 GB 3100—1993 的 3.3;

CENTI(百分之一,厘,10^{-2}):见 GB 3100—1993 的 3.3;

MILLI(千分之一,毫,10^{-3}):见 GB 3100—1993 的 3.3;

MICRO(百万分之一,微,10^{-6}):见 GB 3100—1993 的 3.3;

NANO(十亿分之一,纳诺,10^{-9}):见 GB 3100—1993 的 3.3;

PICO(万亿分之一,皮可,10^{-12}):见 GB 3100—1993 的 3.3;

FEMTO(飞母托,10^{-15}):见 GB 3100—1993 的 3.3;

ATTO(阿托,10^{-18}):见 GB 3100—1993 的 3.3。

5.12.3.81 国际单位制单位名

IfcSIUnitName 定义一个国际单位制(SI)的单位名称。SI 单位名称的定义在 GB 3100—1993 的第 4 章中给出。

EXPRESS 描述：

```
*)
TYPE IfcSIUnitName = ENUMERATION OF
    (AMPERE,
    BECQUEREL,
    CANDELA,
    COULOMB,
    CUBIC_METRE,
    DEGREE_CELSIUS,
    FARAD,
    GRAM,
    GRAY,
```

```
    HENRY,
    HERTZ,
    JOULE,
    KELVIN,
    LUMEN,
    LUX,
    METRE,
    MOLE,
    NEWTON,
    OHM,
    PASCAL,
    RADIAN,
    SECOND,
    SIEMENS,
    SIEVERT,
    SQUARE_METRE,
    STERADIAN,
    TESLA,
    VOLT,
    WATT,
    WEBER);
END_TYPE;
```

(*

枚举项定义：

AMPERE(安培)：见 GB 3100—1993 的 3.1；

BECQUEREL(贝可勒尔)：见 GB 3100—1993 的 3.2；

CANDELA(坎德拉)：见 GB 3100—1993 的 3.1；

COULOMB(库仑)：见 GB 3100—1993 的 3.2；

CUBIC_METRE(立方米)：立方米；

DEGREE_CELSIUS(摄氏度)：见 GB 3100—1993 的 3.2；

FARAD(法)：见 GB 3100—1993 的 3.2；

GRAM(克)：见 GB 3100—1993 的 3.1；

GRAY(戈瑞)：见 GB 3100—1993 的 3.2；

HENRY(亨利)：见 GB 3100—1993 的 3.2；

HERTZ(赫兹)：见 GB 3100—1993 的 3.2；

JOULE(焦尔)：见 GB 3100—1993 的 3.2；

KELVIN(开尔文)：见 GB 3100—1993 的 3.1；

LUMEN(流明)：见 GB 3100—1993 的 3.2；

LUX(勒克司)：见 GB 3100—1993 的 3.2；

METRE(米)：见 GB 3100—1993 的 3.1；

MOLE(摩尔)：见 GB 3100—1993 的 3.1；

NEWTON(牛顿)：见 GB 3100—1993 的 3.2；

OHM(欧姆)：见 GB 3100—1993 的 3.2；

PASCAL(帕斯卡):见 GB 3100—1993 的 3.2;
RADIAN(弧度):见 GB 3100—1993 的 3.2;
SECOND(秒):见 GB 3100—1993 的 3.1;
SIEMENS(西门子):见 GB 3100—1993 的 3.2;
SIEVERT(希沃特):见 GB 3100—1993 的 3.2;
SQUARE_METRE(平方米):平方米;
STERADIAN(立体弧度):见 GB 3100—1993 的 3.2;
TESLA(特斯拉):见 GB 3100—1993 的 3.2;
VOLT(伏特):见 GB 3100—1993 的 3.2;
WATT(瓦特):见 GB 3100—1993 的 3.2;
WEBER(韦伯):见 GB 3100—1993 的 3.2。

5.12.3.82 单位类型

IfcUnitEnum 定义允许的 IfcNamedUnit 的单位类型。

EXPRESS 描述:

```
*)
TYPE IfcUnitEnum = ENUMERATION OF
    (ABSORBEDDOSEUNIT,
    AMOUNTOFSUBSTANCEUNIT,
    AREAUNIT,
    DOSEEQUIVALENTUNIT,
    ELECTRICCAPACITANCEUNIT,
    ELECTRICCHARGEUNIT,
    ELECTRICCONDUCTANCEUNIT,
    ELECTRICCURRENTUNIT,
    ELECTRICRESISTANCEUNIT,
    ELECTRICVOLTAGEUNIT,
    ENERGYUNIT,
    FORCEUNIT,
    FREQUENCYUNIT,
    ILLUMINANCEUNIT,
    INDUCTANCEUNIT,
    LENGTHUNIT,
    LUMINOUSFLUXUNIT,
    LUMINOUSINTENSITYUNIT,
    MAGNETICFLUXDENSITYUNIT,
    MAGNETICFLUXUNIT,
    MASSUNIT,
    PLANEANGLEUNIT,
    POWERUNIT,
    PRESSUREUNIT,
    RADIOACTIVITYUNIT,
    SOLIDANGLEUNIT,
    THERMODYNAMICTEMPERATUREUNIT,
```

```
    TIMEUNIT,
    VOLUMEUNIT,
    USERDEFINED);
END_TYPE;
(*
```

枚举项定义：

ABSORBEDDOSEUNIT:放射性剂量单位；
AMOUNTOFSUBSTANCEUNIT:物质量单位；
AREAUNIT:面积单位；
DOSEEQUIVALENTUNIT:剂量等价物单位；
ELECTRICCAPACITANCEUNIT:电容单位；
ELECTRICCHARGEUNIT:电负荷单位；
ELECTRICCONDUCTANCEUNIT:电导单位；
ELECTRICCURRENTUNIT:电流单位；
ELECTRICRESISTANCEUNIT:电阻单位；
ELECTRICVOLTAGEUNIT:电动势单位；
ENERGYUNIT:能量单位；
FORCEUNIT:力单位；
FREQUENCYUNIT:频率单位；
ILLUMINANCEUNIT:照明单位；
INDUCTANCEUNIT:电感单位；
LENGTHUNIT:长度单位；
LUMINOUSFLUXUNIT:光通量单位；
LUMINOUSINTENSITYUNIT:光强度单位；
MAGNETICFLUXDENSITYUNIT:磁通量密度单位；
MAGNETICFLUXUNIT:磁通量单位；
MASSUNIT:物质单位；
PLANEANGLEUNIT:平面角度单位；
POWERUNIT:动力单位；
PRESSUREUNIT:压力单位；
RADIOACTIVITYUNIT:放射性幅度单位；
SOLIDANGLEUNIT:立体角度单位；
THERMODYNAMICTEMPERATUREUNIT:热力学温度单位；
TIMEUNIT:时间单位；
VOLUMEUNIT:体积单位；
USERDEFINED:用户自定义单位。

5.12.3.83 导出单位

IfcDerivedUnitEnum 定义导出单位的各种类型。

EXPRESS 描述：

```
*)
TYPE IfcDerivedUnitEnum = ENUMERATION OF
    (ANGULARVELOCITYUNIT,
    COMPOUNDPLANEANGLEUNIT,
```

```
    DYNAMICVISCOSITYUNIT,
    HEATFLUXDENSITYUNIT,
    INTEGERCOUNTRATEUNIT,
    ISOTHERMALMOISTURECAPACITYUNIT,
    KINEMATICVISCOSITYUNIT,
    LINEARVELOCITYUNIT,
    MASSDENSITYUNIT,
    MASSFLOWRATEUNIT,
    MOISTUREDIFFUSIVITYUNIT,
    MOLECULARWEIGHTUNIT,
    SPECIFICHEATCAPACITYUNIT,
    THERMALADMITTANCEUNIT,
    THERMALCONDUCTANCEUNIT,
    THERMALRESISTANCEUNIT,
    THERMALTRANSMITTANCEUNIT,
    VAPORPERMEABILITYUNIT,
    VOLUMETRICFLOWRATEUNIT,
    ROTATIONALFREQUENCYUNIT,
    TORQUEUNIT,
    MOMENTOFINERTIAUNIT,
    LINEARMOMENTUNIT,
    LINEARFORCEUNIT,
    PLANARFORCEUNIT,
    MODULUSOFELASTICITYUNIT,
    SHEARMODULUSUNIT,
    LINEARSTIFFNESSUNIT,
    ROTATIONALSTIFFNESSUNIT,
    MODULUSOFSUBGRADEREACTIONUNIT,
    ACCELERATIONUNIT,
    USERDEFINED);
END_TYPE;
(*
```

枚举项定义：

ANGULARVELOCITYUNIT：角速度单位；

COMPOUNDPLANEANGLEUNIT：合成平面角度单位；

DYNAMICVISCOSITYUNIT：动力粘性单位；

HEATFLUXDENSITYUNIT：热流量密度单位；

INTEGERCOUNTRATEUNIT：整数计数速率单位；

ISOTHERMALMOISTURECAPACITYUNIT：等温湿度单位；

KINEMATICVISCOSITYUNIT：运动粘性单位；

LINEARVELOCITYUNIT：线性速度单位；

MASSDENSITYUNIT：物质密度单位；

MASSFLOWRATEUNIT：物质流动速率单位；

MOISTUREDIFFUSIVITYUNIT:潮湿扩散单位;
MOLECULARWEIGHTUNIT:分子量单位;
SPECIFICHEATCAPACITYUNIT:比热单位;
THERMALADMITTANCEUNIT:热吸收单位;
THERMALCONDUCTANCEUNIT:导热单位;
THERMALRESISTANCEUNIT:热阻单位;
THERMALTRANSMITTANCEUNIT:热传输单位;
VAPORPERMEABILITYUNIT:蒸汽渗透单位;
VOLUMETRICFLOWRATEUNIT:体积流速单位;
ROTATIONALFREQUENCYUNIT:转动频率单位;
TORQUEUNIT:扭矩单位;
MOMENTOFINERTIAUNIT:转动惯量单位;
LINEARMOMENTUNIT:单位;
LINEARFORCEUNIT:线荷载单位;
PLANARFORCEUNIT:面荷载单位;
MODULUSOFELASTICITYUNIT:弹性模量单位;
SHEARMODULUSUNIT:剪切模量单位;
LINEARSTIFFNESSUNIT:线刚度单位;
ROTATIONALSTIFFNESSUNIT:转动刚度单位;
MODULUSOFSUBGRADEREACTIONUNIT:地基反力系数单位;
ACCELERATIONUNIT:加速度单位;
USERDEFINED:用户自定义单位。

5.12.3.84 货币

IfcCurrencyEnum 定义不同国家货币的国际缩写。

EXPRESS 描述:

```
*)
TYPE IfcCurrencyEnum = ENUMERATION OF
   (AED,
    AES,
    ATS,
    AUD,
    BBD,
    BEG,
    BGL,
    BHD,
    BMD,
    BND,
    BRL,
    BSD,
    BWP,
    BZD,
    CAD,
    CBD,
```

CHF,
CLP,
CNY,
CYS,
CZK,
DDP,
DEM,
DKK,
EGL,
EST,
EUR,
FAK,
FIM,
FJD,
FKP,
FRF,
GBP,
GIP,
GMD,
GRX,
HKD,
HUF,
ICK,
IDR,
ILS,
INR,
IRP,
ITL,
JMD,
JOD,
JPY,
KES,
KRW,
KWD,
KYD,
LKR,
LUF,
MTL,
MUR,
MXN,
MYR,
NLG,
NZD,

```
        OMR,
        PGK,
        PHP,
        PKR,
        PLN,
        PTN,
        QAR,
        RUR,
        SAR,
        SCR,
        SEK,
        SGD,
        SKP,
        THB,
        TRL,
        TTD,
        TWD,
        USD,
        VEB,
        VND,
        XEU,
        ZAR,
        ZWD,
        NOK);
    END_TYPE;
```

(*

枚举项定义:

AED:阿拉伯联合酋长国货币;

AES:阿根廷货币;

ATS:奥地利货币;

AUD:澳大利亚货币;

BBD:巴巴多斯货币;

BEG:比利时货币;

BGL:保加利亚货币;

BHD:巴林货币;

BMD:百慕大群岛货币;

BND:文莱货币;

BRL:巴西货币;

BSD:巴哈马群岛货币;

BWP:博茨瓦纳货币;

BZD:伯利兹货币;

CAD:加拿大货币;

CBD:加勒比海货币;

CHF:瑞士货币;
CLP:智利货币;
CNY:人民币;
CYS:塞浦路斯货币;
CZK:捷克斯洛伐克共和国货币;
DDP:多米尼加共和国货币;
DEM:德国货币;
DKK:丹麦货币;
EGL:埃及货币;
EST:西班牙货币;
EUR:欧元;
FAK:法罗群岛货币;
FIM:芬兰货币;
FJD:斐济货币;
FKP:福克兰群岛货币;
FRF:法国货币;
GBP:联合王国(即英国)货币;
GIP:直布罗陀货币;
GMD:冈比亚货币;
GRX:希腊货币;
HKD:港币;
HUF:匈牙利货币;
ICK:冰岛货币;
IDR:印尼货币;
ILS:以色列货币;
INR:印度货币;
IRP:爱尔兰货币;
ITL:意大利货币;
JMD:牙买加货币;
JOD:约旦货币;
JPY:日元;
KES:肯尼亚货币;
KRW:韩国货币;
KWD:科威特货币;
KYD:开曼群岛货币;
LKR:斯里兰卡货币;
LUF:卢森堡公国货币;
MTL:马耳他货币;
MUR:毛里求斯货币;
MXN:墨西哥货币;
MYR:马来群岛货币;
NLG:荷兰货币;
NOK:挪威货币;

NZD:新西兰货币;
OMR:阿曼货币;
PGK:巴布亚新几内亚货币;
PHP:菲利普维尔货币;
PKR:巴基斯坦货币;
PLN:波兰货币;
PTN:葡萄牙货币;
QAR:卡塔尔货币;
RUR:俄罗斯货币;
SAR:沙特阿拉伯货币;
SCR:塞舌尔货币;
SEK:瑞典货币;
SGD:新加坡货币;
SKP:圣·海伦娜货币;
THB:泰国货币;
TRL:土耳其货币;
TTD:特立尼达和多巴哥货币;
TWD:台湾地区货币;
USD:美元;
VEB:委内瑞拉货币;
VND:越南货币;
XEU:欧洲货币单位;
ZAR:南非货币;
ZWD:津巴布韦货币。

5.12.3.85 单位

IfcUnit 定义值为1的一个物理量,其用作表达其他量的一个标准。

EXPRESS 描述:

```
*)
TYPE IfcUnit = SELECT
    (IfcDerivedUnit,
     IfcNamedUnit,
     IfcMonetaryUnit);
END_TYPE;
(*
```

5.12.3.86 值

IfcValue 定义更专门的值的选择。

EXPRESS 描述:

```
*)
TYPE IfcValue = SELECT
    (IfcMeasureValue,
     IfcSimpleValue,
     IfcDerivedMeasureValue);
  END_TYPE;
  (*
```

5.12.3.87 度量值

IfcMeasureValue 定义 GB 3101—1993 的 2.3 中定义的值。

EXPRESS 描述：

```
*)
TYPE IfcMeasureValue = SELECT
     (IfcVolumeMeasure,
      IfcTimeMeasure,
      IfcThermodynamicTemperatureMeasure,
      IfcSolidAngleMeasure,
      IfcPositiveRatioMeasure,
      IfcRatioMeasure,
      IfcPositivePlaneAngleMeasure,
      IfcPlaneAngleMeasure,
      IfcParameterValue,
      IfcNumericMeasure,
      IfcMassMeasure,
      IfcPositiveLengthMeasure,
      IfcLengthMeasure,
      IfcElectricCurrentMeasure,
      IfcDescriptiveMeasure,
      IfcCountMeasure,
      IfcContextDependentMeasure,
      IfcAreaMeasure,
      IfcAmountOfSubstanceMeasure,
      IfcLuminousIntensityMeasure,
      IfcNormalisedRatioMeasure);
END_TYPE;
(*
```

5.12.3.88 简单值

IfcSimpleValue 定义简单类型的选择。

EXPRESS 描述：

```
*)
TYPE IfcSimpleValue = SELECT
     (IfcInteger,
      IfcReal,
      IfcBoolean,
      IfcIdentifier,
      IfcText,
      IfcLabel,
      IfcLogical);
END_TYPE;
(*
```

5.12.3.89 导出度量值

IfcDerivedMeasureValue 定义导出度量类型的选择。

EXPRESS 描述：

```
*)
TYPE IfcDerivedMeasureValue = SELECT
    (IfcVolumetricFlowRateMeasure,
     IfcTimeStamp,
     IfcThermalTransmittanceMeasure,
     IfcThermalResistanceMeasure,
     IfcThermalAdmittanceMeasure,
     IfcPressureMeasure,
     IfcPowerMeasure,
     IfcMassFlowRateMeasure,
     IfcMassDensityMeasure,
     IfcLinearVelocityMeasure,
     IfcKinematicViscosityMeasure,
     IfcIntegerCountRateMeasure,
     IfcHeatFluxDensityMeasure,
     IfcFrequencyMeasure,
     IfcEnergyMeasure,
     IfcElectricVoltageMeasure,
     IfcDynamicViscosityMeasure,
     IfcCompoundPlaneAngleMeasure,
     IfcAngularVelocityMeasure,
     IfcThermalConductivityMeasure,
     IfcMolecularWeightMeasure,
     IfcVaporPermeabilityMeasure,
     IfcMoistureDiffusivityMeasure,
     IfcIsothermalMoistureCapacityMeasure,
     IfcSpecificHeatCapacityMeasure,
     IfcMonetaryMeasure,
     IfcMagneticFluxDensityMeasure,
     IfcMagneticFluxMeasure,
     IfcLuminousFluxMeasure,
     IfcForceMeasure,
     IfcInductanceMeasure,
     IfcIlluminanceMeasure,
     IfcElectricResistanceMeasure,
     IfcElectricConductanceMeasure,
     IfcElectricChargeMeasure,
     IfcDoseEquivalentMeasure,
     IfcElectricCapacitanceMeasure,
     IfcAbsorbedDoseMeasure,
```

```
	IfcRadioActivityMeasure,
	IfcRotationalFrequencyMeasure,
	IfcTorqueMeasure,
	IfcAccelerationMeasure,
	IfcLinearForceMeasure,
	IfcLinearStiffnessMeasure,
	IfcModulusOfSubgradeReactionMeasure,
	IfcModulusOfElasticityMeasure,
	IfcMomentOfInertiaMeasure,
	IfcPlanarForceMeasure,
	IfcRotationalStiffnessMeasure,
	IfcShearModulusMeasure,
	IfcLinearMomentMeasure);
END_TYPE;
(*
```

5.12.4 度量模式的实体定义

5.12.4.1 导出单位

IfcDerivedUnit 定义一个单位的表达式。

EXPRESS 描述：

```
*)
ENTITY IfcDerivedUnit;
	Elements	:SET [1 : ?] OF IfcDerivedUnitElement;
	UnitType	:IfcDerivedUnitEnum;
	UserDefinedType	:OPTIONAL IfcLabel;
 DERIVE
	Dimensions	:IfcDimensionalExponents :=
			 IfcDeriveDimensionalExponents(SELF);
 WHERE
	WR1:(SIZEOF (Elements) > 1) OR ((SIZEOF (Elements) = 1) AND (Elements[1].Exponent
	  <> 1));
	WR2:(UnitType <> IfcDerivedUnitEnum.USERDEFINED) OR
	  ((UnitType = IfcDerivedUnitEnum.USERDEFINED) AND
	  (EXISTS(SELF.UserDefinedType)));
END_ENTITY;
(*
```

属性定义：

Elements(要素组)：定义 IfcDerivedUnitElement 的单位组及它们的指数；

UnitType(单位类型)：从 IFC 模型中的导出单位枚举项中选择的导出单位名称；

UserDefinedType(用户定义类型)：用户定义导出单位类型；

Dimensions(维数)：用函数导出的空间维数。

形式约束：

WR1：不能重新定义的导出单位；

WR2：如果 UnitType 属性值为 USERDEFINED，则 UserDefinedType 属性不能为空。

5.12.4.2 导出单位元素

IfcDerivedUnitElement 定义构成导出单位的单位量。

注："牛顿/平方毫米"是一个导出单位。它包含两个元素，牛顿指数值为1，毫米指数值为－2。

EXPRESS 描述：

```
*)
ENTITY IfcDerivedUnitElement;
        Unit      :IfcNamedUnit;
        Exponent  :INTEGER;
END_ENTITY;
(*
```

属性定义：

Unit(单位)：用于数学因数的确定量；

Exponent(指数)：应用到 Unit 属性上的乘方。

5.12.4.3 命名单位

IfcNamedUnit 定义与词或词组相联结的单位量，通过它可以标识该单位。

EXPRESS 描述：

```
*)
ENTITY IfcNamedUnit
      ABSTRACT SUPERTYPE OF (ONEOF(IfcContextDependentUnit,IfcConversionBasedUnit,IfcSI-
Unit));
        Dimensions:IfcDimensionalExponents;
        UnitType  :IfcUnitEnum;
      WHERE
        WR1:IfcCorrectDimensions (SELF.UnitType,SELF.Dimensions);
END_ENTITY;
(*
```

属性定义：

Dimensions(量纲)：基本特性的指数，通过它可定义该 IfcNamedUnit；

UnitType(单位类型)：单位类型。

形式约束：

WR1：通过函数 IfcCorrectDimensions 建立单位正确指数。

5.12.4.4 环境相关单位

IfcContextDependentUnit 定义与 SI 制无关的单位。

注：在一个部件中，零件的个数是按称为"零件"的单位度量的一个物理量，但其与 SI 单位不能相关。

EXPRESS 描述：

```
*)
ENTITY IfcContextDependentUnit
    SUBTYPE OF(IfcNamedUnit);
      Name:IfcLabel;
END_ENTITY;
(*
```

属性定义：

Name(名称)：一个词或一组词，通过它可引用该 IfcContextDependentUnit。

5.12.4.5 基于转换单位

IfcConversionBasedUnit 定义在有单位的度量基础上定义的单位。

注：英寸是一个转换单位，它来自英制系统，其名称为“英寸”，它可与 SI 单位毫米(mm)相关，即通过 IfcMeasureWithUnit 值 25.4 mm。英尺也是一个转换单位，它也来自英制系统，它的名称为“英尺”，它可与 SI 单位毫米(mm)相关，即直接相关，或通过所谓“英寸”相关。

EXPRESS 描述：

```
*)
ENTITY IfcConversionBasedUnit
    SUBTYPE OF(IfcNamedUnit);
      Name                   :IfcLabel;
      ConversionFactor       :IfcMeasureWithUnit;
END_ENTITY;
(*
```

属性定义：

Name(名称)：一个词或词组，通过它可引用该 IfcConversionBasedUnit；

ConversionFactor(转换因子)：导出转换单位的物理量。

5.12.4.6 有单位度量

IfcMeasureWithUnit 定义如同 GB 3101—1993 的 2.3 中所定义的一个物理量的规范。

EXPRESS 描述：

```
*)
ENTITY IfcMeasureWithUnit;
        ValueComponent:IfcValue;
        UnitComponent:IfcUnit;
END_ENTITY;
(*
```

属性定义：

ValueComponent(值部分)：在规定的单位下表达一个物理量的值；

UnitComponent(单位部分)：表达一个物理量的单位。

5.12.4.7 国际单位制单位

IfcSIUnit 定义用作标准的一种固定的量值。通过它，按照 GB 3100—1993 的第 4 章的定义可度量各种项目。

EXPRESS 描述：

```
*)
ENTITY IfcSIUnit
    SUBTYPE OF(IfcNamedUnit);
    Prefix        :OPTIONAL IfcSIPrefix;
     Name         :IfcSIUnitName;
    DERIVE
     SELF\IfcNamedUnit.Dimensions:IfcDimensionalExponents:= IfcDimensionsForSiUnit
                    (SELF.Name);
END_ENTITY;
(*
```

属性定义：

Prefix(前缀):SI 前缀;

Name(名称):一个词或词组,通过它可引用该 IfcSIUnit;

Dimensions(量纲):SI 单位的基本特征的指数,从 IfcDimensionsForSiUnit 函数导出。

5.12.4.8 量纲指数

IfcDimensionalExponents 定义基本量的量纲之幂。任意量的量纲都可以表达为基本量的乘积。所有的物理量都以七个基本量为基础(GB 3101—1993 的 2.3 条款)。

注:长度、质量、时间、电流、热力学的温度、物质量及光强度就是 7 个基本量。

示例:2 mm 长的长度指数为 1,其余的指数为 0。

示例:每秒 2 mm 速度的长度指数为 1,时间指数为 −1,其余的指数为 0。

EXPRESS 描述:

```
*)
ENTITY IfcDimensionalExponents;
      LengthExponent                      :INTEGER;
      MassExponent                        :INTEGER;
      TimeExponent                        :INTEGER;
      ElectricCurrentExponent             :INTEGER;
      ThermodynamicTemperatureExponent    :INTEGER;
      AmountOfSubstanceExponent           :INTEGER;
      LuminousIntensityExponent           :INTEGER;
END_ENTITY;
(*
```

属性定义:

LengthExponent(长度指数):长度基本量的幂;

MassExponent(质量指数):质量基本量的幂;

TimeExponent(时间指数):时间基本量的幂;

ElectricCurrentExponent(电流指数):电流基本量的幂;

ThermodynamicTemperatureExponent(热力学的温度指数):热力学的温度基本量的幂;

AmountOfSubstanceExponent(物质量指数):物质量基本量的幂;

LuminousIntensityExponent(光强度指数):光强度基本量的幂。

5.12.4.9 货币单位

IfcMonetaryUnit 定义流通货币的单位。

EXPRESS 描述:

```
*)
ENTITY IfcMonetaryUnit;
      Currency:IfcCurrencyEnum;
END_ENTITY;
(*
```

属性定义:

Currency(货币):货币的国际列举名。

5.12.4.10 指定单位

IfcUnitAssignment 定义可以指定的单位集。

注:一个工程(IfcProject)有一个指定单位集,这个指定单位集在没有其他定义的情况下,建立可以在全工程内部使用的单位集。如果有自身需要,其他对象可以建立和使用独立于工程指定单位集的本地指定单位集。

EXPRESS 描述：

```
*)
ENTITY IfcUnitAssignment;
      Units:SET [1 : ?] OF IfcUnit;
END_ENTITY;
(*
```

属性定义：

Units(单位)：包含在指定单位集内的单位。

5.12.5 度量模式的函数定义

5.12.5.1 正确量纲

IfcCorrectDimensions 函数返回给定单位的量纲指数。

EXPRESS 描述：

```
*)
FUNCTION IfcCorrectDimensions
  (m  :IfcUnitEnum; Dim:IfcDimensionalExponents):LOGICAL;
  CASE m OF
    LENGTHUNIT:IF
      Dim = (IfcDimensionalExponents(1,0,0,0,0,0,0))
        THEN RETURN(TRUE);
        ELSE RETURN(FALSE);
      END_IF;
    MASSUNIT:IF
      Dim = (IfcDimensionalExponents(0,1,0,0,0,0,0))
        THEN RETURN(TRUE);
        ELSE RETURN(FALSE);
      END_IF;
    TIMEUNIT:IF
      Dim = (IfcDimensionalExponents(0,0,1,0,0,0,0))
        THEN RETURN(TRUE);
        ELSE RETURN(FALSE);
      END_IF;
    ELECTRICCURRENTUNIT:IF
      Dim = (IfcDimensionalExponents(0,0,0,1,0,0,0))
        THEN RETURN(TRUE);
        ELSE RETURN(FALSE);
      END_IF;
    THERMODYNAMICTEMPERATUREUNIT:IF
      Dim = (IfcDimensionalExponents(0,0,0,0,1,0,0))
        THEN RETURN(TRUE);
        ELSE RETURN(FALSE);
      END_IF;
    AMOUNTOFSUBSTANCEUNIT:IF
      Dim = (IfcDimensionalExponents(0,0,0,0,0,1,0))
```

```
      THEN RETURN(TRUE);
      ELSE RETURN(FALSE);
    END_IF;
  LUMINOUSINTENSITYUNIT:IF
    Dim = (IfcDimensionalExponents(0,0,0,0,0,0,1))
      THEN RETURN(TRUE);
      ELSE RETURN(FALSE);
    END_IF;
  PLANEANGLEUNIT:IF
    Dim = (IfcDimensionalExponents(0,0,0,0,0,0,0))
      THEN RETURN(TRUE);
      ELSE RETURN(FALSE);
    END_IF;
  SOLIDANGLEUNIT:IF
    Dim = (IfcDimensionalExponents(0,0,0,0,0,0,0))
      THEN RETURN(TRUE);
      ELSE RETURN(FALSE);
    END_IF;
  AREAUNIT:IF
    Dim = (IfcDimensionalExponents(2,0,0,0,0,0,0))
      THEN RETURN(TRUE);
      ELSE RETURN(FALSE);
    END_IF;
  VOLUMEUNIT:IF
    Dim = (IfcDimensionalExponents(3,0,0,0,0,0,0))
      THEN RETURN(TRUE);
      ELSE RETURN(FALSE);
    END_IF;
  ABSORBEDDOSEUNIT:IF
    Dim = (IfcDimensionalExponents(2,0,-2,0,0,0,0))
      THEN RETURN(TRUE);
      ELSE RETURN(FALSE);
    END_IF;
  RADIOACTIVITYUNIT:IF
    Dim = (IfcDimensionalExponents(0,0,-1,0,0,0,0))
      THEN RETURN(TRUE);
      ELSE RETURN(FALSE);
    END_IF;
  ELECTRICCAPACITANCEUNIT:IF
    Dim = (IfcDimensionalExponents(-2,1,4,1,0,0,0))
      THEN RETURN(TRUE);
      ELSE RETURN(FALSE);
    END_IF;
```

```
DOSEEQUIVALENTUNIT:IF
  Dim = (IfcDimensionalExponents(2,0,-2,0,0,0,0))
    THEN RETURN(TRUE);
    ELSE RETURN(FALSE);
  END_IF;
ELECTRICCHARGEUNIT:IF
  Dim = (IfcDimensionalExponents(0,0,1,1,0,0,0))
    THEN RETURN(TRUE);
    ELSE RETURN(FALSE);
  END_IF;
ELECTRICCONDUCTANCEUNIT:IF
  Dim = (IfcDimensionalExponents(-2,-1,3,2,0,0,0))
    THEN RETURN(TRUE);
    ELSE RETURN(FALSE);
  END_IF;
ELECTRICVOLTAGEUNIT:IF
  Dim = (IfcDimensionalExponents(2,1,-3,-1,0,0,0))
    THEN RETURN(TRUE);
    ELSE RETURN(FALSE);
  END_IF;
ELECTRICRESISTANCEUNIT:IF
  Dim = (IfcDimensionalExponents(2,1,-3,-2,0,0,0))
    THEN RETURN(TRUE);
    ELSE RETURN(FALSE);
  END_IF;
ENERGYUNIT:IF
  Dim = (IfcDimensionalExponents(2,1,-2,0,0,0,0))
    THEN RETURN(TRUE);
    ELSE RETURN(FALSE);
  END_IF;
FORCEUNIT:IF
  Dim = (IfcDimensionalExponents(1,1,-2,0,0,0,0))
    THEN RETURN(TRUE);
    ELSE RETURN(FALSE);
  END_IF;
FREQUENCYUNIT:IF
  Dim = (IfcDimensionalExponents(0,0,-1,0,0,0,0))
    THEN RETURN(TRUE);
    ELSE RETURN(FALSE);
  END_IF;
INDUCTANCEUNIT:IF
  Dim = (IfcDimensionalExponents(2,1,-2,-2,0,0,0))
    THEN RETURN(TRUE);
```

```
        ELSE RETURN(FALSE);
      END_IF;
    ILLUMINANCEUNIT:IF
      Dim = (IfcDimensionalExponents( - 2,0,0,0,0,0,1))
        THEN RETURN(TRUE);
        ELSE RETURN(FALSE);
      END_IF;
    LUMINOUSFLUXUNIT:IF
      Dim = (IfcDimensionalExponents(0,0,0,0,0,0,1))
        THEN RETURN(TRUE);
        ELSE RETURN(FALSE);
      END_IF;
    MAGNETICFLUXUNIT:IF
      Dim = (IfcDimensionalExponents(2,1, - 2, - 1,0,0,0))
        THEN RETURN(TRUE);
        ELSE RETURN(FALSE);
      END_IF;
    MAGNETICFLUXDENSITYUNIT:IF
      Dim = (IfcDimensionalExponents(0,1, - 2, - 1,0,0,0))
        THEN RETURN(TRUE);
        ELSE RETURN(FALSE);
      END_IF;
    POWERUNIT:IF
      Dim = (IfcDimensionalExponents(2,1, - 3,0,0,0,0))
        THEN RETURN(TRUE);
        ELSE RETURN(FALSE);
      END_IF;
    PRESSUREUNIT:IF
      Dim = (IfcDimensionalExponents( - 1,1, - 2,0,0,0,0))
        THEN RETURN(TRUE);
        ELSE RETURN(FALSE);
      END_IF;
    OTHERWISE:
      RETURN(UNKNOWN);
  END_CASE;
  END_FUNCTION;
  (*
  变量定义:
  m:(输入)单位类型名;
  Dim:(输入)单位量纲。
```

5.12.5.2 导出量纲指数

IfcDeriveDimensionalExponents 函数确定一个单位的量纲指数。对于命名的单位,返回量纲属性;对于导出的单位由它的要素计算量纲指数。

EXPRESS 描述：

```
*)
FUNCTION IfcDeriveDimensionalExponents
  (x:  IfcUnit)                :IfcDimensionalExponents;
    LOCAL
      Result:IfcDimensionalExponents:=
          IfcDimensionalExponents(0,0,0,0,0,0,0);
    END_LOCAL;
    IF'IFC_FINAL.IFCDERIVEDUNIT' IN TYPEOF(x)THEN
      REPEAT i:=LOINDEX(x.Elements)TO HIINDEX(x.Elements);
        Result.LengthExponent:=          Result.LengthExponent+
          (x.Elements[i].Exponent *
           x.Elements[i].Unit.Dimensions.LengthExponent);
        Result.MassExponent:=          Result.MassExponent+
          (x.Elements[i].Exponent *
           x.Elements[i].Unit.Dimensions.MassExponent);
        Result.TimeExponent:=          Result.TimeExponent+
          (x.Elements[i].Exponent *
           x.Elements[i].Unit.Dimensions.TimeExponent);
        Result.ElectricCurrentExponent:=          Result.ElectricCurrentExponent+
          (x.Elements[i].Exponent *
           x.Elements[i].Unit.Dimensions.ElectricCurrentExponent);
        Result.ThermodynamicTemperatureExponent:=
          Result.ThermodynamicTemperatureExponent+
          (x.Elements[i].Exponent *
           x.Elements[i].Unit.Dimensions.ThermodynamicTemperatureExponent);
        Result.AmountOfSubstanceExponent:=
          Result.AmountOfSubstanceExponent+          (x.Elements[i].Exponent *
              x.Elements[i].Unit.Dimensions.AmountOfSubstanceExponent);
        Result.LuminousIntensityExponent:=
          Result.LuminousIntensityExponent+          (x.Elements[i].Exponent *
              x.Elements[i].Unit.Dimensions.LuminousIntensityExponent);
    END_REPEAT;
  ELSE -- x is a unitless or a named unit
    Result:=x.Dimensions;
  END_IF;
    RETURN(Result);
END_FUNCTION;
(*
```

变量定义：

x:(输入)是一个单位，要从该单位导出量纲指数。

5.12.5.3　国际标准单位制单位量纲

IfcDimensionsForSiUnit 函数返回给定 SI 单位的量纲指数。

EXPRESS 描述：

```
*)
FUNCTION IfcDimensionsForSiUnit
  (n:    IfcSiUnitName) :IfcDimensionalExponents;
   CASE n OF
       METRE           :RETURN(IfcDimensionalExponents
                                (1,0,0,0,0,0,0));
       SQUARE_METRE    :RETURN(IfcDimensionalExponents
                                (2,0,0,0,0,0,0));
       CUBIC_METRE     :RETURN(IfcDimensionalExponents
                                (3,0,0,0,0,0,0));
       GRAM            :RETURN(IfcDimensionalExponents
                                (0,1,0,0,0,0,0));
       SECOND          :RETURN(IfcDimensionalExponents
                                (0,0,1,0,0,0,0));
       AMPERE          :RETURN(IfcDimensionalExponents
                                (0,0,0,1,0,0,0));
       KELVIN          :RETURN(IfcDimensionalExponents
                                (0,0,0,0,1,0,0));
       MOLE            :RETURN(IfcDimensionalExponents
                                (0,0,0,0,0,1,0));
       CANDELA         :RETURN(IfcDimensionalExponents
                                (0,0,0,0,0,0,1));
       RADIAN          :RETURN(IfcDimensionalExponents
                                (0,0,0,0,0,0,0));
       STERADIAN       :RETURN(IfcDimensionalExponents
                                (0,0,0,0,0,0,0));
       HERTZ           :RETURN(IfcDimensionalExponents
                                (0,0,-1,0,0,0,0));
       NEWTON          :RETURN(IfcDimensionalExponents
                                (1,1,-2,0,0,0,0));
       PASCAL          :RETURN(IfcDimensionalExponents
                                (-1,1,-2,0,0,0,0));
       JOULE           :RETURN(IfcDimensionalExponents
                                (2,1,-2,0,0,0,0));
       WATT            :RETURN(IfcDimensionalExponents
                                (2,1,-3,0,0,0,0));
       COULOMB         :RETURN(IfcDimensionalExponents
                                (0,0,1,1,0,0,0));
       VOLT            :RETURN(IfcDimensionalExponents
                                (2,1,-3,-1,0,0,0));
       FARAD           :RETURN(IfcDimensionalExponents
                                (-2,-1,4,1,0,0,0));
```

```
    OHM             :RETURN(IfcDimensionalExponents
                           (2,1,-3,-2,0,0,0));
    SIEMENS         :RETURN(IfcDimensionalExponents
                           (-2,-1,3,2,0,0,0));
    WEBER           :RETURN(IfcDimensionalExponents
                           (2,1,-2,-1,0,0,0));
    TESLA           :RETURN(IfcDimensionalExponents
                           (0,1,-2,-1,0,0,0));
    HENRY           :RETURN(IfcDimensionalExponents
                           (2,1,-2,-2,0,0,0));
    DEGREE_CELSIUS:RETURN(IfcDimensionalExponents
                           (0,0,0,0,1,0,0));
    LUMEN           :RETURN(IfcDimensionalExponents
                           (0,0,0,0,0,0,1));
    LUX             :RETURN(IfcDimensionalExponents
                           (-2,0,0,0,0,0,1));
    BECQUEREL       :RETURN(IfcDimensionalExponents
                           (0,0,-1,0,0,0,0));
    GRAY            :RETURN(IfcDimensionalExponents
                           (2,0,-2,0,0,0,0));
    SIEVERT         :RETURN(IfcDimensionalExponents
                           (2,0,-2,0,0,0,0));
    OTHERWISE       :RETURN(IfcDimensionalExponents
                           (0,0,0,0,0,0,0));
  END_CASE;
END_FUNCTION;
(*
```

变量定义：

n:(输入)要返回量纲指数的单位名称。

```
*)
END_SCHEMA;
(*
```

5.13 外部引用

5.13.1 引言

下面的 EXPRESS 描述 IFCEXTERNALREFERENCERESOURCE(外部引用)，并标识了必要的外部引用。

EXPRESS 描述：

```
*)
SCHEMA IFCEXTERNALREFERENCERESOURCE;
  REFERENCE FROM IFCACTORRESOURCE
     (IfcOrganization,
      IfcActorSelect,
      IfcPostalAddress);
```

```
REFERENCE FROM IFCDATETIMERESOURCE
   (IfcCalendarDate,
    IfcDateAndTime,
    IfcLocalTime);
REFERENCE FROM IFCMEASURERESOURCE
   (IfcLabel,
    IfcIdentifier,
    IfcText);
(*
```

注 1：上面引用的模式可在本标准的下述部分中找到：

IFCACTORRESOURCE(人员与组织)见 5.1；

IFCDATETIMERESOURCE(日期时间)见 5.2；

IFCMEASURERESOURCE(度量)见 5.12。

注 2：本模式的图形表达见附录 B 的图 B.5～图 B.7。

5.13.2 基本概念与设定

外部引用模式支持对外部信息资源的引用。目前可以处理三种外部资源：分类、文档和库。

5.13.2.1 分类

IFC 的分类模型从规范的 1.0 版本开始得到了逐步的改进。最初是基于 ISO 第 59 技术委员会的工作 ISO 10303 第 106 部分(建筑工程核心模型)。为了在 IFC 规范中使用，分类专家大大提升了分类系统。

从 IFC 分类模型的观点看来，在 AEC/FM 工业领域中有众多的分类系统，而且因为地理位置、工业学科和其他原因的不同有各自不同的应用。象 IFC 这样的通用模型，必须允许采纳任何合理的分类系统，而不管它是以元素、工作区域或者其他任何可分类的界限为基础。

IFC 中的分类模型能够根据 ISO、ICIS 和 EPIC 工作中当前最先进的概念表达分类，也能照顾到传统的分类，如国际上通用的各种格式、CAWS、Masterformat 等。

在 IFC 中，分类模型形成外部引用模式的一个部分，用于说明在应用系统中交换和共享独立资源的分类信息的范围和信息需求的用途。在建筑物的生命周期中，都可以用到这样的信息。

下列内容在规范的这个部分说明：

- 规定一个对象的一个或多个分类符号；
- 一个分类符号包含的一个或多个方面；
- 从一个描述的源(分类条目或分类表)引用分类符号的各个部分；
- 描述分类结构的层次；
- 标识分类的源；
- 用源、版本、名称等格式说明分类；
- 规定标识一个分类符号意义的语义的方法；
- 引用存储在外部资源上的分类。

下列内容不在规范的说明范围之内：

- 从一个分类符号到另一个的转换的能力。

5.13.2.2 文档

IFC 的文档模型引用存储在 IFC 组装模型外面的文档，或在模型里存储有关文档的信息。下面的内容属于 IFC 文档模型的范围：

- 管理对文档的引用；
- 管理有关文档的信息；

- 对纸介文档和电子文档的同样适用。

IFC 的文档模型没有设计成一个完整的文档模型，并且与这样的模型目的和内容没有重叠。这些模型的详细信息，可以在 W3C 组织的网址 http://www.w3c.org 上找到文档对象模型 DOM 规范。

IFC 文档模型考虑到会引用很多外部资源信息，所以允许用某种机制，例如 WWW，通过它的位置访问文档。这通过 IfcDocumentReference 类实现，这是一个 IfcExternalReference 类型，它用标签（可以用作参考的地址）和标识描述信息。另外，名字属性提供一个人类可读的对文档位置的扩展和限定。

同文档引用本身一样，可以将关于文档的信息作为文档引用属性存储。

关于文档的信息（有时称其为元数据）可以用 IfcDocumentInformation 类存储。这个类标识和命名文档，命名文档所有者，包含可选的文档描述。另外，包括文档的修订标识。

文档信息也包括建立、修改时间，通过“valid from”属性和“valid to”属性标识文档有效期。

对于用电子格式存储的文档，IfcElectronicDocumentFormat 类纪录文档格式信息。这包括文档扩展和有关 MIME 标准的信息内容。

文档经常包含对其他文档信息内容的引用，例如文档引用的标准，标准本身也是文档。可以通过这种方式建立起一个重要的文档信息引用树。这种文档信息之间的关系可以通过 IfcDocumentInformationRelationship 类定义，这个类同时管理关联文档和被关联文档，以及反向定义带指示器的文档信息和指示器引用的文档信息。

5.13.2.3 库

在 IFC2.0 版本中，引入引用存储在外部数据库中的产品信息的能力。在 IFC 中，基于对模型的评价和示范测试，模型得到进一步发展。将 IFC 库模型从 IfcProperty 的子类型，转为外部应用模式的一部分。

IFC 库模型的原理是这样的：存在于外部数据源的信息用于组装模型，这些信息通过对象和属性集引入模型。最好的处理方式是简单地保留一个对位置的引用，从这个位置可以得到信息，并将信息留在那里。这具有潜在的优越性，当需要时候，库信息由库提供者维护和更新。如果需要立即组装模型信息则不能用这种方式。

使用这种方式的另一个好处是，可以将模型中的信息量保持在最小。对于文件交换，用这种方法组装模型可以有效地将实际获得信息替换到最适当的源（如果他们有访问引用库的权限），而不只是第一个用户必须获得这些信息。

IFC 库模型的范围，包括能够引用存储在外部数据库中的信息。

下面的内容不在 IFC 库模型的范围之内：

- 在外部数据源中数据的格式；
- 外部数据源中数据检索和传输，以组装一个 IFC 模型的数据格式；
- 为组装 IFC 模型，传输信息的方法。

应该注意 IfcPropertyResource 模式的定义，特别是 IfcExtensionPropertySet 类，其中包含一个可选的 LibraryReference 属性。

像 IfcLibraryReference 一样包含完全的限定地址、引用和进一步限定标识（从资源 IfcExternalReference 类继承），IfcLibraryInformation 类规定更详细的有关库信息，从中得到信息。这包括库名称和可选的发行人、版本数和版本日期。

5.13.3 外部引用模式的类型定义

5.13.3.1 文档机密类型

IfcDocumentConfidentialityEnum 定义可选的文档信息的机密水平选项列表。

EXPRESS 描述：

```
*)
TYPE IfcDocumentConfidentialityEnum = ENUMERATION OF
```

```
    (PUBLIC,
     RESTRICTED,
     CONFIDENTIAL,
     PERSONAL,
     NOTDEFINED);
END_TYPE;
(*
```

枚举项定义：

PUBLIC:公开；

RESTRICTED:受限制；

CONFIDENTIAL:机密；

PERSONAL:个人；

NOTDEFINED:未定义。

5.13.3.2 文档状态

IfcDocumentStatusEnum 定义可选的文档信息状态的选项列表。

EXPRESS 描述：

```
*)
TYPE IfcDocumentStatusEnum = ENUMERATION OF
    (DRAFT,
     FINALDRAFT,
     FINAL,
     REVISION,
     NOTDEFINED);
END_TYPE;
(*
```

枚举项定义：

DRAFT:草稿；

FINALDRAFT:最后草稿；

FINAL:最后稿；

REVISION:再版；

NOTDEFINED:未定义。

5.13.3.3 分类符号选择

IfcClassificationNotationSelect 定义一个选项，选择是包含在 IFC 模型中的分类符号，还是引用外部资源的分类服务。

EXPRESS 描述：

```
*)
TYPE IfcClassificationNotationSelect = SELECT
    (IfcClassificationNotation,
     IfcClassificationReference);
END_TYPE;
(*
```

5.13.3.4 文档选择

IfcDocumentSelect 定义一个选项，选择是包含在 IFC 模型中的文档信息，还是引用自外部资源。

EXPRESS 描述：

```
*)
TYPE IfcDocumentSelect = SELECT
    (IfcDocumentReference,
     IfcDocumentInformation);
END_TYPE;
(*
```

5.13.3.5 库选择

IfcLibrarySelect 定义一个选项，选择是包含在 IFC 模型中的库信息，还是引用自外部资源。

EXPRESS 描述：

```
*)
TYPE IfcLibrarySelect = SELECT
    (IfcLibraryReference,
     IfcLibraryInformation);
END_TYPE;
(*
```

5.13.4 外部引用模式的实体定义

5.13.4.1 分类符号

IfcClassificationNotation 定义一个公开引用（或者由一个分类组织公开发布，或者由组织、项目或其他目的在本地发布）的符号。

注：一个分类可以用多种符号特征定义。一个特征（有特殊的含义）是实际符号的一个部分。例如，由特定的参与者（由 A＝Architect 表达）和象 CI/SfB 一个分类表（210 表达外墙）组合定义一个分类条目是合适的，这就给出一个分类 A210。

一个对象包含在 IFC 模型中的所有分类都通过分类符号类表达。对一个给定的对象，IfcRelAssociatesClassification 类（包含在 IfcKernel 模式中）建立 IfcObject（抽象超类，例如 IfcDoor 就是它的一个实例）和 IfcClassificationNotation 之间的连接。即如下形式：IfcObject〈--IfcRelAssociatesClassification --〉IfcClassificationNotation。考虑一个带有分类符号‘L6814’的对象，在这种情况下，IfcRelAssociatesClassification 有这样的形式：

```
#100 IFCDOOR(.....);
#200 IFCCLASSIFICATIONNOTATIONFACET('L6814');
#300 IFCCLASSIFICATIONNOTATION((#200));
#400 IFCRELASSOCIATESCLASSIFICATION((#300),#100);
```

如果这个对象有其他符号（例如 B2186 和 Z6793），IfcRelAssociatesClassification 有这样的形式：

```
#100 IFCDOOR(.....);
#200 IFCCLASSIFICATIONNOTATIONFACET('L6814');
#210 IFCCLASSIFICATIONNOTATIONFACET('B2186');
#220 IFCCLASSIFICATIONNOTATIONFACET('Z6793');
#300 IFCCLASSIFICATIONNOTATION((#200,#210,#220));
#400 IFCRELASSOCIATESCLASSIFICATION((#300),#100);
```

分类符号只能从相同的分类系统或源组合特征。在相同的分类条目中组合不同来源的符号特征是不允许的。然而，IfcRelAssociatesClassification 类允许对各分类与一个单一对象关联，就有可能定义多个分类符号，而这些分类符号包含从一个单一源的特征。

EXPRESS 描述：

```
*)
ENTITY IfcClassificationNotation;
      NotationFacets:SET [1 : ?] OF IfcClassificationNotationFacet;
END_ENTITY;
(*
```

5.13.4.2 分类符号特征

IfcClassificationNotationFacet 是一组用于分类符号中的文字字符。

一个分类符号特征对象保存一个唯一的分类值，通过 IfcClassificationNotation 和 IfcRelAssociatesClassification 对象分配给一个对象。

例如：#200 IFCCLASSIFICATIONNOTATIONFACET('L6814');

EXPRESS 描述：

```
*)
ENTITY IfcClassificationNotationFacet;
      NotationValue:IfcLabel;
END_ENTITY;
(*
```

属性定义：

NotationValue(符号值)：符号值。

5.13.4.3 分类引用

IfcClassificationReference 引用分类系统或源(见 IfcClassification)。从超类继承来的可选属性 ItemReference 为引用分类条目(或表格)类型提供更详细的信息。继承的 Name 属性提供可为人类解释的分类符号(或编码)名称(参考下面有关"轻量级分类"的解释)。

通过从抽象超类型 IfcExternalReference 继承的属性 ItemReferenced，IfcClassificationReference 可以用于一种"轻量级"分类的形式。在这种情况下，ItemReferenced 可以使用 Uniclass 符号'L6814'。当然这是在所有参与者都明白这个分类，并且是从一个特殊分类源的条件下会非常有效。Name 属性可以是"贮水池"标题。这样就可以避免在模型中建立更完整分类结构的负担。

如果使用多个分类系统的情况下，建议不要使用这种"轻量级"的分类方法，这样做会混淆分类的源或含义。例子如下：

#100 IFCFLOWEQUIPMENT(.....);

#200 IFCCLASSIFICATIONREFERENCE($,'L6814''Tanking'$);

#300 IFCRELASSOCIATESCLASSIFICATION((#200),#100);

一个对象的分类可以引用外部的源，而不只是包含在 IFC 模型中的分类系统。这通过 IfcClassificationReference 类实现。设想一个标题为"贮水池"的 Uniclass 分类符号'L6814'例子。在这种情况下，可选属性 ItemReference 使用分类符号'L6814'，将这个分类引用应用到 IfcClassificationItem(如果这个分类条目在模型中)。通过 Internet 上的一个分类服务器，可以找到分类引用的位置。在这种情况下，可以像这样'http://www.ncl.ac.uk/classification/uniclass/tanking.htm#6814'。

#1 IFCCALENDARDATE(31,8,1997);

#2 IFCCLASSIFICATION('RIBA','1',#1,'Uniclass')

#100 IFCFLOWEQUIPMENT(.....);

#200 IFCCLASSIFICATIONREFERENCE('http://www.ncl.ac.uk/classification/uniclass/ tanking.htm#6814','L6814',$,#2);

#300 IFCRELASSOCIATESCLASSIFICATION((#200),#100);

因为，IfcRelAssociatesClassification 和分类之间的关系实际上是通过 IfcClassificationNotationSelect 实

现的，而 IfcClassificationNotationSelect 是允许分类是内部包含或外部引用的选择，所有可能将内部包含或外部引用两种方式都分配给一个对象。

```
#1 IFCCALENDARDATE(31,8,1997);
#2 IFCCLASSIFICATION('RIBA','1',#1,'Uniclass')
#100 IFCFLOWEQUIPMENT(.....);
#200 IFCCLASSIFICATIONNOTATIONFACET('L6814');
#210 IFCCLASSIFICATIONNOTATIONFACET('B2186');
#220 IFCCLASSIFICATIONNOTATIONFACET('Z6793');
#300 IFCCLASSIFICATIONNOTATION((#200,#210,#220));
#400 IFCCLASSIFICATIONREFERENCE('http://www.ncl.ac.uk/classification/
uniclass/tanking.htm#6814','L6814',$,#2);
#500 IFCRELASSOCIATESCLASSIFICATION(#100,(#300,#400));
```

EXPRESS 描述：

```
*)
ENTITY IfcClassificationReference
    SUBTYPE OF(IfcExternalReference);
      ReferencedSource:OPTIONAL IfcClassification;
END_ENTITY;
(*
```

属性定义：

ReferencedSource(引用源)：引用的分类系统或源。

5.13.4.4 外部引用

IfcExternalReference 定义没有在当前模型或工程数据库(作为当前模型的一个实现)中明确表达的信息。这样的信息包含分类、文档或库。

只有位置(例如一个 URL 地址)给出能够找到信息的地点描述。同时，可选的 ItemReference 作为一个关键点，允许更详细地提供引用(指向部分或表)。ItemReference 定义一个系统可解释的方法，在数据源(由 Location 给出)识别信息的相关部分。另外，定义了一个人类可解释的 Name 属性，用于识别信息主题(例如分类码)。

外部引用是所有外部引用类的抽象超类。

EXPRESS 描述：

```
*)
ENTITY IfcExternalReference
    ABSTRACT SUPERTYPE OF(ONEOF(IfcLibraryReference,
                                IfcClassificationReference,
                                IfcDocumentReference));
      Location      :OPTIONAL IfcLabel;
      ItemReference :OPTIONAL IfcIdentifier;
      Name          :OPTIONAL IfcLabel;
    WHERE
      WR1:EXISTS(ItemReference)OR EXISTS(Location)OR EXISTS(Name);
END_ENTITY;
(*
```

属性定义：

Location(位置):外部资源(分类、文档或库)的位置。这个标签可以是人类能读懂的,也可以是计算机可解释的。对于电子位置,一般给出一个 URL 位置字符串,然而可以在一个应用环境下建立其他访问外部引用的方式;

ItemReference(项目引用):外部资源(分类、文档或库)中引用项目的标识符。这个内部引用,可以提供一个计算机可解释的指向电子资源内部的指示器;

Name(名称):进一步说明引用的可选名称。它可以提供一个人类可读的标签(在文档的内部结构中,没有必要有一个配对物)。

形式约束:

WR1:外部引用至少存在一个属性值。

5.13.4.5 库引用

IfcLibraryReference 定义一个用位置(例如一个 URL)引用库信息的外部引用。它也提供一个继承来的可选属性 ItemReference 作为关键点,允许更详细地说明引用到库的部分或表。继承的 Name 属性定义一个库项目的标识共人类解释。同时,通过属性 ReferenceIntoLibrary 访问 IfcLibraryInformation,给出关于外部库的一般信息。

EXPRESS 描述:

```
*)
ENTITY IfcLibraryReference
    SUBTYPE OF(IfcExternalReference);
    INVERSE
      ReferenceIntoLibrary:SET [0:1] OF IfcLibraryInformation FOR
LibraryReference;
END_ENTITY;
(*
```

属性定义:

ReferenceIntoLibrary(引用库):引用库的一般信息。

5.13.4.6 库信息

IfcLibraryInformation 描述库的信息。这里的库是一个结构化的信息存储装置,一般用索引或引用值查找信息的方式组织起来。库信息提供库名称和可选的版本、版本日期、发行人等信息。

注:外部库的完整定义信息不在 IFC 这个版本的范围之内。

EXPRESS 描述:

```
*)
ENTITY IfcLibraryInformation;
        Name              :IfcLabel;
        Version           :OPTIONAL IfcLabel;
        Publisher         :OPTIONAL IfcOrganization;
        VersionDate       :OPTIONAL IfcCalendarDate;
        LibraryReference  :OPTIONAL SET [1:?] OF IfcLibraryReference;
END_ENTITY;
(*
```

属性定义:

Name(名称):用于标识库的名称;

Version(版本):用于标识引用库的版本;

Publisher(发行人):作为库发行人的组织信息;

VersionDate(版本日期):被引用库的版本日期;

LibraryReference(库引用):引用的库信息。

5.13.4.7 **文档引用**

IfcDocumentReference 定义文档位置的引用。用系统可解释的 Location 属性(例如一个 URL 字符串)或人类可读的位置(可找到文档的位置)给出引用。继承来的可选属性 ItemReference 指出文档内部系统可解释的位置。继承来的可选属性 Name 指示人类读者可识别的含义。通过引用 IfcDocumentInformation,得到可选的文档元数据。

文档引用提供一个轻量级方法,通过单独引用共知的名称识别一个文档。如果需要,可以用引用指示更详细的文档信息。

示例:可以通过 IfcDocumentReference. Location='http://iaiweb. lbl. gov/intro. html'和 IfcDocumentReference. Name='Mission statement'引用文档"Introduction to IAI"中有关 IAI 使命的部分。另外的信息还有:IfcDocumentReference. ReferenceToDocument[1]. Name='Introduction to IAI'、IfcDocumentReference. ReferenceToDocument[1]. Description='Basic document to introduce the aims of IAI'。例子的内容的交换形式如下:

#1=IFCDOCUMENTREFERENCE('http://iaiweb. lbl. gov/intro. html', $,'Mission statement');

#2=IFCDOCUMENTINFORMATION('id001','Introduction to IAI','Basic document to introduce the aims of IAI',#1,...);

EXPRESS 描述:

```
*)
ENTITY IfcDocumentReference
    SUBTYPE OF(IfcExternalReference);
    INVERSE
      ReferenceToDocument:SET [0 : 1] OF IfcDocumentInformation FOR
DocumentReferences;
    WHERE
      WR1:EXISTS(Name)XOR EXISTS(ReferenceToDocument[1]);
END_ENTITY;
(*
```

属性定义:

ReferenceToDocument(引用文档):引用的文档信息。

形式约束:

WR1:如果没有附加文档信息(包括文档名称),就要给出名称。

5.13.4.8 **文档信息**

IfcDocumentInformation 描述外部文档的"元数据"。在 IFC 规范中不定义文档的实际内容,也不会在模型中表达。实际上,可以通过 IfcDocumentReference 给出的引用找到文档的内容。

EXPRESS 描述:

```
*)
ENTITY IfcDocumentInformation;
        DocumentId            :IfcIdentifier;
        Name                  :IfcLabel;
        Description           :OPTIONAL IfcText;
        DocumentReferences    :OPTIONAL SET [1 : ?] OF IfcDocumentReference;
        Purpose               :OPTIONAL IfcText;
        IntendedUse           :OPTIONAL IfcText;
```

```
    Scope                  :OPTIONAL IfcText;
    Revision               :OPTIONAL IfcLabel;
    DocumentOwner          :OPTIONAL IfcActorSelect;
    Editors                :OPTIONAL SET [1 : ?] OF IfcActorSelect;
    CreationTime           :OPTIONAL IfcDateAndTime;
    LastRevisionTime       :OPTIONAL IfcDateAndTime;
    ElectronicFormat       :OPTIONAL IfcDocumentElectronicFormat;
    ValidFrom              :OPTIONAL IfcCalendarDate;
    ValidUntil             :OPTIONAL IfcCalendarDate;
    Confidentiality        :OPTIONAL IfcDocumentConfidentialityEnum;
    Status                 :OPTIONAL IfcDocumentStatusEnum;
    INVERSE
    IsPointedTo            :SET OF IfcDocumentInformationRelationship FOR
                              RelatedDocuments;
    IsPointer              :SET [0 : 1] OF IfcDocumentInformationRelationship FOR
                              RelatingDocument;
END_ENTITY;
```

(*

属性定义：

DocumentId(文档标识)：唯一标识一个文档的标识符；

Name(名称)：由拥有者指定的文件名称或文档名称；

Description(描述)：文档及其内容的描述；

DocumentReferences(文档引用)：关于引用文档的信息；

Purpose(目的)：这个文档的目的；

IntendedUse(使用目的)：文档的预期用途；

Scope(范围)：这个文档的范围；

Revision(修订)：指示文档的修订；

DocumentOwner(文档拥有者)：公认的文档拥有者，人和/或组织，的信息。在一些情况下，文档的拥有者有权决定谁有权访问或编辑文档；

Editors(编辑人)：创建文档或对其有贡献的人和/或组织；

CreationTime(创建时间)：文档最先创建的日期和时间标志；

LastRevisionTime(最后修订日期)：文档当前版本创建的日期和时间标志；

ElectronicFormat(电子格式)：描述引用文档的电子格式，提供文件扩展名和内容的提供方式的描述；

ValidFrom(从…开始有效)：文档开始有效的日期；

ValidUntil(到…失效)：文档失效的日期；

Confidentiality(机密性)：文档的机密水平；

Status(状态)：文档的当前状态；

IsPointedTo(被指向)：来自 IfcDocumentInformationRelationship 被联系文档的反向关系；

IsPointer(指向)：来自 IfcDocumentInformationRelationship 联系文档的反向关系。

5.13.4.9 文档电子格式

IfcDocumentElectronicFormat 定义作为外部引用源的文档的类型信息，由 IfcDocumentInformation 定义文档的元数据。

EXPRESS 描述：

```
*)
ENTITY IfcDocumentElectronicFormat;
      FileExtension   :OPTIONAL IfcLabel;
      MimeContentType:OPTIONAL IfcLabel;
      MimeSubtype     :OPTIONAL IfcLabel;
   WHERE
      WR1:EXISTS(FileExtension)OR EXISTS(MimeContentType);
END_ENTITY;
(*
```

属性定义：

FileExtension(文件扩展名)：由计算机操作系统使用的电子文档文件扩展名；

MimeContentType(Mime 内容类型)：主 Mime 类型(由 W3C 发布或用户自定义的应用类型)；

MimeSubtype(Mime 子类型)：Mime 子类型信息。

形式约束：

WR1：为了说明一个有效的电子文档格式，必须给出文件扩展名或 Mime 类型。

5.13.4.10 文档信息关系

IfcDocumentInformationRelationship 定义一个关系类，使一个文档能够引用其他文档。

EXPRESS 描述：

```
*)
ENTITY IfcDocumentInformationRelationship;
      RelatingDocument:IfcDocumentInformation;
      RelatedDocuments:SET [1:?] OF IfcDocumentInformation;
      RelationshipType:OPTIONAL IfcLabel;
END_ENTITY;
(*
```

属性定义：

RelatingDocument(关联的文档)：在这个关系中，这个文档作为父文档引用其他文档或作为其他文档原始文档；

RelatedDocuments(被关联的文档)：在这个关系中，这个文档作为子文档被其他文档引用或代替其他文档；

RelationshipType(关系类型)：描述文档之间的关系类型。这可以是子文档、替代等等。在应用的环境中建立对关系的解释。

5.13.4.11 分类

IfcClassification 根据对象共同的目的或它们拥有的共同特点，将其安排进一个分类或目录。分类用于标识一个分类系统或导出分类符号的源。

分类的使用例子如下：

#1 IFCCALENDARDATE(31,8,1997)；

#2 IFCCLASSIFICATION('RIBA','1',#1,'Uniclass')；

EXPRESS 描述：

```
*)
ENTITY IfcClassification;
        Source        :IfcLabel;
```

```
        Edition      :IfcLabel;
        EditionDate  :OPTIONAL IfcCalendarDate;
        Name         :IfcLabel;
    INVERSE
        Contains     :SET OF IfcClassificationItem FOR ItemOf;
END_ENTITY;
```

(*

属性定义：

Source(源):分类的来源(或发行人)；

Edition(版本):导出分类符号的分类系统的版或版本；

EditionDate(版本日期):分类系统版本使用生效的日期；

注：指示的版本必须足以唯一识别出分类源，但版本日期以可选属性的方式给出，以便在需要时给出更精确的识别。

Name(名称):分类通常使用的名称或标签；

注：分类名称的例子如 CI/SfB、Masterformat、BSAB、Uniclass、STABU 等。

Contains(包含):包含的分类条目。

5.13.4.12 分类条目

IfcClassificationItem 定义一个分类符号。

注：使用术语"分类条目"而不用术语"表格"是为了提高适应性。举例来说，Uniclass 分类系统里，分类条目'L681'用于包含所有分类等级的后来符号特征，有一个标题"证明，绝缘"(例如：L6811、L6812、L6813 等)。

分类条目的使用方法如下：

#1 IFCCALENDARDATE(31,8,1997);

#2 IFCCLASSIFICATION('RIBA','1',#1,'Uniclass')

#100 IFCCLASSIFICATIONOTATIONFACET('L6814');

#200 IFCCLASSIFICATIONITEM(#100,#2,'Door Panel');

EXPRESS 描述：

*)

```
ENTITY IfcClassificationItem;
        Notation            :IfcClassificationNotationFacet;
        ItemOf              :OPTIONAL IfcClassification;
        Title               :IfcLabel;
    INVERSE
        IsClassifiedItemIn  :SET [0 : 1] OF IfcClassificationItemRelationship
                             FOR RelatedItems;
        IsClassifyingItemIn :SET [0 : 1] OF IfcClassificationItemRelationship FOR
                             RelatingItem;
END_ENTITY;
```

(*

属性定义：

Notation(符号):工程中用到的分类条目的符号；

注：在 Uniclass 这叫做编码，在 UDC 中这叫做级别数。

ItemOf(条目):最高水平的分类条目层次使用的分类源；

注：在 IFC 模型中开发的分类条目层次中，只有最高层次的需要引用分类系统或导出条目的源，其他所有水平的分类条目通过最高层次的条目引用源。所以，最高水平的必须指回分类源，因为没有其他层次包含它。

Title(标题):分类条目的名称;

注:在 Uniclass 中上面属性的例子如下:

在 Uniclass 中一个分类条目的符号为'L6814',标题为'贮水池',它有一个父符号'L681',标题为'验证,绝缘'。

IsClassifiedItemIn(是被关联分类条目):指向分类条目关系的 ClassifiedItem;

IsClassifyingItemIn(是关联分类条目):指向分类条目关系的 ClassifyingItem。

5.13.4.13 **分类条目关系**

IfcClassificationItemRelationship 定义一个关系类,通过包含被关联分类条目和被其他分类条目关联,使建立分类系统的层次结构。

通过使用分类条目关系,IfcClassificationItem 可以被逐步分解。这个分类条目关系总是捕获上级水平的分类条目(关联)和下级水平的分类条目(被关联,可以很多)之间的关系信息。在 IFC 模型中 Uniclass 的结构示意框图见图 41。下面的例子展示在系统中如何达到这种分层结构:

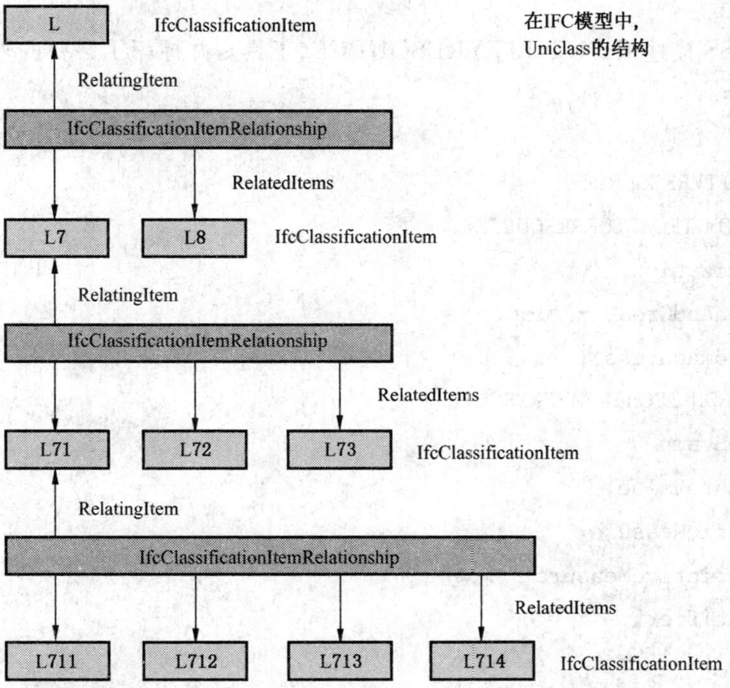

图 41 在 IFC 模型中 Uniclass 的结构

从 IfcClassificationItem 到分类条目关系的反向关系,使关系的信息可以在涉及的分类条目中获得,也就是使分类条目知道分解关系。反向关系集合使 IfcClassificationItem 只能在一个关系中充当分类条目,在一个关系中充当被分类条目。这暗示 IfcClassificationItems 没有重叠。这反映典型的分类方法,即用严格的分解(分类学)层次,没有矩阵关系。

下面是 EXPRESS 的例子:

#200 IFCCLASSIFICATIONITEM(#100,#2,'Door Panel');

#201 IFCCLASSIFICATIONITEM(#101,#2,'Door Panel');

#202 IFCCLASSIFICATIONITEM(#102,#2,'Door Panel');

#203 IFCCLASSIFICATIONITEM(#103,#2,'Door Panel');

#204 IFCCLASSIFICATIONITEM(#104,#2,'Door');

#205 IFCCLASSIFICATIONITEMRELATIONSHIP(#204,(#200,#201,#202,#203));

EXPRESS 描述:

```
*)
ENTITY IfcClassificationItemRelationship;
```

```
        RelatingItem :IfcClassificationItem;
        RelatedItems :SET [1 : ?] OF IfcClassificationItem;
END_ENTITY;
(*
属性定义:
RelatingItem(关联条目):分类结构中上级水平条目,用于关联下级水平条目;
RelatedItems(被关联条目):分类结构中下级水平条目,被上级水平条目关联。
*)
END_SCHEMA;——IFCEXTERNALREFERENCERESOURCE
(*
```

5.14 工具

5.14.1 引言

下面的 EXPRESS 描述 IFCUTILITYRESOURCE(工具),并标识了必要的外部引用。

EXPRESS 描述:

```
*)
SCHEMA IFCUTILITYRESOURCE;
  REFERENCE FROM IFCACTORRESOURCE
     (IfcOrganization,
      IfcPersonAndOrganization,
      IfcTelecomAddress);
   REFERENCE FROM IFCMEASURERESOURCE
      (IfcTimeStamp,
       IfcMeasureValue,
       IfcNumericMeasure,
       IfcDescriptiveMeasure,
       IfcIdentifier,
       IfcLabel);
(*
```

注 1:上面引用的模式可在本标准的下述部分中找到:

IFCACTORRESOURCE(人员与组织)见 5.1;

IFCMEASURERESOURCE(度量)见 5.12。

注 2:本模式的图形表达见附录 B 的图 B.38~图 B.39。

5.14.2 基本概念与设定

工具模式定义所有权和改变的基本概念,同时它也包括构造表的基本信息。在这个模式中定义的实体,将被整个 IFC 信息模型的所有模型层次引用。模式中包含一些工具实体的信息内容。

模式包含如下概念:

- 所有权:每个对象、关系、类型定义都要提供有关他们当前所有者的信息。当前所有权信息包括应用程序和所有者。所有权信息可以用于访问和改变访问权限。在项目的全生命周期中,所有权可以一个人转移到另一个人;
- 历史:在 IFC 中,对象的历史简单地定义为最后修改人、应用程序和日期;
- 表:从一般意义上定义表,表可以被用于二维矩阵类型的文档。表允许以行和列的方式记录信息,每列有标志其包含信息类型的标签。目前,不允许对表的内容信息进行任何数学操作,也就是说它没有电子制表程序的功能。

5.14.3 工具模式的类型定义

5.14.3.1 对象状态

IfcStateEnum 定义对象的状态或可访问性(例如,读/写,锁)。引入对象状态的初始目的是,当 IFC 实现向服务器请求数据时,提供部分模型交换能力。主要由模型服务器来使用,以便应用程序能够识别对象的状态。

EXPRESS 描述:

```
*)
TYPE IfcStateEnum = ENUMERATION OF
    (READWRITE,
    READONLY,
    LOCKED,
    READWRITELOCKED,
    READONLYLOCKED);
END_TYPE;
(*
```

枚举项定义:

READWRITE:对象处于读写状态,可以被应用程序修改;

READONLY:对象处于读状态,可以被浏览但应用程序不能修改;

LOCKED:对象处于锁状态,不能被应用程序访问;

READWRITELOCKED:对象处于读写锁状态,不能被应用程序访问;

READONLYLOCKED:对象处于只读锁状态,不能被应用程序访问。

5.14.3.2 修改操作

IfcChangeActionEnum 定义各种修改操作类型,这些操作是在最后一次事务中(例如:没有变化、添加、删除等)发生在对象上的。在部分模型数据交换的情况下,需要这些信息,以便应用程序或模型服务器知道前一个应用程序如何影响对象。

假设应用程序 A 接收到 IFC 的数据集并添加了一个新的对象,并将 IfcChangeActionEnum 设置为 ADDED。然后,应用程序 B 接受相同的 IFC 数据集,但没有对 A 添加的对象作任何操作,则修改操作的值还是 ADDED。因此我们的目的是,只有当对对象进行某些操作时才修改修改操作的值。更远一点的目的是,当进行核对入库时,模型服务器负责将修改操作设置为 UNCHANGED。

EXPRESS 描述:

```
*)
TYPE IfcChangeActionEnum = ENUMERATION OF
    (NOCHANGE,
    MODIFIED,
    ADDED,
    DELETED,
    MODIFIEDADDED,
    MODIFIEDDELETED);
END_TYPE;
(*
```

枚举项定义:

NOCHANGE:没有改变对象,这是缺省状态;

MODIFIED:修改了一个对象,其修改人和修改程序由 LastModifyingUser 和 LastModifyingApplication 属性分别表达;

ADDED:添加了一个对象,其添加人和添加程序由 LastModifyingUser 和 LastModifyingApplication 属性分别表达;

DELETED:删除了一个对象,其删除人和删除程序由 LastModifyingUser 和 LastModifyingApplication 属性分别表达;

MODIFIEDADDED:修改和添加了一个对象动作,其修改、添加人和程序由 LastModifyingUser 和 LastModifyingApplication 属性分别表达;

MODIFIEDADDED:修改和删除了一个对象,其修改、删除人和程序由 LastModifyingUser 和 LastModifyingApplication 属性分别表达。

5.14.3.3 全球唯一标识

IfcGloballyUniqueId 保存一个全部软件世界的唯一标识。在开放组织(Open Group)中,将其称为 GUID 或 UUID。这个标识符用 OMG 公布的算法产生。算法的解释见附录。在 MFC 中,函数"CoCreateGuid"实现上述算法。

由上述方法定义的标识符是一个 128 位的数字。因为 IFC 中所有对象都从 IFCKERNEL 模式派生(继承 IfcRoot),每个对象就需要这样一个标识符。因为标识符过长,需要对其进行压缩,以减少负荷。

为了不同 ISO 10303-21 格式的交换文件和 W3C 的 XML 的特殊字符集冲突(例如:"〈*","*〉","〈","〉"),IFC 重新修订了压缩算法,用 22 个字符标识符。基本字符集如下:"0123456789ABCDEFGHIJKLMNOPQRSTUVWXYZabcdefghijklmnopqrstuvwxyz_$"。

附录 A 中的 C 语言代码给出了 64 位字符的压缩算法和原先 85 位字符转 64 位字符的算法的指南,可供参考。本标准不对代码的正确性和可靠性负责。

压缩后的标识符有 22 个字符组成,用来中 IFC 交换文件结构使用。

EXPRESS 描述:

```
*)
TYPE IfcGloballyUniqueId = STRING;
END_TYPE;
(*
```

5.14.4 工具模式的实体定义

5.14.4.1 应用程序

IfcApplication 表达由软件开发商开发的符合 IFC 的软件产品。在 IFC 的开发框架下,应用程序的实例有一个唯一的标识。

EXPRESS 描述:

```
*)
ENTITY IfcApplication;
      ApplicationDeveloper     :IfcOrganization;
      Version                  :IfcLabel;
      ApplicationFullName      :IfcLabel;
      ApplicationIdentifier    :IfcIdentifier;
    UNIQUE
      UR1:ApplicationIdentifier;
      UR2:ApplicationFullName,Version;
```

```
END_ENTITY;
(*
```

属性定义：

ApplicationDeveloper：软件开发商的名字；

Version：软件的版本数，由软件开发商来确定；

ApplicationFullName：软件的全称，由软件开发商来确定；

ApplicationIdentifier：简短软件标识名称。

5.14.4.2 归属历史

IfcOwnerHistory 定义所有历史及相关信息。为了能够快速访问，它被附在所有的对象、关系和属性中。

归属历史实体用于定义与对象相关的应用程序和人员，包括创建和最后修改对象的应用程序和人员。

EXPRESS 描述：

```
*)
ENTITY IfcOwnerHistory;
        OwningUser                 :IfcPersonAndOrganization;
        OwningApplication          :IfcApplication;
        State                      :OPTIONAL IfcStateEnum;
        ChangeAction               :IfcChangeActionEnum;
        LastModifiedDate           :OPTIONAL IfcTimeStamp;
        LastModifyingUser          :OPTIONAL IfcPersonAndOrganization;
        LastModifyingApplication   :OPTIONAL IfcApplication;
        CreationDate               :IfcTimeStamp;
END_ENTITY;
(*
```

属性定义：

OwningUser(归属者)：直接引用对象的最终用户，也就是当前的对象"归属者"。在 IFC 中包含归属权转移的概念，所以有归属者和创立者的区分；

OwningApplication(归属程序)：直接引用当前对象的"归属者"程序，也就是归属者使用这个程序操作对象。在 IFC 中包含应用程序归属权转移的概念，所以有归属者程序和创立者程序的区分；

State(状态)：定义对象的当前访问状态；

LastModifiedDate(最后修改日期)：最后修改发生的日期和时间；

LastModifyingUser(最后修改用户)：最终修改的用户；

LastModifyingApplication(最后修改程序)：最终修改的程序；

CreationDate(创建日期)：创建的日期和时间。

5.14.4.3 表格

IfcTable 表达一种数据结构，用行和列的形式提供信息。每个表实例都有一带标题和描述标题行，描述每一列。所有行的信息存储在 IfcTableRows 的实例里。

限制：在这个版本的 IFC 模型中，一个表的行必须具有相同数量的单元。第一行就决定了表的单元数，所有其他行强制要求具有相同的单元数。这通过第二个形式约束给出。

表格实体定义的示例见图 42。

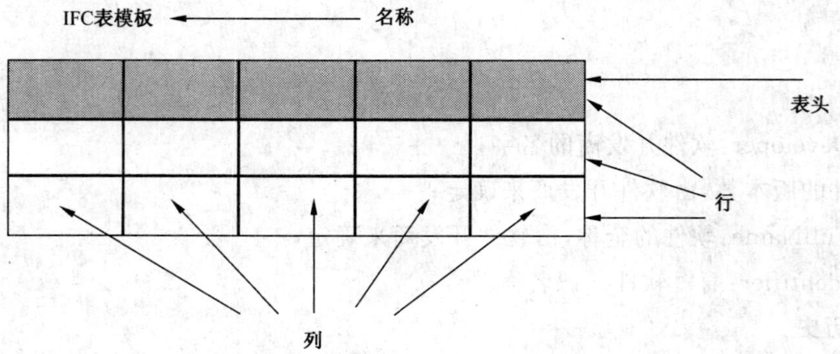

图 42 表格实体定义的图解

EXPRESS 描述：

```
*)
ENTITY IfcTable;
     Name                    :STRING;
     Rows                    :LIST[1 : ?]OF IfcTableRow;
  DERIVE
    NumberOfCellsInRow:INTEGER: = HIINDEX(Rows[1].RowCells);
    NumberOfHeadings  :INTEGER: = SIZEOF(QUERY(Temp< * Rows|
                       Temp.IsHeading));
    NumberOfDataRows  :INTEGER: = SIZEOF(QUERY(Temp< * Rows|
                       NOT(Temp.IsHeading)));
  WHERE
    WR1:SIZEOF(QUERY(Temp< * Rows|HIINDEX(Temp.RowCells)<>
                    HIINDEX(Rows[1].RowCells))) = 0;
    WR2:{0< = NumberOfHeadings< = 1};
END_ENTITY;
(*
```

属性定义：

Name(名字)：描述表用途的唯一名字；

Rows(行)：引用行的信息内容；

NumberOfCellsInRow(行的单元数)：每一行的单元数，也是表的列数。第一个形式约束保证每一行有相同的单元数。实际的单元数由第一行的单元数导出；

NumberOfHeadings(表头数)：表的表头数。第二个形式约束保证其最大数为一；

NumberOfDataRows(数据行数)：表中包含数据的行数。例如，表的总行数减去表头数就是数据行数；

形式约束：

WR1：保证每一行具有相同的单元数。这个规则检查除表头行之外的所有行，看他们是否与表头行就有相同的单元数；

WR2：保证最多有一个表头行。在这个版本中，这将限制表头行的数量。在未来的版本中，这个限制将被取消。

5.14.4.4 表格行

IfcTableRow 描述表行的信息内容(包括表头行)。一个表包含很多行，每一行纪录信息的实例。

限制:在这个版本中,属于同一个表的行要具有相同的单元数。实际的单元数有表的第一行决定,表的单元数由表的导出属性 NumberOfCellsInRow 得出。

表行实体定义示例见图 43。

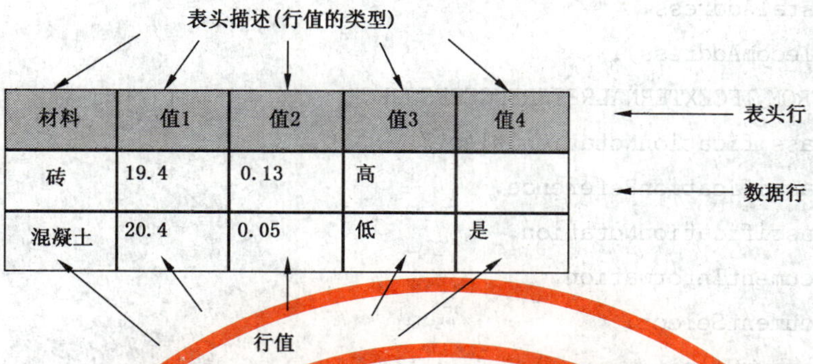

图 43　表行实体定义的图表解释

EXPRESS 描述:

```
*)
ENTITY IfcTableRow;
      RowCells  :LIST[1:?]OF IfcMeasureValue;
      IsHeading:BOOLEAN;
    INVERSE
      OfTable   :IfcTable FOR Rows;
END_ENTITY;
*)
```

属性定义:

RowCells(行单元):包含在行和列中的信息值,用单位定义。行的值既包含实际值也包含相应的单位。每一个单元可以有不同的值和单位。如果是表头行,则单元值是 IfcString 定义的字符串;

IsHeading(是否为表头):标志表行是表头行还是包含数据的数据行。如果是表头行,则值为 TRUE;

OfTable(属于表):引用包含本表行的表实例。

```
*)
END_SCHEMA;——IFCUTILITYRESOURCE
(*
```

6　核心层模式

6.1　核心

6.1.1　引言

下面的 EXPRESS 描述 IFCKERNEL(核心),并标识了必要的外部引用。

EXPRESS 描述:

```
*)
SCHEMA IFCKERNEL;
   REFERENCE FROM IFCACTORRESOURCE
       (IfcActorSelect,
        IfcPerson,
```

```
    IfcOrganization,
    IfcPersonAndOrganization,
    IfcActorRole,
    IfcPostalAddress,
    IfcTelecomAddress);
REFERENCE FROM IFCEXTERNALREFERENCERESOURCE
   (IfcClassificationNotationSelect,
    IfcClassificationReference,
    IfcClassificationNotation,
    IfcDocumentInformation,
    IfcDocumentSelect,
    IfcLibrarySelect,
    IfcLibraryReference,
    IfcLibraryInformation);
REFERENCE FROM IFCGEOMETRICCONSTRAINTRESOURCE
   (IfcObjectPlacement,
    IfcLocalPlacement);
REFERENCE FROM IFCGEOMETRYRESOURCE
   (IfcAxis2Placement2D,
    IfcAxis2Placement3D,
    IfcRepresentationMap);
REFERENCE FROM IFCMEASURERESOURCE
   (IfcUnit,
    IfcDerivedUnit,
    IfcNamedUnit,
    IfcSiUnit,
    IfcConversionBasedUnit,
    IfcContextDependentUnit,
    IfcMeasureWithUnit,
    IfcTimeMeasure,
    IfcLabel,
    IfcIdentifier,
    IfcText,
    IfcUnitAssignment);
REFERENCE FROM IFCPROPERTYRESOURCE
   (IfcProperty,
    IfcPropertySingleValue);
REFERENCE FROM IFCREPRESENTATIONRESOURCE
   (IfcProductRepresentation,
    IfcProductDefinitionShape,
    IfcRepresentationContext);
REFERENCE FROM IFCUTILITYRESOURCE
   (IfcGloballyUniqueId,
```

```
    IfcOwnerHistory);
   (*
```

注1：上面引用的模式可在本标准的下述部分中找到：

IFCACTORRESOURCE(人员与组织)见5.1；

IFCDATETIMERESOURCE(日期时间)见5.2；

IFCGEOMETRYRESOURCE(几何)见5.3；

IFCREPRESENTATIONRESOURCE(表达)见5.6；

IFCGEOMETRICCONSTRAINTRESOURCE(几何约束)见5.7；

IFCMATERIALRESOURCE(材料)见5.9；

IFCPROPERTYRESOURCE(属性)见5.10；

IFCQUANTITYRESOURCE(数量)见5.11

IFCMEASURERESOURCE(度量)见5.12；

IFCEXTERNALREFERENCERESOURCE(外部引用)见5.13；

IFCUTILITYRESOURCE(工具)见5.14。

注2：本模式的图形表达见附录B的图B.40～图B.47。

6.1.2 基本概念与设定

在IFC体系中，核心模式定义最抽象的部分。在对于对象模型共同理解的基础上，核心模式抽取不同语义含义的基本结构，如对象、属性和关系。这些基本结构进一步细化为非AEC/FM领域的详细而精确的结构，象产品、过程、控制和资源，这些结构形成下一层，"核心扩展层"，的主要人口点。

核心模式将IFC元数据模型转换为IFC对象模型格式。它处理基本的功能，例如产品在空间中相对位置、过程的时间顺序，或一般意义上的分组和嵌套机制。它通过如下定义，打下了扩展IFC模型的基础：

- 代理的定义；
- 类型对象的定义；
- 属性集的定义。

6.1.2.1 根的概念

每个定义在IFC模型核心层、交互层或领域层的实体都继承(或间接继承)自IfcRoot实体。根实体提供如下基本概念：

- 标识：分配一个全球唯一标识符(GUID)；
- 归属历史和修改信息；
- 可选的标志属性。

在IFC模型中，有三种基本实体类型从IfcRoot派生。它们形成IFC类层次的第一层细化：

- 对象(IfcObject)：是IFC模型中，任何可以语义处理事物(或信息)的抽象；
- 关系(IfcRelationship)：是IFC模型中，所有可以作为事物客观关系处理的所有物(或事物)之间关系的抽象；
- 属性(IfcPropertyDefinition)：是分配给对象的所有特性(或者是类型、或者部分类型，例如属性集)的抽象。

6.1.2.2 对象的概念

对象，IfcObject，是抽象超类，代表所有物理的、实际事物，例如墙、梁或覆盖物，物理存在的事物，例如空间，或概念事物，例如网格或虚边界。它也代表过程，例如工作任务，控制，例如成本项目，资源，例如劳动资源，参与者，例如参与设计过程的人员等。

一个对象从它涉及的关系中得到它的环境信息、属性信息和基础的、特定的对象类型信息(如果用到)。一个对象可以有一个非正式类型的描述，表达特殊类型来进一步说明对象。

6.1.2.3 关系的概念

关系的概念,IfcRelationship,是客观化关系。这个客观化关系是处理对象之间关系的首选方式。这允许直接在关系对象中保持关系的特殊属性,从对象属性解耦关系语义。

引入客观关系也允许为关系语义发展一个单独的子类型树。

6.1.2.4 属性定义的概念

属性定义,IfcPropertyDefinition,是所有对象特征的抽象。多个对象实例共享同一个属性定义,属性定义反映对象类型的详细信息。如果属性定义只分配给了一个单一对象,那么在工程环境中,它也可以表达实际对象的一般信息。

用关系的概念将属性定义应用到对象。

6.1.2.5 对象实体子类型树

在 IFC 模型中,有七个从 IfcObject 导出的基本实体类型。在对象分支下,它们形成 IFC 模型类层次的第二层次细化。

- 产品:是组成工程的物理对象(生产的、供应的或制造的)。它们可以是物理存在或切实的。产品可以由形状表达定义,在坐标空间中有一个方位;
- 过程:是发生在工程中的、有目的的行为,例如获取、建造或维护对象。过程按时间顺序布置;
- 控制:是控制或限制其他对象。可以将控制视为引导、规范、规则、约束或其他需要应用到对象上并必须满足的条件;
- 资源:描述主要在过程中使用的对象;
- 参与者:是参与到工程全生命周期中的行为人;
- 工程:是为生产产品而执行的某些工程活动;
- 组:是任意对象的集合。

6.1.2.6 关系实体子类型树

在 IFC 模型中,有五个从 IfcRelationship 导出的基本关系类型。在对象分支下,它们形成 IFC 模型类层次的第二层次的细化。

一个关系可以有一个非正式目的的描述,指示应用这个关系的特定目的。

- 分配:是对象和它的各种子类型实例间"连接"关系的抽象。一个连接表达一个细化的关联,通过这个关联一个对象(客户)使用其他对象(供应者)的服务,也是通过这个连接一个对象可以导航到另外的对象;
- 关联:引用外部信息资源(特别是分类、库或文档),将这些信息资源关联到对象或属性定义;
- 分解:定义元素组合或分解的抽象概念。分解关系表达整体/部分的层次,能够从整体(合成物)导航到部分,或者相反。
- 定义:用类型定义或属性集定义(被看作部分类型信息),定义对象实例的属性。它是一个详细信息与实例的关系;
- 连接:处理对象的连接。

6.1.2.7 属性定义实体子类型树

在 IFC 模型中,有两个从 IfcPropertyDefinition 导出的基本关系类型。在对象分支下,它们形成 IFC 模型类层次的第二层次的细化。

- 类型对象:定义有关类型的详细信息。它是一般-细化-实例的建模模式中的细化层;
- 属性集定义:定义附在对象实例上的可共享的和可扩展的属性集。因为它在对象实例间建立共同的共享属性信息,所以可将属性集看成部分类型信息。

6.1.3 核心模式的类型定义

6.1.3.1 顺序

IfcSequenceEnum 定义两个过程之间顺序的时间间隔的不同方式。

EXPRESS 描述:

```
*)
TYPE IfcSequenceEnum = ENUMERATION OF
    (START_START,
     START_FINISH,
     FINISH_START,
     FINISH_FINISH,
     NOTDEFINED);
END_TYPE;
(*
```

枚举项定义:

START_START:开始到开始;

START_FINISH:开始到结束;

FINISH_START:结束到开始;

FINISH_FINISH:结束到结束;

NOTDEFINED:未定义。

6.1.3.2 资源消耗

IfcResourceConsumptionEnum 指明资源在使用中是如何消耗的。

EXPRESS 描述:

```
*)
TYPE IfcResourceConsumptionEnum = ENUMERATION OF
    (CONSUMED,
     PARTIALLYCONSUMED,
     NOTCONSUMED,
     OCCUPIED,
     PARTIALLYOCCUPIED,
     NOTOCCUPIED,
     USERDEFINED,
     NOTDEFINED);
END_TYPE;
(*
```

枚举项定义:

CONSUMED:消耗;

PARTIALLYCONSUMED:部分消耗;

NOTCONSUMED:没有消耗;

OCCUPIED:占用;

PARTIALLYOCCUPIED:部分占用;

NOTOCCUPIED:没有占用;

USERDEFINED:用户自定义;

NOTDEFINED:未定义。

6.1.3.3 对象类型

IfcObjectTypeEnum 定义可应用对象的种类(例如,IFC 继承树的第 2 层子类型)。将这个属性加在一个对象上,指出是 IfcObject 的那一个子类,以便引用它的实体能够识别它的类型并据此操作。

EXPRESS 描述：

```
*)
TYPE IfcObjectTypeEnum = ENUMERATION OF
    (PRODUCT,
     PROCESS,
     CONTROL,
     RESOURCE,
     ACTOR,
     GROUP,
     PROJECT,
     NOTDEFINED);
END_TYPE;
(*
```

枚举项定义：

PRODUCT:产品；

PROCESS:过程；

CONTROL:控制；

RESOURCE:资源；

ACTOR:参与者；

GROUP:组；

PROJECT:工程；

NOTDEFINED:未定义。

6.1.4 核心模式的实体定义

6.1.4.1 产品

IfcProduct 定义 AEC/FM 工程中的对象，包括人造的、供应的或组装的。其中，也包括由其他产品间接制造的对象，例如空间就是由边界对象定义的。可以指定产品是永久使用的或临时使用的，后者如建筑用模板。产品由它们的属性和表达定义。

如果产品有相应的几何表达，那么它就会在空间的一个指定位置出现。可以将它与其他产品关联放置，但最终要和工程中定义的世界统一坐标系统关联。

继承来的 ObjectType 属性用于表达产品实例的特殊类型。

EXPRESS 描述：

```
*)
ENTITY IfcProduct
    ABSTRACT SUPERTYPE OF(ONEOF(
      IfcElement,
      IfcGrid,
      IfcProxy,
      IfcSpatialStructureElement))
    SUBTYPE OF(IfcObject);
      ObjectPlacement :OPTIONAL IfcObjectPlacement;
      Representation  :OPTIONAL IfcProductRepresentation;
    INVERSE
      ReferencedBy    :SET OF IfcRelAssignsToProduct FOR RelatingProduct;
```

```
  WHERE
    WR1:(EXISTS(Representation)AND EXISTS(ObjectPlacement))
        OR(NOT(EXISTS(Representation)));
END_ENTITY;
```

(*

属性定义：

ObjectPlacement(对象坐标)：产品在空间中的位置，这个位置或者是绝对的(与总体坐标系相关)、或者是相对的(与其他产品对象坐标系相关)、或受限的(与网格轴相关)。它由 IfcObjectPlacement 的子类型决定，包含轴坐标位置信息，决定对象坐标系的转换；

Representation(表达)：引用产品的表达，或者是一个产品表达(IfcProductRepresentation)，或者是产品表达的一个特殊实例(IfcProductDefinitionShape)。在对象方位定义的相同对象坐标系下，产品定义形状提供对象形状属性的多种几何表达；

ReferencedBy(被…引用)：引用 IfcRelAssignsToProduct 关系，通过这个关系 IfcObject 的子类型可以与这个产品关联。

形式约束：

WR1：如果给出了表达属性，那么局部坐标属性也应该给出。

6.1.4.2 对象

IfcObject 定义 IFC 中事物或过程的一般语义抽象。对象是那些可以表现的事物(例如：事件)。

注：这里的"对象"概念是 IFC 模型中的语义概念，它具有建筑领域的相关含义。软件环境中和 EXPRESS 语言中也有对象的概念，那是信息技术领域中的术语，与这里的概念又有些不同。在下文中，我们不再区分是哪个领域的概念，都用"对象"这个术语表达，请读者根据讨论的环境分清其中的语义。

注：对象的例子包括物理的、切实的事物，例如墙、梁或掩盖物；物理存在的事物，例如空间；概念上的事物，例如坐标网格、虚的边界。它还表达过程，例如工作任务；控制，例如成本项目；参与者，例如参与设计过程的人等等。

对象是独立的信息块，可以包含或引用其他信息块。有四种对象涉及的基本关系：

分配其他对象：一个分配关系(IfcRelAssigns)引用其他类型的对象，建立一个双向的联系。分配的语义在抽象 IfcRelAssigns 关系的子类型层次建立。由分配建立的关系不隐含依赖语义；

联系外部资源：一个关联关系(IfcRelAssociates)引用外部的资源信息(典型的例子是分类或文档)，建立一个单向联系。关联关系不隐含依赖信息；

包含其他对象：一个集合关系(IfcRelDecomposes)建立整体/部分关系，是一个双向关系。隐含建立依赖关系；

用类型和属性精确表达：一个精确表达关系(IfcRelDefines)用一个类型定义或(部分)属性集定义去定义对象实例的属性。它是一个明确的、具体的关系，隐含依赖性(像具体的属性依赖特殊的属性)。

EXPRESS 描述：

*)

```
ENTITY IfcObject
    ABSTRACT SUPERTYPE OF (ONEOF(IfcActor,
                                 IfcControl,
                                 IfcGroup,
                                 IfcProcess,
                                 IfcProduct,
                                 IfcProject,
                                 IfcResource))
    SUBTYPE OF(IfcRoot);
```

```
    ObjectType      :OPTIONAL IfcLabel;
  INVERSE
    IsDefinedBy     :SET OF IfcRelDefines FOR RelatedObjects;
    HasAssociations :SET OF IfcRelAssociates FOR RelatedObjects;
    HasAssignments  :SET OF IfcRelAssigns FOR RelatedObjects;
    Decomposes      :SET OF IfcRelDecomposes FOR RelatedObjects;
    IsDecomposedBy  :SET[0:1]OF IfcRelDecomposes FOR RelatingObject;
  WHERE
    WR1:SIZEOF(QUERY(temp< * IsDefinedBy|'IFCKERNEL.IFCRELDEFINESBYTYPE'
        IN TYPEOF(temp)))<=1;
END_ENTITY;
(*
```

属性定义：

ObjectType(对象类型)：这个类型表达一个特殊的类型，进一步表达对象。在 IfcObject 对象子类型实例化水平上，使用这个属性。

IsDefinedBy(由…定义)：进一步定义对象的类型或属性信息的关系集(静态或动态定义)。当是类型信息时，关联的 IfcObjectType 包含特殊信息(或类型、或风格)，对于引用相同类型的所有的 IfcObject 实例都是一样的；

HasAssociations(包含联系)：定义在 IFC 资源层概念的关系集，例如分类、库或文档引用；

HasAssignments(包含分配)：引用关系对象，这将分配(通过一个分配关系)其他 IfcObject 子类型给这个对象实例。例如，分配给产品、过程、控制、资源或组；

Decomposes(分解)：引用分解关系，允许这个对象是分解的一部分；

IsDecomposedBy(被分解)：引用分解关系，允许这个对象是由其他对象合成。

形式约束：

WR1：对一个对象实例至多给出一个到基本定义关系(IfcRelDefinesByType)的实例。

6.1.4.3 根

IfcRoot 定义 IFC 里面最抽象的概念，它是 IFC 对象模型中核心层和其他上部层次里实体定义的根类型。因此，除了定义在 IFC 资源层里的实体，根是所有 IFC 实体的共同超类型。

根给实体分配全球唯一标识，以及归属历史和历史信息。另外，它可以提供一个有关概念的名称和描述。

EXPRESS 描述：

```
*)
ENTITY IfcRoot
    ABSTRACT SUPERTYPE OF(ONEOF(IfcObject,
                                IfcPropertyDefinition,
                                IfcRelationship));
    GlobalId        :IfcGloballyUniqueId;
    OwnerHistory    :IfcOwnerHistory;
    Name            :OPTIONAL IfcLabel;
    Description     :OPTIONAL IfcText;
  UNIQUE
    UR1:GlobalId;
END_ENTITY;
```

(*

属性定义:

GlobalId(全球标识):在整个软件世界里分配的全球唯一标识;

OwnerHistory(归属历史):分配给当前对象的归属历史信息,包括归属对象的角色、应用、本地标识和最近对对象修改的信息;

注:只记录最后的修改。

Name(名称):由参与的软件系统或用户使用的可选名称。对于 IfcRoot 的某些子类型,名称属性是不能为空的,这可以通过约束规则保证;

Description(描述):可选描述,为交换信息提供注释。

形式约束:

UR1:GlobalId 属性必须是唯一的。

6.1.4.4 属性定义

IfcPropertyDefinition 定义所有特征(例如,一组单独属性)的抽象,这些抽象定义可以分配给对象。属性定义可以是属性集定义或者是类型对象。

属性定义定义的信息可以在多个对象实例间共享。将共享的信息分配给对象由 IfcRelDefines 关系处理。

EXPRESS 描述:

```
*)
ENTITY IfcPropertyDefinition
    ABSTRACT SUPERTYPE OF (ONEOF(IfcTypeObject,IfcPropertySetDefinition))
    SUBTYPE OF(IfcRoot);
    INVERSE
      HasAssociations:SET OF IfcRelAssociates FOR RelatedObjects;
END_ENTITY;
 (*
```

属性定义:

HasAssociations(拥有关联):拥有的关联关系。

6.1.4.5 类型对象

IfcTypeObject 定义关于类型的特殊信息。在"一般-细化-实例"模型模式中,它是"细化"层的定义。

对象类型由一属性集定义列表表达,这里列表的顺序隐含一种递减的抽象。属性集列表描述关于对象类型的可用详细信息。因此,对象类型用于定义一个对象一定类型(格式)的共同属性,并且这一定的类型可以应用到相同类型的多个实例。通过 IfcRelDefinesByType 关系将 IfcTypeObject 分配给个别对象实例(实例)。

在还没有分配给对象的情况下,类型对象可以被交换。一个类型对象可以有一个对库(或目录)的索引,从中可以定义它的来源。关联关系由继承的 HasAssociations 属性处理。

EXPRESS 描述:

```
*)
ENTITY IfcTypeObject
    SUBTYPE OF(IfcPropertyDefinition);
    ApplicableOccurrence :OPTIONAL IfcLabel;
    HasPropertySets      :OPTIONAL LIST[1 : ?]OF UNIQUE
IfcPropertySetDefinition;
```

```
    INVERSE
      ObjectTypeOf:SET[0 : 1]OF IfcRelDefinesByType FOR RelatingType;
    WHERE
      WR1:EXISTS(SELF\IfcRoot.Name);
END_ENTITY;
 (*
```

属性定义：

ApplicableOccurrence(可应用的实例):这个属性定义可选的实例数据类型,被分配的类型对象可以与其联系。如果没有表达,就没有指明可应用什么类型对象的实例;

HasPropertySets(拥有的属性集):构成对象类型的唯一的属性集列表;

ObjectTypeOf(对象类型):引用 IfcRelDefinedByType 关系,因此引用那些用这个对象定义的实例对象。

形式约束：

WR1:必须提供一个名字属性。名字可以在 IFC 规范内作为属性集协议定义。

6.1.4.6 类型产品

IfcTypeProduct 定义的属性集列表,和一个可选的产品表达集。用于定义产品规范(例如说明产品信息,对于这种产品类型的所有实例是一样的)。

注:产品表达定义为表达映像,一个产品实例通过表达项目'IfcMappedItem'得到分配的表达映像。

用类型产品定义某一类型或风格的对象的共同属性,应用到这些产品的实例,分配一个特定类型给它们。如果没有分配给产品,产品类型信息也可以交换。

EXPRESS 描述：

```
 *)
ENTITY IfcTypeProduct
    SUBTYPE OF(IfcTypeObject);
      RepresentationMaps:OPTIONAL LIST[1 : ?]OF UNIQUE IfcRepresentationMap;
      Tag               :OPTIONAL IfcLabel;
    WHERE
      WR1:NOT(EXISTS(SELF\IfcTypeObject.ObjectTypeOf[1]))OR
          (SIZEOF(QUERY(temp< *
          SELF\IfcTypeObject.ObjectTypeOf[1].RelatedObjects|
          NOT(('IFCKERNEL.IFCPRODUCT'IN TYPEOF(temp))OR
          ('IFCKERNEL.IFCPROXY'IN TYPEOF(temp))))) = 0);
END_ENTITY;
 (*
```

属性定义：

RepresentationMaps(表达映像):表达映像的唯一列表。每一个表达映像描述产品类型形状的一部分定义。通过提供多于一个的表达映像,给出多视图定义;

Tag(标签):标签(标志),标识产品的特殊类型,例如商品编号。它是细化水平的标识符。

形式定义：

WR1:如果分配给一个对象,产品类型应该分配给 IfcProduct 或 IfcProxy 类型的对象。

6.1.4.7 属性集定义

IfcPropertySetDefinition 是属性集的一个抽象。它们是下面二者之一：

动态可扩展属性:对于它们定义的属性,IFC 模型仅仅提供一种"元模型",需要协议支持它的声明。

这意味着在IFC模型中没有属性对应的实体定义存在。通过分配一个有意义的字符串值给实体(IfcPropertySet实体和每个IfcProperty实体)的"Name"属性,由属性集引用。

静态定义属性:它们定义的属性在IFC模型中有属性对应的实体定义存在。每个静态定义属性的语义含义由它的实体类型声明,属性的含义由显示属性的名称来定义。

属性集定义实体的子类型或者是动态扩展的,如IfcPropertySet,或者是静态定义的,如其他子类型。

EXPRESS描述:

```
 *)
ENTITY IfcPropertySetDefinition
    ABSTRACT SUPERTYPE
    SUBTYPE OF (IfcPropertyDefinition);
    INVERSE
      PropertyDefinitionOf:SET[0 : 1]OF IfcRelDefinesByProperties FOR
RelatingPropertyDefinition;
      DefinesType          :SET[0 : 1]OF IfcTypeObject FOR HasPropertySets;
END_ENTITY;
 (*
```

属性定义:

PropertyDefinitionOf(属性定义):引用与一个或多个对象的关系,这些对象由属性定义刻画其特征。这个引用可以忽略,如果这个属性用来定义类型库并且没有实例,有特殊类型的属性与之联系,那么它也可以存在;

DefinesType(定义类型):属性集可能属于的属性类型。

6.1.4.8 属性集

IfcPropertySet定义所有动态扩展属性。属性集是一个包含类,在一个属性树中包含属性。根据它们的名字属性解释这些属性。

定义特殊类型的对象的属性集指定一个对象类型(IfcTypeObject)。属性集通过客观关系(IfcRelDefinedByProperties)分配给对象(IfcObject)。如果相同的属性集应用到多于一个对象,可以通过一个单一IfcRelDefinedByProperties实例分配给相关对象集。这些属性集作为共享属性集被引用。

EXPRESS描述:

```
 *)
ENTITY IfcPropertySet
    SUBTYPE OF(IfcPropertySetDefinition);
      HasProperties:SET[1 : ?]OF IfcProperty;
    WHERE
       WR1:EXISTS(SELF\IfcRoot.Name);
END_ENTITY;
 (*
```

属性定义:

HasProperties(拥有属性):包含的属性。作为IFC对象模型的一部分,定义在属性集中的属性对象是标准的一部分。如果属性没有包含在预定义属性集中,那么在这个时刻它的值没有设定。

形式约束:

WR1:必须提供Name属性。用这个属性说明属性集定义类型。对特定属性集的属性集结构,可以在IFC规范的属性集定义部分给出。

6.1.4.9 **属性定义关系**

IfcRelDefinesByProperties 定义一种客观关系,这个关系定义属性集定义与对象之间的关系。属性都集中在属性集中,集中起来的属性集定义一个类型对象。

属性定义关系实体是一个一对多关系,这样它允许将一个属性集分配给一个单一或多个对象。这些对象共享相同的属性定义。

EXPRESS 描述:

```
*)
ENTITY IfcRelDefinesByProperties
    SUBTYPE OF(IfcRelDefines);
      RelatingPropertyDefinition:IfcPropertySetDefinition;
END_ENTITY;
(*
```

属性定义:

RelatingPropertyDefinition(关联的属性定义):引用对象或对象集的属性定义。

6.1.4.10 **定义关系**

IfcRelDefines 定义一种定义关系,这种关系用类型定义或属性集定义(可以看作是部分类型属性)定义对象实例的属性。它是一种细化-实例关系,暗示一种依赖(实例属性依赖细化属性)。

定义关系实体建立一个类型(详细)信息和几个对象(实例)之间的连接。这些对象实例共享相同的类型(或部分类型)信息。

例子:在 IFC 工程模型中,几个窗实例可以是相同(目录或制造商)的类型。因此,它们共享相同的属性。这个关系通过定义关系的子类型,分配一个 IfcProductType(或其子类型)给 IfcWindow。

EXPRESS 描述:

```
*)
ENTITY IfcRelDefines
    ABSTRACT SUPERTYPE OF (ONEOF(IfcRelDefinesByProperties,
                                 IfcRelDefinesByType))
    SUBTYPE OF(IfcRelationship);
      RelatedObjects:SET[1:?]OF IfcObject;
END_ENTITY;
(*
```

属性定义:

RelatedObjects(关联的对象):引用属性定义的一些对象(或单一对象)。

6.1.4.11 **关系**

IfcRelationship 定义 IFC 中所有客观关系的一般抽象。客观关系是处理对象之间关系的首选方式。这允许直接在关系中保存关系的详细属性,所有可以在之后处理关系的细化行为。

在关系的子类型中,有两种不同类型的关系:一对一关系和一对多关系。下面的约定应用到所有的子类型:

客观化关系的两边命名如下:Relating+(关联对象的名称),Related+(被关联对象名称);

在一对多关系中,关系的被关联方面应该是一个 SET1:N 集合。

EXPRESS 描述:

```
*)
ENTITY IfcRelationship
    ABSTRACT SUPERTYPE OF (ONEOF(IfcRelAssigns,
```

```
                IfcRelDecomposes,
                IfcRelAssociates,
                IfcRelDefines,
                IfcRelConnects))
  SUBTYPE OF(IfcRoot);
END_ENTITY;
 (*
```

6.1.4.12 分配关系

IfcRelAssigns 定义一种分配关系，在 IfcObject 实例和它的各种第一水平子类型中，它是“连接”关系的一种抽象。一个连接表达特殊的联系，通过这个联系一个对象(客户)应用其他对象(供应者)的服务，或通过这个联系一个对象可以导航到其他对象。

将客户表达为关联对象，并将其建立在特殊、可实例化分配关系子类型中。将供应者表达为被关联对象，由 RelatedObjects 属性建立它们。

注：术语“客户”和“供应者”用于一般概念，不暗示应用系统(象客户/服务器)的任何意义。

示例：通过分配 IfcRelAssignsToResource 关系建立 IfcResource 和 IfcBuildingElement 之间的连接，一个资源可以接受关于它的表达实际建筑产品种类的信息。这个资源就是客户，它应用其他对象(这里是建筑元素)的服务，表达元素在一个过程中，作为资源消耗的特殊视角。

分配关系在参与的对象间建立一个双向关系，不暗示任何依赖。分配关系的子类型建立分配关系的特殊语义含义。

EXPRESS 描述：

```
 *)
ENTITY IfcRelAssigns
  ABSTRACT SUPERTYPE OF (ONEOF(IfcRelAssignsToProcess,
                IfcRelAssignsToProduct,
                IfcRelAssignsToControl,
                IfcRelAssignsToResource,
                IfcRelAssignsToActor,
                IfcRelAssignsToGroup))
  SUBTYPE OF(IfcRelationship);
    RelatedObjects     :SET[1:?]OF IfcObject;
    RelatedObjectsType:OPTIONAL IfcObjectTypeEnum;
  WHERE
    WR1:IfcCorrectObjectAssignment(RelatedObjectsType,RelatedObjects);
END_ENTITY;
 (*
```

属性定义：

RelatedObjects(被关联对象)：分配给一个单一对象的被关联对象。这个单一(关联)对象的类型由 IfcRelAssigns 的子类型定义；

RelatedObjectsType(被关联对象类型)：分配关系的特殊类型。它可以限制可应用的对象类型，用在 RelatedObjects 的角色中。

形式约束：

WR1：检查分配的被关联对象的类型是否与 RelatedObjectsType 给定的限制相一致的规则。这个规则在约束检查 IfcRelAssigns 子类型和 IfcObject 的子类型很重要，这些 IfcObject 的子类型通过反向

HasAssignments 联系引用这个分配关系。

6.1.4.13 分配到过程关系

IfcRelAssignsToProcess 定义处理分配对象的客观关系，这些对象作为过程操作的事物。将过程关联到产品，通过这个关系过程(通常作为出入或输出)操作产品。除了产品，过程能操作事物；除了输入和输出，可以用多种方式操作。

示例：在估价或计划中，普遍定义过程描述设计任务(结果产生文档)、采购任务(结果为工程材料)、计划任务(结果为过程)等。此外，过程操作的方式可以包含“安装”、“磨光”、“运输”、“移动”等。方式作为操作类型描述。

继承的 RelatedObjects 属性给出过程操作对象的引用。RelatingProcess 属性引用过程，这个过程操作对象。在继承 AssignmentType 属性中描述操作类型。

EXPRESS 描述：

```
*)
ENTITY IfcRelAssignsToProcess
    SUBTYPE OF(IfcRelAssigns);
      RelatingProcess   :IfcProcess;
      QuantityInProcess:OPTIONAL IfcMeasureWithUnit;
    WHERE
      WR1:SIZEOF(QUERY(temp<*SELF\IfcRelAssigns.RelatedObjects|
          'IFC_FINAL.IFCPROCESS'IN TYPEOF(temp))) = 0;
END_ENTITY;
(*
```

属性定义：

RelatingProcess(关联过程)：引用过程，将对象分配这个过程；

QuantityInProcess(过程中数量)：由这个过程操作的对象数量。

形式约束：

WR1：过程可以操作所有对象(IfcObject)的子类型，除了其他过程(IfcProcess)。

6.1.4.14 过程

IfcProcess 定义在建筑建造中发生的行为，这些行为以获得、建造或维护产品为目的。过程是布置成按时间的顺序(包含平行任务的搭接)。

EXPRESS 描述：

```
*)
ENTITY IfcProcess
    ABSTRACT SUPERTYPE
    SUBTYPE OF(IfcObject);
      Productivity      :OPTIONAL IfcMeasureWithUnit;
    INVERSE
      OperatesOn        :SET OF IfcRelAssignsToProcess FOR RelatingProcess;
      IsSuccessorFrom   :SET OF IfcRelSequence FOR RelatedProcess;
      IsPredecessorTo   :SET OF IfcRelSequence FOR RelatingProcess;
END_ENTITY;
(*
```

属性定义：

Productivity(生产力)：过程的生产力(例如每小时米)；

OperatesOn(操作对象)：与对象的关系集合，由关系操作的这些对象；

IsSuccessorFrom(从…继续):按时关联布置,引用先前的过程,这个过程是其后续过程;

IsPredecessorTo(顺延到…):按时关联布置,引用后续的过程,这个过程是其前任过程。

6.1.4.15 顺序关系

IfcRelSequence 定义随着时间流逝的过程的串联关系。顺序是两个过程之间的关系。被关联的对象是关联对象的后续事务,而关联对象是前任事务。分配给顺序一个时间延迟,顺序类型定义时间延迟应用到顺序的方式。

顺序关系实体定义为一个一对一关系,因此它分配一个前任过程给一个后续过程。然而,每一个 IfcProcess 可以有多个前任和后续,因此顺序关系实际上是一个多对多关系。

EXPRESS 描述:

```
*)
ENTITY IfcRelSequence
    SUBTYPE OF(IfcRelConnects);
      RelatingProcess :IfcProcess;
      RelatedProcess  :IfcProcess;
      TimeLag         :IfcTimeMeasure;
      SequenceType    :IfcSequenceEnum;
    WHERE
      WR1:RelatingProcess:<>:RelatedProcess;
END_ENTITY;
(*
```

属性定义:

RelatingProcess(关联过程):引用前任过程;

RelatedProcess(被关联过程):引用后续过程;

TimeLag(时间延迟):顺序的时间持续,它是前任和后续之间的时间延迟,由 SequenceType 定义延迟的类型;

SequenceType(顺序类型):时间延迟应用到顺序的方式。

形式约束:

WR1:关联过程和被关联过程不能指向相同的实例。

6.1.4.16 连接关系

IfcRelConnects 定义在某些标准下连接对象的关系。作为一个一般性连接性,它不暗示约束。然而,这个关系的子类型定义连接关系的可应用的对象类型,以及特殊连接的语义。

EXPRESS 描述:

```
*)
ENTITY IfcRelConnects
    ABSTRACT SUPERTYPE
    SUBTYPE OF(IfcRelationship);
END_ENTITY;
(*
```

6.1.4.17 分配到产品关系

IfcRelAssignsToProduct 处理将对象(IfcObject 的子类型)分配到产品(IfcProduct 的子类型)的客观关系。

示例:分配电梯(作为 IfcProduct 的子类型)到所有它服务的所有建筑楼层(作为 IfcObject 的子类型),是这个一般关系的一个应用。

EXPRESS 描述：

```
*)
ENTITY IfcRelAssignsToProduct
   SUBTYPE OF(IfcRelAssigns);
     RelatingProduct:IfcProduct;
   WHERE
       WR1:SIZEOF(QUERY(temp〈 * SELF\IfcRelAssigns.RelatedObjects|
           'IFC_FINAL.IFCPRODUCT' IN TYPEOF(temp))) = 0;
END_ENTITY;
(*
```

属性定义：

RelatingProduct(关联产品)：引用产品，将对象分配这个产品。

形式约束：

WR1：产品从对象(IfcObject)的所有子类型，除了从其他产品(IfcProduct)，有分配关系。

6.1.4.18 分配到控制关系

IfcRelAssignsToControl 处理将对象(IfcObject 的子类型，控制除外)分配到控制(IfcControl 的子类型)的客观关系(IfcRelAssignsToControl)。

示例：将成本(作为 IfcControl 的子类型)分配一个建筑元素(作为 IfcObject 的子类型)是这个一般关系的一个应用。

EXPRESS 描述：

```
*)
ENTITY IfcRelAssignsToControl
   SUBTYPE OF(IfcRelAssigns);
     RelatingControl:IfcControl;
   WHERE
       WR1:SIZEOF(QUERY(temp〈 * SELF\IfcRelAssigns.RelatedObjects|
           'IFC_FINAL.IFCCONTROL'IN TYPEOF(temp))) = 0;
END_ENTITY;
(*
```

属性定义：

RelatingControl(关联控制)：引用控制，将控制应用到对象。

形式约束：

WR1：在控制分配关系中，关系不应该将控制定义为被关联对象。

6.1.4.19 控制

IfcControl 定义通常控制或限制产品或过程的所有概念的一般抽象。可以将其视为规范、规则、限制或其他需要应用到产品或过程中，这些需求和规定必须满足。

示例：空间规划、建造指南等是控制的例子。

控制实体在 IfcKernel 中定义，但在其他模式中重用和细化。

EXPRESS 描述：

```
*)
ENTITY IfcControl
   ABSTRACT SUPERTYPE
   SUBTYPE OF(IfcObject);
```

```
    INVERSE
      Controls:SET OF IfcRelAssignsToControl FOR RelatingControl;
END_ENTITY;
```

(*

属性定义:

Controls(控制):引用关系,关联控制到被控制的对象。

6.1.4.20 分配到资源关系

IfcRelAssignsToResource 处理将对象(IfcObject 的子类型)分配到资源(IfcResource 的子类型)的客观关系。

示例:在场地上分配资源(例如作为 IfcResource 的子类型的劳动资源)到工程过程(作为 IfcObject 子类型)是这个一般关系的一个应用。

EXPRESS 描述:

*)

```
ENTITY IfcRelAssignsToResource
    SUBTYPE OF(IfcRelAssigns);
      RelatingResource:IfcResource;
    WHERE
       WR1:SIZEOF(QUERY(temp< * SELF\IfcRelAssigns.RelatedObjects|
           'IFC_FINAL.IFCRESOURCE'IN TYPEOF(temp))) = 0;
END_ENTITY;
```

(*

属性定义:

RelatingResource(关联资源):引用资源,将对象分配给它。

形式约束:

WR1:在资源分配关系中,关系不应该将被关联对象定义为资源。

6.1.4.21 资源

IfcResource 包含需要表达成本、进度和其他影响过程中事物使用的信息。不是要用 IfcResource 建模事物本身的一般属性,然而可以说明资源与使用事物的可选连接(例如通过 IfcRelAssignsToResource 关系建立从资源子类型到 IfcProduct 的关系)。

资源有两种基本使用方式。首先,如果为了使用 IfcResource 目的不需要事物属性,或不在 IFC 中显示建模事物类型,那么不必在系统中实例化资源和事物之间的连接。这就是说,作为工程资源目的,单独资源(或它的子类型)的属性足够表达事物的使用。

示例:有些工程设备,例如运土车辆或工具,没有在当前 IFC 中建模。为了估计或计划的目的,这些可以单独用资源子类型表达。

其次,如果为了使用资源对象需要事物的属性,而且它们应该作为对象(例如类型或属性)显示建模,那么资源实例应该与这种被引用事物类型的实例关联。作为资源使用的事物和那些早已在 IFC 建模,包含物理产品、人和组织,和材料。为这种方法提供 IfcRelAssignsToResource 关系对象。

用继承的 ObjectType 属性作为标识资源类型的文本编码。

EXPRESS 描述:

*)

```
ENTITY IfcResource
     ABSTRACT SUPERTYPE
     SUBTYPE OF(IfcObject);
```

```
    ResourceConsumption :OPTIONAL IfcResourceConsumptionEnum;
    BaseUnit            :OPTIONAL IfcMeasureWithUnit;
  INVERSE
    ResourceOf:SET OF IfcRelAssignsToResource FOR RelatingResource;
END_ENTITY;
 (*
```

属性定义：

ResourceConsumption(资源消耗)：在过程(更多细节参考 IfcResourceConsumptionEnum)使用期间，指示资源如何消耗的值；

BaseUnit(基本单位)：用基本(例如缺省的或推荐的)单位度量资源量(或数量)；

ResourceOf(…的资源)：引用 IfcRelAssignsToResource 关系，这样指向作为资源使用的这些对象。

6.1.4.22 分配到参与者关系

IfcRelAssignsToActor 处理将对象(IfcObject 的子类型)分配到参与者(IfcActor 的子类型)的客观关系。

分配到参与者关系实体定义一个 IfcActor 和一到多个对象之间的关系。可以在这个关系中为参与者分配一个角色。如果说明了，它将优先于直接分配给这个人或组织的角色。

示例：一个占有者(作为一个参与者)可能出租(作为一种分配的特殊角色)一层公寓(作为一个空间或区域的集合)。这是一般关系的一个应用。

在继承的 RelatedObjects 属性中，说明引用的对象(或单一对象)，参与者以某种角色(如果给出)操作这些对象。

EXPRESS 描述：

```
*)
ENTITY IfcRelAssignsToActor
    SUBTYPE OF(IfcRelAssigns);
      RelatingActor:IfcActor;
      ActingRole   :OPTIONAL IfcActorRole;
    WHERE
      WR1:SIZEOF(QUERY(Temp<*SELF\IfcRelAssigns.RelatedObjects|
          'IFC_FINAL.IFCACTOR' IN TYPEOF(Temp))) = 0;
END_ENTITY;
 (*
```

属性定义：

RelatingActor(关联参与者)：引用关于参与者的信息。它包含有关人员或组织以及地址的信息；

ActingRole(参与角色)：在分配给对象的情况下，参与者扮演的角色。

形式约束：

WR1：在参与者分配关系中，关系不能将参与者定义为被关联对象。

6.1.4.23 参与者

IfcActor 定义与工程全生命周期有关系的参与者或代理人。它利用在 IFC 对象模型资源层的人和组织定义。

EXPRESS 描述：

```
*)
ENTITY IfcActor
    SUBTYPE OF(IfcObject);
```

```
    TheActor    :IfcActorSelect;
  INVERSE
    IsActingUpon:SET OF IfcRelAssignsToActor FOR RelatingActor;
END_ENTITY;
(*
```

属性定义：

TheActor(参与者)：有关参与者的信息；

IsActingUpon(参与行动)：引用分配参与者到对象的关系。

6.1.4.24 分配到组关系

IfcRelAssignsToGroup 处理将对象(IfcObject 的子类型)分配到组(IfcGroup 的子类型)的客观关系。

这个关系处理分配组成员到组对象。它允许在一个组内组织任意对象，包括其他组。可以在一个递归方式下，应用组关系。结果组是一个 IfcGroup 类型。定义在 IfcReleationship 超类中的 Purpose 属性，可以分配一个描述符，定义分组的目的。

继承的 RelatedObjects 属性给出对对象的引用，这些对象是组内的成员。RelatingGroup 是一个组，包含所有的元素。

EXPRESS 描述：

```
*)
ENTITY IfcRelAssignsToGroup
   SUBTYPE OF(IfcRelAssigns);
     RelatingGroup:IfcGroup;
   WHERE
     WR1:SIZEOF(QUERY(Temp< *SELF\IfcRelAssigns.RelatedObjects|
         RelatingGroup: = :Temp)) = 0;
END_ENTITY;
(*
```

属性定义：

RelatingGroup(关联组)：引用组，最后包含所有分配的组成员。

形式约束：

WR1：关系指向的实例应该不包含在 RelatedObjects 列表中。

非形式约束：

组分配关系应该是非循环的，例如一个组不应该参与它自己分组关系。

6.1.4.25 组

IfcGroup 定义任何任意组的抽象。组是对象的集合，对象在组中没有特定的位置关系。因此，一个组是一个集合，没有几何/拓扑的组合形态。

示例：系统是组的一个例子，因此它在自己的角色形态下组织元素，而不管它们在建筑中的位置。

一个组可以包含任何产品、过程、控制、资源、参与者或其他组的任何集合。因此组是可以嵌套。

EXPRESS 描述：

```
*)
ENTITY IfcGroup
    SUBTYPE OF(IfcObject);
    INVERSE
      IsGroupedBy:IfcRelAssignsToGroup FOR RelatingGroup;
```

```
END_ENTITY;
(*
```

属性定义：

IsGroupedBy(由…组合)：包含的关系，这个关系将组成员分配给组对象。

6.1.4.26 分解关系

IfcRelDecomposes 定义元素合成或分解的一般概念。分解关系表达整体/部分层次关系，拥有从整体(合成)到部分或反之导航的能力。

建立嵌套关系，需要整体和部分都是相同的类型，这对分解关系是一种约束。或者它们需要某种形式的物理约束，这样建立特殊类型的集合关系。

注：对分解有两种特殊名称，有语言学上的区别，嵌套和集合。分解关系的子类型引入嵌套或集合规则(在 IfcRelNests 和 IfcRelAggregates)。

示例：一个成本元素嵌套着其他成本元素。一个结构框架是一个梁和柱的集合。这两个例子都应用了分解关系。

分解暗示一种依赖，例如整体的定义依赖部分的定义，并且部分依靠整体的存在。在递归方式中，可以应用分解关系，例如一个被分解的元素可以是另一个分解的部分。在应用层次防止循环引用。

EXPRESS 描述：

```
*)
ENTITY IfcRelDecomposes
    ABSTRACT SUPERTYPE OF(ONEOF(IfcRelAggregates,IfcRelNests))
    SUBTYPE OF(IfcRelationship);
      RelatingObject:IfcObject;
      RelatedObjects:SET[1:?]OF IfcObject;
    WHERE
      WR1:SIZEOF(QUERY(Temp<*RelatedObjects|RelatingObject:=:Temp))=0;
END_ENTITY;
(*
```

属性定义：

RelatingObject(关联对象)：表达嵌套的对象；

RelatedObjects(被关联对象)：被嵌套的对象。

形式约束：

WR1：RelatingObject 指向的实例不应该包含在 RelatedObjects 列中。

6.1.4.27 集合关系

IfcRelAggregates 定义一个细化类型的合成/分解(整体/部分)IfcRelDecomposes 关系。集合关系可以应用到 IfcObject 的所有子类型。

一些分解的进一步细化可能暗示额外的约束和含义，象需要集合表达物理约束。在物理约束的情况下，整体的表达(在相同的表达环境下)可以从部分表达的总和中提取。

示例：屋顶是屋顶元素的集合，像屋顶板、椽、檩条等。在相同的表达环境下(详细的几何表达)，屋顶的形状表达由它的各个部分的形状表达给出。

分解暗示一种依赖，例如整体的定义依靠部分的定义，并且部分依靠整体而存在。应该在应用中，建立这种依赖暗示的行为。

EXPRESS 描述：

```
*)
ENTITY IfcRelAggregates
    SUBTYPE OF(IfcRelDecomposes);
```

```
END_ENTITY;
 (*
```

6.1.4.28 **嵌套关系**

IfcRelNests 定义一个特殊类型的合成/分解(整体/部分)IfcRelDecomposes 关系。嵌套关系可以应用到 IfcObject 的所有子类型,然而它需要整体与部分都是相同的对象类型。

示例:成本的嵌套是一个由其他成本合成的复杂成本。工作任务的嵌套是由更多的细致工作任务合成的完整工作任务。在所有这些事例中,部分和整体都具有相同的类型。

分解暗示一种依赖,例如整体的定义依靠部分的定义,并且部分依靠整体而存在。应该在应用中,建立这种依赖暗示的行为。

EXPRESS 描述:

```
*)
ENTITY IfcRelNests
    SUBTYPE OF(IfcRelDecomposes);
    WHERE
      WR1:SIZEOF(QUERY(Temp< * SELF\IfcRelDecomposes.RelatedObjects|
          NOT(TYPEOF(SELF\IfcRelDecomposes.RelatingObject) =
          TYPEOF(Temp)))) = 0;
END_ENTITY;
 (*
```

形式约束:

WR1:RelatingObject 的类型必需和每个 RelatedObject 的类型一致,也就是说 RelatingObject 和 RelatedObject 的类型一致。

6.1.4.29 **关联关系**

IfcRelAssociates 定义引用外部信息源(大多数情况下是分类、库或文档)的关系。关联没有依赖暗示。

示例:用分类和介绍性文档的方式,可以给罐装置(IfcProduct 的子类型)更多的信息,这些附加信息源保存在 IFC 工程模型的外面。

关联关系可以建立在对象(实例)或类型(类型对象 IfcTypeObject 或部分类型 IfcPropertySetDefinition)之上。

示例:罐装置的分类信息可以关联到 IfcTypeProduct(IfcTypeObject 的子类型)上,定义罐所有实例的详细信息。因此,分类符号'L6814'通过 IfcRelAssociates 的子类型与罐的类型信息关联。

示例:一个建筑物内特殊空间的分类信息可以与 IfcSpace 对象(IfcObject 的子类型)关联,定义一个空间的特殊实例。因此分类符号'HNF1.5'通过关联关系的子类型与这个对象关联。

关联关系建立一个单向关联。关联关系的子类型建立关联关系的特殊语义含义。

EXPRESS 描述:

```
*)
ENTITY IfcRelAssociates
    SUPERTYPE OF(ONEOF(IfcRelAssociatesClassification,
                       IfcRelAssociatesDocument,
                       IfcRelAssociatesLibrary))
    SUBTYPE OF(IfcRelationship);
      RelatedObjects:SET[1 : ?]OF IfcRoot;
    WHERE
```

```
        WR1:SIZEOF(QUERY(temp< * RelatedObjects|NOT(('IFCKERNEL.IFCOBJECT'
            IN TYPEOF(temp))OR('IFCKERNEL.IFCPROPERTYDEFINITION'IN
            TYPEOF(temp))))) = 0;
END_ENTITY;
(*
```

属性定义：

RelatedObjects(被关联对象)：外部引用或信息关联的对象或类型。

形式约束：

WR1：关联关系限制在对象和属性定义。

6.1.4.30 分类关联关系

IfcRelAssociatesClassification 将分类对象（IfcClassificationSelect 的选择项）分配给对象(IfcObject 的子类型)。

这个关系用于将一个分类符号或分类引用分配给对象。一个单一符号可以应用到多个对象上。RelatingClassification 的类型决定，是引用一个全部描述的分类系统，还是只引用分类编码。

继承的属性 RelatedObjects 定义分类应用的对象。属性 RelatingClassification 引用分类，并将分类应用到对象上。

EXPRESS 描述：

```
*)
ENTITY IfcRelAssociatesClassification
    SUBTYPE OF(IfcRelAssociates);
      RelatingClassification:IfcClassificationNotationSelect;
END_ENTITY;
(*
```

属性定义：

RelatingClassification(关联的分类)：应用到对象上的分类。

6.1.4.31 文档关联关系

IfcRelAssociatesDocument 将文档信息(IfcDocumentSelect 选择项)分配给对象(IfcObject 的子类型)。

这个关系用于将一个文档引用或更多的详细文档信息分配给对象。一个单一文档引用可以应用到多个对象上。

继承的属性 RelatedObjects 定义文档应用的对象。属性 RelatingDocument 引用应用到对象上的文档引用。

EXPRESS 描述：

```
*)
ENTITY IfcRelAssociatesDocument
    SUBTYPE OF(IfcRelAssociates);
      RelatingDocument:IfcDocumentSelect;
END_ENTITY;
(*
```

属性定义：

RelatingDocument(关联的文档)：应用到对象上的文档信息或引用。

6.1.4.32 库关联关系

IfcRelAssociatesLibrary 将库信息(IfcLibrarySelect 选择项)分配给对象(IfcObject 的子类型)。

这个关系用于将一个库引用或更多的详细的连接到库的信息分配给对象。一个单一库引用可以应用到多个条目上。

继承的属性 RelatedObjects 定义库联系应用的事物。属性 RelatingLibrary 引用应用到事物上的库引用。

EXPRESS 描述：

```
*)
ENTITY IfcRelAssociatesLibrary
  SUBTYPE OF(IfcRelAssociates);
    RelatingLibrary:IfcLibrarySelect;
END_ENTITY;
(*
```

属性定义：

RelatingLibrary(关联的库)：引用的库。

6.1.4.33 类型定义关系

IfcRelDefinesByType 定义对象类型和对象之间的关系。

类型定义关系实体是一个一对多关系，允许将一个类型信息分配给单个或多个对象。这些对象共享这个相同的对象类型。

EXPRESS 描述：

```
*)
ENTITY IfcRelDefinesByType
  SUBTYPE OF(IfcRelDefines);
    RelatingType:IfcTypeObject;
END_ENTITY;
(*
```

属性定义：

RelatingType(关联类型)：关联的类型。

6.1.4.34 重载属性关系

IfcRelOverridesProperties 定义对象与一个标准属性集之间的关系。它也定义一套属性，这些属性值重新定义标准属性集给出的标准值。

继承的属性解释如下：

SELF\IfcRelDefinedByProperties. RelatingPropertyDefinition：属性集，定义分配给所有对象的标准属性集，这些对象拥有相同的属性集。

SELF\IfcRelDefines. RelatedObjects：一个对象实例，相同的属性集应用到这个对象。对象由标准属性集的属性值刻画，这些属性有与相同类型对象的那些属性值不同的值。

OverridingProperties：一个属性集，有与对象子集不同的值。单个重载属性集必须与由 RelatingPropertyDefinition 属性给出的标准属性集和它包含的属性对应。由 Name 属性建立对应关系。

重载属性关系实体作为 IfcRelDefinedByProperties 关系的特例给出。

EXPRESS 描述：

```
*)
ENTITY IfcRelOverridesProperties
  SUBTYPE OF(IfcRelDefinesByProperties);
    OverridingProperties:SET[1 : ?]OF IfcProperty;
  WHERE
    WR1:SIZEOF(SELF\IfcRelDefines.RelatedObjects) = 1;
```

```
END_ENTITY;
(*
```

属性定义：

OverridingProperties(重载属性)：一个属性集，包含那些对象子集的属性不同值。

形式约束：

WR1：重载属性作为属性集实例应用。例如，它只能分配给 IfcObject 的单一实例。

6.1.4.35 工程

IfcProject 是通过设计、施工、建造、维护等活动产出一个产品。项目建立工程信息交换和共享的环境，它可以，但不是必须，表达一个建造项目。

从项目引用的表达环境，例如几何表达环境，包括：

- 使用的缺省单位；
- 总体坐标系；
- 坐标空间维数；
- 几何表达中使用的精度；
- 可选的关于总体坐标系的真北方向。

EXPRESS 描述：

```
*)
ENTITY IfcProject
    SUBTYPE OF(IfcObject);
      LongName                   :OPTIONAL IfcIdentifier;
      Phase                      :OPTIONAL IfcLabel;
      RepresentationContexts     :SET[1 : ?]OF IfcRepresentationContext;
      UnitsInContext             :IfcUnitAssignment;
    WHERE
       WR1:EXISTS(SELF\IfcRoot.Name);
END_ENTITY;
(*
```

属性定义：

LongName(长名字)：为引用的目的，工程的长名字；

Phase(阶段)：当前的工程阶段，能为所有工程伙伴公开解释，所以是字符串；

RepresentationContexts(表达环境)：用在工程中表达环境。它包括用于工程中单位，给出形状表达环境，也包括总体坐标系和坐标空间维数；

UnitsInContext(环境中的单位)：在这个工程的环境中，分配给度量类型的全球单位。

形式约束：

WR1：必须为工程提供名字属性，是工程的短名称。

非形式约束：

IP1：在一个交换环境中，只能有一个工程。

6.1.4.36 代理

IfcProxy 定义一种容器类型，用关联的属性定义包装对象，但在空间中没有几何表达和坐标。一个代理有一定的语义含义，用名字属性和属性定义定义，通过属性关联关系与之关联。这些属性定义可能超出当前 IFC 版本定义的范围。

ProxyType 属性给出一个暗示，在高层次对代理语义定义的关联对象，进行语义细分。Tag 属性用于分配一个人类或系统能够解释的标识(例如一个序列号或条形码)。

注：在 IFC 中正式定义语义结构是有限的(永远不可能定义完整)，因此必须给出一个机制捕获那些(还)没有定义在 IFC 中的结构。

注：产品代理是一种机制，允许交换工程中的部分数据但不是 IFC 模型必需的部分。可以给这些代理分配几何表达。

EXPRESS 描述：

```
*)
ENTITY IfcProxy
  SUBTYPE OF(IfcProduct);
    ProxyType :IfcObjectTypeEnum;
    Tag       :OPTIONAL IfcLabel;
  WHERE
    WR1:EXISTS(SELF\IfcRoot.Name);
END_ENTITY;
(*
```

属性定义：

ProxyType(代理类型)：附在 IfcProxy 上的高层次语义含义，定义代理背后的基本构造类型。例如产品或过程。

Tag(标签)：标签(或标志)标识一个产品的特殊实例，例如序列号或位置号码。这是实例层次的标识。

形式约束：

WR1：需要为代理提供名称属性。

6.1.5 核心模式的函数定义

6.1.5.1 正确对象分配

IfcCorrectObjectAssignment 函数检查用在 IfcRelAssigns 关系(或它的某一子类)中对象类型是否正确。

EXPRESS 描述：

```
*)
FUNCTION IfcCorrectObjectAssignment
  (Constraint:IfcObjectTypeEnum;Objects:SET[1 : ?]OF IfcObject)
  :LOGICAL;

LOCAL
  Count:INTEGER:= 0;
END_LOCAL;

  IF(NOT(EXISTS(Constraint))OR(Constraint = IfcObjectTypeEnum.NOTDEFINED))
  THEN
    RETURN(?);
    ELSE
    IF(Constraint = IfcObjectTypeEnum.PRODUCT)
    THEN
      Count:= SIZEOF(QUERY(temp <* Objects | NOT('IFC_FINAL.IFCPRODUCT' IN TYPEOF
             (temp))));
```

```
RETURN(Count = 0);
ELSE
IF(Constraint = IfcObjectTypeEnum.PROCESS)
THEN
  Count: = SIZEOF(QUERY(temp <* Objects | NOT('IFC_FINAL.IFCPROCESS' IN TYPEOF
        (temp))));
  RETURN(Count = 0);
  ELSE
  IF(Constraint = IfcObjectTypeEnum.CONTROL)
  THEN
    Count: = SIZEOF(QUERY(temp <* Objects|
        NOT('IFC_FINAL.IFCCONTROL' IN TYPEOF(temp))));
    RETURN(Count = 0);
    ELSE
    IF(Constraint = IfcObjectTypeEnum.RESOURCE)
    THEN
      Count: = SIZEOF(QUERY(temp <* Objects|
            NOT('IFC_FINAL.IFCRESOURCE' IN TYPEOF(temp))));
      RETURN(Count = 0);
      ELSE
      IF(Constraint = IfcObjectTypeEnum.ACTOR)
      THEN
        Count: = SIZEOF(QUERY(temp <* Objects|
              NOT('IFC_FINAL.IFCACTOR' IN TYPEOF(temp))));
        RETURN(Count = 0);
        ELSE
        IF(Constraint = IfcObjectTypeEnum.GROUP)
        THEN
          Count: = SIZEOF(QUERY(temp <* Objects|
                NOT('IFC_FINAL.IFCGROUP' IN TYPEOF(temp))));
          RETURN(Count = 0);
          ELSE
          IF(Constraint = IfcObjectTypeEnum.PROJECT)
          THEN
            Count: = SIZEOF(QUERY(temp <* Objects|
                  NOT('IFC_FINAL.IFCPROJECT' IN TYPEOF(temp))));
            RETURN(Count = 0);
                END_IF;
              END_IF;
            END_IF;
          END_IF;
        END_IF;
      END_IF;
```

```
      END_IF;
    END_IF;
    RETURN(?);

END_FUNCTION;
```

(*

变量定义:

Constraint(约束):(输入)约束条件;

Objects(对象):(输入)要检查的对象列。

6.1.6 核心模式的全局规则

6.1.7 不能共享方位

6.1.7.1 没有共享方位

校验 IfcProduct 的实例没有共享 IfcObjectPlacement 实例,每个 IfcProduct 实例需要一个单独的 IfcObjectPlacement 实例。

EXPRESS 描述:

*)

```
RULE IfcPlacementNotShared FOR(IfcObjectPlacement);
  LOCAL
    Count:INTEGER:=0;
  END_LOCAL;
  IF(SIZEOF(IfcObjectPlacement)>0)
  THEN
    REPEAT i:=LOINDEX(IfcObjectPlacement)TO HIINDEX(IfcObjectPlacement);
      IF(SIZEOF(USEDIN(IfcObjectPlacement[i],
         'IFCKERNEL.IFCPRODUCT.OBJECTPLACEMENT'))<=1)
      THEN
        Count:=Count+1;
      END_IF;
    END_REPEAT;
  END_IF;
WHERE
        WR1:Count=SIZEOF(IfcObjectPlacement);
END_RULE;
```

(*

6.1.7.2 表达环境拥有相同的总体坐标系

如果有多个 IfcGeometricRepresentationContext 实例,所有总体坐标系的 *XY* 平面应该是同面的和同向的。

EXPRESS 描述:

*)

```
RULE IfcRepresentationContextSameWCS FOR
(IfcGeometricRepresentationContext);
  LOCAL
    Count:INTEGER:=0;
```

```
    END_LOCAL;
     IF(SIZEOF(IfcGeometricRepresentationContext)>0)
     THEN
       REPEAT i: = 1 TO HIINDEX(IfcGeometricRepresentationContext);
           IF    (IfcGeometricRepresentationContext[1].WorldCoordinateSystem : = :
IfcGeometricRepresentationContext[i].WorldCoordinateSystem)
         THEN
           Count: = Count + 1;
         ELSE
           IF ((IfcGeometricRepresentationContext[1].WorldCoordinateSystem.P[1].
              DirectionRatios[1] =
    IfcGeometricRepresentationContext[i].WorldCoordinateSystem.P[1].
              DirectionRatios[1])AND
      (IfcGeometricRepresentationContext[1].WorldCoordinateSystem.P[1].
              DirectionRatios[2] =
    IfcGeometricRepresentationContext[i].WorldCoordinateSystem.P[1].
              DirectionRatios[2])AND
      (NVL(IfcGeometricRepresentationContext[1].WorldCoordinateSystem.P[1].
              DirectionRatios[3],0.) =
    NVL(IfcGeometricRepresentationContext[i].WorldCoordinateSystem.P[1].
              DirectionRatios[3],0.))AND
      (IfcGeometricRepresentationContext[1].WorldCoordinateSystem.P[2].
              DirectionRatios[1] =
    IfcGeometricRepresentationContext[i].WorldCoordinateSystem.P[2].
              DirectionRatios[1])AND
      (IfcGeometricRepresentationContext[1].WorldCoordinateSystem.P[2].
              DirectionRatios[2] =
    IfcGeometricRepresentationContext[i].WorldCoordinateSystem.P[2].
              DirectionRatios[2])AND
      (NVL(IfcGeometricRepresentationContext[1].WorldCoordinateSystem.P[2].
              DirectionRatios[3],0.) =
    NVL(IfcGeometricRepresentationContext[i].WorldCoordinateSystem.P[2].
              DirectionRatios[3],0.))AND
      (IfcGeometricRepresentationContext[1].WorldCoordinateSystem.Location.
              Coordinates[1] =
    IfcGeometricRepresentationContext[i].WorldCoordinateSystem.Location.
              Coordinates[1])AND
      (IfcGeometricRepresentationContext[1].WorldCoordinateSystem.Location.
              Coordinates[2] =
    IfcGeometricRepresentationContext[i].WorldCoordinateSystem.Location.
              Coordinates[2])AND
      (NVL(IfcGeometricRepresentationContext[1].WorldCoordinateSystem.Location.
              Coordinates[3],0.) =
```

```
NVL(IfcGeometricRepresentationContext[i].WorldCoordinateSystem.Location.
        Coordinates[3],0.)))
        THEN
          Count:= Count + 1;
        END_IF;
      END_IF;
    END_REPEAT;
  END_IF;
WHERE

WR1:Count = SIZEOF(IfcGeometricRepresentationContext);
END_RULE;
(*
```

6.1.7.3 单一项目实例

这个全局规则验证只有一个(最多只有一个)IfcProject 实例存在。

```
RULE IfcSingleProjectInstance FOR
    (IfcProject);
WHERE
    WR1:SIZEOF(IfcProject)<=1;
END_RULE;
RULE IfcRepresentationContextSameWCS FOR
(IfcGeometricRepresentationContext);
  LOCAL
    Count:INTEGER:= 0;
  END_LOCAL;IF(SIZEOF(IfcGeometricRepresentationContext)>0)
   THEN
     REPEAT i:= 1 TO HIINDEX(IfcGeometricRepresentationContext);
     IF (IfcGeometricRepresentationContext[1].WorldCoordinateSystem :=:
       IfcGeometricRepresentationContext[i].WorldCoordinateSystem)
     THEN
       Count:= Count + 1;
       ELSE

(*
```

6.2 产品扩展

6.2.1 引言

下面的 EXPRESS 描述 IFCPRODUCTEXTENSION(产品扩展),并标识了必要的外部引用。

EXPRESS 描述:

```
*)
SCHEMA IFCPRODUCTEXTENSION;
  REFERENCE FROM IFCACTORRESOURCE
    (IfcActorSelect,
     IfcPerson,
```

```
    IfcPersonAndOrganization,
    IfcPostalAddress);
 REFERENCE FROM IFCDATETIMERESOURCE
    (IfcDateTimeSelect,
     IfcCalendarDate,
     IfcDateAndTime,
     IfcLocalTime);
 REFERENCE FROM IFCEXTERNALREFERENCERESOURCE
    (IfcClassificationReference);
 REFERENCE FROM IFCGEOMETRICCONSTRAINTRESOURCE
    (IfcConnectionGeometry,
     IfcConnectionSurfaceGeometry,
     IfcGridAxis);
 REFERENCE FROM IFCGEOMETRYRESOURCE
    (IfcLine,
     IfcConic,
     IfcGeometricRepresentationItem,
     IfcBoundingBox,
     IfcAxis2Placement,
     IfcAxis2Placement2D,
     IfcAxis2Placement3D,
     IfcTrimmedCurve,
     IfcCompositeCurve,
     IfcPolyline);
 REFERENCE FROM IFCKERNEL
    (IfcGroup,
     IfcRelAssignsToGroup,
     IfcProxy,
     IfcObject,
     IfcProduct,
     IfcRelConnects,
     IfcPropertySetDefinition,
     IfcRelAggregates,
     IfcRelAssociates,
     IfcRoot);
 REFERENCE FROM IFCMATERIALRESOURCE
    (IfcMaterialSelect,
     IfcMaterial,
     IfcMaterialList,
     IfcMaterialLayerSet);
 REFERENCE FROM IFCMEASURERESOURCE
    (IfcLengthMeasure,
     IfcPositiveLengthMeasure,
```

```
    IfcCompoundPlaneAngleMeasure,
    IfcUnit,
    IfcDerivedUnit,
    IfcNamedUnit,
    IfcContextDependentUnit,
    IfcConversionBasedUnit,
    IfcSiUnit,
    IfcIdentifier,
    IfcLabel,
    IfcMassMeasure,
    IfcCountMeasure);
REFERENCE FROM IFCPROPERTYRESOURCE
   (IfcPropertySingleValue);
REFERENCE FROM IFCQUANTITYRESOURCE
   (IfcPhysicalQuantity);
REFERENCE FROM IFCREPRESENTATIONRESOURCE
   (IfcShapeRepresentation);
(*
```

注1：上面引用的模式可在本标准的下述部分中找到：

IFCACTORRESOURCE(人员与组织)见5.1；
IFCDATETIMERESOURCE(日期时间)见5.2；
IFCGEOMETRYRESOURCE(几何)见5.3；
IFCREPRESENTATIONRESOURCE(表达)见5.6；
IFCGEOMETRICCONSTRAINTRESOURCE(几何约束)见5.7；
IFCMATERIALRESOURCE(材料)见5.9；
IFCPROPERTYRESOURCE(属性)见5.10；
IFCQUANTITYRESOURCE(数量)见5.11；
IFCMEASURERESOURCE(度量)见5.12；
IFCEXTERNALREFERENCERESOURCE(外部引用)见5.13；
IFCKERNEL(核心)见6.1。

注2：本模式的图形表达见附录B的图B.48～图B.53。

6.2.2 基本概念与设定

产品扩展模式定义核心模式中IfcProduct实体的子类(第3层继承)。在本模式中引入的基本概念有：

- 空间项目结构；
- 单元；
- 网格。

空间项目结构定义场地、建筑、建筑楼层和空间，以及其分解结构。可以将一个单元分配进空间项目结构，并且可以引用一个网格。引入的基本单元类型有：

- 建筑单元；
- 开洞单元；
- 电器单元；
- 家具单元；
- 分布式单元；

- 传输单元；
- 设备单元。

另外，在产品扩展模式中引入了系统和区域的概念。

6.2.3 产品扩展模式的类型定义

6.2.3.1 内部或外部

IfcInternalOrExternalEnum 定义空间和空间边界的不同类型，是否在建筑内(内部)或在(朝向)建筑外(外部)。

EXPRESS 描述：

```
*)
TYPE IfcInternalOrExternalEnum = ENUMERATION OF
    (INTERNAL,
     EXTERNAL,
     NOTDEFINED);
END_TYPE;
 (*
```

枚举项定义：

Internal：内部；

External：外部；

NotDefined：没有定义。

6.2.3.2 实体或虚拟

IfcPhysicalOrVirtualEnum 通过物理表现定义空间边界的不同类型。一个空间可以实体分割(实体)，也可以虚拟分割。

EXPRESS 描述：

```
*)
TYPE IfcPhysicalOrVirtualEnum = ENUMERATION OF
    (PHYSICAL,
    VIRTUAL,
    NOTDEFINED);
END_TYPE;
  (*
```

枚举项定义：

Physical：实体的；

Virtual：虚拟的；

NotDefined：没有定义。

6.2.3.3 单元合成

IfcElementCompositionEnum 定义单元在空间项目结构中的组合类型。

EXPRESS 描述：

```
*)
TYPE IfcElementCompositionEnum = ENUMERATION OF
    (COMPLEX,
     ELEMENT,
     PARTIAL);
END_TYPE;
```

(*

枚举项定义:

COMPLEX:合成;

ELEMENT:单一单元;

PARTIAL:部分。

6.2.3.4 运输单元类型

IfcTransportElementTypeEnum 定义主要的运输单元类型。

EXPRESS 描述:

*)

```
TYPE IfcTransportElementTypeEnum = ENUMERATION OF
    (ELEVATOR,
     ESCALATOR,
     MOVINGWALKWAY,
     USERDEFINED,
     NOTDEFINED);
END_TYPE;
```

(*

枚举项定义:

ELEVATOR:电梯;

ESCALATOR:电动扶梯;

MOVINGWALKWAY:移动人行道;

USERDEFINED:用户自定义;

NOTDEFINED:未定义。

6.2.4 产品扩展模式的实体定义

6.2.4.1 区域

IfcZone 是模块或模块平面之间的非模块空间,这些空间提供给一个构件或一组构件(不需要必须注满这些空间),这些空间也能是空的。一个区域本质上是一组空间、部分空间或其他区域的集合,是为分析和计算目的而划分出来的、有一定体积的视图。从分析的角度来说,它们不可以重叠,但其他情况可以重叠。

EXPRESS 描述:

*)

```
ENTITY IfcZone
    SUBTYPE OF(IfcGroup);
    WHERE
      WR1:SIZEOF(QUERY(temp< * SELF\IfcGroup.IsGroupedBy.RelatedObjects|
          NOT(('IFCPRODUCTEXTENSION.IFCZONE' IN TYPEOF(temp))OR
          ('IFCPRODUCTEXTENSION.IFCSPACE' IN TYPEOF(temp))) )) = 0;
END_ENTITY;
```

(*

形式约束:

WR1:区域通过客观关系 IfcRelAssignsToGroup 组成起来,其中的被关联对象类型必须是 IfcSpace 或 IfcZone。

6.2.4.2 系统

IfcSystem 表达 AEC 产品中，为了一个共同的目的、功能或提供一个服务，而有组织地组合在一起的相关部分。系统本质上是功能相关的产品集合，IfcProduct 的组合关系用 IfcRelGroups 表达。

EXPRESS 描述：

```
*)
ENTITY IfcSystem
    SUBTYPE OF(IfcGroup);
    INVERSE
      ServicesBuildings:SET[0 : 1]OF IfcRelServicesBuildings FOR
                        RelatingSystem;
    WHERE
          WR1:SIZEOF(QUERY(temp< * SELF\IfcGroup.IsGroupedBy.RelatedObjects|
              NOT('IFC_FINAL.IFCELEMENT' IN TYPEOF(temp)))) = 0;
END_ENTITY;
(*
```

属性定义：

ServicesBuildings:通过客观关系 IfcRelServicesBuildings，表达系统与引用系统服务的建筑物的关系。

形式约束：

WR1:系统由客观关系 IfcRelAssignsToGroup 组合而成，只有类型为 IfcElement 才能组合进一个系统组或其他(子)系统。如果包含子系统，单元不能被两个或多个系统引用，子系统应该互相排斥。

6.2.4.3 系统与建筑物关系

IfcRelServicesBuildings 定义系统和系统服务的建筑物之间的客观关系。

EXPRESS 描述：

```
*)
ENTITY IfcRelServicesBuildings
    SUBTYPE OF(IfcRelConnects);
       RelatingSystem   :IfcSystem;
       RelatedBuildings :SET[1 : ?]OF IfcBuilding;
END_ENTITY;
(*
```

属性定义：

RelatingSystem:服务于建筑物的系统；

RelatedBuildings:系统服务的建筑物。

6.2.4.4 开洞与单元关系

IfcRelVoidsElement 定义建筑单元与开洞单元的客观关系，开洞单元在建筑单元中形成开洞。这个关系暗示一个在建筑单元的几何实体与开洞单元之间的布尔操作。

EXPRESS 描述：

```
*)
ENTITY IfcRelVoidsElement
    SUBTYPE OF(IfcRelConnects);
       RelatingBuildingElement :IfcBuildingElement;
       RelatedOpeningElement   :IfcOpeningElement;
END_ENTITY;
```

(*

属性定义:

RelatingBuildingElement:被相关开洞单元开洞的建筑单元;

RelatedOpeningElement:在相关建筑单元中定义开洞的开洞单元。

6.2.4.5 建筑单元

IfcBuildingElement 包括构成建筑物的所有主要单元,包括结构系统和空间分割系统。例如:墙、梁、门等都是建筑单元,它们都是物理上切实存在的。

建筑单元与其他单元是有区别的,因为它们涉及独立的 AEC 过程处理。IfcBuildingElement 通过反向关系,得到如下能力:

- Grouping(分组):成为逻辑对象组的一部分;
- Classification(分类):引用外部的一个分类;
- Documentation(文档):引用外部的一个文档;
- Type(类型):引用产品类型信息;
- Properties(属性):引用所有附着属性,包括数量;
- Cost control(成本控制):引用与建筑单元关联的成本单元;
- Work processes(工作过程):引用使用建筑单元的工作过程;
- Aggregation(集合):同其他单元聚集在一起形成一个集合;
- Connection(连接):与其他单元的连接,包括接合点的定义;
- Assignment to spatial structure(与空间结构的关联):在空间结构内,关联适当的等级层次;
- Material(材料):建筑单元使用的材料;
- Boundary(边界):通过这个建筑单元提供空间边界;
- Opening(开洞):关于建筑单元是否包含开洞的信息;
- Filling(填充):关于是否用这个建筑单元填充开洞的信息。

每个建筑单元的几何表达由 IfcProductDefinitionShape 和 IfcLocalPlacement 给出,允许多种几何表达。

每个建筑单元的局部坐标在它的父类 IfcProduct 中定义。IfcLocalPlacement 定义的局部坐标被所有的几何表达引用。在它的子类型中定义进一步的约束。

每个建筑单元都可以表达为一个边界盒,这个边界盒显示由 IfcLocalPlacement 建立的坐标系统内体形的最大延伸。边界盒表达是可用的最简单的几何表达。分配值'BoundingBox'给 IfcShapeRepresentation 的属性 RepresentationType,建立边界盒表达。

用 IfcBoundingBox 实体描述实际对象的示例见图 44。

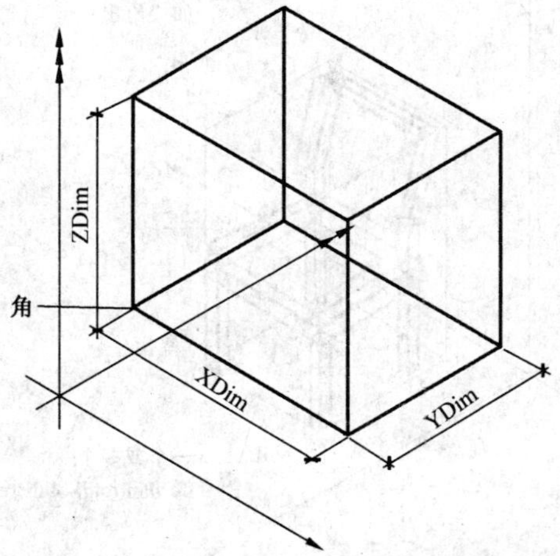

图 44 用 IfcBoundingBox 实体表达的模型示意图

图 44 边界盒表达由 IfcShapeRepresentation 给出，仅包含一个单一项 IfcBoundingBox。

任何建筑单元(到目前为止在它的子类型层没有定义进一步的约束)都可以表达为一个单一或多个基于壳或面模型的表面模型。分配值'SurfaceModel'给 IfcShapeRepresentation 的属性 RepresentationType，建立表面模型表达。在有些情况下，同时显示相同复杂形状的一个类似边界盒表达的简单表达会很有用。用 IfcFaceBasedSurfaceModel 实体表达的模型示例见图 45。

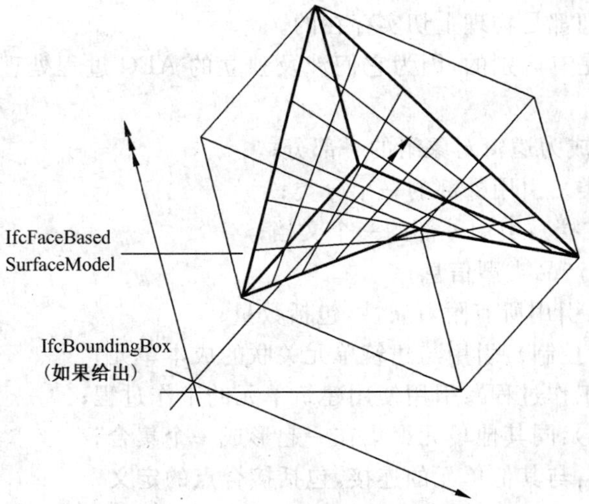

图 45　说明用 IfcFaceBasedSurfaceModel 实体表达的模型示意图

表面模型表给出，仅包含一个单一项达由 IfcShapeRepresentation 给出，仅包含一个单一项，是下面两项之一：

- IfcShellBasedSurfaceModel；
- IfcFaceBasedSurfaceModel。

任何建筑单元(到目前为止在它的子类型层没有定义进一步的约束)都可以表达为一个单一或多个边界表达单元(限制是小面片的有洞或无洞 Brep 表达)。Brep 表达允许复杂单元形状的表达。分配值'Brep'给 IfcShapeRepresentation 的属性 RepresentationType，建立边界表达。在有些情况下，同时显示相同复杂形状的一个类似边界盒表达的简单表达会很有用，用 IfcManifoldSolidBrep 实体表达 IfcShapeRepresentation 的示例见图 46。

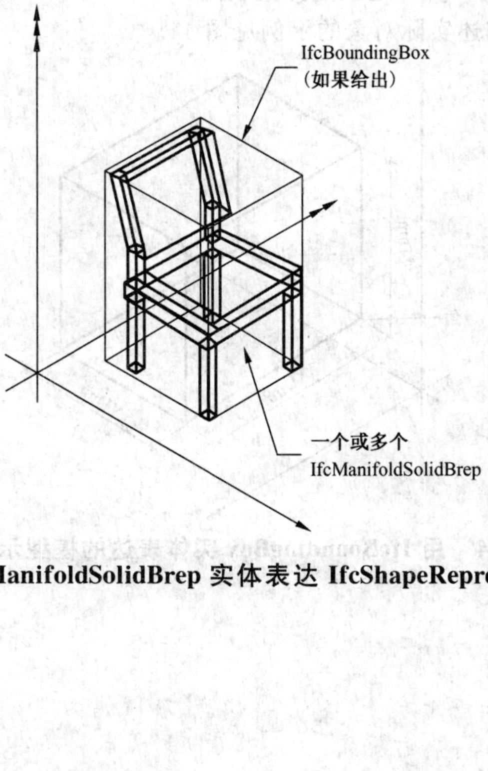

图 46　用 IfcManifoldSolidBrep 实体表达 IfcShapeRepresentation 示例

图 46 表面模型表达由 IfcShapeRepresentation 给出，仅包含一个单一项。表面模型表达由 IfcShapeRepresentation 给出，包含一个或多个项，都是 IfcManifoldSolidBrep 类型。

EXPRESS 描述：

```
*)
ENTITY IfcBuildingElement
    ABSTRACT SUPERTYPE
    SUBTYPE OF(IfcElement);
    INVERSE
      ProvidesBoundaries  :SET OF IfcRelSpaceBoundary FOR
                           RelatedBuildingElement;
      HasOpenings         :SET OF IfcRelVoidsElement FOR
                           RelatingBuildingElement;
      FillsVoids          :SET OF IfcRelFillsElement FOR
                           RelatedBuildingElement;
END_ENTITY;
(*
```

属性定义：

ProvidesBoundaries(提供边界)：通过客观化关系 IfcRelSeparatesSpaces 引用空间边界。定义建筑单元围绕空间的概念。

HasOpenings(拥有开洞)：引用在建筑单元上开洞的关系。一个单元可以有零到多个开洞。

FillsVoids(填充开洞)：引用填充开洞关系，将这个单元填充在另一个单元的开洞中。

6.2.4.6 单元

IfcElement 描述组成 AEC 产品的单元的共性信息。可以将这些单元逻辑地包含在一个项目结构层次适当层次的空间结构单元中(例如：场地，建筑楼层或空间)。这通过 IfcRelContainedInSpatialStructure 关系完成。

单元都是物理存在的对象，虽然有时候可能是空单元，例如洞。单元可以永远是 AEC 产品的组成部分，也可以是暂时的，例如模板。单元既可以是现场装配的，也可以是人工自造现场安装。举例来说，建筑工程中的单元有墙、楼板、窗和隐窝。

一个单元可以通过 IfcRelAssociatesMaterial 和 IfcRelDefinesByProperties 关系具有材料和数量属性。另外，也可以通过 IfcRelDefinesByType 关系用单元类型定义属性。

一个单元也可以通过语义和拓扑定义的组组装定义，这些相关单元形成 AEC 产品的更高层次的组成部分。这种单元组装通过 IfcRelAggregates 关系定义。举例来说，屋顶结构是由几个屋顶面积组成，又比如说，楼梯是有楼梯踏步和平台组成。

完成相同功能的单元可以通过“功能单元组”组织在一起。用 IfcGroup 的实例实现，其中“组目的属性”为“由于共同功能组织在一起的单元”。

EXPRESS 描述：

```
*)
ENTITY IfcElement
    ABSTRACT SUPERTYPE OF(ONEOF (IfcBuildingElement,
                                 IfcOpeningElement,
```

```
                                    IfcFurnishingElement,
                                    IfcElectricalElement,
                                    IfcDistributionElement,
                                    IfcTransportElement,
                                    IfcEquipmentElement))
    SUBTYPE OF(IfcProduct) ;
      Tag                     :OPTIONAL IfcIdentifier;
    INVERSE
      ConnectedTo             :SET OF IfcRelConnectsElements FOR RelatingElement;
      ConnectedFrom           :SET OF IfcRelConnectsElements FOR RelatedElement;
      ContainedInStructure    :SET[0 : 1]OF IfcRelContainedInSpatialStructure
                               FOR RelatedElements;
END_ENTITY;
 (*
```

属性定义：

Tag(标签)：标签标识产品特殊实例的系列号或位置号等，标识单元层次；

ConnectedTo(连接到)：引用单元的连接关系，通过这个关系引用其他连接到的单元；

ConnectedFrom(从连接)：引用单元的连接关系，通过这个关系引用其他连接到这个单元的单元；

ContainedInStructure(包含在结构中)：引用与一个空间结构单元的关系，通过这个关系单元被最先连接。

6.2.4.7 空间结构单元

IfcSpatialStructureElement 定义所有空间结构单元的共同属性，建立一个空间结构。这个空间结构常被用来提供一个项目结构组织建筑项目。

为了建筑项目的需要，一个空间项目结构可以分为多个层次。在空间项目结构中可以包含的单元有：

- 场地 IfcSite；
- 建筑 IfcBuilding；
- 楼层 IfcBuildingStorey；
- 空间 IfcSpace。

这些单元可以包含集合或是其他单元的部分。组合的类型决定一个单元或者是单元本身，或者是集合(合成)，或者是分解(部分)，类型的解释由 IfcSpatialStructureElement 子类型决定。

IfcRelAggregates 被定义为一对多关系，用来建立空间项目结构两个层次之间的关系。

非形式建议：

- 用 IfcRelAggregates 建立的空间项目结构是非循环的；
- 场地不能(直接或间接)关联到建筑、楼层或空间；
- 建筑不能(直接或间接)关联到楼层或空间；
- 楼层不能(直接或间接)关联到空间。

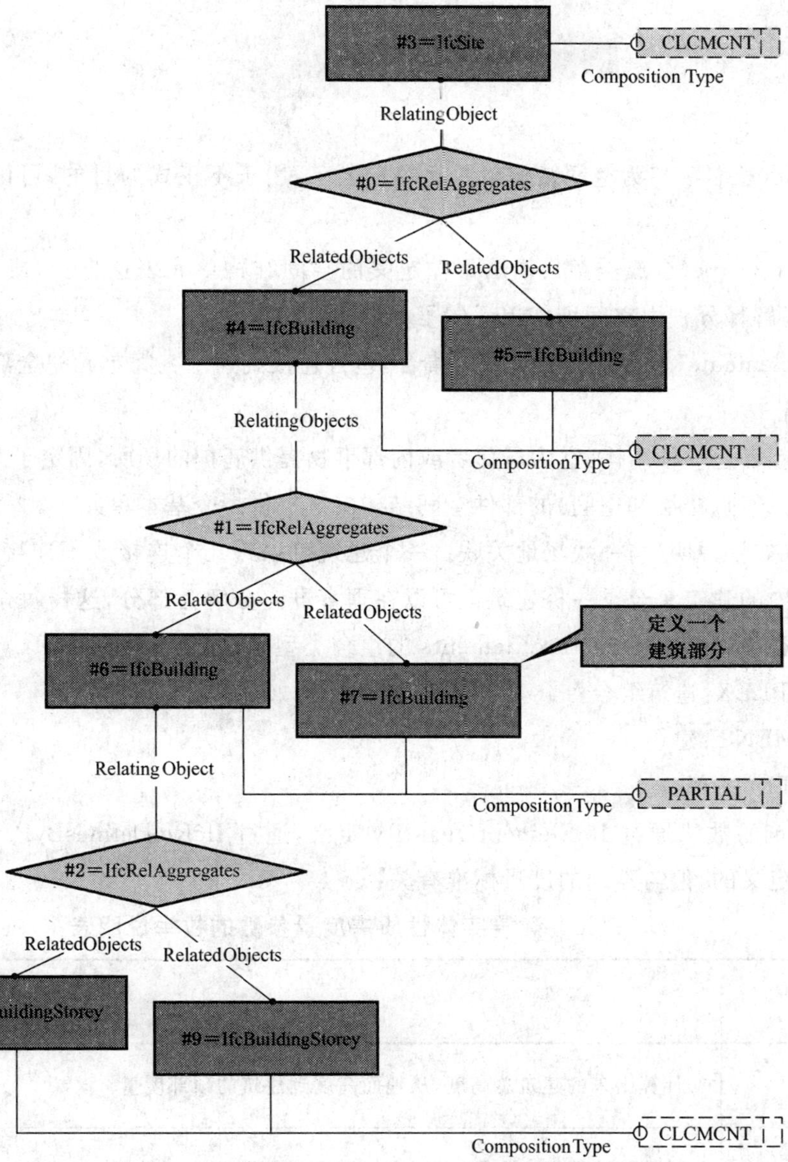

图 47 空间结构单元的组成框图

图 47 表达用 IfcRelAggregates 的建立空间结构，包括场地、建筑、建筑部分和建筑楼层。

EXPRESS 描述：

```
*)
ENTITY IfcSpatialStructureElement
    ABSTRACT SUPERTYPE OF (ONEOF(IfcBuilding,
                                 IfcBuildingStorey,
                                 IfcSpace,
                                 IfcSite))
    SUBTYPE OF(IfcProduct);
      LongName       :OPTIONAL IfcIdentifier;
      CompositionType:IfcElementCompositionEnum;
    INVERSE
      ContainsElements:SET OF IfcRelContainedInSpatialStructure FOR
```

```
                    RelatingStructure;
END_ENTITY;
 (*
```

属性定义：

LongName(长名字)：为空间结构单元起的长名字，用于不正式的目的，可以同继承属性 Name 一起使用；

CompositionType(合成类型)：指示预先定义的空间结构单元表达自身，或者是集合(合成)，或者是分解(部分)，解释分别由空间结构单元的子类型给出；

ContainsElements(包含单元)：关系的集合，包含连接到这个空间单元的全部单元。

6.2.4.8 建筑

IfcBuilding 表达一种结构，它为居住者或内部事物提供庇护的场所，固定于某一地方。建筑也用于在建筑项目(与场地、楼层和空间)的部件空间结构层次提供一个基本单元。

一栋建筑(如果说明)与一块场地关联。一个建筑可以跨几个连接或不连接建筑。因此，复合建筑组合一块场地内的建筑集合。一栋建筑也可以在垂直方向分解为部分，这样每个部分定义一个建筑区域。这通过超类 IfcSpatialStructureElements 的组合类型属性定义，解释如下：

- COMPLEX：建筑组合；
- ELEMENT：建筑；
- PARTIAL：部分。

关联到建筑的数量通过 IfcElementQuantity 定义，通过 IfcRelDefinesByProperties 附上。表 6 表明数量是预先定义的，但与本地的度量标准有关：

表 6 建筑实体性质需度量参数的枚举说明表

名称	描述	值类型
TotalHeight	计算出来的建筑总高度，从地面高度到建筑的顶部度量	IfcLengthQuantity
SiteCoverage	计算的建筑场地占地面积(也引用为基底面积)	IfcAreaQuantity
GrossFloorArea	计算的建筑覆盖总面积和。确切的定义和计算规则与使用的度量方法有关	IfcAreaQuantity
NetFloorArea	计算的建筑覆盖总可使用面积和(一般排除建筑单元的面积)。确切的定义和计算规则与使用的度量方法有关	IfcAreaQuantity
GrossVolume	计算的建筑包含总体积。确切的定义和计算规则与使用的度量方法有关	IfcVolumeQuantity

建筑内的加热空间应该由处理 IfcZone，包含建筑内加热空间的总高度属性。下图将定义建筑的建筑高度和海拔的解释。

建筑实体定义的示例见图 48。

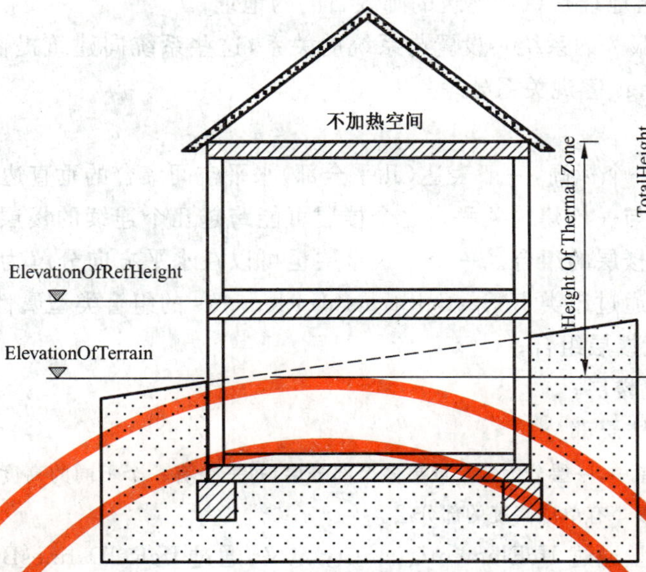

图 48　建筑定义示意图

几何使用定义：建筑的几何表达由 IfcProductDefinitionShape 和 IfcLocalPlacement 给出，允许多种几何表达：

局部坐标：建筑的局部坐标在它的超类 IfcProduct 中由 IfcLocalPlacement 定义，IfcLocalPlacement 定义所有几何表达引用的局部坐标系。

IfcLocalPlacement 的 PlacementRelTo 关系应该指向（如果使用相对坐标）"IfcSite"类型的或"IfcBuilding"类型的 IfcSpatialStructureElement（例如相对于一个复合建筑定位建筑，或相对于一个建筑定位一个建筑部分）。

如果没有使用相对坐标，在总体坐标系中定义绝对坐标。

标准几何表达：建筑的标准几何表达（如果建筑有一个单独几何表达）用小面片的 Brep 表达能力（带洞或不带洞）定义。IfcShapeRepresentation. RepresentationType 是'Brep'。

既然建筑形状一般通过外部建筑单元描述，如果建筑独立于它的构成单元显示，应该给出一个独立的形状表达。

EXPRESS 描述：

```
*)
ENTITY IfcBuilding
    SUBTYPE OF(IfcSpatialStructureElement);
      ElevationOfRefHeight    :OPTIONAL IfcLengthMeasure;
      ElevationOfTerrain      :OPTIONAL IfcLengthMeasure;
      BuildingAddress         :OPTIONAL IfcPostalAddress;
    INVERSE
      ServicedBySystems       :SET OF IfcRelServicesBuildings FOR
                               RelatedBuildings;
END_ENTITY;
(*
```

属性定义：

ElevationOfRefHeight（参考海拔高度）：参考海拔高度，用于所有层的高度度量，等于高度为 0.0。它一般是底层楼板的高度；

ElevationOfTerrain（地形高度）：建筑地基的最小地形高度，通过海拔高度给出；

BuildingAddress(建筑地址):赋给建筑的邮政目的的地址;

ServicedBySystems(服务的系统):设置与系统的关系,这些系统向建筑提供一定服务。这个关系通过 IfcRelServicesBuildings 客观关系处理。

6.2.4.9 建筑楼层

IfcBuildingStorey 有一个标高,一般表达(几乎全部)水平空间集合的垂直边界。

一个楼层(如果说明)与一栋建筑关联。一个楼层可能跨越几个连续的楼层。因此,复合建筑楼层提供包含在一栋建筑内的楼层的组合。一个建筑楼层也可以在水平方向分解为部分,这样每个部分定义一个建筑楼层部分。这通过超类 IfcSpatialStructureElements 的组合类型属性定义,解释如下:

- COMPLEX:建筑楼层组合;
- ELEMENT:建筑楼层;
- PARTIAL:建筑楼层部分。

示例:在一栋水平分割房屋中,一层分为两个或更多个部分层,每一个有一个不同的高度。可以通过定义一个层来处理它,这一层包含两个或更多个有单独高度的部分层。

关联到建筑楼层的数量通过 IfcElementQuantity 定义,通过 IfcRelDefinesByProperties 附上。表 6 的数量是预先定义的,但与本地的度量标准有关,建筑楼层有关属性度量的描述见表 7。

表 7 建筑楼层有关属性度量描述表

名称	描述	值类型
TotalHeight	计算出来的建筑楼层高度,从楼板底表面到上面楼板或屋顶的底表面	IfcLengthQuantity
GrossFloorArea	计算的建筑楼层覆盖的所有面积总和(作为水平投影)。确切的定义和计算规则与使用的度量方法有关	IfcAreaQuantity
NetFloorArea	计算的建筑楼层覆盖总可使用面积和(一般排除建筑单元的面积)。确切的定义和计算规则与使用的度量方法有关	IfcAreaQuantity
GrossVolume	计算的建筑楼层包含总体积。确切的定义和计算规则与使用的度量方法有关	IfcVolumeQuantity

几何使用定义:建筑楼层的几何表达由 IfcProductDefinitionShape 和 IfcLocalPlacement 给出,允许多种几何表达:

局部坐标:建筑楼层的局部坐标在它的超类 IfcProduct 中由 IfcLocalPlacement 定义,IfcLocalPlacement 定义所有几何表达引用的局部坐标系。

IfcLocalPlacement 的 PlacementRelTo 关系应该指向(如果使用相对坐标)"IfcBuilding"类型的或"IfcBuildingStorey"类型的 IfcSpatialStructureElement(例如相对于一个复合建筑楼层定位建筑楼层,或相对于一个建筑楼层定位一个建筑楼层部分)。

如果没有使用相对坐标,在总体坐标系中定义绝对坐标。

标准几何表达:建筑楼层的标准几何表达(如果建筑有一个单独几何表达)用小面片的 Brep 表达能力(带洞或不带洞)定义。IfcShapeRepresentation. RepresentationType 是'Brep'。

既然建筑楼层形状一般通过外部建筑单元描述,如果建筑楼层独立于它的构成单元显示,应该给出一个独立的形状表达。

EXPRESS 描述:

```
*)
ENTITY IfcBuildingStorey
    SUBTYPE OF(IfcSpatialStructureElement);
```

```
    Elevation:OPTIONAL IfcLengthMeasure;
END_ENTITY;
 (*
```

属性定义：

Elevation(层高)：这一层的基本高度，相对于 IfcBuilding 给出的 ElevationOfRefHeight 属性。

6.2.4.10 空间

IfcSpace 表达一个被实际或理论边界围绕的面积或体积。空间是建筑内提供一定功能的面积或体积。

一个空间(如果说明)与一栋建筑楼层关联(在外部空间的情况下与场地连接)。一个空间可能跨越几个连续的空间。因此，一个空间组在一个建筑楼层内提供空间的组合。一个空间也可以分解为部分，这样每个部分定义一个部分空间。这通过超类 IfcSpatialStructureElements 的组合类型属性定义，解释如下：

- COMPLEX：空间组合；
- ELEMENT：空间；
- PARTIAL：空间部分。

关联到空间的数量通过 IfcElementQuantity 定义，通过 IfcRelDefinesByProperties 附上。表 8 中下列数量是预先定义的，但与本地的度量标准有关，空间实体有关属性度量描述见表 8。

表 8 空间实体有关属性度量描述表

名称	描述	值类型
AverageHeight	空间的(从这个空间的楼板顶到上面空间楼板的底度量)地板面高度(不包括楼板)到天花板高度(不包括吊顶天花板)。如果房间形状不是菱形的，应该取平均值	IfcLengthQuantity
AverageGrossHeight	空间的楼板高度到楼板高度(从这个空间的楼板顶到上面空间楼板顶度量)。如果房间形状不是菱形的，应该取平均值	IfcLengthQuantity
AverageClearHeight	空间楼板平面(包括涂层)和天花板平面(包括涂层和子结构)之间的静高度。如果房间形状不是菱形的，应该取平均值	IfcLengthQuantity
Perimeter	空间楼板水平周长。实际的定义和计算规则依赖于使用的度量方法	IfcLengthQuantity
Area	空间楼板水平面积。实际的定义和计算规则依赖于使用的度量方法	IfcAreaQuantity
Volume	空间的体积。实际的定义和计算规则依赖于使用的度量方法	IfcVolumeQuantity

下面的图形描述空间的高度和层高。

空间实体定义的示例见图 49。

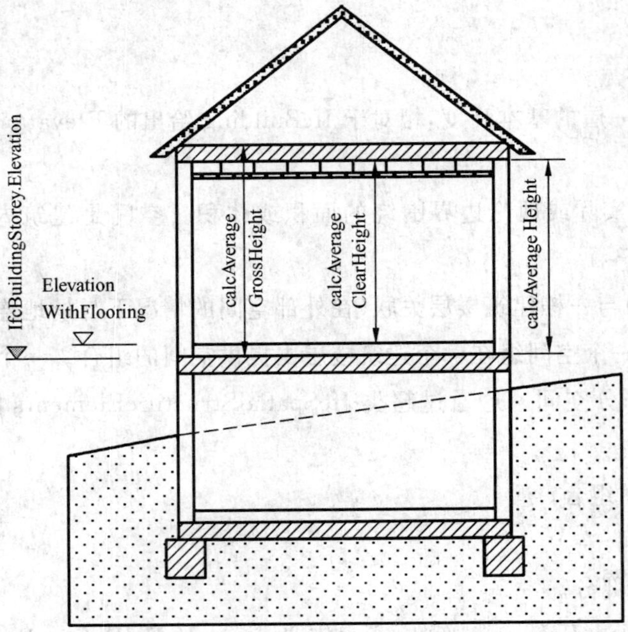

图 49 空间定义的示意图

几何使用定义:空间的几何表达由 IfcProductDefinitionShape 和 IfcLocalPlacement 给出,允许多种几何表达:

注:如果周边 IfcSpaceBoundary 实例的定义一个这个空间的特殊表达的完整几何表达,那么这个视图应该从 IfcSpace 多种表达中忽略。

注:在空间和它周边 IfcSpaceBoundary 的几何表达之间有矛盾的情况下,空间的几何表达应该优先于空间周围边界的几何表达。

局部坐标:空间的局部坐标在它的超类 IfcProduct 中由 IfcLocalPlacement 定义,IfcLocalPlacement 定义所有几何表达引用的局部坐标系。

IfcLocalPlacement 的 PlacementRelTo 关系应该指向"IfcBuildingStorey"类型(如果使用相对坐标)或"IfcSpace"类型的 IfcSpatialStructureElement(例如相对于一个空间组定位空间,或相对于一个空间定位一个部分空间)。

如果没有使用相对坐标,在总体坐标系中定义绝对坐标。

使用扫掠实体表达的标准几何表达:空间的标准几何表达用扫掠面实体几何定义。IfcShapeRepresentation 的 RepresentationType 属性应该赋值'SweptSolid'。下面的约束应用到标准表达:

立体:需要 IfcExtrudedAreaSolid;

截面:需要 IfcArbitraryClosedProfileDef,应该支持 IfcArbitraryProfileDefWithVoids;

拉伸:拉伸方向应该是垂直的,例如沿着包含空间结构单元坐标系的 Z 轴方向。

有关任意带洞截面实体在空间实体应用中的示例见图 50 和图 51。

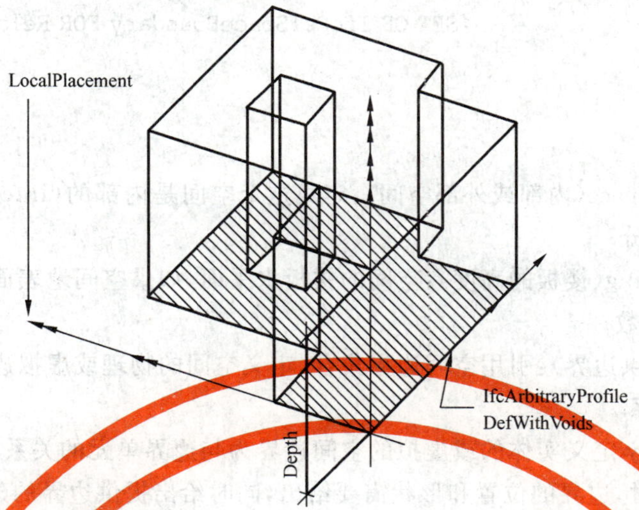

图 50　任意带洞截面定义向 IfcSpace 的扫掠面实体拉伸的示意图

任意带洞截面定义向空间的扫掠面实体拉伸。

高级几何表达：空间的高级几何表达用扫掠面实体几何定义，可以是布尔表达式。IfcShapeRepresentation 的 RepresentationType 属性应该赋值'CSG'。下面的附加约束应用到高级表达：

- 立体：参考标准几何表达；
- 截面：参考标准几何表；
- 拉伸：参考标准几何表；
- 布尔结果：应该支持第二个操作数是"IfcHalfSpaceSolid"类型的差操作。

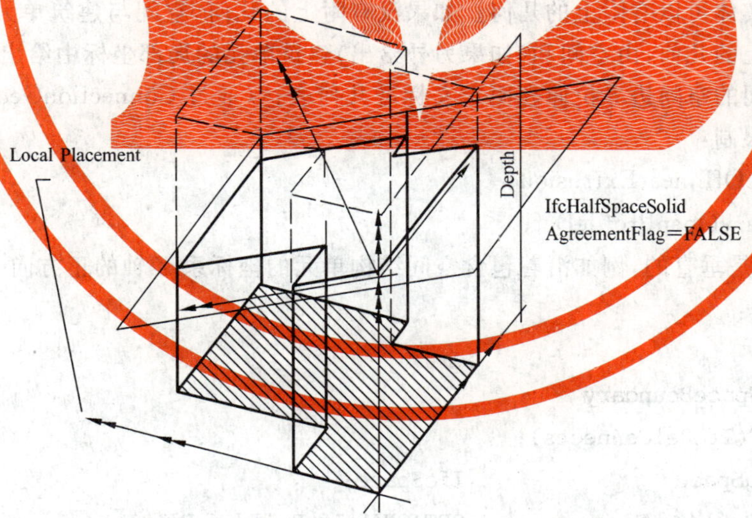

图 51　任意截面定义向扫掠面实体拉伸的示意图

任意截面定义向扫掠面实体拉伸。实体和一个半空间实体是空间的布尔结果操作数。

EXPRESS 描述：

```
*)
ENTITY IfcSpace
    SUBTYPE OF(IfcSpatialStructureElement);
      InteriorOrExteriorSpace :IfcInternalOrExternalEnum;
      ElevationWithFlooring   :OPTIONAL IfcLengthMeasure;
```

```
    INVERSE
      BoundedBy                   :SET OF IfcRelSpaceBoundary FOR RelatingSpace;
  END_ENTITY;
  (*
```

属性定义：

InteriorOrExteriorSpace(内部或外部空间):定义这个空间是内部的(Internal)或是外部的(External),例如外部空间的部分；

ElevationWithFlooring(楼板的高度):空间的楼板水平面,如果空间地表面是倾斜的或空间内有不同的水平面,应该取平均数；

BoundedBy(由…提供边界):引用空间边界集合,定义空间的物理或虚拟边界。

6.2.4.11 空间边界关系

IfcRelSpaceBoundary 定义实体的或虚拟的空间边界为与边界单元的关系。

当是实体空间边界时,边界的位置和形状需要给出,同时给出提供边界的建筑单元。

当是虚的空间边界时,边界的位置和形状需要给出,但没有引用的建筑单元。

空间边界如何分解的精确定义要以个人观点为准,关于空间边界的分解的更细致约定只能在领域或应用类型的水平解决。

示例:从建筑或设备管理的相关观点上看,空间边界从空间的内部定义,不将建筑单元考虑进去。一个平面区域(即使建筑单元改变了)始终被看成是单一空间边界。从 HVAC 的相关观点上看,空间边界的分解依靠提供的建筑单元的材料和相邻空间。

空间边界关系实体定义一种客观关系,通过客观化单元与它限制的空间关系处理单元与空间的关系。它是一个一对一关系,但是允许每个建筑物定义多个这样关系,而每个空间可以通过多个这样的关系定义。

空间边界关系实体可以有附上的几何。如果没有附上的几何,空间与建筑单元关系只是在逻辑水平上处理。如果附上的几何,由空间和(如果另外给出)建筑单元的局部坐标中给出。

用限制棱柱空间的空间边界拉伸表面定义标准几何表达(通过 ConnectionGeometry 属性)。在标准表达上应用下列限制：

表面:IfcSurfaceOfLinearExtrusion;

截面:IfcArbitraryOpenProfileDef;

拉伸:拉伸方向是垂直的,例如沿着包含空间结构单元的坐标系 Z 轴的正方向。

EXPRESS 描述：

```
  *)
  ENTITY IfcRelSpaceBoundary
    SUBTYPE OF(IfcRelConnects);
      RelatingSpace                 :IfcSpace;
      RelatedBuildingElement        :OPTIONAL IfcBuildingElement;
      ConnectionGeometry            :OPTIONAL IfcConnectionSurfaceGeometry;
      PhysicalOrVirtualBoundary     :IfcPhysicalOrVirtualEnum;
      InternalOrExternalBoundary    :IfcInternalOrExternalEnum;
    WHERE
        WR1:((PhysicalOrVirtualBoundary = IfcPhysicalOrVirtualEnum.Physical)
            AND(EXISTS(RelatedBuildingElement)))OR
            ((PhysicalOrVirtualBoundary = IfcPhysicalOrVirtualEnum.Virtual)
            AND(NOT(EXISTS(RelatedBuildingElement))))OR
```

```
        PhysicalOrVirtualBoundary = IfcPhysicalOrVirtualEnum.NotDefined);
END_ENTITY;
 (*
```

属性定义：

RelatingSpace(相关空间)：引用由边界分割的空间；

RelatedBuildingElement(被关联的建筑单元)：引用定义空间边界的建筑单元；

ConnectionGeometry(几何连接)：表达连接的几何；

PhysicalOrVirtualBoundary(物理或虚的边界)：定义边界是物理的(Physical)或虚的(Virtual)；

InternalOrExternalBoundary(内部或外部边界)：定义边界是内部的(Internal)还是外部的(External)，例如邻近开放空间(部分封闭的空间，例如阳台)。

形式约束：

WR1：如果空间边界是物理的，应该通过客观化关系 IfcRelSeparatesSpaces 为它提供一个单元。

6.2.4.12 场地

IfcSite 定义陆地区域，这块区域可能被水覆盖，在其上完成工程建设。一块场地可以用于建设建筑物(可以有多个)或其他 AEC 产品。

一块场地可能包含工程场地(用纬度、经度和高程表达的全球位置)的单一几何引用点的定义。这个信息仅仅是为了给出信息的目的，不是为了给出相对于真实世界的绝对位置。

由 IfcLocalPlacement 定义的场地几何位置应该总是相对于空间结构单元，这个单元包含包含场地，或是总体坐标系的绝对坐标，通过工程几何表达环境建立。

一个工程可能跨越几个连接或不连接的场地。因此，场地联合体提供一个包含工程中所有场地的集合。一个场地也可以分解为部分，每个部分定义一个场地区。这通过超类 IfcSpatialStructureElements 的合成类型属性定义，通过如下解释：

- COMPLEX：场地联合体；
- ELEMENT：场地；
- PARTIAL：部分场地。

与场地的数量联系用 IfcElementQuantity 定义，通过 IfcRelDefinesByProperties 上。表 9 中的数量是预先定义，但与度量的本地标准有关。

场地实体属性度量说明见表 9。

表 9 场地实体有关属性度量描述表

名称	描述	值类型
场地周长	场地边界的周长	长度度量
场地面积	这块场地的总面积(水平投影)	面积度量

几何使用定义：IfcSite 的几何表达由 IfcProductDefinitionShape 和 IfcLocalPlacement 给出，允许多种几何表达形式。

局部坐标：IfcOpeningElement 的局部坐标在它的超类 IfcProduct 中由 IfcLocalPlacement 定义，IfcLocalPlacement定义所有几何表达引用的局部坐标系。

如果使用相对坐标(例如相对一个复合场地定为一块场地或相对一块场地定义一块场地部分)，IfcLocalPlacement的 PlacementRelTo 关系应该指向“IfcSite”类型的 IfcSpatialStructureElement。

如果没有使用相对坐标，在总体坐标系中定义绝对坐标。

标准几何表达:IfcSite 的标准几何表达用一套度量点和可选突变线定义。突变线只限于连接度量点给出的点。突变线,如果给出,用于约束三角度量。

场地的标准几何表达的表达类型有:

IfcShapeRepresentation. RepresentationType='GeometricSet';

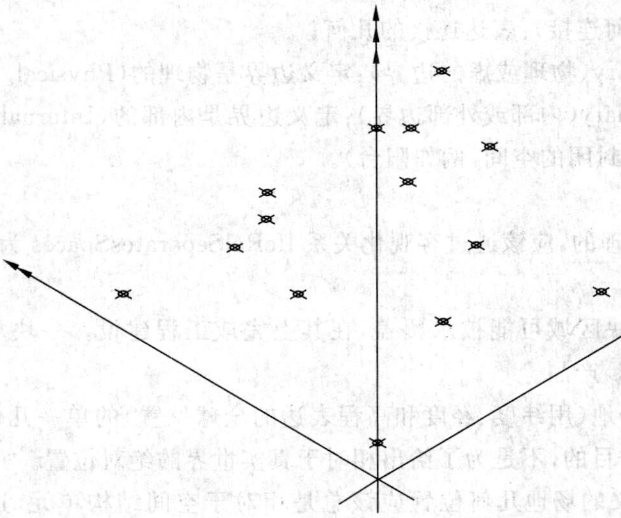

图 52 场地的三维度量点

场地的三维度量点的示例见图 52,场地的小面表达的示例见图 53,场地的三维测点和突变点见图 54。

在场地的目标坐标系内用三维迪卡尔点给出的一套度量点。IfcCartesianPoint 的集合包含在的 IfcGeometricSet. Elements 集合内。

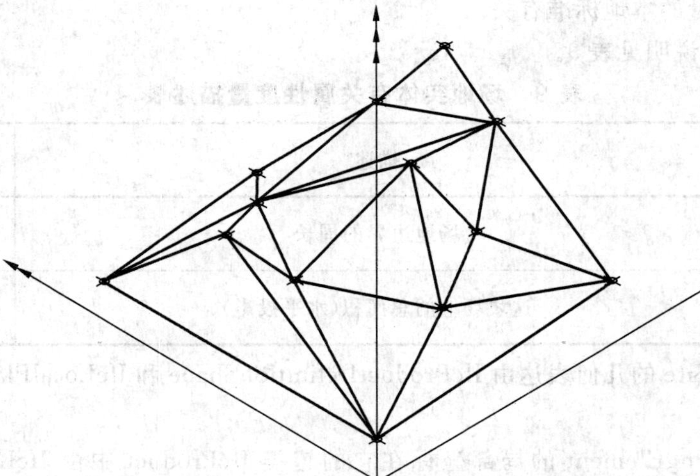

图 53 场地的小面表达

小面表达结果。

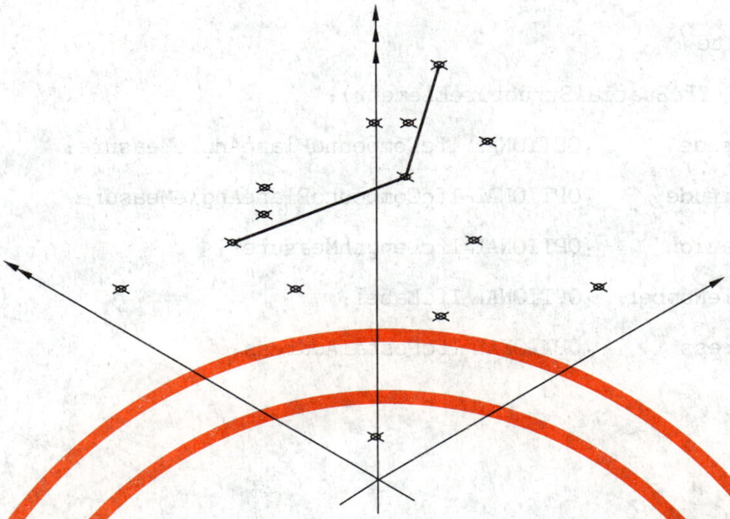

图 54　场地的三维度量点和突变点

在场地的目标坐标系内，三维迪卡尔点给出的一套度量点，和连接某些度量点的一些线给出一些突变点。IfcCartesianPoint 的集合和 IfcPolyline 的集合包含在的 IfcGeometricSet. Elements 集合内。

图 55　将突变线考虑进去的小面表达结果示意图

将突变线考虑进去的小面表达结果。将突变线考虑进去的小面表达的示例见图 55。

高级几何表达：IfcSite 的高级几何表达用基于 IfcFaceBasedSurfaceModel 或 IfcShellBasedSurfaceModel 的表面模型定义。一般表面模型是场地度量点的三角度量结果。

场地的高级几何表达的表达类型有：

IfcShapeRepresentation. RepresentationType='SurfaceModel'；

EXPRESS 描述：

```
*)
  ENTITY IfcSite
    SUBTYPE OF(IfcSpatialStructureElement);
      RefLatitude       :OPTIONAL IfcCompoundPlaneAngleMeasure;
      RefLongitude      :OPTIONAL IfcCompoundPlaneAngleMeasure;
      RefElevation      :OPTIONAL IfcLengthMeasure;
      LandTitleNumber   :OPTIONAL IfcLabel;
      SiteAddress       :OPTIONAL IfcPostalAddress;
END_ENTITY;
(*
```

属性定义：

RefLatitude(参考纬度)：参考点(很有可能用合法描述定义)的世界纬度。用度、分、秒的实数值定义。

RefLongitude(参考经度)：参考点(很有可能用合法描述定义)的世界经度。用度、分、秒的实数值定义。

RefElevation(参考海拔高度)：相对于海平面的海拔高度。

LandTitleNumber(土地名称编号)：土地名称编号(在整个区域系统里制定场地)。

SiteAddress(场地地址)：赋给场地的邮政目的的地址。

6.2.4.13 空间结构包含关系

IfcRelContainedInSpatialStructure 定义一种客观关系，用于将单元分配到一定水平的空间项目结构中。任何单元只能被分配到一定水平的空间结构一次。对什么类型的单元与什么水平的空间结构相关的问题，只能在特定的工程环境中回答，在不同地区会有变化。

例如：一个多层空间包含在(或属于)一个建筑楼层的底层，但它跨越的所有其他建筑楼层都引用他。一个电梯可能包含在地下室里，但是被所有它跨越的层引用。引用关系可以用 IFC 建立的一般分组机制表达。

可以分配单元的预定义空间结构单元是：

- 场地 IfcSite；
- 建筑 IfcBuilding；
- 楼层 IfcBuildingStorey；
- 空间 IfcSpace。

依赖于环境，相同的单元可以分配到不同的空间结构单元中。

示例：一般将墙分配到楼层，然而窗帘墙可以分配给建筑，地形中的挡土墙可以分配给场地。

包含在空间结构中的单元组成的框图见图 56。

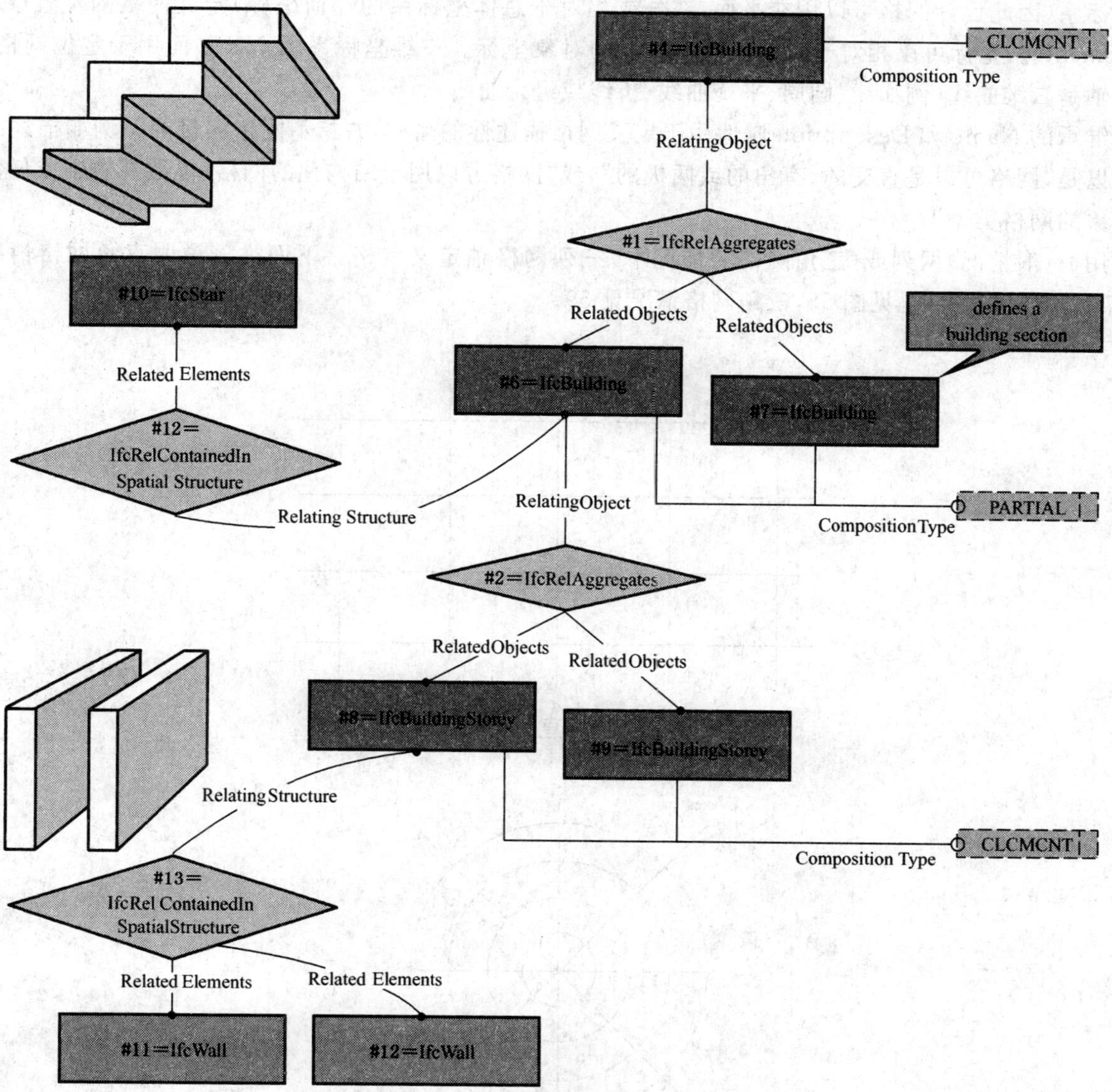

图 56　包含在空间结构中的单元组成的框图

上图显示使用关系图解空间结构包含关系，将一个楼梯和两面墙分配到两个不同水平的空间结构内。

EXPRESS 描述：

```
*)
ENTITY IfcRelContainedInSpatialStructure
    SUBTYPE OF(IfcRelConnects);
      RelatedElements   :SET[1 : ?]OF IfcElement;
      RelatingStructure:IfcSpatialStructureElement;
END_ENTITY;
(*
```

属性定义：

RelatedElements(被关联单元)：单元集合，分配在这个水平空间结构层次；

RelatingStructure(关联单元)：空间结构单元，单元分配在这个空间项目结构中。

6.2.4.14　网格

IfcGrid 在三维空间中定义一个平面设计网格，作为一种辅助用在定位结构和设计单元。用一个三维坐标系(因此设计网格可以用在平面、部分或相对于总体坐标系的任何坐标)定义网格的位置(GridPlacement)。坐标可以相对于其他产品或网格的对象坐标。三维坐标系的 XY 平面用于定位网格轴,网格轴是二维曲线(例如线、圆周、平衡曲线、折线或组合曲线)。

继承的 Name 和 Description 属性用于定义网格描述性的名称,并指示网格的目的。例如描述的用途可以是"网格可以是直交的、有角的或两极的",或"网格可以用于结构化的网格、模数规划格或任何排列对象的网格类型"。

用(一般情况)两列或(三角网格的情况下)三列网格轴定义网格。下面举例说明直角网格情况见图 57,放射状网格情况见图 58,三角网格情况见 59。

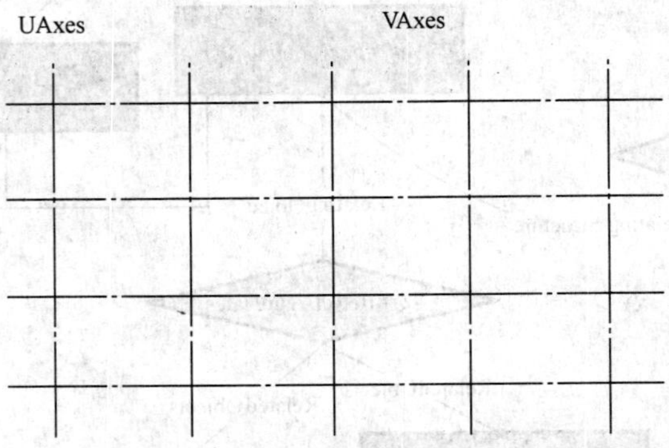

图 57 直角网格

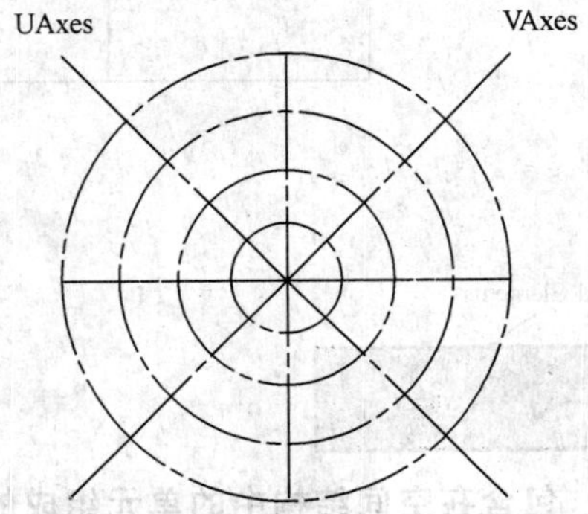

图 58 放射状网格

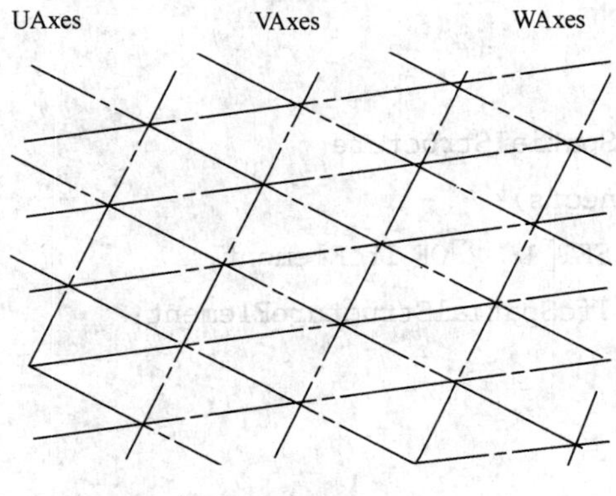

图 59 三角网格

网格轴,定义在设计网格内,是一些用 IfcGridPlacement 相对定位项目对象的单元。

几何使用定义:网格不包括几何方向,不象所有包含网格轴用到的位置坐标系,IfcAxis2Placement 用于定义坐标系。

网格轴示例见图 60。

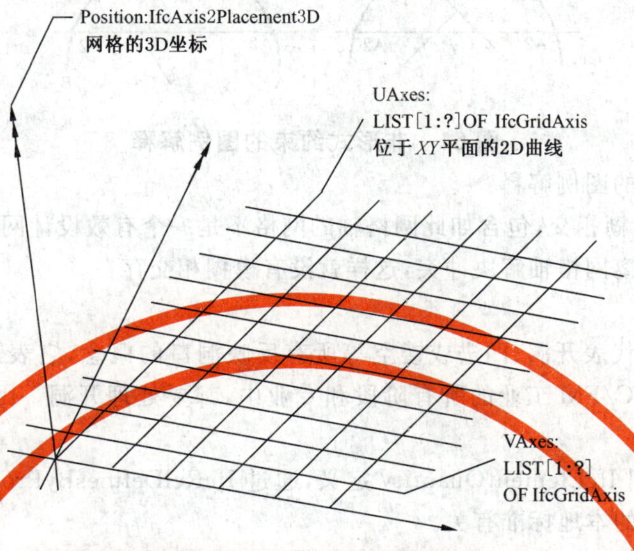

图 60　网格轴

设计网格定义一个位置坐标系，坐标系的 *XY* 平面用于定义定位二维网格轴。和属性引用所有定义在设计网格环境中的网格轴（基于二维曲线）。

EXPRESS 描述：

```
*)
ENTITY IfcGrid
   SUBTYPE OF(IfcProduct);
     UAxes :LIST[1 : ?]OF UNIQUE IfcGridAxis;
     VAxes :LIST[1 : ?]OF UNIQUE IfcGridAxis;
     WAxes :OPTIONAL LIST[1 : ?]OFUNIQUE IfcGridAxis;
   WHERE
     WR1   :EXISTS(SELF\IfcProduct.ObjectPlacement);
     WR2   :NOT(EXISTS(SELF\IfcProduct.Representation));
END_ENTITY;
(*
```

属性定义：

Uaxes(*U* 轴)：网格轴列，定义第一网格线行；

VAxes(*V* 轴)：网格轴列，定义第二网格线行；

WAxes(*W* 轴)：网格轴列，定义第三网格线行。在三角网格的情况下给出。

形式约束：

WR1：网格的坐标必须给出；

WR2：不应该赋给网格表达。

非形式约束：

IP1：被不同轴列(*U* 轴、*V* 轴、*W* 轴)引用的网格轴不应该平行；

IP2：网格轴应该定义为没有两个网格轴相交两次。

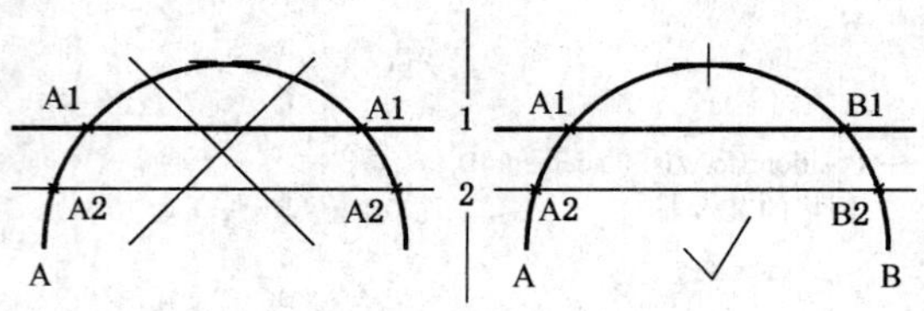

图 61　非形式约束的图例解释

图 61 中非形式约束的图例解释：

左图：A1 和 A2 的模糊相交，包含如此网格轴的网格不是一个有效设计网格；

右图：用这种方法分离网格轴解决冲突，这样就没有模糊相交存在。

6.2.4.15　开洞单元

IfcOpeningElement 代表开洞、凹进或镂空等所有反映洞口的概念，它表达任何单元内的开洞，并具有物理的表现。在 AEC/FM 工业的所有阶段和专业中，都要处理开洞。因此开洞单元的交互性在这个高层次上给出。

与空间的数量联系用 IfcElementQuantity 定义，通过 IfcRelDefinesByProperties 附上。表 10 的数量是预先定义，但与度量的本地标准有关。

表 10　开洞单元属性度量描述表

名称	描述	值类型
开洞面积	通过正投影（对墙开洞）或俯视投影（对楼板开洞）观察到的开洞面积。由使用度量方法确定确切的定义和计算规则	IfcAreaQuantity

几何使用定义：开洞单元的几何表达由 IfcProductDefinitionShape 和 IfcLocalPlacement 给出，允许多种几何表达形式。

局部坐标：开洞单元的局部坐标在它的超类 IfcProduct 中由 IfcLocalPlacement 定义，IfcLocalPlacement 定义所有几何表达引用的局部坐标系。

IfcLocalPlacement 的 PlacementRelTo 关系应该指向相同的单元的局部坐标，这个单元被开洞单元通过 VoidsElement. RelatingBuildingElement 引用开洞。

如果没有使用相对坐标，在总体坐标系中定义绝对坐标。

用扫掠实体表达的标准几何表达：开洞单元的标准几何表达用扫掠面实体几何定义。IfcShapeRepresentation 的 RepresentationType 属性应该赋予‘SweptSolid’值。下面的附加约束应用到扫掠实体表达：

立体：需要 IfcExtrudedAreaSolid；

截面：应该支持 IfcRectangleProfileDef；

拉伸：截面应该水平拉伸（例如垂直于被开洞单元的拉伸方向），例如对于墙开洞，或垂直拉伸（例如在被开洞单元的拉伸方向），例如对楼板开洞；

在建筑单元的周边定义开洞需要特定协议，例如墙的周边。开洞的宽度，在矩形开洞的情况下等于 IfcRectangleProfileDef. XDim，定义为两个平行边框的直线距离。如果边框是由半径定义的（弧的中心用于定义圆墙），那么开洞的宽度定义为外部弧长度。

注：在非平行边框的情况下，几何表达不是一个拉伸面积实体，它必须用其他表达类型表达。

EXPRESS 描述：

```
*)
ENTITY IfcOpeningElement
    SUBTYPE OF(IfcElement);
   INVERSE
```

```
        VoidsElements : IfcRelVoidsElement FOR RelatedOpeningElement;
        HasFillings   : SET OF IfcRelFillsElement FOR RelatingOpeningElement;
END_ENTITY;
 (*
```

属性定义：

VoidsElements(开洞单元)：引用开洞关系，这个关系在一个单元内用一个开洞单元建立一个开洞。开洞单元只能用于在一个单一单元内建立一个单一洞口。

HasFillings(拥有填充)：引用填充关系，这个关系用于连接填充这个开洞单元的单元。一个开洞单元可以用零到多个单元填充。

6.2.4.16 填充单元关系

IfcRelFillsElement 定义开洞单元和填充(或部分填充)开洞单元的建筑单元之间的客观化关系。

EXPRESS 描述：

```
 *)
ENTITY IfcRelFillsElement
    SUBTYPE OF(IfcRelConnects);
      RelatingOpeningElement : IfcOpeningElement;
      RelatedBuildingElement : IfcBuildingElement;
END_ENTITY;
 (*
```

属性定义：

RelatingOpeningElement(关联开洞单元)：由于这个关系被填充的开洞单元；

RelatedBuildingElement(被关联建筑单元)：占据全部或部分关联开洞的单元。

6.2.4.17 家具单元

IfcFurnishingElement 定义所有有关家具的概念。家具对象具有如下特色：

- 预先人工制造，现场组装；
- 现场(内置)制造。

这样家具单元可以是可移动的或不可移动(作为内置)的。

几何使用定义：家具单元的几何表达由 IfcProductDefinitionShape 给出，允许多种几何表达。

局部坐标：IfcFurnishingElement 的局部坐标在它的超类 IfcProduct 中由 IfcLocalPlacement 定义，IfcLocalPlacement 定义所有几何表达引用的局部坐标系。

IfcLocalPlacement 的 PlacementRelTo 关系，如果给出，应该指向相同的 IfcSpatialStructureElement，这个空间结构单元用于 ContainedInStructure 反向属性，或者更高水平的引用空间结构单元。

如果没有使用相对坐标，在总体坐标系中定义绝对坐标。

表面模型表达：任何家具单元(到目前为止，在子类型水平没有定义进一步约束)可以表达为一个单一或多个基于壳或基于面的表面模型，它通过赋给 IfcShapeRepresentation 的表达类型属性"SurfaceModel"值来保证。在某些情况下，显示相同复杂形状的简单边界盒表达是很有用的。

Brep 表达：任何家具单元(到目前为止，在子类型水平没有定义进一步约束)可以表达为一个单一或多个边界表达单元(限制为带或不带洞的小面片 Brep)。Brep 表达允许复杂单元形状的表达。它通过赋给 IfcShapeRepresentation 的表达类型属性"Brep"值来保证。在某些情况下，显示相同复杂形状的简单边界盒表达是很有用的。

映射表达：如果适当可以用新的映射项目 IfcMappedItem，因为它允许重用相同设备类型实例的几何定义。在这种情况下，用 IfcShapeRepresentation.RepresentationType＝MappedRepresentation。

EXPRESS 描述：

```
*)
ENTITY IfcFurnishingElement
    SUPERTYPE OF(ONEOF(IfcBuiltIn,
                       IfcFurniture,
                       IfcSystemFurnitureElement))
     SUBTYPE OF(IfcElement);
END_ENTITY;
   (*
```

6.2.4.18 电器单元

IfcElectricalElement 定义所有电相关的对象的一般概念。

几何使用定义：电器单元的几何表达由 IfcProductDefinitionShape 给出，允许多种几何表达：

局部坐标：电器单元的局部坐标在它的超类 IfcProduct 中由 IfcLocalPlacement 定义，IfcLocalPlacement 定义所有几何表达引用的局部坐标系。

IfcLocalPlacement 的 PlacementRelTo 关系，如果给出，应该指向相同的 IfcSpatialStructureElement，这个空间结构单元用于 ContainedInStructure 反向属性，或者更高水平的引用空间结构单元；

如果没有使用相对坐标，在总体坐标系中定义绝对坐标。

表面模型表达：任何电器单元（到目前为止，在子类型水平没有定义进一步约束）可以表达为一个单一或多个基于壳或基于面的表面模型，它通过赋给 IfcShapeRepresentation 的表达类型属性"SurfaceModel"值来保证。在某些情况下，显示相同复杂形状的简单边界盒表达是很有用的。

Brep 表达：任何电器单元（到目前为止，在子类型水平没有定义进一步约束）可以表达为一个单一或多个边界表达单元（限制为带或不带洞的小面片 Brep）。Brep 表达允许复杂单元形状的表达。它通过赋给 IfcShapeRepresentation 的表达类型属性"Brep"值来保证。在某些情况下，显示相同复杂形状的简单边界盒表达是很有用的。

映射表达：如果适当可以用新的映射项目 IfcMappedItem，因为它允许重用相同设备类型实例的几何定义。在这种情况下，用 IfcShapeRepresentation. RepresentationType＝MappedRepresentation。

EXPRESS 描述：

```
*)
ENTITY IfcElectricalElement
    SUBTYPE OF(IfcElement);
END_ENTITY;
(*
```

6.2.4.19 分布式单元

IfcDistributionElement 定义参与分布式系统的单元。它是一个抽象类，并且在 IFC 模型中进一步细化。

几何使用定义：分布式单元的几何表达由 IfcProductDefinitionShape 给出，允许多种几何表达：

局部坐标：分布式单元的局部坐标在它的超类 IfcProduct 中由 IfcLocalPlacement 定义，IfcLocalPlacement 定义所有几何表达引用的局部坐标系。

IfcLocalPlacement 的 PlacementRelTo 关系，如果给出，应该指向相同的 IfcSpatialStructureElement，这个空间结构单元用于 ContainedInStructure 反向属性，或者更高水平的引用空间结构单元。

如果没有使用相对坐标，在总体坐标系中定义绝对坐标。

几何表达：用不同几何表达类型定义分布式单元的不同子类型几何表达。一般说来，使用下面的指导方针：

所有的设备(所有非分布式流动单元,例如,所有不是管道、管线或以后的电缆)应该用一个 Brep 表达定义。如果适当可以用新的映射项目 IfcMappedItem,因为它允许重用相同设备类型实例的几何定义。在这种情况下,用 IfcShapeRepresentation. RepresentationType=MappedRepresentation。

所有"简单"分布式流动单元(一般为管道和管线)用扫掠几何定义。在这种情况下,IfcShapeRepresentation. RepresentationType=SweptSolid。

所有"简单"分布式流动单元(一般为管道和管线)的一种附加表达类型是能够拥有简单的线条表达。在这种情况下,IfcShapeRepresentation. RepresentationType=GeometricSet。

带有尺寸变化的分布式流动单元(例如减压器)用分段的正弦表达定义。在这种情况下,IfcShapeRepresentation. RepresentationType=SectionedSpine。

所有复杂分布式单元(例如 Y 型分支或 T 型分支)用 Brep 几何定义。在这种情况下,IfcShapeRepresentation. RepresentationType=Brep。

EXPRESS 描述:

```
*)
ENTITY IfcDistributionElement
  SUPERTYPE OF(ONEOF(IfcControlElement,
                    IfcDistributionFlowElement))
   SUBTYPE OF(IfcElement);
END_ENTITY;
(*
```

6.2.4.20 传输单元

IfcTransportElement 定义所有传输相关单元的一般概念。

几何使用定义:传输单元的几何表达由 IfcProductDefinitionShape 给出,允许多种几何表达:

局部坐标:传输单元的局部坐标在它的超类 IfcProduct 中由 IfcLocalPlacement 定义,IfcLocalPlacement 定义所有几何表达引用的局部坐标系。

IfcLocalPlacement 的 PlacementRelTo 关系,如果给出,应该指向相同的 IfcSpatialStructureElement,这个空间结构单元用于 ContainedInStructure 反向属性,或者更高水平的引用空间结构单元;

如果没有使用相对坐标,在总体坐标系中定义绝对坐标。

表面模型表达:任何传输单元(到目前为止,在子类型水平没有定义进一步约束)可以表达为一个单一或多个基于壳或基于面的表面模型,它通过赋给 IfcShapeRepresentation 的表达类型属性"SurfaceModel"值来保证。在某些情况下,显示相同复杂形状的简单边界盒表达是很有用的。

Brep 表达:任何传输单元(到目前为止,在子类型水平没有定义进一步约束)可以表达为一个单一或多个边界表达单元(限制为带或不带洞的小面片 Brep)。Brep 表达允许复杂单元形状的表达。它通过赋给 IfcShapeRepresentation 的表达类型属性"Brep"值来保证。在某些情况下,显示相同复杂形状的简单边界盒表达是很有用的。

映射表达:如果适当可以用新的映射项目 IfcMappedItem,因为它允许重用相同设备类型实例的几何定义。在这种情况下,用 IfcShapeRepresentation. RepresentationType=MappedRepresentation。

EXPRESS 描述:

```
*)
ENTITY IfcTransportElement
    SUBTYPE OF(IfcElement);
      OperationType:IfcTransportElementTypeEnum;
      CapacityByWeight:OPTIONAL IfcMassMeasure;
      CapacityByNumber:OPTIONAL IfcCountMeasure;
```

```
END_ENTITY;
(*
```

属性定义：

OperationType(操作类型)：预定义的传输单元类型；

CapacityByWeight(重量能力)：用重量度量的传输单元能力；

CapacityByNumber(数量能力)：用人数度量的传输单元能力。

6.2.4.21 设备单元

IfcEquipmentElement 定义所有设备相关对象的一般概念，用预定义人造属性和能否移动来刻画这些对象的特性。这些对象提供一些建筑服务相关或其他服务功能。

注：一般情况下，工具术语用于相同或相近的概念，所以 IfcEquipmentElement 也覆盖工具方面。

几何使用定义：设备单元的几何表达由 IfcProductDefinitionShape 给出，允许多种几何表达：

局部坐标：设备单元的局部坐标在它的超类 IfcProduct 中由 IfcLocalPlacement 定义，IfcLocalPlacement 定义所有几何表达引用的局部坐标系。

IfcLocalPlacement 的 PlacementRelTo 关系，如果给出，应该指向相同的 IfcSpatialStructureElement，这个空间结构单元用于 ContainedInStructure 反向属性，或者更高水平的引用空间结构单元。

如果没有使用相对坐标，在总体坐标系中定义绝对坐标。

表面模型表达：任何设备单元(到目前为止，在子类型水平没有定义进一步约束)可以表达为一个单一或多个基于壳或基于面的表面模型，它通过赋给 IfcShapeRepresentation 的表达类型属性"SurfaceModel"值来保证。在某些情况下，显示相同复杂形状的简单边界盒表达是很有用的。

Brep 表达：任何设备单元(到目前为止，在子类型水平没有定义进一步约束)可以表达为一个单一或多个边界表达单元(限制为带或不带洞的小面片 Brep)。Brep 表达允许复杂单元形状的表达。它通过赋给 IfcShapeRepresentation 的表达类型属性"Brep"值来保证。在某些情况下，显示相同复杂形状的简单边界盒表达是很有用的。

映射表达：如果适当可以用新的映射项目 IfcMappedItem，因为它允许重用相同设备类型实例的几何定义。在这种情况下，用 IfcShapeRepresentation. RepresentationType＝MappedRepresentation。

EXPRESS 描述：

```
*)
ENTITY IfcEquipmentElement
    SUPERTYPE OF(ONEOF(IfcAssessory, IfcDiscreteElement))
    SUBTYPE OF(IfcElement);
END_ENTITY;
(*
```

6.2.4.22 单元连接关系

IfcRelConnectsElements 定义一个客观化的关系，提供单元之间连通性的抽象。它是一种一对一关系。将两个物理或逻辑连接单元连接的概念描述得独立于连接单元。当前，连通性与一个几何实体相关，连接单元的基本几何连接出现在这个几何实体上。

连接的几何约束由到 IfcConnectionGeometry 可选的关系提供。如果是逻辑连接，则可以省略这个几何连接。在这种情况下，连接点、曲线或表面要用接受程序重新计算。

EXPRESS 描述：

```
*)
ENTITY IfcRelConnectsElements
    SUBTYPE OF(IfcRelConnects);
        ConnectionGeometry :OPTIONAL IfcConnectionGeometry;
```

```
      RelatingElement    :IfcElement;
      RelatedElement     :IfcElement;
   WHERE
      WR31:RelatingElement:<>:RelatedElement;
END_ENTITY;
(*
```

属性定义:

ConnectionGeometry(几何连接):与控制类的关系,其提供连接的几何约束;

RelatingElement(关联单元):引用被客观化关系连接的单元;

RelatedElement(被关联单元):引用被客观化关系连接的单元。

形式约束:

WR31:关联单元与被关联单元不能相同。

6.2.4.23 建筑单元代理

IfcBuildingElementProxy 是一个代理定义,作为一个建筑单元(IfcBuildingElement)提供相同的功能,但是没有它表达的建筑单元的特定类型定义含义。

注:建筑单元代理应该用于交换特殊类型的建筑单元,对于这个建筑单元当前 IFC 版本还没有提供一个语义定义。

几何使用定义:建筑单元代理的几何表达由 IfcProductDefinitionShape 和 IfcLocalPlacement 给出,允许多种几何表达。定义在超类 IfcBuildingElement 中表达类型也可以应用。

局部坐标:任何建筑单元代理的局部坐标定义在它的超类 IfcProduct 中。由 IfcLocalPlacement 定义,IfcLocalPlacement 定义所有几何表达引用的局部坐标系。可以相关给出局部坐标。

扫掠体表达:任何建筑单元代理可以通过一个扫掠面实体表达(或通过拉伸,或通过旋转)。通过分配给 IfcShapeRepresentation 的 RepresentationType 属性一个'SweptSolid'值保证这种表达。在这个水平没有进一步的约束(例如对截面或拉伸方向)。

CSG 表达:任何建筑单元代理可以用一个 CSG 体表达。必须包含一个 IfcBooleanResult 作为在 CSG 树的根表达。通过分配给 IfcShapeRepresentation 的 RepresentationType 属性一个'CSG'值保证这种表达。在这个水平没有进一步的约束。

EXPRESS 描述:

```
*)
ENTITY IfcBuildingElementProxy
   SUBTYPE OF(IfcBuildingElement);
     CompositionType:OPTIONAL IfcElementCompositionEnum;
   WHERE
     WR1:EXISTS(SELF\IfcRoot.Name);
END_ENTITY;
(*
```

属性定义:

CompositionType(合成类型):指示代理是要形成一个集合(COMPLEX)、一个整体单元(ELEMENT)或集合的一部分(PARTIAL)。

形式约束:

WR1:建筑单元代理的名称属性不应该为空。

6.2.4.24 单元数量

IfcElementQuantity 定义单元物理属性的一套导出度量值。单元可以是空间结构单元(象建筑、层或空间)或单元(象建筑单元或开洞单元)。通过使用 IfcRelDefinesByProperties 关系,可以将它与单元关联。

MethodOfMeasurement 属性定义建筑代码,用于计算单元数量。必须在协议下解释属性字符串值。

注:必须在进一步约定文档的条件下,才可以识别度量方法属性和名称属性的可识别值,例如实现者协议。这些协议的一部分可以局限于某些区域,度量方法应用到这些区域。

单独 Quantities 给出的名称属性提供一个单元数量的可识别语义含义。需要这些信息建立度量值的精确方法。可以为每个 Quantities 分配一个可选的描述。认为通过一个单一单元数量实例分配的所有数量都是根据相同的度量方法产生的。然而可以将单元数量的几个实例分配给一个单元,这样允许一个单元有根据几个度量方法产生的几个数量。

示例:在德国区交换空间(象 IfcSpace)的净楼板面积,名称可以是'HNF1'(主要功能类型 1 的面积),度量方法可以根据'DIN277'(德国工业编号 277)。

示例:根据德国区的住房规则,IfcSpace 的相同实例可以有不同面积度量值,名称可以是'Wohnfläche',度量方法可以是'2. BV'。通过单独的 IfcRelDefinesByProperties 关系附在 IfcSpace 上。

在它的 Quantities 集合中,IfcElementQuantity 可以有下面 IfcPhysicalQuantity 的子类型,计算使用的基本度量类型:

- 计算度量值;
- 重量度量值;
- 长度度量值;
- 面积度量值;
- 体积度量值。

EXPRESS 描述:

```
*)
ENTITY IfcElementQuantity
    SUBTYPE OF(IfcPropertySetDefinition);
        MethodOfMeasurement :IfcLabel;
        Quantities          :SET[1 : ?]OF IfcPhysicalQuantity;
END_ENTITY;
(*
```

属性定义:

MethodOfMeasurement(度量的方法):用于计算单元数量的度量方法的名称。必须在进一步约定的条件下,才可以识别度量方法属性。

Quantities(数量):数量。

6.2.4.25 关联材料关系

IfcRelAssociatesMaterial 定义材料定义和材料定义应用的建筑单元之间的客观关系。材料定义可以是:

- 一个单一材料;
- 一个材料列表,例如对合成单元;
- 一个材料层集,对于分层的单元指示分层的方向和单独层的厚度。

关联材料关系是一种特殊类型的关系。通过 HasAssociations 属性,建筑单元有一个到它的材料定义的反向关系。

EXPRESS 描述:

```
*)
ENTITY IfcRelAssociatesMaterial
```

```
SUBTYPE OF(IfcRelAssociates);
  RelatingMaterial:IfcMaterialSelect;
WHERE
  WR1:SIZEOF(QUERY(temp <* SELF\IfcRelAssociates.RelatedObjects |
      'IFC_FINAL.IFCOPENINGELEMENT' IN TYPEOF(temp))) = 0;
  WR2:SIZEOF(QUERY(temp <* SELF\IfcRelAssociates.RelatedObjects |
      NOT('IFC_FINAL.IFCELEMENT' IN TYPEOF(temp)))) = 0;
END_ENTITY;
(*
```

属性定义：

RelatingMaterial(关联的材料)：分配给单元的材料定义(一个单一材料，或者是材料列表，或者是材料层集)。

形式约束：

WR1：不能将材料信息与一个洞口关联；

WR2：材料信息应该与一个对象关联。

```
*)
END_SCHEMA;
(*
```

7 协同层模式

7.1 引言

下面的 EXPRESS 描述 IFCSHAREDBLDGELEMENTS(共享建筑单元)，并标识了必要的外部引用。

EXPRESS 描述：

```
*)
SCHEMA IFCSHAREDBLDGELEMENTS;
  REFERENCE FROM IFCACTORRESOURCE
    (IfcActorSelect,
     IfcPerson,
     IfcOrganization,
     IfcPersonAndOrganization);
  REFERENCE FROM IFCDATETIMERESOURCE
    (IfcDateTimeSelect,
     IfcCalendarDate,
     IfcDateAndTime,
     IfcLocalTime);
  REFERENCE FROM IFCEXTERNALREFERENCERESOURCE
    (IfcClassificationReference);
  REFERENCE FROM IFCGEOMETRYRESOURCE
    (IfcAxis2Placement,
     IfcAxis2Placement2D,
     IfcAxis2Placement3D);
  REFERENCE FROM IFCKERNEL
```

```
    (IfcObject,
     IfcProject,
     IfcProduct,
     IfcGroup,
     IfcRelConnects,
     IfcRelAssignsToGroup,
     IfcTypeProduct,
     IfcPropertySetDefinition);
REFERENCE FROM IFCMATERIALRESOURCE
    (IfcMaterial,
     IfcMaterialList,
     IfcMaterialLayerSet,
     IfcMaterialSelect);
REFERENCE FROM IFCMEASURERESOURCE
    (IfcLengthMeasure,
     IfcPositiveLengthMeasure,
     IfcAreaMeasure,
     IfcUnit,
     IfcDerivedUnit,
     IfcNamedUnit,
     IfcContextDependentUnit,
     IfcConversionBasedUnit,
     IfcSiUnit,
     IfcNormalisedRatioMeasure);
REFERENCE FROM IFCPRODUCTEXTENSION
    (IfcElement,
     IfcOpeningElement,
     IfcSite,
     IfcBuilding,
     IfcBuildingStorey,
     IfcSpace,
     IfcRelConnectsElements,
     IfcRelVoidsElement,
     IfcRelFillsElement,
     IfcBuildingElement,
     IfcRelSpaceBoundary,
     IfcRelAssociatesMaterial);
REFERENCE FROM IFCPROPERTYRESOURCE
    (IfcSimpleProperty,
     IfcPropertySingleValue);
REFERENCE FROM IFCREPRESENTATIONRESOURCE
    (IfcShapeAspect);
(*
```

注 1：上面引用的模式可在本标准的下述部分中找到：

IFCACTORRESOURCE(人员与组织)见 5.1；

IFCDATETIMERESOURCE(日期时间)见 5.2；

IFCGEOMETRYRESOURCE(几何)见 5.3；

IFCREPRESENTATIONRESOURCE(表达)见 5.6；

IFCMATERIALRESOURCE(材料)见 5.9；

IFCPROPERTYRESOURCE(属性)见 5.10；

IFCMEASURERESOURCE(度量)见 5.12；

IFCEXTERNALREFERENCERESOURCE(外部引用)见 5.13；

IFCKERNEL(核心)见 6.1；

IFCPRODUCTEXTENSION(产品扩展)见 6.2。

注 2：本模式的图形表达见附录 B 的图 B.54～图 B.58。

7.2 基本概念与设定

共享建筑单元模式定义 IfcBuildingElement 的子类型，IfcBuildingElement 在产品扩展模式中定义。这些子类型构成建筑物建筑设计中的主要单元。

这些单元(例如墙、梁、柱、板、屋顶、楼梯、坡道、窗、门和覆盖物)是主体建筑的主要部件，也是工程数据交换的核心。为每个单元提供几何使用定义，这些定义为单元引入可用形状表达类型的正确用法。

7.3 共享建筑单元模式的类型定义

7.3.1 连接类型

IfcConnectionTypeEnum 定义基于路径的单元(这里是 IfcWall)连接的各种方式，见表 11。

表 11 墙连接方式说明表

L 形连接： RelatingConnectionType：AtStart RelatedConnectionType：AtStart	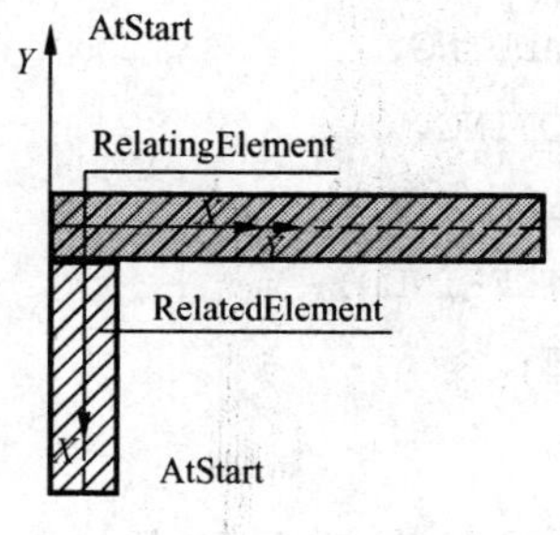
L 形连接： RelatingConnectionType：AtEnd RelatedConnectionType：AtStart	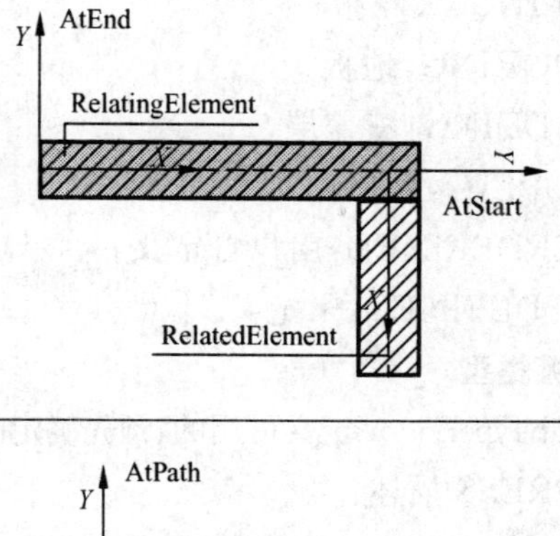
T 形连接： RelatingConnectionType：AtPath RelatedConnectionType：AtStart	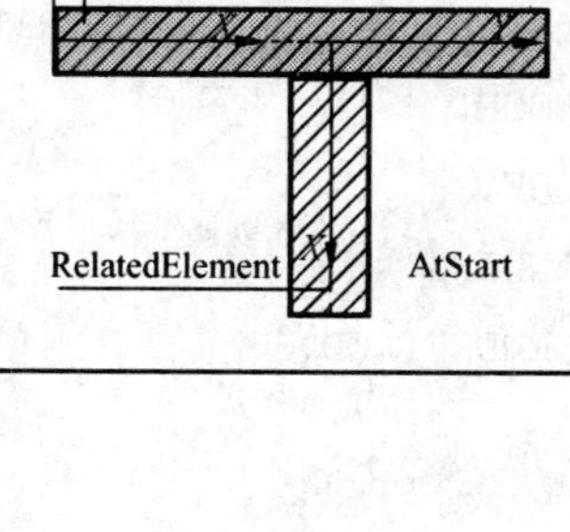

EXPRESS 描述:

```
*)
TYPE IfcConnectionTypeEnum = ENUMERATION OF
    (ATPATH,
     ATSTART,
     ATEND,
     NOTDEFINED);
END_TYPE;
(*
```

枚举项定义:

ATPATH:在路径上;

ATSTART:在起始点;

ATEND:在终结点;

NOTDEFINED:没有定义。

7.3.2 遮盖物类型

IfcCoveringTypeEnum 定义可用遮盖物的一般类型。

EXPRESS 描述:

```
*)
TYPE IfcCoveringTypeEnum = ENUMERATION OF
    (CEILING,
     FLOORING,
     CLADDING,
     ROOFING,
     USERDEFINED,
     NOTDEFINED);
END_TYPE;
(*
```

枚举项定义:

CEILING:天花板;

FLOORING:地板;

CLADDING:覆盖层;

ROOFING:屋顶;

USERDEFINED:用户自定义;

NOTDEFINED:未定义。

7.3.3 板类型

IfcSlabTypeEnum 定义可用的、预先确定的板类型。为每个预先确定的类型提供一个特殊的属性集定义。

EXPRESS 描述:

```
*)
TYPE IfcSlabTypeEnum = ENUMERATION OF
    (FLOOR,
     ROOF,
     LANDING,
     USERDEFINED,
```

```
    NOTDEFINED);
END_TYPE;
(*
```

枚举项定义：

FLOOR:楼板；

ROOF:屋顶板(平的或倾斜的)；

LANDING:楼梯平台或坡道平台，为此定义了一个特殊子类型；

USERDEFINED:用户自定义；

NOTDEFINED:未定义。

7.3.4 屋顶类型

IfcRoofTypeEnum 用不同屋顶形状定义基本的屋顶构造。

超出这些基本类型进一步细分的屋顶，只能通过几何来定义。不规则形状(自由形式屋顶)的屋顶也只能通过几何来定义，这种屋顶的类型是 OTHEROPERATION。

EXPRESS 描述：

```
*)
TYPE IfcRoofTypeEnum = ENUMERATION OF
    (FLAT_ROOF,
     SHED_ROOF,
     GABLE_ROOF,
     HIP_ROOF,
     HIPPED_GABLE_ROOF,
     GAMBREL_ROOF,
     MANSARD_ROOF,
     BARREL_ROOF,
     RAINBOW_ROOF,
     BUTTERFLY_ROOF,
     PAVILION_ROOF,
     DOME_ROOF,
     FREEFORM,
     NOTDEFINED);
END_TYPE;
(*
```

枚举项定义，见表 12。

表 12 屋顶类型说明表

枚举项	描述	图形
FLAT_ROOF	平屋顶，或者为了排除雨水有一个缓倾斜	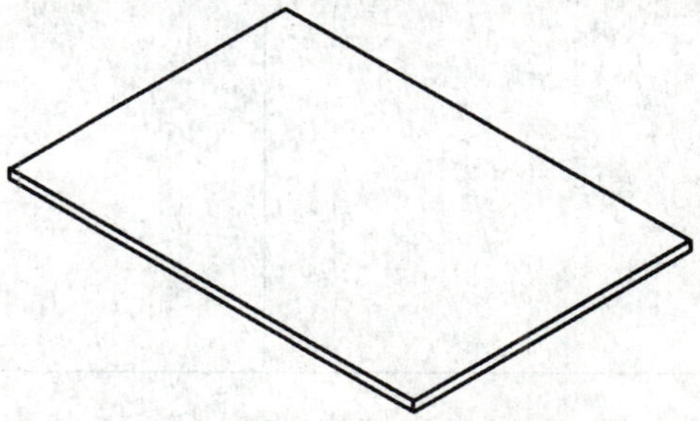

表 12（续）

枚举项	描述	图形
SHED_ROOF	单坡屋顶	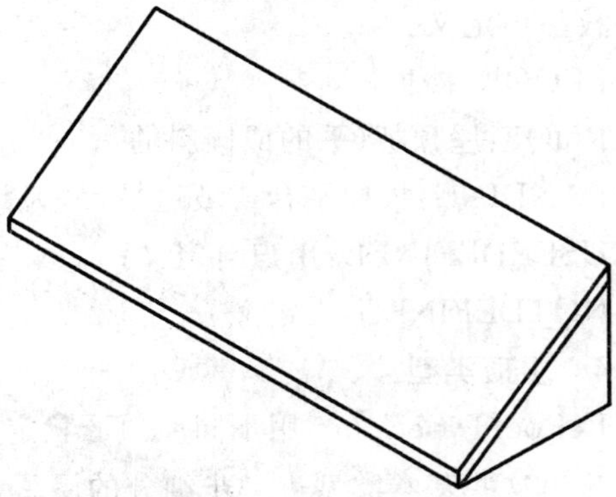
GABLE_ROOF	三角屋顶	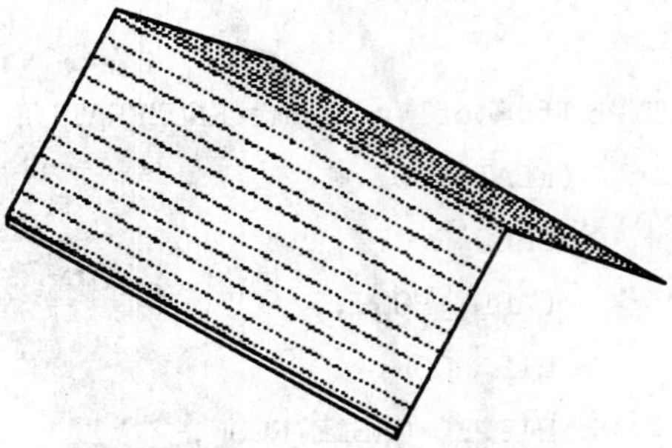
HIP_ROOF	四坡屋顶	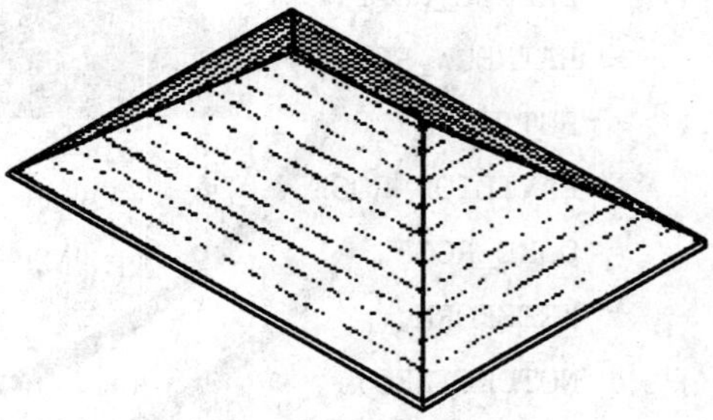
HIPPED_GABLE_ROOF	屋顶有斜脊的屋顶	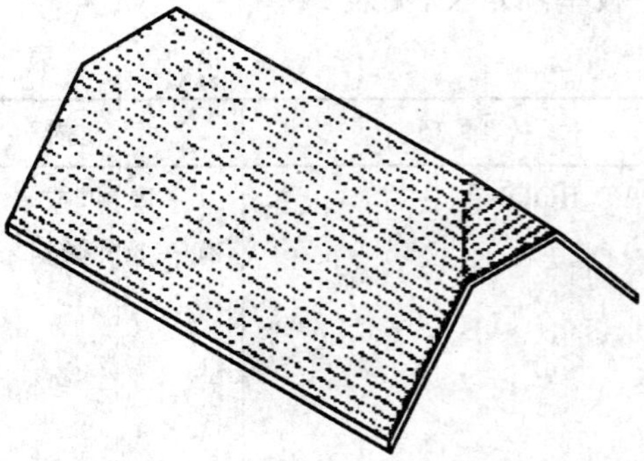

表 12（续）

枚举项	描　述	图　形
GAMBREL_ROOF	复斜屋	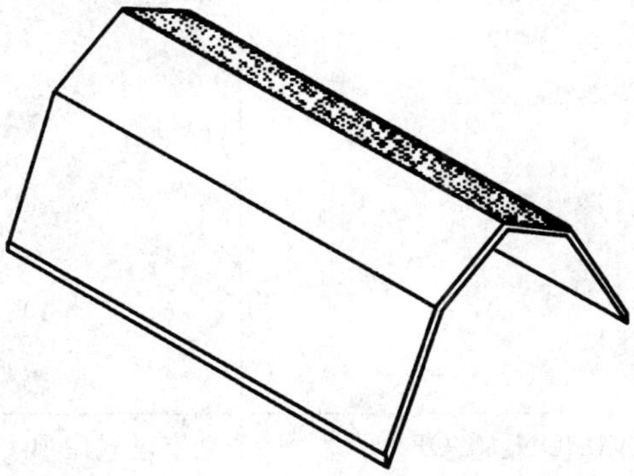
MANSARD_ROOF	复摺屋顶	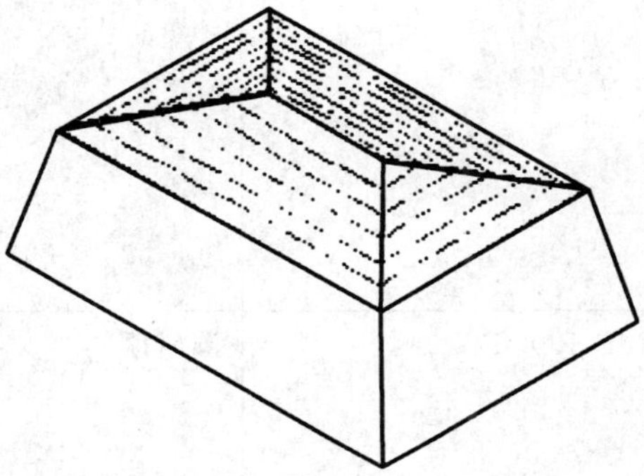
BARREL_ROOF	筒体屋顶	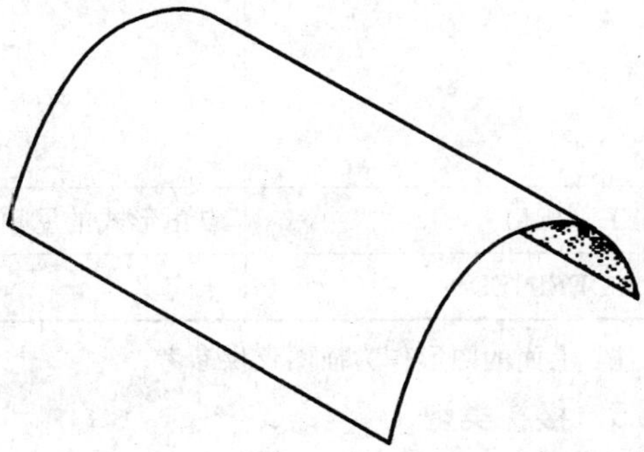
RAINBOW_ROOF	彩虹屋顶	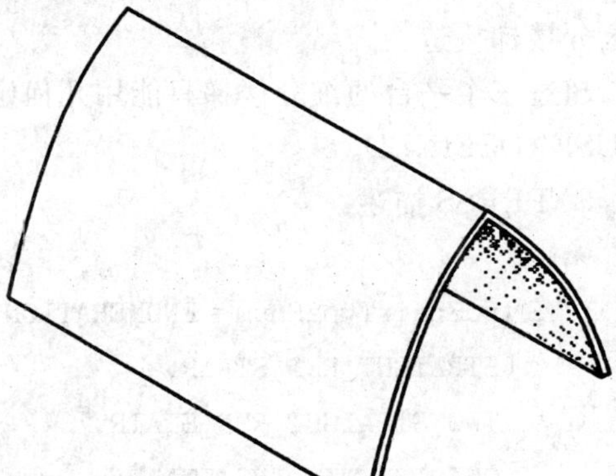

表 12(续)

枚举项	描　述	图　形
BUTTERFLY_ROOF	蝶式屋顶	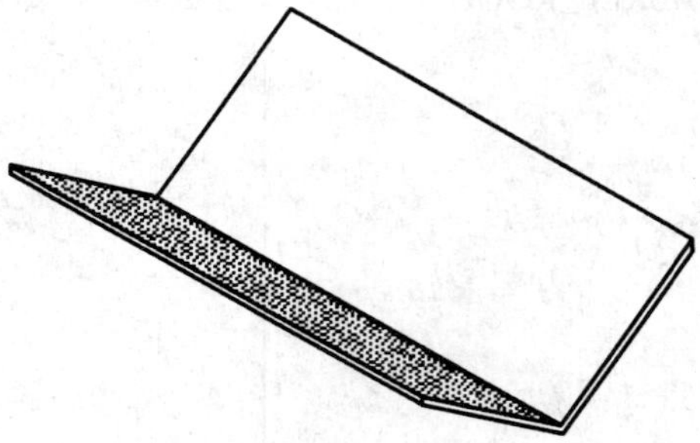
PAVILION_ROOF	金字塔式屋顶	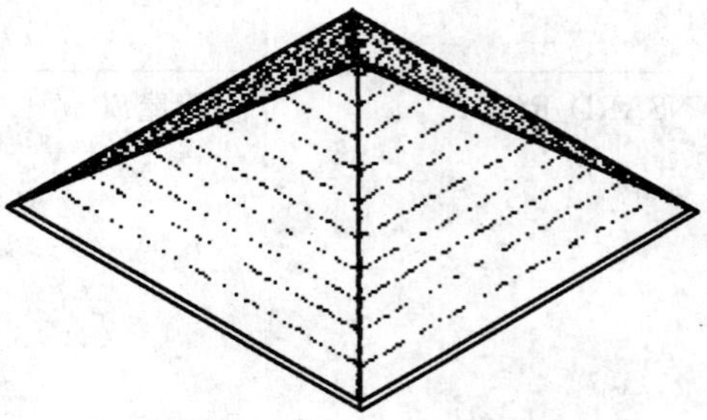
DOME_ROOF	圆屋顶	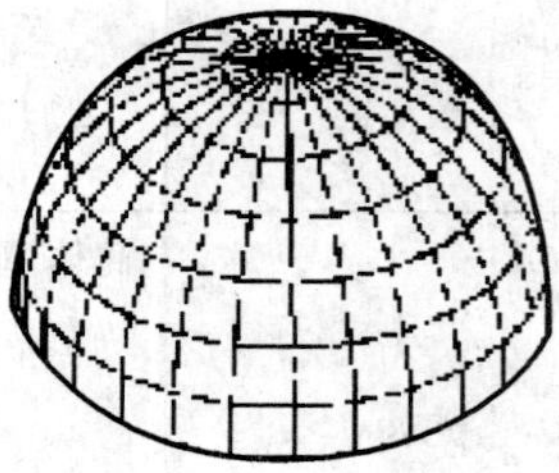
FREEFORM	自由形式的屋顶	
NOTDEFINED	未定义	

注：上面的图形作为插图仅供参考。

7.3.5 楼梯类型

IfcStairTypeEnum 用楼梯段数量和楼梯平台数量的形式定义楼梯类型的基本构造，同时也用螺旋或平台的旋转来区分类型。另外，也包括用直线或变向细分楼梯，用不带平台和有一个、两个或三个平台区分楼梯构造。

超过三个平台的细分楼梯只能用几何定义。不规则形状的楼梯也得用几何定义，这种楼梯的类型是 USERDEFINED。

EXPRESS 描述：

```
*)
TYPE IfcStairTypeEnum = ENUMERATION OF
    (STRAIGHT_RUN_STAIR,
     TWO_STRAIGHT_RUN_STAIR,
     QUARTER_WINDING_STAIR,
     QUARTER_TURN_STAIR,
```

```
        HALF_WINDING_STAIR,
        HALF_TURN_STAIR,
        TWO_QUARTER_WINDING_STAIR,
        TWO_QUARTER_TURN_STAIR,
        THREE_QUARTER_WINDING_STAIR,
        THREE_QUARTER_TURN_STAIR,
        SPIRAL_STAIR,
        DOUBLE_RETURN_STAIR,
        CURVED_RUN_STAIR,
        TWO_CURVED_RUN_STAIR,
        USERDEFINED,
        NOTDEFINED);
END_TYPE;
(*
```

枚举项定义,见表 13。

表 13　楼梯类型说明表

枚举项	描　述	图　形
STRAIGHT_RUN_STAIR	直跑楼梯	
TWO_STRAIGHT_RUN_STAIR	两段直跑楼梯	
QUARTER_WINDING_STAIR	四分之一螺旋楼梯	
QUARTER_TURN_STAIR	四分之一旋转楼梯	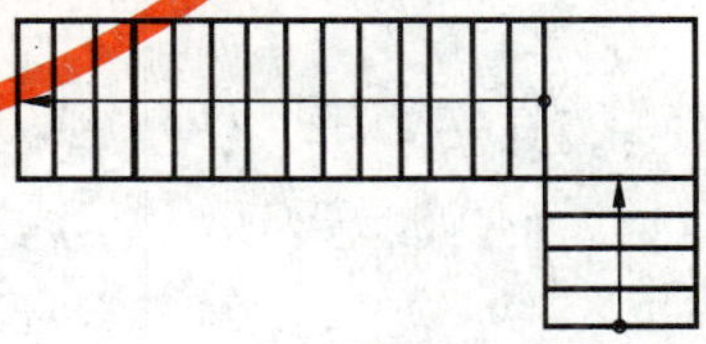
HALF_WINDING_STAIR	半螺旋楼梯	

表 13（续）

枚举项	描　述	图　形
HALF_TURN_STAIR	半旋转楼梯	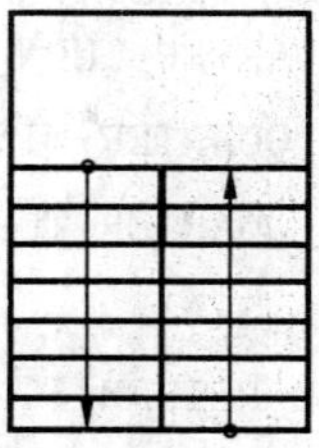
TWO_QUARTER_WINDING_STAIR	两段四分之一螺旋楼梯	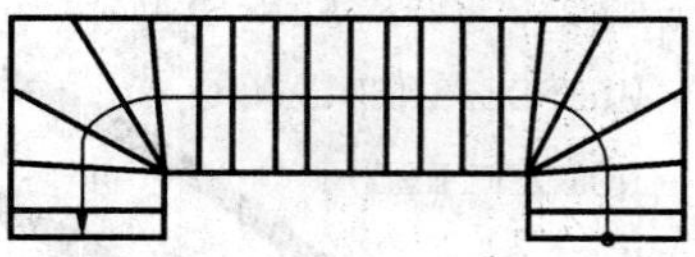
TWO_QUARTER_TURN_STAIR	两段四分之一旋转楼梯	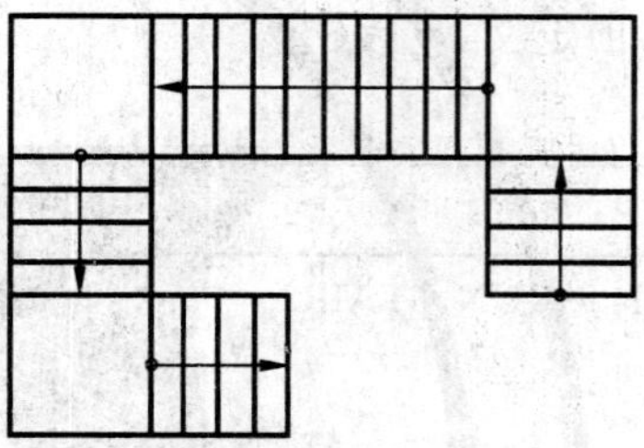
THREE_QUARTER_WINDING_STAIR	三段四分之一螺旋楼梯	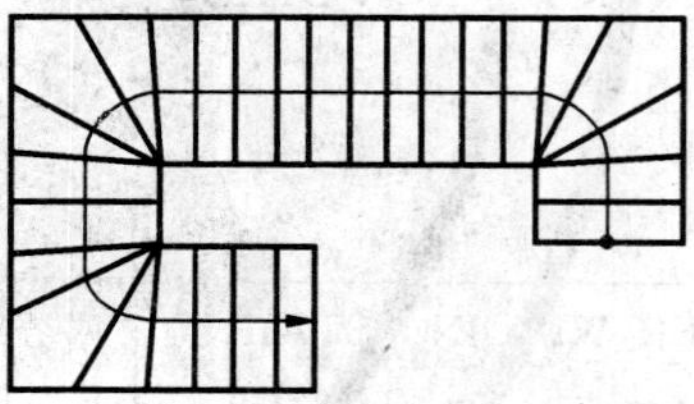
THREE_QUARTER_TURN_STAIR	三段四分之一旋转楼梯	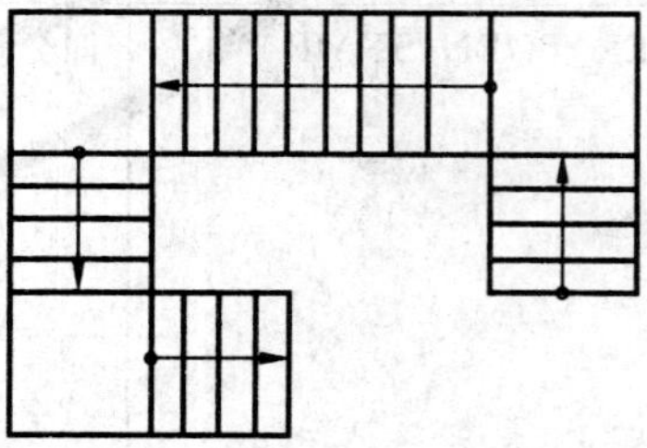
SPIRAL_STAIR	螺旋楼梯	

表 13（续）

枚举项	描　述	图　形
DOUBLE_RETURN_STAIR	两回转楼梯	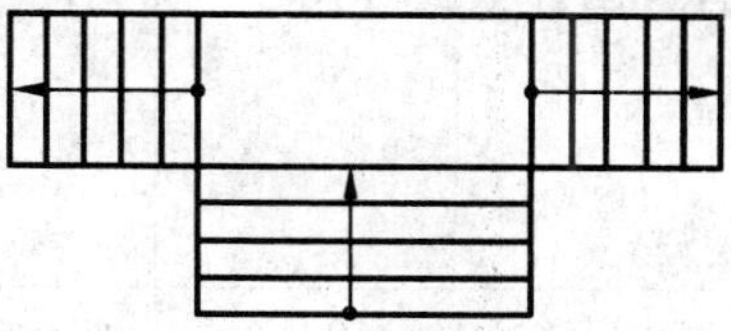
CURVED_RUN_STAIR	曲线跑楼梯	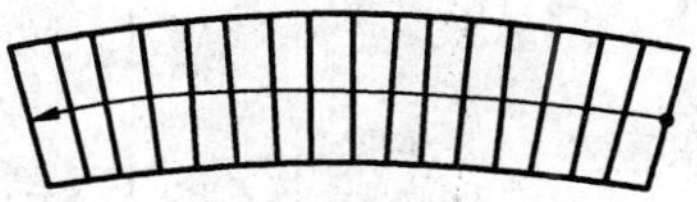
TWO_CURVED_RUN_STAIR	两曲线跑楼梯	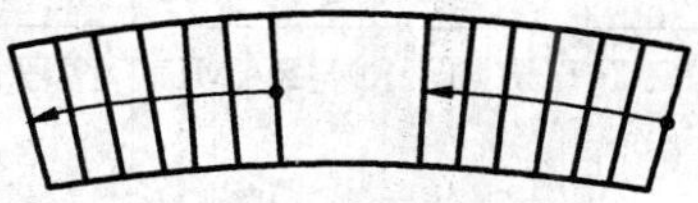
USERDEFINED	用户自定义自由形式楼梯	
NOTDEFINED	未定义	

注：上面的图形作为插图仅供参考。

7.3.6 坡道类型

IfcRampTypeEnum 用坡道段的数目和形状来定义坡道类型的基本构造，也用平台旋转区分类型。另外，也包括用直线或变向细分坡道。用不带平台和有一个或两个平台区分坡道构造。

超过两个平台的细分坡道只能用几何定义。不规则形状的坡道也得用几何定义，这种坡道的类型是 USERDEFINED。

EXPRESS 描述：

```
*)
TYPE IfcRampTypeEnum = ENUMERATION OF
    (STRAIGHT_RUN_RAMP,
     TWO_STRAIGHT_RUN_RAMP,
     QUARTER_TURN_RAMP,
     TWO_QUARTER_TURN_RAMP,
     HALF_TURN_RAMP,
     SPIRAL_RAMP,
     USERDEFINED,
     NOTDEFINED);
END_TYPE;
(*
```

枚举项定义，见表 14。

表 14　坡道类型说明表

枚举项	描　述	图　形
STRAIGHT_RUN_RAMP	直跑坡道	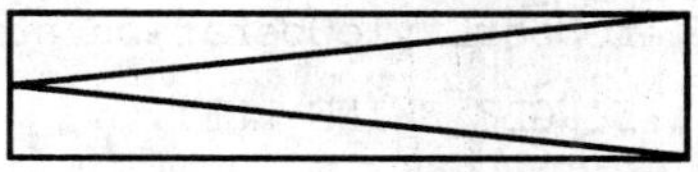

表 14（续）

枚举项	描　述	图　形
TWO_STRAIGHT_RUN_RAMP	两段直跑坡道	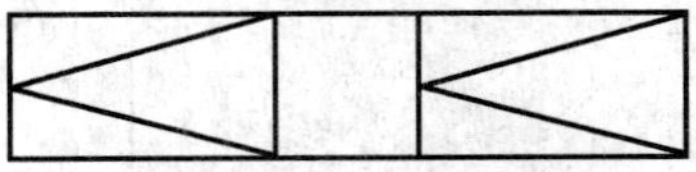
QUARTER_TURN_RAMP	四分之一旋转坡道	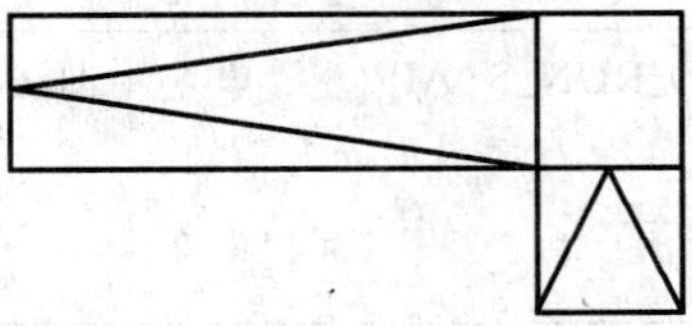
TWO_QUARTER_TURN_RAMP	两段四分之一旋转坡道	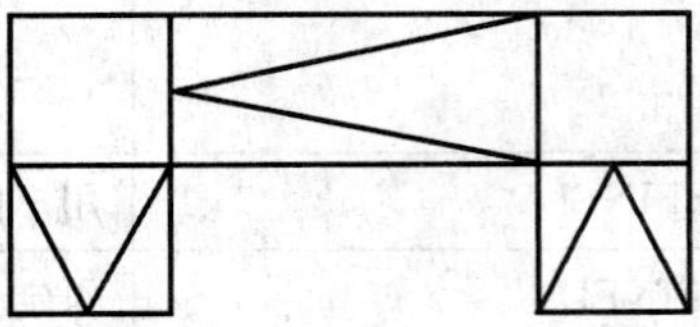
HALF_TURN_RAMP	半旋转坡道	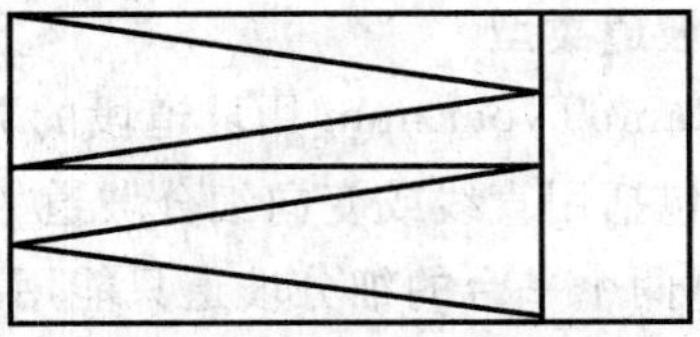
SPIRAL_RAMP	螺旋坡道	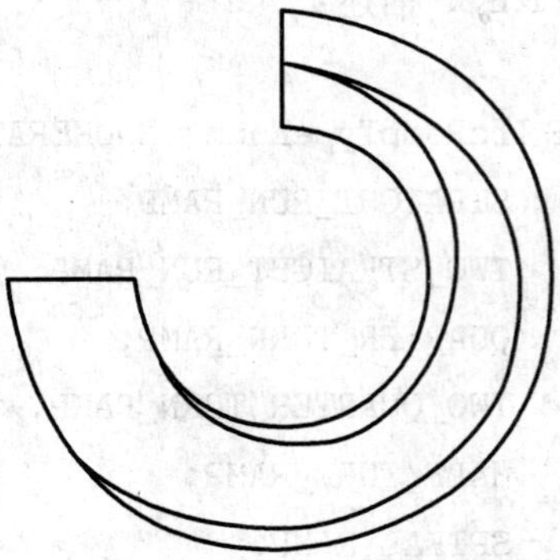
USERDEFINED	用户自定义	
NOTDEFINED	未定义	

注：上面的图形作为插图仅供参考。

7.3.7 门操作类型

IfcDoorStyleOperationEnum 定义门的基本操作方式

EXPRESS 描述：

```
*)
TYPE IfcDoorStyleOperationEnum = ENUMERATION OF
    (SINGLE_SWING_LEFT,
    SINGLE_SWING_RIGHT,
```

```
        DOUBLE_DOOR_SINGLE_SWING,
        DOUBLE_DOOR_SINGLE_SWING_OPPOSITE_LEFT,
        DOUBLE_DOOR_SINGLE_SWING_OPPOSITE_RIGHT,
        DOUBLE_SWING_LEFT,
        DOUBLE_SWING_RIGHT,
        DOUBLE_DOOR_DOUBLE_SWING,
        SLIDING_TO_LEFT,
        SLIDING_TO_RIGHT,
        DOUBLE_DOOR_SLIDING,
        FOLDING_TO_LEFT,
        FOLDING_TO_RIGHT,
        DOUBLE_DOOR_FOLDING,
        REVOLVING,
        ROLLINGUP,
        USERDEFINED,
        NOTDEFINED);
END_TYPE;
(*
```

枚举项定义,见表 15。

表 15 门类型作图说明表

枚举项	描述	图形
SINGLE_SWING_LEFT	左单边旋转门	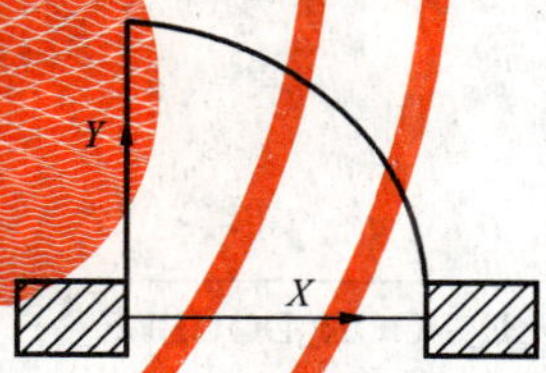
SINGLE_SWING_RIGHT	右单边旋转门	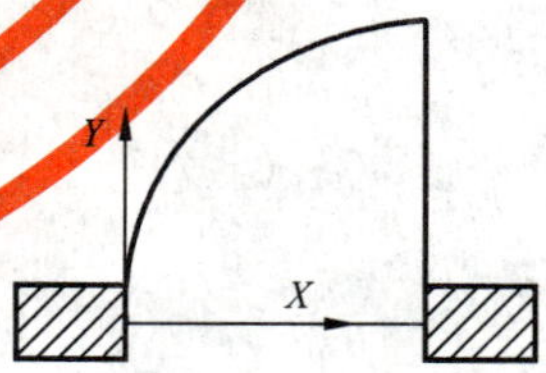
DOUBLE_DOOR_SINGLE_ SWING	单边旋转双门	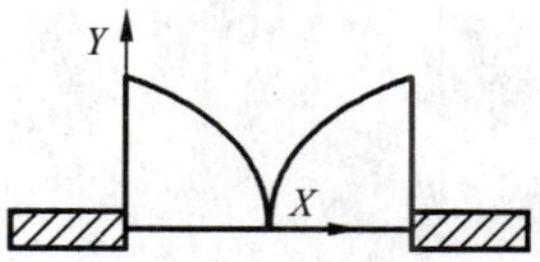
DOUBLE_DOOR_SINGLE_ SWING_OPPOSITE_LEFT	左单边旋转对开双门	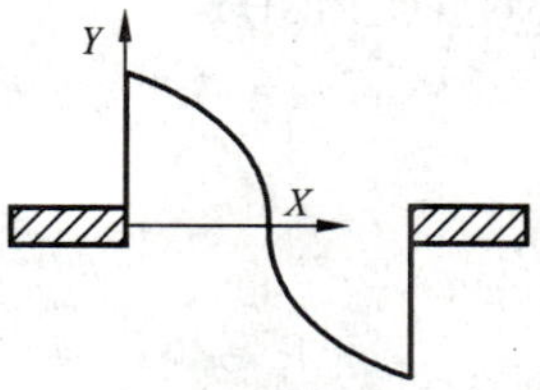

表 15（续）

枚举项	描　述	图　形
DOUBLE_DOOR_SINGLE_SWING_OPPOSITE_RIGHT	右单边旋转对开双门	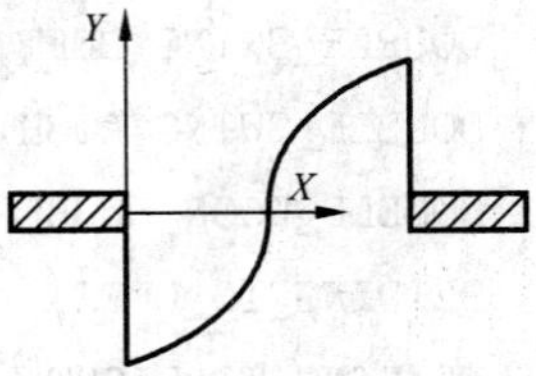
DOUBLE_SWING_LEFT	左双边旋转门	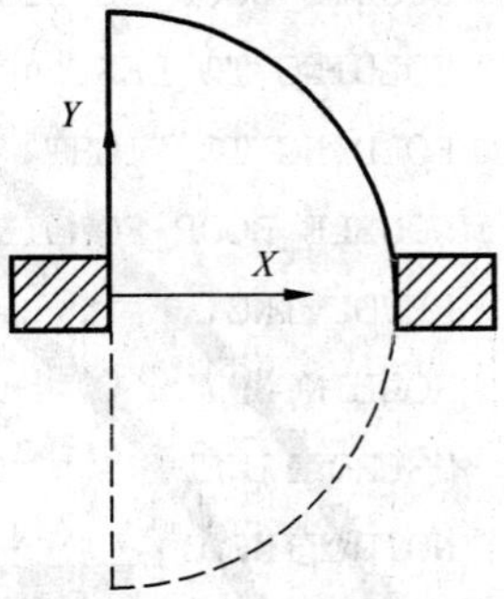
DOUBLE_SWING_RIGHT	右双边旋转门	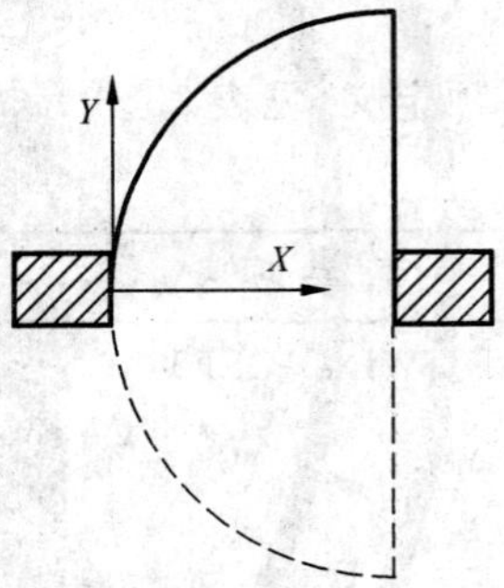
DOUBLE_DOOR_DOUBLE_SWING	两边旋转双门	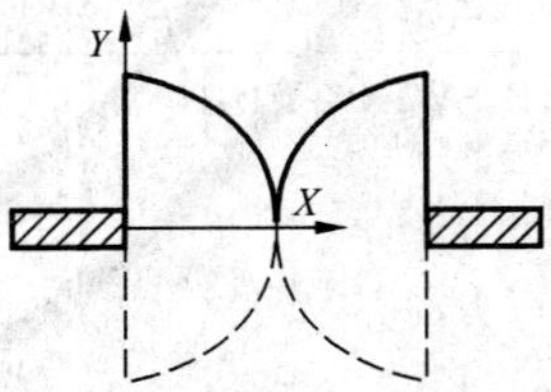
SLIDING_TO_LEFT	左滑动门	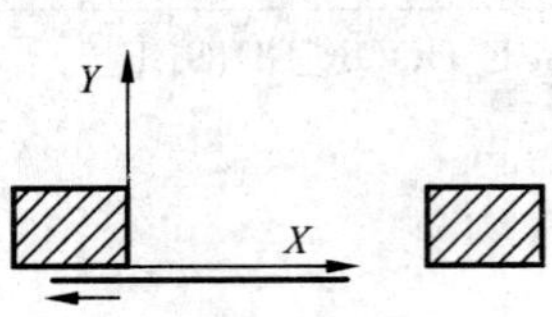
SLIDING_TO_RIGHT	右滑动门	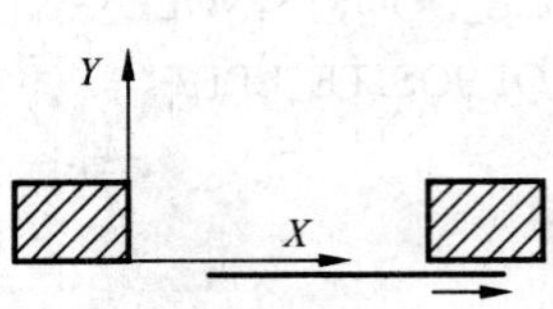

表 15（续）

枚举项	描 述	图 形
DOUBLE_DOOR_SLIDING	滑动双门	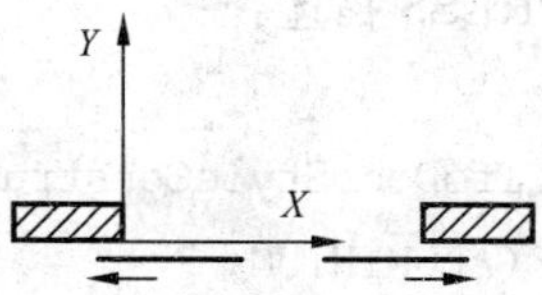
FOLDING_TO_LEFT	左折叠门	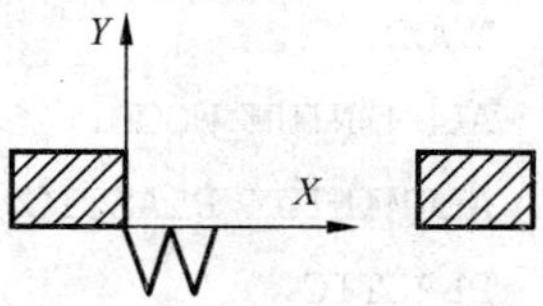
FOLDING_TO_RIGHT	右折叠门	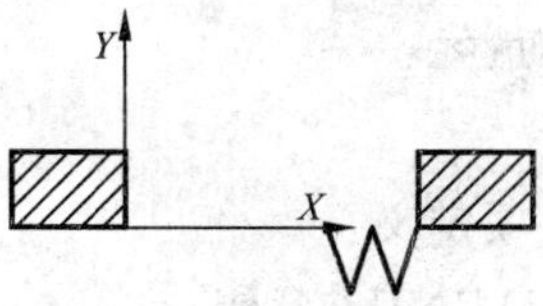
DOUBLE_DOOR_FOLDING	折叠双门	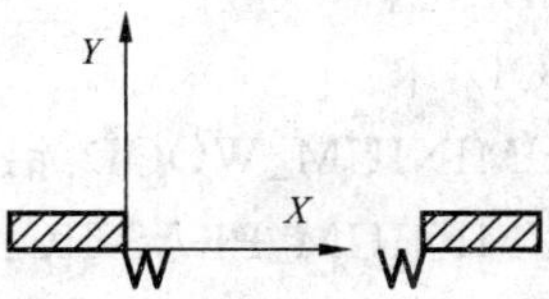
REVOLVING	旋转门	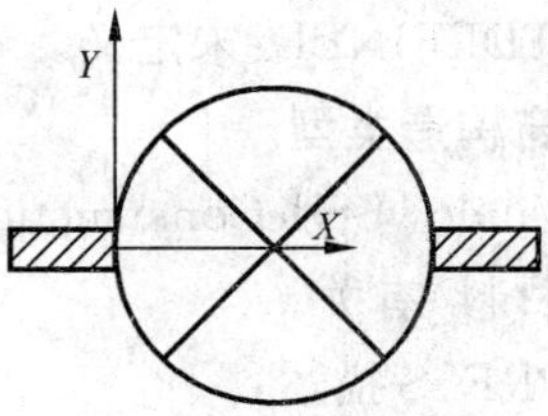
ROLLINGUP	卷起门	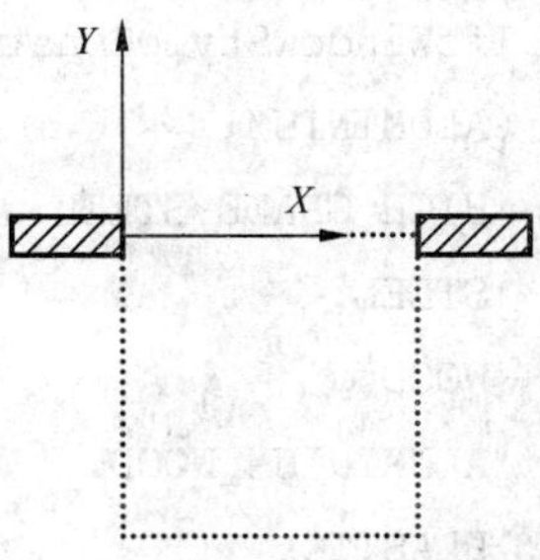
USERDEFINED	用户自定义	
NOTDEFINED	未定义	

注：上面的图形作为插图仅供参考。

7.3.8 门构造类型

IfcDoorStyleConstructionEnum 定义门的基本构造类型。构造类型主要与门的主要制造材料(或组合材料)有关。

EXPRESS 描述:

```
*)
TYPE IfcDoorStyleConstructionEnum = ENUMERATION OF
    (ALUMINIUM,
     HIGH_GRADE_STEEL,
     STEEL,
     WOOD,
     ALUMINIUM_WOOD,
     ALUMINIUM_PLASTIC,
     PLASTIC,
     USERDEFINED,
     NOTDEFINED);
END_TYPE;
(*
```

枚举项定义:

ALUMINIUM:铝;

HIGH_GRADE_STEEL:高等级钢;

STEEL:钢;

WOOD:木;

ALUMINIUM_WOOD:铝木;

ALUMINIUM_PLASTIC:铝塑;

PLASTIC:塑料;

USERDEFINED:用户自定义;

NOTDEFINED:未定义。

7.3.9 窗构造类型

IfcWindowStyleConstructionEnum 定义窗的基本构造类型。构造类型主要与窗的主要制造材料(或组合材料)有关。

EXPRESS 描述:

```
*)
TYPE IfcWindowStyleConstructionEnum = ENUMERATION OF
    (ALUMINIUM,
     HIGH_GRADE_STEEL,
     STEEL,
     WOOD,
     ALUMINIUM_WOOD,
     PLASTIC,
     OTHER_CONSTRUCTION,
     NOTDEFINED);
END_TYPE;
(*
```

枚举项定义：

ALUMINIUM：铝；

HIGH_GRADE_STEEL：高等级钢；

STEEL：钢；

WOOD：木；

ALUMINIUM_WOOD：铝木；

PLASTIC：塑料；

OTHER_CONSTRUCTION：其他构造类型；

NOTDEFINED：未定义。

7.3.10 窗操作类型

IfcWindowStyleOperationEnum 用窗面板的数量和整个窗细分定义窗类型的基本构造。用有一个、两个或三个面板（包括固定面板）给出窗的构造。

超过三个面板的细分窗只能用几何定义，这种窗的类型是 USERDEFINED。

EXPRESS 描述：

```
*)
TYPE IfcWindowStyleOperationEnum = ENUMERATION OF
    (SINGLE_PANEL,
     DOUBLE_PANEL_VERTICAL,
     DOUBLE_PANEL_HORIZONTAL,
     TRIPLE_PANEL_VERTICAL,
     TRIPLE_PANEL_BOTTOM,
     TRIPLE_PANEL_TOP,
     TRIPLE_PANEL_LEFT,
     TRIPLE_PANEL_RIGHT,
     TRIPLE_PANEL_HORIZONTAL,
     USERDEFINED,
     NOTDEFINED);
END_TYPE;
(*
```

枚举项定义，见表 16。

表 16 窗类型作图说明表

枚举项	描述	图形
SINGLE_PANEL	单扇窗	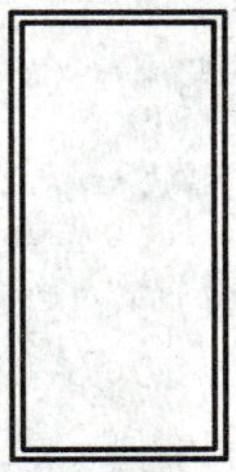

表 16（续）

枚举项	描　述	图　形
DOUBLE_PANEL_VERTICAL	双扇垂直窗	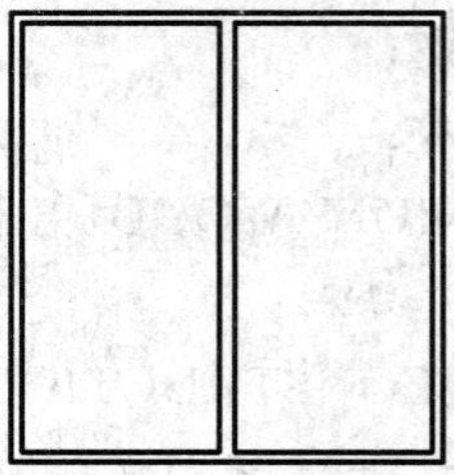
DOUBLE_PANEL_HORIZONTAL	双扇水平窗	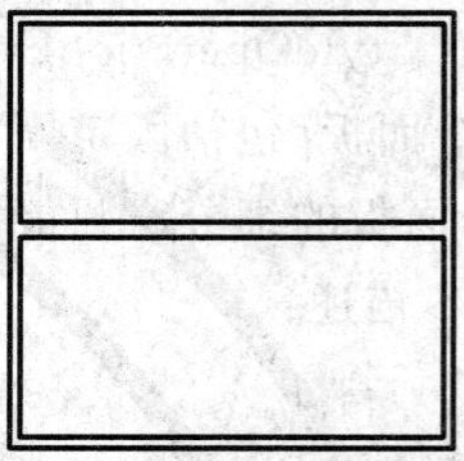
TRIPLE_PANEL_VERTICAL	三扇垂直窗	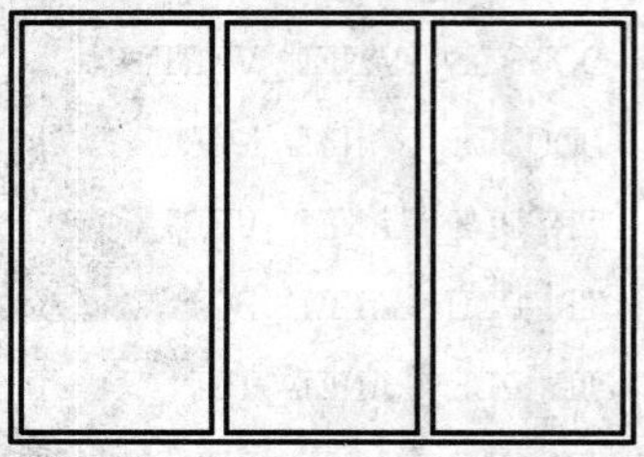
TRIPLE_PANEL_BOTTOM	三扇底部水平窗	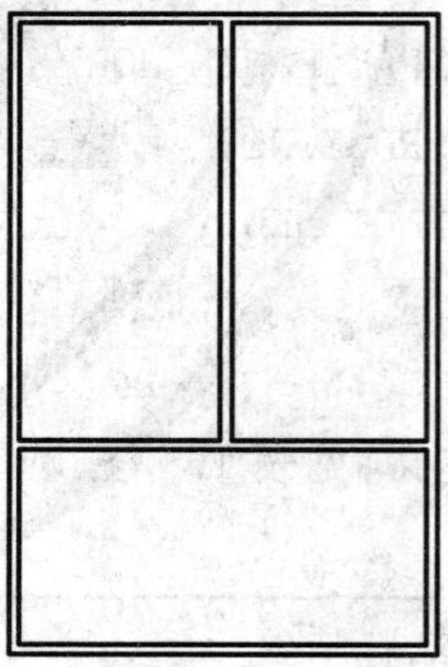
TRIPLE_PANEL_TOP	三扇顶部水平窗	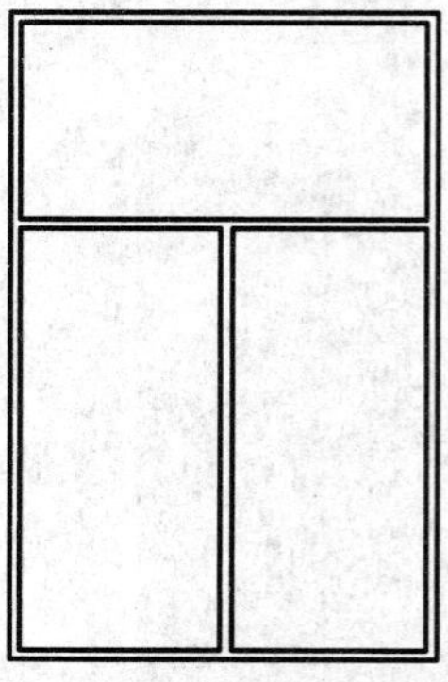

表 16（续）

枚举项	描 述	图 形
TRIPLE_PANEL_LEFT	三扇左面水平窗	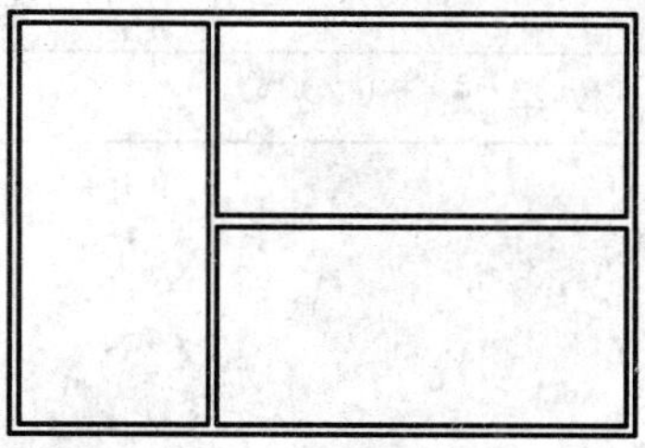
TRIPLE_PANEL_RIGHT	三扇右面水平窗	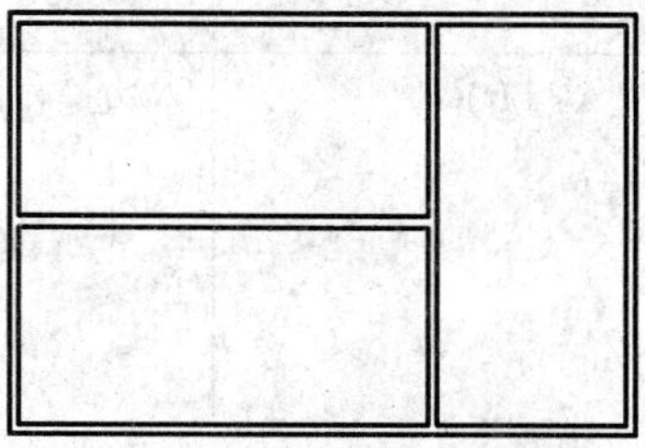
TRIPLE_PANEL_HORIZONTAL	三扇水平窗	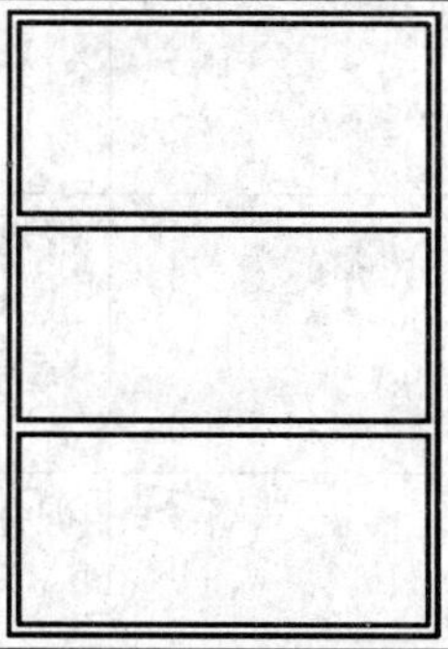
USERDEFINED	用户自定	
NOTDEFINED	未定义	

注：上面的图形作为插图仅供参考。

7.3.11 门面板操作类型

IfcDoorPanelOperationEnum 定义单个门面板操作的基本方式。

EXPRESS 描述：

```
*)
TYPE IfcDoorPanelOperationEnum = ENUMERATION OF
    (SWINGING,
     DOUBLE_ACTING,
     SLIDING,
     FOLDING,
     REVOLVING,
     ROLLINGUP,
     USERDEFINED,
     NOTDEFINED);
```

END_TYPE;

(*

枚举项定义,见表 17。

表 17　门平面作图方式说明表

枚举项	描　述	图　形
SWINGING	单开门	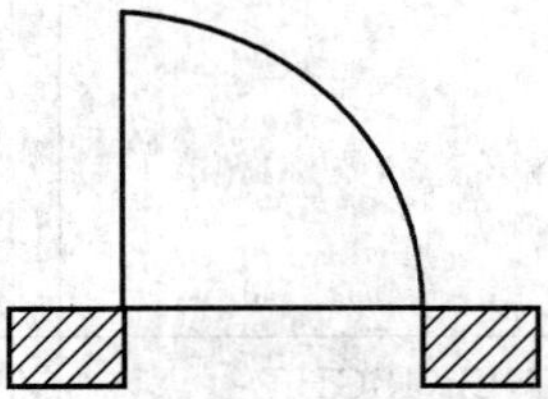
DOUBLE_ACTING	双边操作门	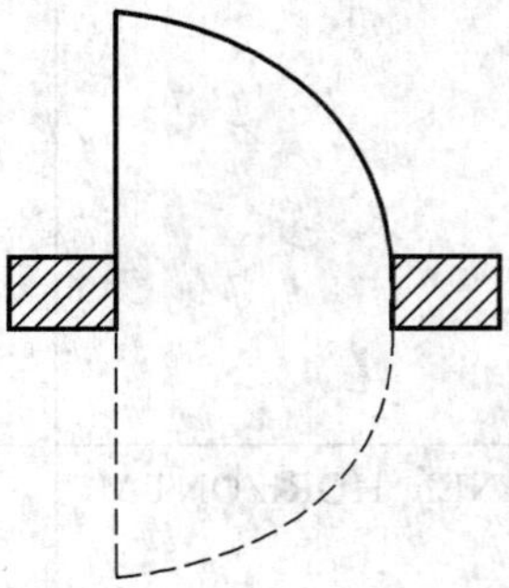
SLIDING	滑动门	
FOLDING	折叠门	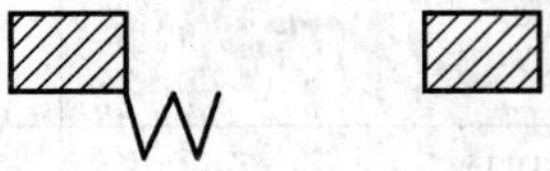
REVOLVING	转动门	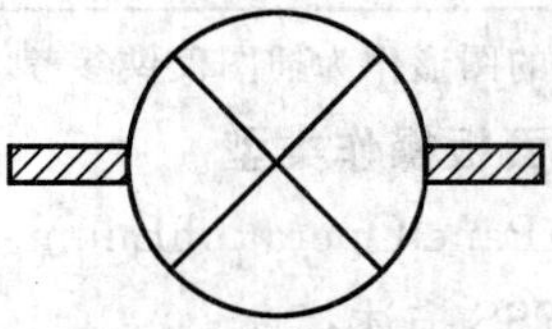
ROLLINGUP	卷起门	
USERDEFINED	用户自定义	
NOTDEFINED	未定义	

注：上面的图形作为插图仅供参考。

7.3.12 门面板位置类型

IfcDoorPanelPositionEnum 描述门框内，单个门面位置的基本类型。双门作图的示例见图 62。

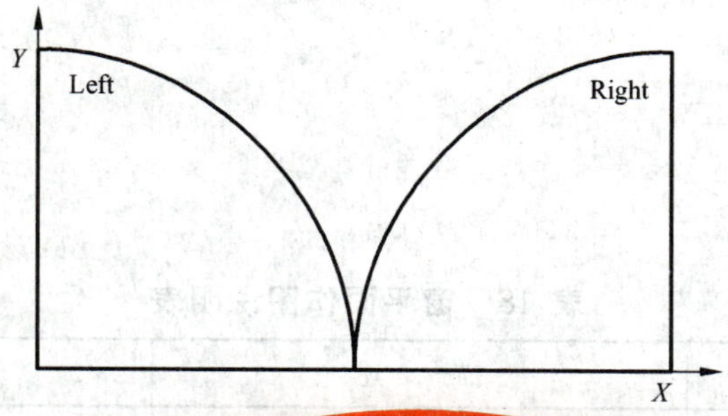

图 62 双门作图示例简图

图 62 显示在 OperationType=DOUBLE_DOOR_SINGLE_SWING 的情况下，一个门面板的 PanelPosition=LEFT，而另一个 PanelPosition=RIGHT。门面板位于门的局部坐标的 *XZ* 平面内从 *Y* 轴方向观察。

EXPRESS 描述：

```
*)
TYPE IfcDoorPanelPositionEnum = ENUMERATION OF
    (LEFT,
     MIDDLE,
     RIGHT,
     NOTDEFINED);
END_TYPE;
(*
```

枚举项定义：

LEFT：左；

MIDDLE：中间；

RIGHT：右；

NOTDEFINED：未定义。

7.3.13 窗面板操作类型

IfcWindowPanelOperationEnum 描述窗面板操作的基本方式。

EXPRESS 描述：

```
*)
TYPE IfcWindowPanelOperationEnum = ENUMERATION OF
    (SIDEHUNGRIGHTHAND,
     SIDEHUNGLEFTHAND,
     TILTANDTURNRIGHTHAND,
     TILTANDTURNLEFTHAND,
     TOPHUNG,
     BOTTOMHUNG,
     PIVOTHORIZONTAL,
     PIVOTVERTICAL,
     SLIDINGHORIZONTAL,
     SLIDINGVERTICAL,
```

```
        REMOVABLECASEMENT,
        FIXEDCASEMENT,
        OTHEROPERATION,
        NOTDEFINED);
    END_TYPE;
    (*
```

枚举项定义,见表 18。

表 18　窗平面作图说明表

枚举项	描　述	图　形
SIDEHUNGRIGHTHAND	单边悬挂右手方向	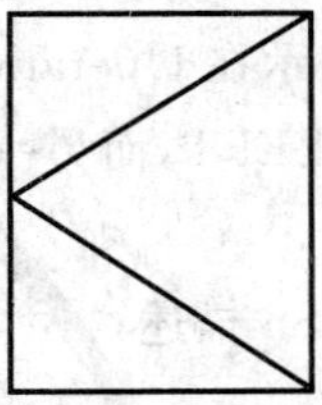
SIDEHUNGLEFTHAND	单边悬挂左手方向	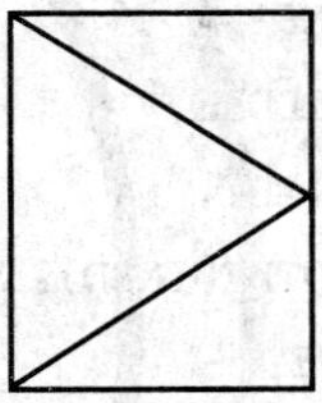
TILTANDTURNRIGHTHAND	底部悬挂右手方向	
TILTANDTURNLEFTHAND	底部悬挂左手方向	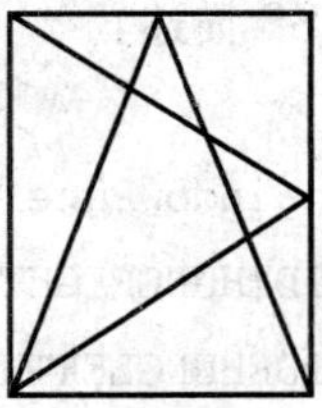
TOPHUNG	顶部悬挂	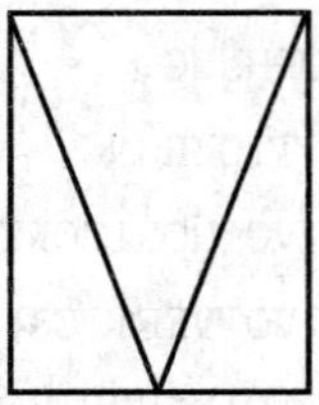

表 18（续）

枚举项	描　述	图　形
BOTTOMHUNG	底部悬挂	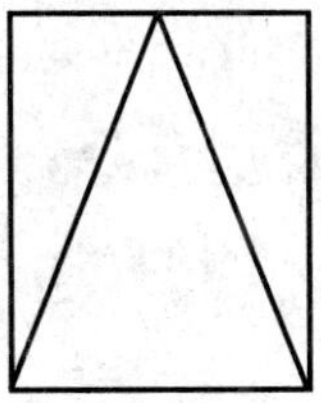
PIVOTHORIZONTAL	中间悬挂水平旋转	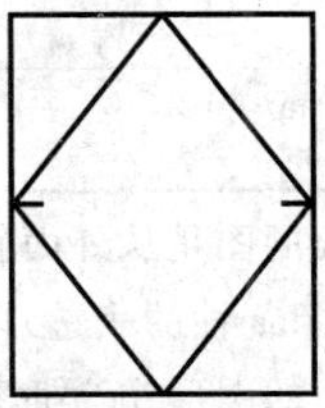
PIVOTVERTICAL	中间悬挂竖直旋转	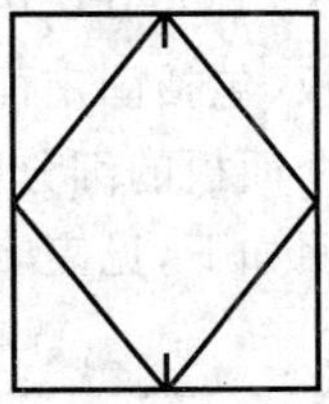
SLIDINGHORIZONTAL	水平滑动	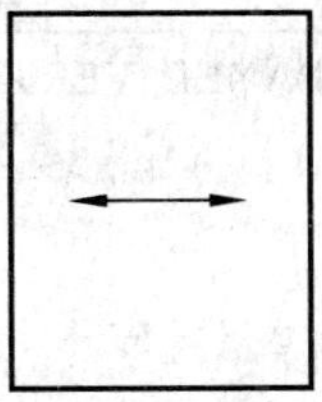
SLIDINGVERTICAL	竖直滑动	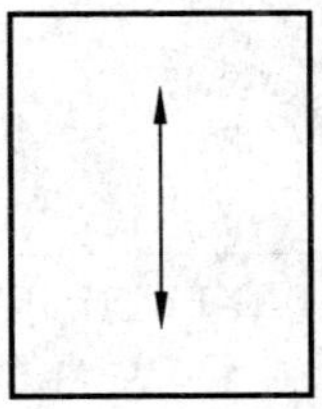
REMOVABLECASEMENT	可移动的	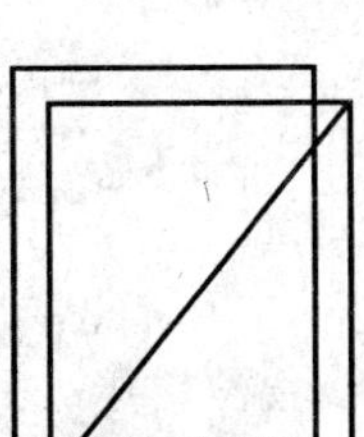

表 18（续）

枚举项	描述	图形
FIXEDCASEMENT	固定的	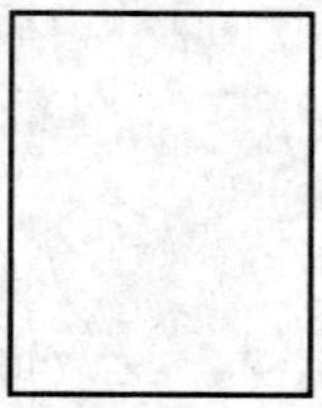
OTHEROPERATION	其他操作类型	
NOTDEFINED	未定义	

注 1：上面的图是从外面看到的效果。

注 2：图(象征性的表达)以本地国家规范为准。

注 3：上面的图形作为插图仅供参考。

7.3.14 窗面板位置类型

IfcWindowPanelPositionEnum 定义用窗面板位置的形式，定义窗类型的基本构造。用有一个、两个或三个面板(包括固定面板)给出窗的构造。

超过三个面板的细分窗只能用几何定义，这种窗的类型是 NOTDEFINED。

举例说明如下，见表 19。

表 19 窗面板位置布置说明表

IfcWindowStyleOperationEnum 类型的枚举项	使用 IfcWindowPanelPositionEnum 的枚举项	图形
DOUBLE_PANEL_VERTICAL	第一个窗 IfcWindowPanelProperties 属性 PanelPosition＝LEFT 第二个窗 IfcWindowPanelProperties 属性 PanelPosition＝RIGHT	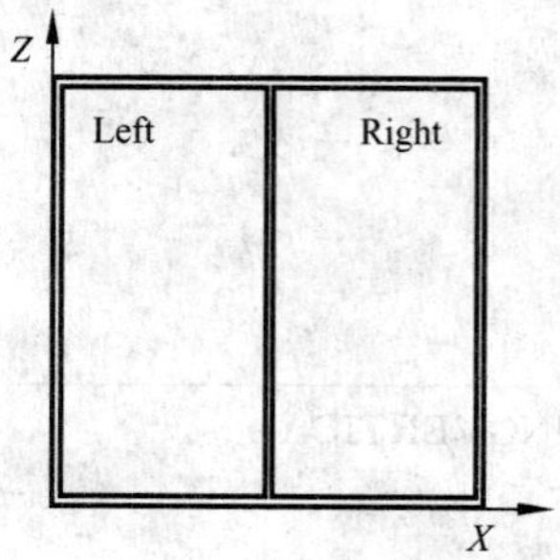
DOUBLE_PANEL_HORIZONTAL	第一个窗 IfcWindowPanelProperties 属性 PanelPosition＝TOP 第二个窗 IfcWindowPanelProperties 属性 PanelPosition＝BOTTOM	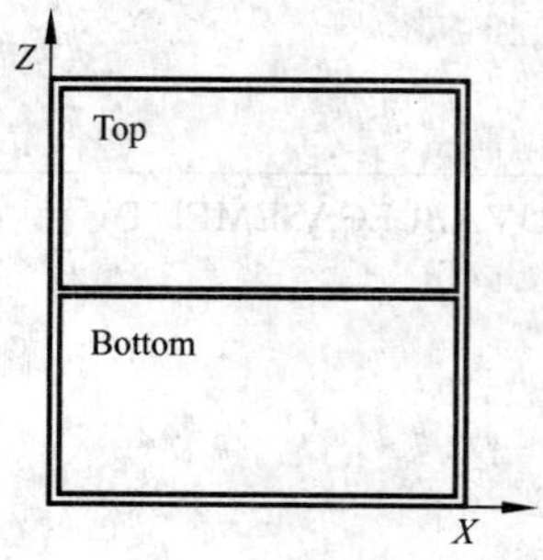

表 19（续）

IfcWindowStyleOperationEnum 类型的枚举项	使用 IfcWindowPanelPositionEnum 的枚举项	图形
TRIPLE_PANEL_VERTICAL	第一个窗 IfcWindowPanelProperties 属性 PanelPosition=LEFT 第二个窗 IfcWindowPanelProperties 属性 PanelPosition=MIDDLE 第三个窗 IfcWindowPanelProperties 属性 PanelPosition=RIGHT	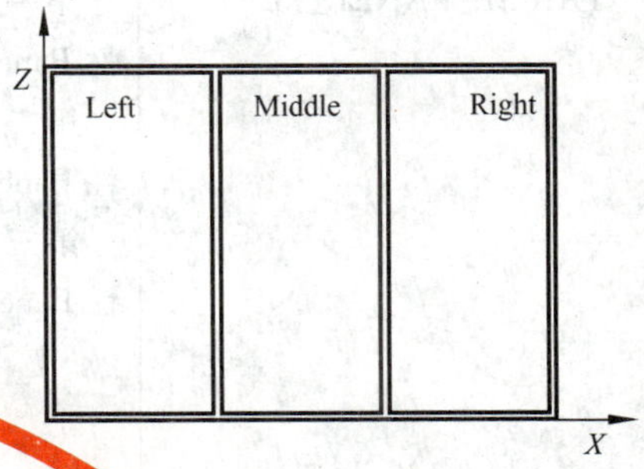
TRIPLE_PANEL_HORIZONTAL	第一个窗 IfcWindowPanelProperties 属性 PanelPosition=TOP 第二个窗 IfcWindowPanelProperties 属性 PanelPosition=MIDDLE 第三个窗 IfcWindowPanelProperties 属性 PanelPosition=BOTTOM	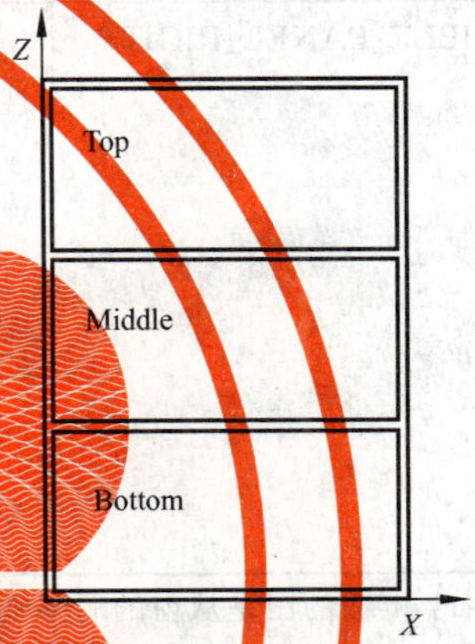
TRIPLE_PANEL_BOTTOM	第一个窗 IfcWindowPanelProperties 属性 PanelPosition=LEFT 第二个窗 IfcWindowPanelProperties 属性 PanelPosition=RIGHT 第三个窗 IfcWindowPanelProperties 属性 PanelPosition=BOTTOM	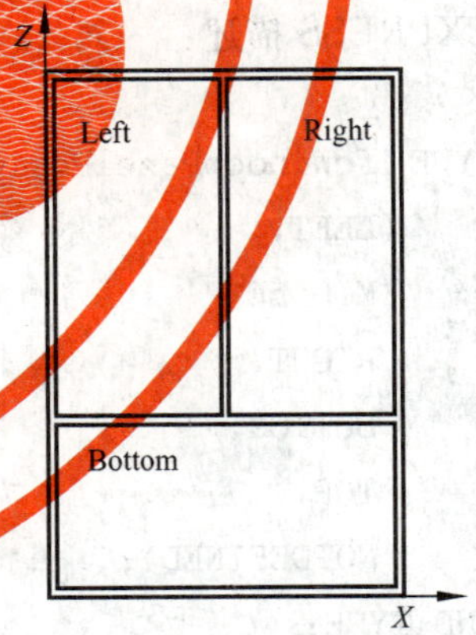
TRIPLE_PANEL_TOP	第一个窗 IfcWindowPanelProperties 属性 PanelPosition=TOP 第二个窗 IfcWindowPanelProperties 属性 PanelPosition=LEFT 第三个窗 IfcWindowPanelProperties 属性 PanelPosition=RIGHT	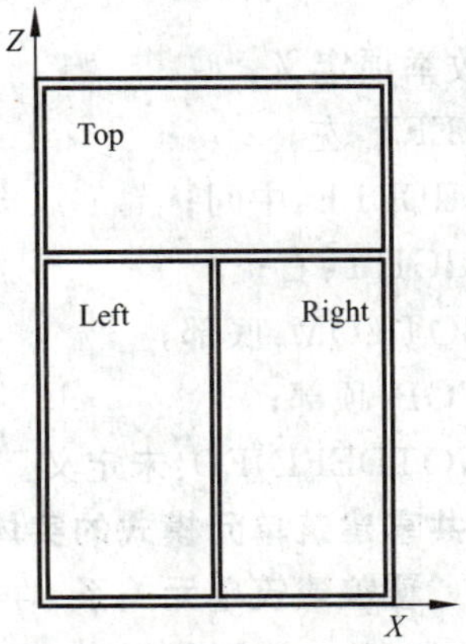

表 19（续）

IfcWindowStyleOperationEnum 类型的枚举项	使用 IfcWindowPanelPositionEnum 的枚举项	图形
TRIPLE_PANEL_LEFT	第一个窗 IfcWindowPanelProperties 属性 PanelPosition＝LEFT 第二个窗 IfcWindowPanelProperties 属性 PanelPosition＝TOP 第三个窗 IfcWindowPanelProperties 属性 PanelPosition＝BOTTOM	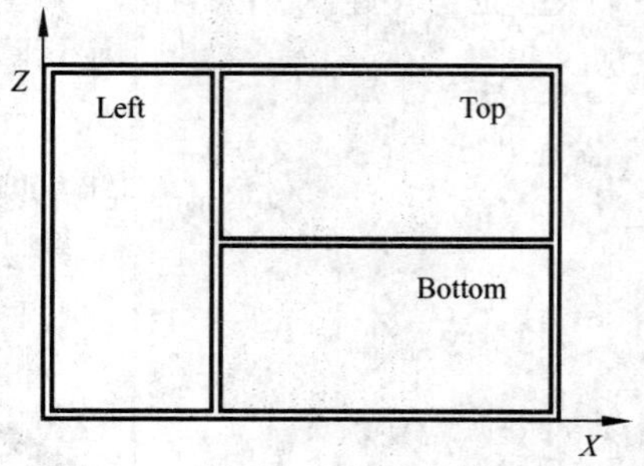
TRIPLE_PANEL_RIGHT	第一个窗 IfcWindowPanelProperties 属性 PanelPosition＝TOP 第二个窗 IfcWindowPanelProperties 属性 PanelPosition＝BOTTOM 第三个窗 IfcWindowPanelProperties 属性 PanelPosition＝RIGHT	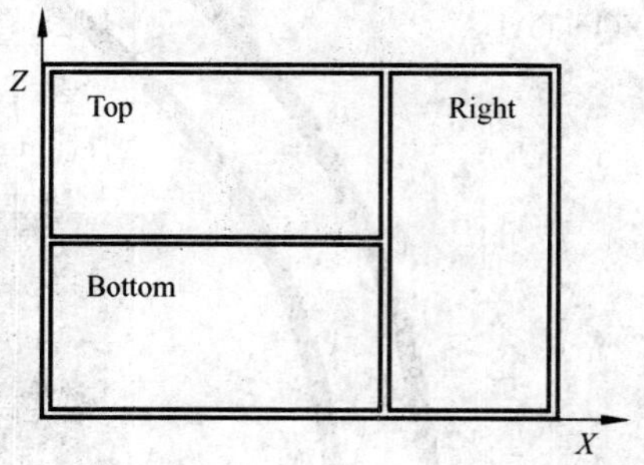

注 1：上面的图是从窗的局部坐标 XZ 平面仰角正 Y 轴方向看得到的效果。

注 2：上面的图形作为插图仅供参考。

EXPRESS 描述：

```
*)
TYPE IfcWindowPanelPositionEnum = ENUMERATION OF
    (LEFT,
     MIDDLE,
     RIGHT,
     BOTTOM,
     TOP,
     NOTDEFINED);
END_TYPE;
(*
```

枚举项定义：

LEFT：左；

MIDDLE：中间；

RIGHT：右；

BOTTOM：底部；

TOP：顶部；

NOTDEFINED：未定义。

7.4 共享建筑单元模式的实体定义

7.4.1 覆盖建筑单元关系

IfcRelCoversBldgElements 定义一个建筑单元与多个覆盖层之间的客观关系，这些覆盖层覆盖在建筑单元上面。

EXPRESS 描述：

```
*)
ENTITY IfcRelCoversBldgElements
    SUBTYPE OF(IfcRelConnects);
      RelatingBuildingElement:IfcBuildingElement;
      RelatedCoverings       :LIST [1 : ?] OF IfcCovering;
END_ENTITY;
(*
```

属性定义：

RelatingBuildingElement(关联的建筑单元)：被覆盖的建筑单元；

RelatedCoverings(被关联的覆盖层)：覆盖建筑单元的覆盖层列。

7.4.2 单元路径连接关系

IfcRelConnectsPathElements 定义两个单元之间的连通性信息，这包含路径信息。目前将这个实体用于 IfcWall。

这个客观化关系提供需要描述两个单元路径连接关系的所有附加信息，这些单元可能有一层或多层材料。连接类型说明在基于路径的单元的何处给出连接(在开始、中间或终点)。

单元路径连接关系的示例图见图 63。图 63 的图用几何连接的 IfcLineConnectionGeometry 类型展示单元路径连接关系的应用。

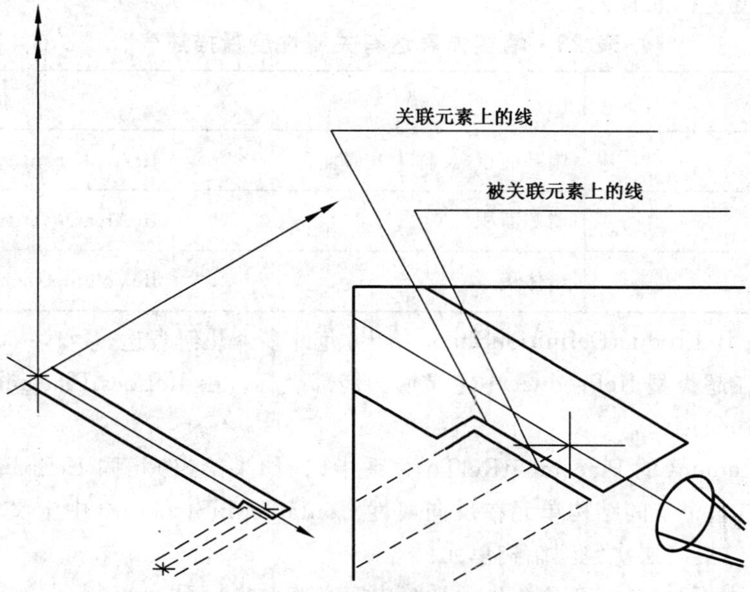

图 63　单元路径连接关系图

这个例子用单元路径连接关系表现两个 IfcWallStandard 实例之间的连接关系。ConnectionGeometry 定义的 LineOnReleatingElement 和 LineOnRelatedElement 都是 IfcPolyline 类型。

EXPRESS 描述：

```
*)
ENTITY IfcRelConnectsPathElements
    SUBTYPE OF(IfcRelConnectsElements);
      RelatingPriorities          :LIST OF INTEGER;
      RelatedPriorities           :LIST OF INTEGER;
```

```
      RelatedConnectionType       :IfcConnectionTypeEnum;
      RelatingConnectionType      :IfcConnectionTypeEnum;
    DERIVE
      RelatedLayerCount           :INTEGER:=
                IfcNoOfLayers(SELF\IfcRelConnectsElements.RelatedElement);
      RelatingLayerCount          :INTEGER:=
      IfcNoOfLayers(SELF\IfcRelConnectsElements.RelatingElement);
END_ENTITY;
(*
```

属性定义：

RelatingPriorities(关联的优先级)：连接的优先级，它引用 RelatingObject 的层；

RelatedPriorities(被关联的优先级)：连接的优先级，它引用 RelatedObject 的层；

RelatedConnectionType(被连接的类型)：指示连接类型与 RelatedObject 路径的关系；

RelatingConnectionType(连接的类型)：指示连接类型与 RelatingObject 路径的关系；

RelatedLayerCount(被关联对象的层数)：被关联对象的层数；

RelatingLayerCount(关联对象的层数)：关联对象的层数。

7.4.3 墙

IfcWall 表达包围和细分空间的垂直构件。这是墙的共同概念，在不同专业领域中会对其专门化。

与墙关联的量在 IfcElementQuantity 中定义，通过 IfcRelDefinesByProperties 关联。表 20 是可以预见的量，但与本地度量标准有关。

表 20 墙实体表达有关属性度量描述表

名　称	描　述	值类型
WallGroundArea	墙基面积，又称为基底面积	IfcAreaQuantity
WallSideArea	墙侧面积	IfcAreaQuantity
WallVolume	墙体积	IfcVolumeQuantity

墙的几何表达由 IfcProductDefinitionShape 给出，允许多个几何表达。

墙的局部坐标：在超类型 IfcProduct 中定义墙的局部坐标。由 IfcLocalPlacement 定义局部坐标系统，被所有的几何表达引用：

- IfcLocalPlacement 的 PlacementRelTo 关系指向(如果给出)相同 IfcSpatialStructureElement 的局部坐标，这个空间结构单元在反向属性 ContainedInStructure 中定义，或者由这个空间结构单元引用的更高层次空间结构单元。
- 如果没有使用相对坐标，在总体坐标系统中定义绝对坐标系。

墙的几何表达：在超类型 IfcBuildingElement 里定义墙的几何表达。更严格的几何定义在子类型 IfcWallStandardCase 中给出。

墙的几何连接：两个墙之间的连接由 IfcRelConnectsPathElements 表达。这个关系对象参数的用法，在墙的子类型和 IfcRelConnectsPathElements 里定义。

EXPRESS 描述：

```
*)
ENTITY IfcWall
    SUBTYPE OF(IfcBuildingElement);
    WHERE
```

```
    WR1:SIZEOF(QUERY(temp <* SELF\IfcObject.HasAssociations |
        'IFCPRODUCTEXTENSION.IFCRELASSOCIATESMATERIAL' IN TYPEOF(temp)))
        <= 1;
END_ENTITY;
(*
形式约束:
WR1:最多只能有一个材料信息与墙关联。
```

7.4.4 标准墙

IfcWallStandardCase 定义对提供的参数有一定约束、对几何表达有一定约束的墙。

下面的参数应该给出:

- 墙高,从几何表达提供的拉伸深度提取;
- 墙厚,从附在墙上的材料层集中提取;
- 墙的轴偏移,从附在墙上的材料层集中提取。

几何使用定义:标准墙的几何表达由 IfcProductDefinitionShape 给出,允许多种几何表达。包括:

- 局部坐标:在超类 IfcWall 定义使用的局部坐标。
- 几何表达:用下面的多种形状表达定义 IfcWallStandard 标准几何表达:
    - ■ 墙轴:一条二维开放曲线(IfcBoundedCurve)定义标准墙的轴线。从墙轴线度量材料层的偏移。
    - ■ 体:一个扫掠体表达或一个 CSG 表达定义标准墙的三维形状。

第一种表达:墙轴。

墙轴在一个特定形状表达内由一条二维开放曲线表达。在墙几何上,在墙轴上应用参数。应该用下面的参数:

- IfcShapeRepresentation. RepresentationIdentifier='WallAxis';
- IfcShapeRepresentation. RepresentationType='GeometricSet'。

采用墙轴方式表达的直墙的示例见图 64。

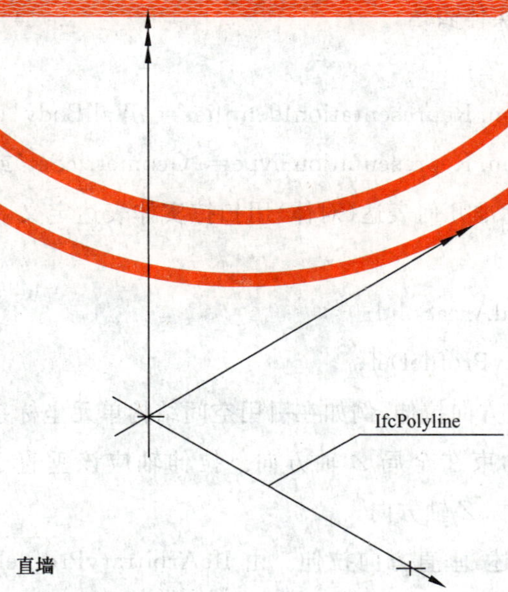

图 64 墙轴方式表达的直墙示意图

在直墙的情况下,条目集合中应该包含 IfcPolyline 类型的一个单一几何表达条目。采用墙轴方式表达的曲线墙的示例见图 65。

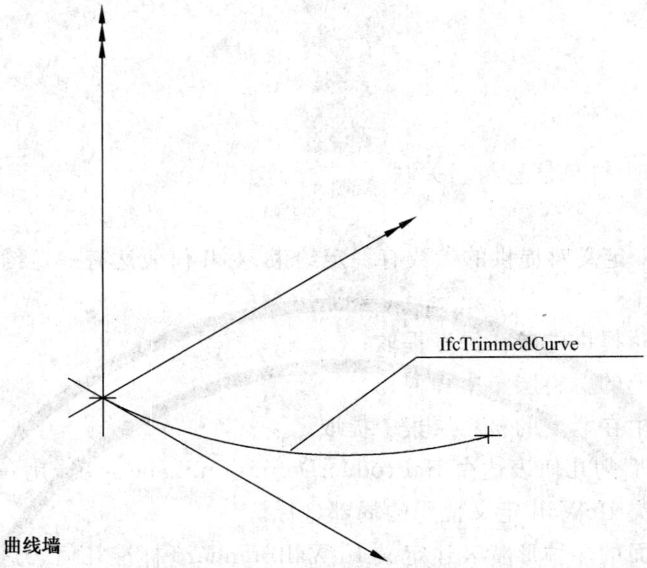

图 65 采用墙轴方式表达的曲线墙示意图

在曲线墙的情况下，条目集合中应该包含 IfcTrimmedCurve 类型的一个单一几何表达条目。曲线应该有 IfcCircle 类型的 BasisCurve。

第二种表达：体。

标准墙的体，用如下定义：

- 没有剪裁的墙体扫掠实体表达；
- 带剪裁的墙体 CSG 表达；
- IfcShapeRepresentation. RepresentationIdentifier＝'WallBody'；
- IfcShapeRepresentation. RepresentationType＝'GeometricSet'或'CSG'。

扫掠实体表达：标准墙的标准几何表达(对体)用扫掠实体表达定义。下面附加约束应用到扫掠实体表达：

- 立体：需要 IfcExtrudedAreaSolid；
- 截面：支持 IfcArbitraryProfileDef；
- 拉伸：截面应该在竖直方向拉伸，例如在引用空间结构单元坐标系的 Z 轴方向。可以在实现协议的基础上，进一步约束在全局 Z 轴方向。拉伸轴应该垂直于扫掠截面，例如指向 IfcExtrudedAreaSolid 的坐标 Z 轴方向。

墙的截面在水平视图中描述，垂直方向拉伸。由 IfcArbitraryProfileDef(不包括它的子类型)描述截面(也同墙的向下投影一样)。在所有连接已经解决的情况下给出截面。

- 在直墙的情况下，截面的两侧应该平行于墙的轴，例如墙有单一不变的厚度。

采用体表达方式的直墙的图示见图 66。

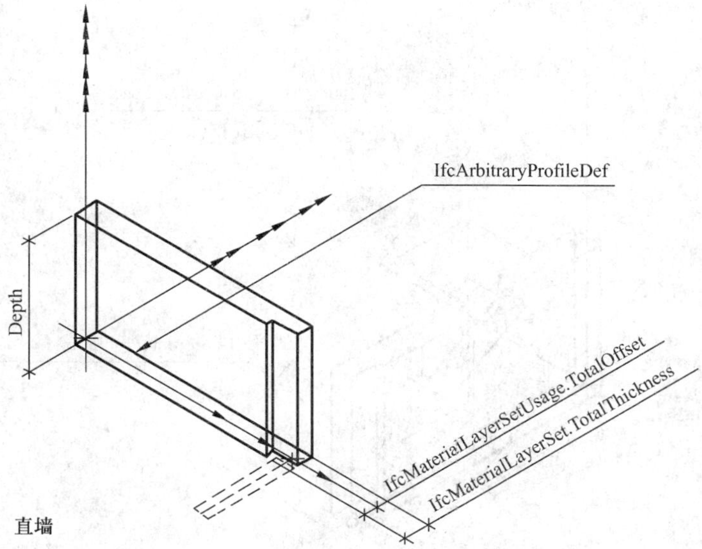

图 66　采用体表达方式的直墙示意图

- 在曲线墙的情况下，截面的两侧应该平行于(带有定义的偏移)墙的轴，例如墙有单一不变的厚度。

采用体表达方式的曲线墙的图示见图 67。

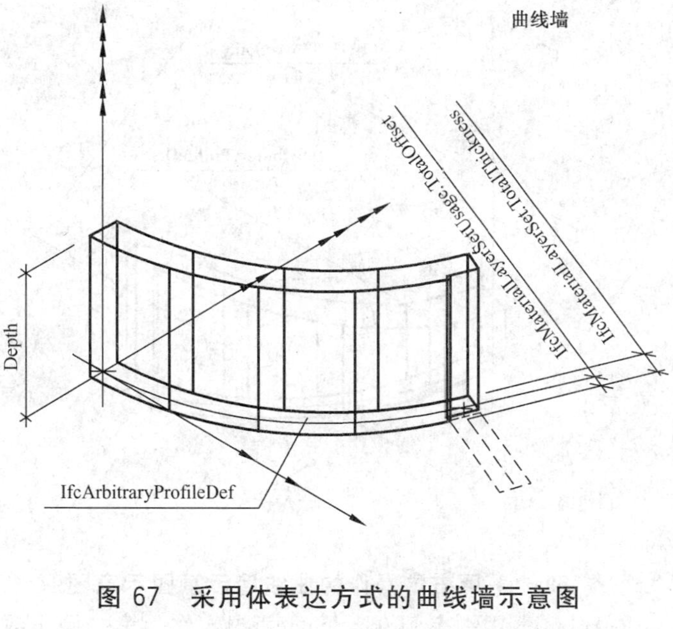

图 67　采用体表达方式的曲线墙示意图

标准墙的高级几何表达(对体)用 CSG 表达定义。下面的附加约束应用到 CSG 表达：

- 立体：参考标准几何表达；
- 截面：参考标准几何表达；
- 拉伸：参考标准几何表达；
- 布尔结果：应该支持 IfcBooleanClippingResult，允许在扫掠实体(这里是 IfcExtrudedAreaSolid)和一个到多个 IfcHalfSpaceSolid 之间的布尔差。

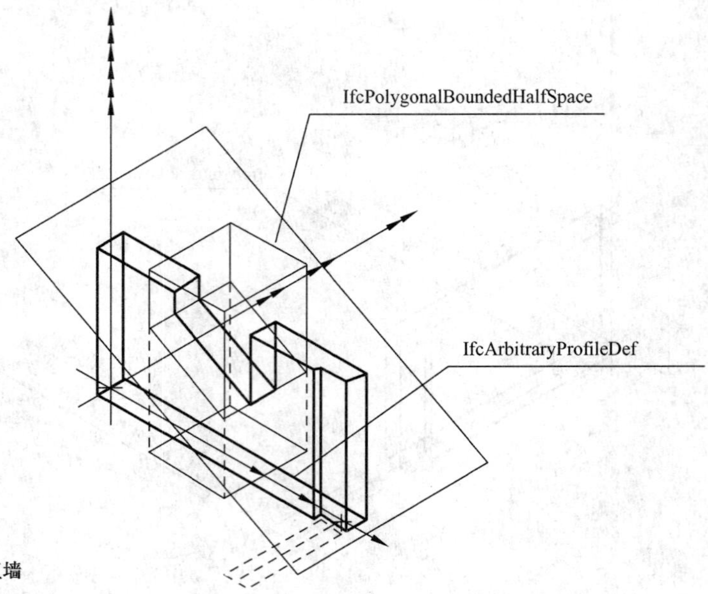

图 68 采用布尔操作的直墙示意图

在 IfcBooleanClippingResult 中，用一个 IfcPolygonalBoundedHalfSpace 作为第二操作数的裁减的例子，见图 68。

采用布尔操作的曲线墙示例见图 69。

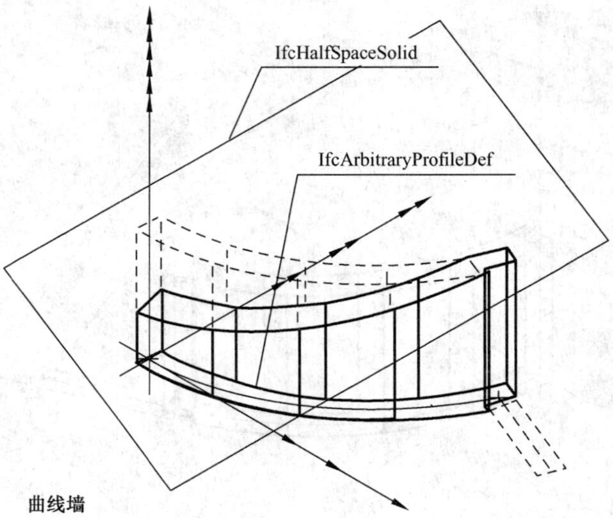

图 69 采用布尔操作的曲线墙示意图示意图

在 IfcBooleanClippingResult 中，用一个 IfcHalfSpaceSolid 作为第二操作数的裁减的例子。

EXPRESS 描述：

```
*)
ENTITY IfcWallStandardCase
    SUBTYPE OF(IfcWall);
    WHERE
      WR1:SIZEOF (QUERY(temp < * USEDIN(SELF,
          'IFC_FINAL.IFCRELASSOCIATES.RELATEDOBJECTS') |
          ('IFC_FINAL.IFCRELASSOCIATESMATERIAL' IN TYPEOF(temp)) AND
```

```
        ('IFC_FINAL.IFCMATERIALLAYERSET' IN
        TYPEOF(temp.RelatingMaterial)))) = 1;
END_ENTITY;
 (*
```

形式约束：

WR1:IfcWallStandard 依赖于一个 IfcMaterialLayerSetUsage 的规定。

7.4.5 覆盖物

IfcCovering 定义任何覆盖另一个单元部分的单元，这个单元完全依赖于那个单元。

注：覆盖物的例子包括墙、楼板和天花板覆盖物、涂层装饰和基础成型。

覆盖物或者用指向 IfcRelSpaceBoundary 的反向关系 ProvidesBoundaries 分配给一个空间边界，或者用指向 IfcRelCoversBldgElements 的反向关系 Covers 分配给一个建筑单元。应该应用下面的指导原则：

- 如果空间已经定义了空间边界，那么关联到这个空间的覆盖物应该分配给空间边界；
- 如果空间没有定义空间边界，或者覆盖物没有与空间关联，那么覆盖物应该分配给建筑单元。

关联到覆盖物的数量用 IfcElementQuantity 定义，通过 IfcRelDefinesByProperties 附上。表 21 的数量是预先定义的，但与本地度量标准有关。

表 21 覆盖物实体表达有关属度量描述表

名 称	描 述	值 类 型
覆盖面积	覆盖物垂直投影的总面积。实际的定义和计算方法依赖于使用的度量方法	IfcAreaQuantity

几何使用定义：覆盖物的几何表达由 IfcProductDefinitionShape 给出，允许多种几何表达。包括：

- 局部坐标：覆盖物的局部坐标定义在它的超类 IfcProduct 中。由 IfcLocalPlacement 定义，这个 IfcLocalPlacement 定义所有几何表达引用的局部坐标系。
  - IfcLocalPlacement 的 PlacementRelTo 关系应该指向(如果给出)相同 IfcSpatialStructureElement 的局部坐标，这个 IfcSpatialStructureElement 用在 ContainedInStructure 反向属性中，或指向被它引用的更高层次的空间结构单元。
  - 如果 IfcCovering 分配给了一个 IfcBuildingElement，这个单元定义它自己的局部坐标，那么 IfcLocalPlacement 的 PlacementRelTo 关系应该指向(如果给出)IfcBuildingElement 的局部坐标。
  - 如果不用相对坐标，应该在总体坐标系中定义绝对坐标。
- 几何表达：覆盖物的几何表达依赖于两个标准：
  - 它是否定义一个面积或一个体积？
  - 基本表面(或者是 IfcSpaceBoundary，或者是 IfcBuildingElement 关联的表面)是一个平面或一个圆柱表面？
- 使用有界表面表达和扫掠实面表达的标准几何表达：覆盖物的标准几何表达支持面定义作为三维面。覆盖物的标准几何表达用下面的表达类型定义：
  - 对于平面的基本表面：有界表面表达；
  - 对于圆柱基本表面：扫掠面表达；

覆盖物的标准几何表达的例子见图 70。

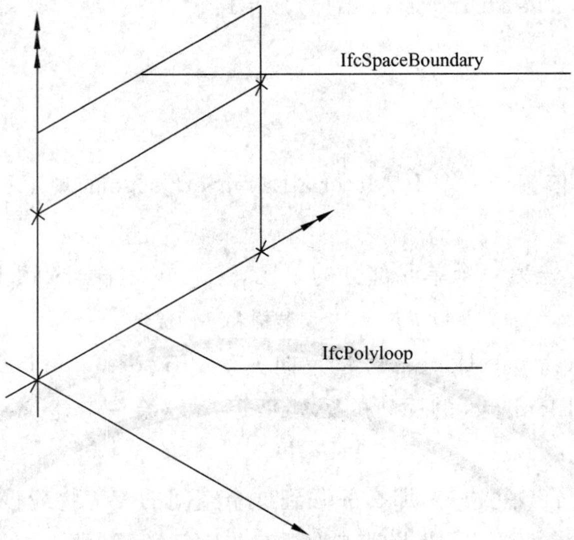

图 70 覆盖物的标准几何表达示意图

覆盖物的面积由一个作为平面基本表面(这里由 IfcSpaceBoundary 给出)IfcPolyloop 的给出。

- IfcPolyloop 暗示的平面表面应该与由 IfcSpaceBoundary 定义的平面表面一样。

覆盖物的面积由一个圆柱基本表面表态的示例见图 71。

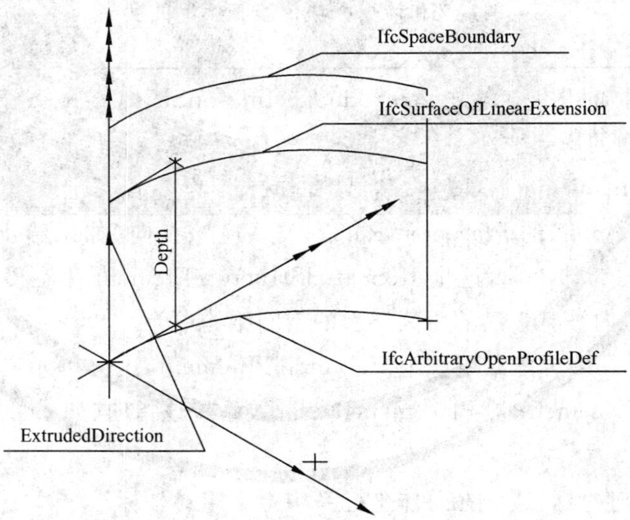

图 71 覆盖物的面积由一个圆柱基本表面表达示意图

覆盖物的面积由一个作为圆柱基本表面(这里由 IfcSpaceBoundary 给出,例如由圆墙促成)IfcSurfaceOfLinearExtrusion 的给出。覆盖物的体积由一个平面表达示意图见图 72。

- IfcCovering 的几何表达由 IfcTrimmedCurved(IfcArbitraryOpenProfileDef 的曲线参数在小面片的情况下也是一个 IfcPolyline)给出。用 IfcSurfaceOfLinearExtrusion 的深度参数在基本表面的平面内拉伸。

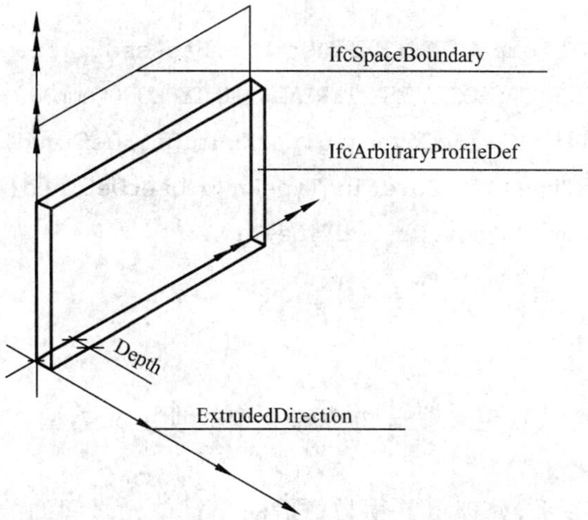

图 72　覆盖物的体积由一个平面表达示意图

覆盖物的体积由一个平面基本表面(这里由 IfcSpaceBoundary 给出)的 IfcExtrudedAreaSolid 给出。

- 拉伸面积(IfcArbitraryProfileDef)应该与 IfcSpaceBoundary 定义的表面共面。

覆盖物的体积由一个圆柱基本表态的示例见图 73。

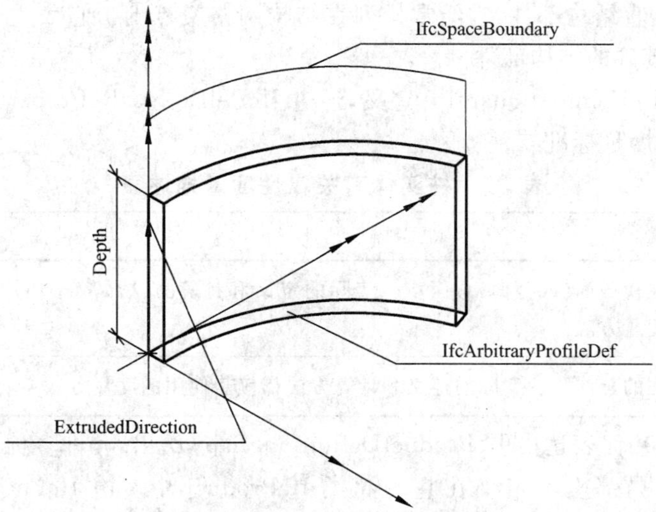

图 73　覆盖物的体积由一个圆柱基本表面表达示意图

覆盖物的体积由一个圆柱基本表面(这里由 IfcSpaceBoundary 给出,例如由圆墙促成)的 IfcExtrudedAreaSolid 给出。

- 覆盖物的几何表达由 Ifc2DCompositeCurve(IfcArbitraryProfileDef 的外部曲线参数在小面片表达的情况下也是一个封闭的 IfcPolyline)给出。它沿着用 IfcSurfaceOfLinearExtrusion 的深度参数基本表面的平面拉伸。

EXPRESS 描述:

```
*)
ENTITY IfcCovering
  SUBTYPE OF(IfcBuildingElement);
    PredefinedType :IfcCoveringTypeEnum;
  INVERSE
    Covers          :SET [0 : 1] OF IfcRelCoversBldgElements FOR
                     RelatedCoverings;
```

```
  WHERE
    WR1:SIZEOF (QUERY(temp <* SELF\IfcObject.HasAssociations |
        'IFC_FINAL.IFCRELASSOCIATESMATERIAL' IN TYPEOF(temp))) <= 1;
    WR2:(PredefinedType <> IfcCoveringTypeEnum.UserDefined) OR
        ((PredefinedType = IfcCoveringTypeEnum.UserDefined) AND
        EXISTS(SELF\IfcObject.ObjectType));
END_ENTITY;
(*
```

属性定义：

PredefinedType(预定义类型)：定义覆盖物特殊类型的预定义类型。可以为每个可用预定义类型定义一个属性集；

Covers(覆盖)：引用客观关系，处理覆盖物与覆盖的建筑单元之间的关系。

形式约束：

WR1：与覆盖物关联的材料只有一种；

WR2：如果预定义类型设置为 USERDEFINED，应该给出 UserDefinedType 属性。

7.4.6 柱

IfcColumn 是一种竖直结构部件，它经常排列在结构网格交点上。它表达一个竖直或近乎竖直的设计用于传导荷载到它基础的结构部件。

关联到柱的数量用 IfcElementQuantity 定义，通过 IfcRelDefinesByProperties 附上。表 22 的数量是预先定义的，但与本地度量标准有关。

表 22 柱实体有关属性度量描述表

名　称	描　　述	值类型
柱横截面积	柱横截面(或截面)总面积。实际的定义和计算方法依赖于使用的度量方法	IfcAreaQuantity
柱体积	柱的总体积。实际的定义和计算方法依赖于使用的度量方法	IfcVolumeQuantity

几何使用定义：柱的几何表达由 IfcProductDefinitionShape 给出，允许多种几何表达。包括：

- 局部坐标：柱的局部坐标定义在它的超类 IfcProduct 中。由 IfcLocalPlacement 定义，这个 IfcLocalPlacement定义所有几何表达引用的局部坐标系。
  - IfcLocalPlacement 的 PlacementRelTo 关系应该指向(如果给出)相同 IfcSpatialStructureElement 的局部坐标，这个 IfcSpatialStructureElement 用在 ContainedInStructure 反向属性中，或指向被它引用的更高层次的空间结构单元。
  - 如果不用相对坐标，应该在总体坐标系中定义绝对坐标。
- 使用扫掠实体表达的标准几何表达：用扫掠实体表达定义柱的标准几何表达。IfcShapeRepresentation 的 RepresentationType 属性应该有'SweptSolid'值。下面的附加约束应用到扫掠实体表达：
  - 立体：需要 IfcExtrudedAreaSolid；
  - 截面：应该支持 IfcRectangleProfileDef 和 IfcCircleProfileDef；
  - 拉伸：截面应该在竖直方向拉伸，例如在引用空间结构单元坐标系的 *Z* 轴方向。可以在实现协议的基础上，进一步约束在全局 *Z* 轴方向。拉伸轴可以垂直于扫掠截面，例如指向 IfcExtrudedAreaSolid 的坐标 *Z* 轴方向。

柱实体的标准几何表达的例子见图 74。

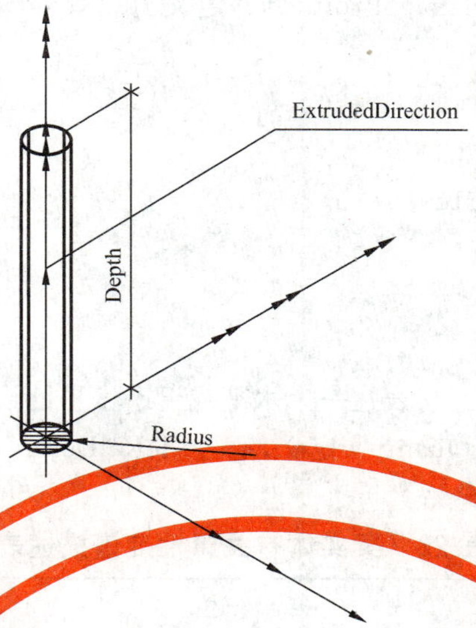

图 74 柱的标准几何表达示意图

下面对维数参数的解释应用到矩形柱：

- IfcRectangleProfileDef. YDim 解释为柱宽；
- IfcRectangleProfileDef. XDim 解释为柱高。

下面对维数参数的解释应用到圆形柱：

- IfcCircleProfileDef. Radius 解释为柱半径；

- 用 CSG 表达的高级几何表达：用扫掠实体或 CSG 几何定义 IfcColumn 的高级几何表达。IfcShapeRepresentation 的 RepresentationType 属性应该有"SweptSolid"或"CSG"值。下面的约束应用到高级表达：
  - 立体：参考标准几何表达；
  - 截面：应该支持 IfcRectangleProfileDef、IfcCircleProfileDef、IfcIshapeProfileDef 和 IfcArbitraryProfileDef；
  - 拉伸：应该支持各个方向的拉伸；
  - 布尔结果：应该支持 IfcBooleanClippingResult，允许扫掠实体（这里是 IfcExtrudedAreaSolid）和一个或多个之间 IfcHalfSpaceSolid 的布尔差。

柱高级几何表达的图示见图 75。

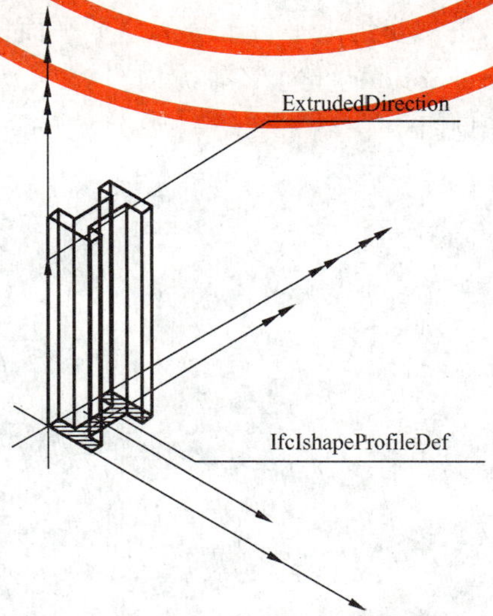

图 75 柱的高级几何表达示意图

用特殊的截面类型(这里是 IfcIshapeProfileDef)定义 IfcExtrudedAreaSolid。

EXPRESS 描述:

```
*)
ENTITY IfcColumn
    SUBTYPE OF(IfcBuildingElement);
END_ENTITY;
(*
```

7.4.7 梁

IfcBeam 是一种水平结构部件。它表达一个水平或近乎水平的设计用于承担荷载的结构部件。

关联到梁的数量用 IfcElementQuantity 定义,通过 IfcRelDefinesByProperties 附上。表 23 的数量是预先定义的,但与本地度量标准有关。

表 23 梁实体有关属性度量描述表

名 称	描 述	值类型
梁横截面积	梁横截面(或截面)总面积。实际的定义和计算方法依赖于使用的度量方法	IfcAreaQuantity
梁体积	梁的总体积。实际的定义和计算方法依赖于使用的度量方法	IfcVolumeQuantity

几何使用定义:梁的几何表达由 IfcProductDefinitionShape 给出,允许多种几何表达。包括:

- 局部坐标:梁的局部坐标定义在它的超类 IfcProduct 中。由 IfcLocalPlacement 定义,这个 IfcLocalPlacement定义所有几何表达引用的局部坐标系。
  - IfcLocalPlacement 的 PlacementRelTo 关系应该指向(如果给出)相同 IfcSpatialStructureElement 的局部坐标,这个 IfcSpatialStructureElement 用在 ContainedInStructure 反向属性中,或指向被它引用的更高层次的空间结构单元。
  - 如果不用相对坐标,应该在总体坐标系中定义绝对坐标。
- 使用扫掠实体表达的标准几何表达:用扫掠实体表达定义梁的标准几何表达。IfcShapeRepresentation 的 RepresentationType 属性应该有“SweptSolid”值。下面的附加约束应用到扫掠实体表达:
  - 立体:需要 IfcExtrudedAreaSolid;
  - 截面:应该支持 IfcRectangleProfileDef 和 IfcCircleProfileDef;
  - 拉伸:截面应该在水平方向拉伸,例如平行于引用空间结构单元坐标系的 *XY* 平面。可以在实现协议的基础上,进一步约束平行于全局 *XY* 平面。拉伸轴可以垂直于扫掠截面,例如指向 IfcExtrudedAreaSolid 的坐标 *Z* 轴方向。

梁实体的标准几何表达的例子见图 76。

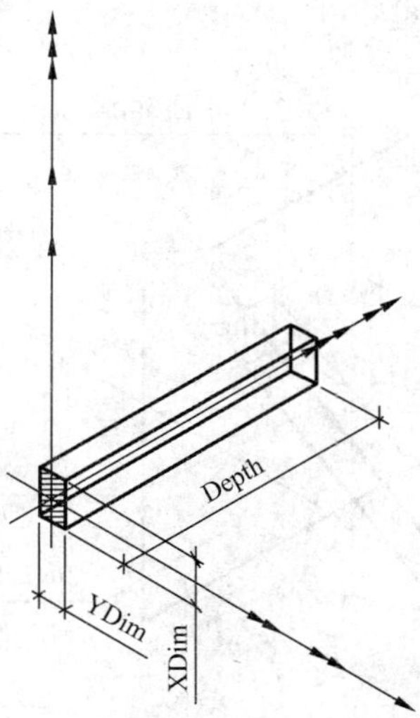

图 76 梁实体的标准几何表达示意图

下面对维数参数的解释应用到矩形梁：

- IfcRectangleProfileDef. YDim 解释为梁宽；
- IfcRectangleProfileDef. XDim 解释为梁深。

下面对维数参数的解释应用到圆形梁：

- IfcCircleProfileDef. Radius 解释为梁半径；

- 用 CSG 表达的高级几何表达：用扫掠实体或 CSG 几何定义梁的高级几何表达。IfcShapeRepresentation 的 RepresentationType 属性应该有'SweptSolid'或'CSG'值。下面的约束应用到高级表达：
  - 立体：参考标准几何表达；
  - 截面：应该支持 IfcRectangleProfileDef、IfcCircleProfileDef、IfcIshapeProfileDef 和 IfcArbitraryProfileDef；
  - 拉伸：应该支持各个方向的拉伸；
  - 布尔结果：应该支持 IfcBooleanClippingResult，允许扫掠实体（这里是 IfcExtrudedAreaSolid）和一个或多个之间 IfcHalfSpaceSolid 的布尔差。

梁的高级几何表达的例子见图 77。

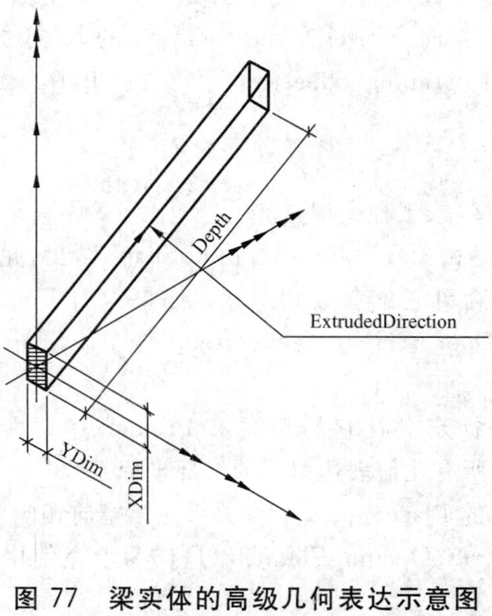

图 77 梁实体的高级几何表达示意图

用非垂直拉伸产生 IfcExtrudedAreaSolid。

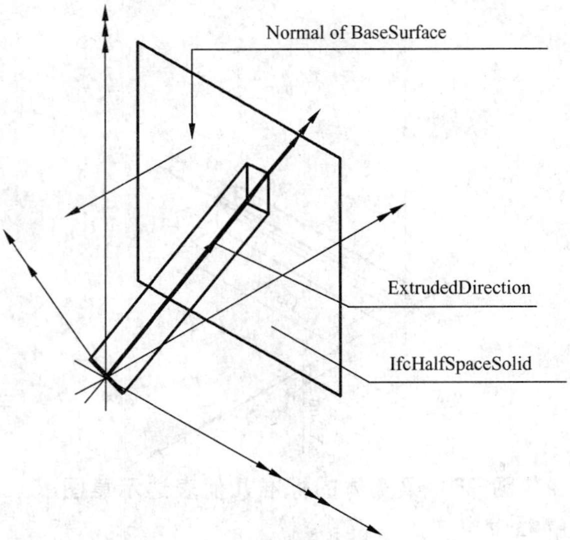

图 78 用 **ExtrudedAreaSolid** 生成梁的示意图

用一个 IfcExtrudedAreaSolid 和 IfcHalfSpaceSolid 一个之间的 IfcBooleanClippingResult 产生一个省略体。

用 ExtrudedAreaSolid 生成梁的示意图见图 78。

EXPRESS 描述：

```
*)
ENTITY IfcBeam
    SUBTYPE OF(IfcBuildingElement);
END_ENTITY;
(*
```

7.4.8 门

IfcDoor 定义包含旋转和折叠操作的建筑构件。一扇门包含一个垫板和一个或多个面板，关于垫板和面板的属性用 IfcDoorLiningProperties 和 IfcDoorPanelProperties 定义。

门实体定义门的特殊实例，插入到工程的空间环境中。门的实际参数和/或它的形状在 IfcDoorStyle 中定义，门通过指向 IfcRelDefinesByType 的反向关系 IsDefinedBy 与之关联。IfcDoorStyle 也定义垫板（IfcDoorLiningProperties）和面板（IfcDoorPanelProperties）的特殊属性。因此：

- 门是实例定义（或工程实例）。
- IfcDoorStyle 是细节定义（或工程类型）。

几何使用定义：门的几何表达由 IfcProductDefinitionShape 给出，允许多种几何表达。在对象实例的情况下，门从中 IfcDoorStyle 得到它的参数和形状。如果为 IfcDoorStyle 定义一个 IfcRepresentationMap（一个块定义），那么 IfcDoor 通过 IfcMappedItem（通过 IfcShapeRepresentation. Items 引用）将它插入。

- 局部坐标：门的局部坐标定义在它的超类 IfcProduct 中。由 IfcLocalPlacement 定义，这个 IfcLocalPlacement定义所有几何表达引用的局部坐标系。
    - IfcLocalPlacement 的 PlacementRelTo 关系应该指向相同单元（如果给出）的局部坐标，门在其中（一般是一个 IfcOpeningElement）是作为填充使用的，通过 IfcRelFillsElement 给出填充关系。

- ■ 如果门没有插入一个 IfcOpeningElement，那么 IfcLocalPlacement 的 PlacementRelTo 关系应该指向（如果给出）相同 IfcSpatialStructureElement 的局部坐标，这个 IfcSpatialStructureElement 用在 ContainedInStructure 反向属性中，或指向被它引用的更高层次的空间结构单元。
- ■ 如果不用相对坐标，应该在总体坐标系中定义绝对坐标。

- 用通过类型给出参数的标准几何表达：定义门形状的参数在 IfcDoorStyle 和包含在 IfcDoorStyle 中属性集中给出。门只定义局部坐标。门的全部尺寸由它的 OverallWidth 和 OverallHeight 参数决定。如果省略，从门插入的 IfcOpening 的截面中提出。

图例：IfcDoorStyle. OperationType=SingleSwingLeft。详见表 24。

表 24　左边旋转门的作图方式描述表

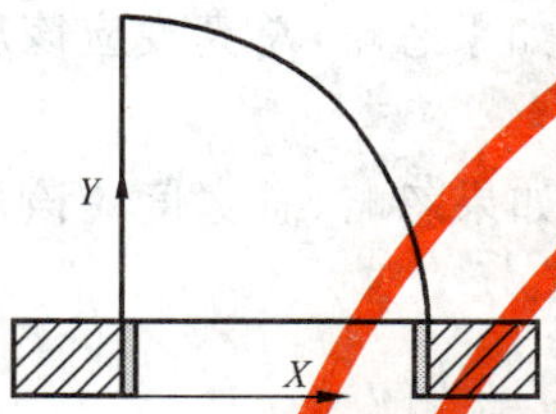	门面板（对于回转门）总是向局部坐标 Y 轴方向开。在 IfcDoorStyle 水平决定门是向左还是向右
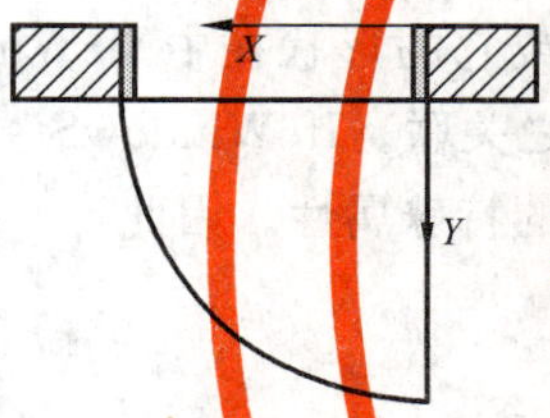	如果门应该向另一个方向开，那么局部坐标应该改变

图例：将门插入洞口 IfcDoorStyle. OperationType=SingleSwingLeft。

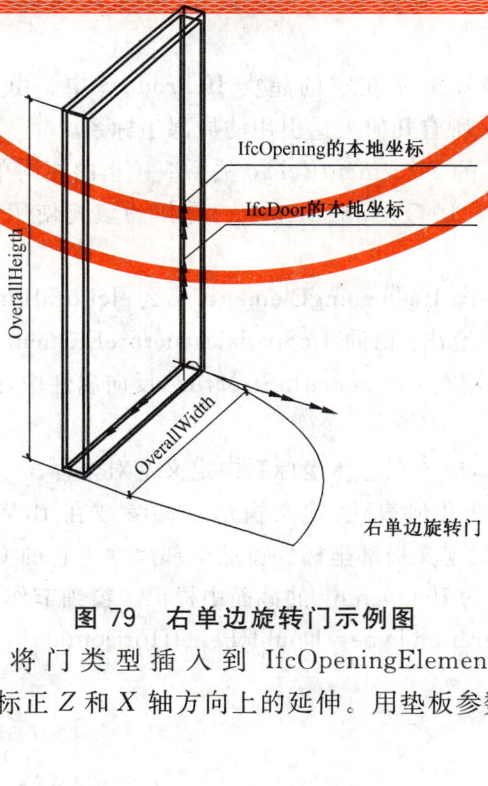

图 79　右单边旋转门示例图

通过建立一个门实例，将门类型插入到 IfcOpeningElement 中，参数 OverallHeigth 和 OverallWidth 现实门在局部坐标正 Z 和 X 轴方向上的延伸。用垫板参数（标志 ParameterTakesPrecedence=TRUE)给建立垫板和门槛。

右单边旋转门示例图见图 79。

EXPRESS 描述：

```
*)
ENTITY IfcDoor
    SUBTYPE OF(IfcBuildingElement);
      OverallHeight:OPTIONAL IfcPositiveLengthMeasure;
      OverallWidth :OPTIONAL IfcPositiveLengthMeasure;
END_ENTITY;
(*
```

属性定义：

OverallHeight(总高度)：总高度度量，它反映封装门体的边界盒的 Z 轴。如果忽略，总高度应该从门插入的 IfcOpening 的几何表达中抽取；

OverallWidth(总宽度)：总宽度度量，它反映封装门体的边界盒的 X 轴。如果忽略，总宽度应该从门插入的 IfcOpening 的几何表达中抽取。

7.4.9 窗

IfcWindow 包含一个垫板和一个或多个面板。关于垫板和面板的属性用 IfcWindowLiningProperties 和 IfcWindowPanelProperties 定义。

窗实体定义窗的特殊实例，插入到工程的空间环境中。窗的实际参数和/或它的形状在中 IfcWindowStyle 定义，窗通过指向 IfcRelDefinesByType 的反向关系 IsDefinedBy 与之关联。IfcWindowStyle 也定义垫板(IfcWindowLiningProperties)和面板(IfcWindowPanelProperties)的特殊属性。因此：

- 窗是实例定义(或工程实例)。
- IfcWindowStyle 是细节定义(或工程类型)。

几何使用定义：窗的几何表达由 IfcProductDefinitionShape 给出，允许多种几何表达。在对象实例的情况下，窗从中 IfcWindowStyle 得到它的参数和形状。如果为 IfcWindowStyle 定义一个 IfcRepresentationMap(一个块定义)，那么窗通过 IfcMappedItem(通过 IfcShapeRepresentation. Items 引用)将它插入。

- 局部坐标：窗的局部坐标定义在它的超类 IfcProduct 中。由 IfcLocalPlacement 定义，这个 IfcLocalPlacement 定义所有几何表达引用的局部坐标系。
  - IfcLocalPlacement 的 PlacementRelTo 关系应该指向相同单元(如果给出)的局部坐标，窗在其中(一般是一个 IfcOpeningElement)是作为填充使用的，通过 IfcRelFillsElement 给出填充关系。
  - 如果窗没有插入一个 IfcOpeningElement，那么 IfcLocalPlacement 的 PlacementRelTo 关系应该指向(如果给出)相同 IfcSpatialStructureElement 的局部坐标，这个 IfcSpatialStructureElement 用在 ContainedInStructure 反向属性中，或指向被它引用的更高层次的空间结构单元。
  - 如果不用相对坐标，应该在总体坐标系中定义绝对坐标。

用通过类型给出参数的标准几何表达：定义窗形状的参数在 IfcWindowStyle 和包含在 IfcWindowStyle 中属性集中给出。窗只定义局部坐标。窗的全部尺寸由它的 OverallWidth 和 OverallHeight 参数决定。如果省略，从窗插入的 IfcOpening 的截面中提出。窗细节作图的示例图见图 80。

图例：IfcWindowStyle. OperationType=DoublePanelHorizontal

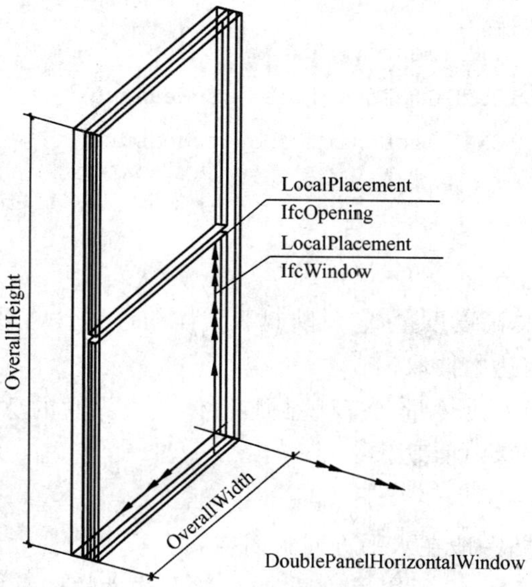

图 80 窗细节作图的示例图

通过建立一个窗实例，将窗类型插入到 IfcOpeningElement 中，参数 OverallHeigth 和 OverallWidth 现实窗在局部坐标正 Z 和 X 轴方向上的延伸。垫板和横梁用给出的参数(标记 ParameterTakesPrecedence = TRUE) 创建。插入窗的表达类型是 IfcShapeRepresentation. RepresentationType=‘MappedRepresentation’。

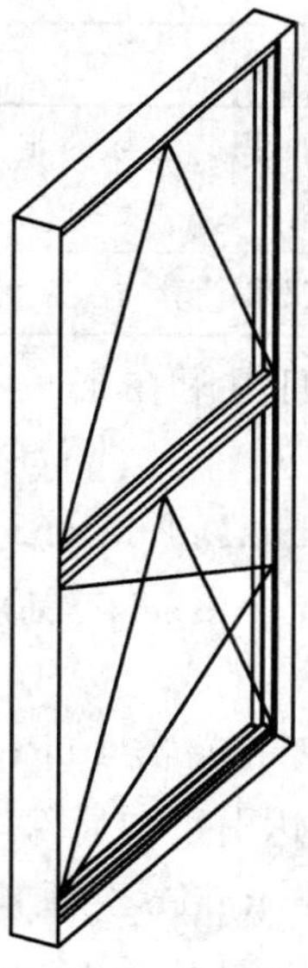

图 81 窗类型实例的参数属性示意图

最终的窗是：

- 第一面板：PanelPosition=TOP
  OperationType=BOTTOMHUNG
- 第二面板：PanelPosition=BOTTOM
  OperationType=TILTANDTURNLEFTHAND

如图 81 所示。

EXPRESS 描述：

*)

```
ENTITY IfcWindow
    SUBTYPE OF(IfcBuildingElement);
      OverallHeight:OPTIONAL IfcPositiveLengthMeasure;
      OverallWidth :OPTIONAL IfcPositiveLengthMeasure;
END_ENTITY;
  (*
```

属性定义：

OverallHeight(总高度)：总高度度量，它反映封装窗体的边界盒的 Z 轴。如果忽略，总高度应该从窗插入的 IfcOpening 的几何表达中抽取；

OverallWidth(总宽度)：总宽度度量，它反映封装窗体的边界盒的 X 轴。如果忽略，总宽度应该从窗插入的 IfcOpening 的几何表达中抽取。

7.4.10 板

IfcSlab 定义一种建筑部件，一般在水平方向封闭空间。板可以在一栋建筑的任意空间内提供较低平面(楼板)或较高平面(屋顶板)。必须注意的是，只有这个构件的核心或结构部分才被看成是一块板。将上部的涂层(地板、屋顶盖)和下部涂层(天花板、吊顶)认为是覆盖物。

一种特殊类型的板是平台，作为一种地面部分描述，连接一个或多个楼梯段或坡道。可以或不可以邻近建筑楼层地面。

关联到板的数量用 IfcElementQuantity 定义，通过 IfcRelDefinesByProperties 附上。表 25 中的数量是预先定义的，但与本地度量标准有关。

表 25　板实体有关属性度量描述表

名　称	描　　述	值类型
板面积	板拉伸面积(或投影)总面积。实际的定义和计算方法依赖于使用的度量方法	IfcAreaQuantity
板体积	板的总体积。实际的定义和计算方法依赖于使用的度量方法	IfcVolumeQuantity

一块板可以有开洞，像楼板开洞。它们用附在楼板上的 IfcOpeningElement 定义，用反向关系 HasOpenings指向 IfcRelVoidsElement。

几何使用定义：板的几何表达由 IfcProductDefinitionShape 给出，允许多种几何表达。包括：

注：如果板是平台类型的，用在一个 IfcStair 或 IfcRamp 内，处理楼梯和坡道几何的特殊协议将也影响 IfcSlab 的几何表达。

- 局部坐标：板的局部坐标定义在它的超类 IfcProduct 中。由 IfcLocalPlacement 定义，这个 IfcLocalPlacement定义所有几何表达引用的局部坐标系。
  - ■ IfcLocalPlacement 的 PlacementRelTo 关系应该指向(如果给出)相同 IfcSpatialStructureElement 的局部坐标，这个 IfcSpatialStructureElement 用在 ContainedInStructure 反向属性中，或指向被它引用的更高层次的空间结构单元。
  - ■ 如果板是平台类型的，由一个 IfcStair 或 IfcRamp 使用，并且容器类定义它们自己的局部坐标，那么 IfcLocalPlacement 的 PlacementRelTo 关系应该指向(如果给出)集合的局部坐标。
  - ■ 如果不用相对坐标，应该在总体坐标系中定义绝对坐标。
- 使用扫掠实体表达的标准几何表达：用扫掠实体表达定义板的标准几何表达。下面的附加约束应用到扫掠实体表达：
  - ■ 立体：需要 IfcExtrudedAreaSolid；
  - ■ 截面：应该支持 IfcRectangleProfileDef；
  - ■ 拉伸：截面应该在垂直方向拉伸，例如在引用空间结构单元坐标系的 Z 轴方向。可以在实现协议的基础上，进一步约束在全局 Z 轴方向。拉伸轴可以垂直于扫掠截面，例如指向 IfcExtrudedAreaSolid 的坐标 Z 轴方向。

另外，标准板应该有单一的材料层。

板的标准几何表达的例子见图 82。在属性 IfcShapeRepresentation. RepresentationType = 'SweptSolid'的情况下。

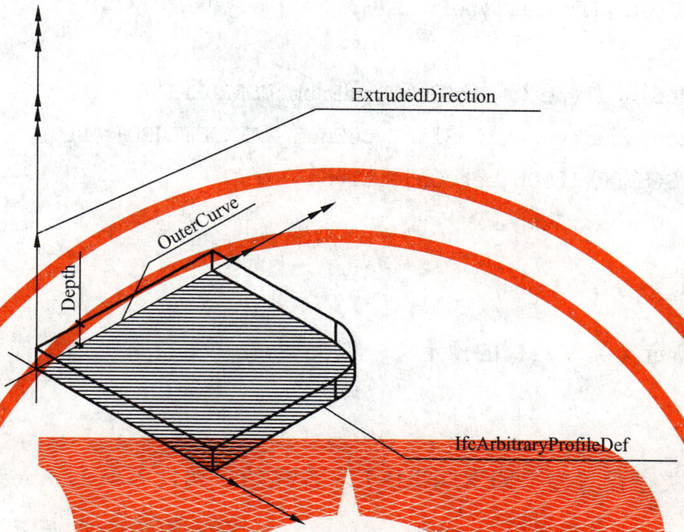

图 82 板的标准几何表达的示意图

注：下面对维数参数的解释应用到多边形板(在地面投影角度)。

- IfcArbitraryProfileDef.OuterCurve：封闭边界曲线解释为板的面积(或投影)。
- 用 CSG 表达的高级几何表达：用扫掠面几何定义板的高级几何表达。下面约束应用到高级表达：
  - 立体：参考标准表达；
  - 截面：参考标准表达；
  - 拉伸：应该支持所有拉伸方向；
  - 布尔结果：应该支持 IfcBooleanClippingResult，允许在扫掠实体和一个或多个 IfcHalfSpaceSolid 之间进行布尔差操作。

板的高级几何表达的例子见图 83。在属性 IfcShapeRepresentation. RepresentationType = 'SweptSolid'或'CSG'的情况下。

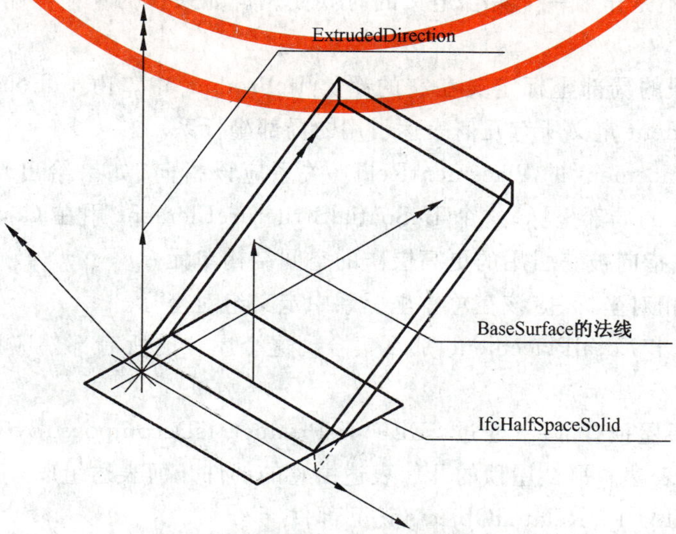

图 83 板的高级几何表达示意图

用高级几何表达定义屋顶板。截面是非垂直拉伸，板体在屋檐处省略。

EXPRESS 描述：

```
*)
ENTITY IfcSlab
    SUBTYPE OF(IfcBuildingElement);
      PredefinedType :IfcSlabTypeEnum;
    WHERE
       WR2:(PredefinedType <> IfcSlabTypeEnum.USERDEFINED) OR
           ((PredefinedType = IfcSlabTypeEnum.USERDEFINED) AND
           EXISTS(SELF\IfcObject.ObjectType));
END_ENTITY;
(*
```

属性定义：

PredefinedType(预定义类型)：板的预定义一般类型，在一个枚举类型中描述。可以为预定义类型给出一个属性集合。

形式约束：

WR2：如果预定义类型设置为 USERDEFINED，应该给出属性 UserDefinedType。

7.4.11 屋顶

IfcRoof 是整个屋顶的描述。它扮演一个容器实体，组合它表达的屋顶所有部件。集合由 IfcRelAggregates 关系处理，将被关联的屋顶实体与屋顶关联，像板(IfcSlab)、椽和檩条，或其他(包含的)屋顶，像天窗。

关联到屋顶的数量用 IfcElementQuantity 定义，通过 IfcRelDefinesByProperties 附上。表 26 中的数量是预先定义的，但与本地度量标准有关。

表 26 屋顶实体有关属性度量描述表

名　称	描　述	值类型
整个屋顶面积	所有属于这个屋顶的屋顶板的总(暴露)面积。实际的定义和计算方法依赖于使用的度量方法	IfcAreaQuantity

几何使用定义：屋顶的几何表达由 IfcProductDefinitionShape 给出，允许多种几何表达。单独的几何表达只有在 IfcRoof 不是作为一个集合定义的时候使用。如果作为一个集合定义，几何表达是集合内所有部件表达的总和。

- 局部坐标：屋顶的局部坐标定义在它的超类 IfcProduct 中。由 IfcLocalPlacement 定义，这个 IfcLocalPlacement 定义所有几何表达引用的局部坐标系。
  - IfcLocalPlacement 的 PlacementRelTo 关系应该指向(如果给出)相同 IfcSpatialStructureElement 的局部坐标，这个 IfcSpatialStructureElement 用在 ContainedInStructure 反向属性中，或指向被它引用的更高层次的空间结构单元。
  - 如果不用相对坐标，应该在总体坐标系中定义绝对坐标。

  如果为屋顶给出 LocalPlacement，那么集合到这个屋顶的所有部件应该使用这个坐标作为它们的相对坐标。
- 几何表达：如果屋顶有部件(通过 SELF\IfcProduct.IsDecomposedBy 引用)，不应该为屋顶定义单独的几何表达。那么屋顶的几何表达由它的部件几何表达组成。通过 SELF\IfcProduct.IsDecomposedBy[1].RelatedObjects 访问部件。

  如果屋顶没有定义部件(SELF\IfcProduct.IsDecomposedBy 集合是空的)，那么屋顶可以由一个 IfcShapeRepresentation. RepresentationType='Brep'表达。

屋顶几何表达的示例见图 84。

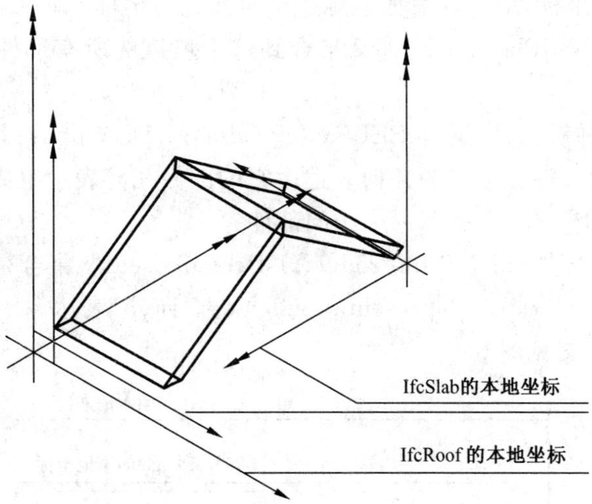

图 84 屋顶的几何表达示意图

屋顶为所有部件定义唯一局部坐标。

EXPRESS 描述：

```
*)
ENTITY IfcRoof
    SUBTYPE OF(IfcBuildingElement);
      ShapeType :IfcRoofTypeEnum;
    WHERE
        WR1:(HIINDEX(SELF\IfcObject.IsDecomposedBy) = 0) OR
            ((HIINDEX(SELF\IfcObject.IsDecomposedBy) = 1) AND
            (NOT(EXISTS(SELF\IfcProduct.Representation))));
END_ENTITY;
(*
```

属性定义：

ShapeType(形状类型)：屋顶的预定义形状类型，在一个枚举中说明。

形式约束：

WR1：或者屋顶没有分解为屋顶板(屋顶可以有独立的几何)，或者不应该直接给出屋顶几何。

7.4.12 楼梯

IfcStair 定义一种垂直通道，允许使用者从一个楼层平面走到另一个不同高度的楼层平面。它可以包含一个平台作为一个中间地面板。

楼梯是一个组合它表现的所有楼梯部件的容器实体。集合由 IfcRelAggregates 关系处理，将被关联的楼梯段(IfcStairFlight)和平台('Landing'类型的 IfcSlab)与一个楼梯(IfcStair)关联。

几何使用定义：楼梯的几何表达由 IfcProductDefinitionShape 给出，允许多种几何表达。单独的几何表达只有在 IfcStair 不是作为一个集合定义的时候使用。如果作为一个集合定义，几何表达是集合内所有部件表达的总和。

- 局部坐标：楼梯的局部坐标定义在它的超类 IfcProduct 中。由 IfcLocalPlacement 定义，这个 IfcLocalPlacement 定义所有几何表达引用的局部坐标系。
    - ■ IfcLocalPlacement 的 PlacementRelTo 关系应该指向(如果给出)相同 IfcSpatialStructu-

reElement 的局部坐标，这个 IfcSpatialStructureElement 用在 ContainedInStructure 反向属性中，或指向被它引用的更高层次的空间结构单元。

- 如果不用相对坐标，应该在总体坐标系中定义绝对坐标。

如果为楼梯给出 LocalPlacement，那么集合到这个坡道的所有部件应该使用这个坐标作为它们的相对坐标。

- 几何表达：如果楼梯有部件（通过 SELF\IfcProduct. IsDecomposedBy 引用），不应该为楼梯定义单独的几何表达。那么楼梯的几何表达由它的部件几何表达组成。通过 SELF\IfcProduct. IsDecomposedBy[1]. RelatedObjects 访问部件。

  如果楼梯没有定义部件（SELF\IfcProduct. IsDecomposedBy 集合是空的），那么楼梯可以由一个 IfcShapeRepresentation. RepresentationType='Brep'表达。

楼梯的几何表达的示意图见图 85。

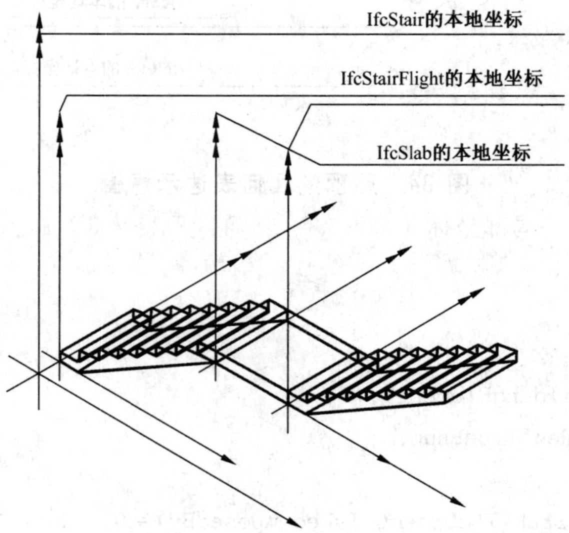

图 85 楼梯的几何表达示意图

楼梯为所有部件定义局部坐标。

EXPRESS 描述：

```
*)
ENTITY IfcStair
    SUBTYPE OF(IfcBuildingElement);
      ShapeType :IfcStairTypeEnum;
    WHERE
        WR1:(HIINDEX(SELF\IfcObject.IsDecomposedBy) = 0) OR
            ((HIINDEX(SELF\IfcObject.IsDecomposedBy) = 1) AND
            (NOT(EXISTS(SELF\IfcProduct.Representation))));
END_ENTITY;
(*
```

属性定义：

ShapeType(形状类型)：楼梯的预定义形状类型，在一个枚举中说明。

形式约束：

WR1：或者楼梯没有分解为楼梯段和平台（楼梯可以有独立的几何），或者不应该直接给出楼梯几何。

7.4.13 **楼梯段**

IfcStairFlight 定义一种在单一"单跑"楼梯踏步(没有被平台截断)中可组装的建筑构件。楼梯踏步和任何楼梯斜梁都包括在这个对象里。一个螺旋形阶梯可以看作是一个楼梯段的部分。

一个楼梯段一般由一个楼梯(IfcStair)通过 IfcRelAggregates 关系组织起来,这样楼梯段包含在 IfcRelAggregates. RelatedObjects集合中。

一个楼梯段一般连接一栋建筑内零到两个不同层(或部分层)楼板平板。用 IfcRelConnects Elements关系表达楼梯段和 IfcSlab 之间的连接关系。

几何使用定义:楼梯段的几何表达由 IfcProductDefinitionShape 给出,允许多种几何表达。包括:

- 局部坐标:楼梯段的局部坐标定义在它的超类 IfcProduct 中。由 IfcLocalPlacement 定义,这个 IfcLocalPlacement 定义所有几何表达引用的局部坐标系。
  - IfcLocalPlacement 的 PlacementRelTo 关系应该指向(如果给出)相同 IfcSpatialStructureElement 的局部坐标,这个 IfcSpatialStructureElement 用在 ContainedInStructure 反向属性中,或指向被它引用的更高层次的空间结构单元。
  - 如果楼梯段由一个 IfcStair 使用,并且这个容器类定义它自己的局部坐标,那么 IfcLocalPlacement 的 PlacementRelTo 关系应该指向(如果给出)集合的局部坐标。
- 标准几何表达:用下面的多种形状表达定义楼梯段的标准几何表达:
  - 移动线:一条二维开放曲线(IfcBoundedCurve),为楼梯段定义移动线;
  - 边界线:一条二维封闭曲线(IfcBoundedCurve),定义楼梯段的边界;
  - 体:一个 Brep 表达(IfcManifoldSolidBrep),定义楼梯段的三维形状。

第一种表达:移动线。

在一种特定形状表达内,由一个二维开放曲线表达移动线。曲线是有方向的(必须在 IfcCurve 的子类里解释方向)。

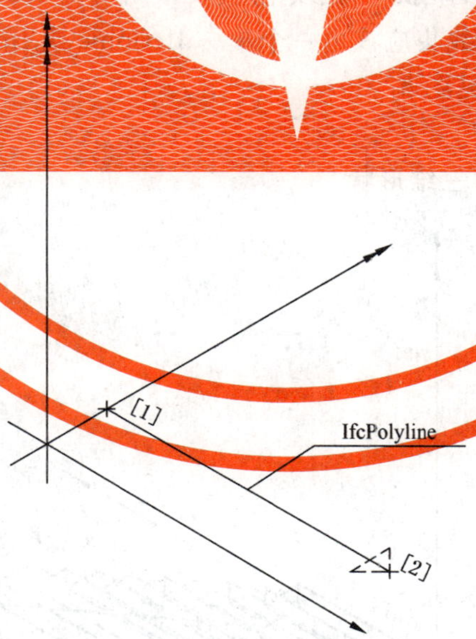

图 86 楼梯段的几何表达示意图

IfcShapeRepresentation. RepresentationIdentifier='WalkingLine'。

IfcShapeRepresentation. RepresentationType='GeometricSet'。

- 在直楼梯段的情况下,曲线集应该由一个单一 IfcPolyline 类型条目组成;
- 在螺旋梯段的情况下,曲线集应该由一个单一 IfcCompositeCurve 类型条目组成;
- 在曲线梯段或螺旋斜梯的情况下,曲线集应该由一个单一 IfcTrimmedCurve 类型条目组成。

楼梯段的几何表达示意图见图 86。

第二种表达:边界线。

在一种特定的形状表达内,由一个二维封闭曲线表达楼梯段边界。

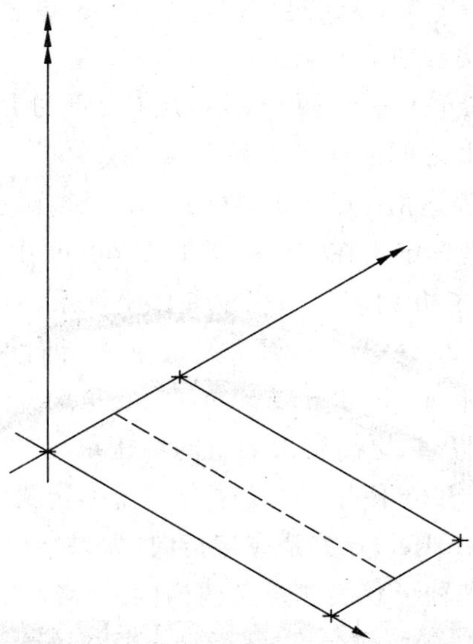

图 87　用边界线表达楼梯段示意图

IfcShapeRepresentation='Boundary';

IfcShapeRepresentation='GeometricSet';

- 在直楼梯段的情况下,曲线集应该由一个单一 IfcPolyline 类型条目组成。
- 在螺旋梯段或曲线楼梯段的情况下,曲线集应该由一个单一 IfcCompositeCurve 类型条目组成。
- 在螺旋斜梯的情况下,曲线集应该由一个单一 IfcConic 或 IfcPolyline 类型条目组成。

用边界线表达楼梯段示意图见图 87。

第三种表达:体。

用 Brep 表达来表达楼梯段的三维形状。

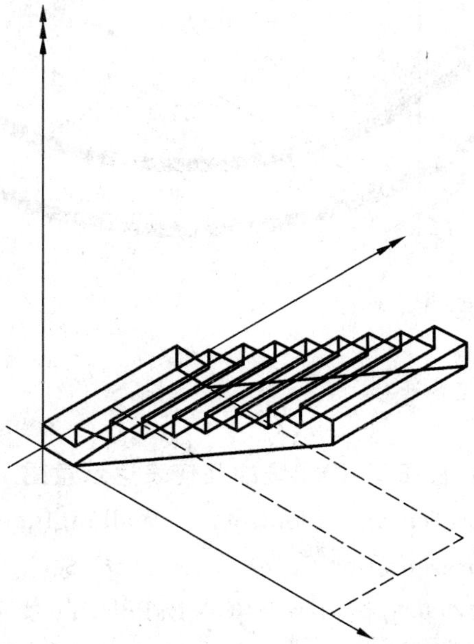

图 88　用 Brep 方式表达楼梯段的示意图

IfcShapeRepresentation. RepresentationIdentifier='Body';

IfcShapeRepresentation. RepresentationType='Brep'。

用 Brep 方式表达楼梯段的示意图见图 88。

EXPRESS 描述：

```
*)
ENTITY IfcStairFlight
    SUBTYPE OF(IfcBuildingElement);
      NumberOfRiser   :OPTIONAL INTEGER;
      NumberOfTreads  :OPTIONAL INTEGER;
      RiserHeight     :OPTIONAL IfcPositiveLengthMeasure;
      TreadLength     :OPTIONAL IfcPositiveLengthMeasure;
END_ENTITY;
(*
```

属性定义：

NumberOfRiser(楼梯踏步数)：包含在楼梯段内楼梯踏步的数目；

NumberOfTreads(踏板数)：包含在楼梯段内楼梯踏板的数目；

RiserHeight(踏步高)：从踏板到踏板的垂直距离。在一个楼梯段内，假定所有楼梯的踏步高是相等的；

TreadLength(踏板长)：踏板从前到后的水平距离。在一个楼梯段内，假定所有楼梯的踏板长是相等的。

7.4.14 坡道

IfcRamp 定义一个垂直通道，一般用于为人员在两个不同高度的一个楼板平面和另一个楼板平面之间提供流通连接。它可以包含一个平台作为中间地面板。一个坡道一般不包含台阶(踏步坡道不在这个版本的 IFC 范围之内)。

一个坡道是一个组合它表现的所有坡道部件的容器实体。集合由 IfcRelAggregates 关系处理，将被关联的坡道段(IfcRampFlight)和平台('Landing'类型的 IfcSlab)与一个坡道(IfcRamp)关联。

几何使用定义：坡道的几何表达由 IfcProductDefinitionShape 给出，允许多种几何表达。单独的几何表达只有在坡道不是作为一个集合定义的时候使用。如果作为一个集合定义，几何表达是集合内所有部件表达的总和。

- 局部坐标：坡道的局部坐标定义在它的超类 IfcProduct 中。由 IfcLocalPlacement 定义，这个 IfcLocalPlacement 定义所有几何表达引用的局部坐标系。
  - IfcLocalPlacement 的 PlacementRelTo 关系应该指向(如果给出)相同 IfcSpatialStructureElement 的局部坐标，这个 IfcSpatialStructureElement 用在 ContainedInStructure 反向属性中，或指向被它引用的更高层次的空间结构单元。
  - 如果不用相对坐标，应该在总体坐标系中定义绝对坐标。

  如果为坡道给出 LocalPlacement，那么集合到这个坡道的所有部件应该使用这个坐标作为它们的相对坐标。
- 几何表达：如果坡道有部件(通过 SELF\IfcProduct. IsDecomposedBy 引用)，不应该为坡道定义单独的几何表达。那么坡道的几何表达由它的部件几何表达组成。通过 SELF\IfcProduct. IsDecomposedBy[1]. RelatedObjects 访问部件。

  如果坡道没有定义部件(SELF\IfcProduct. IsDecomposedBy 集合是空的)，那么坡道可以由一个 IfcShapeRepresentation. RepresentationType='Brep'表达。

坡道几何表达的示意图见图 89。

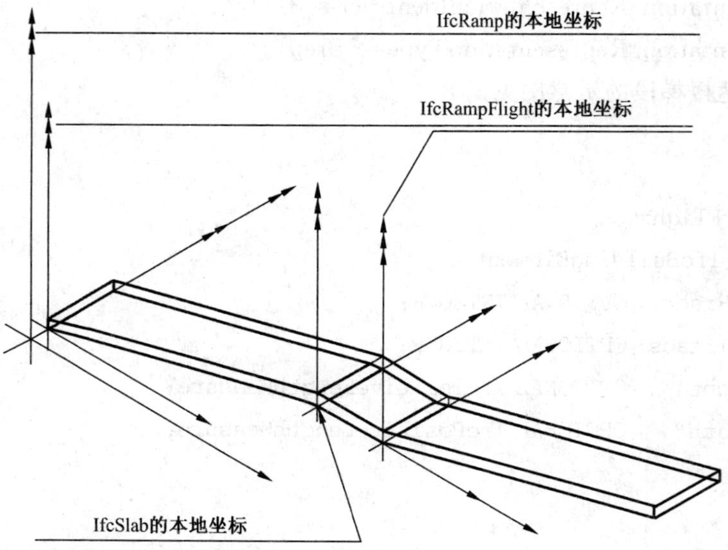

图 89 坡道几何表达的示意图

坡道只为所有的部件定义局部坐标。

EXPRESS 描述：

```
*)
ENTITY IfcRamp
    SUBTYPE OF(IfcBuildingElement);
      ShapeType :IfcRampTypeEnum;
    WHERE
       WR1:(HIINDEX(SELF\IfcObject.IsDecomposedBy) = 0) OR
           ((HIINDEX(SELF\IfcObject.IsDecomposedBy) = 1) AND
           (NOT(EXISTS(SELF\IfcProduct.Representation))));
END_ENTITY;
(*
```

属性定义：

ShapeType(形状类型)：坡道的预定义形状类型，在一个枚举中说明。

形式约束：

WR1：或者坡道没有分解为坡道段和平台(坡道可以有独立的几何)，或者不应该直接给出 IfcRamp 几何。

7.4.15 坡道段

IfcRampFlight 定义倾斜平板段，一般用于为人员在两个不同高度的楼梯平台、楼层或平板之间提供流通连接。

一个坡道段一般由一个坡道(IfcRamp)通过 IfcRelAggregates 关系组织起来，这样坡道段包含在 IfcRelAggregates.RelatedObjects 集合中。

一个坡道段一般连接一栋建筑内零到两个不同层(或部分层)楼板平板。用 IfcRelConnectsElements 关系表达坡道段和 IfcSlab 之间的连接关系。

几何使用定义：坡道段的几何表达由 IfcProductDefinitionShape 给出，允许多种几何表达。包括：

- 局部坐标：坡道段的局部坐标定义在它的超类 IfcProduct 中。由 IfcLocalPlacement 定义，这个 IfcLocalPlacement 定义所有几何表达引用的局部坐标系。
  - IfcLocalPlacement 的 PlacementRelTo 关系应该指向(如果给出)相同 IfcSpatialStructu-

reElement 的局部坐标，这个 IfcSpatialStructureElement 用在 ContainedInStructure 反向属性中，或指向被它引用的更高层次的空间结构单元。

- 如果坡道段由一个 IfcRamp 使用，并且这个容器类定义它自己的局部坐标，那么 IfcLocalPlacement 的 PlacementRelTo 关系应该指向（如果给出）集合的局部坐标。

- 标准几何表达：用扫掠面几何定义坡道段的标准几何表达。下面的约束应用到标准表达：
  - 立体：需要 IfcExtrudedAreaSolid；
  - 截面：应该支持 IfcRectangleProfileDef；
  - 拉伸：截面应该相对于 IfcExtrudedAreaSolid 的位置坐标系的 *XY* 平面的任意方向拉伸。因此，应该支持非垂直的扫掠操作。可以在实现协议的基础上，进一步约束在全局 *Z* 轴方向。

坡道段的几何表达例子。坡道段几何表达的示意图见图 90。

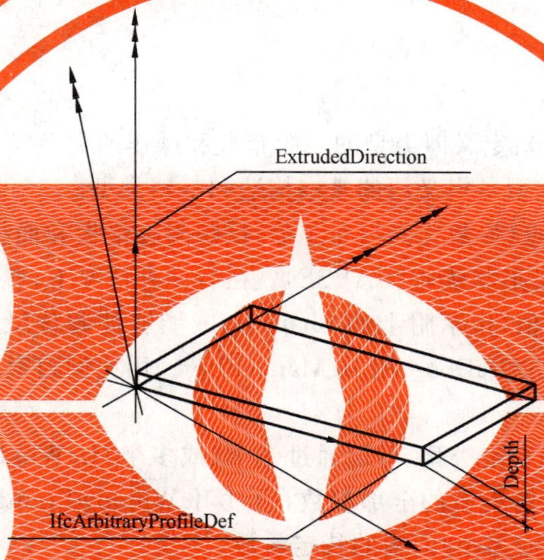

图 90 坡道段几何表达的示意图

EXPRESS 描述：

```
 *)
ENTITY IfcRampFlight
   SUBTYPE OF(IfcBuildingElement);
END_ENTITY;
 (*
```

7.4.16 门类型

IfcDoorStyle 定义门的特定类型，可以通过一个（或多个）IfcDoor 的实例包含进建筑模型的空间环境中。一个门类型定义门类型的全部参数，通过 IfcDoorLiningProperties 和 IfcDoorPanelProperties 引用垫板和一个（或多个）面板的特定参数。

门实体（IfcDoor）定义一个门的特定实例，插入到工程的空间环境中。门的实际参数和/或它的形状在 IfcDoorStyle 定义，通过 IfcDoor 的反向关系 IsDefinedBy 指向门类型与之关联。门类型也定义了门框（IfcDoorLiningProperties）和面板（IfcDoorPanelProperties）的特定属性。

几何使用定义：门类型为指向这个门类型的所有 IfcDoor 实例定义几何基线，或表达映像。门类型的表达可以由门垫板和门面板（多个）的最小协议参数集给出，或用 IfcRepresentationMap 通过几何表达给出。ParameterTakesPrecedence 属性决定，是用参数集实际表达门类型的形状（TRUE），还是附着的 IfcRepresentationMap 保持实际的表达（FALSE）。

- 参数解释:IfcDoorStyleOperationTypeEnum 定义门类型的一般布置。依赖于枚举值,IfcDoorLiningProperties 和 IfcDoorPanelProperties 的适当参数附在 HasPropertySets 列表里。参考相应部分的几何使用定义。

EXPRESS 描述:

```
*)
ENTITY IfcDoorStyle
    SUBTYPE OF(IfcTypeProduct);
      OperationType             :IfcDoorStyleOperationEnum;
      ConstructionType          :IfcDoorStyleConstructionEnum;
      ParameterTakesPrecedence:BOOLEAN;
      Sizeable                  :BOOLEAN;
END_ENTITY;
(*
```

属性定义:

OperationType(操作类型):定义门类型的一般布置和操作的类型。

ConstructionType(构造类型):定义门的基本构造和材料类型。

ParameterTakesPrecedence(参数优先):布尔值,反映附在垫板和面板上的属性给出的参数确切定义几何(TRUE),或附上的类型形状优先(FALSE)。在后一种情况下,参数只有信息值。

Sizeable(尺寸可调):布尔值,指示附上的 ShapeStyle 能够被调整尺寸(用转换比例因素),或不能(FALSE)。如果不能,应该通过 IfcDoor(用 IfcMappedItem)用比例因素=1 插入。

7.4.17 窗类型

IfcWindowStyle 定义窗的特定类型,可以通过一个(或多个)IfcWindow 的实例包含进建筑模型的空间环境中。一个窗类型定义窗类型的全部参数,通过 IfcWindowLiningProperties 和 IfcWindowPanelProperties 引用垫板和一个(或多个)面板的特定参数。

窗实体(IfcWindow)定义一个窗的特定实例,插入到工程的空间环境中。窗的实际参数和/或它的形状在窗类型定义,通过 IfcWindow 的反向关系 IsDefinedBy 指向窗类型与之关联。也定义了垫板(IfcWindowLiningProperties)和面板(IfcWindowPanelProperties)的特定属性。

几何使用定义:窗类型为指向这个窗类型的所有 IfcWindow 实例定义几何基线,或表达映像。窗类型的表达可以由窗垫板和窗面板(多个)的最小协议参数集给出,或用 IfcRepresentationMap 通过几何表达给出。ParameterTakesPrecedence 属性决定,是用参数集实际表达窗类型的形状(TRUE),还是附着的 IfcRepresentationMap 保持实际的表达(FALSE)。

- 参数解释:IfcWindowStyleOperationTypeEnum 定义窗类型的一般布置。依赖于枚举值,IfcWindowLiningProperties 和 IfcWindowPanelProperties 的适当参数附在 HasPropertySets 列表里。参考相应部分的几何使用定义。

EXPRESS 描述:

```
*)
ENTITY IfcWindowStyle
    SUBTYPE OF(IfcTypeProduct);
      ConstructionType          :IfcWindowStyleConstructionEnum;
      OperationType             :IfcWindowStyleOperationEnum;
      ParameterTakesPrecedence:BOOLEAN;
      Sizeable                  :BOOLEAN;
END_ENTITY;
```

(*

属性定义:

ConstructionType(构造类型):窗的构造类型。

OperationType(操作类型):窗的操作类型。

ParameterTakesPrecedence(参数优先):布尔值,反映附在垫板和面板上的属性给出的参数确切定义几何(TRUE),或附上的类型形状优先(FALSE)。在后一种情况下,参数只有信息值。

Sizeable(尺寸可调):布尔值,指示附上的 ShapeStyle 能够被调整尺寸(用转换比例因素),或不能(FALSE)。如果不能,应该通过 IfcWindow(用 IfcMappedItem)用比例因素=1 插入。

7.4.18 门框属性

IfcDoorLiningProperties 定义一个框架,使门叶能够固定在位置上。门垫板用于悬挂门叶。门框属性定义门框板的几何相关参数。

门框属性包含在 IfcDoorStyle 的 HasPropertySets 属性列中。更多关于门垫板的信息用 IfcPropertySet 动态扩展方式包含 IfcDoorStyle 的相同列表里面。

几何使用定义:门框属性没有自己几何表达。然而它可以定义参数,可以用于建立门类型(它通过 IfcDoor 插入到工程的空间环境中)的形状。门框的作图说明见表 27。

- 参数解释:门框属性的参数定义标准门垫板,包括(如果给出)一个门槛和一个横梁。垫板的外部边界用分配给 IfcDoor 的参数实例决定,这个 IfcDoor 插入 IfcDoorStyle。

表 27 门框的作图说明表

图形	说明
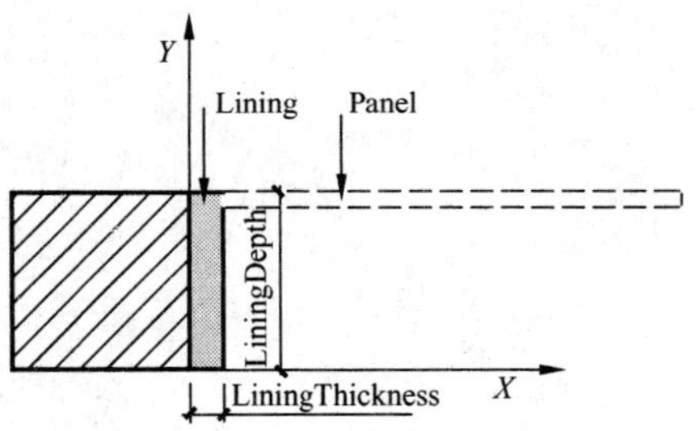	将框应用到开放显示的左、右和上面。参数是: ● LiningDepth; ● LiningThickness。
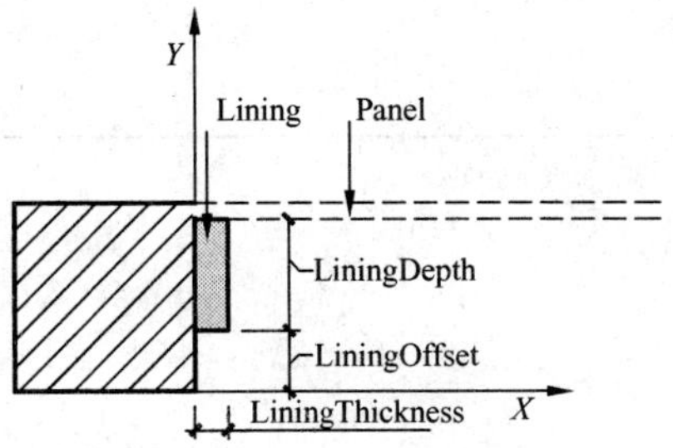	框只覆盖开放显示的部分。 ● LiningOffset:如果框边缘有一个对局部坐标 X 轴的偏移,给出。
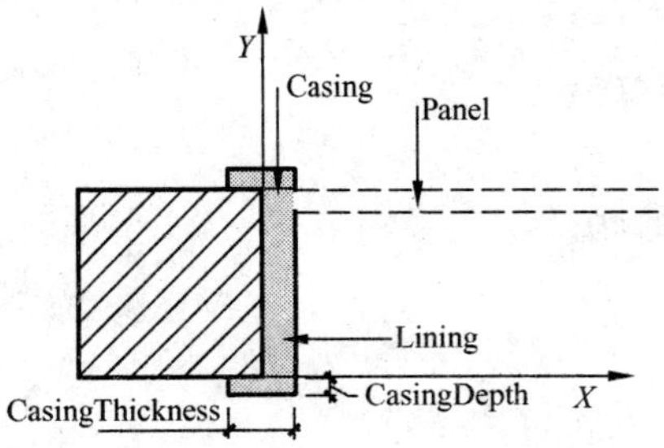	框可以包含一个包装,它在开洞的周围覆盖门面的部分。这个包装在墙的两边覆盖框的左、右和上面。参数是: ● CasingDepth; ● CasingThickness。

表 27（续）

图　　形	说　　明
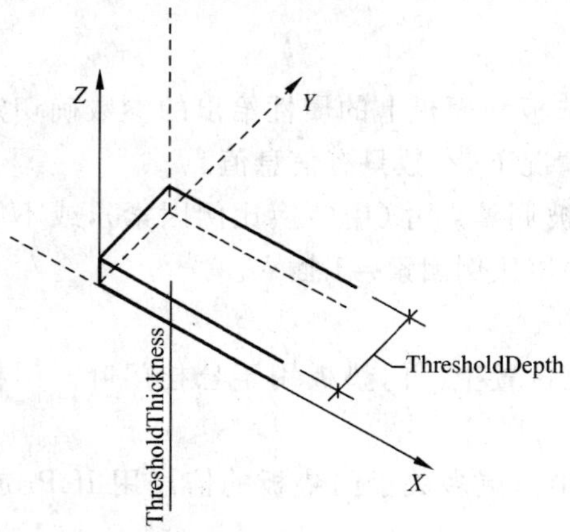	框可能包含门槛，它覆盖开洞的底部。参数是： ● ThresholdDepth； ● ThresholdThickness； ● ThresholdOffset（在图中没有显示）：如果这个门槛边缘有一个对局部坐标 X 轴的偏移，给出。
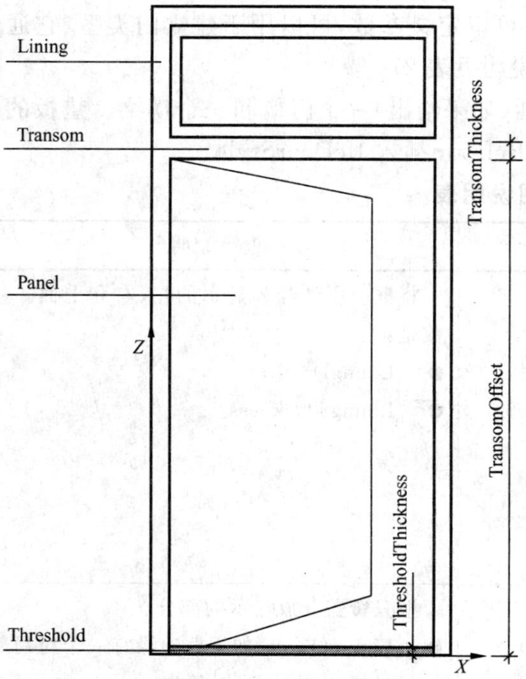	框可能包含横梁，它将门面板与窗面板分开。横梁，如果给出，用如下参数定义： ● TransomOffset：对局部坐标 X 轴的平行边； ● TransomThickness。 横梁的深度与垫板的深度一样，不给出单独参数。

EXPRESS 描述：

```
*)
ENTITY IfcDoorLiningProperties
     SUBTYPE OF(IfcPropertySetDefinition);
       LiningDepth          :OPTIONAL IfcPositiveLengthMeasure;
       LiningThickness      :OPTIONAL IfcPositiveLengthMeasure;
       ThresholdDepth       :OPTIONAL IfcPositiveLengthMeasure;
       ThresholdThickness:OPTIONAL IfcPositiveLengthMeasure;
       TransomThickness     :OPTIONAL IfcPositiveLengthMeasure;
       TransomOffset        :OPTIONAL IfcLengthMeasure;
       LiningOffset         :OPTIONAL IfcLengthMeasure;
       ThresholdOffset      :OPTIONAL IfcLengthMeasure;
       CasingThickness      :OPTIONAL IfcPositiveLengthMeasure;
```

```
    CasingDepth        :OPTIONAL IfcPositiveLengthMeasure;
    ShapeAspectStyle   :OPTIONAL IfcShapeAspect;
  WHERE
    WR1:(EXISTS(LiningDepth) AND EXISTS(LiningThickness)) XOR
        (NOT(EXISTS(LiningDepth)) AND NOT(EXISTS(LiningThickness)));
    WR2:(EXISTS(ThresholdDepth) AND EXISTS(ThresholdThickness)) XOR
        (NOT(EXISTS(ThresholdDepth)) AND
        NOT(EXISTS(ThresholdThickness)));
    WR3:(EXISTS(TransomOffset) AND EXISTS(TransomThickness)) XOR
        (NOT(EXISTS(TransomOffset)) AND NOT(EXISTS(TransomThickness)));
    WR4:(EXISTS(CasingDepth) AND EXISTS(CasingThickness)) XOR
        (NOT(EXISTS(CasingDepth)) AND NOT(EXISTS(CasingThickness)));
    WR5:EXISTS(SELF\IfcPropertySetDefinition.DefinesType[1]) AND
        ('IFC_FINAL.IFCDOORSTYLE' IN
        TYPEOF(SELF\IfcPropertySetDefinition.DefinesType[1]));
END_ENTITY;
```

（*

属性定义：

LiningDepth(框深度)：门框的深度(垂直于门叶平面的尺寸)。

LiningThickness(框厚度)：门框的厚度(平行于门叶平面的宽度)。

ThresholdDepth(门槛深度)：门槛的深度(垂直于门叶平面的尺寸)。如果门框包括门槛，并且参数已知的情况下给出。

ThresholdThickness(门槛厚度)：门槛的厚度(平行于门叶平面的宽度)。如果门框包括门槛，并且参数已知的情况下给出。

TransomThickness(横梁厚度)：横梁的厚度。

TransomOffset(横梁偏移)：横梁的偏移。

LiningOffset(框偏移)：门框偏移(垂直于门叶平面的尺寸)。偏移作为到局部坐标 X 轴的距离给出。

ThresholdOffset(门槛偏移)：门槛的偏移(垂直于门叶平面的尺寸)。偏移作为到局部坐标 X 轴的距离给出。

CasingThickness(包装厚度)：包装的厚度。

CasingDepth(包装深度)：包装的深度。

ShapeAspectStyle(形状样子类型)：可选的到形状样子定义的连接，指向门类型几何表达部分，用于表达框。

形式约束：

WR1：或者两个参数都给出(框深度和框宽度)，或者两个参数都不给出；

WR2：或者两个参数都给出(门槛深度和门槛宽度)，或者两个参数都不给出；

WR3：或者两个参数都给出(横梁深度和横梁宽度)，或者两个参数都不给出；

WR4：或者两个参数都给出(包装深度和包装宽度)，或者两个参数都不给出；

WR5：IfcDoorLiningProperties 只能用在 IfcDoorStyle 的环境中。

7.4.19 门面板属性

IfcDoorPanelProperties 描述门面板。一个门面板一般是一个开放的允许人员或货物通过的门叶。门面板属性定义面板的几何相关参数。

门面板属性包含在 IfcDoorStyle 的 HasPropertySets 属性列中。更多关于门面板的信息用

IfcPropertySet动态扩展方式包含 IfcDoorStyle 的相同列表里面。

几何使用定义:门面板属性没有自己几何表达。然而它可以定义参数,可以用于建立门类型(它通过 IfcDoor 插入到工程的空间环境中)的形状。

- 参数解释:门面板属性的参数定义标准门面板,包含(如果给出)一个比例宽度定义非一致的双扇(或滑动的,或折叠的)门。面板的外部边界用分配给 IfcDoor 的参数实例决定,这个 IfcDoor 插入 IfcDoorStyle。它也必须将垫板参数考虑进去。门面板参数说明见表 28。

表 28 门面板作图说明表

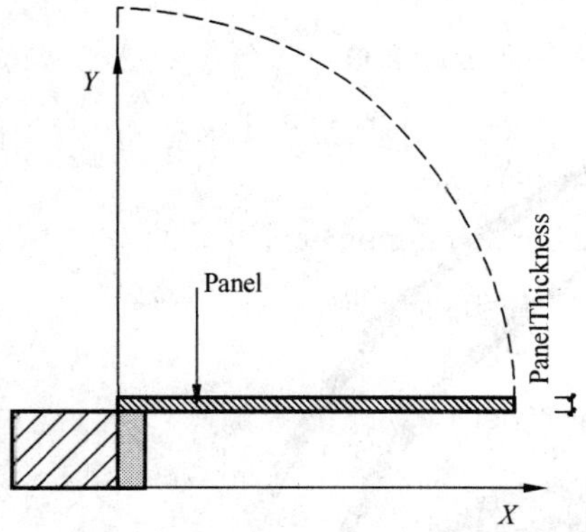	面板(单开、双边和滑动面板)的厚度用 PanelThickness 参数定义: ● PanelThickness。
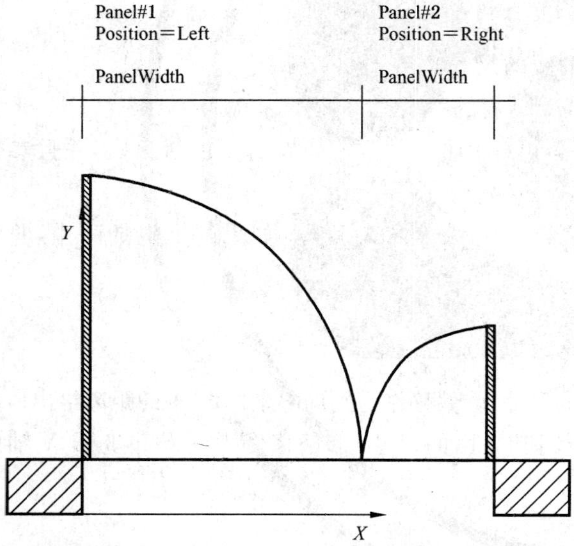	对于门的操作方式,它包括不止一个面板,用一个正长度度量给出(至少)一个面板的宽度。它决定那个面板的宽度,作为一个比例度量定义。 ● PanelWidth。

EXPRESS 描述:

```
*)
ENTITY IfcDoorPanelProperties
    SUBTYPE OF(IfcPropertySetDefinition);
      PanelDepth        :OPTIONAL IfcPositiveLengthMeasure;
      PanelOperation    :IfcDoorPanelOperationEnum;
      PanelWidth        :OPTIONAL IfcNormalisedRatioMeasure;
      PanelPosition     :IfcDoorPanelPositionEnum;
      ShapeAspectStyle  :OPTIONAL IfcShapeAspect;
    WHERE
      WR1:EXISTS(SELF\IfcPropertySetDefinition.DefinesType[1]) AND
          ('IFC_FINAL.IFCDOORSTYLE' IN
          TYPEOF(SELF\IfcPropertySetDefinition.DefinesType[1]));
```

END_ENTITY;

(*

属性定义：

PanelDepth(面板深度)：门面板的厚度，垂直于门叶平面度量。

PanelOperation(面板操作类型)：定义这个面板的操作方式。门面板的操作类型必须与IfcDoorStyle的OperationType属性一致。

PanelWidth(面板宽度)：面板的宽度。

PanelPosition(面板位置)：在门中这个面板的位置。

ShapeAspectStyle(形状样子类型)：可选的到形状样子定义的连接，指向门类型几何表达部分，用于表达面板。

形式约束：

WR1：IfcDoorPanelProperties应该只用于IfcDoorStyle的环境中。

7.4.20 窗框属性

IfcWindowLiningProperties定义一个框架，使窗能够固定在位置上。窗框用于支撑窗面板或其他窗扉。窗框属性定义框的几何相关参数。

窗框属性包含在IfcWindowStyle的HasPropertySets属性列中。更多关于窗框的信息用IfcPropertySet动态扩展方式包含IfcWindowStyle的相同列表里面。窗框属性实体作图的描述见表29。

几何使用定义：窗框属性没有自己几何表达。然而它可以定义参数，可以用于建立窗类型(它通过IfcWindow插入到工程的空间环境中)的形状。

- 参数解释：窗框属性的参数定义标准窗框，包括(如果给出)一个竖框和一个横梁(作为水平和竖直分割)。垫板的外部边界用分配给IfcWindow的参数实例决定，这个IfcWindow插入IfcWindowStyle。

表29 窗框作图说明表

<table>
<tr><th>图　　形</th><th>说　　明</th></tr>
<tr><td>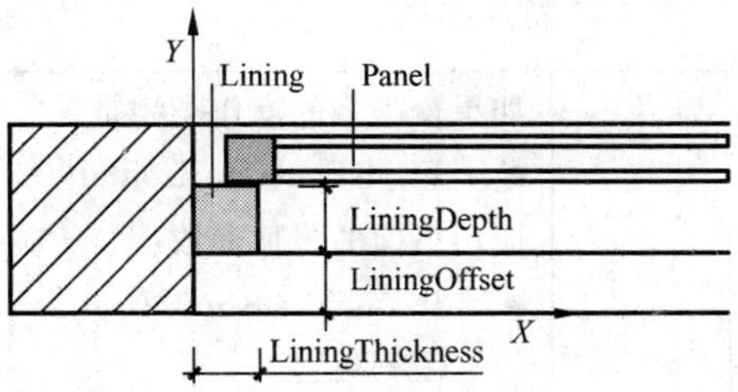
</td><td>框应用到所有开放展现的表面。参数是：
● LiningDepth；
● LiningThickness；
● LiningOffset：作为 X 轴的偏移。</td></tr>
<tr><td>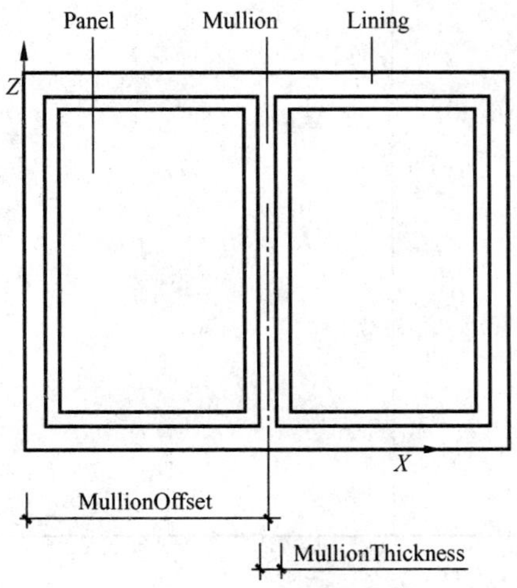
</td><td>如果窗类型的操作类型是：
● DoublePanelVertical(图示)；
● TriplePanelBottom；
● TriplePanelTop；
● TriplePanelLeft；
● TriplePanelRight。
应用下面的附加参数：
● MullionThickness；
● FirstMullionOffset：作为 Z 轴(在 XZ 平面)的偏移。</td></tr>
</table>

表 29（续）

<table>
<tr><th>图　　形</th><th>说　　明</th></tr>
<tr><td>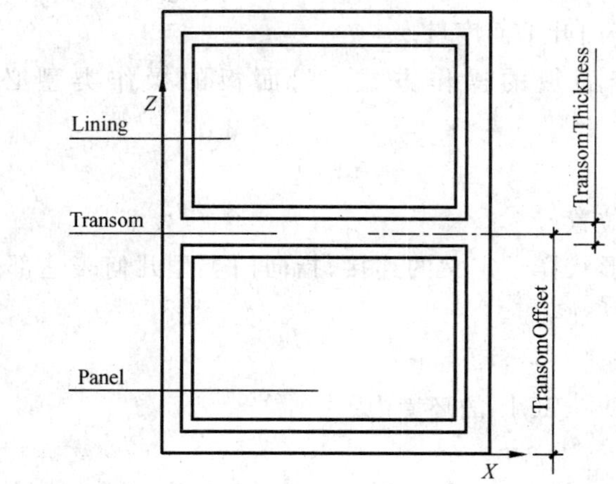
</td><td>如果窗类型的操作类型是：
● DoublePanelHorizontal；
● TriplePanelBottom；
● TriplePanelTop；
● TriplePanelLeft；
● TriplePanelRight。
应用下面的附加参数：
● TransomThickness；
● FirstTransomOffset：作为 Z 轴（在 XZ 平面）的偏移。</td></tr>
<tr><td>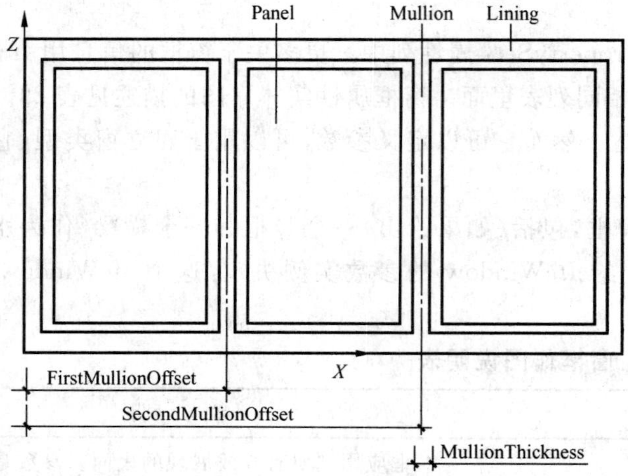
</td><td>如果窗类型的操作类型是：
● TriplePanelVertical。
应用下面的附加参数：
● SecondMullionOffset。</td></tr>
<tr><td>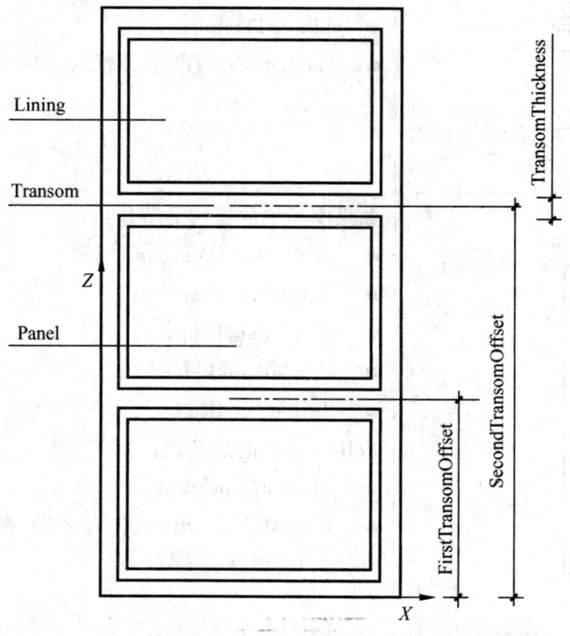
</td><td>如果窗类型的操作类型是：
● TriplePanelHorizontal。
应用下面的附加参数：
● SecondTransomOffset。</td></tr>
</table>

注：所有的偏移作为一个规范化比例度量给出。

EXPRESS 描述：

```
*)
ENTITY IfcWindowLiningProperties
  SUBTYPE OF(IfcPropertySetDefinition);
    LiningDepth         :OPTIONAL IfcPositiveLengthMeasure;
    LiningThickness     :OPTIONAL IfcPositiveLengthMeasure;
    TransomThickness    :OPTIONAL IfcPositiveLengthMeasure;
    MullionThickness    :OPTIONAL IfcPositiveLengthMeasure;
    FirstTransomOffset  :OPTIONAL IfcNormalisedRatioMeasure;
    SecondTransomOffset :OPTIONAL IfcNormalisedRatioMeasure;
    FirstMullionOffset  :OPTIONAL IfcNormalisedRatioMeasure;
    SecondMullionOffset :OPTIONAL IfcNormalisedRatioMeasure;
    ShapeAspectStyle    :OPTIONAL IfcShapeAspect;
  WHERE
    WR1:(EXISTS(LiningDepth)AND EXISTS(LiningThickness))XOR
       (NOT(EXISTS(LiningDepth))AND NOT(EXISTS(LiningThickness)));
END_ENTITY;
(*
```

属性定义：

LiningDepth(框深度)：窗框的深度(尺寸垂直于窗正面面板度量)。

LiningThickness(框厚度)：窗框的厚度(平行于窗正面面板度量)。

TransomThickness(横梁厚度)：横梁的厚度(窗内的窗面板水平分离)，平行于窗正面面板度量。横梁是框的一部分，假定横梁的深度与框厚度一样。

MullionThickness(竖框厚度)：竖框的厚度(窗内的窗面板垂直分离)，平行于窗正面面板度量。竖框是框的一部分，假定竖框的深度与框厚度一样。

FirstTransomOffset(第一横梁偏移)：横梁脊线的偏移，沿窗位置坐标系 Z 轴方向度量。一个 0.5 偏移值指示横梁在窗中心的定位。

SecondTransomOffset(第二横梁偏移)：第二横梁脊线的偏移，沿窗位置坐标系 Z 轴方向度量。一个 0.666 偏移值指示第二横梁在二/三窗的定位。

FirstMullionOffset(第一竖框偏移)：竖框脊线的偏移，沿窗位置坐标系 X 轴方向度量。一个 0.5 偏移值指示竖框在窗中心的定位。

SecondMullionOffset(第二竖框偏移)：第二竖框脊线的偏移，沿窗位置坐标系 X 轴方向度量。一个 0.666 偏移值指示第二竖框在二/三窗的定位。

ShapeAspectStyle(形状样子类型)：可选的到形状样子定义的连接，指向窗类型几何表达部分，用于表达框。

形式约束：

WR1：或者两个参数(框深度和框厚度)都给出，或者都不给出。

7.4.21 窗面板属性

IfcWindowPanelProperties 描述窗面板。一个窗面板是一个窗扉，例如一个固定的或开放的部件，基本上由一个框架和填充组成。窗面板的填充一般是玻璃。操作方式在操作类型里定义。

窗面板属性包含在 IfcWindowStyle 的 HasPropertySets 属性列中。更多关于窗面板的信息用 IfcPropertySet动态扩展方式包含 IfcWindowStyle 的相同列表里面。窗面板属性实体描述的图示见图 91。

几何使用定义:窗面板属性没有自己几何表达。然而它可以定义参数,可以用于建立 IfcWindow-Style(它通过 IfcWindow 插入到工程的空间环境中)的形状。

- 参数解释:窗面板属性的参数定义标准窗面板。面板的外部边界用分配给 IfcWindow 的参数实例决定,这个 IfcWindow 插入 IfcWindowStyle。它也必须将垫板参数考虑进去。窗面板在整个窗中的位置用 PanelPosition 属性决定。

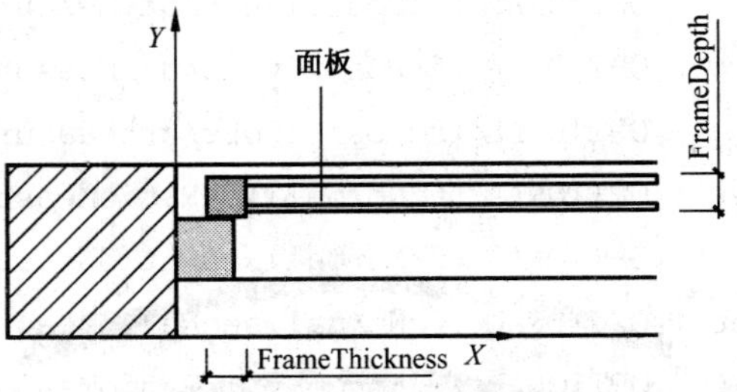

图 91 窗面板属性说明示例图

面板应用到垫板内的位置,用面板位置属性定义。下面的参数应用到面板:

■ FrameDepth;

■ FrameThickness。

EXPRESS 描述:

```
*)
ENTITY IfcWindowPanelProperties
    SUBTYPE OF(IfcPropertySetDefinition);
      OperationType        :IfcWindowPanelOperationEnum;
      PanelPosition        :IfcWindowPanelPositionEnum;
      FrameDepth           :OPTIONAL IfcPositiveLengthMeasure;
      FrameThickness       :OPTIONAL IfcPositiveLengthMeasure;
      ShapeAspectStyle     :OPTIONAL IfcShapeAspect;
END_ENTITY;
(*
```

属性定义:

OperationType(操作类型):窗面板操作类型,也用于根据国家建筑标准分配标准符号表达。

PanelPosition(面板位置):在全部窗类型中这个面板的位置。

FrameDepth(框架深度):面板框架的深度,从前面到后面水平度量(例如垂直于窗(正面)平面)。

FrameThickness(框架厚度):面板框架的宽度,从面板的里面(在上光处)到面板的外部(在内层处)度量,例如平行于窗(正面)平面。

ShapeAspectStyle(形状样子类型):可选的到形状样子定义的连接,指向窗类型几何表达部分,用于表达面板。

7.5 共享建筑单元模式的函数定义

7.5.1 层数

IfcNoOfLayers 函数返回附在单元上材料描述的层数。

EXPRESS 描述:

```
*)
FUNCTION IfcNoOfLayers
      (Element :IfcElement)
              :INTEGER;
```

```
  LOCAL
    Association:BAG OF IfcRelAssociates : = [];
    MaterialAssociation : SET OF IfcRelAssociatesMaterial : = [];
  END_LOCAL;

  Association : = USEDIN(Element,
                 'IFC_FINAL.IFCRELASSOCIATES.RELATEDOBJECTS');

  IF SIZEOF(Association)>0 THEN
    REPEAT i : = 1 TO HIINDEX(Association);
      IF('IFC_FINAL.IFCRELASSOCIATESMATERIAL' IN TYPEOF(Association[i]))
        THEN
        MaterialAssociation : = MaterialAssociation + Association[i];
      END_IF;
    END_REPEAT;
  END_IF;

  IF(SIZEOF(MaterialAssociation)<>1) THEN
    RETURN(?);
  ELSE
    IF'IFC_FINAL.IFCMATERIAL' IN
      TYPEOF(MaterialAssociation[1].RelatingMaterial)THEN
      RETURN (1);
    END_IF;
    IF'IFC_FINAL.IFCMATERIALLAYERSETUSAGE' IN
        TYPEOF(MaterialAssociation[1].RelatingMaterial)THEN
        RETURN(SIZEOF(MaterialAssociation[1].RelatingMaterial.
          ForLayerSet.HasMaterialLayers));
    END_IF;
    IF'IFC_FINAL.IFCMATERIALLIST' IN
       TYPEOF(MaterialAssociation[1].RelatingMaterial)THEN
       RETURN(?);
    END_IF;
  END_IF;
    RETURN(?);
END_FUNCTION;
(*
变量定义：
Element(单元)：(输入)计算层数的单元。
*)
END_SCHEMA;——IFCSHAREDBLDGELEMENTS
(*
```

附 录 A
（资料性附录）
全球唯一标识 C 语言代码

CreateGuid_64.h

```
#ifndef_CREATE_GUID_64_H_
#define_CREATE_GUID_64_H_

#if defined(_cplusplus)
extern"C"{
#endif
//
//For all the following routines len contains the usable length of buf
//These routines will return NULL on failure and &buf on success.
//Upon successful completion buf will hold the resulting zero terminated strings.
//
char * CreateCompressedGuidString(char * buf, int len);                    //len
>=23
char * String64_To_HexaGuidString(const char *string64,char * buf,int len); //len
>=39
char * String64_To_String85(const char *string64, char * buf, int len);     //len
>=21
char * String85_To_String64(const char *string85, char * buf, int len);     //len
>=23

#if defined (_cplusplus)
}
#endif

#endif
```

CreateGuid_64.c

```
//CreateGuid_64.c
//provided "as-is", no warranty and support is given to the users of this code
//----------------------------------------------------------------------------------
//
//Creating of a GUID string using the CoCreateGuid function from Microsoft
//as originally proposed by Jim Forester
//implemented previously by Jeremy Tammik using hex-encoding
//
```

```
//This version uses a number system with base 64 to obtain a string with 22 characters.
//Also provides conversion routines for the mapping of the base 85 strings (20 chars).
//
//Peter Muigg, June 1998
//Janos Maros, July 2000
//

#if defined _MSC_VER
#pragma warning (disable: 4115)
#endif

#include

#if defined _MSC_VER
#pragma warning (default: 4115)
#endif

#include
#include

#include "CreateGuid_64.h"

//
//For non windows platforms you probably will need
//the following definitions instead of
//to use this module:
//
//
//typedef struct _GUID {               //size is 16
//    unsigned long Data1;
//    unsigned short Data2;
//    unsigned short Data3;
//    unsigned char Data4[8];
//} GUID;
//
//typedef long BOOL;
//
//
// #define FALSE 0
// #define TRUE 1
//
//const GUID GUID_NULL = {0, 0, 0, { 0, 0, 0, 0, 0, 0, 0, 0 }};
//static long CoCreateGuid(GUID   *pGuid);
```

```
//
//(CoCreateGuid should be written to produce the globally unique data.)
//

static char * getString16FromGuid(const GUID *pGuid, char * buf, int len);

static char * getString64FromGuid(const GUID *pGuid, char * buf, int len);
static BOOL getGuidFromString64(const char *string, GUID *pGuid);
static BOOL cv_to_64(const unsigned long number, char *code, int len);
static BOOL cv_from_64(unsigned long *pRes, const char *str);

static BOOL getGuidFromString85(const char  *string, GUID *pGuid);
static char * getString85FromGuid(const GUID *pGuid, char * buf, int len);
static BOOL cv_to_85(const unsigned long number, char *code, int len);
static BOOL cv_from_85(unsigned long *pRes, const char *str );

static const char *cConversionTable85 =
//         1         2         3         4         5         6         7         8
//01234567890123456789012345678901234567890123456789012345678901234567890123456789012345678901234
"0123456789ABCDEFGHIJKLMNOPQRSTUVWXYZabcdefghijklmnopqrstuvwxyz! #$%&^|*+,-./:;
<=>?~`@_";

static const char *cConversionTable =
//         1         2         3         4         5         6
//0123456789012345678901234567890123456789012345678901234567890123
"0123456789ABCDEFGHIJKLMNOPQRSTUVWXYZabcdefghijklmnopqrstuvwxyz_$";

//Conversion Table must start with "0", this is the digit for the additive unit


//
//Creation of the string representing the GUID, the buffer must be able
//to hold 22 characters + 1 for the terminating 0
//
char * CreateCompressedGuidString(char * buf, int len)
{
    GUID                guid;

    guid = GUID_NULL;

     //
     //Call to the function from Microsoft
```

```
    //
    CoCreateGuid (&guid);

    if (memcmp (&GUID_NULL, &guid, sizeof (GUID)) == 0) {
        return NULL;
    }
    return getString64FromGuid (&guid, buf, len);
}

//
//Mapping the base 64 string to the conventional GUID string.
//
char * String64_To_HexaGuidString(const char * string64, char * buf, int len)
{
    GUID guid;

    if (getGuidFromString64 (string64, &guid)) {
        return getString16FromGuid (&guid, buf, len);
    }
    return NULL;
}

//
//Mapping the base 64 string to the base 85 string through GUID.
//
char * String64_To_String85(const char * string64, char * buf, int len)
{
    GUID guid;

    if (getGuidFromString64 (string64, &guid)) {
        return getString85FromGuid (&guid, buf, len);
    }
    return NULL;
}

//
//Mapping the base 85 string to the base 64 string through GUID.
//
char * String85_To_String64(const char * string85, char * buf, int len)
{
    GUID guid;

    if (getGuidFromString85 (string85, &guid)) {
    return getString64FromGuid (&guid, buf, len);
```

```
    }
    return NULL;
}


//
//Conversion of a GUID to a string representing the GUID, the buffer must be able
//to hold 38 characters + 1 for the terminating 0 (6 extra characters for the separation)
//
char * getString16FromGuid(const GUID *pGuid, char * buf, int len)
{
    if (len <39) {
      return NULL;
    }
    sprintf (buf ,"{%08X-%04X-%04X-%02X%02X-%02X%02X%02X%02X%02X%02X}",
                pGuid->Data1,
                pGuid->Data2,
                pGuid->Data3,
                pGuid->Data4[0],
                pGuid->Data4[1],
                pGuid->Data4[2],
                pGuid->Data4[3],
                pGuid->Data4[4],
                pGuid->Data4[5],
                pGuid->Data4[6],
                pGuid->Data4[7]);
    return buf;
}


//
//Conversion of a GUID to a string representing the GUID, the buffer must be able
//to hold 22 characters + 1 for the terminating 0
//
char * getString64FromGuid(const GUID *pGuid, char * buf, int len)
{
    unsigned long  num[6];
    char           str[6][5];
    int            i, n;

    if (len<23) {
      return NULL;
    }
```

```
    //
    //Creation of six 32 Bit integers from the components of the GUID structure
    //
    num[0] = (unsigned long) (pGuid->Data1 / 16777216);
    //16. byte (pGuid->Data1 / 16777216) is the same as (pGuid->Data1 >> 24)
    num[1] = (unsigned long) (pGuid->Data1 % 16777216);
    //15-13. bytes (pGuid->Data1 % 16777216) is the same as (pGuid->Data1 & 0xFFFFFF)
    num[2] = (unsigned long) (pGuid->Data2 * 256 + pGuid->Data3 / 256);
    //12-10. bytes
    num[3] = (unsigned long) ((pGuid->Data3 % 256) * 65536 + pGuid->Data4[0] *
256 + pGuid->Data4[1]); //09-07. bytes
    num[4] = (unsigned long) (pGuid->Data4[2] * 65536 + pGuid->Data4[3] * 256 +
pGuid->Data4[4]); //06-04. bytes
    num[5] = (unsigned long) (pGuid->Data4[5] * 65536 + pGuid->Data4[6] * 256 +
pGuid->Data4[7]); //03-01. bytes
    //
    //Conversion of the numbers into a system using a base of 64
    //
    buf[0] = '\0';
    n = 3;
    for (i = 0; i <6; i ++) {
        if (! cv_to_64 (num[i], str[i], n)) {
            return NULL;
        }
        strcat (buf, str[i]);
        n = 5;
    }
    return buf;
}

//
//Reconstruction of the GUID structure from the coded string
//
BOOL getGuidFromString64(const char * string, GUID * pGuid)
{
    char            str[6][5];
    int             len, i, j, m;
    unsigned long   num[6];

    len = (int) strlen (string);
    if (len ! = 22)
        return FALSE;
```

```
        j = 0;
        m = 2;

        for (i = 0; i < 6; i ++ ) {
            strncpy (str[i], &string[j], m);
            str[i][m] = '\0';
            j = j + m;
            m = 4;
        }
        for (i = 0; i < 6; i ++ ) {
            if (! cv_from_64 (&num[i], str[i])) {
                return FALSE;
            }
        }

        pGuid->Data1 = (unsigned long) (num[0] * 16777216 + num[1]);      //16-13. bytes
        pGuid->Data2 = (unsigned short) (num[2] / 256); //12-11. bytes
        pGuid->Data3 = (unsigned short) ((num[2] % 256) * 256 + num[3] / 65536); //10-
09. bytes
        pGuid->Data4[0] = (unsigned char) ((num[3] / 256) % 256);      //08. byte
        pGuid->Data4[1] = (unsigned char) (num[3] % 256);              //07. byte
        pGuid->Data4[2] = (unsigned char) (num[4] / 65536);            //06. byte
        pGuid->Data4[3] = (unsigned char) ((num[4] / 256) % 256);      //05. byte
        pGuid->Data4[4] = (unsigned char) (num[4] % 256);              //04. byte
        pGuid->Data4[5] = (unsigned char) (num[5] / 65536);            //03. byte
        pGuid->Data4[6] = (unsigned char) ((num[5] / 256) % 256);      //02. byte
        pGuid->Data4[7] = (unsigned char) (num[5] % 256);              //01. byte

        return TRUE;
    }

    //
    //Conversion of an integer into a number with base 64
    //using the coside table cConveronTable
    //
    BOOL cv_to_64(const unsigned long number, char * code, int len)
    {
        unsigned long  act;
        int            iDigit, nDigits;
        char           result[5];
```

```
    if (len>5)
        return FALSE;

    act = number;
    nDigits = len - 1;

    for (iDigit = 0; iDigit < nDigits; iDigit ++ ) {
        result[nDigits - iDigit - 1] = cConversionTable[(int) (act % 64)];
        act /= 64;
    }
    result[len - 1] = '\0';

    if (act != 0)
        return FALSE;

    strcpy (code, result);
    return TRUE;
}

//
//The reverse function to calculate the number from the code
//
BOOL cv_from_64(unsigned long *pRes, const char *str)
{
    int len, i, j, index;

    len= (int) strlen (str);
    if (len > 4)
        return FALSE;

    *pRes = 0;

    for (i = 0; i <len; i ++ ) {
        index = -1;
    for (j = 0; j<64; j ++ ) {
        if (cConversionTable[j] == str[i]) {
            index = j;
            break;
        }
    }
    if (index == -1)
        return FALSE;
    *pRes = *pRes * 64 + index;
}
```

```
    return TRUE;
}

//
//Conversion of a GUID to a string representing the GUID, the buffer must be able
//to hold 20 characters + 1 for the terminating 0
//
char * getString85FromGuid(const GUID *pGuid, char * buf, int len)
{
        unsigned long num[4];
        char str[4][6];
        int i;

        if (pGuid == NULL || len < 21)
           return NULL;

        //
        //Creation of four 32 Bit integer from the components of the GUID structure
        //
        num[0] = (unsigned long) pGuid->Data1;
        num[1] = (unsigned long) (pGuid->Data2 * 65536 + pGuid->Data3);
        num[2] = (unsigned long) (
                                   pGuid->Data4[0] +
                                   pGuid->Data4[1] * 256 +
                                   pGuid->Data4[2] * 65536 +
                                   pGuid->Data4[3] * 16777216
                                   );
        num[3] = (unsigned long) (
                                   pGuid->Data4[4] +
                                   pGuid->Data4[5] * 256 +
                                   pGuid->Data4[6] * 65536 +
                                   pGuid->Data4[7] * 16777216
                                   );
         //
         //Conversion of the numbers into a system using a base of 85
         //
         buf [0] = '\0';
         for (i = 0; i<4; i++) {
             if (! cv_to_85 (num[i], str[i], 6))
                return NULL;
            strcat (buf, str[i]);
         }
         return buf;
    }
```

```
//
//Reconstruction of the GUID structure from the coded string
//
BOOL getGuidFromString85(const char *string, GUID *pGuid)
{
    char str[4][6];
    int len, i;
    unsigned long data, num[4];

    len = (int) strlen (string);
    if (len != 20)
      return FALSE;
    for (i = 0; i<4; i++) {
        strncpy (str[i], &string[i*5], 5);
        str[i][5] = '\0';
    }
    for (i = 0; i<4; i++) {
        if (! cv_from_85 (&num[i], str[i]))
            return FALSE;
    }
    pGuid->Data1 = (unsigned long) num[0];
    data = num[1];
    data = data >>16;
    pGuid->Data2 = (unsigned short) data;
    pGuid->Data3 = (unsigned short) (num[1] & 65535);
    data = num[2];
    for (i = 0; i<4; i++) {
        pGuid->Data4[i] = (unsigned char) (data & 255);
        data = data>>8;
    }
    data = num[3];
    for (i = 4; i<8; i++) {
    pGuid->Data4[i] = (unsigned char) (data & 255);
    data = data>>8;
  }
  return TRUE;
}

//
//Conversion of an integer into a number with base 85
//using the code table cConversionTable85
//
BOOL cv_to_85(const unsigned long number, char *code, int len)
{
```

```
unsigned long act;
    int z_array[5], ndig, i, zeroes;
    char result[6];

    if (len < 6)
        return FALSE;
    ndig = 0;
    act = number;
    do {
        if (ndig>4)
            return FALSE;
        z_array[ndig] = (int) (act % 85);
        act / = 85;
        ndig ++ ;
    } while (act >0);
    ndig -- ;
    zeroes = 4 - ndig;
    for (i = ndig; i> = 0; i -- ) {
        result[zeroes + ndig - i] = cConversionTable85[z_array[i]];
    }
    //
    //Filling in leading zeroes
    //
    for(i = 0; i <zeroes; i ++ ) {
        result[i] = '0';
    }
    result[5] = '\0';
    strcpy (code, result);
    return TRUE;
}

//
//The reverse function to calculate the number from the code
//
BOOL cv_from_85( unsigned long * pRes, const char * str )
{
    int len, i, j, index;
    unsigned long fact;

    len = (int) strlen (str);
    if (len>5)
    return FALSE;
```

```
    *pRes = 0;
    fact = 1;
    for (i = len - 1; i >= 0; i--) {
        index = -1;
        for (j = 0; j < 85; j++) {
            if (cConversionTable85[j] == str[i]) {
                index = j;
                break;
            }
        }
        if (index == -1)
            return FALSE;
        *pRes += index * fact;
        fact *= 85;
    }
    return TRUE;
}
```

附　录　B
（资料性附录）
EXPRESS-G 图

图 B.1～图 B.58 对应于标准信息的 EXPRESS 语言描述。这些图使用了 EXPRESS 语言的 EXPRESS-G 图形表达法。EXPRESS-G 在 GB/T 16656.11 的附录 A 中定义。

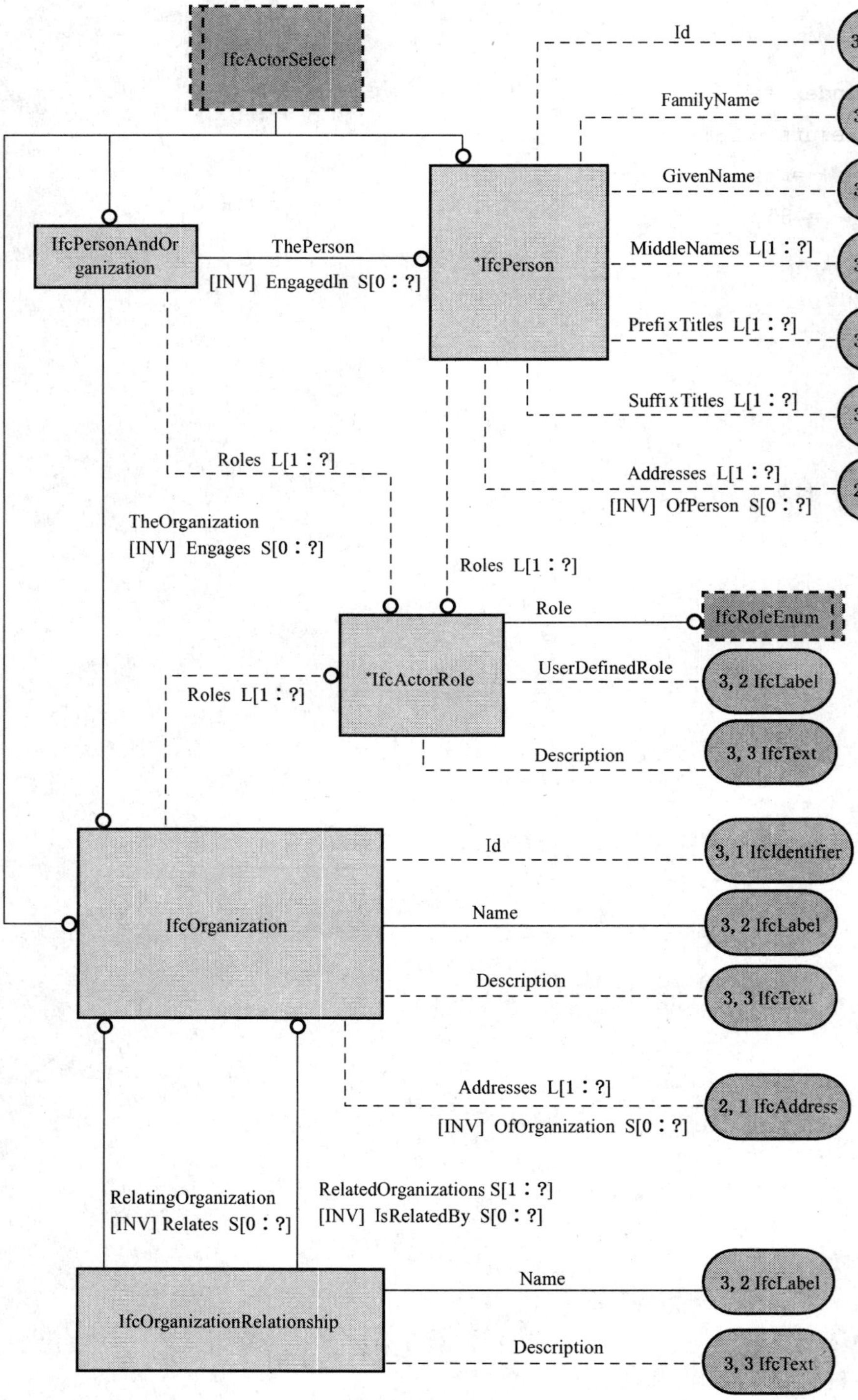

图 B.1　人员与组织模式 EXPRESS-G 图 3-1

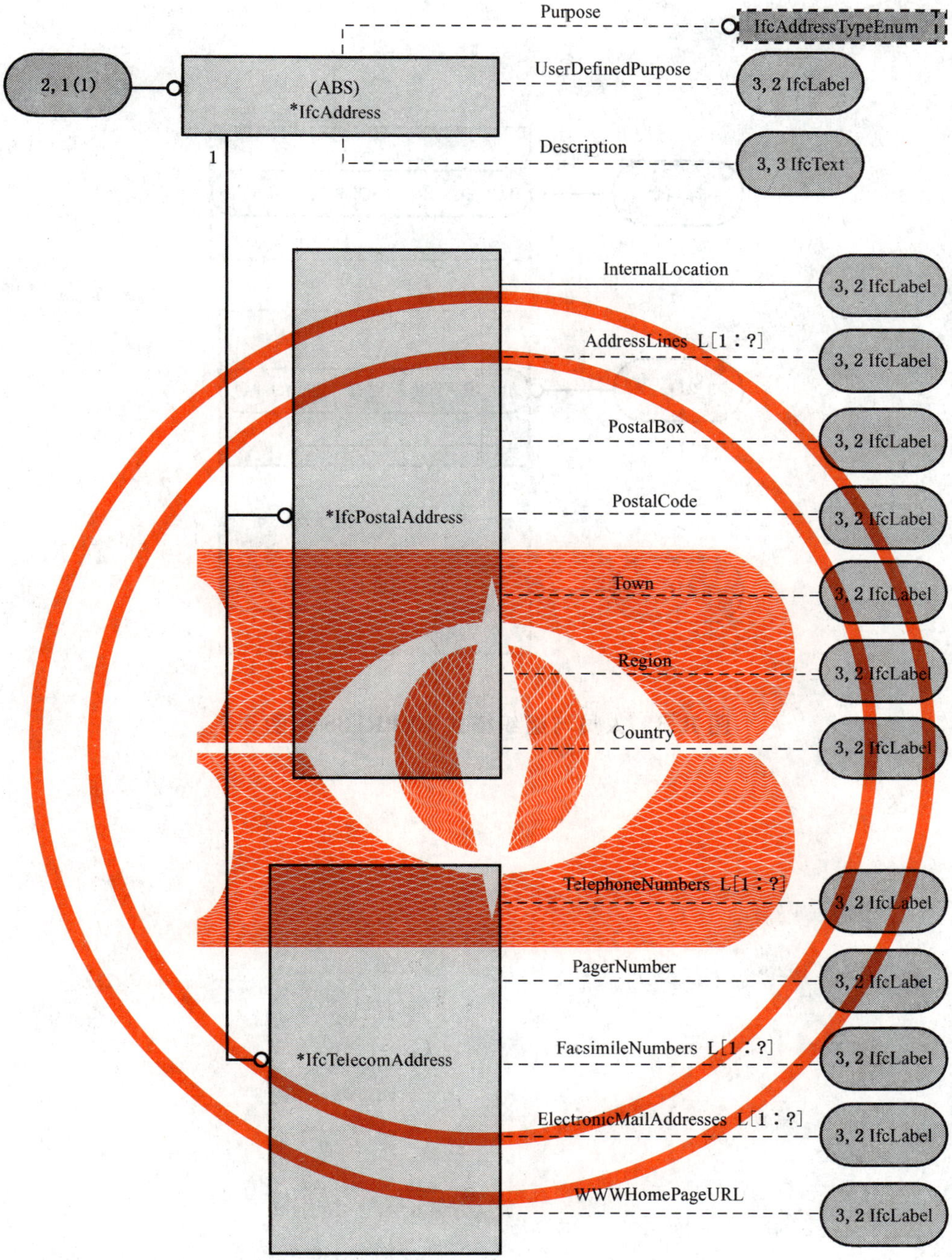

图 B.2 人员与组织模式 EXPRESS-G 图 3-2

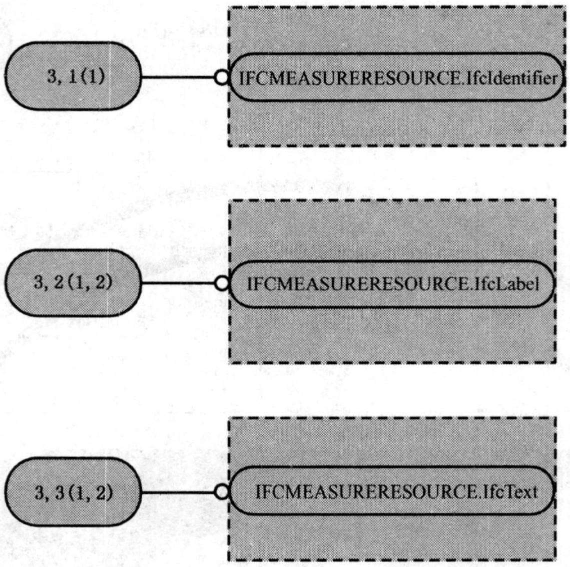

图 B.3 人员与组织模式 EXPRESS-G 图 3-3

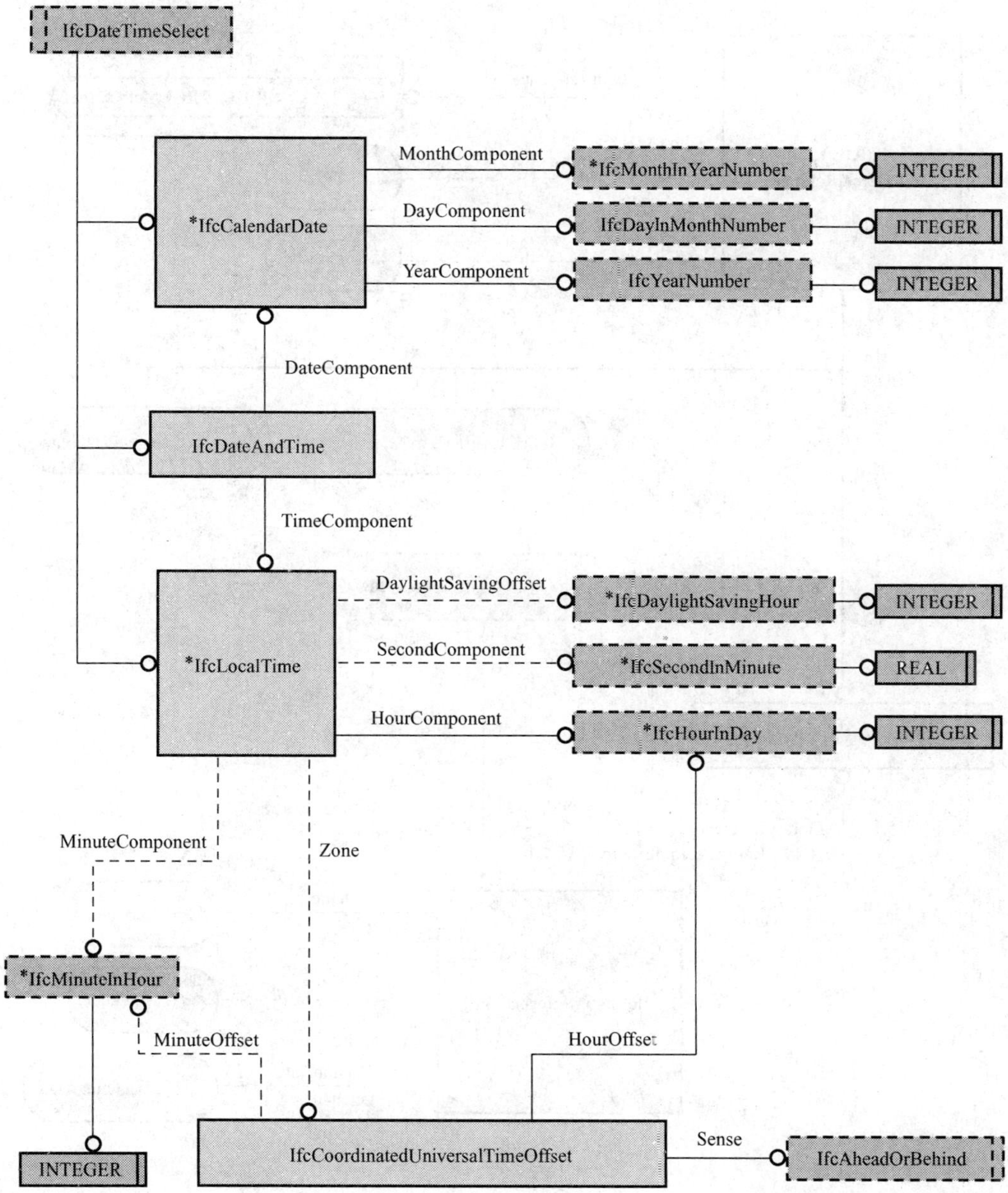

图 B.4　日期时间模式 EXPRESS-G 图 1-1

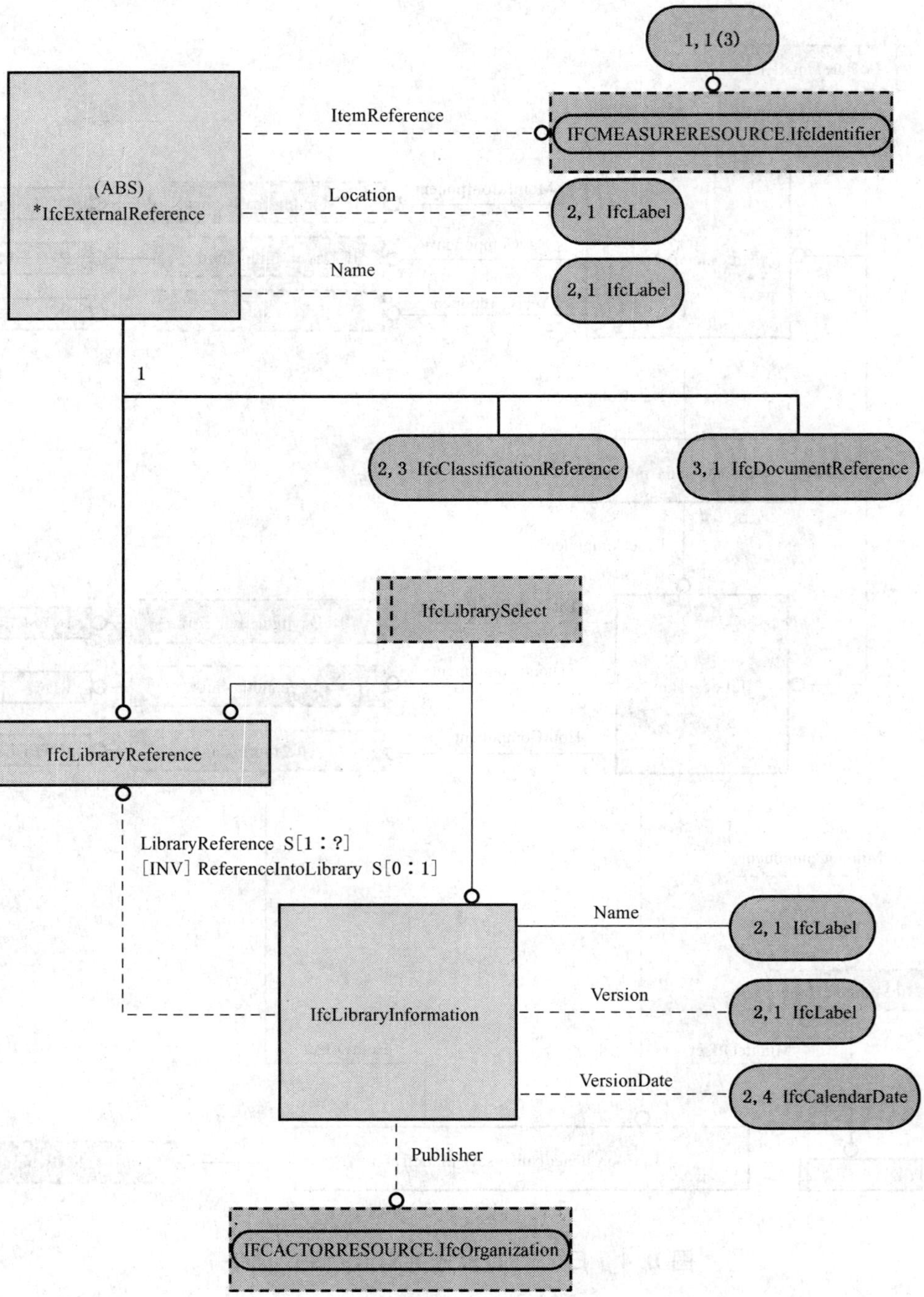

图 B.5 外部引用模式 EXPRESS-G 图 3-1

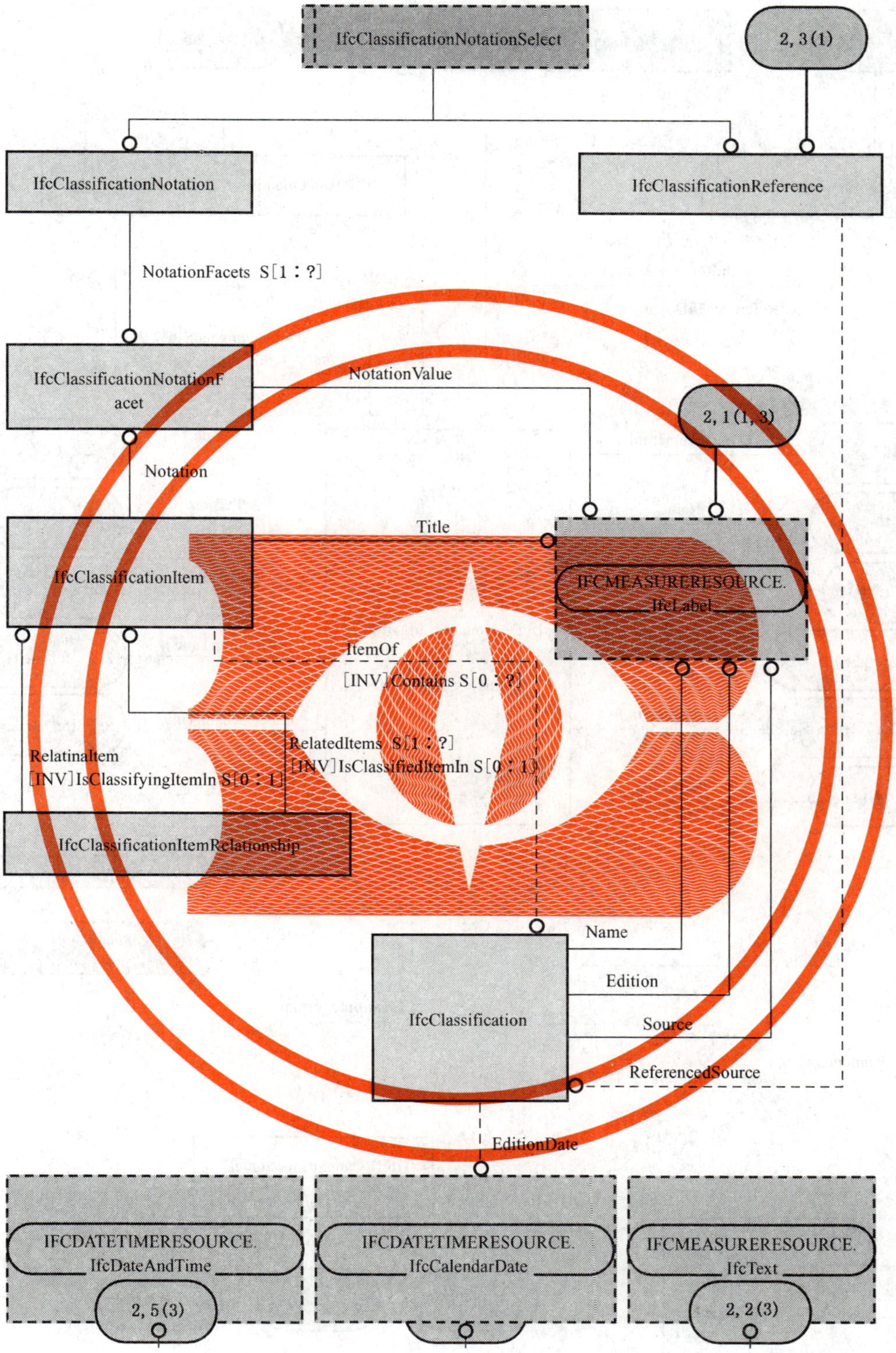

图 B.6 外部引用模式 EXPRESS-G 图 3-2

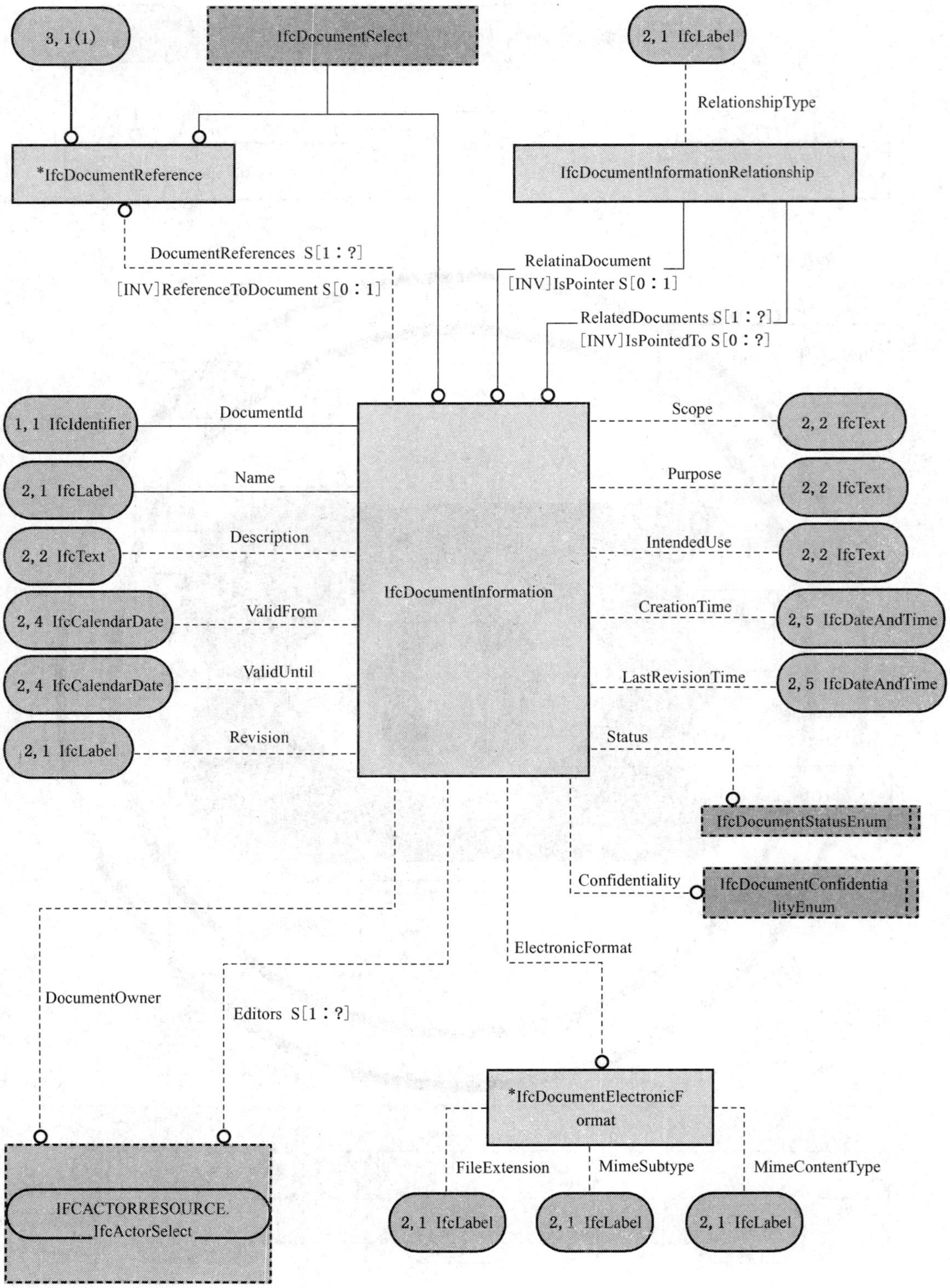

图 B.7　外部引用模式 EXPRESS-G 图 3-3

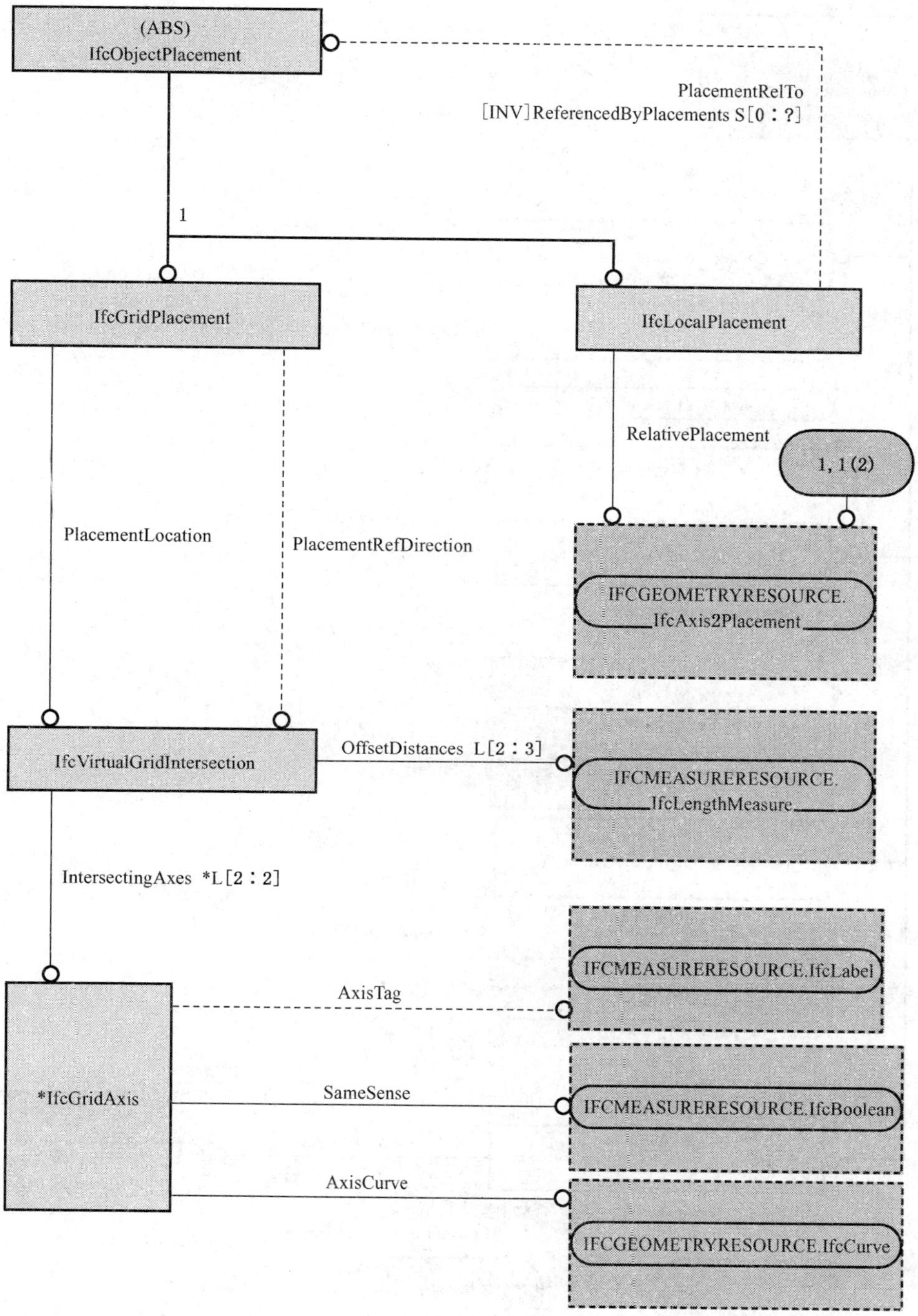

图 B.8 几何约束模式 EXPRESS-G 图 2-1

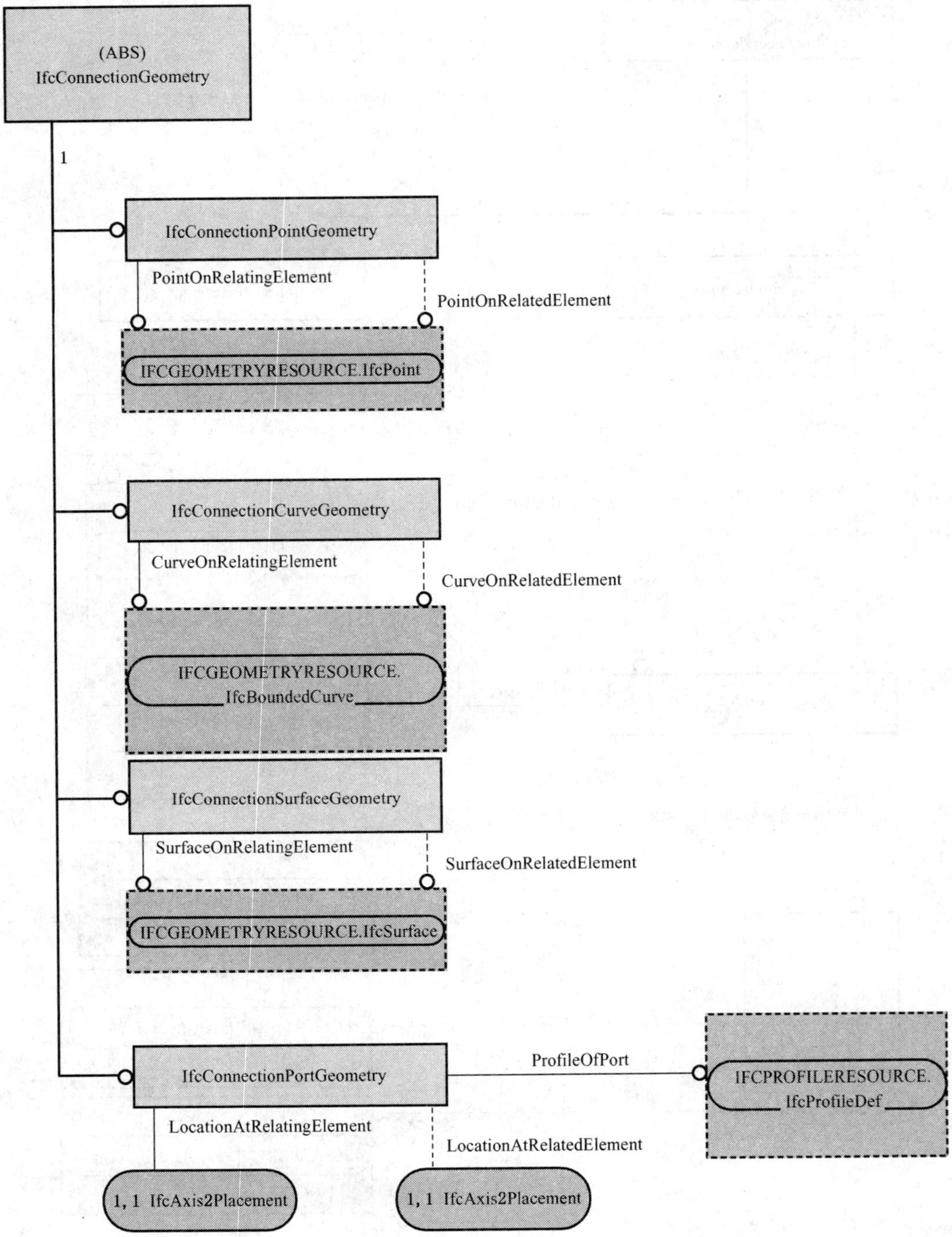

图 B.9　几何约束模式 EXPRESS-G 图 2-2

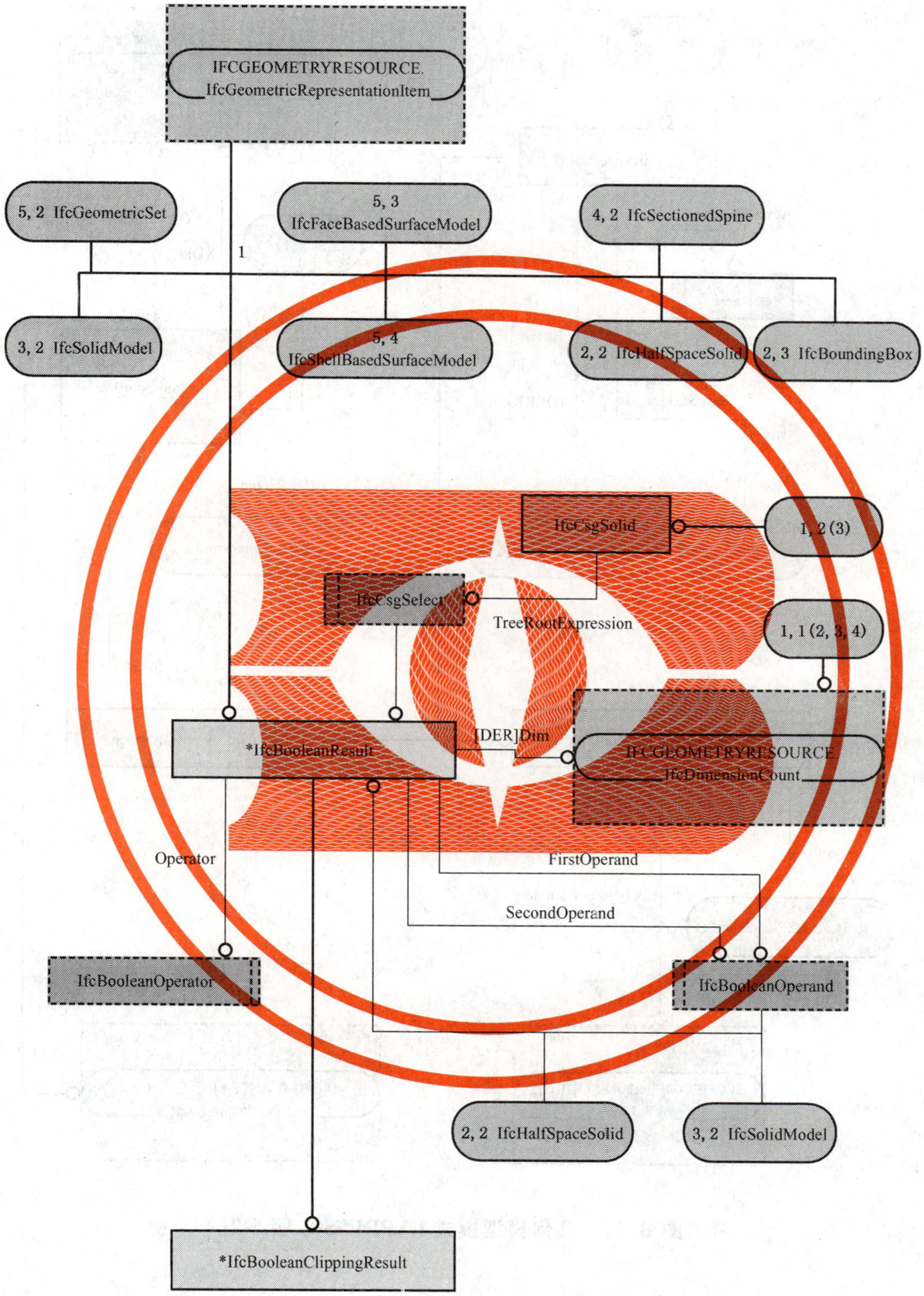

图 B.10 几何模型模式 EXPRESS-G 图 5-1

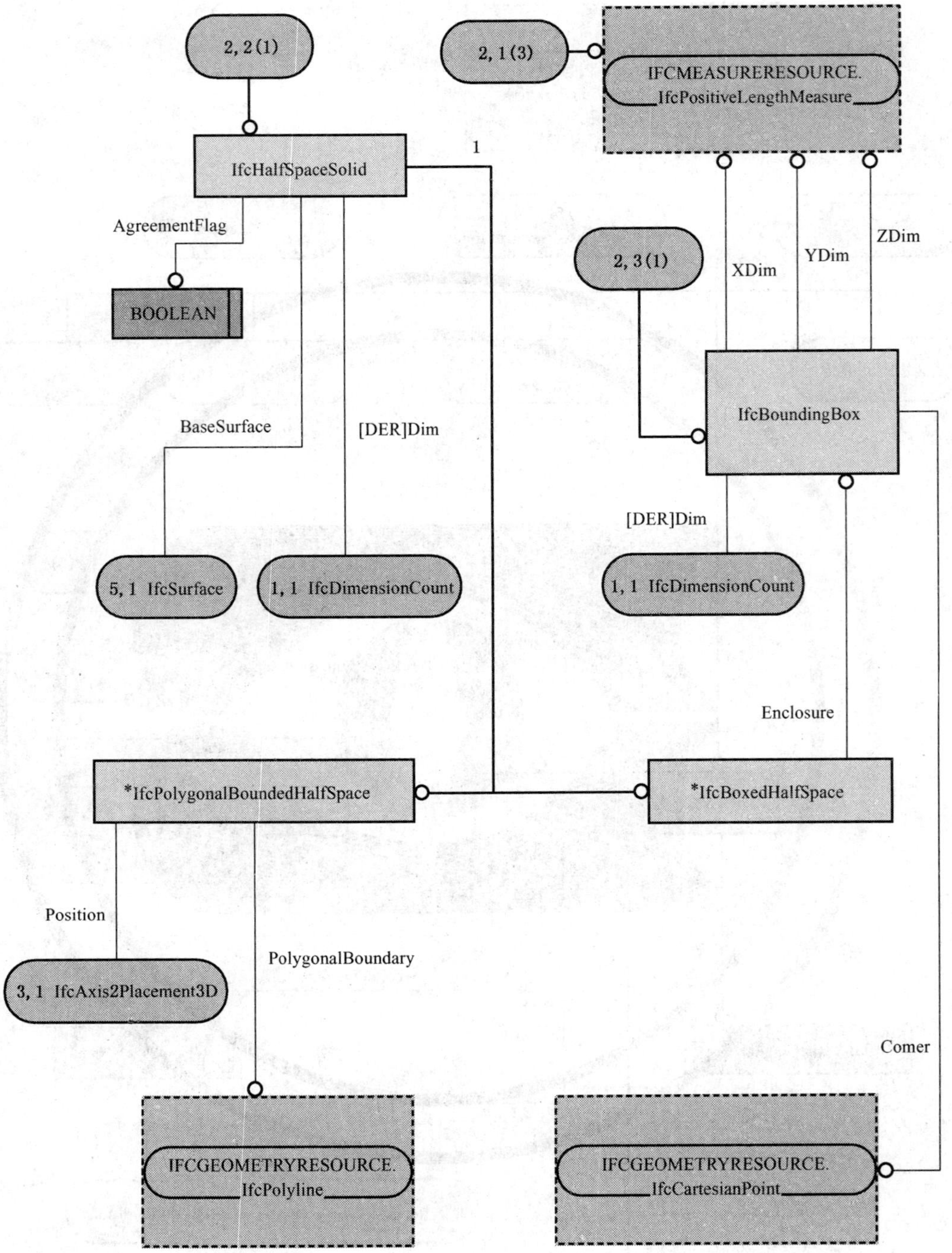

图 B.11 几何模型模式 EXPRESS-G 图 5-2

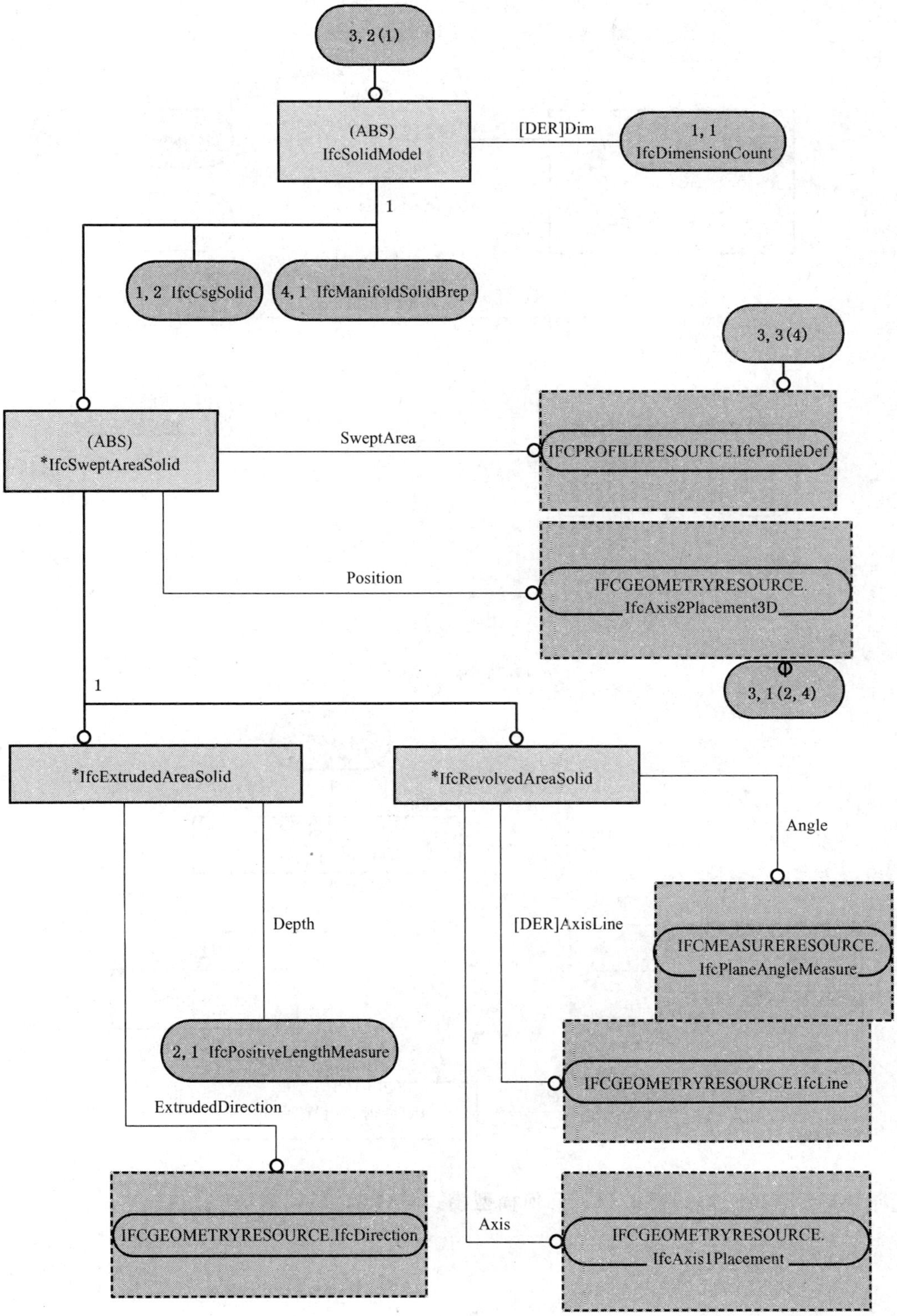

图 B.12 几何模型模式 EXPRESS-G 图 5-3

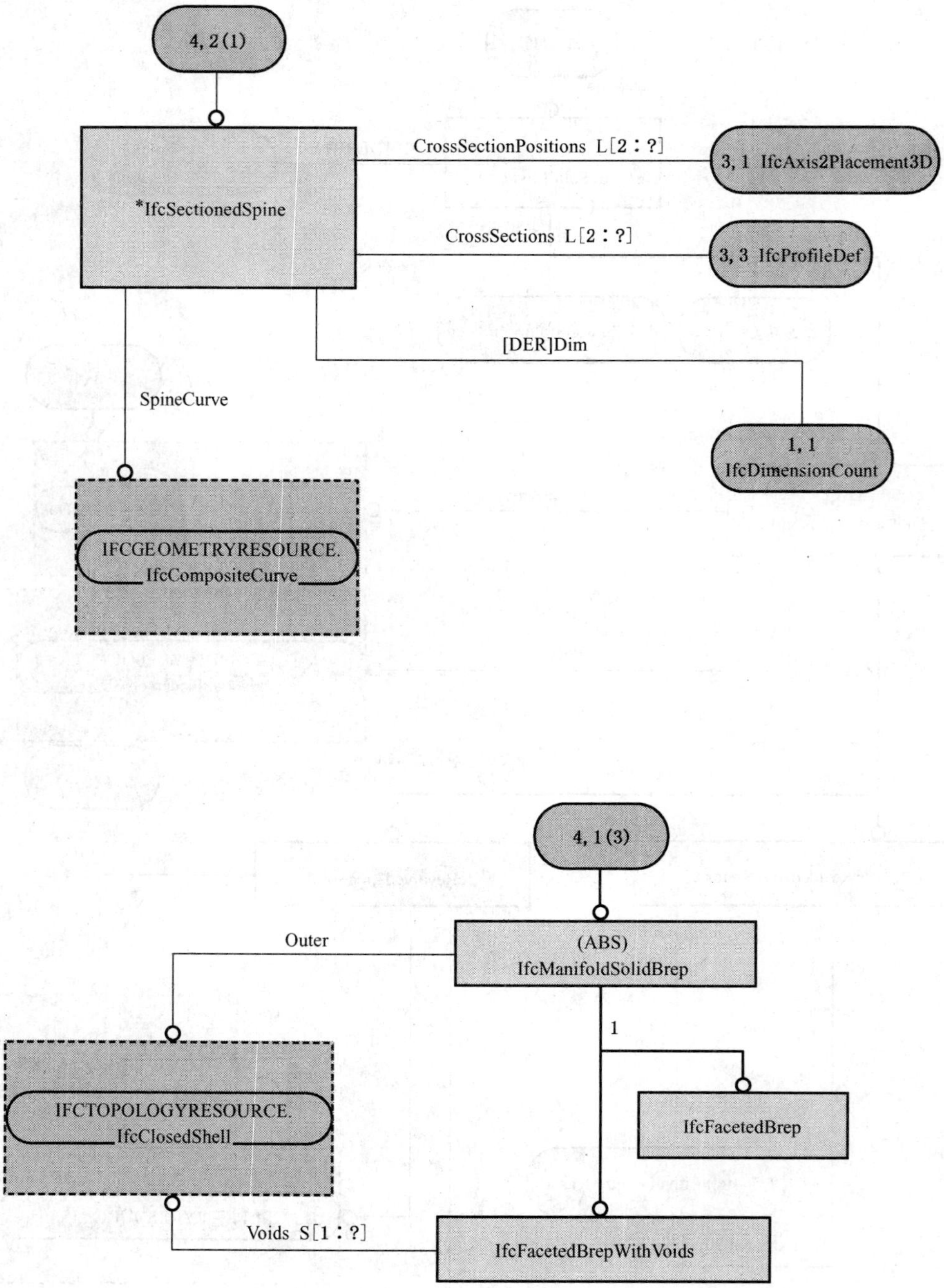

图 B.13 几何模型模式 EXPRESS-G 图 5-4

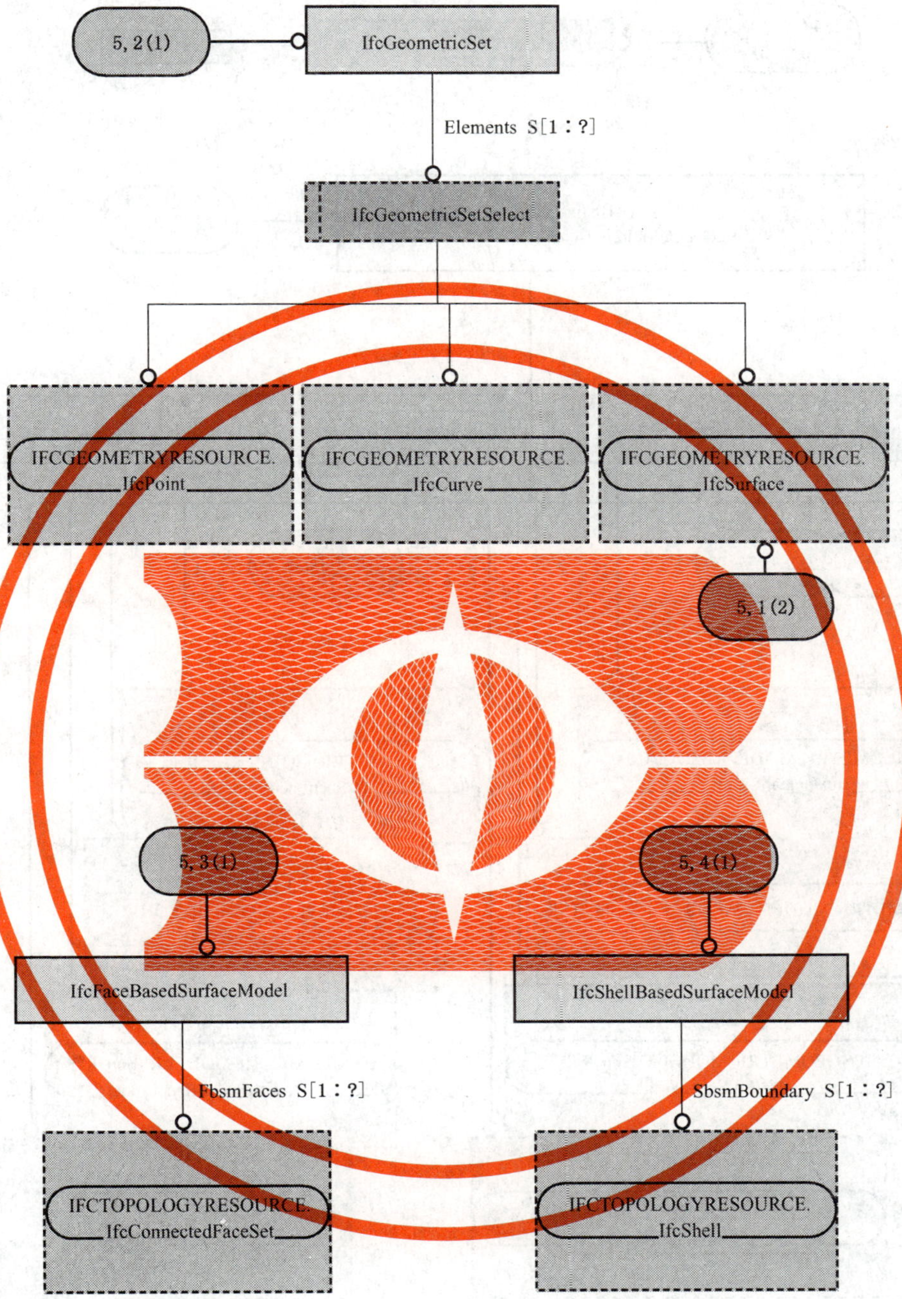

图 B.14 几何模型模式 EXPRESS-G 图 5-5

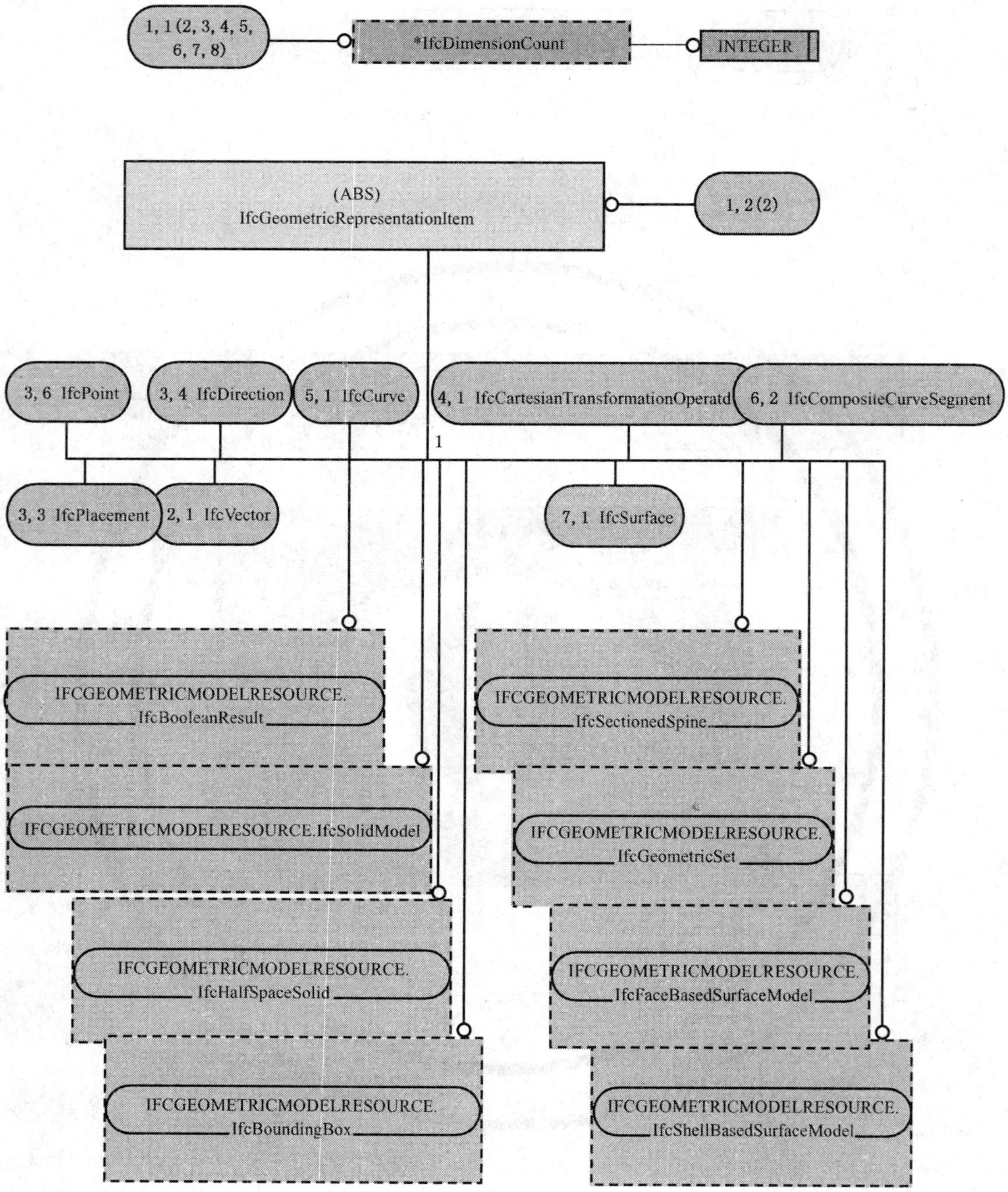

图 B.15 几何模式 EXPRESS-G 图 8-1

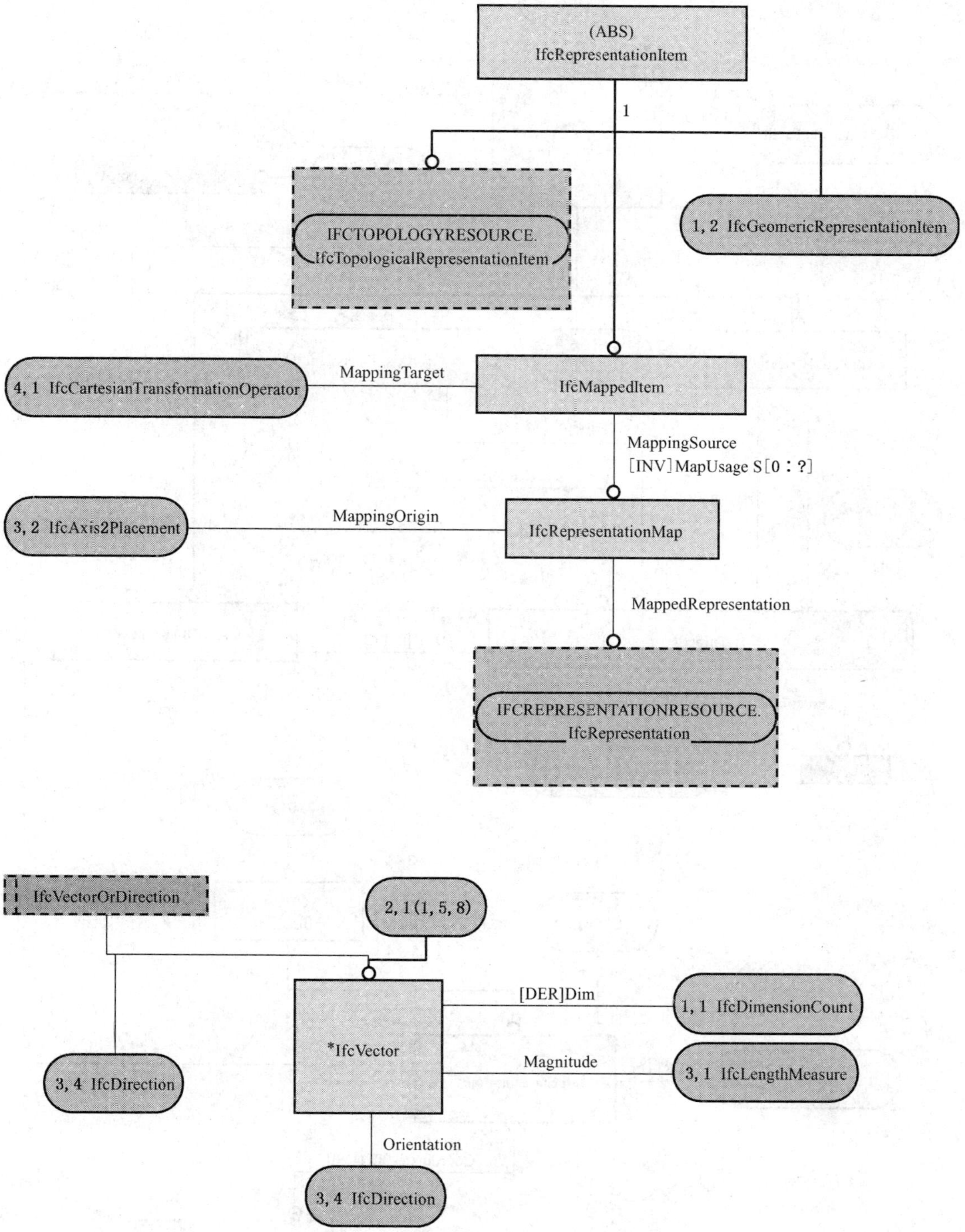

图 B.16　几何模式 EXPRESS-G 图 8-2

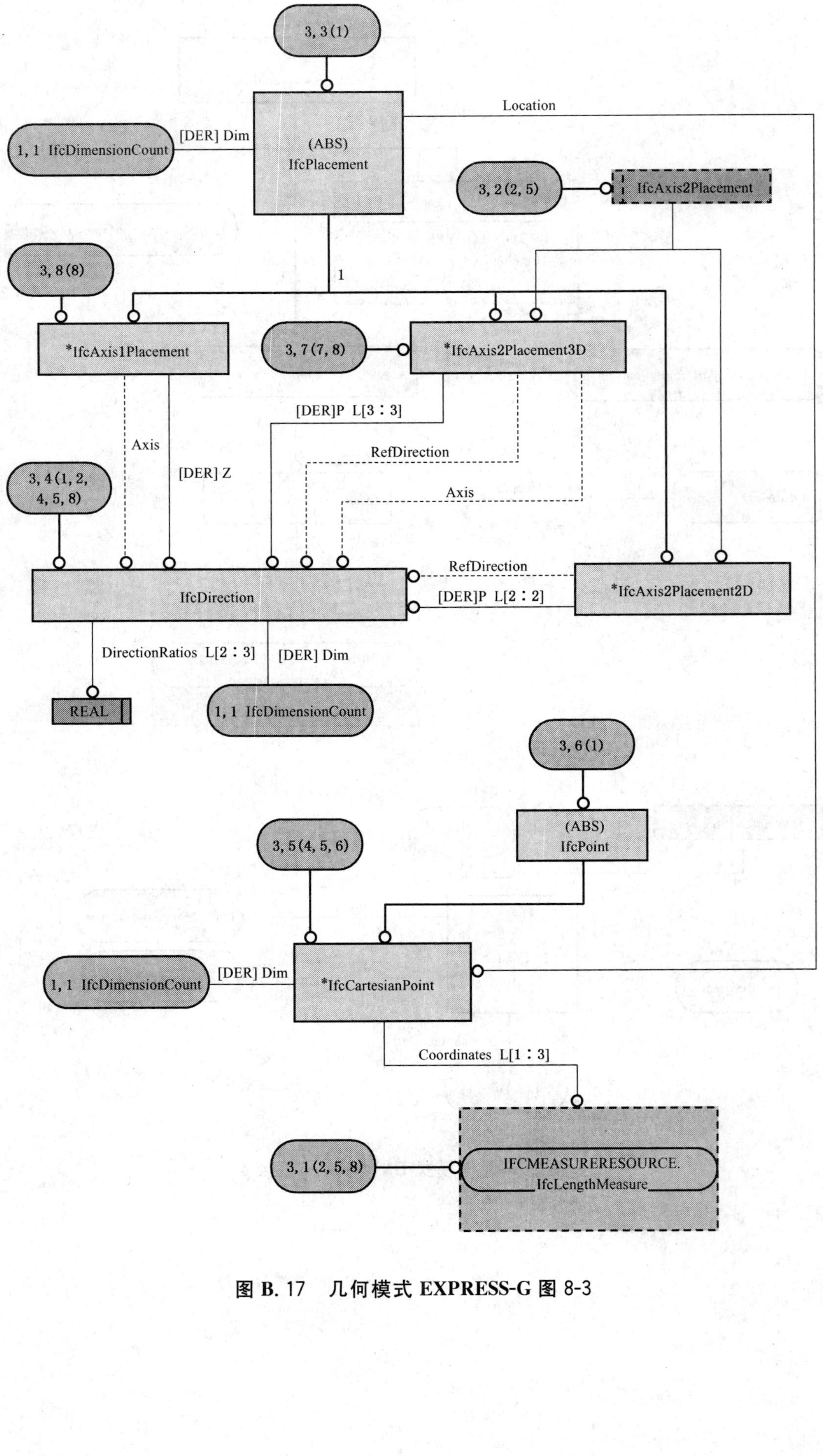

图 B. 17 几何模式 EXPRESS-G 图 8-3

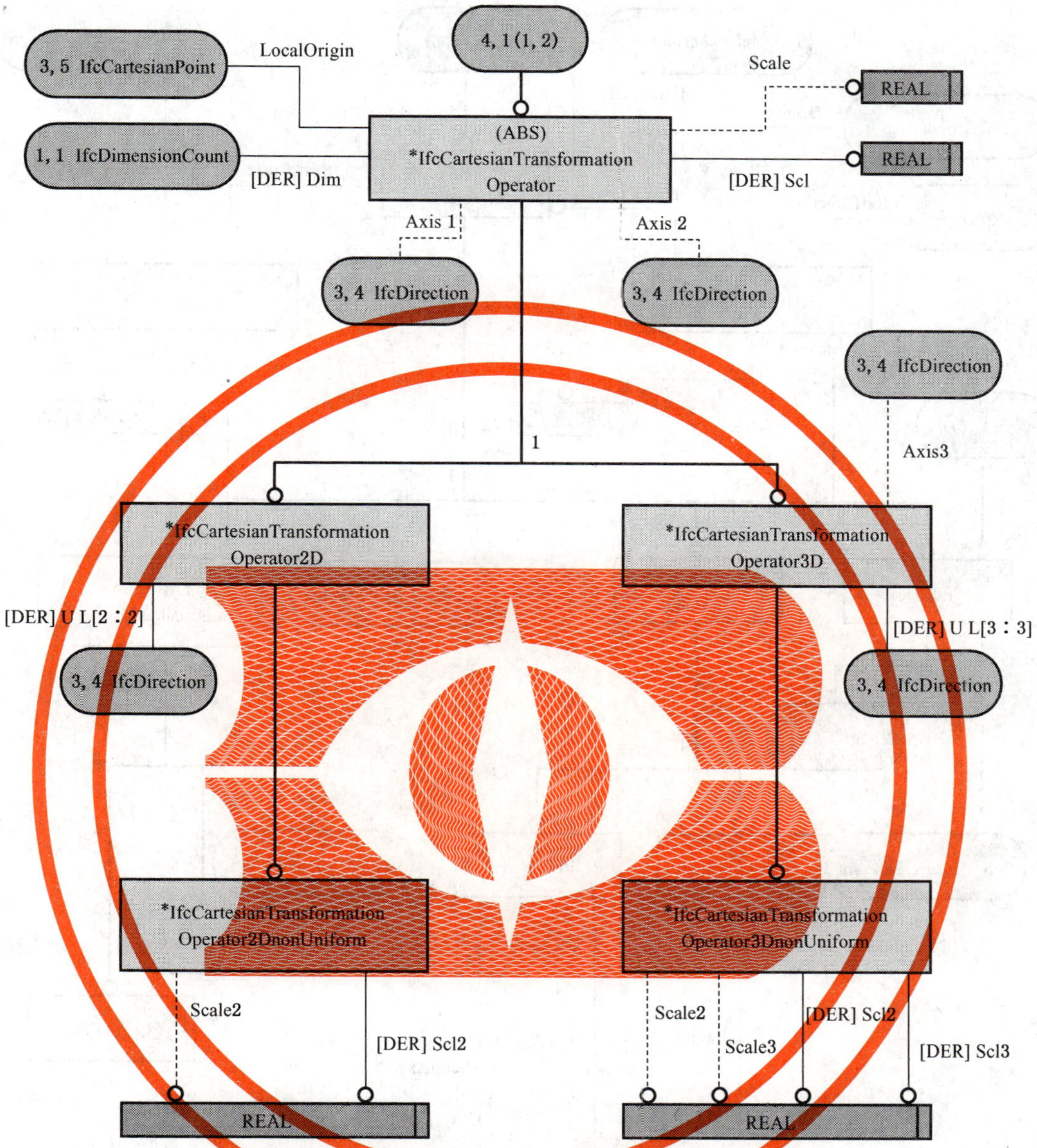

图 B. 18　几何模式 EXPRESS-G 图 8-4

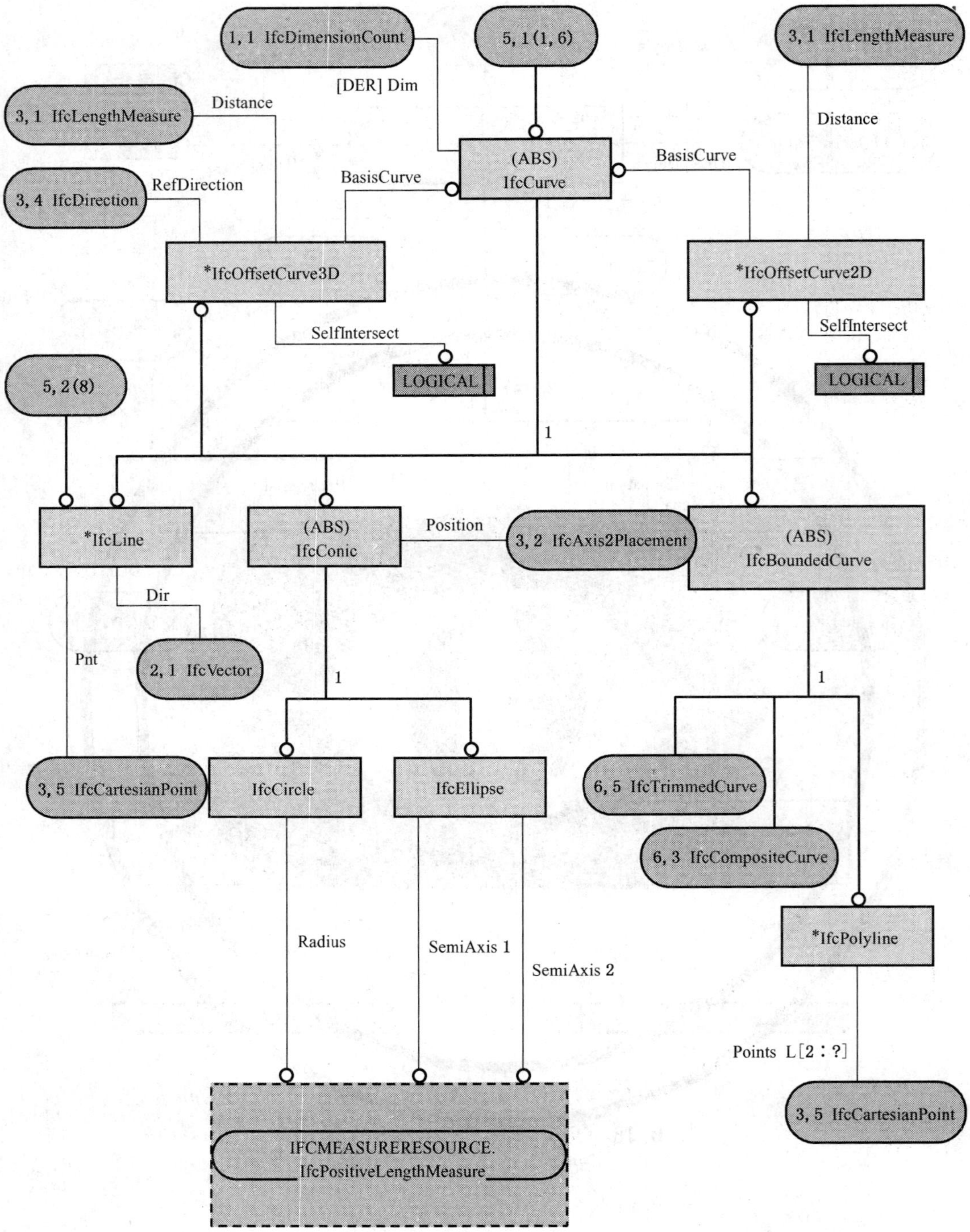

图 B.19 几何模式 EXPRESS-G 图 8-5

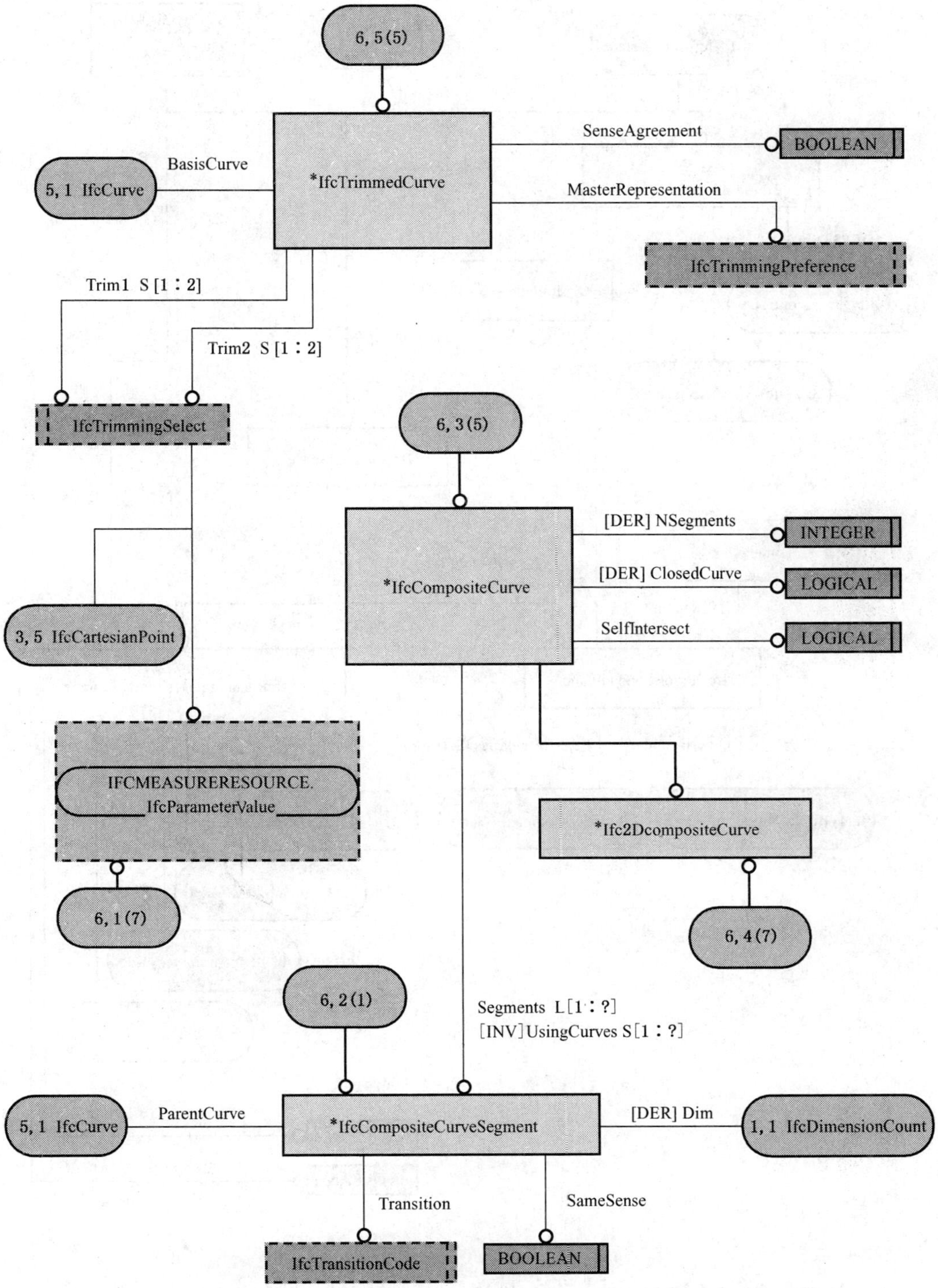

图 B.20 几何模式 EXPRESS-G 图 8-6

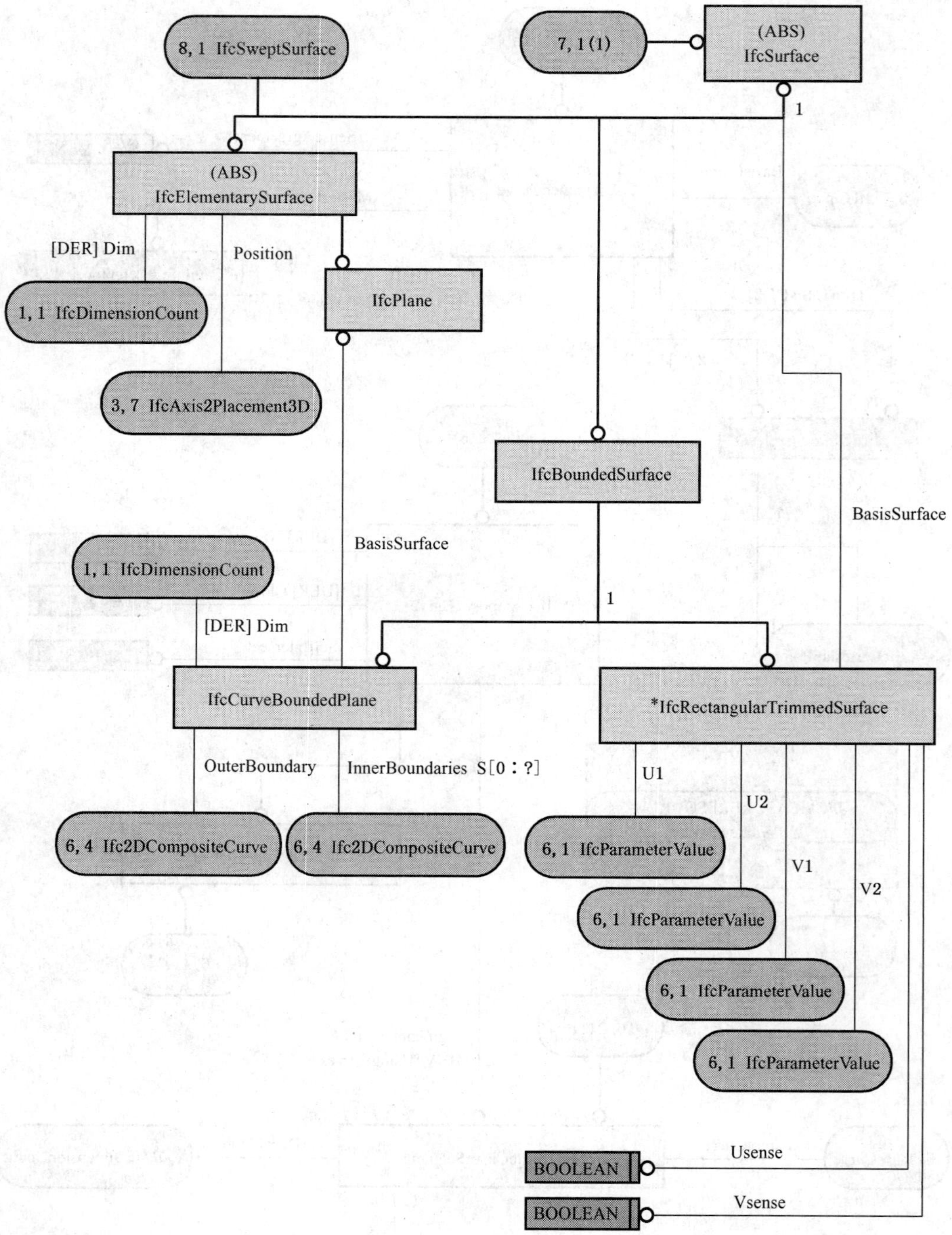

图 B.21 几何模式 EXPRESS-G 图 8-7

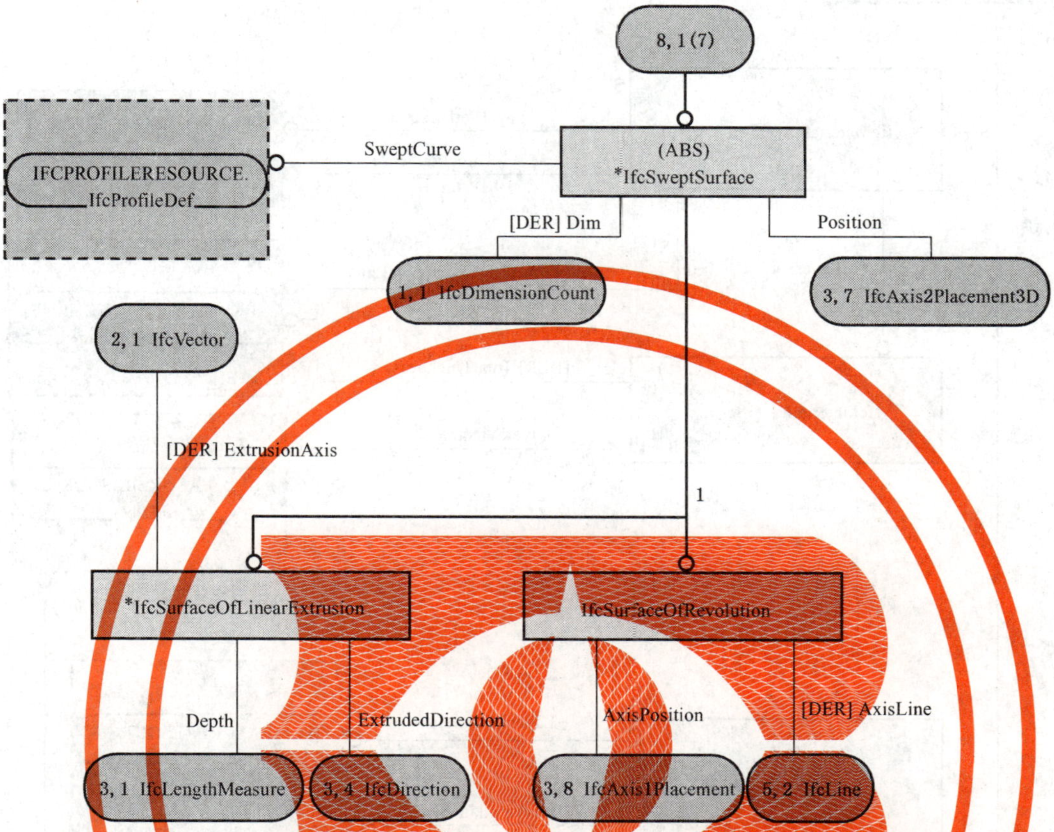

图 B.22 几何模式 EXPRESS-G 图 8-8

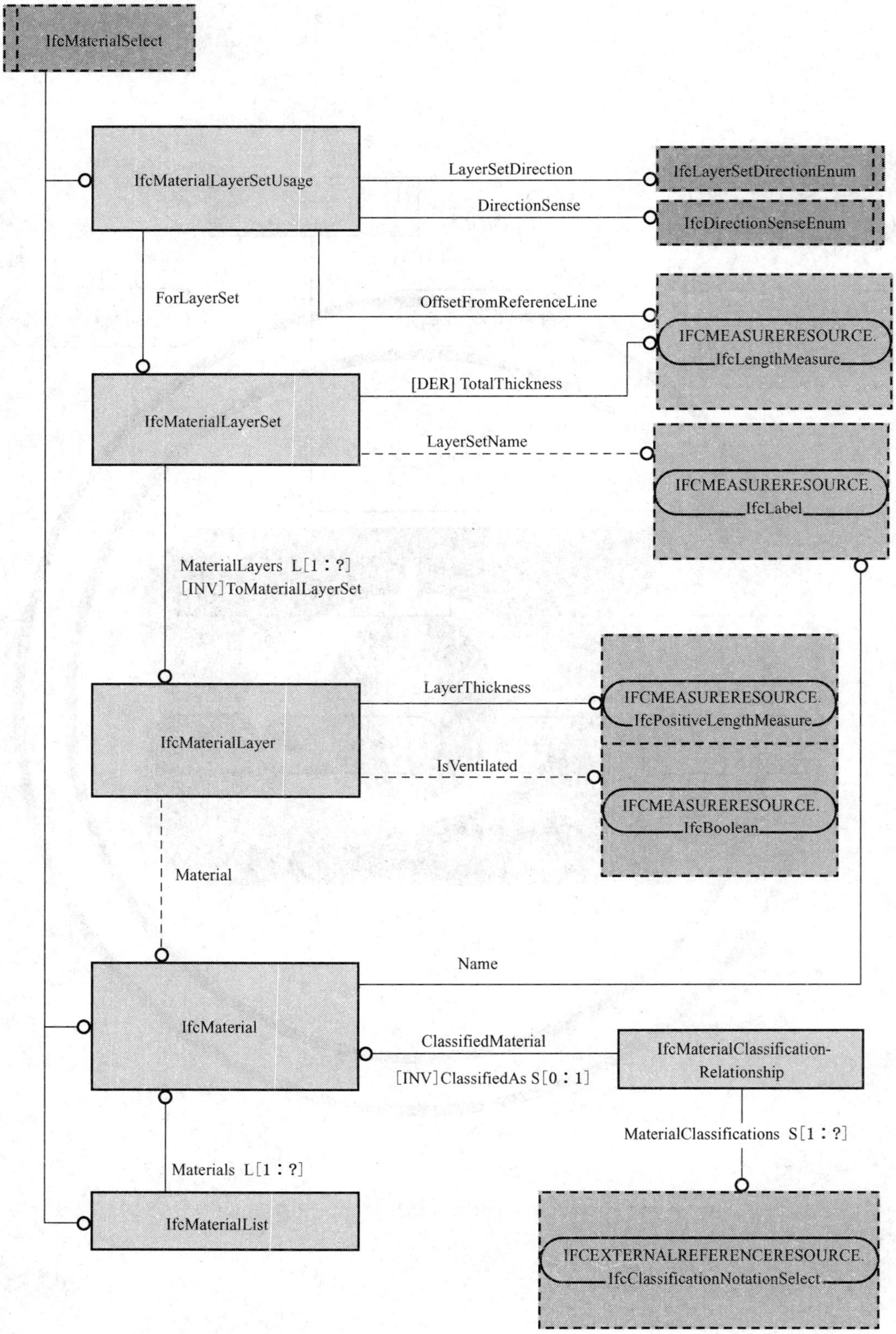

图 B.23 材料模式 EXPRESS-G 图 1-1

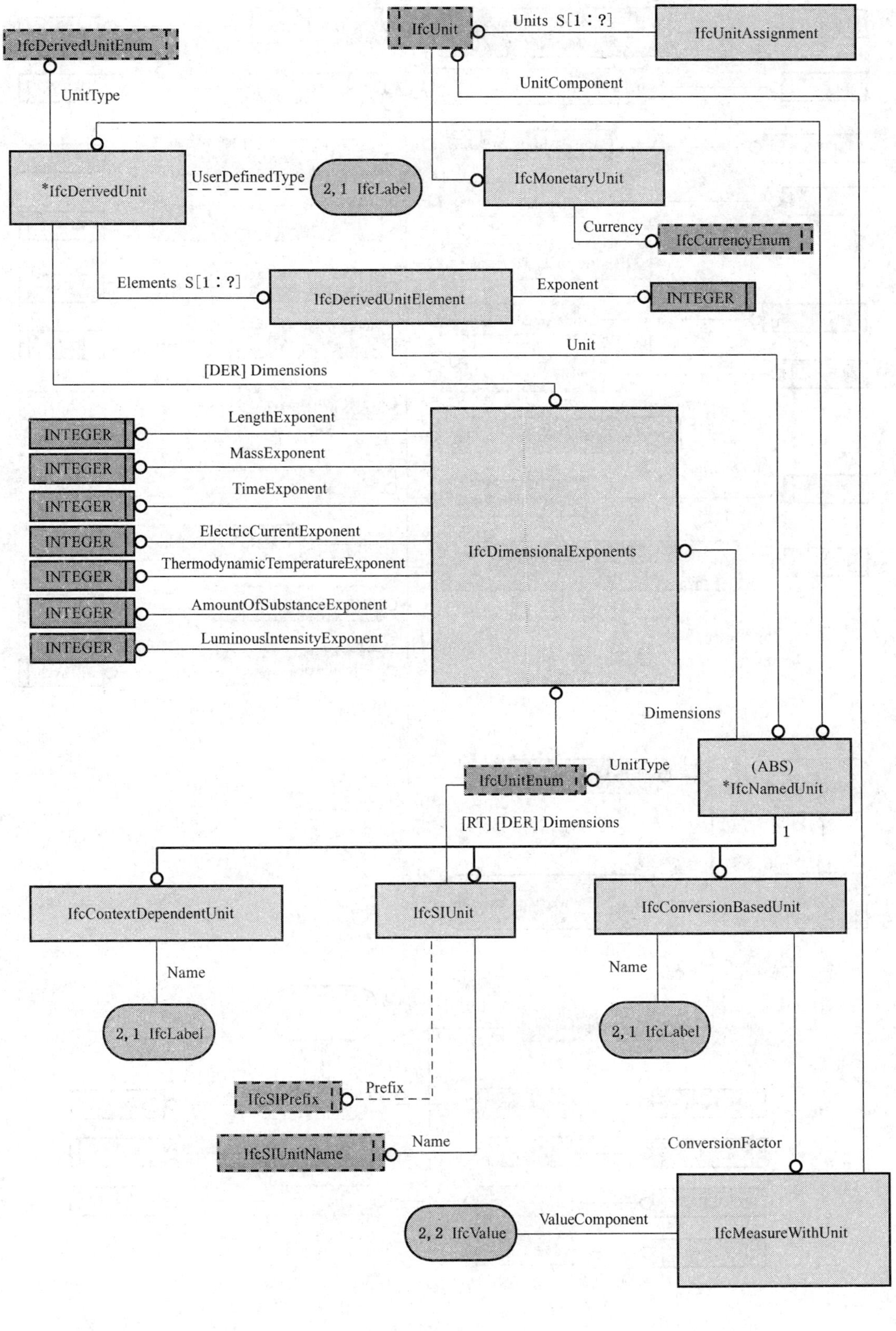

图 B.24 度量模式 EXPRESS-G 图 3-1

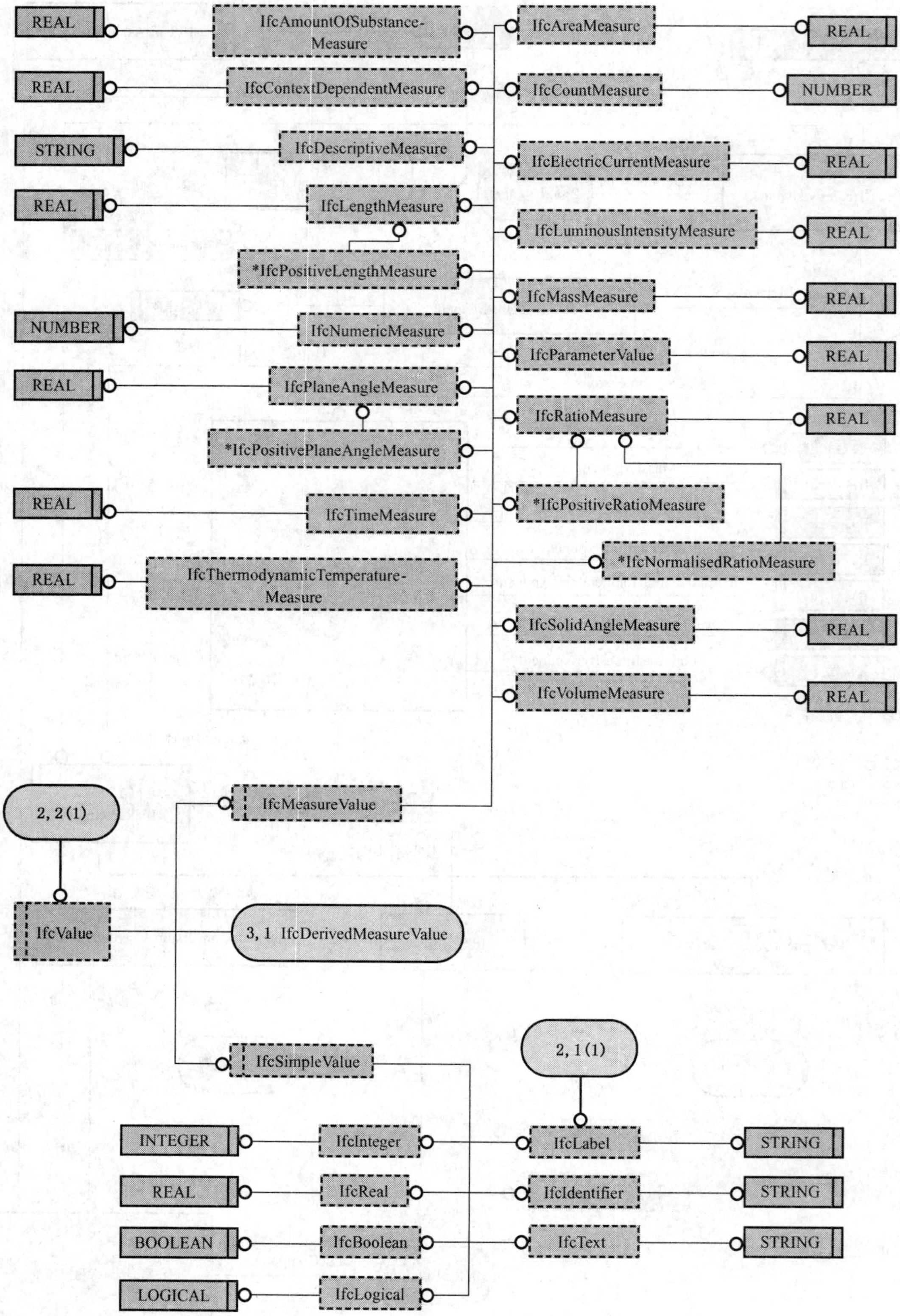

图 B.25　度量模式 EXPRESS-G 图 3-2

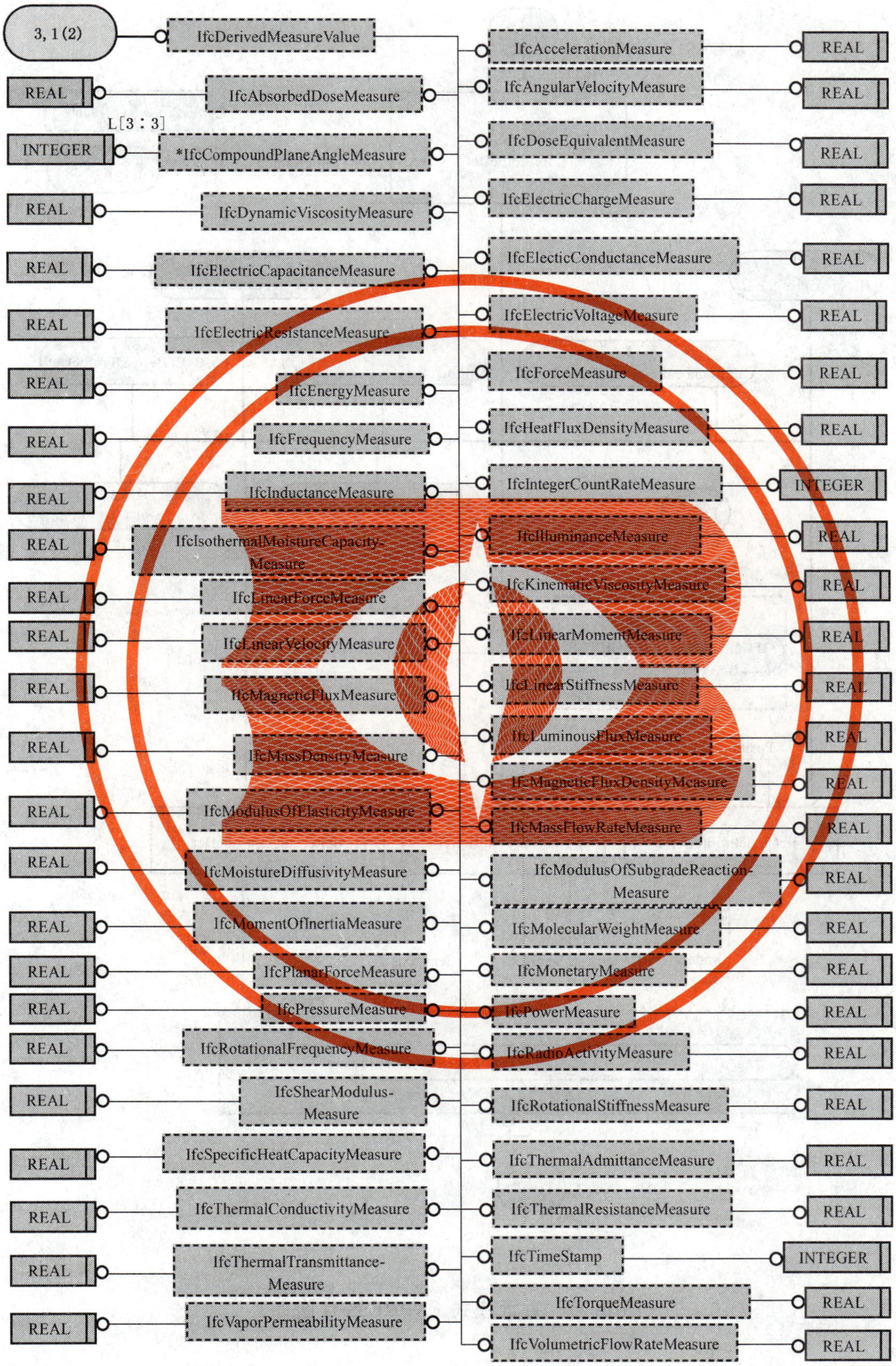

图 B.26　度量模式 EXPRESS-G 图 3-3

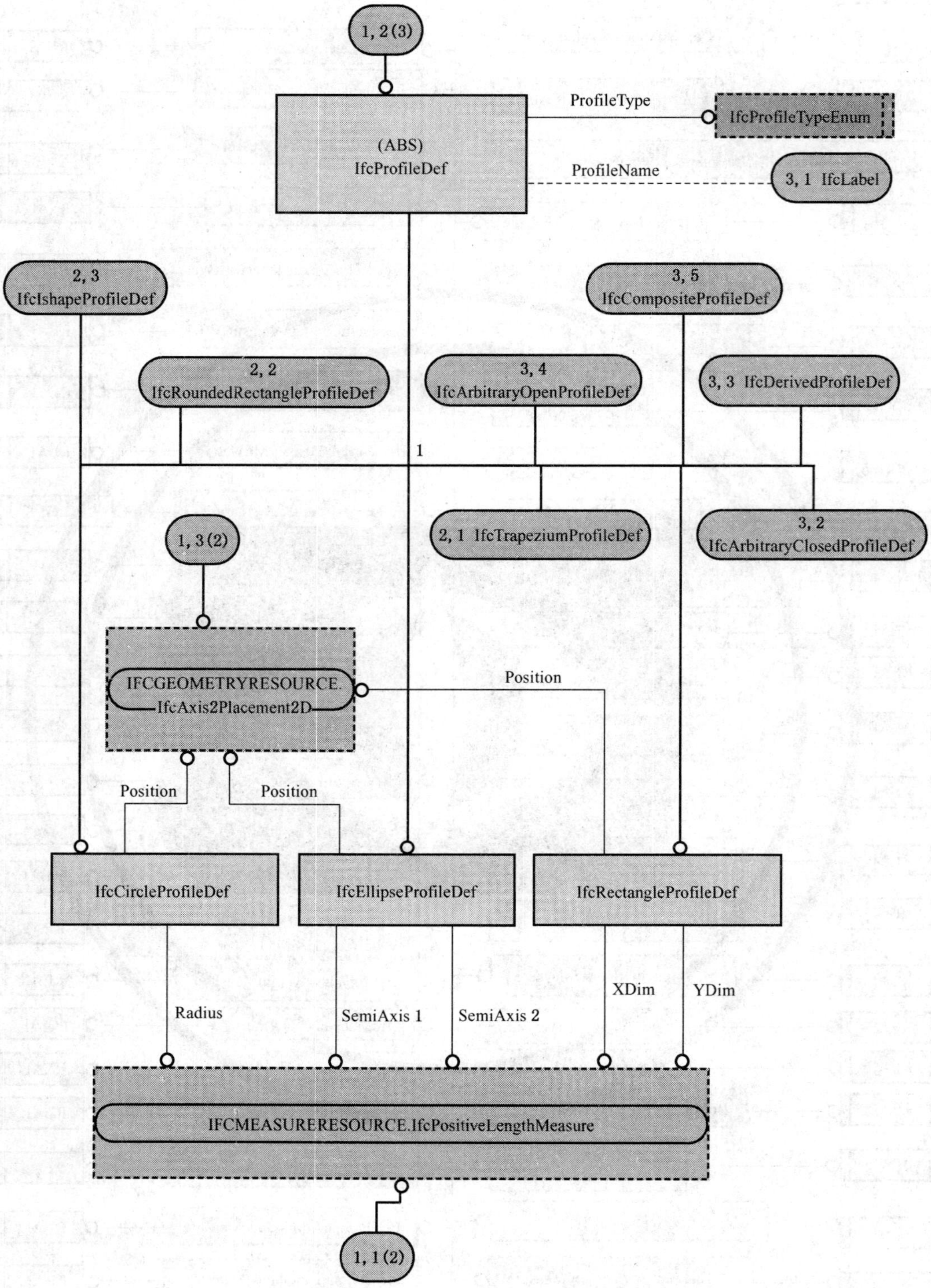

图 B.27 截面模式 EXPRESS-G 图 3-1

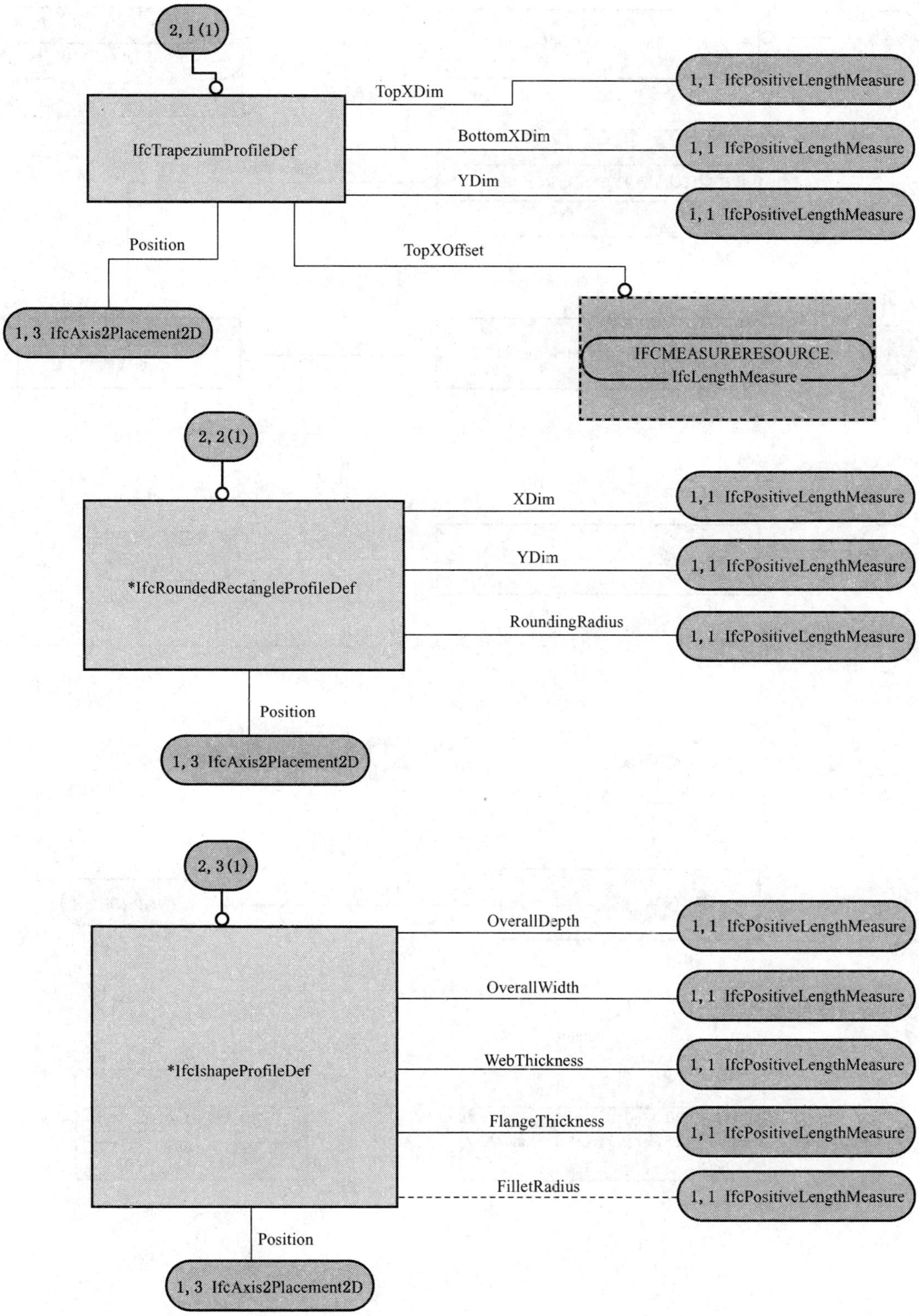

图 B.28　截面模式 EXPRESS-G 图 3-2

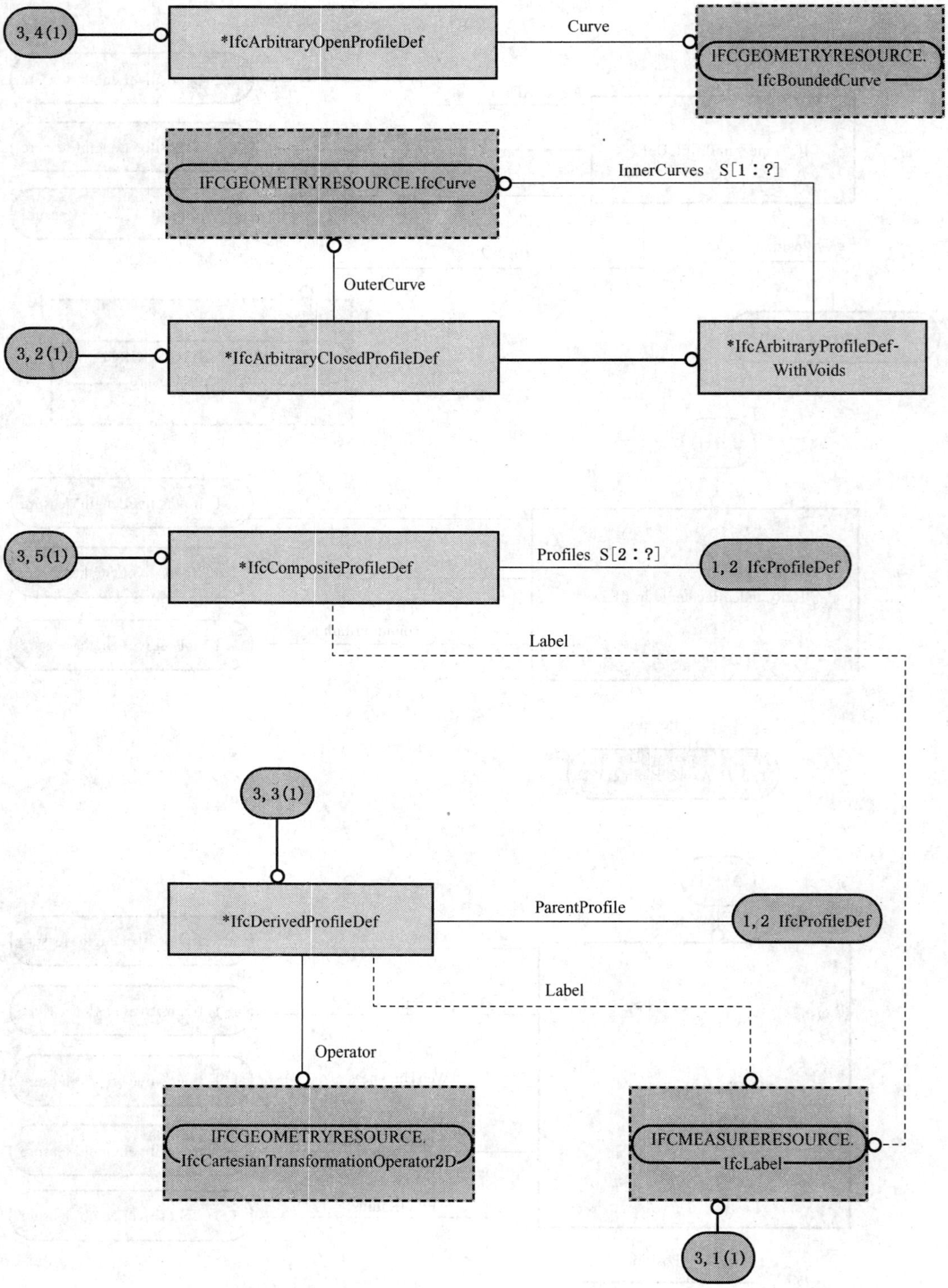

图 B.29 截面模式 EXPRESS-G 图 3-3

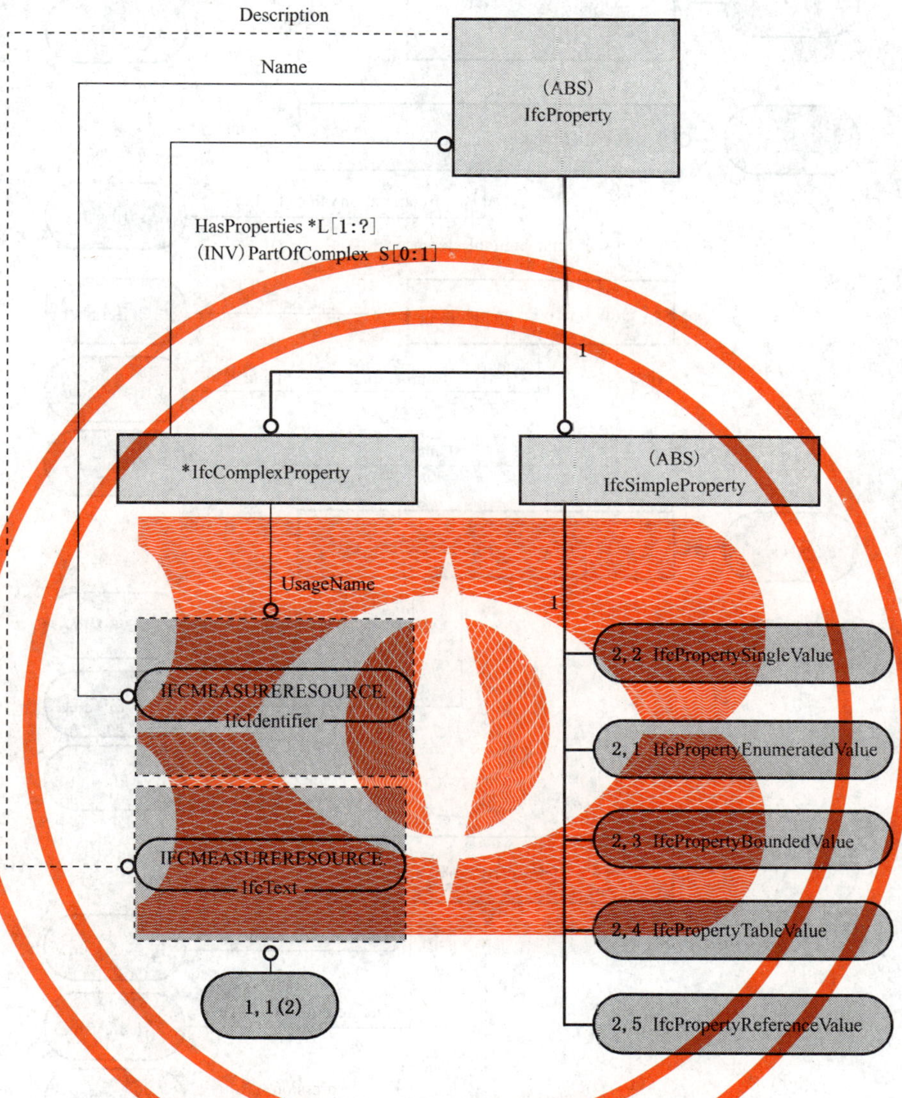

图 B.30 属性模式 EXPRESS-G 图 3-1

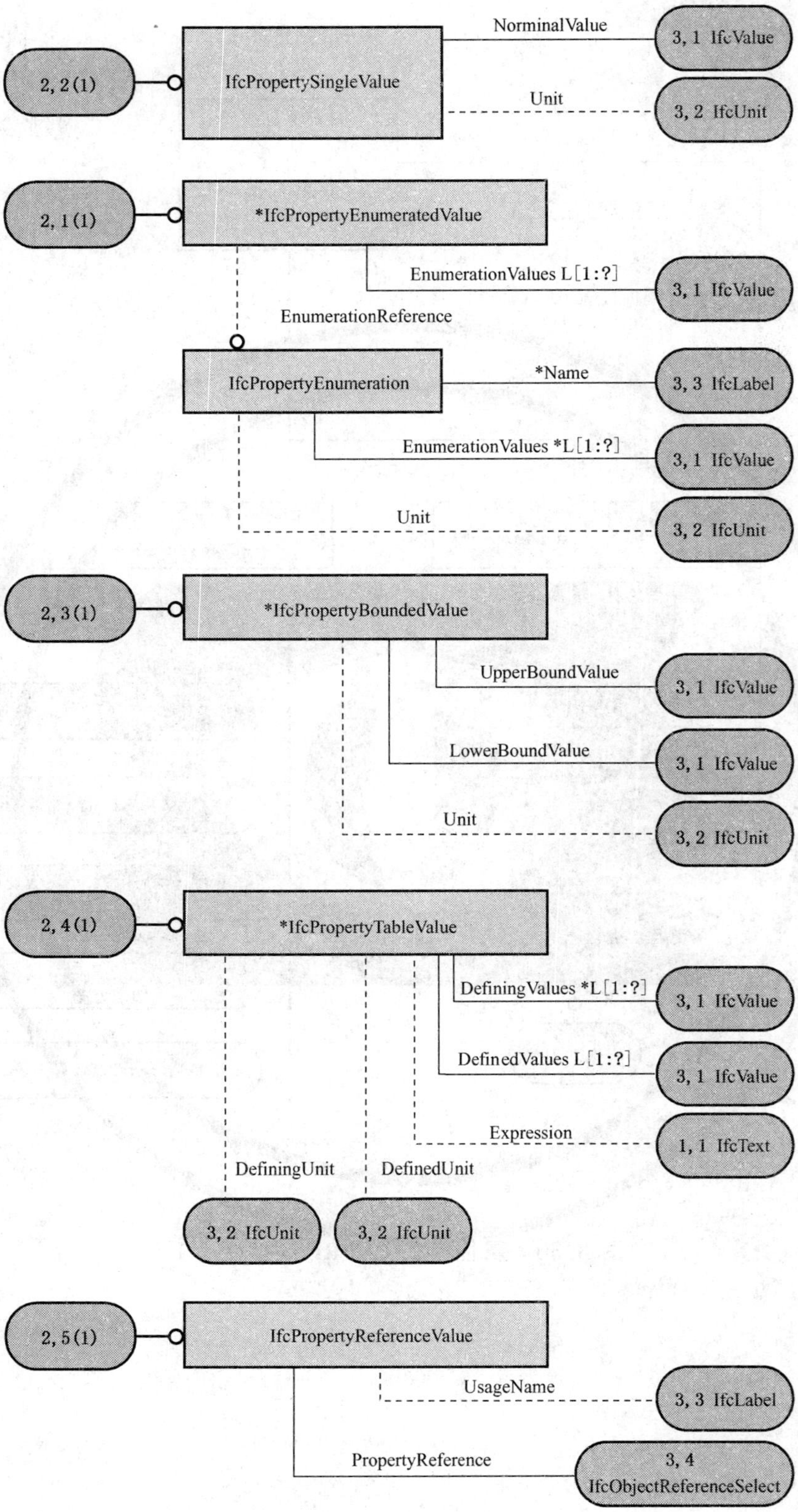

图 B.31 属性模式 EXPRESS-G 图 3-2

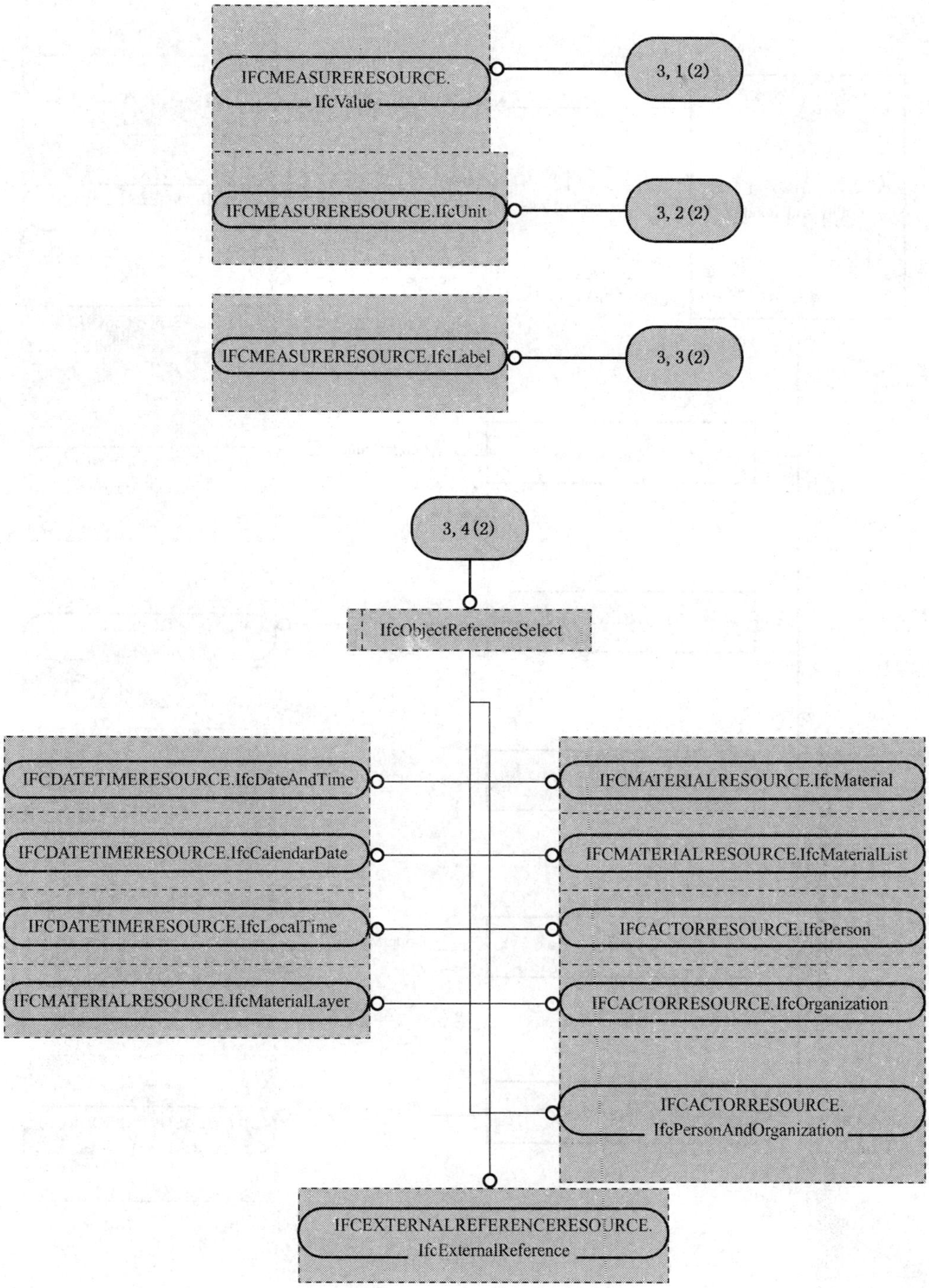

图 B.32 属性模式 EXPRESS-G 图 3-3

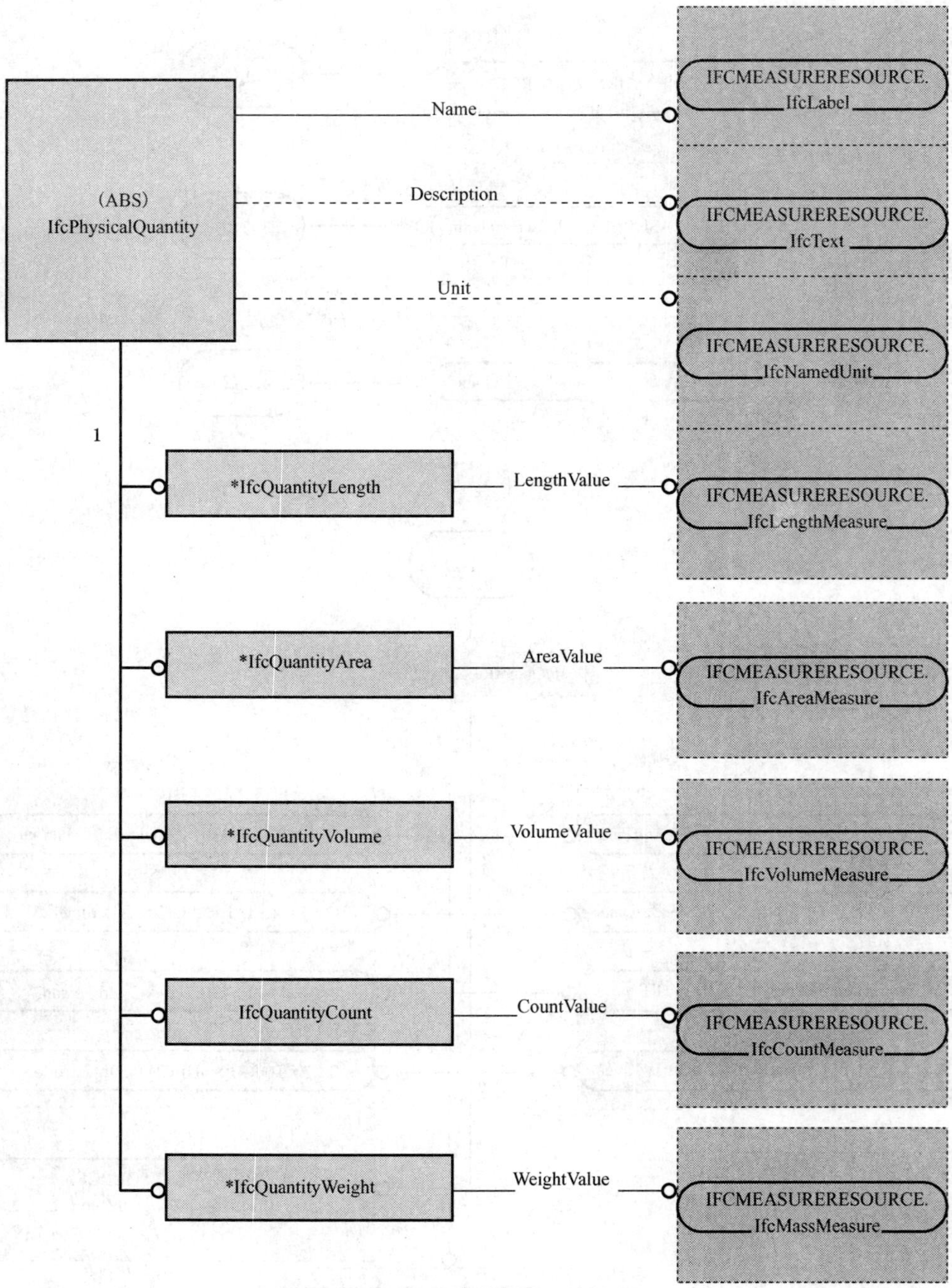

图 B.33　数量模式 EXPRESS-G 图 1-1

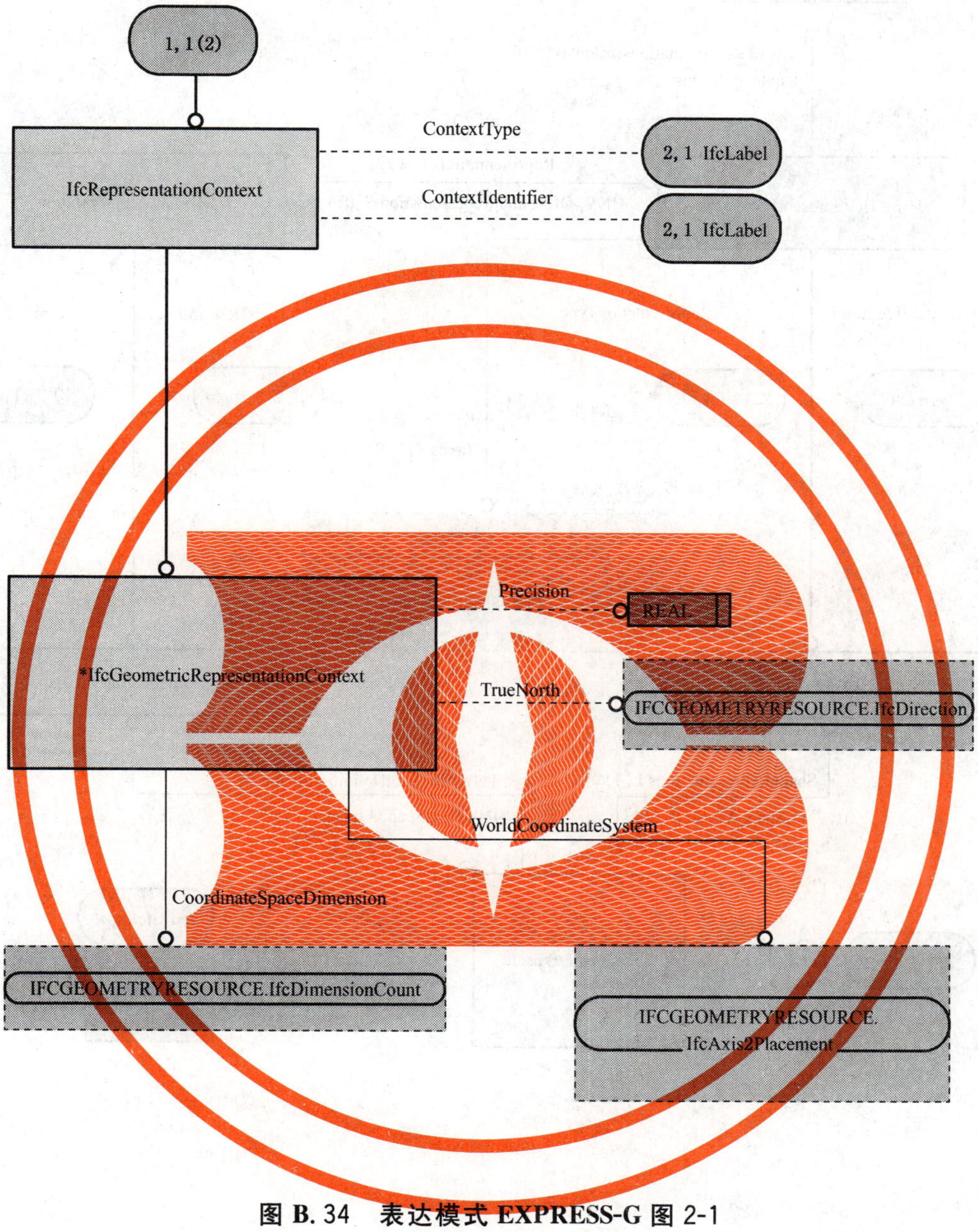

图 B.34　表达模式 EXPRESS-G 图 2-1

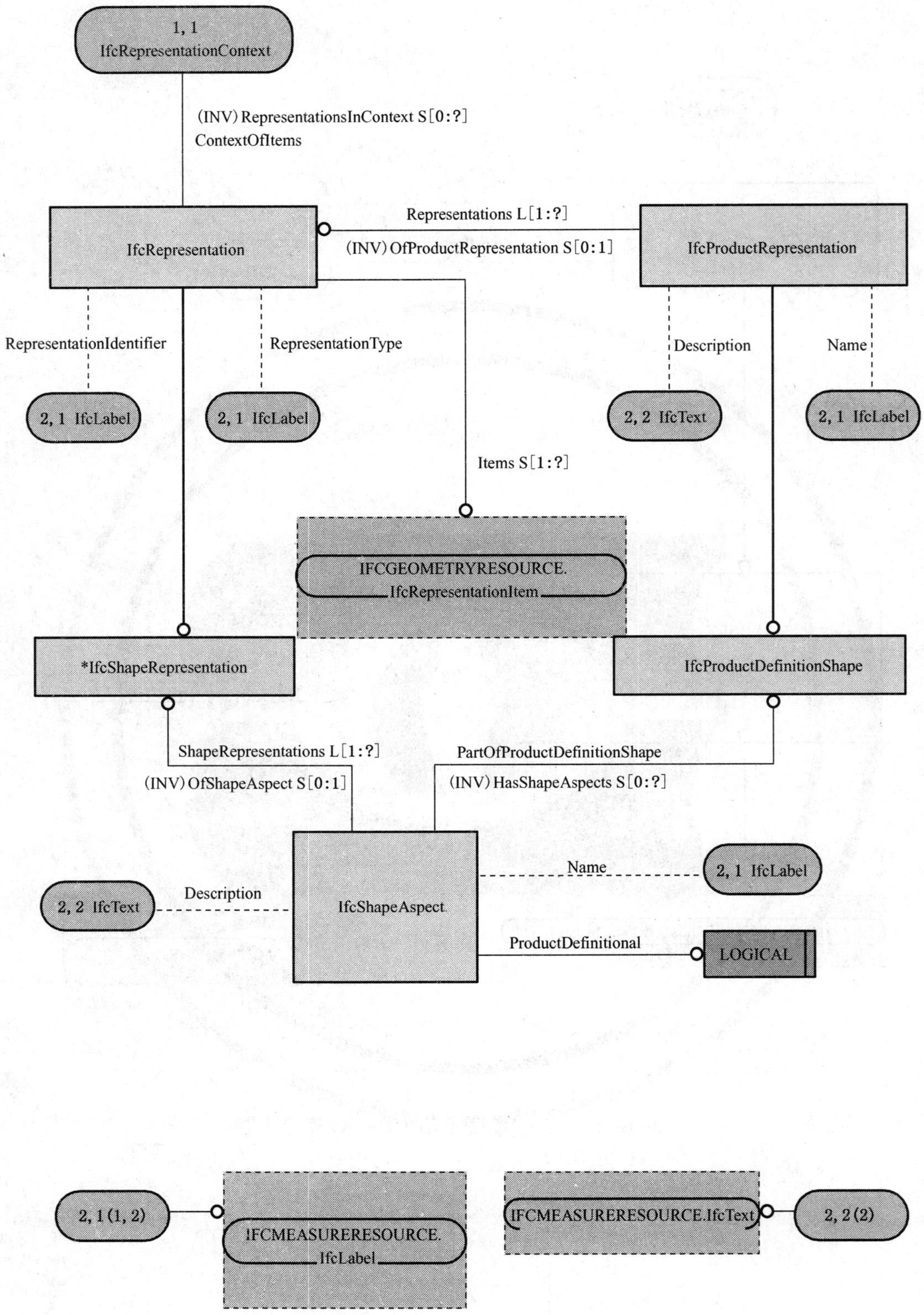

图 B.35 表达模式 EXPRESS-G 图 2-2

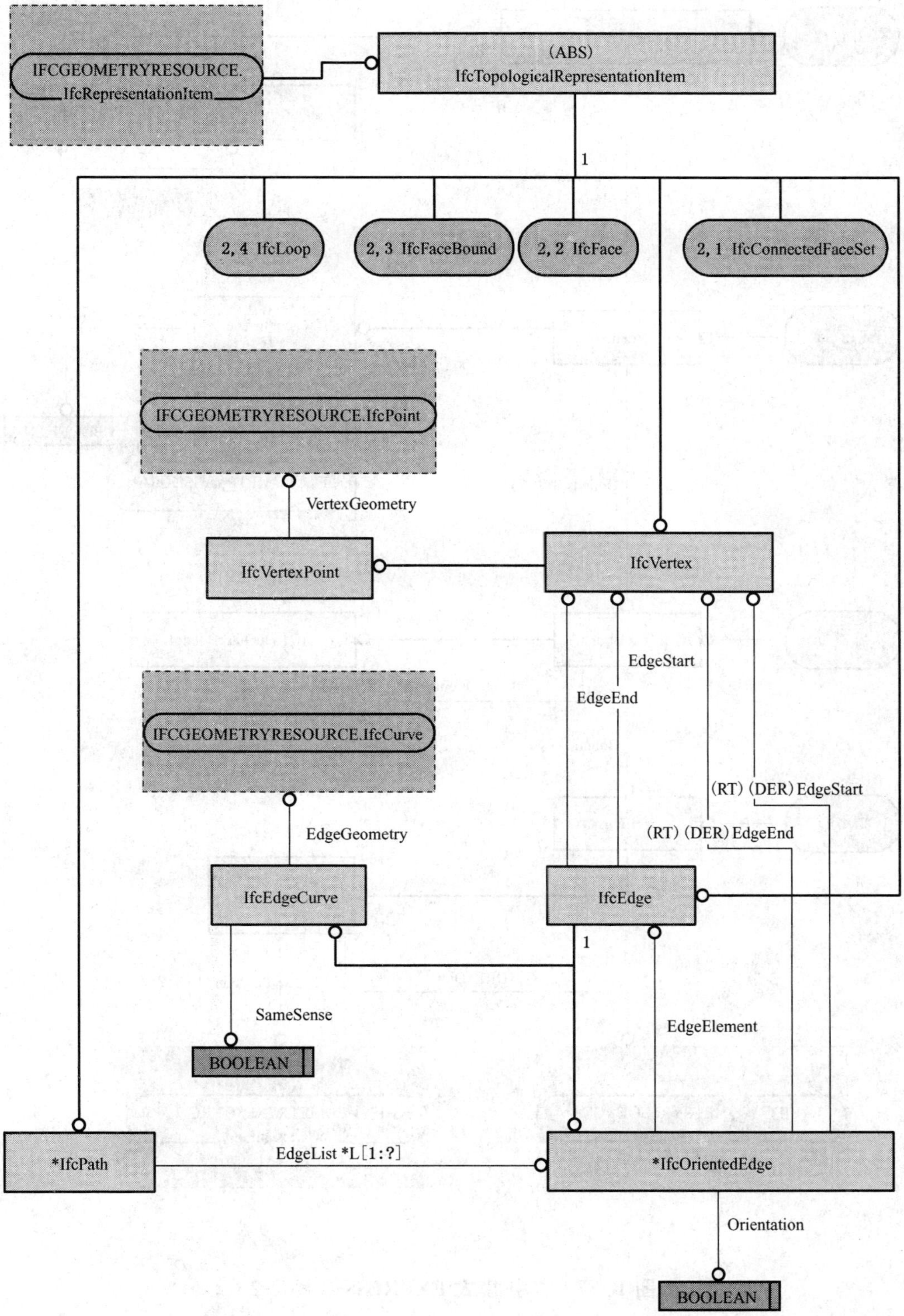

图 B.36 拓扑模式 EXPRESS-G 图 2-1

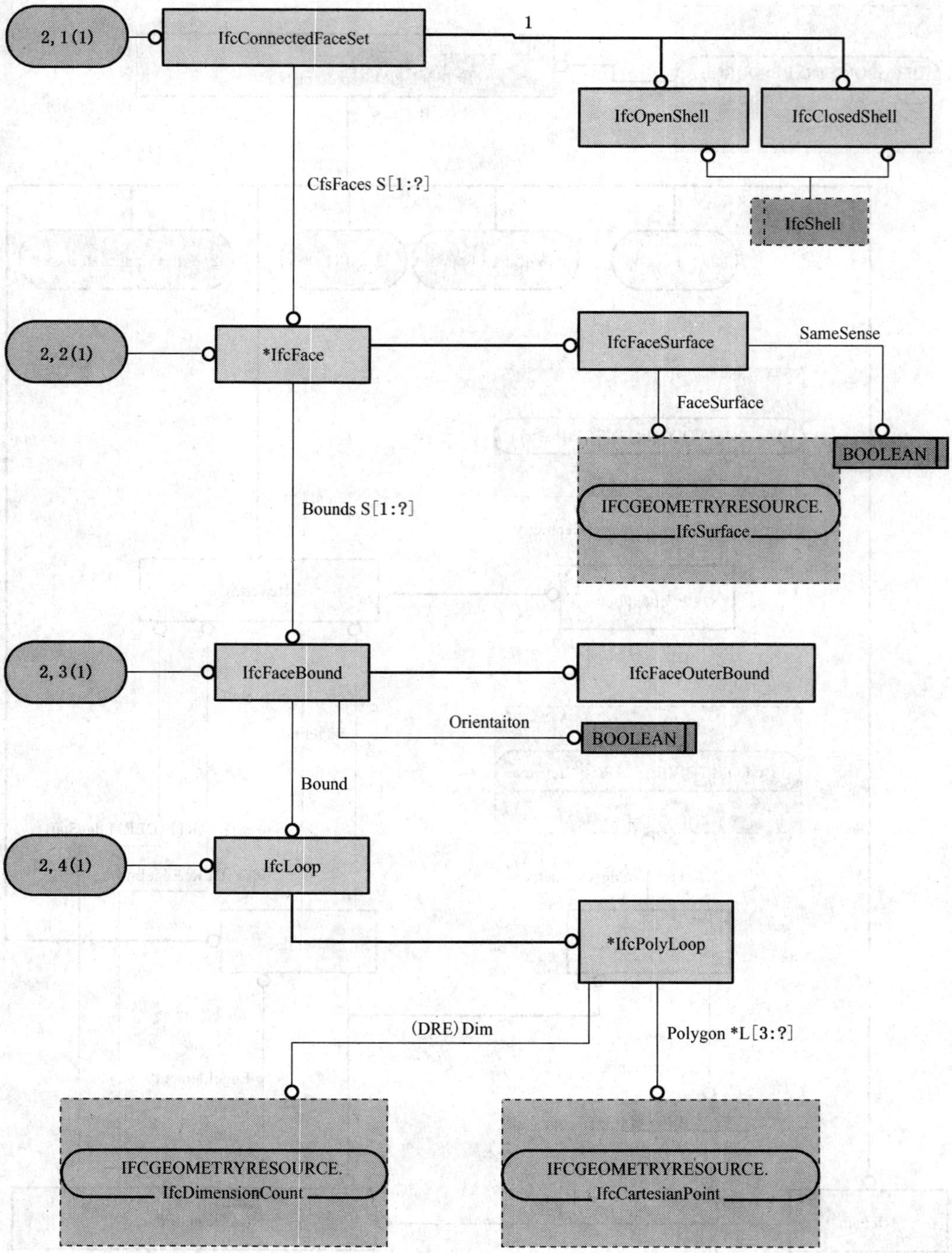

图 B.37　拓扑模式 EXPRESS-G 图 2-2

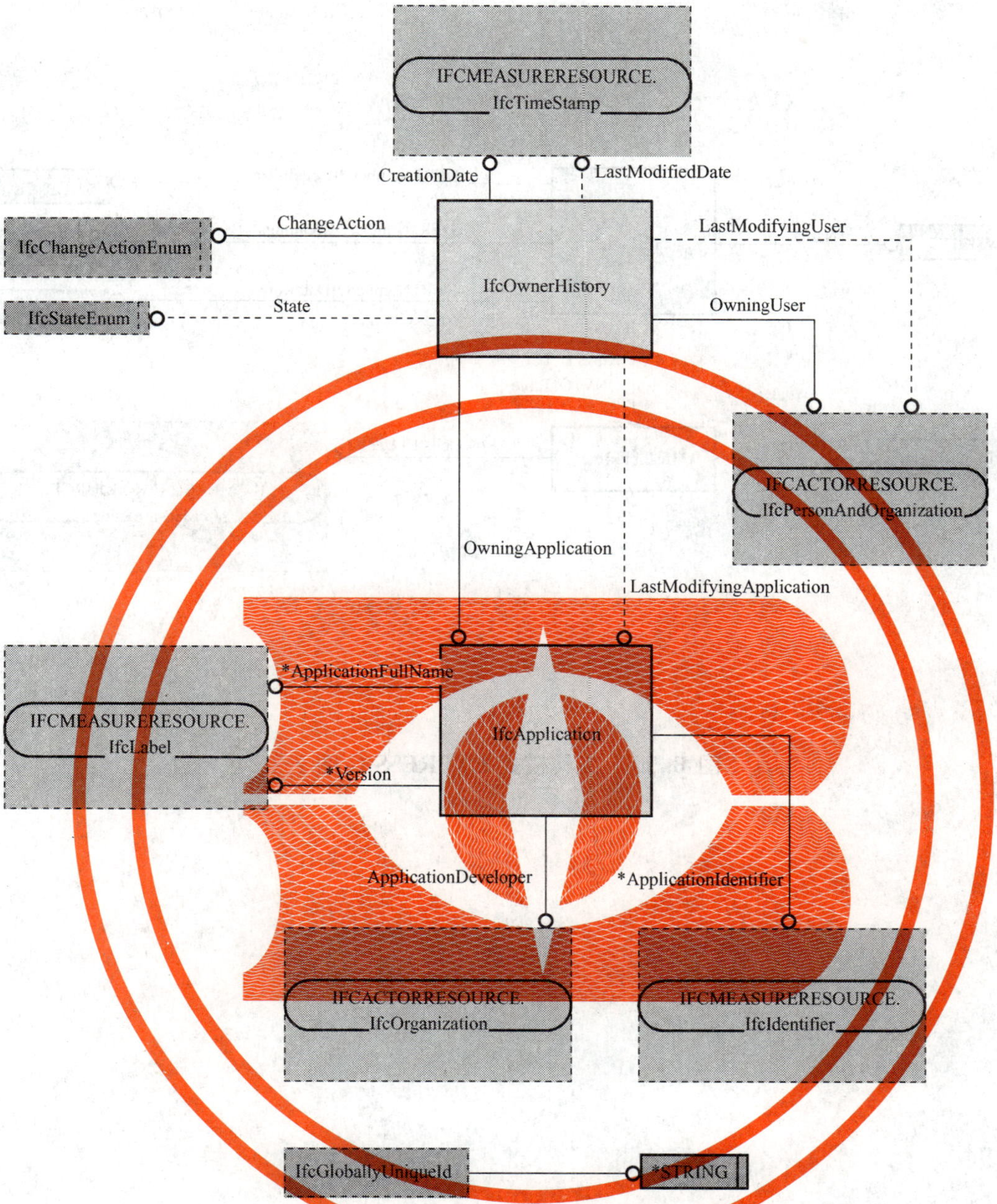

图 B.38 工具模式 EXPRESS-G 图 2-1

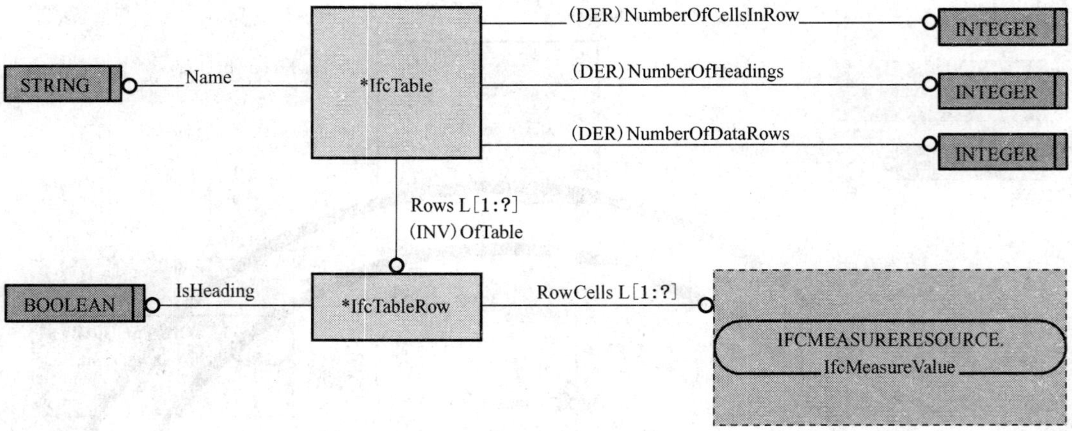

图 B.39 工具模式 EXPRESS-G 图 2-2

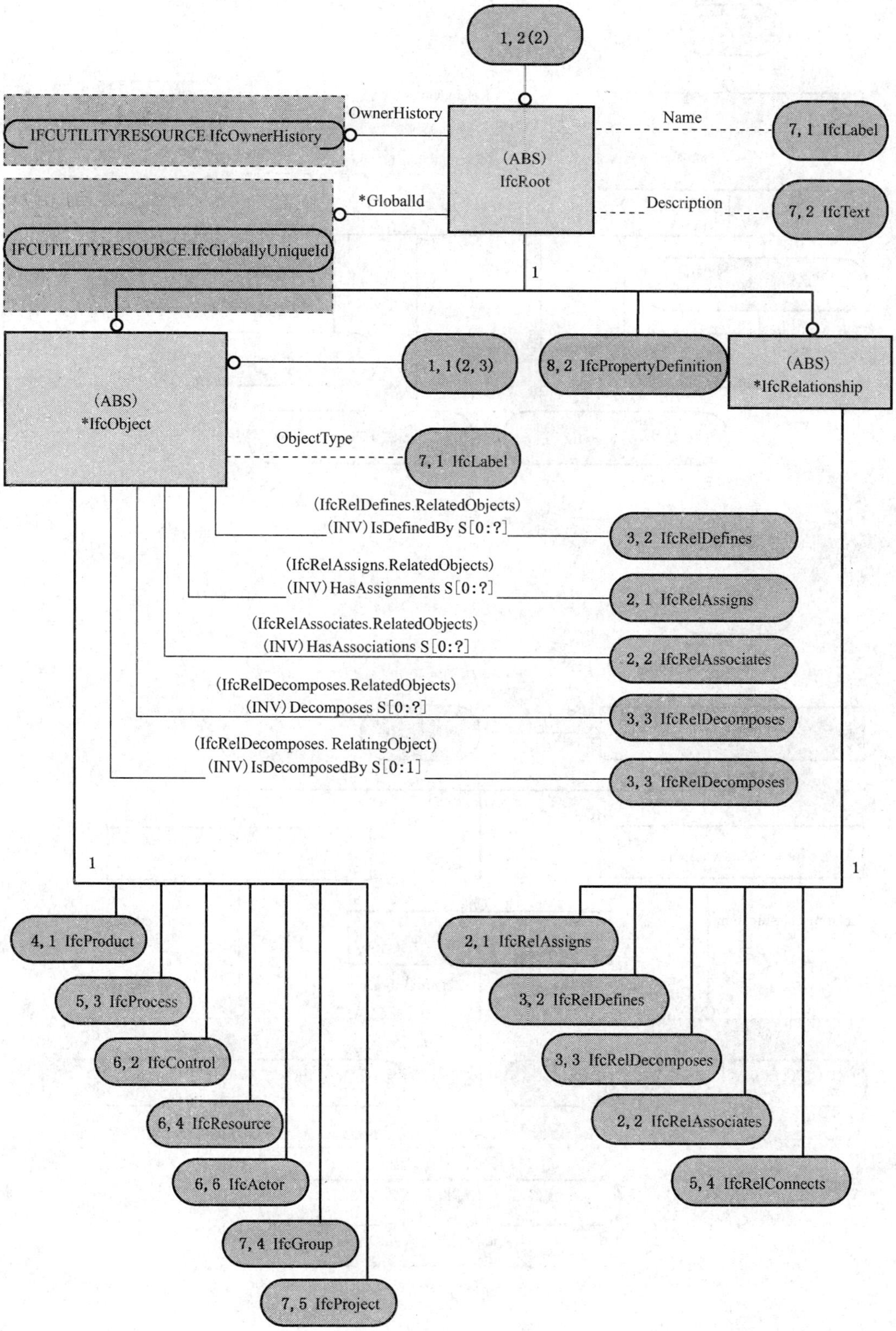

图 B.40 核心模式 EXPRESS-G 图 8-1

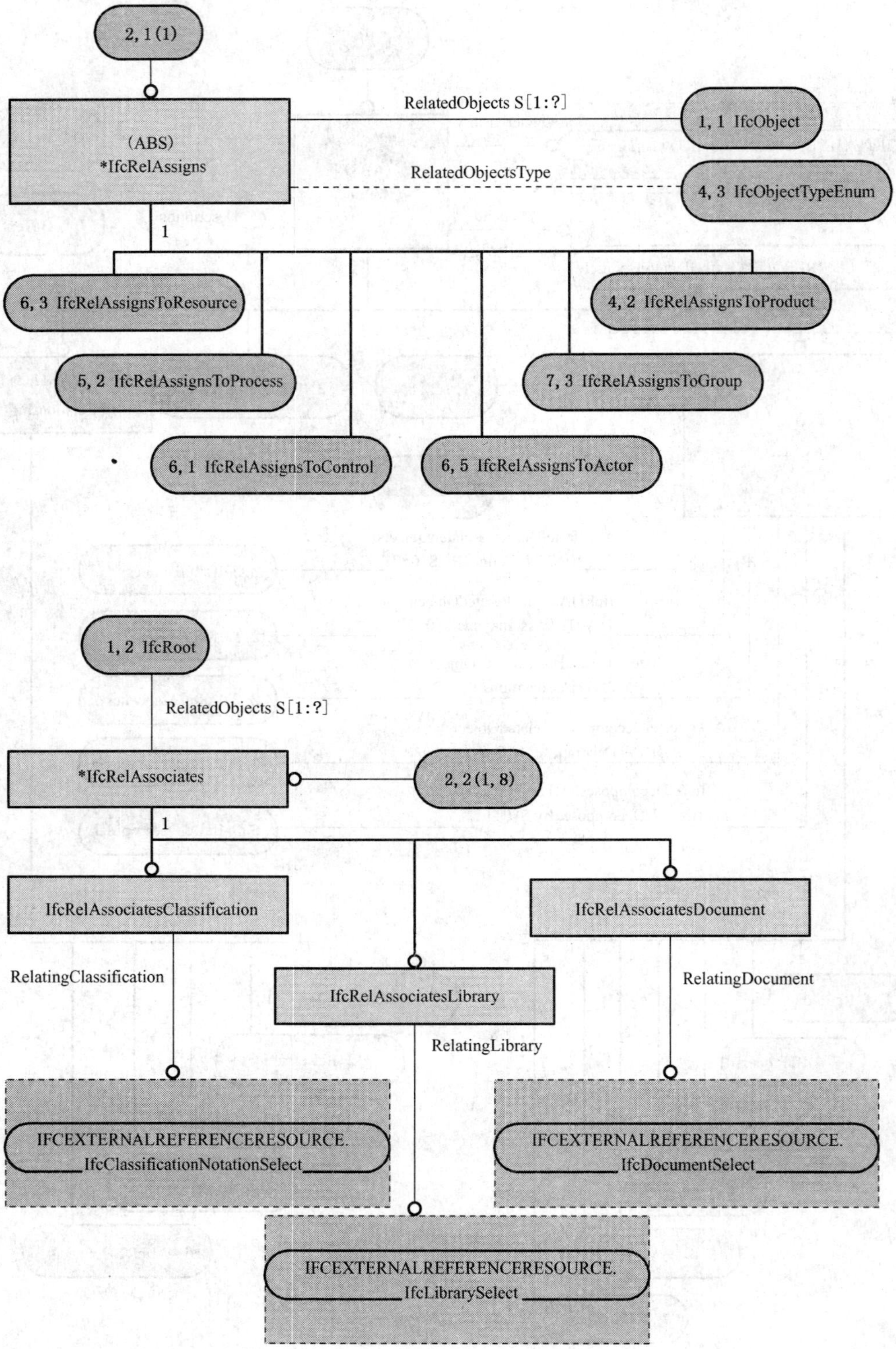

图 B.41 核心模式 EXPRESS-G 图 8-2

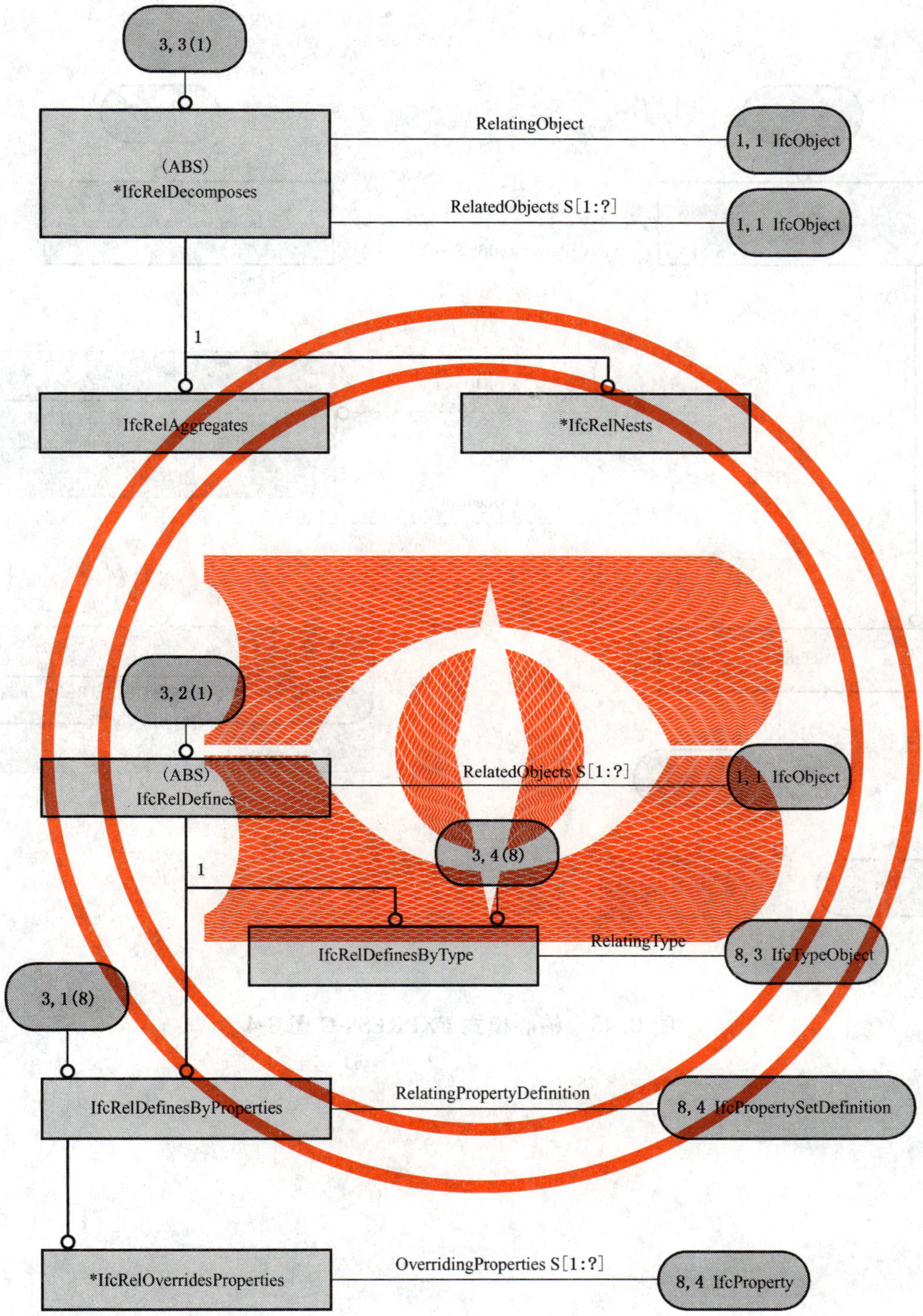

图 B.42 核心模式 EXPRESS-G 图 8-3

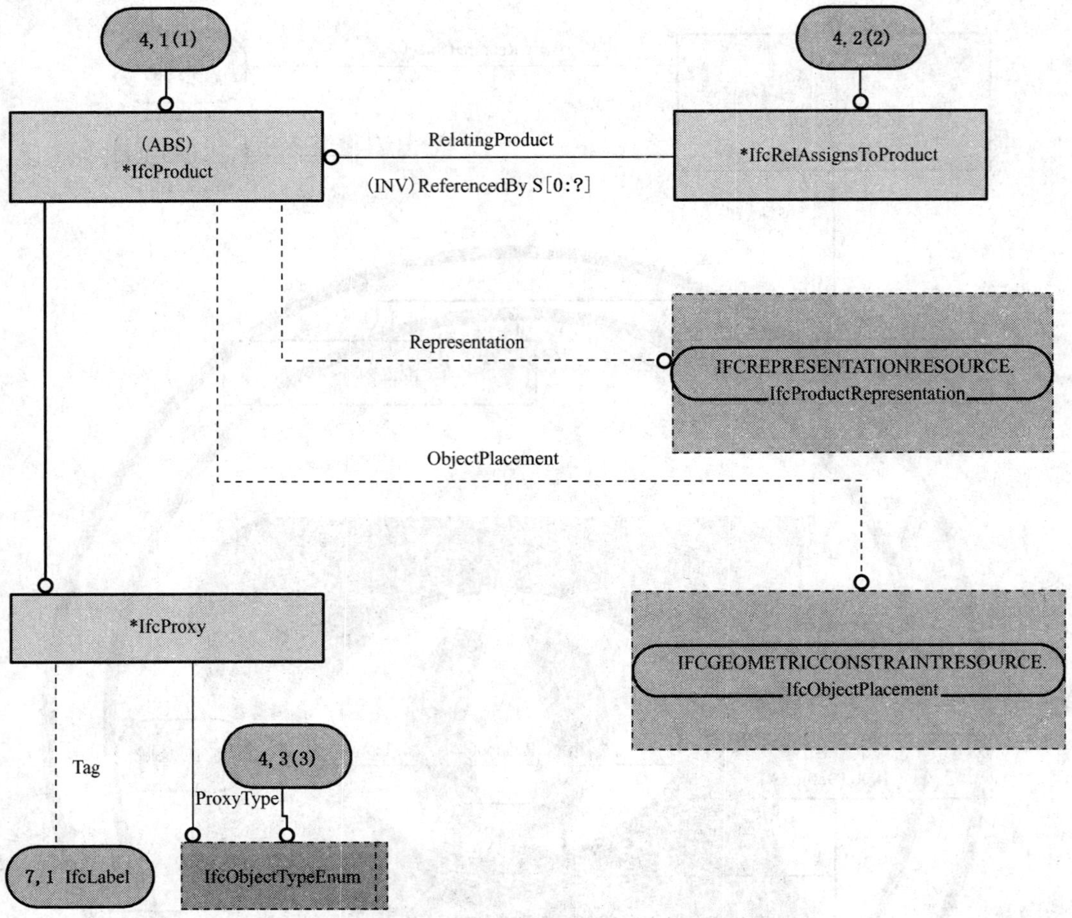

图 B.43 核心模式 EXPRESS-G 图 8-4

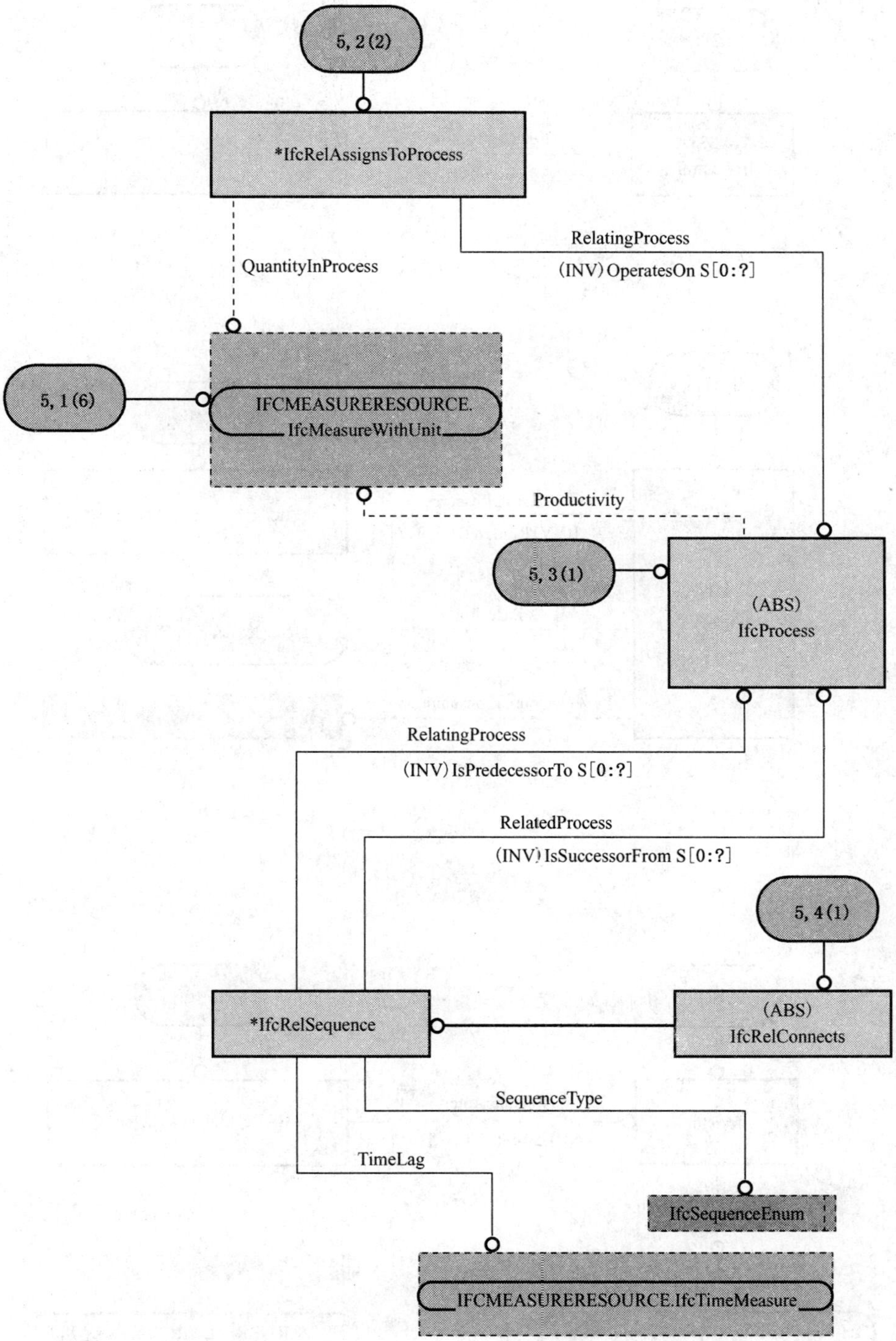

图 B.44 核心模式 EXPRESS-G 图 8-5

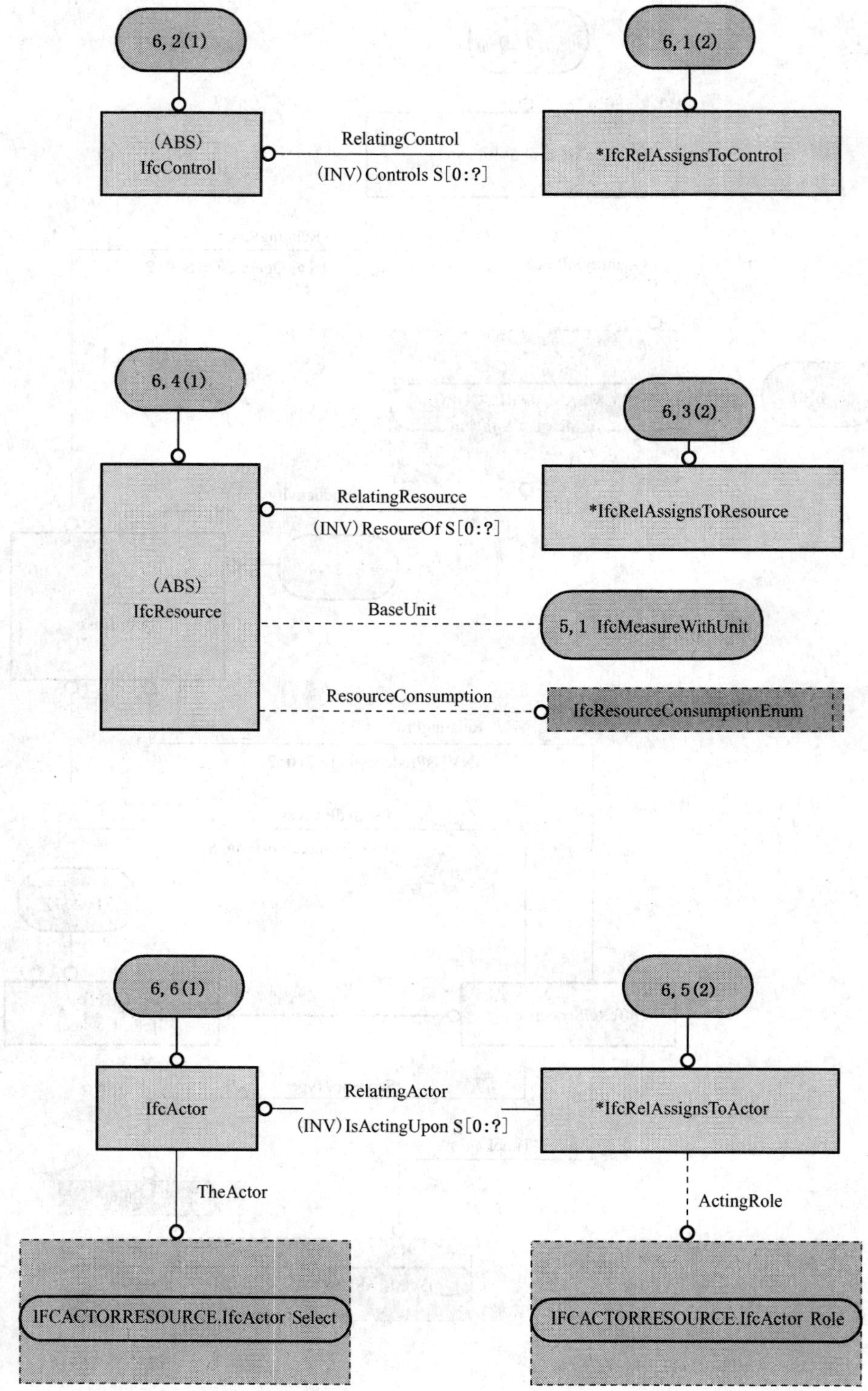

图 B.45 核心模式 EXPRESS-G 图 8-6

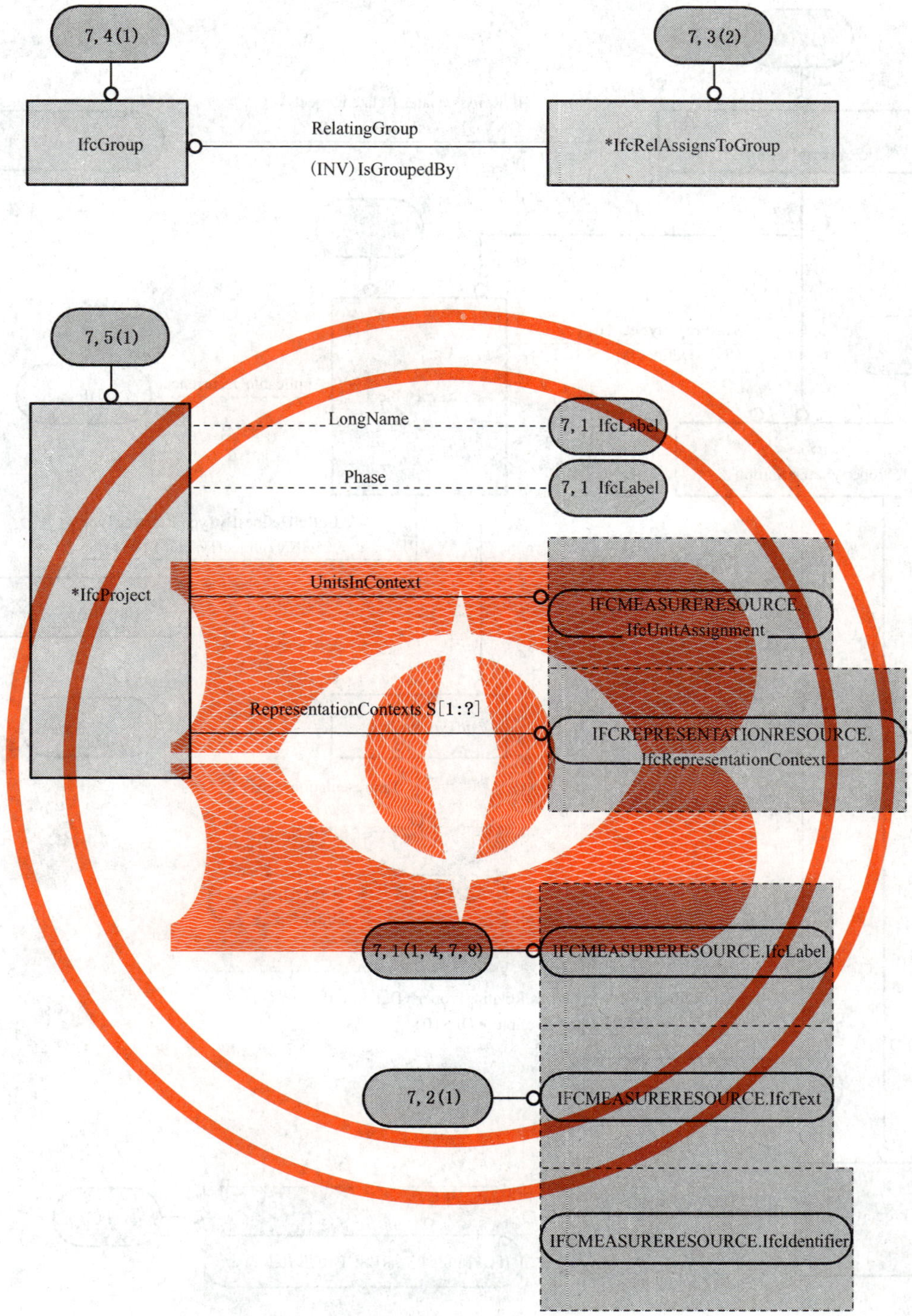

图 B.46 核心模式 EXPRESS-G 图 8-7

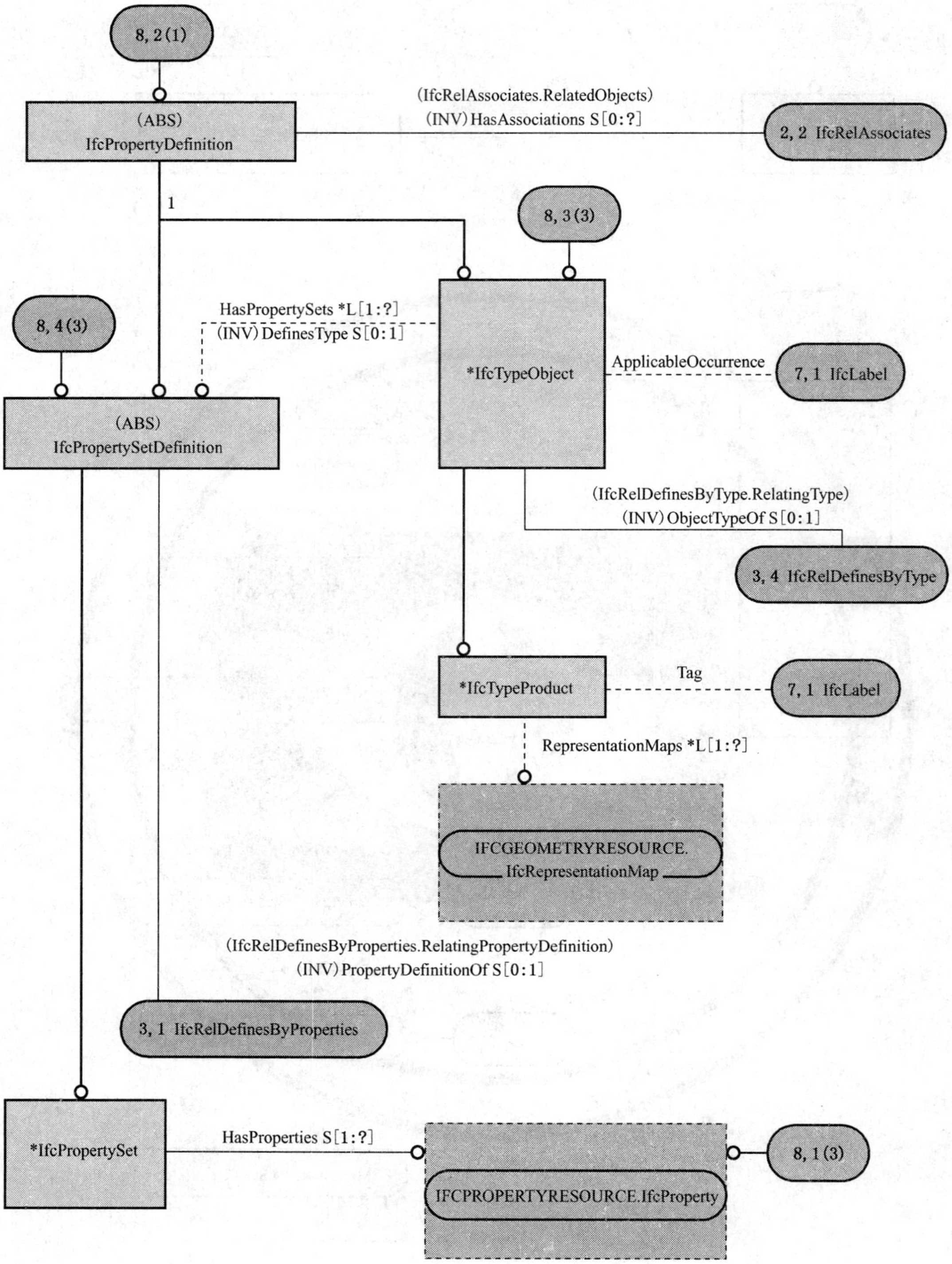

图 B.47 核心模式 EXPRESS-G 图 8-8

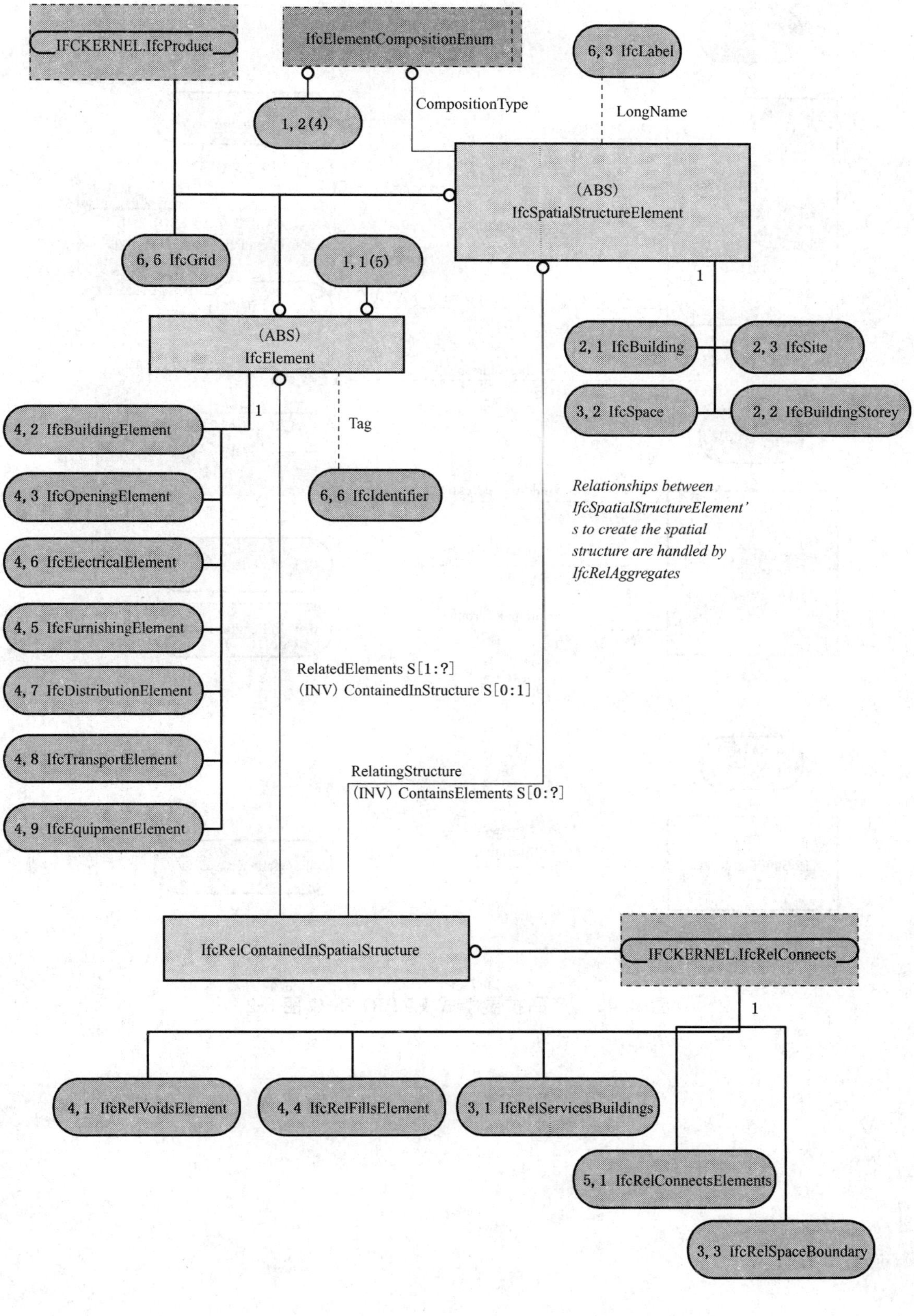

图 B.48 产品扩展模式 EXPRESS-G 图 6-1

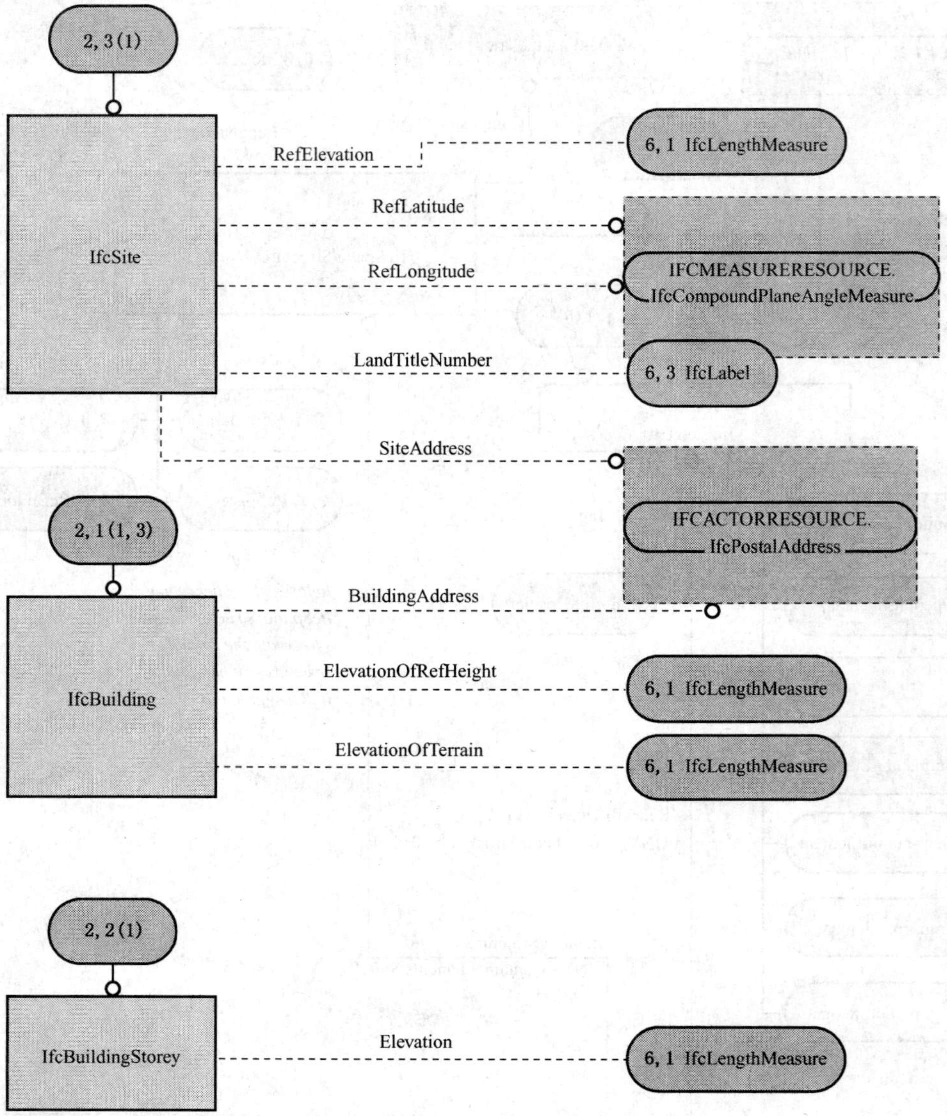

图 B. 49　产品扩展模式 EXPRESS-G 图 6-2

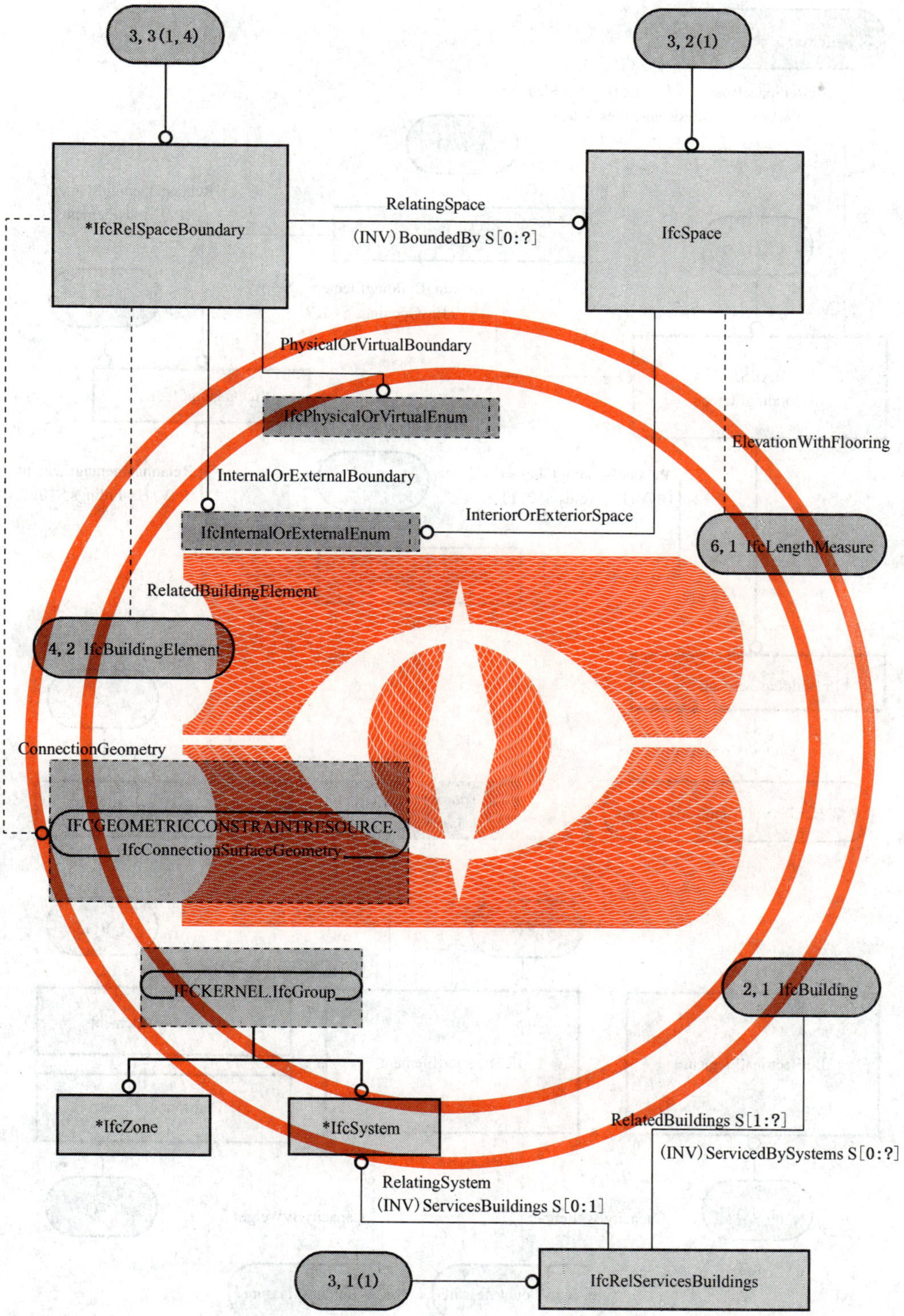

图 B.50 产品扩展模式 EXPRESS-G 图 6-3

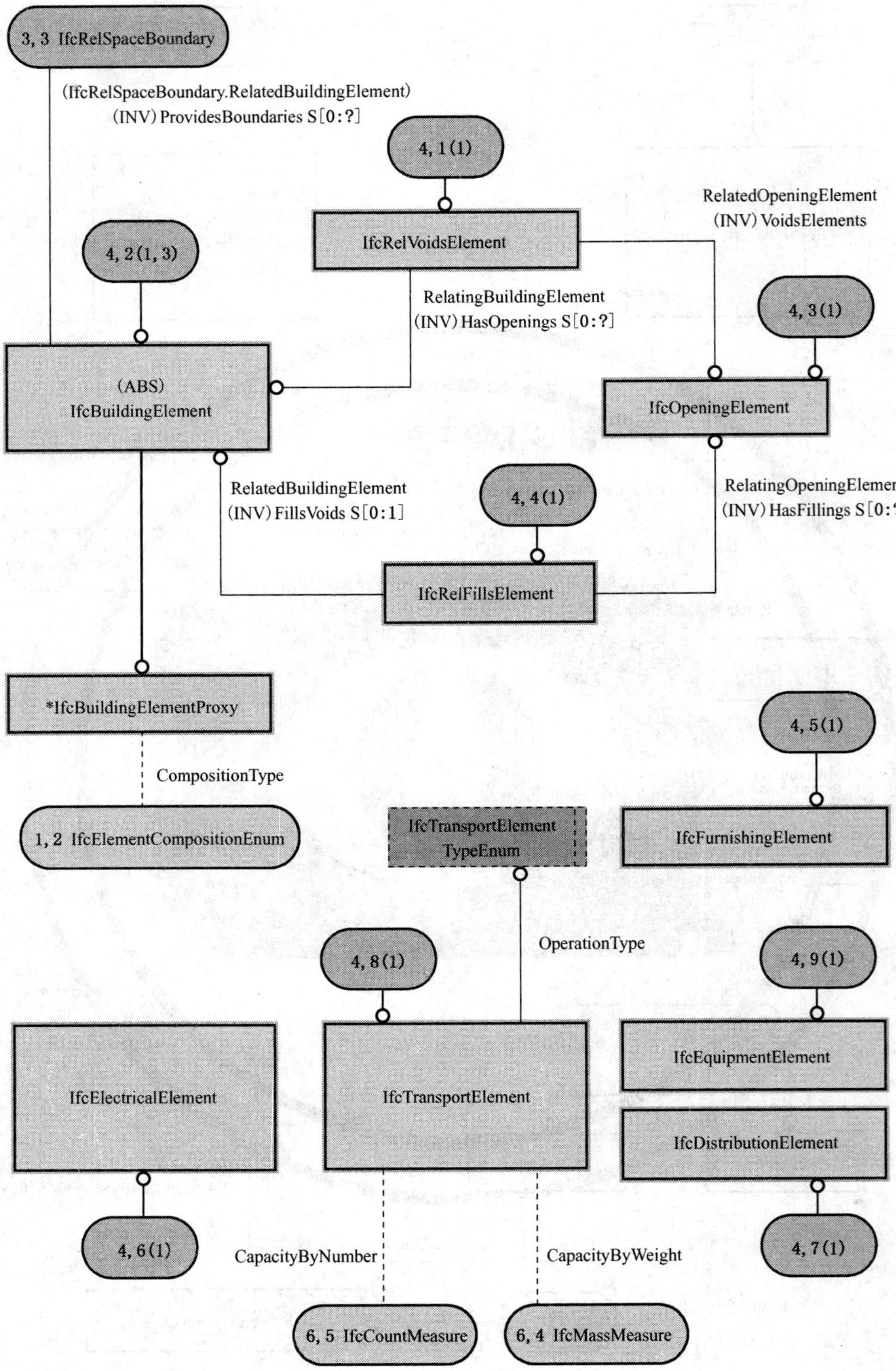

图 B. 51　产品扩展模式 EXPRESS-G 图 6-4

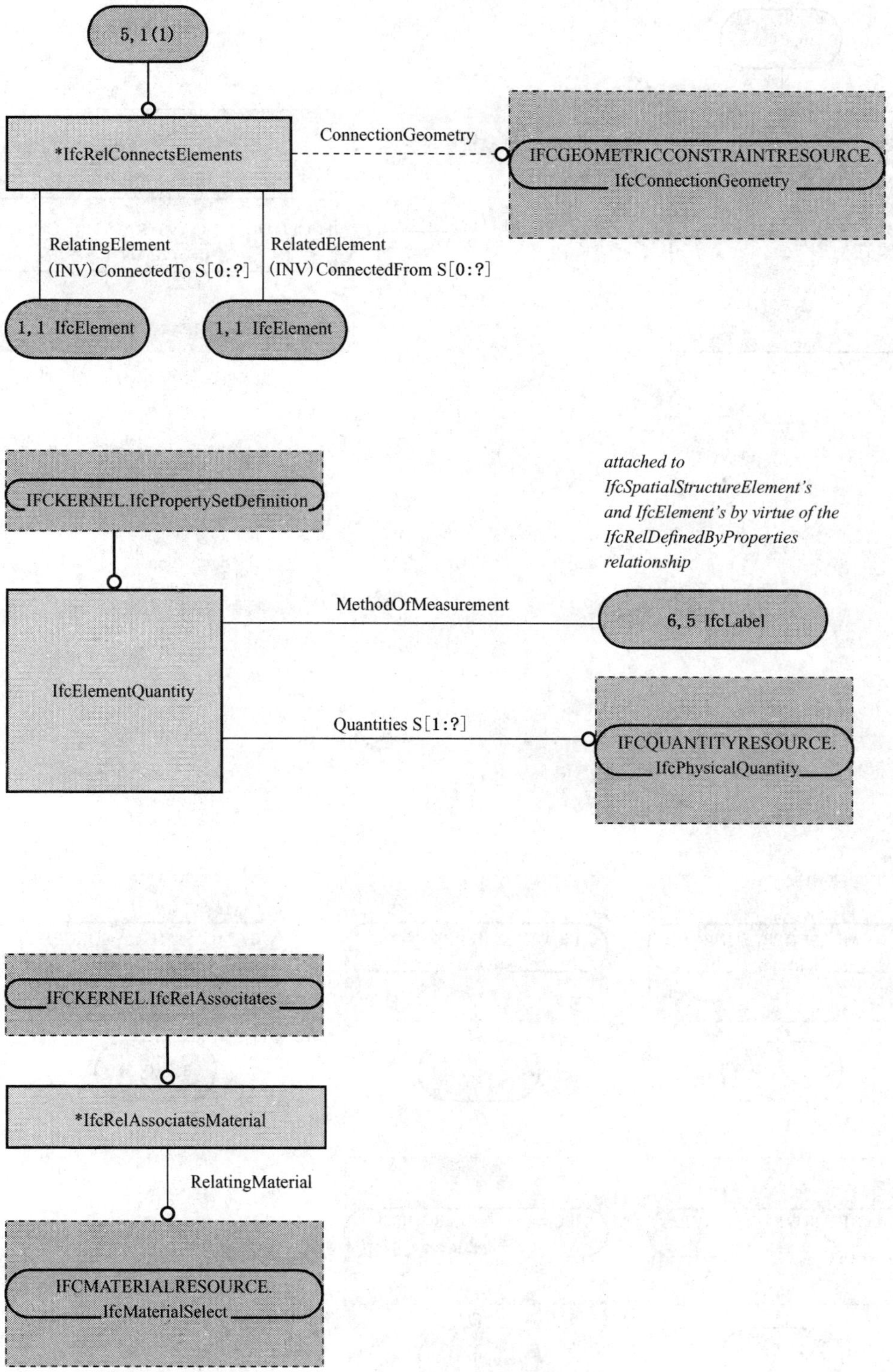

图 B.52 产品扩展模式 EXPRESS-G 图 6-5

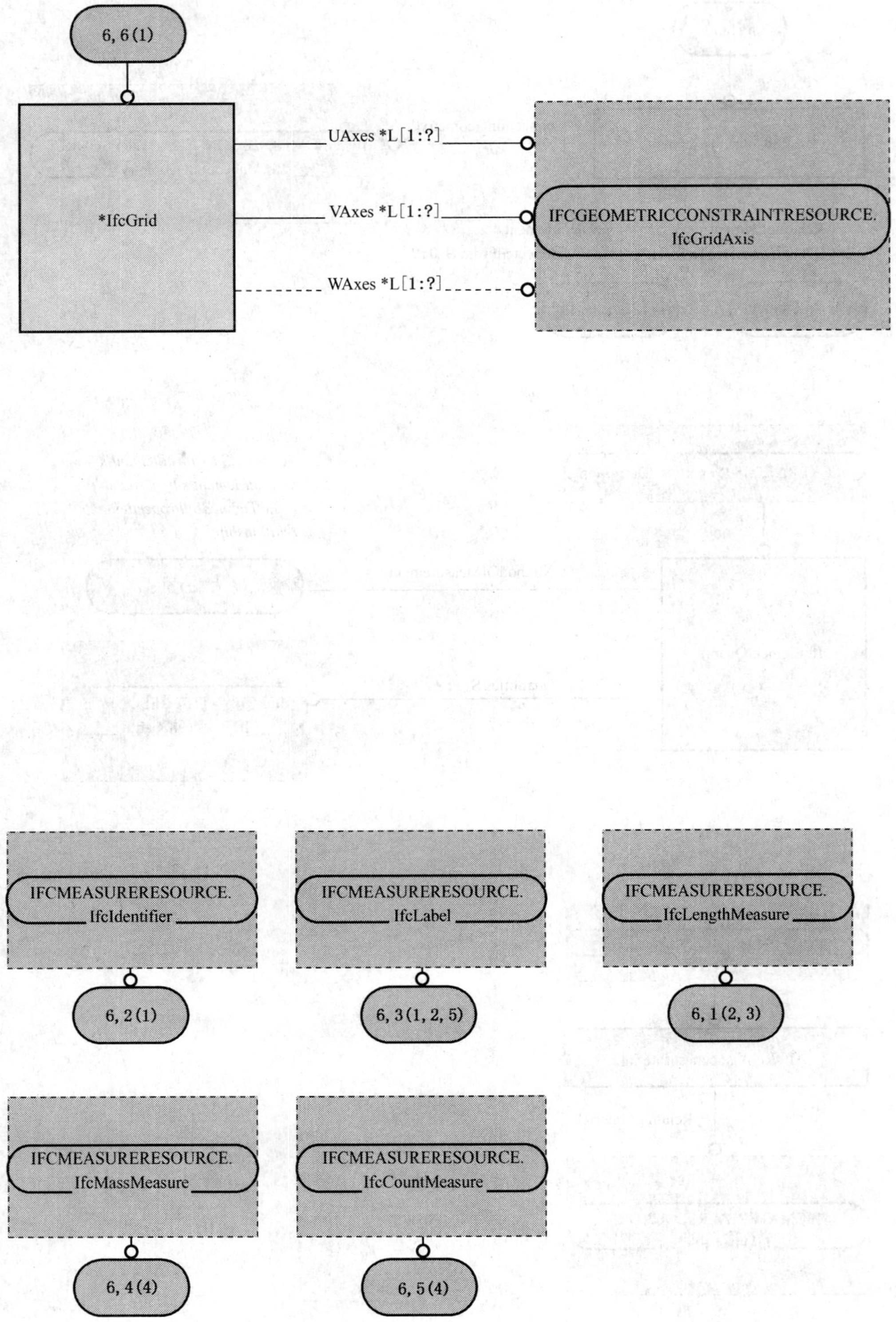

图 B.53 产品扩展模式 EXPRESS-G 图 6-6

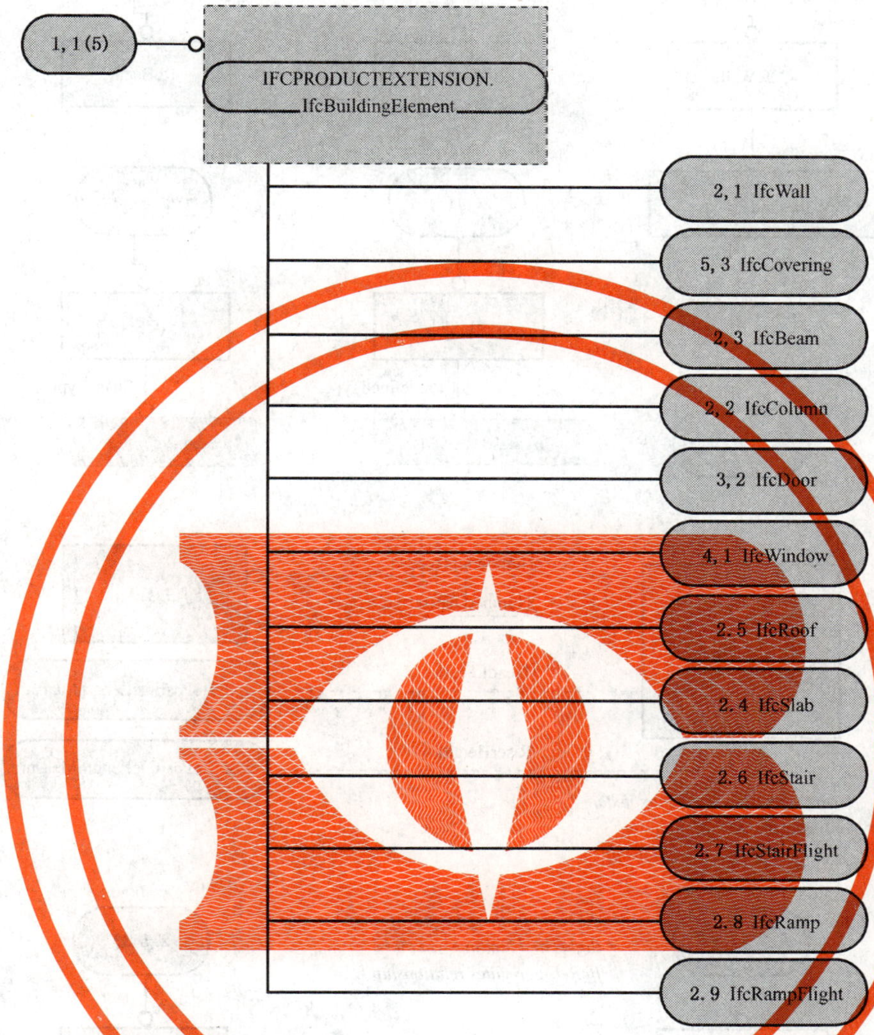

图 B.54　共享建筑单元模式 EXPRESS-G 图 5-1

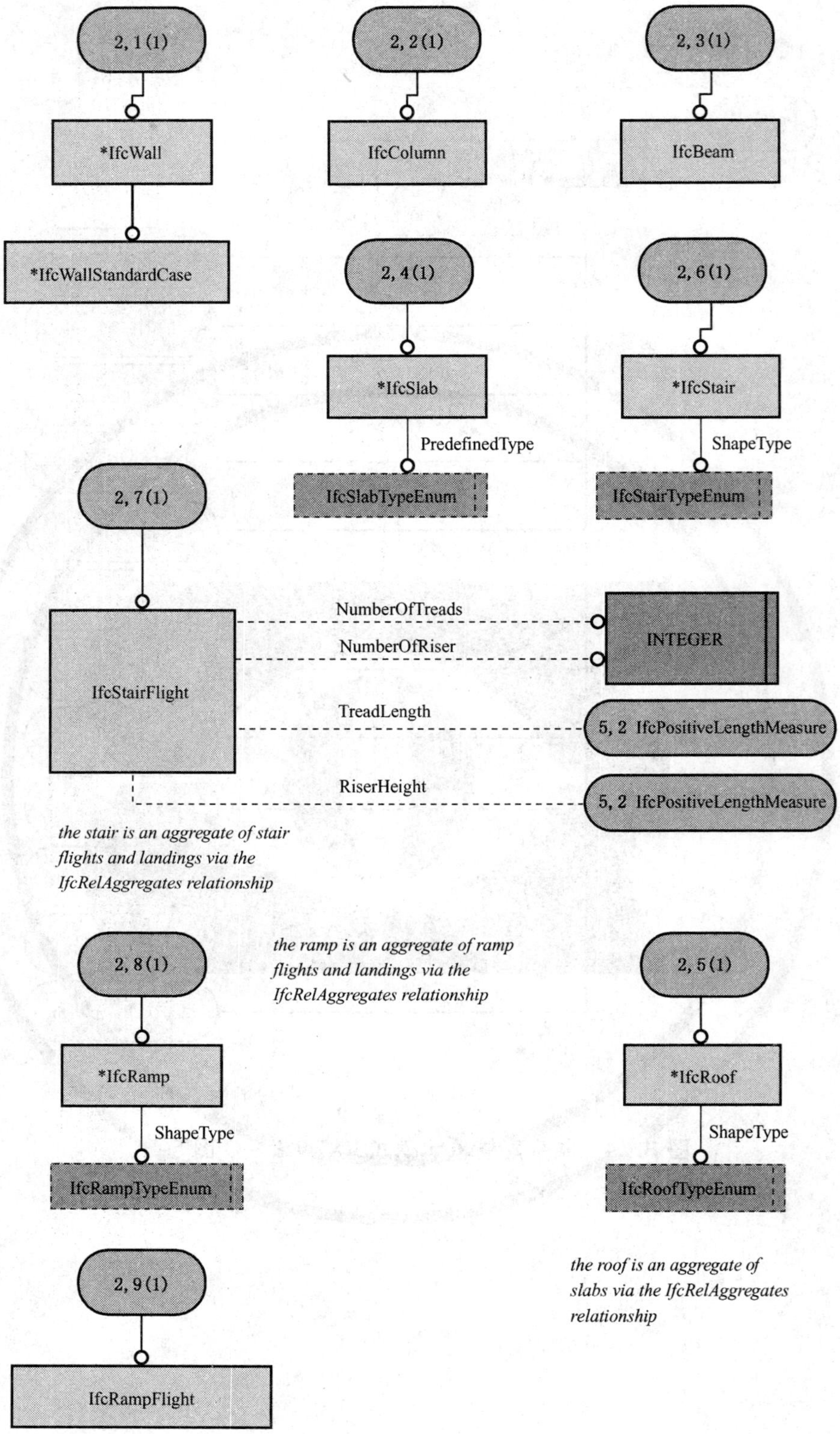

图 B.55　共享建筑单元模式 EXPRESS-G 图 5-2

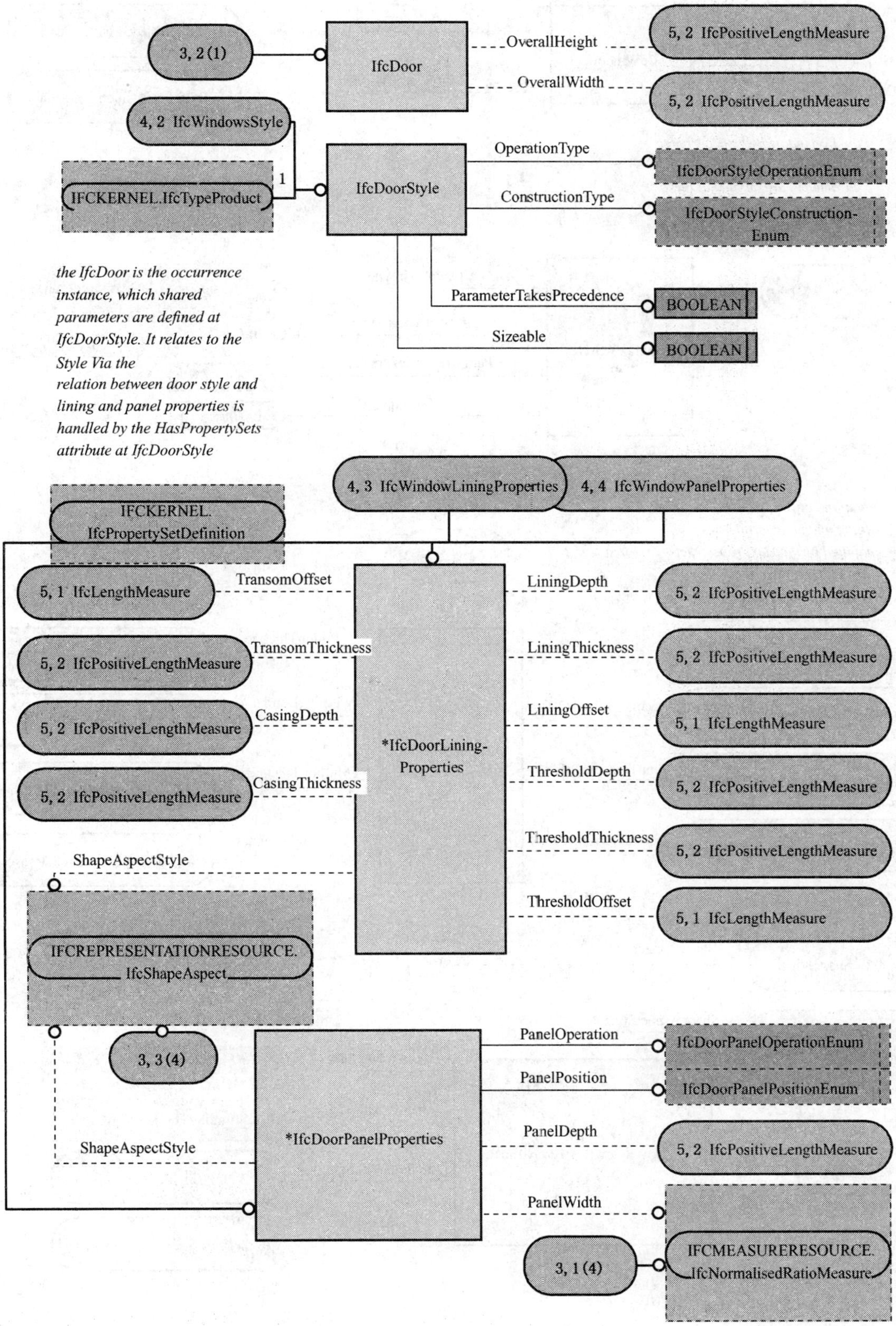

图 B.56 共享建筑单元模式 EXPRESS-G 图 5-3

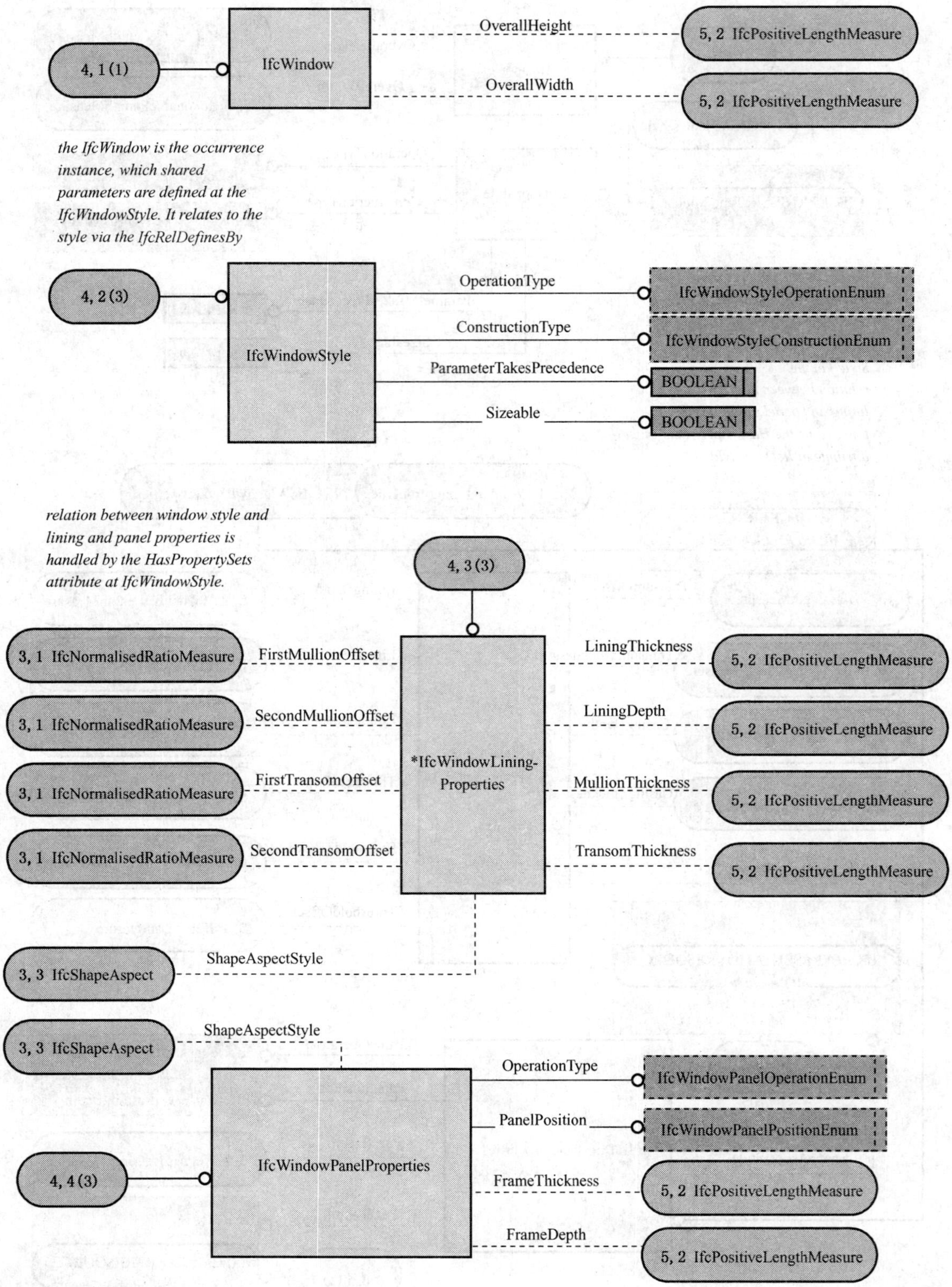

图 B.57 共享建筑单元模式 EXPRESS-G 图 5-4

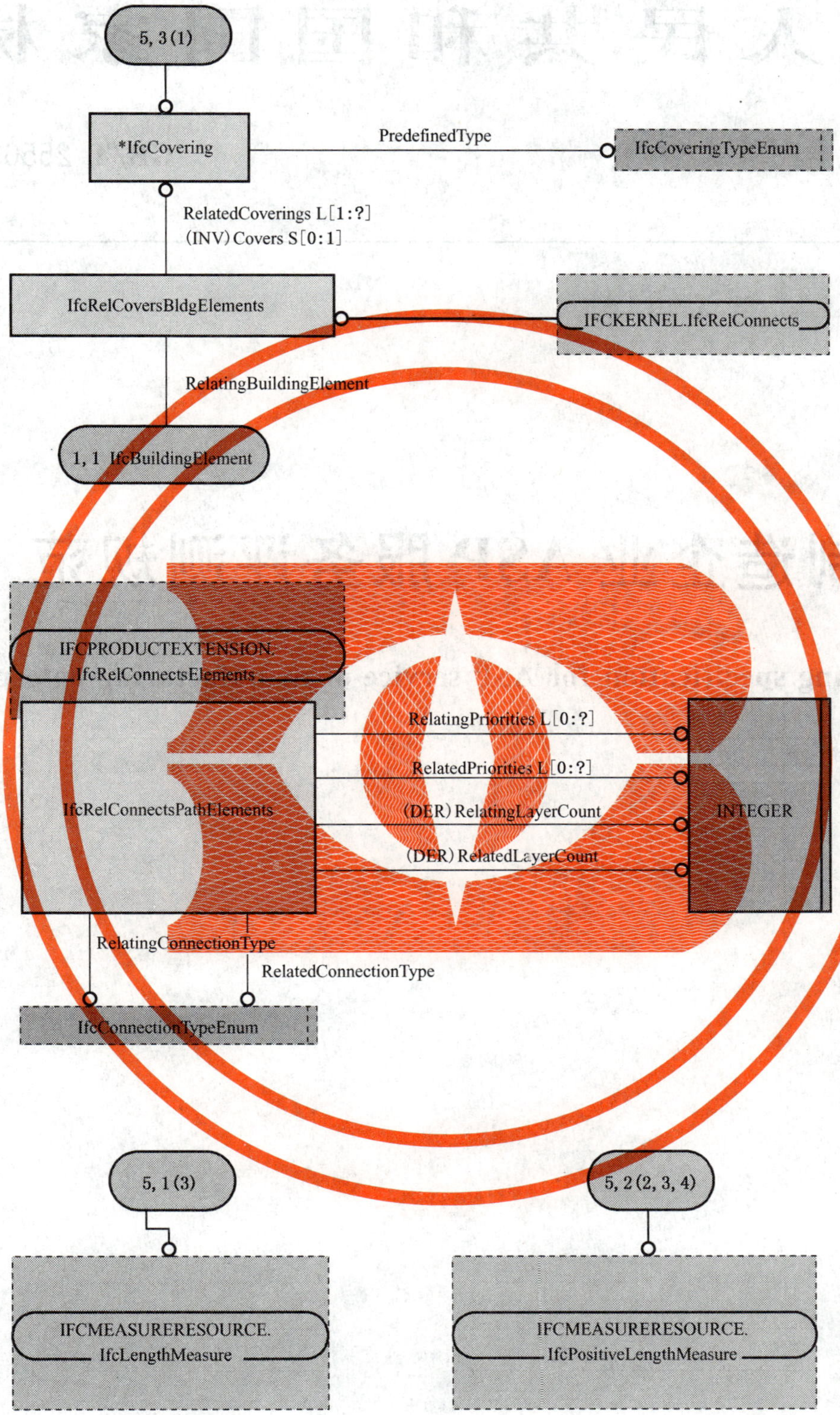

图 B.58 共享建筑单元模式 EXPRESS-G 图 5-5

ICS 35.240.50
L 67

中华人民共和国国家标准

GB/T 25508—2010

制造企业ASP服务评测规范

Evaluating specification for ASP service of manufacturing enterprise

2010-12-01 发布

2011-05-01 实施

中华人民共和国国家质量监督检验检疫总局
中国国家标准化管理委员会 发布

前　言

本标准的附录 A 为规范性附录，附录 B 为资料性附录。

本标准由中国标准化研究院提出并归口。

本标准主要起草单位：中国标准化研究院。

本标准主要起草人：王志强、杨青海、洪岩、李文武、刘守华、邹亚丽。

本标准为首次制定。

引　言

本标准的制定旨在为面向工程机械行业应用服务供应商(ASP)及其服务的评测工作提供技术指导,以实现公平、公正、科学、客观的评测,并对软件开发应用选择起到指导作用,促进国内自主版权软件产品质量不断提升,为我国的广大企业用户推荐先进适用的应用软件。

本标准可作为工程机械企业用户选择ASP供应商时的技术准则。

制造企业ASP服务评测规范

1 范围

本标准规定了对ASP供应商及其提供服务进行评测的基本模式、评测指标和评测过程。

本标准适用于制造企业、独立软件测试机构、软件产品开发商等对ASP及其提供的服务进行评测。

2 规范性引用文件

下列文件中的条款通过本标准的引用而成为本标准的条款。凡是注日期的引用文件，其随后所有的修改单(不包括勘误的内容)或修订版均不适用于本标准，然而，鼓励根据本标准达成协议的各方研究是否可使用这些文件的最新版本。凡是不注日期的引用文件，其最新版本适用于本标准。

GB/T 15532—2008 计算机软件测试规范

GB/T 17544—1998 信息技术 软件包 质量要求和测试

GB/T 27025—2008 检测和校准实验室能力的通用要求

3 术语、定义和缩略语

3.1 术语和定义

下列术语和定义适用于本标准。

3.1.1

应用服务提供商 application service provider;ASP

通过广域或局域网络，基于中央服务器实施、管理和远程托管套装应用软件，从数据中心向多个应用实体提供并管理应用服务的第三方服务的提供商。

注：ASP是随着企业信息系统外包趋势、软件应用服务和相关业务的发展而逐渐形成的。ASP向用户提供的应用服务系统的所有权属系统提供商，用户租用服务之后对应用系统拥有使用权。应用系统被集中放置在ASP的数据中心，用户向ASP交纳服务费。

3.1.2

ASP平台 ASP platform

ASP运营的支撑环境，包括硬件和软件系统。

注：ASP平台具有用户数据管理、权限管理、身份验证、系统维护等系统管理功能，并为ASP向用户提供的各类软件工具、应用系统、特定服务提供运行或执行的环境和管理功能。

3.1.3

服务品质协议 service level agreement;SLA

服务商与用户签署的，承诺用户在支付一定的服务费后所应得到的服务内容及品质的文件，其中明确规定了经济处罚条款，并具有法律效力。

注：SLA应当包括服务内容的特定等级、运行和停止时间等系统性能指标，提供的软、硬件和相应的费用，以及违约的处罚。

3.2 缩略语

下列缩略语适用于本标准。

ASP:应用服务供应商(application service provider)

AIP:ASP基础设施提供商 (ASP infrastructure provider)

CAD:计算机辅助设计(computer aided design)

CAPP:计算机辅助工艺规划(computer aided process planning)

CAM:计算机辅助制造(computer aided manufacturing)

CRM:客户关系管理(customer relationship management)

ERP:企业资源计划(enterprise resource planning)

HVAC:供热通风与空调工程(heating,ventilation and air conditioning)

ISP:互联网服务提供商(internet service provider)

LAN:局域网(local srea network)

QoS:服务质量(quality of service)

SLA:服务品质协议(service level agreement)

SCM:供应链管理(supply chain management)

VLAN:虚拟局域网(virtual local area network)

VPN:虚拟专用网(virtual private network)

WAN:广域网(wide area network)

4 基本模式

ASP服务评测的基本模式如图1所示,主要按基础设施层、基本服务层、特定专业服务层三个层次进行评测。每层还能进一步细分。

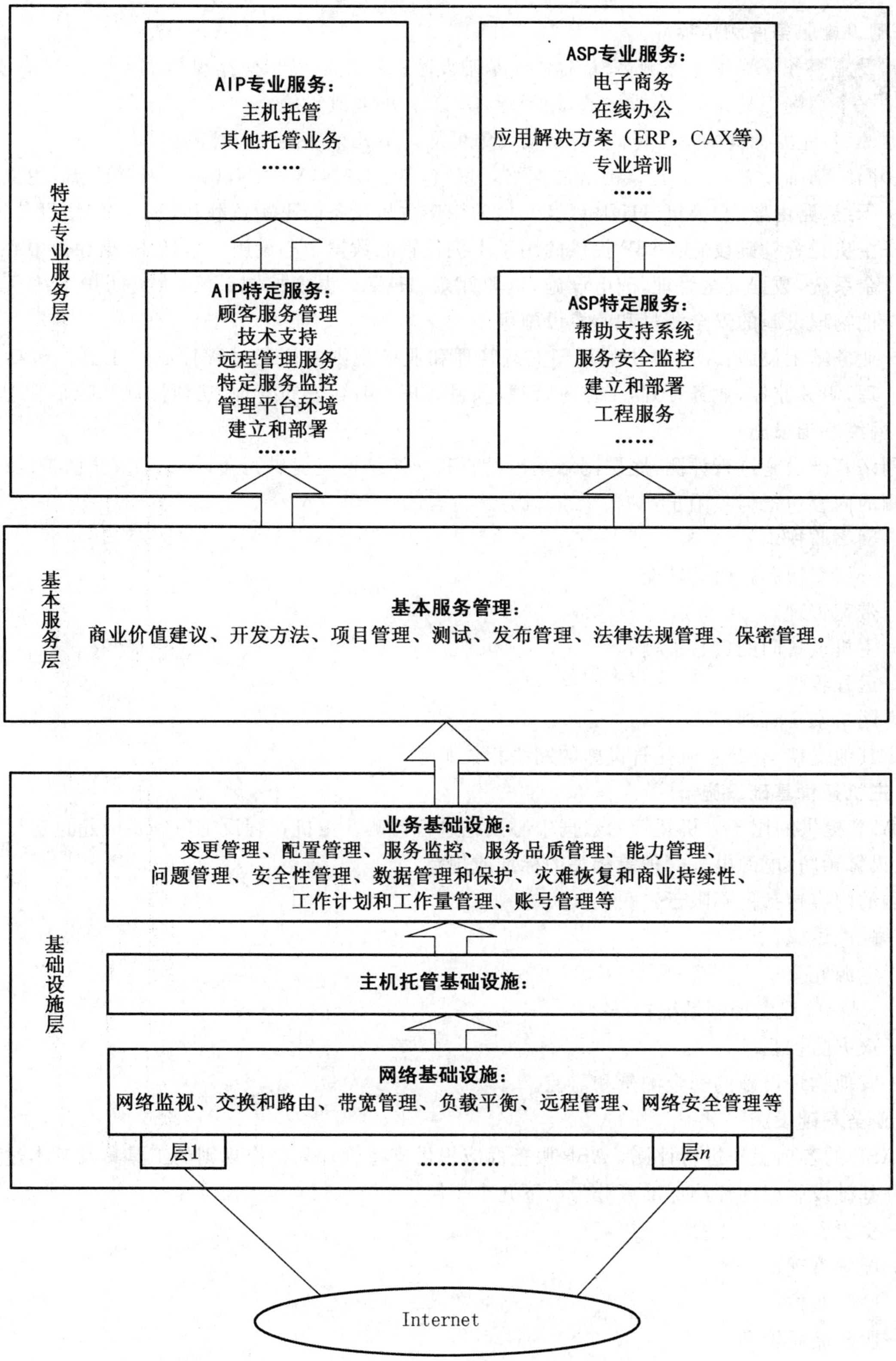

图 1　ASP 评测基本模式

5 评测指标

5.1 基础设施服务评测指标

基础设施服务评测用于评测 ASP 对各项基础设施的控制过程和操作规则。ASP 提供高质量服务的关键是一个高度工具化的、集成化的，用于管理和操作的基础设施。

根据 ASP 评测标准的基本模式，对基础设施可从以下几个层面进行评测。

——网络基础设施：ASP 提供的底层网络环境，包括：LAN，VLAN，Internet 接入点，主机间 IP 主干线、路由器，交换机，HUB 以及其他的用于主机设备间平衡负载和通讯的网络设备等。

——主机托管基础设施：ASP 提供的用于主机托管的数据中心设施。包括：数据存储中心，数据冗余系统，数据安全管理，配电设施，电源冗余，HVAC 温度控制系统，火灾防护系统，以及对其他物理设施的安全测量和监控设施等。

——业务基础设施：ASP 提供的用于支持管理和业务规则的底层过程控制及工具。包括，配置管理，服务监控，业务计划，工作流管理，项目管理，测试，发布管理，法律法规及隐私管理等。

5.1.1 网络基础设施

对网络基础设施进行评测，底层网络基础设施和交换结构应提供冗余，带宽和安全防护的级别。

评测的内容包括但不限于：

——网络监视；

——分层交换和路由的功能；

——带宽管理；

——主机设备间的负载平衡；

——远程管理；

——网络安全管理；

——其他支持 ASP 主机托管设施的网络相关服务。

5.1.2 主机托管基础设施

对 ASP 提供的用于主机托管的数据中心设施进行评测。主机托管设施应满足或超过房屋建筑、环境控制、火警预防、电源电气管理等相关的标准或规范。

评测的内容包括但不限于：

——配电设施；

——电源冗余；

——HVAC 温度控制系统；

——火灾防护系统；

——其他物理设施的安全测量和监控。

5.1.3 业务基础设施

对 ASP 的各项操作进行评测，ASP 服务商应提供支持管理和操作规则的工具集及基本过程控制。

业务基础设施层的评测标准可分为以下几个子层：

——变更管理；

——配置管理；

——服务监控；

——服务品质管理；

——可用性和能力管理；

——问题管理；

——安全性管理；

——数据管理和保护；

——灾难恢复和商业持续性；
——工作计划和工作量管理；
——账号的提供和记录服务。

5.1.3.1 变更管理

本条评测用于控制、管理IT基础设施变更的过程和工具。变更管理应集成在过程管理中，并能对过程管理进行有效的跟踪，此外其工作流程工具应能产生、跟踪、报告并执行ASP产品运行环境的变更。

评测的内容包括但不限于：
——硬件变更；
——通信设备及其软件变更；
——系统软件变更；
——应用软件变更；
——与ASP产品运行环境的操作、支持和维护有关的规则与文件的变更。

5.1.3.2 配置管理

评测ASP对IT关键设备(如服务器配置)的支配和管理。

评测的内容包括但不限于：
——软硬件组成、版本、关键组件以及组件间关系的标识、记录和报告；
——硬件设备的存放；
——软件的归档管理；
——以及它们的运行情况。

5.1.3.3 服务监控

评测ASP对其服务和系统平台的监控能力，ASP应具备充分工具化的操作中心，用以监视、管理、测量、操作、控制和支持服务运行基础设施。

评测的内容包括
——鲁棒性监控；
——安全性监控；
——可用性监控；
——访问监控；
——能力监控。

5.1.3.4 服务品质管理

本条按服务品质协议(SLA)检查ASP对主机托管和应用服务/解决方案的质量管理。ASP应以统一的可测的方式提供、服务报告和维护的品质。

评测的内容包括但不限于：
——建立、测量和管理服务品质或等价的服务承诺声明。

注：参见服务品质协议条款。

5.1.3.5 能力管理

本条按服务品质协议检查ASP是否具有足够的能力进行计划、排除故障、具备良好恢复机制，以达到服务品质协议或等价服务承诺规定的性能和可用性的要求。

评测的内容包括但不限于：
——计划能力；
——故障排除能力；
——系统恢复能力。

5.1.3.6 **问题管理**

本条评测 ASP 的问题管理过程及其工具，问题管理过程可减少由于 IT 基础设施错误而导致的商业冲突和问题，并能预防此类事件的再次发生。问题管理过程应能及时发现问题隐患，同时能采取相应的措施防止问题的再次发生。问题管理过程可从事前和事后两个方面定义。事后管理在事件发生之后解决问题。事前管理则在事件发生之前就可预测和预防。

评测的内容包括但不限于：

——事前问题管理；

——事后问题管理。

5.1.3.7 **安全性管理**

本条评测 ASP 提供的安全管理过程具备的安全对策和工具，安全对策和工具应能有效地检查和控制对受保护的资源、服务和数据的访问，以保护资源、底层服务、数据和信息的存储。

评测的内容包括但不限于：

——安全策略及其工具；

——内部攻击和入侵的监管；

——外部攻击和入侵的监管。

5.1.3.8 **数据管理和保护**

本条评测 ASP 对托管环境中客户数据的管理和保护。应确保客户数据的完整性和一致性，以达到服务品质协议或等价服务承诺的要求。

评测的内容包括但不限于：

——数据完整性；

——数据一致性。

5.1.3.9 **灾难恢复和商业持续性**

本条评测商业持续性和灾难恢复计划。一旦服务由于某种原因出现中断，ASP 应能提供服务的最低恢复级别。

评测内容包括：

——服务的最低恢复级别。

5.1.3.10 **工作计划和工作量管理**

本条评测用于工作计划和工作量管理的过程和工具，这些过程和工具应能保证重复性任务，产品的开发、测试以及质量保证(QA)计划的自动执行。

评测的内容包括但不限于：

——重复性任务的执行；

——产品的开发、测试以及质量保证(QA)计划的执行；

——支持数据中心业务的工作量管理。

5.1.3.11 **账号管理**

本条评测提供账号和记录的过程和工具，ASP 应能以可预测、可重复的过程，为新客户和终端用户提供账号，并对其进行配置。供应工作流程应能满足预期的客户应和 ASP 主机托管的业务规模。

评测的内容包括但不限于：

——增加使用授权服务的新客户；

——设置终端用户账号；

——生成用户账号；

——删除用户账户。

5.2 基本服务管理评测指标

基本服务用于评测ASP提供的具有一般性的服务。ASP评测基本模式中本层的工作是定义用于发展、维护和支持ASP提供服务的工具集和下层的过程控制。

本层评测标准可分为以下几个子层：

——商业价值建议；

——开发方法；

——项目管理；

——测试；

——发布管理；

——法律法规管理；

——保密管理。

5.2.1 商业价值建议

本条评测ASP所能提供的商业价值建议，应具备详细的商业计划，以提供对商业决策和日常商业经营的指导。ASP服务如何进行市场定位。

5.2.2 开发方法

本条评测ASP在服务中执行和发展商业计划的方法。它覆盖了服务发展的整个项目周期，从新服务的可能行评估，到项目的结束。应具备标准化，可重复的服务开发方法，用于建立新服务，原有服务的增强，以及进行中的工程尝试。

5.2.3 项目管理

本条评测ASP如何选择，发展和管理项目小组，如何完成项目，以达到按时，按预算以及有效控制项目风险等目的。项目管理过程应能确保项目在规定的时间，预算和范围内完成。

5.2.4 测试

本条评测ASP在发布新的产品运行环境之前，用于测试新服务或改变现存服务的过程和工具。ASP应具备独立的前期产品开发/测试工具，对新服务的开展和现存服务的改变进行全面测试。

5.2.5 发布管理

本条评测ASP如何管理产品环境中新服务组件的引进。为交付使用，发布管理过程包括系统变更的计划，设计，创建，配置和测试。发布管理过程应能有效地管理产品环境中新服务、新版本，已有服务的更新，新标准和操作工具集的引进。

5.2.6 法律法规管理

本条评测ASP是否遵守国内和国际的法律法规的过程和工具。法律法规管理过程和工具应确保ASP遵守国内国际法律法规。

5.2.7 保密管理

本条评测ASP确保用户数据得到全面保密的过程和工具。保密管理基于以下八条保密原则：警告，选择，敏感数据，向前传输，安全，数据集成，访问和性能。应采用安全机制维护和处理用户数据。用户数据只有得到用户的明确认可后才能共享。

5.3 AIP、ASP特定服务评测指标

5.3.1 AIP特定服务评测

本条定义特定于AIP的评测标准。由于存在客户情况的不同，核心商业模式的差异以及AIP不断扩大的规模，评测标准应能反映出这些不同和差异。

ASP评测标准模型中，AIP特定服务评测标准可分为以下几层：

——服务的开展和规划；

——创建和部署；

——管理平台环境；

——特定应用监视；

——应用的部署，测试和质量管理；

——服务的远程管理；

——技术支持；

——客户服务和账户管理。

5.3.1.1 服务的开展和规划

本条评测将客户应用服务集成到 AIP 集成平台或 AIP 基础设施上的关键活动，包括：计划编制，规划，将客户应用或个性化应用解决方案集成到 AIP 基础设施平台的集成服务。AIP 应提供标准的，可重复的计划编制，规划、集成服务。

5.3.1.2 创建和部署

本条评测 AIP 集成平台如何创建和部署工作流和控制过程。应按预定的工作流和控制过程创建和部署 AIP 平台环境的各组成部分。

5.3.1.3 平台环境管理

本条评测平台环境管理中建立预定义、可打包解决方案的过程。包括：关键技术和支撑技术，如存储区网络，负载平衡，VPN 设备，网络基础设施等。AIP 配置和测试这些部件来生成一个预定义包或打包解决方案。平台环境管理是独立于客户应用服务的。AIP 管理服务应提供一个管理全面，标准化的平台环境。每个预定义包或打包解决方案必须包括详细的性能和可用性的承诺。

5.3.1.4 特定应用监视

本条评测用于监控客户有特殊要求应用服务的方法和工具。应能有效地监视和报告客户特殊应用服务的可用性，健壮性和其他性能。

5.3.1.5 客户应用服务的部署，测试和质量管理

本条评测将客户应用服务的部署到 AIP 集成平台，以及进行测试和质量管理的过程。AIP 应提供的过程是标准化的，可重复的。

5.3.1.6 服务的远程管理

本条评测客户服务的远程管理过程，如远程更改 WEB 站点，更新数据，管理客户数据库等。AIP 应提供一个安全的外部接口或端口供客户远程管理和监控他们的应用服务。

5.3.1.7 技术支持

本条评测 AIP 和客户方管理应用服务的小组间的技术支持接口。一旦出现技术问题，AIP 应能提供最小损失下的最快恢复机制。

5.3.1.8 客户服务和账户管理

本条评测客户服务接口和可选服务包，AIP 应提供外部接口，帮助客户查看资产，配置，账单等信息，和 AIP 变更管理和预警系统建立接口，监控服务的性能，SLA 的执行情况等。

5.3.2 ASP 特定服务评测标准

在 ASP 评测标准基本模式中，本层用于定义特定于 ASP 的评测标准。

包括以下内容：

——工程服务；

——创建和部署；

——服务的安全性和控制；

——在线办公系统。

5.3.2.1 **工程服务**

本条评测给出用于建立和维护基于应用或服务层面的预定义应用和服务标准的过程，涵盖了初期服务条款和后期“相同”配置的工程过程。

本条评测应提供一个可全面管理的标准化平台环境，用于托管应用和服务(解决方案)。

5.3.2.2 **创建和部署**

本条评测给出创造和维护基于应用或服务层面的服务架构的方法，涵盖了初期服务条款和后期“相同”配置的工程过程。

本条评测是否提供了标准化，可重复的过程，用于创造新的服务架构或新的服务商或客户供应商示例。

5.3.2.3 **应用服务的安全性**

本条评测应用服务建立、管理、开发和监控。ASP 应提供文档化可跟踪的管理过程来保证被托管应用服务的安全性和完整性。

5.3.2.4 **在线办公系统**

本条评测用于提供客户间，全天候连接的在线办公系统，依靠 ASP 商业模型，直接通过 ASP 或 ASP 协作商对客户提供高品质支撑。

在线办公系统需要提供一个中心连接站来提供咨询，指导和对正常运作的服务系统的快速恢复，同时尽可能地降低对客户的商业影响。

托管或应用服务或解决方案必须通过有效的在线办公服务来提供一个全面的支撑程序。

5.3.3 **专业服务评测**

专业服务功能是实现面向工程机械行业信息化的 ASP 平台实现最终目标的必备功能。从五个方面开展对专业服务的评测。

5.3.3.1 **辅助工具**

辅助工具是进行数据分析和统计、数据转换、文档编辑、E-mail 管理、专业信息搜索等为制造业信息化提供辅助服务功能的工具软件。

5.3.3.2 **专业工具**

专业工具是制造企业进行产品研究开发、产品生产等活动所需的专业性工具软件，如 CAD、CAM、CAPP 等针对某一特定行业或区域专用的产品设计、工艺规划工具软件。

注：专业工具的评测方法请参见相应的软件评测指南。

5.3.3.3 **应用解决方案**

应用解决方案为制造企业进行生产、营销等管理过程提供全面的支撑系统。在制造业中使用的应用解决方案有 ERP、CRM、SCM、人力资源管理系统等多种。

注：应用解决方案的评测方法请参见相应的软件评测指南。

5.3.3.4 **专业培训**

针对制造业信息化中所需的各类专业技术提供多种形式的培训，形式可以包括远程教学、模拟训练、专家咨询、网上讨论等等。

6 评测过程

6.1 概况

ASP 评测过程包括四个阶段：

a) 评测准备；

b) 评测执行；

c) 结果分析；

d) 形成评测报告。

图 2 是对 ASP 评测过程的示意图。

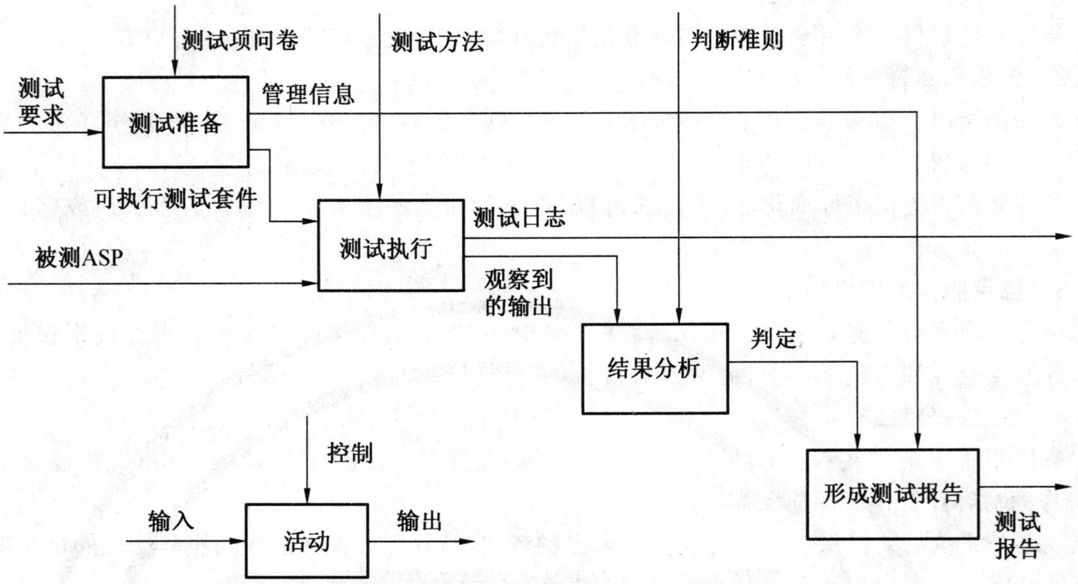

图 2　ASP 服务评测过程概况

6.2　评测原则

6.2.1　评测指标

见第 5 章和附录 A。

6.2.2　评分原则

ASP 评测中，对各项评测指标实行评分制，由评测人员根据指标体系的内容进行打分，满分 10 分。

评分标准：

该功能的检测内容不能提供，则该项功能可获得 0 分；

该功能的检测内容不能满足，则该项功能可获得 1～5 分；

该功能的检测内容基本满足，则该项功能可获得 6～8 分；

该功能的检测内容全部满足，则该项功能可获得 9～10 分。

6.3　评测准备

6.3.1　概述

在评测准备阶段中，评测实验室和客户应各自认真履行 6.3.2 和 6.3.3 中的相应职责，确保完成下述四个方面的内容，为评测执行奠定好基础：

a）形成管理信息；

b）根据第 5 章和附录 A 形成可执行评测项；

c）确定评测方法和可执行评测套件；

d）准备被测 ASP 服务及其相关文档。

6.3.2　评测实验室的职责

评测实验室的职责包括：

a）提供并解释各种问卷中客户填写部分的要求或说明；

b）负责解释评测实验室提供的可执行评测套件，以及评测方法等；

c）应按照 GB/T 27025 提供有关评测实验室资质的情况；

d）负责检查客户方提供的材料是否有效和齐全；

e) 确认 ASP 评测的范围；

f) 提供评测操作员；

g) 签署 ASP 评测委托协议书。

6.3.3 客户职责

客户职责包括：

a) 按要求填写各种问卷；

b) 提供被测的 ASP 服务、软件文档，以及评测实验室要求提供的相关文档；

c) 确认 ASP 评测的范围；

d) 提供软件操作的配合人员；

e) 签署 ASP 评测委托协议书。

6.4 评测执行

6.4.1 概述

评测执行是指在 GB/T 15532 的指导下，对 ASP 服务运行可执行评测套件并产生评测实验室要求的信息过程。

在评测执行开始之前，应确定客户和评测实验室使用的所有环境均达到了要求的程度，可以保证评测的顺利运行。

6.4.2 评测实验室的职责

评测实验室的职责包括：

a) 在整个评测执行期间，保证评测手段可行，评测操作员具有相应的资质；

b) 运行可执行评测套件的所有评测项，并现场记录可重复的判定信息；

c) 一旦开始评测，被测的 ASP 服务、评测环境和可执行评测套件不宜再更改。

6.4.3 客户职责

客户职责包括：

a) 在整个评测执行期间，保证被测 ASP 服务的可操作性；

b) 评测操作员的配合员具有相应的资质；

c) 提供由客户负责准备并可执行的输入和输出数据；

d) 配合对被测 ASP 服务进行评测环境配置，以满足评测需求；

e) 一旦开始评测，被测的 ASP 服务、评测环境和可执行评测套件不宜再更改。

6.5 结果分析

6.5.1 概述

结果分析是在评测执行的基础上，对评测结果进行判断，并形成具有证据效果的文件，为形成评测报告提供基础资料。

6.5.2 评测实验室的职责

评测实验室的职责包括：

a) 负责做出每个评测项的判定；

b) 对每个有错误的可执行评测项，评测实验室应明确记录错误现象和评测执行过程；

c) 确认所做出的判定；

d) 形成支持所有判定的文件形式的证据。

6.5.3 客户职责

客户职责包括：

a) 复查并确认每个无判定结论的评测项；

b) 确认所做出的判定；

c) 确认支持所有判定的文件形式的证据。

6.6 形成评测报告

6.6.1 概述

评测工作完成后，评测实验室应起草评测报告草案，并将其交客户审阅。当客户对报告内容有异议时，客户与评测实验室应协商解决分歧，并按双方同意的计划日程完成最终的报告文本。评测报告要求见附录B。

在客户同意最终报告之前，所有关于评测的信息都应对外保密。客户应以书面形式声明是否希望将评测报告公开，这一声明应在评测开始之前或在同意报告草案之时作出，但在最终报告完成之前的任何客户都可能改变主意，改变主意时亦需有文字凭证。若客户决定将评测报告公开，外界可以从评测实验室取得报告文本。评测报告应在实验室存档。若需得到证书，或客户宣传自己的产品符合标准，评测报告必须公开。

6.6.2 评测实验室的职责

评测实验室的职责包括：

a) 评测实验室应完成一致性评测报告；

b) 在双方意见不统一的情况下，评测实验室应与客户协商解决分歧。

6.6.3 客户职责

客户职责包括：

a) 客户应对评测报告进行复查，但不能修改评测实验室做出的结论；

b) 客户如果对评测报告内容或评测实验室的意见有分歧，客户应与评测实验室协商解决。

附　录　A
（规范性附录）
ASP 评测指标表

ASP 评测指标见表 A.1。

表 A.1　ASP 评测指标

评测项目			得　分	备　注
基础设施层	网络基础设施	LANs,VLANs,Internet 接入		
		网络监视		
		分层交换和路由的功能		
		带宽管理		
		主机设备间的负载平衡		
		远程管理		
		网络安全管理		
		其他网络相关服务		
	主机托管基础设施	配电设施		
		电源冗余		
		HVAC 温度控制系统		
		火灾防护系统		
		其他物理设施的安全测量和监控		
	业务基础设施	变更管理		
		配置管理		
		服务监控		
		服务品质管理		
		可用性和能力管理		
		问题管理		
		安全管理		
		数据管理和保护		
		灾难恢复和商业持续性		
		工作计划和工作量管理		
		账号的提供和记录服务		
基本服务层		商业价值建议		
		发展方法		
		项目管理		
		测试		
		发布管理		
		法律法规管理		
		保密管理		

表 A.1（续）

评测项目			得　分	备　注
特定专业服务层	AIP 特定服务	服务的开展和规划		
		创建和部署		
		平台环境管理		
		特定应用监视		
		客户应用服务的部署,测试和质量管理		
		服务的远程管理		
		技术支持		
		客户服务和账户管理		
	ASP 特定服务	工程服务		
		创建和部署		
		服务的安全性和控制		
		在线办公系统		
	专业服务	辅助工具		
		专业工具		
		应用解决方案		
		专业培训		

附 录 B
（资料性附录）
评 测 报 告

ASP服务评测结果在评测报告中叙述。它分为概要和详细信息。概要部分是对评测过程中执行评测项所得判定的概述，详细信息部分叙述所有评测项的运行结果，同时引用评测日志，也引用评测过程中需要的其他所有必要有关文件。

B.1 概要信息

ASP服务评测报告的概要信息包括：

a） 被测服务的描述；

b） 评测环境配置的描述；

c） 评测结束日期；

d） 评测项统计。

B.2 详细信息

ASP服务评测报告的详细信息包括：

a） 通过的评测项数目；

b） 未通过的评测项数目；

c） 撤销的评测项数目；

d） 不适用的评测项数目；

e） 评测项总数目；

f） 对未通过的评测项、撤销的评测项以及不适用的评测项的详细说明；

g） 对其他重要情况的说明。

参 考 文 献

[1] GB/T 8567—1988 计算机软件产品开发文件编制指南
[2] GB/T 11457—1995 软件工程术语
[3] GB/T 16260—1996 信息技术 软件产品评价 质量特性及使用指南
[4] GB/T 16680—1996 软件文档管理指南
[5] GB/T 17544—1998 信息技术 软件包 质量要求和测试
[6] GB/T 15532—2008 计算机软件测试规范
[7] xSP Certification Program White Paper (v2.2) 美国微软公司
[8] 企业信息化基本指标构成方案 国家信息化测评中心

ICS 25.040.40
L 67

中华人民共和国国家标准

GB/T 25509—2010

机械系统和通用件　齿轮参考字典

Mechanical systems and components for general use—
Reference dictionary for gears

2010-12-01 发布　　2011-05-01 实施

中华人民共和国国家质量监督检验检疫总局
中国国家标准化管理委员会　发布

前　　言

GB/T 17645.511—2010《工业自动化系统与集成　零件库　第511部分:机械系统和通用件:紧固件参考字典》、GB/T 25511—2010《机械系统和通用件　链、皮带和键参考字典》、GB/T 25509—2010《机械系统和通用件　齿轮参考字典》和GB/T 25510—2010《机械系统和通用件　滚动轴承参考字典》共同构成我国机械产品参考字典的基础性系列国家标准。

本标准的附录A是规范性附录。

本标准由中国标准研究院提出并归口。

本标准起草单位:中国标准化研究院。

本标准主要起草人:王志强、洪岩、刘守华、李文武。

本标准为首次制定。

引　言

随着全球经济一体化进程的加快，基础数据描述的不规范已成为制约制造企业间产品数据集成与共享的主要瓶颈。为此，加强基础数据的标准化建设是振兴我国装备制造业、实现企业数据集成与共享的重要前提。

ISO 13584《工业自动化系统与集成　零件库》是一个由众多部分组成的关于计算机可解释的零件库数据表达与交换的国际标准，目前已转化为我国国家标准 GB/T 17645《工业自动化系统与集成　零件库》。GB/T 17645 的参考字典系列规定了表达实体应用域的本体及其描述特性和值域。每个实体，特性和值域构成了一个字典的条目，该条目是形式化的且计算机可解释的特定本体的表示。这种表示分别与计算机可解释的、人类可认读的定义和计算机可解释的标识相关联。字典条目的标识保证在任何应用中对字典条目的引用不存在二义性。

字典条目的定义和标识包括定义在公共字典模式中的 EXPRESS 实体数据类型的实例，其扩展内容定义在 GB/T 17645 的逻辑资源系列中。

本标准包括如下内容：

——用于描述齿轮的类的定义和标识，以及相关的分类模式；

——用于表达齿轮特性的数据元素类型的定义和标识；

——用于描述以上数据元素类型的值域的定义和标识。

应用域中的每个类、特性或值域构成了本标准定义的参考字典的条目。条目与计算机可解释或人类可认读的定义、计算机可解释的标识相关联。字典条目的标识保证在任何应用中对字典条目的引用不存在二义性。

字典条目的定义和标识包括定义在公共字典模式中的 EXPRESS 实体数据类型的实例，其扩展内容定义在 GB/T 17645 的逻辑资源系列中。

本标准是机械领域和通用件参考字典方面的重要组成部分，通过本标准的制定将丰富完善机械系统和通用件数据字典的内容，为数据字典技术在机械行业的应用提供技术支持。

机械系统和通用件　齿轮参考字典

1　范围

本标准规定了齿轮的参考字典，包括其分类特性及其值域。

本标准适用于：

——表达齿轮分类的标准数据；

——表达齿轮特性的标准数据；

——表达齿轮特性值域的标准数据。

本标准不适用于：

——规定本标准定义的标准数据的构造零件族的方法学；

——交换本标准定义的标准数据的实现方法。

2　规范性引用文件

下列文件中的条款通过本标准的引用而成为本标准的条款。凡是注日期的引用文件，其随后所有的修改单(不包括勘误的内容)或修订版均不适用于本标准，然而，鼓励根据本标准达成协议的各方研究是否可使用这些文件的最新版本。凡是不注日期的引用文件，其最新版本适用于本标准。

GB/T 17645.24—2003　工业自动化系统与集成　零件库　第24部分：逻辑资源：供应商库的逻辑模型(ISO 13584-24:2002,IDT)

GB/T 17645.25—2008　工业自动化系统与集成　零件库　第25部分：逻辑资源：带聚集值和显式内容的供应商库的逻辑模型(ISO 13584-25:2003,IDT)

GB/T 17645.42—2001　工业自动化系统与集成　零件库　第42部分：描述方法学：构造零件族的方法学(idt ISO 13584-42:1998)

3　术语和定义

下列术语和定义适用于本标准。

3.1

可应用特性　applicable property

为某些零件族定义的特性，它将用于属于该零件族的任何零件。

示例：对于螺栓通用族，螺纹直径是一个可应用特性：这个特征用于任何螺栓。

[GB/T 17645.24—2003，定义3.3]

3.2

基本语义单元　basic semantic unit；BSU

一种实体，它提供了应用领域(例如：类、数据元素类型)特定对象的一个绝对的和唯一的标识。

示例：类，数据元素类型。

[GB/T 17645.42—2001，定义3.4.1]

3.3

零件的特征　characteristic of a part

零件特征　part characteristic

零件的常数特性，一旦零件被定义，该特性的值是固定的。

注：零件特征值的变化将意味该零件的变化。

示例：对于一个垫圈，内径和外径是零件特征。

[GB/T 17645.24—2003，定义 3.12]

3.4

公共字典模式　common dictionary schema

用信息建模语言 EXPRESS 建立的一种字典的信息模型，它是 ISO TC 184/SC4/WG2 和 IEC SC3D 共同努力的结果。

注：GB/T 17564.2 规定了这种公共字典模式，在 GB/T 17645.42—2001 的附录 D 中给出了该公共字典模式的内容。

[GB/T 17645.42—2001，定义 3.4.3]

3.5

数据　data

一种形式化的信息表达，它适合于人或计算机进行通信、解释或处理。

[GB/T 16656.1—2008，定义 3.2.16]

3.6

数据元素类型　data element type；DET

为其规定了标识、描述和值的表达的数据单元。

[GB/T 17645.42—2001，定义 3.4.4]

3.7

数据交换　data exchange

数据的存储、访问、传送和归档。

[GB/T 16656.1—2008，定义 3.2.17]

3.8

数据类型　data type

一种值域。

注：改写 GB/T 16656.11—1996，定义 3.4。

3.9

字典　dictionary

包含一系列条目的表，一个含义对应字典中的一个条目，字典的一个条目只有一个含义。

注 1：在 GB/T 17645 中，用于构成字典词条的种类有：供应方、类、特性、程序库、类型、表和文档。

注 2：在 GB/T 17645 中，表达一字典词条的信息被分为三个实体：一个是 basic_semantic_unit（基本语义单元）(BSU)，它提供引用；一个是 dictionary_element（字典元素），它通过属性尽可能地描述该字典词条；一个是 content_item 实体，它通过描述它的内容来描述该字典词条。

注 3：在 GB/T 17645 中，表达字典条目的信息被分离为基本语义单元(BSU)，通过 BSU 引用描述属性含义的字典元素（dictionary_element）以及描述字典内容的内容项（content_item）。

[GB/T 17645.1—2008，定义 3.1.2]

3.10

字典数据　dictionary data

描述了零件族的层次结构和这些零件特性的数据集。

注：字典数据应使用公共字典模式进行交换。

[GB/T 17645.42—2001，定义 3.4.6]

3.11

字典元素　dictionary element

属性的集合，它组成该应用域（例如类、数据元素类型）中特定对象的字典描述。

[GB/T 17645.42—2001，定义 3.4.7]

3.12

实体　entity

由共同特性定义的信息类。

[GB/T 16656.11—2010,定义 3.3.6]

3.13

实体数据类型　entity data type

指定的实体数据类型的值。一个实体实例的名称用于引用该实例。

[GB/T 16656.11—2010,定义 3.3.8]

3.14

实体(数据类型)实例　entity (data type) instance

指定的实体数据类型的值。一个实体实例的名称用于引用该实例。

[GB/T 16656.11—2010,定义 3.3.8]

3.15

零件族　family of parts

零件的简单族或者通用族。

[GB/T 17645.24—2003,定义 3.40]

3.16

零件通用族　generic family of parts

为了分类或分解公共信息,所作的零件简单族或通用族的一种分组。

[GB/T 17645.24—2003,定义 3.44]

3.17

实现方法　implementation method

由计算机用于交换数据的一种技术,它用于该 EXPRESS 数据规范语言的描述。

[GB/T 17645.24—2003,定义 3.50]

3.18

事例关系　is-case-of relationship

一种关系,该关系提供了一对象符合另一个对象所定义的部分规范这一事实的一种形式表示。

注:在 GB/T 17645 中,可见或可应用于某些零件族的所有特性和数据类型可以通过所有的声明了该前面族的 is-case-of(存在情况)存在的零件族进行输入。这些特性和数据类型甚至可用于描述后面的族。

[GB/T 17645.24—2003,定义 3.62]

3.19

库集成信息模型　library integrated information model;LIIM

为表达以交换为目的的各供应商库,从不同的 EXPRESS 模式中集成了各种资源构造的、且与一致性要求相关的一种 EXPRESS 模式。

注:改写 GB/T 17645.24—2003,定义 3.72。

3.20

本体　ontology

应用域中独立于任何用途的概念的清楚描述。

注:在本标准中,字典是形式化的或计算机可解释的本体表达。

3.21

零件　part

一个组成不同产品构件的物质或功能元素。

[GB/T 17645.1—2008,定义 3.1.16]

3.22

特性　property

可以通过数据元素类型来表达的信息。

[GB/T 17645.42—2001,定义 3.4.10]

3.23

零件简单族　simple family of parts

一种零件集,该零件集的每个零件可以通过相同的特性组进行描述。

[GB/T 17645.24—2003,定义 3.98]

3.24

可见特性　visible property

它对应一个典型特性,零件(属于零件的通用族或简单族)拥有或不拥有这种特性取决于该零件所属的子族。

示例:对于螺钉通用族,非螺纹长度是一个可见特性:它用于定义任何螺钉,但只有带非螺纹部分的那些螺钉,这个特性才有值。

注:定义特性为可见特性的类的代码是表达这个特性的数据元素类型的标识。

[GB/T 17645.42—2001,5.2]

3.25

标准数据　standard data

通过 EXPRESS 实体(数据类型)实例化手段所定义的、关于软件系统的一种要求,假定该 EXPRESS 实体实例可被这个软件系统解释。

3.26

组件　component

由一个或多个零件组成的装配单元。

4　本体概念和字典条目的表达

4.1　齿轮传动件类

4.1.1　齿轮传动件类及其超类

本标准中仅定义了超类为机械系统和通用件的齿轮传动及其零件(见图 1)。

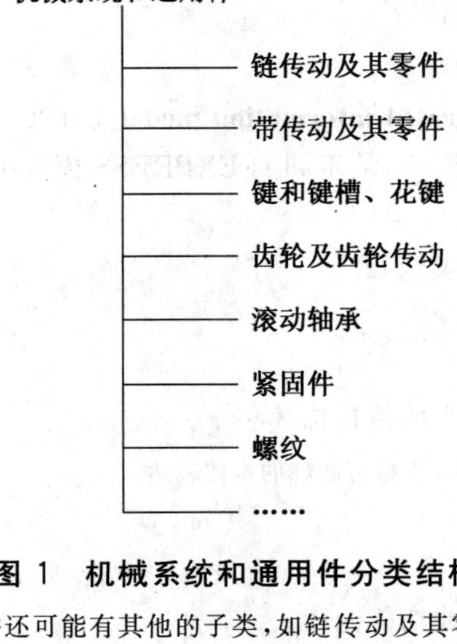

图 1　机械系统和通用件分类结构

注 1:除了齿轮,机械系统和通用件还可能有其他的子类,如链传动及其零件、带传动及其零件、键及键槽、滚动轴承等。

注 2：在 GB/T 17645.511—2010 中，在机械系统和通用件中已经定义了紧固件和螺纹两个子类。根据国际标准分类法(ICS:2005)的规定，机械系统和通用件(21)还有“键和键槽、花键(21.120.30)”、“带传动及其零件(21.220.10)”、“链传动及其零件(21.220.30)”、“齿轮及齿轮传动(21.200)”和“滚动轴承(21.100.20)”等多个子类；其中的“滚动轴承(21.100.20)”的内容在 GB/T 25510—2010《机械系统和通用件　滚动轴承参考字典》中规定；“键和键槽、花键(21.120.30)”、“带传动及其零件(21.220.10)”和“链传动及其零件(21.220.30)”的内容在 GB/T 25511—2010《机械系统和通用件　链、皮带和键参考字典》中规定。

4.1.2 组件类

描述齿轮传动件使用的组件类有齿轮和齿刀。齿轮的子类有齿条、圆柱齿轮、蜗轮蜗杆、锥齿轮、非圆柱齿轮；齿刀的子类有齿轮滚刀、磨前齿轮滚刀、直齿插齿刀、渐开线内花键插齿刀、双圆弧齿轮滚刀。

示例：齿轮传动件类的结构见图 2。

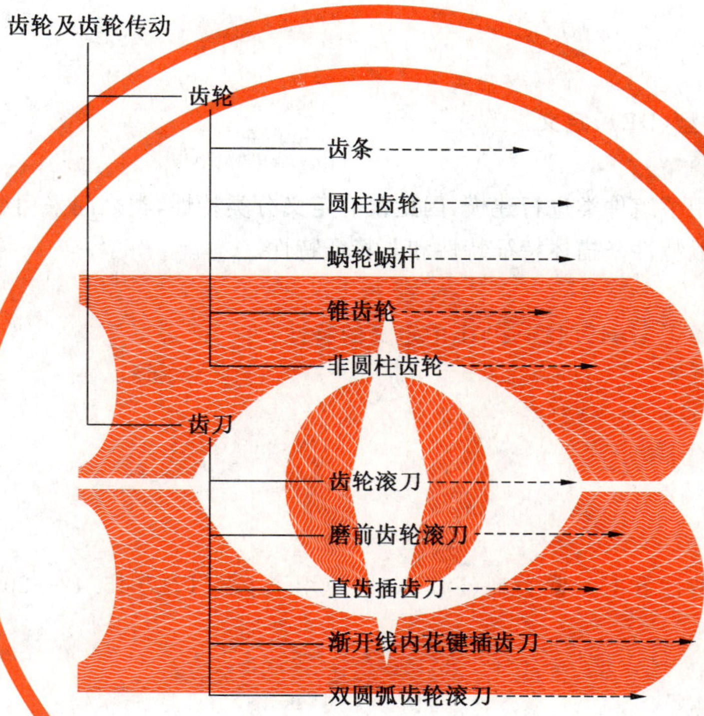

图 2　齿轮传动件类的结构

齿轮传动件的分类见附录 A 的表 A.1。

4.1.3 引用类

本标准没有引用其他分类中的类。

4.1.4 使用的属性

在本标准中，对类的描述中使用了 GB/T 17645.42—2001 中规定的如下信息单元。

——代码

——超类

——首选名

——子类选择特性

——可见特性

——可应用特性

——类定值赋值

——定义

——定义的源文档

——当前版本的日期

——当前修订的日期
——最初定义的日期
——注释
——备注
——版本号
——修订号
——简图

在本标准中，对类的描述中没有使用 GB/T 17645.42—2001 中规定的如下信息单元。

——短名
——同义名
——可见类型
——可应用类型

4.2 特性数据元素类型(DET)定义

4.2.1 建模数据类型

由于本标准仅使用了组件类进行建模，因此没有定义分类特性，类之间采用继承的方式建立联系。

本标准使用了一般特性来描述特征特性和非特征特性。

4.2.2 引入特性

本标准引入了 GB/T 17645.42—2001 中定义的特性：

——国家标准；
——安全认证；
——质量；
——国际标准。

4.2.3 使用的属性

在本标准中定义特性数据元素类型(DET)时，使用了 GB/T 17645.42—2001 中规定的如下信息单元：

——代码
——定义类
——数据类型
——首选名
——定义
——推荐字母符号
——单位
——格式
——特性类型分类
——注
——备注
——定义源文档
——值格式
——最初定义的日期
——当前版本的日期
——当前修订的日期
——版本号
——修订号

在本标准中定义特性数据元素类型(DET)时，没有使用 GB/T 17645.42—2001 中规定的如下信息单元：

——条件

——短名

——公式

——同义字母符号

——同义名

4.3 数据类型定义

4.3.1 数据类型特性

本标准在描述特性时使用了两种数据类型：real_measure_type(实数度量类型)和 string_type(字符串型)。real_measure_type(实数度量类型)用于几何特性的描述；string_type(字符串型)用于材料、机械性能、供应商和生产时间等信息的描述。

4.3.2 自定义使用的属性

本标准没有自定义属性。

4.4 类和特性定义的描述原则

类和特性的定义采用单个短语规定概念系统中类或特性概念所处的位置。定义的措辞应该符合如下规则：

定义规则 1：定义的首选结构是用于陈述概念所属类的基本部分，描述特征的措辞用于从类的其他成员中将概念分离出来。

定义规则 2：优先使用本标准其他章、条中定义的术语或其他引用文件中的术语。如果能够使用这些术语就不要再对其他定义或定义中某些部分进行引用。

定义规则 3：定义中优先使用的术语应满足实际需要。

5 分类原则

5.1 与现存分类的关系

本标准的分类是依据 ICS 的规定建立的。

注：本标准采用 ICS 分类，主要是对本标准定义的字典进行定位。ICS 分类中没有给出与本标准直接对应的反映齿轮的下层分类。

5.2 层次结构的上层

根据 GB/T 17645.42—2001 的 6.1.2 定义的规则 2，本标准的上层基于 ICS 定义的层次结构，见本标准 4.1.1 和 4.1.2。

5.3 层次结构的下层

本标准除了遵守 GB/T 17645.42—2001 定义的规则 1 到规则 8 外，还遵守下列附加规则：

附加规则 1：仅当需要定义新的特性时，才定义下层类。下层(零件通用族)无叶(无特性)类的作用仅仅是能正确地定义每个特性的含义。因此，在层次结构的下层结构中，只有当需要定义特性时才定义新的子类。即只有需要用一些特性的值区分其他类时才能创建新类。

注：为了潜在用户的扩展，本标准允许无叶(leafless)组件类存在，即组件类上没有特性。

附加规则 2：字典包括描述齿轮所需要用到的所有特性。

附加规则 3：如果需要，可以使用类定值特性的值对建立的子类进行引用。

5.4 编码格式

为了给类和特性 BSU 分配唯一标识，本条定义了编码格式。

本标准的编码格式(见图 3)如下：

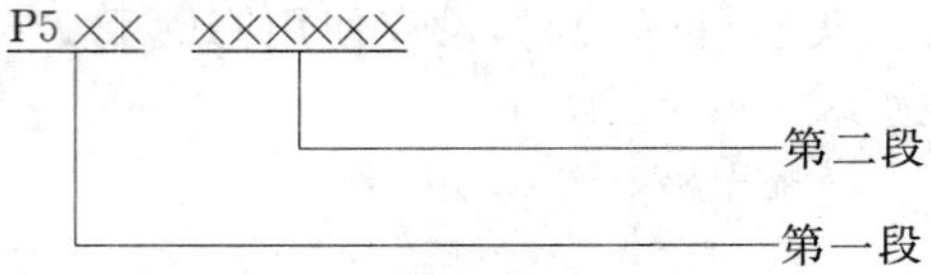

图 3 编码格式

——编码由 10 个字符组成,编码可分为两段;

——对于齿轮传动件类,第一段为固定的四个字符“P516”;

——第二段由无含义的字符数字序列的六个字符组成。

示例:P516AAA009 标识直齿圆柱齿轮族。

6 计算机可解释的描述

6.1 外部文件

GB/T 17645(所有部分)规定了以电子或非电子格式对字典中产品、任务或活动,或定义指定附加文档的外部文件引用机制。机制使用户方便地访问本标准范围的信息。

本标准字典外部文件引用机制见图 4。

在本标准规定的字典中,通过使用 graphics(图)实体的子类 referenced_graphics(被引用的图)实体引用一种外部文件,以规定零件简单族的 simplified_drawing(简图)属性。referenced_graphics 的 graphics_reference 属性的值域是 document_BSU(文档基本语义单元)。基于 document_BSU,计算机可查找到对应的 document_element(文档元素)和 document_content(文档内容)。这样计算机可读取和处理文档。

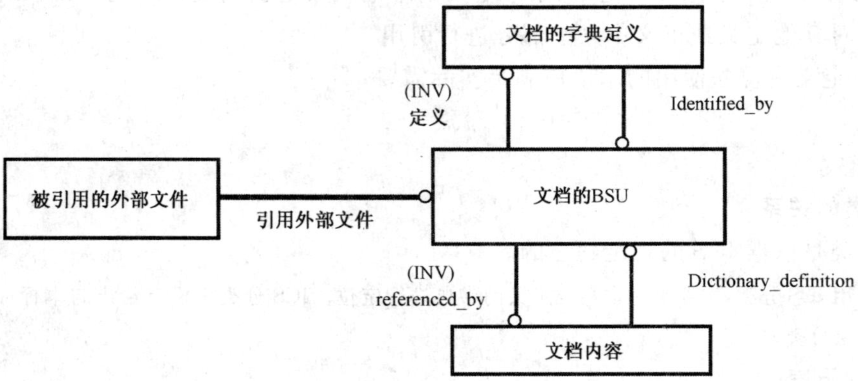

图 4 外部文件引用机制

外部文件的描述应遵守 GB/T 17645.24—2003 定义的实体 ISO 13584_extended_dictionary_schema(ISO 13584 外部字典模式)和实体 ISO 13584_extended_file_schema(ISO 13584 外部文件模式)的规定。

6.2 信息模型和一致性类

本标准遵守 GB/T 17645.25—2008 库集成信息模型 LIIM25 和 GB/T 17645.24—2003 定义的库集成信息模型 LIIM24 的规定。

本标准使用的模式符合 GB/T 17645.25—2008 定义的一致性类 2 的规定。一致性类 2 要求实现支持一致性类 1 并支持聚集数据类型和值。符合库信息集成模型 LIIM25 规定的一致性类 2 的实现支持下列实体和相关构造。

```
SCHEMA ISO 13584_25_IEC 61360_5_liim_schema;
USE FROM ISO 13584_IEC 61360_dictionary_schema
(axis1_placement_type,
axis2_placement_2d_type,
```

```
axis2_placement_3d_type,
boolean_type,
class_BSU,
class_instance_type,
class_value_assignment,
complex_type,
component_class,
condition_DET,
data_type_BSU,
data_type_element,
dates,
dependent_P_DET,
dic_unit,
dic_value,
entity_instance_type,
identified_document,
int_currency_type,
int_measure_type,
int_type,
integer_type,
item_class,
item_names,
label_with_language,
level_type,
material_class,
mathematical_string,
named_type,
non_dependent_P_DET,
non_quantitative_code_type,
non_quantitative_int_type,
non_si_unit,
number_type,
placement_type,
property_BSU,
property_DET,
real_currency_type,
real_measure_type,
real_type,
string_type,
supplier_BSU,
supplier_element,
value_domain);

USE FROM ISO 13584_IEC 61360_language_resource_schema
      (global_language_assignment,present_translations,translated_label,
      translated_text);

USE FROM ISO 13584_instance_resource_schema (null_value,primitive_value,
      null_or_primitive_value,simple_value,null_or_simple_value,
      number_value,null_or_number_value,integer_value,
      null_or_integer_value,real_value,null_or_real_value,boolean_value,
      null_or_boolean_value,translatable_string_value,
      translated_string_value,string_value,
      null_or_translatable_string_value,complex_value,
      null_or_complex_value,
      entity_instance_value,
```

```
        null_or_entity_instance_value,
        defined_entity_instance_value,
        controlled_entity_instance_value,
        STEP_entity_instance_value,
        PLIB_entity_instance_value,
        property_or_data_type_BSU,
        level_spec_value,
        null_or_level_spec_value,
        int_level_spec_value,
        null_or_int_level_spec_value,
        real_level_spec_value,
        null_or_real_level_spec_value,
        property_value,
        context_dependent_property_value,
        dic_class_instance,
        null_or_dic_class_instance,
        dic_component_instance,
        dic_feature_instance,
        dic_material_instance,
        lib_component_instance,
        lib_feature_instance,
        lib_material_instance,
        dic_f_model_instance,
        lib_f_model_instance);

    USE FROM ISO 13584_IEC 61360_dictionary_aggregate_extension_schema
        (entity_instance_type_for_aggregate,list_type,set_type,bag_type,
        array_type,set_with_subset_constraint_type);

    USE FROM ISO 13584_extended_dictionary_schema (dictionary,
        dictionary_in_standard_format,library_liim_identification,
        view_exchange_protocol_identification,representation_type,
        geometric_representation_context_type,
        representation_reference_type,program_reference_type,
        program_library_BSU,document_BSU,
        supplier_program_library_relationship,class_document_relationship,
        representation_P_DET,class_related_dictionary_element,
        program_library_element,document_element,
        document_element_with_http_access,
        document_element_with_translated_http_access,
        referenced_document,
        referenced_graphics,
        feature_class,
        functional_model_class,
        fm_class_view_of,
        functional_view_class,
        non_instantiable_functional_view_class,
        view_control_variable_range,
        item_class_case_of,
        component_class_case_of,
        material_class_case_of,
        feature_class_case_of,
        a_posteriori_case_of,
        a_posteriori_view_of);

    USE FROM ISO 13584_external_file_schema (standard_simple_program_protocol,
```

```
        non_standard_simple_program_protocol,
        linked_interface_program_protocol,standard_data_protocol,
        non_standard_data_protocol,http_protocol,program_library_content,
        document_content,representation_reference,program_reference,
        property_value_external_item,message,illustration,A6_illustration,
        A9_illustration,translated_external_content,
        not_translated_external_content,not_translatable_external_content,
        language_specific_content,external_file_unit,http_file,
        http_class_directory,simple_program_protocol);

USE FROM ISO 13584_aggregate_value_schema (aggregate_entity_instance_value,
        list_value,set_value,bag_value,array_value,
        set_with_subset_constraint_value);

USE FROM ISO 13584_library_content_schema (library,
        library_in_standard_format,explicit_item_class_extension,
        explicit_functional_model_class_extension,
        property_classification,property_value_recommended_presentation);

USE FROM measure_schema (amount_of_substance_measure,area_measure,
        context_dependent_measure,context_dependent_unit,
        conversion_based_unit,count_measure,derived_unit,
        derived_unit_element,dimensional_exponents,
        electric_current_measure,global_unit_assigned_context,
        length_measure,length_measure_with_unit,length_unit,
        luminous_intensity_measure,mass_measure,measure_value,
        measure_with_unit,named_unit,numeric_measure,parameter_value,
        plane_angle_measure,positive_length_measure,
        positive_plane_angle_measure,ratio_measure,si_unit,
        solid_angle_measure,thermodynamic_temperature_measure,
        time_measure,volume_measure);

USE FROM person_organization_schema (address,organization,person);

USE FROM date_time_schema (date,date_and_time,local_time,calendar_date,
        ordinal_date,week_of_year_and_day_date);

USE FROM geometry_schema (axis1_placement,axis2_placement_2D,
        axis2_placement_3D,geometric_representation_context,placement);

USE FROM representation_schema
        (representation,
        representation_context,
        representation_item);

USE FROM application_context_schema
        (application_context,
        application_context_element,
        application_protocol_definition);

END_SCHEMA;--ISO 13584_25_IEC 61360_5_liim_schema
```

附 录 A
（规范性附录）
分 类 表

齿轮类的分类结构和代码见表 A.1。

表 A.1 齿轮传动件分类结构表

分类结构	超类码	代 码
齿轮传动件	$	P516AAA001
齿轮	P516AAA001	P516AAA002
圆柱齿轮	P516AAA002	P516AAA003
渐开线圆柱齿轮	P516AAA003	P516AAA004
圆弧圆柱齿轮	P516AAA003	P516AAA005
单圆弧圆柱齿轮	P516AAA005	P516AAA006
双圆弧圆柱齿轮	P516AAA005	P516AAA007
小模数渐开线圆柱齿轮	P516AAA003	P516AAA008
直齿圆柱齿轮	P516AAA003	P516AAA009
斜齿圆柱齿轮	P516AAA003	P516AAA010
锥齿轮	P516AAA002	P516AAA011
直线齿廓锥齿轮	P516AAA011	P516AAA012
圆弧齿廓锥齿轮	P516AAA011	P516AAA013
圆弧齿廓球面锥齿轮	P516AAA011	P516AAA014
修正展成齿廓锥齿轮	P516AAA011	P516AAA015
小模数锥齿轮	P516AAA011	P516AAA016
直齿及斜齿锥齿轮	P516AAA011	P516AAA017
弧齿锥齿轮	P516AAA011	P516AAA018
零度锥齿轮	P516AAA011	P516AAA019
非圆齿轮	P516AAA002	P516AAA020
摆线齿轮	P516AAA020	P516AAA021
外摆线的等距曲线的摆线轮	P516AAA021	P516AAA022
长幅外摆线的等距曲线的摆线轮	P516AAA021	P516AAA023
短幅外摆线的等距曲线的摆线轮	P516AAA021	P516AAA024
内摆线的等距曲线的摆线轮	P516AAA021	P516AAA025
短幅内摆线的等距曲线的摆线轮	P516AAA021	P516AAA026
复合齿形的摆线轮	P516AAA021	P516AAA027
针齿轮	P516AAA020	P516AAA028
外齿针齿轮	P516AAA028	P516AAA029
内齿针齿轮	P516AAA028	P516AAA030

表 A.1（续）

分类结构	超类码	代　码
透平齿轮	P516AAA020	P516AAA031
谐波齿轮	P516AAA020	P516AAA032
蜗轮蜗杆	P516AAA002	P516AAA033
环面蜗杆	P516AAA033	P516AAA034
小模数蜗轮	P516AAA033	P516AAA035
圆柱蜗杆	P516AAA033	P516AAA036
单导程圆柱蜗杆	P516AAA036	P516AAA037
双导程圆柱蜗杆	P516AAA036	P516AAA038
小模数圆柱蜗杆	P516AAA036	P516AAA039
阿基米德蜗杆（ZA 蜗杆）	P516AAA036	P516AAA040
渐开线蜗杆（ZI 蜗杆）	P516AAA036	P516AAA041
法向直廓蜗杆（ZN 蜗杆）	P516AAA036	P516AAA042
齿槽法向直廓蜗杆（ZN_1 蜗杆）	P516AAA042	P516AAA043
齿体法向直廓蜗杆（ZN_2 蜗杆）	P516AAA042	P516AAA044
齿面法向直廓蜗杆（ZN_3 蜗杆）	P516AAA042	P516AAA045
锥面包络圆柱蜗杆（ZK 蜗杆）	P516AAA036	P516AAA046
盘状锥面包络圆柱蜗杆（ZK_1 蜗杆）	P516AAA046	P516AAA047
指状锥面包络圆柱蜗杆（ZK_2 蜗杆）	P516AAA046	P516AAA048
端锥面包络圆柱蜗杆（ZK_3 蜗杆）	P516AAA046	P516AAA049
圆弧圆柱蜗杆（ZC 蜗杆）	P516AAA036	P516AAA050
圆环面包络圆柱蜗杆（ZC_1 蜗杆）	P516AAA050	P516AAA051
圆环面圆柱蜗杆（ZC_2 蜗杆）	P516AAA050	P516AAA052
轴向圆弧齿圆柱蜗杆（ZC_3 蜗杆）	P516AAA050	P516AAA053
圆柱蜗轮（GB 10086—1988）	P516AAA033	P516AAA054
齿条	P516AAA002	P516AAA055
齿刀	P516AAA001	P516AAA056
磨前齿轮滚刀	P516AAA056	P516AAA057
磨前齿轮滚刀（Ⅰ型）	P516AAA057	P516AAA058
磨前齿轮滚刀（Ⅱ型）	P516AAA057	P516AAA059
齿轮滚刀	P516AAA056	P516AAA060
齿轮滚刀（Ⅰ型）	P516AAA060	P516AAA061
齿轮滚刀（Ⅱ型）	P516AAA060	P516AAA062
双圆弧齿轮滚刀	P516AAA056	P516AAA063
双圆弧齿轮滚刀（Ⅰ型）	P516AAA063	P516AAA064
双圆弧齿轮滚刀（Ⅱ型）	P516AAA063	P516AAA065

表 A.1（续）

分类结构				超类码	代　码
		直齿插齿刀		P516AAA056	P516AAA066
			盘形直齿插齿刀(Ⅰ型)	P516AAA066	P516AAA067
			碗形直齿插齿刀(Ⅱ型)	P516AAA066	P516AAA068
			锥柄直齿插齿刀(Ⅲ型)	P516AAA066	P516AAA069
		渐开线内花键插齿刀		P516AAA056	P516AAA070
			渐开线内花键插齿刀(锥柄)	P516AAA070	P516AAA071
			渐开线内花键插齿刀(碗形)	P516AAA070	P516AAA072
注：表中＄表示机械系统和通用件的代码。					

参 考 文 献

[1] GB/T 16656.1—2008 工业自动化系统与集成 产品数据表达与交换 第1部分:概述与基本原理

[2] GB/T 16656.11—1996 工业自动化系统与集成 产品数据表达与交换 第11部分:描述方法:EXPRESS语言参考手册

[3] GB/T 16656.21—2008 工业自动化系统与集成 产品数据表达与交换 第21部分:实现方法:交换文件结构的纯正文编码

[4] GB 17564.4—2001 电器元器件的标准数据元素类型和相关分类模式 第4部分:IEC标准数据元素类型、元器件分类和项的基准集

ICS 25.040.40
L 67

中华人民共和国国家标准

GB/T 25510—2010

机械系统和通用件　滚动轴承参考字典

Mechanical systems and components for general use—
Reference dictionary for rolling bearings

2010-12-01 发布　　　　2011-05-01 实施

中华人民共和国国家质量监督检验检疫总局
中国国家标准化管理委员会　发布

前　言

GB/T 17645.511—2010《工业自动化系统与集成　零件库　第511部分:机械系统和通用件　紧固件参考字典》、GB/T 25510—2010《机械系统和通用件　滚动轴承参考字典》、GB/T 25511—2010《机械系统和通用件　链、皮带和键参考字典》和GB/T 25509—2010《机械系统和通用件　齿轮参考字典》共同构成我国机械产品参考字典的基础性系列国家标准。

本标准的附录A是规范性附录。

本标准由中国标准研究院提出并归口。

本标准起草单位:中国标准化研究院。

本标准主要起草人:刘守华、洪岩、王志强、李文武、杨青海。

引　言

随着全球经济一体化进程的加快，基础数据描述的不规范已成为制约制造企业间产品数据集成与共享的主要瓶颈。为此，加强基础数据的标准化建设是振兴我国装备制造业、实现企业数据集成与共享的重要前提。

ISO 13584《工业自动化系统与集成　零件库》是一个由众多部分组成的关于计算机可解释的零件库数据表达与交换的国际标准，目前已转化为我国国家标准 GB/T 17645《工业自动化系统与集成　零件库》。GB/T 17645 的参考字典系列规定了表达实体应用域的本体及其描述特性和值域。每个实体、特性和值域构成了一个字典的条目，该条目是形式化的且计算机可解释的特定本体的表示。这种表示分别与计算机可解释的、人类可认读的定义和计算机可解释的标识相关联。字典条目的标识保证在任何应用中对字典条目的引用不存在二义性。

字典条目的定义和标识包括定义在公共字典模式中的 EXPRESS 实体数据类型的实例，其扩展内容定义在 GB/T 17645 的逻辑资源系列中。

本标准包括如下内容：

——用于描述滚动轴承的类的定义和标识，以及相关的分类模式；

——用于表达滚动轴承特性的数据元素类型的定义和标识；

——用于描述以上数据元素类型的值域的定义和标识。

应用域中的每个类、特性或值域构成了本标准定义的参考字典的条目。条目与计算机可解释或人类可认读的定义、计算机可解释的标识相关联。字典条目的标识保证在任何应用中对字典条目的引用不存在二义性。

字典条目的定义和标识包括定义在公共字典模式中的 EXPRESS 实体数据类型的实例，其扩展内容定义在 GB/T 17645 的逻辑资源系列中。

本标准是机械领域和通用件参考字典方面的重要组成部分，通过本标准的制定将丰富完善机械系统和通用件数据字典的内容，为数据字典技术在机械行业的应用提供技术支持。

机械系统和通用件　滚动轴承参考字典

1　范围

本标准规定了滚动轴承的参考字典，包括其分类特性及其值域。

本标准适用于：

——表达滚动轴承各个种类的标准数据；

——表达滚动轴承各种特性的标准数据；

——表达滚动轴承特性值域的标准数据。

本标准不适用于：

——规定本标准定义的标准数据的构造零件族的方法学；

——交换本标准定义的标准数据的实现方法。

2　规范性引用文件

下列文件中的条款通过本标准的引用而成为本标准的条款。凡是注日期的引用文件，其随后所有的修改单(不包括勘误的内容)或修订版均不适用于本标准，然而，鼓励根据本标准达成协议的各方研究是否可使用这些文件的最新版本。凡是不注日期的引用文件，其最新版本适用于本标准。

GB/T 17645.24—2003　工业自动化系统与集成　零件库　第24部分：逻辑资源：供应商库的逻辑模型

GB/T 17645.25—2008　工业自动化系统与集成　零件库　第25部分：逻辑资源：带聚集值和显式内容的供应商库的逻辑模型

GB/T 17645.42—2001　工业自动化系统与集成　零件库　第42部分：描述方法学：构造零件族的方法学

3　术语和定义

下列术语和定义适用于本标准。

3.1

滚动轴承　rolling bearing

在承受载荷和彼此相对运动的零件间作滚动(不是滑动)运动的轴承，它包括有滚道的零件和带或不带隔离或引导体的滚动体组。

[GB/T 6930—2002，定义01.01.01]

3.2

可应用特性　applicable property

为某些零件族定义的特性，它将用于属于该零件族的任何零件。

例：对于螺栓通用族，螺纹直径是一个可应用特性：这个特性用于任何螺栓。

[GB/T 17645.24—2003，定义3.3]

3.3

基本语义单元　basic semantic unit(BSU)

一种实体，它提供了应用领域(例如：类、数据元素类型)特定对象的一个绝对的和唯一的标识。

示例：类，数据元素类型。

[GB/T 17645.42—2001，定义3.4.1]

3.4

零件的特征(零件特征)　characteristic of a part (part characteristic)

零件的常数特性，一旦零件被定义，该特性的值是固定的。

注：零件特征值的变化将意味该零件的变化。

例：对于一个垫圈，内径和外径是零件特征。

[GB/T 17645.24—2003，定义 3.12]

3.5

公共字典模式　common dictionary schema

用信息建模语言 EXPRESS 建立的一种字典的信息模型，它是 ISO TC 184/SC4/WG2 和 IEC SC3D 共同努力的结果。

注：GB/T 17564.2 规定了这种公共字典模式，在 GB/T 17645.42—2001 的附录 D 中给出了该公共字典模式的内容。

[GB/T 17645.42—2001，定义 3.4.3]

3.6

数据　data

一种形式化的信息表达，它适合于人或计算机进行通信、解释或处理。

[GB/T 16656.1—2008，定义 3.2.16]

3.7

数据元素类型　data element type；DET

为其规定了标识、描述和值的表达的数据单元。

[GB/T 17645.42—2001，定义 3.4.4]

3.8

数据交换　data exchange

数据的存储、访问、传送和归档。

[GB/T 16656.1—2008，定义 3.2.17]

3.9

数据类型　data type

一种值域。

注：改写 GB/T 16656.11—1996，定义 3.4。

3.10

字典　dictionary

包含一系列条目的表，一个含义对应字典中的一个条目，字典的一个条目只有一个含义。

注 1：在 GB/T 17645 中，用于构成字典词条的种类有：供应方、类、特性、程序库、类型、表和文档。

注 2：在 GB/T 17645 中，表达一字典词条的信息被分为三个实体：一个是 basic_semantic_unit（基本语义单元）(BSU)，它提供引用；一个是 dictionary_element（字典元素），它通过属性尽可能地描述该字典词条；一个是 content_item 实体，它通过描述它的内容来描述该字典词条。

注 3：在 GB/T 17645 中，表达字典条目的信息被分离为基本语义单元(BSU)，通过 BSU 引用描述属性含义的字典元素(dictionary_element)以及描述字典内容的内容项(content_item)。

[GB/T 17645.1—2008，定义 3.1.2]

3.11

字典数据　dictionary data

描述了零件族的层次结构和这些零件特性的数据集。

注：字典数据应使用公共字典模式进行交换。

[GB/T 17645.42—2001，3.4.6]

3.12

字典元素　dictionary element

属性集合,它组成了应用领域(例如类、数据元素类型)特定对象的字典描述。

[GB/T 17645.42—2001,3.4.7]

3.13

实体　entity

由共同特性定义的信息类。

[GB/T 16656.11—2010,术语 3.3.6]

3.14

实体数据类型　entity data type

一个实体的表达。实体数据类型确定了由共同属性和约束定义的值域。

[GB/T 16656.11—2010,定义 3.3.8]

3.15

实体(数据类型)实例　entity (data type) instance

指定的实体数据类型的值。一个实体实例的名称用于引用该实例。

[GB/T 16656.11—2010,定义 3.3.8]

3.16

零件族　family of parts

零件的简单族或者通用族。

[GB/T 17645.24—2003,定义 3.40]

3.17

零件通用族　generic family of parts

为了分类或分解公共信息,所作的零件简单族或通用族的一种分组。

[GB/T 17645.24—2003,定义 3.44]

3.18

实现方法　implementation method

由计算机用于交换数据的一种技术,它用于该 EXPRESS 数据规范语言的描述。

[GB/T 17645.24—2003,定义 3.50]

3.19

事例关系　is-case-of relationship

一种关系,该关系提供了一对象符合另一个对象所定义的部分规范这一事实的一种形式表示。

注:在 GB/T 17645 中,可见或可应用于某些零件族的所有特性和数据类型可以通过所有的声明了该前面族的 is-case-of(存在情况)存在的零件族进行输入。这些特性和数据类型甚至可用于描述后面的族。

[GB/T 17645.24—2003,定义 3.62]

3.20

库集成信息模型　library integrated information model;LIIM

为表达以交换为目的的各供应商库,从不同的 EXPRESS 模式中集成了各种资源源构造的、且与一致性要求相关的一种 EXPRESS 模式。

注:改写 GB/T 17645.24—2003,定义 3.72。

3.21

本体　ontology

应用域中独立于任何用途的概念的清楚描述。

注:在本标准中,字典是形式化的或计算机可解释的本体表达。

3.22

零件 part

一个组成不同产品构件的物质或功能元素。

[GB/T 17645.1—2008,定义 3.1.16]

3.23

特性 property

可以通过数据元素类型来表达的信息。

[GB/T 17645.42—2001,定义 3.4.10]

3.24

零件简单族 simple family of parts

一种零件集,该零件集的每个零件可以通过相同的特性组进行描述。

[GB/T 17645.24—2003,定义 3.98]

3.25

可见特性 visible property

它对应一个典型特性,零件(属于零件的通用族或简单族)拥有或不拥有这种特性取决于该零件所属的子族。

例:对于螺钉通用族,非螺纹长度是一个可见特性:它用于定义任何螺钉,但只有带非螺纹部分的那些螺钉,这个特性才有值。

注:定义特性为可见特性的类的代码是表达这个特性的数据元素类型的标识。

[GB/T 17645.42—2001,5.2]

3.26

标准数据 standard data

通过 EXPRESS 实体(数据类型)实例化手段所定义的、关于软件系统的一种要求,假定该 EXPRESS实体实例可被这个软件系统解释。

3.27

组件 component

由一个或多个零件组成的装配单元。

4 本体概念和字典条目的表达

4.1 滚动轴承类

4.1.1 滚动轴承类及其超类

本标准中仅定义了超类为机械系统和通用件的滚动轴承子类(参见图 1)。

注 1:除了滚动轴承,机械系统和通用件还可能有其他的子类,如链传动及其零件、带传动及其零件、键及键槽、滚动轴承等。

注 2:在 GB/T 17645.511—2010 中,在机械系统和通用件中已经定义了紧固件和螺纹两个子类。根据国际标准分类法(ICS:2005)的规定,机械系统和通用件(21)还有“键和键槽、花键(21.120.30)”、“带传动及其零件(21.220.10)”、“链传动及其零件 (21.220.30)”、“齿轮及齿轮传动 (21.200) ”和“滚动轴承(21.100.20)” 等多个子类;“键和键槽、花键(21.120.30)”、“带传动及其零件(21.220.10)”、“链传动及其零件 (21.220.30)”和“齿轮及齿轮传动(21.100.20)” 的内容在 GB/T 25511—2010《机械系统和通用件 链、皮带和键参考字典》和 GB/T 25509—2010《机械系统和通用件 齿轮参考字典》中规定。

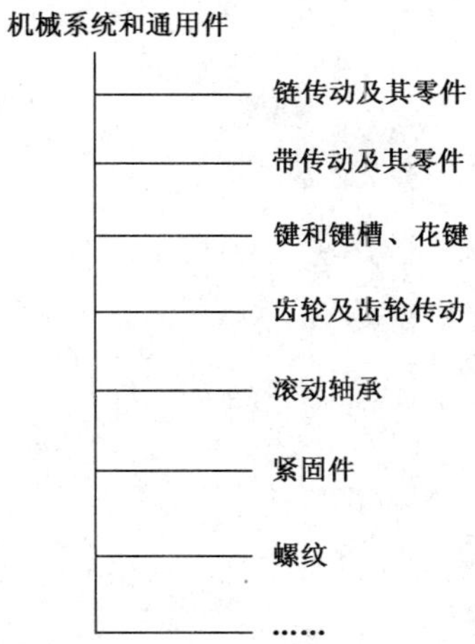

图 1 机械系统和通用件分类结构

4.1.2 组件类

描述滚动轴承使用的组件类有向心轴承、推力轴承和组合轴承。向心轴承的子类有径向接触轴承、角接触向心轴承;推力轴承的子类有轴向接触轴承、角接触推力轴承;组合轴承的子类有推力球组合轴承、角接触球组合轴承、推力圆柱滚子组合轴承。

示例:滚动轴承类的结构见图 2。

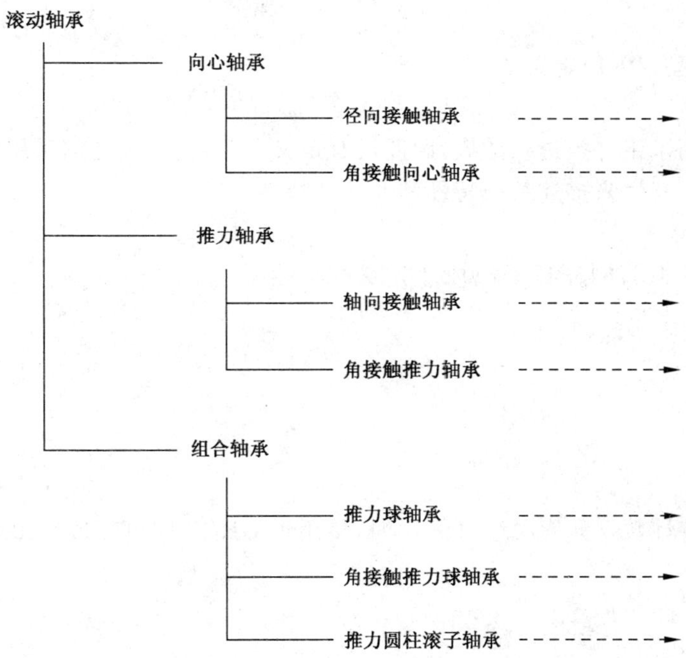

图 2 滚动轴承类的结构

滚动轴承的分类见表 A.1。

4.1.3 引用类

本标准没有引用其他分类中的类。

4.1.4 使用的属性

在本标准中,对类的描述中使用了 GB/T 17645.42—2001 中规定的如下信息单元:

——代码;

——超类;

——首选名;

——子类选择特性；
——可见特性；
——可应用特性；
——类定值赋值；
——定义；
——定义的源文档；
——当前版本的日期；
——当前修订的日期；
——最初定义的日期；
——注释；
——备注；
——版本号；
——修订号；
——简图。

在本标准中，对类的描述中没有使用 GB/T 17645.42—2001 中规定的如下信息单元：

——短名；
——同义名；
——可见类型；
——可应用类型。

4.2 特性数据元素类型(DET)定义

4.2.1 建模数据类型

由于本标准仅使用了组件类进行建模，因此没有定义分类特性，类之间采用继承的方式建立联系。

本标准使用了一般特性来描述特征特性和非特征特性。

4.2.2 引入特性

本标准引入了 GB/T 17645.42—2001 中定义的特性：

——国家标准；
——安全认证；
——质量；
——国际标准。

4.2.3 使用的属性

在本标准中定义特性数据元素类型(DET)时，使用了 GB/T 17645.42—2001 中规定的信息元素：

——代码；
——定义类；
——数据类型；
——首选名；
——定义；
——推荐字母符号；
——单位；
——格式；
——特性类型分类；
——注；
——备注；
——定义源文档；

——值格式；
——最初定义的日期；
——当前版本的日期；
——当前修订的日期；
——版本号；
——修订号。

在本标准中定义特性数据元素类型(DET)时，没有使用GB/T 17645.42—2001中规定的信息元素：

——条件；
——短名；
——公式；
——同义字母符号；
——同义名。

4.3 数据类型定义

4.3.1 数据类型特性

本标准在描述特性时使用了两种数据类型：real_measure_type(实数度量类型)和string_type(字符串型)。real_measure_type用于几何特性的描述；string_type用于材料、机械性能、供应商和生产时间等信息的描述。

4.3.2 自定义使用的属性

本标准没有自定义属性。

4.4 类和特性定义的描述原则

类和特性的定义采用单个短语规定概念系统中类或特性概念所处的位置。定义的措辞应该符合如下规则：

定义规则1：定义的首选结构是用于陈述概念所属类的基本部分，描述特征的措辞用于从类的其他成员中将概念分离出来。

定义规则2：优先使用本标准其他章条中定义的术语或其他引用文件中的术语。如果能够使用这些术语就不要再对其他定义或定义中某些部分引用。

定义规则3：定义中优先使用的术语应满足实际需要。

5 分类原则

5.1 与现存分类的关系

本标准的分类是依据ICS的规定建立的。

注：本标准采用ICS的分类，主要是对本标准定义的字典进行定位。ICS分类中没有给出与本标准直接对应的反映滚动轴承的下层分类。

5.2 层次结构的上层

根据GB/T 17645.42—2001的6.1.2定义的规则2，本标准的上层基于ICS定义的层次结构，见本标准的4.1.1和4.1.2。

5.3 层次结构的下层

本标准除了遵守GB/T 17645.42—2001定义的规则1至规则8外，部分还遵守下列附加规则：

附加规则1：仅当需要定义新的特性时，才定义下层类。下层(零件通用族)无叶(无特性)类的作用仅仅是能正确地定义每个特性的含义。因此，在层次结构的下层结构中，只有当需要定义特性时才定义新的子类。即只有需要用一些特性的值区分其他类时才能创建新类。

注：为了潜在用户的扩展，本标准允许无叶(leafless)组件类存在，即组件类上没有特性。

附加规则 2：字典包括描述滑动轴承国家标准所需要用到的所有特性。

附加规则 3：如果需要，可以使用类定值特性的值对建立的子类进行引用。

5.4 编码格式

为了给类和特性 BSU 分配唯一标识，本条定义了编码格式。

本标准的编码格式(见图 3)如下：

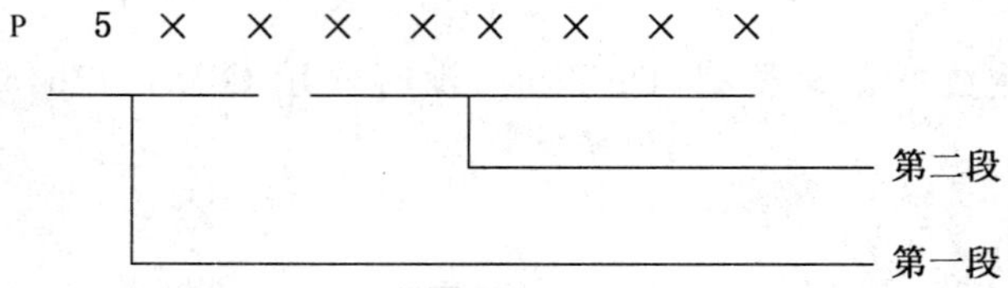

图 3 编码格式

——编码由 10 个字符组成，编码可分为两段；

——对于滚动轴承类，第一段为固定的四个字符“P515”；

——第二段由无含义的字符数字序列的六个字符组成。

例：P515AAA146 标识角接触推力滚子轴承族。

6 计算机可解释的描述

6.1 外部文件

GB/T 17645（所有部分)规定了以电子或非电子格式对字典中产品、任务或活动、定义指定附加文档的外部文件引用机制。机制使用户方便地访问本标准范围的信息。

本标准字典外部文件引用机制见图 4。

在本标准规定的字典中，通过使用 graphics(图)实体的子类 referenced_graphics(被引用的图)实体引用一种外部文件，以规定零件简单族的 simplified_drawing(简图)属性。referenced_graphics 的 graphics_reference 属性的值域是 document_BSU(文档基本语义单元)。基于 document_BSU，计算机可查找到对应的 document_element(文档元素)和 document_content(文档内容)。这样计算机可读取和处理文档。

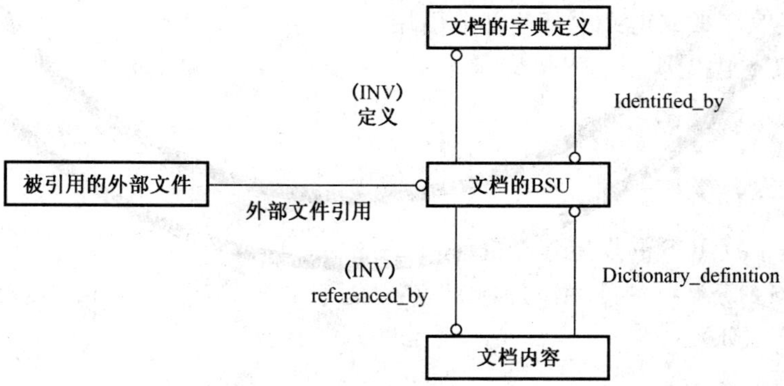

图 4 外部文件引用机制

外部文件的描述应遵守 GB/T 17645.24—2003 定义的实体 ISO 13584_extended_dictionary_schema (ISO 13584 外部字典模式)和实体 ISO 13584_extended_file_schema(ISO 13584 外部文件模式)的规定。

6.2 信息模型和一致性类

本标准遵守 GB/T 17645.25—2008 库集成信息模型 LIIM25 和 GB/T 17645.24—2003 定义的库集成信息模型 LIIM24 的规定。

本标准使用的模式符合 GB/T 17645.25—2008 定义的一致性类 2 的规定。一致性类 2 要求实现支持一致性类 1 并支持聚集数据类型和值。符合库信息集成模型 LIIM25 规定的一致性类 2 的实现支持下列实体和相关构造。

```
SCHEMA ISO 13584_25_IEC 61360_5_liim_schema;

USE FROM ISO 13584_IEC 61360_dictionary_schema
(axis1_placement_type,
axis2_placement_2d_type,
axis2_placement_3d_type,
boolean_type,
class_BSU,
class_instance_type,
class_value_assignment,
complex_type,
component_class,
condition_DET,
data_type_BSU,
data_type_element,
dates,
dependent_P_DET,
dic_unit,
dic_value,
entity_instance_type,
identified_document,
int_currency_type,
int_measure_type,
int_type,
integer_type,
item_class,
item_names,
label_with_language,
level_type,
material_class,
mathematical_string,
named_type,
non_dependent_P_DET,
non_quantitative_code_type,
non_quantitative_int_type,
non_si_unit,
number_type,
placement_type,
property_BSU,
property_DET,
real_currency_type,
real_measure_type,
real_type,
string_type,
supplier_BSU,
supplier_element,
value_domain);

USE FROM ISO 13584_IEC 61360_language_resource_schema
        (global_language_assignment, present_translations, translated_label, translated_text);

USE FROM ISO 13584_instance_resource_schema (null_value, primitive_value,
        null_or_primitive_value, simple_value, null_or_simple_value,
        number_value, null_or_number_value, integer_value, null_or_integer_value,
        real_value, null_or_real_value, boolean_value, null_or_boolean_value,
```

```
        translatable_string_value, translated_string_value, string_value,
        null_or_translatable_string_value, complex_value,
        null_or_complex_value,
        entity_instance_value,
        null_or_entity_instance_value,
        defined_entity_instance_value,
        controlled_entity_instance_value,
        STEP_entity_instance_value,
        PLIB_entity_instance_value,
        property_or_data_type_BSU,
        level_spec_value,
        null_or_level_spec_value,
        int_level_spec_value,
        null_or_int_level_spec_value,
        real_level_spec_value,
        null_or_real_level_spec_value,
        property_value,
        context_dependent_property_value,
        dic_class_instance,
        null_or_dic_class_instance,
        dic_component_instance,
        dic_feature_instance,
        dic_material_instance,
        lib_component_instance,
        lib_feature_instance,
        lib_material_instance,
        dic_f_model_instance,
        lib_f_model_instance);

USE FROM ISO 13584_IEC 61360_dictionary_aggregate_extension_schema
        (entity_instance_type_for_aggregate, list_type, set_type, bag_type, array_type, set_with_subset_
        constraint_type);

USE FROM ISO 13584_extended_dictionary_schema (dictionary,
        dictionary_in_standard_format, library_iim_identification,
        view_exchange_protocol_identification, representation_type,
        geometric_representation_context_type, representation_reference_type,
        program_reference_type, program_library_BSU, document_BSU,
        supplier_program_library_relationship, class_document_relationship,
        representation_P_DET, class_related_dictionary_element,
        program_library_element,document_element,
        document_element_with_http_access,
        document_element_with_translated_http_access,
        referenced_document,
        referenced_graphics,
        feature_class,
        functional_model_class,
        fm_class_view_of,
        functional_view_class,
        non_instantiable_functional_view_class,
        view_control_variable_range,
        item_class_case_of,
        component_class_case_of,
        material_class_case_of,
        feature_class_case_of,
        a_posteriori_case_of,
```

```
        a_posteriori_view_of);

USE FROM ISO 13584_external_file_schema (standard_simple_program_protocol,
        non_standard_simple_program_protocol, linked_interface_program_protocol,
        standard_data_protocol, non_standard_data_protocol, http_protocol,
        program_library_content, document_content, representation_reference,
        program_reference, property_value_external_item, message, illustration,
        A6_illustration, A9_illustration, translated_external_content,
        not_translated_external_content, not_translatable_external_content,
        language_specific_content, external_file_unit, http_file,
        http_class_directory, simple_program_protocol);

USE FROM ISO 13584_aggregate_value_schema (aggregate_entity_instance_value,
        list_value, set_value, bag_value, array_value,
        set_with_subset_constraint_value);

USE FROM ISO 13584_library_content_schema (library, library_in_standard_format,
        explicit_item_class_extension,
        explicit_functional_model_class_extension,
        property_classification, property_value_recommended_presentation);

USE FROM measure_schema (amount_of_substance_measure, area_measure,
        context_dependent_measure, context_dependent_unit,
        conversion_based_unit, count_measure, derived_unit, derived_unit_element,
        dimensional_exponents, electric_current_measure,
        global_unit_assigned_context, length_measure, length_measure_with_unit,
        length_unit, luminous_intensity_measure, mass_measure, measure_value,
        measure_with_unit, named_unit, numeric_measure, parameter_value,
        plane_angle_measure, positive_length_measure,
        positive_plane_angle_measure, ratio_measure, si_unit,
        solid_angle_measure, thermodynamic_temperature_measure, time_measure,
        volume_measure);

USE FROM person_organization_schema (address, organization, person);

USE FROM date_time_schema (date, date_and_time, local_time, calendar_date,
        ordinal_date, week_of_year_and_day_date);

USE FROM geometry_schema (axis1_placement, axis2_placement_2D,
        axis2_placement_3D, geometric_representation_context, placement);

USE FROM representation_schema
        (representation,
        representation_context,
        representation_item);

USE FROM application_context_schema
        (application_context,
        application_context_element,
        application_protocol_definition);

END_SCHEMA;--ISO 13584_25_IEC 61360_5_liim_schema
```

附　录　A
（规范性附录）
分 类 表

滚动轴承的分类结构和代码表见表 A.1。

表 A.1　滚动轴承的分类结构表

分类结构	超类码	代码
滚动轴承	$	P515AAA001
向心轴承	P515AAA001	P515AAA002
径向接触轴承	P515AAA002	P515AAA003
径向接触球轴承	P515AAA003	P515AAA004
深沟球轴承	P515AAA004	P515AAA005
(单列向心)深沟球轴承	P515AAA005	P515AAA006
普通深沟球轴承	P515AAA006	P515AAA007
外圈有止动槽的深沟球轴承	P515AAA006	P515AAA008
一面带防尘盖,另一面外圈有止动槽的深沟球轴承	P515AAA006	P515AAA009
一面带防尘盖的深沟球轴承	P515AAA006	P515AAA010
两面带防尘盖的深沟球轴承	P515AAA006	P515AAA011
一面带密封圈(接触式)的深沟球轴承 LS 型	P515AAA006	P515AAA012
一面带密封圈(接触式)的深沟球轴承 RS 型	P515AAA006	P515AAA013
一面带密封圈(非接触式)的深沟球轴承	P515AAA006	P515AAA014
两面带密封圈(接触式)的深沟球轴承 2LS 型	P515AAA006	P515AAA015
两面带密封圈(接触式)的深沟球轴承 2RS 型	P515AAA006	P515AAA016
两面带密封圈(非接触式)的深沟球轴承	P515AAA006	P515AAA017
外球面球轴承	P515AAA005	P515AAA018
带顶丝外球面球轴承 UB 型	P515AAA018	P515AAA019
带顶丝外球面球轴承 UC 型	P515AAA018	P515AAA020
圆锥孔或带紧定套外球面球轴承 UK 型	P515AAA018	P515AAA021
圆锥孔或带紧定套外球面球轴承 UK+H 型	P515AAA018	P515AAA022
带偏心套外球面球轴承 UE 型	P515AAA018	P515AAA023
带偏心套外球面球轴承 UEL 型	P515AAA018	P515AAA024
凸缘外圈深沟球轴承	P515AAA005	P515AAA025
凸缘外圈深沟球轴承 F60000 型	P515AAA025	P515AAA026
凸缘外圈深沟球轴承 F60000 Z 型	P515AAA025	P515AAA027
凸缘外圈深沟球轴承 F60000 2Z 型	P515AAA025	P515AAA028
有装球缺口、有保持架的深沟球轴承	P515AAA005	P515AAA029
双列深沟球轴承	P515AAA005	P515AAA030

表 A.1（续）

分类结构	超类码	代码
径向接触滚子轴承	P515AAA003	P515AAA031
圆柱滚子轴承	P515AAA031	P515AAA032
单列圆柱滚子轴承	P515AAA032	P515AAA033
内圈无挡边圆柱滚子轴承 NU 型	P515AAA033	P515AAA034
内圈单挡边圆柱滚子轴承 NJ 型	P515AAA033	P515AAA035
内圈单挡边、带平挡圈圆柱滚子轴承 NUP 型	P515AAA033	P515AAA036
外圈无挡边圆柱滚子轴承 N 型	P515AAA033	P515AAA037
内圈单挡边、带斜挡圈圆柱滚子轴承 NH 型	P515AAA033	P515AAA038
外圈单挡边圆柱滚子轴承 NF 型	P515AAA033	P515AAA039
无内圈圆柱滚子轴承 RNU 型	P515AAA033	P515AAA040
无外圈圆柱滚子轴承 RN 型	P515AAA033	P515AAA041
双列圆柱滚子轴承	P515AAA032	P515AAA042
双列圆柱滚子轴承 NN 型	P515AAA042	P515AAA043
圆锥孔双列圆柱滚子轴承 NN...K 型	P515AAA042	P515AAA044
双列圆柱滚子轴承 NN.../W33 型	P515AAA042	P515AAA045
圆锥孔双列圆柱滚子轴承 NN...K/W33 型	P515AAA042	P515AAA046
内圈无挡边双列圆柱滚子轴承 NNU 型	P515AAA042	P515AAA047
内圈无挡边圆锥孔双列圆柱滚子轴承 NNU...K 型	P515AAA042	P515AAA048
内圈无挡边双列圆柱滚子轴承 NNU.../W33 型	P515AAA042	P515AAA049
内圈无挡边圆锥孔双列圆柱滚子轴承 NNU...K/W33 型	P515AAA042	P515AAA050
滚针轴承	P515AAA031	P515AAA051
双列可分离滚针轴承	P515AAA051	P515AAA052
成套滚针轴承	P515AAA052	P515AAA053
无内圈滚针轴承	P515AAA052	P515AAA054
向心滚针和保持架组件 GB	P515AAA051	P515AAA055
冲压外圈滚针轴承	P515AAA051	P515AAA056
冲压外圈滚针轴承 HK 0000 型	P515AAA056	P515AAA057
冲压外圈滚针轴承 BK 0000 型	P515AAA056	P515AAA058
冲压外圈滚针轴承 HK 0000-RS 型	P515AAA056	P515AAA059
冲压外圈滚针轴承 HK 0000-2RS 型	P515AAA056	P515AAA060
冲压外圈滚针轴承 F-0000 型	P515AAA056	P515AAA061
冲压外圈滚针轴承 MF-0000 型	P515AAA056	P515AAA062
滚轮滚针轴承	P515AAA051	P515AAA063
挡圈型滚轮滚针轴承	P515AAA063	P515AAA064
螺栓型滚轮滚针轴承	P515AAA063	P515AAA065

表 A.1(续)

分类结构	超类码	代码
向心滚针和保持架组件 JB	P515AAA051	P515AAA066
向心滚针和保持架组件 K 型	P515AAA066	P515AAA067
向心滚针和保持架组件 K...ZW 型	P515AAA066	P515AAA068
向心滚针和保持架组件 K...D 型	P515AAA066	P515AAA069
向心滚针和保持架组件 K...ZWD 型	P515AAA066	P515AAA070
角接触向心轴承	P515AAA002	P515AAA071
角接触向心球轴承	P515AAA071	P515AAA072
调心球轴承	P515AAA072	P515AAA073
圆柱孔调心球轴承 10000 型	P515AAA073	P515AAA074
圆锥孔调心球轴承 10000K 型	P515AAA073	P515AAA075
带紧定套的调心球轴承 10000K＋H0000 型	P515AAA073	P515AAA076
角接触球轴承	P515AAA072	P515AAA077
(单列向心)角接触球轴承	P515AAA077	P515AAA078
锁口内圈和锁口外圈型角接触球轴承	P515AAA078	P515AAA079
锁口外圈型角接触球轴承	P515AAA078	P515AAA080
锁口内圈型角接触球轴承	P515AAA078	P515AAA081
外圈可分离的单列向心角接触球轴承	P515AAA077	P515AAA082
内圈可分离的单列向心角接触球轴承	P515AAA077	P515AAA083
三点和四点接触球轴承	P515AAA077	P515AAA084
三点接触球轴承	P515AAA084	P515AAA085
四点接触球轴承	P515AAA084	P515AAA086
双列角接触球轴承	P515AAA077	P515AAA087
(有装球缺口的)双列角接触球轴承	P515AAA087	P515AAA088
无装球缺口的双列角接触球轴承	P515AAA087	P515AAA089
一面带防尘盖的双列角接触球轴承	P515AAA087	P515AAA090
两面带防尘盖的双列角接触球轴承	P515AAA087	P515AAA091
一面带密封圈的双列角接触球轴承	P515AAA087	P515AAA092
两面带密封圈的双列角接触球轴承	P515AAA087	P515AAA093
双内圈双列角接触球轴承	P515AAA087	P515AAA094
凸缘外圈角接触球轴承	P515AAA077	P515AAA095
凸缘外圈角接触球轴承 FSN 70000 型	P515AAA095	P515AAA096
凸缘外圈角接触球轴承 FSN 70000-Z 型	P515AAA095	P515AAA097
凸缘外圈角接触球轴承 FSN 70000-2Z 型	P515AAA095	P515AAA098
角接触向心滚子轴承	P515AAA071	P515AAA099
圆锥滚子轴承	P515AAA099	P515AAA100
(单列)圆锥滚子轴承	P515AAA100	P515AAA101
双列圆锥滚子轴承	P515AAA100	P515AAA102
双内圈双列圆锥滚子轴承	P515AAA102	P515AAA103

表 A.1（续）

分类结构	超类码	代码
双外圈双列圆锥滚子轴承	P515AAA102	P515AAA104
四列圆锥滚子轴承	P515AAA100	P515AAA105
调心滚子轴承	P515AAA099	P515AAA106
调心滚子轴承 20000C 型	P515AAA106	P515AAA107
调心滚子轴承 20000CA 型	P515AAA106	P515AAA108
圆锥孔调心滚子轴承 20000CK 型	P515AAA106	P515AAA109
圆锥孔调心滚子轴承 20000CAK 型	P515AAA106	P515AAA110
调心滚子轴承 20000C/W33 型	P515AAA106	P515AAA111
调心滚子轴承 20000CA/W33 型	P515AAA106	P515AAA112
圆锥孔调心滚子轴承 20000CK/W33 型	P515AAA106	P515AAA113
圆锥孔调心滚子轴承 20000CAK/W33 型	P515AAA106	P515AAA114
圆锥调心滚子轴承 20000CK30 型	P515AAA106	P515AAA115
圆锥孔调心滚子轴承 20000CAK30 型	P515AAA106	P515AAA116
圆锥孔调心滚子轴承 20000CK30/W33 型	P515AAA106	P515AAA117
圆锥孔调心滚子轴承 20000CAK30/W33 型	P515AAA106	P515AAA118
装在紧定套上的调心滚子轴承 20000CK+H 型	P515AAA106	P515AAA119
装在紧定套上的调心滚子轴承 20000CAK+H 型	P515AAA106	P515AAA120
装在紧定套上的调心滚子轴承 20000CK/W33+H 型	P515AAA106	P515AAA121
装在紧定套上的调心滚子轴承 20000CAK/W33+H 型	P515AAA106	P515AAA122
推力轴承	P515AAA001	P515AAA123
轴向接触轴承	P515AAA123	P515AAA124
轴向接触球轴承	P515AAA124	P515AAA125
推力球轴承	P515AAA125	P515AAA126
单向推力球轴承 51000 型	P515AAA126	P515AAA127
双向推力球轴承 52000 型	P515AAA126	P515AAA128
外调心推力球轴承 53000 型	P515AAA126	P515AAA129
外调心推力球轴承 53000U 型	P515AAA126	P515AAA130
双向外调心推力球轴承 54000 型	P515AAA126	P515AAA131
双向外调心推力球轴承 54000U 型	P515AAA126	P515AAA132
轴向接触滚子轴承	P515AAA124	P515AAA133
推力圆柱滚子轴承	P515AAA133	P515AAA134
(普通)推力圆柱滚子轴承	P515AAA134	P515AAA135
双列或多列推力圆柱滚子轴承	P515AAA134	P515AAA136
双向推力圆柱滚子轴承	P515AAA134	P515AAA137
推力滚针轴承	P515AAA133	P515AAA138
推力滚针和保持架组件	P515AAA138	P515AAA139
角接触推力轴承	P515AAA123	P515AAA140

表 A.1（续）

分类结构	超类码	代码
角接触推力球轴承	P515AAA140	P515AAA141
推力角接触球轴承	P515AAA141	P515AAA142
(单向)推力角接触球轴承	P515AAA142	P515AAA143
双向推力角接触球轴承	P515AAA142	P515AAA144
角接触推力滚子轴承	P515AAA140	P515AAA145
推力圆锥滚子轴承	P515AAA145	P515AAA146
锥形轴圈圆锥滚子轴承	P515AAA146	P515AAA147
平滚道轴圈圆锥滚子轴承	P515AAA146	P515AAA148
推力调心滚子轴承	P515AAA145	P515AAA149
组合轴承	P515AAA001	P515AAA150
滚针和推力球组合轴承	P515AAA150	P515AAA151
滚针和推力球组合轴承 NKX 00 型	P515AAA151	P515AAA152
滚针和带外罩的推力球组合轴承 NKX 00 Z 型	P515AAA151	P515AAA153
有内圈的滚针和推力球组合轴承 NKX 00＋IR 型	P515AAA151	P515AAA154
有内圈的滚针和带外罩的推力球组合轴承 NKX 00 Z＋IR 型	P515AAA151	P515AAA155
滚针和角接触球组合轴承	P515AAA150	P515AAA156
滚针和角接触球组合轴承	P515AAA156	P515AAA157
滚针和三点接触球组合轴承	P515AAA156	P515AAA158
滚针和推力圆柱滚子组合轴承	P515AAA150	P515AAA159
滚针和单向推力圆柱滚子组合轴承	P515AAA159	P515AAA160
单列向心滚针和单向推力圆柱滚子组合轴承 NKXR 型	P515AAA160	P515AAA161
滚针和带外罩推力圆柱滚子组合轴承 NKXR...Z 型	P515AAA160	P515AAA162
有内圈滚针和推力圆柱滚子组合轴承 NKXR＋IR 型	P515AAA160	P515AAA163
有内圈滚针和带外罩推力圆柱滚子组合轴承 NKXR...Z＋IR 型	P515AAA160	P515AAA164
滚针和双向推力圆柱滚子组合轴承	P515AAA159	P515AAA165
滚针和双向推力圆柱滚子组合轴承 ZARN 型	P515AAA165	P515AAA166
带加长阶梯形轴圈的滚针和双向推力圆柱滚子组合轴承 ZARN...L 型	P515AAA165	P515AAA167
带法兰盘的滚针和双向推力圆柱滚子组合轴承 ZARF 型	P515AAA165	P515AAA168
带加长阶梯形轴圈和法兰盘的滚针和双向推力圆柱滚子组合轴承 ZARF...L 型	P515AAA165	P515AAA169
注：表中 $ 表示机械系统和通用件的代码。		

参 考 文 献

[1] GB 271—2008 滚动轴承 分类

[2] GB/T 6930—2002 滚动轴承 词汇

[3] GB/T 17645.1—2008 工业自动化系统与集成 零件库 第1部分:综述与基本原理

[4] GB/T 17645.511—2010 工业自动化系统与集成 零件库 第511部分:机械系统和通用件:紧固件参考字典

[5] GB/T 16656.1—2008 工业自动化系统与集成 产品数据表达与交换 第1部分:概述与基本原理

[6] GB/T 16656.11—1996 工业自动化系统与集成 产品数据表达与交换 第11部分:描述方法:EXPRESS语言参考手册

[7] GB/T 16656.21—2008 工业自动化系统与集成 产品数据表达与交换 第21部分:实现方法:交换文件结构的纯正文编码

[8] GB 17564.4—2001 电器元器件的标准数据元素类型和相关分类模式 第4部分:IEC标准数据元素类型、元器件分类和项的基准集

ICS 25.040.40
L 67

中华人民共和国国家标准

GB/T 25511—2010

机械系统和通用件 链、皮带和键参考字典

Mechanical systems and components for general use—Reference dictionary for chains, belts and keys

2010-12-01 发布 2011-05-01 实施

中华人民共和国国家质量监督检验检疫总局
中国国家标准化管理委员会 发布

前　言

GB/T 17645.511—2010《工业自动化系统与集成　零件库　第511部分:机械系统和通用件:紧固件参考字典》、GB/T 25511—2010《机械系统和通用件　链、皮带和键参考字典》、GB/T 25509—2010《机械系统和通用件　齿轮参考字典》和GB/T 25510—2010《机械系统和通用件　滚动轴承参考字典》共同构成我国机械产品参考字典的基础性系列国家标准。

本标准的附录A是规范性附录。

本标准由中国标准研究院提出并归口。

本标准起草单位:中国标准化研究院。

本标准主要起草人:洪岩、王志强、刘守华、李文武、杨青海。

引　言

随着全球经济一体化进程的加快,基础数据描述的不规范已成为制约制造企业间产品数据集成与共享的主要瓶颈。为此,加强基础数据的标准化建设是振兴我国装备制造业、实现企业数据集成与共享的重要前提。

ISO 13584《工业自动化系统与集成　零件库》是一个由众多部分组成的关于计算机可解释的零件库数据表达与交换的国际标准,目前已转化为我国国家标准 GB/T 17645《工业自动化系统与集成　零件库》。GB/T 17645 的参考字典系列规定了表达实体应用域的本体及其描述特性和值域。每个实体,特性和值域构成了一个字典的条目,该条目是形式化的且计算机可解释的特定本体的表示。这种表示分别与计算机可解释的、人类可认读的定义和计算机可解释的标识相关联。字典条目的标识保证在任何应用中对字典条目的引用不存在二义性。

字典条目的定义和标识包括定义在公共字典模式中的 EXPRESS 实体数据类型的实例,其扩展内容定义在 GB/T 17645 的逻辑资源系列中。本标准包括如下内容:

——用于描述链、皮带与键的类的定义和标识,以及相关的分类模式;

——用于表达链、皮带与键特性的数据元素类型的定义和标识;

——用于描述以上数据元素类型的值域的定义和标识。

应用域中的每个类、特性或值域构成了本标准定义的参考字典的条目。条目与计算机可解释或人类可认读的定义、计算机可解释的标识相关联。字典条目的标识保证在任何应用中对字典条目的引用不存在二义性。

字典条目的定义和标识包括定义在公共字典模式中的 EXPRESS 实体数据类型的实例,其扩展内容定义在 GB/T 17645 的逻辑资源系列中。

本标准是机械领域和通用件参考字典方面的重要组成部分,通过本标准的制定将丰富完善机械系统和通用件数据字典的内容,为数据字典技术在机械行业的应用提供技术支持。

机械系统和通用件 链、皮带和键参考字典

1 范围

本标准规定了链、皮带与键的参考字典，包括其分类特性及其值域。

本标准适用于：

——表达链、皮带与键分类的标准数据；

——表达链、皮带与键特性的标准数据；

——表达链、皮带与键特性值域的标准数据。

本标准不适用于：

——规定本标准定义的标准数据的构造零件族的方法学；

——交换本标准定义的标准数据的实现方法。

2 规范性引用文件

下列文件中的条款通过本标准的引用而成为本标准的条款。凡是注日期的引用文件，其随后所有的修改单(不包括勘误的内容)或修订版均不适用于本标准，然而，鼓励根据本标准达成协议的各方研究是否可使用这些文件的最新版本。凡是不注日期的引用文件，其最新版本适用于本标准。

GB/T 17645.24—2003 工业自动化系统与集成 零件库 第24部分：逻辑资源：供应商库的逻辑模型(ISO 13584-24:2002,IDT)

GB/T 17645.25—2008 工业自动化系统与集成 零件库 第25部分：逻辑资源：带聚集值和显式内容的供应商库的逻辑模型(ISO 13584-25:2003,IDT)

GB/T 17645.42—2001 工业自动化系统与集成 零件库 第42部分：描述方法学：构造零件族的方法学(idt ISO 13584-42:1998)

3 术语和定义

下列术语和定义适用于本标准。

3.1

带传动 belt transmission

由带和带轮组成传递运动和(或)动力的传动，分摩擦传动和啮合传动两类。

注：改写 GB/T 6931.1—1986，定义1.1。

3.2

平带传动 flat belt transmission

由平带和带轮组成的摩擦传动，带的工作面与带轮的轮缘表面接触。

注：改写 GB/T 6931.1—1986，定义1.1.1。

3.3

V带传动 V-belt transmission

由一条或数条V带和V带轮组成的摩擦传动。V带安装在相应的轮槽内，仅与轮槽的两侧接触，而不与槽底接触。

注：改写 GB/T 6931.1—1986，定义1.1.2。

3.4

圆带传动　round belt transmission

由圆带和带轮组成的摩擦传动。

注：改写 GB/T 6931.1—1986,定义 1.1.3。

3.5

同步带传动　synchronous belt transmission

由同步带和同步带轮组成的啮合传动,其同步运动和(或)动力是通过带齿与轮齿相啮合传递的。

注：改写 GB/T 6931.1—1986,定义 1.1.4。

3.6

花键　spline

内花键和外花键的统称。

注：改写 GB/T 15758—1995,2.2。

3.7

可应用特性　applicable property

为某些零件族定义的特性,它将用于属于该零件族的任何零件。

示例：对于螺栓通用族,螺纹直径是一个可应用特性:这个特性用于任何螺栓。

[GB/T 17645.24—2003,定义 3.3]

3.8

基本语义单元　basic semantic unit

BSU

一种实体,它提供了应用领域(例如:类、数据元素类型)特定对象的一个绝对的和唯一的标识。

示例：类,数据元素类型。

[GB/T 17645.42—2001,定义 3.4.1]

3.9

零件的特征(零件特征)　characteristic of a part (part characteristic)

零件的常数特性，一旦零件被定义,该特性的值是固定的。

注：零件特征值的变化将意味该零件的变化。

示例：对于一个垫圈,内径和外径是零件特征。

[GB/T 17645.24—2003,定义 3.12]

3.10

公共字典模式　common dictionary schema

用信息建模语言 EXPRESS 建立的一种字典的信息模型,它是 ISO TC 184/SC4/WG2 和 IEC SC3D 共同努力的结果。

注：GB/T 17564.2 规定了这种公共字典模式,在 GB/T 17645.42—2001 的附录 D 中给出了该公共字典模式的内容。

[GB/T 17645.42—2001,定义 3.4.3]

3.11

数据　data

一种形式化的信息表达,它适合于人或计算机进行通信、解释或处理。

[GB/T 16656.1—2008,定义 3.2.16]。

3.12

数据元素类型　data element type

DET

为其规定了标识、描述和值的表达的数据单元。

[GB/T 17645.42—2001,定义 3.4.4]。

3.13

数据交换 data exchange

数据的存储、访问、传送和归档。

[GB/T 16656.1—2008,定义 3.2.17]

3.14

数据类型 data type

一种值域。

注:改写 GB/T 16656.11—1996,定义 3.4。

3.15

字典 dictionary

包含一系列条目的表,一个含义对应字典中的一个条目,字典的一个条目只有一个含义。

注 1:在 GB/T 17645 中,用于构成字典词条的种类有:供应方、类、特性、程序库、类型、表和文档。

注 2:在 GB/T 17645 中,表达一字典词条的信息被分为三个实体:一个是 basic_semantic_unit (基本语义单元)(BSU),它提供引用;一个是 dictionary_element(字典元素),它通过属性尽可能地描述该字典词条;一个是 content_item 实体,它通过描述它的内容来描述该字典词条。

注 3:在 GB/T 17645 中,表达字典条目的信息被分离为基本语义单元(BSU),通过 BSU 引用描述属性含义的字典元素(dictionary_element)以及描述字典内容的内容项(content_item)。

[GB/T 17645.1—2008,定义 3.1.2]

3.16

字典数据 dictionary data

描述了零件族的层次结构和这些零件特性的数据集。

注:字典数据应使用公共字典模式进行交换。

[GB/T 17645.42—2001,定义 3.4.6]

3.17

字典元素 dictionary element

属性集合,它组成了应用领域(例如类、数据元素类型)特定对象的字典描述。

[GB/T 17645.42—2001,定义 3.4.7]

3.18

实体 entity

由共同特性定义的信息类。

[GB/T 16656.11—2010,定义 3.3.6]

3.19

实体数据类型 entity data type

指定的实体数据类型的值。一个实体实例的名称用于引用该实例。

[GB/T 16656.11—2010,定义 3.3.8]

3.20

实体(数据类型)实例 entity (data type) instance

指定的实体数据类型的值。一个实体实例的名称用于引用该实例。

[GB/T 16656.11—2010,定义 3.3.8]

3.21

零件族 family of parts

零件的简单族或者通用族。

[GB/T 17645.24—2003,定义 3.40]

3.22

零件通用族　generic family of parts

为了分类或分解公共信息，所作的零件简单族或通用族的一种分组。

[GB/T 17645.24—2003，定义 3.44]

3.23

实现方法　implementation method

由计算机用于交换数据的一种技术，它用于该 EXPRESS 数据规范语言的描述。

[GB/T 17645.24—2003，定义 3.50]

3.24

事例关系　is-case-of relationship

一种关系，该关系提供了一对象符合另一个对象所定义的部分规范这一事实的一种形式表示。

注：在 GB/T 17645 中，可见或可应用于某些零件族的所有特性和数据类型可以通过所有的声明了该前面族的 is-case-of(存在情况)存在的零件族进行输入。这些特性和数据类型甚至可用于描述后面的族。

[GB/T 17645.24—2003，定义 3.62]

3.25

库集成信息模型　library integrated information model

LIIM

为表达以交换为目的的各供应商库，从不同的 EXPRESS 模式中集成了各种资源构造的、且与一致性要求相关的一种 EXPRESS 模式。

注：改写 GB/T 17645.24—2003，定义 3.72。

3.26

本体　ontology

应用域中独立于任何用途的概念的清楚描述。

注：在本标准中，字典是形式化的或计算机可解释的本体表达。

3.27

零件　part

一个组成不同产品构件的物质或功能元素。

[GB/T 17645.1—2008，定义 3.1.16]

3.28

特性　property

可以通过数据元素类型来表达的信息。

[GB/T 17645.42—2001，定义 3.4.10]

3.29

零件简单族　simple family of parts

一种零件集，该零件集的每个零件可以通过相同的特性组进行描述。

[GB/T 17645.24—2003，定义 3.98]

3.30

可见特性　visible property

它对应一个典型特性，零件(属于零件的通用族或简单族)拥有或不拥有这种特性取决于该零件所属的子族。

示例：对于螺钉通用族，非螺纹长度是一个可见特性：它用于定义任何螺钉，但只有带非螺纹部分的那些螺钉，这个特性才有值。

注：定义特性为可见特性的类的代码是表达这个特性的数据元素类型的标识。

[GB/T 17645.42—2001,5.2]

3.31

标准数据　standard data

通过 EXPRESS 实体(数据类型)实例化手段所定义的、关于软件系统的一种要求,假定该 EXPRESS 实体实例可被这个软件系统解释。

3.32

组件　component

由一个或多个零件组成的装配单元。

4　本体概念和字典条目的表达

4.1　链、皮带与键类

4.1.1　链、皮带、键类及其超类

本标准中仅定义了超类为机械系统和通用件的链传动及其零件、带传动及其零件、键及键槽(参见图 1)。

注 1:除了链传动及其零件、带传动及其零件、键及键槽,机械系统和通用件还可能有其他的子类,如齿轮与齿轮传动、滚动轴承等。

注 2:在 GB/T 17645.511—2010 中,在机械系统和通用件中已经定义了紧固件和螺纹两个子类。根据国际标准分类法(ICS:2005)的规定,机械系统和通用件(21)还有“键和键槽、花键(21.120.30)”、“带传动及其零件(21.220.10)”、“链传动及其零件(21.220.30)”、“齿轮及齿轮传动(21.200)”和“滚动轴承(21.100.20)”等多个子类;“齿轮及齿轮传动(21.200)”和“滚动轴承(21.100.20)”的内容在 GB/T 25509—2010《机械系统和通用件　齿轮参考字典》和 GB/T 25510—2010《机械系统和通用件　滚动轴承参考字典》中规定。

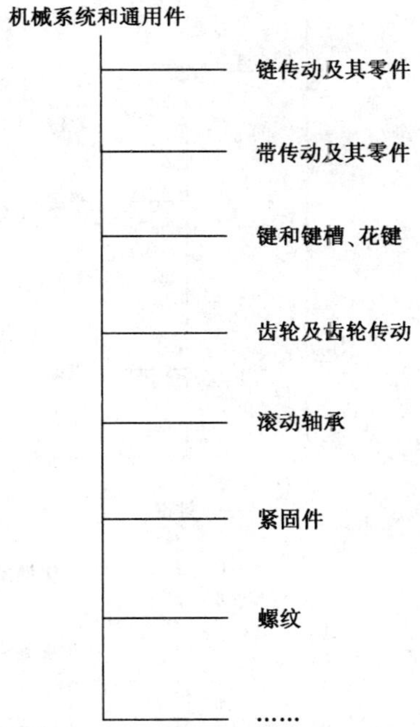

图 1　机械系统和通用件分类结构

4.1.2　组件类

描述链、皮带与键使用的组件类有链传动及其零件、带传动及其零件、键、键槽。链传动及其零件的子类有链条、链轮、槽轮和链附件;带传动及其零件的子类有 V 带传动、同步带传动、带传动部件、平带传动、圆带传动和多楔带传动;键的子类有花键、平键、半圆键、楔键、切向键;键槽的子类有花键键槽、平键键槽、半圆键键槽、楔键键槽和切向键键槽。

示例:链传动及其零件、带传动及其零件、键、键槽类的结构见图 2。

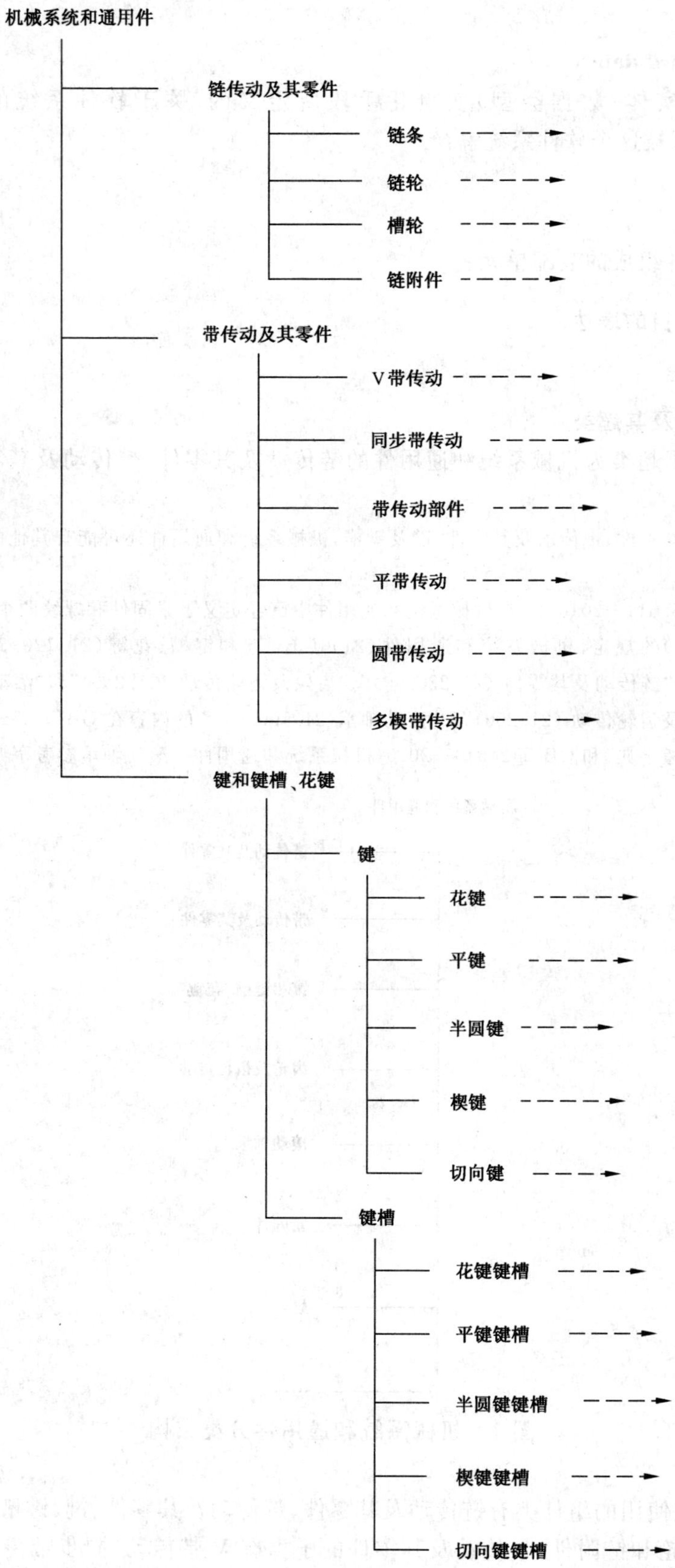

图 2 链、带传动、键和键槽类的结构

链、带传动、键和键槽类的分类见表 A.1、表 A.2 和表 A.3。

4.1.3 引用类

本标准没有引用其他分类中的类。

4.1.4 使用的属性

在本标准中，对类的描述中使用了 GB/T 17645.42—2001 中规定的如下信息单元。

——代码；
——超类；
——首选名；
——子类选择特性；
——可见特性；
——可应用特性；
——类定值赋值；
——定义；
——定义的源文档；
——当前版本的日期；
——当前修订的日期；
——最初定义的日期；
——注释；
——备注；
——版本号；
——修订号；
——简图。

在本标准中，对类的描述中没有使用 GB/T 17645.42—2001 中规定的如下信息单元。

——短名；
——同义名；
——可见类型；
——可应用类型。

4.2 特性数据元素类型(DET)定义

4.2.1 建模数据类型

由于本标准仅使用了组件类进行建模，因此没有定义分类特性，类之间采用继承的方式建立联系。

本标准使用了一般特性来描述特征特性和非特征特性。

4.2.2 引入特性

本标准引入了 GB/T 17645.42—2001 中定义的特性：

——国家标准；
——安全认证；
——质量；
——国际标准。

4.2.3 使用的属性

在本标准中定义特性数据元素类型(DET)时，使用了 GB/T 17645.42—2001 中规定的信息元素：

——代码；
——定义类；
——数据类型；
——首选名；

——定义；
——推荐字母符号；
——单位；
——格式；
——特性类型分类；
——注；
——备注；
——定义源文档；
——值格式；
——最初定义的日期；
——当前版本的日期；
——当前修订的日期；
——版本号；
——修订号。

在本标准中定义特性数据元素类型(DET)时，没有使用GB/T 17645.42—2001中规定的信息元素：

——条件；
——短名；
——公式；
——同义字母符号；
——同义名。

4.3 数据类型定义

4.3.1 数据类型特性

本标准在描述特性时使用了两种数据类型：real_measure_type(实数度量类型)和string_type(字符串型)。real_measure_type用于几何特性的描述；string_type用于材料、机械性能、供应商和生产时间等信息的描述。

4.3.2 自定义使用的属性

本标准没有自定义属性。

4.4 类和特性定义的描述原则

类和特性的定义采用单个短语规定概念系统中类或特性概念所处的位置。定义的措辞应该符合如下规则：

定义规则1：定义的首选结构是用于陈述概念所属类的基本部分，描述特征的措辞用于从类的其他成员中将概念分离出来。

定义规则2：优先使用本标准其他章、条中定义的术语或其他引用文件中的术语。如果能够使用这些术语就不要再对其他定义或定义中某些部分进行引用。

定义规则3：定义中优先使用的术语应满足实际需要。

5 分类原则

5.1 与现存分类的关系

本标准的分类是依据ICS的规定建立的。

注：本标准采用ICS的分类，主要是对本标准定义的字典进行定位。ICS分类中没有给出与本标准直接对应的反映链、皮带和键的下层分类。

5.2 层次结构的上层

根据GB/T 17645.42—2001中6.1.2定义的规则2，本标准的上层基于ICS定义的层次结构，见本标准的 4.1.1 和 4.1.2。

5.3 层次结构的下层

本标准除了遵守 GB/T 17645.42—2001 定义的规则 1 到规则 8 外，部分还遵守下列附加规则：

附加规则 1：仅当需要定义新的特性时，才定义下层类。下层（零件通用族）无叶（无特性）类的作用仅仅是能正确地定义每个特性的含义。因此，在层次结构的下层结构中，只有当需要定义特性时才定义新的子类。即只有需要用一些特性的值区分其他类时才能创建新类。

注：为了潜在用户的扩展，本标准允许无叶（leafless）组件类存在，即组件类上没有特性。

附加规则 2：字典包括描述链、带传动、键和键槽国家标准所需要用到的所有特性。

附加规则 3：如果需要，可以使用类定值特性的值对建立的子类进行引用。

5.4 编码格式

为了给类和特性 BSU 分配唯一标识，本条定义了编码格式。

本标准的编码格式（见图 3）如下：

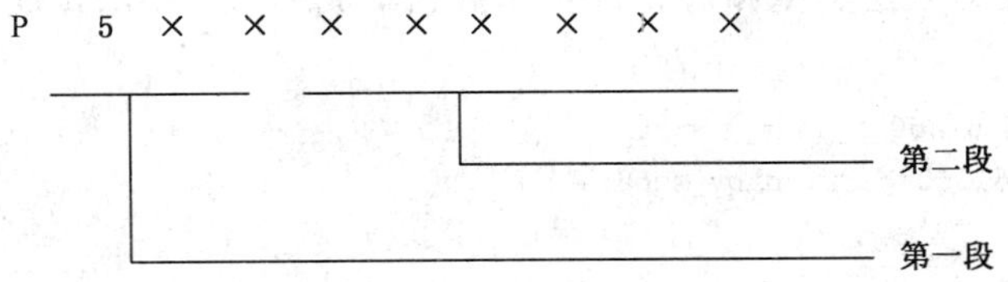

图 3 编码格式

——编码由 10 个字符组成，编码可分为两段；

——对于带传动及其零件类，第一段为固定的的四个字符“P512”；

——对于链传动及其零件类，第一段为固定的的四个字符“P513”；

——对于键和键槽类，第一段为固定的的四个字符“P514”；

——第二段由无含义的字符数字序列的六个字符组成。

示例：P513AAA003 标识链传动及其零件的滚子链条族。

6 计算机可解释的描述

6.1 外部文件

GB/T 17645（所有部分）规定了以电子或非电子格式对字典中产品、任务或活动、定义指定附加文档的外部文件引用机制。机制使用户方便地访问本标准范围的信息。

本标准字典外部文件引用机制见图 4。

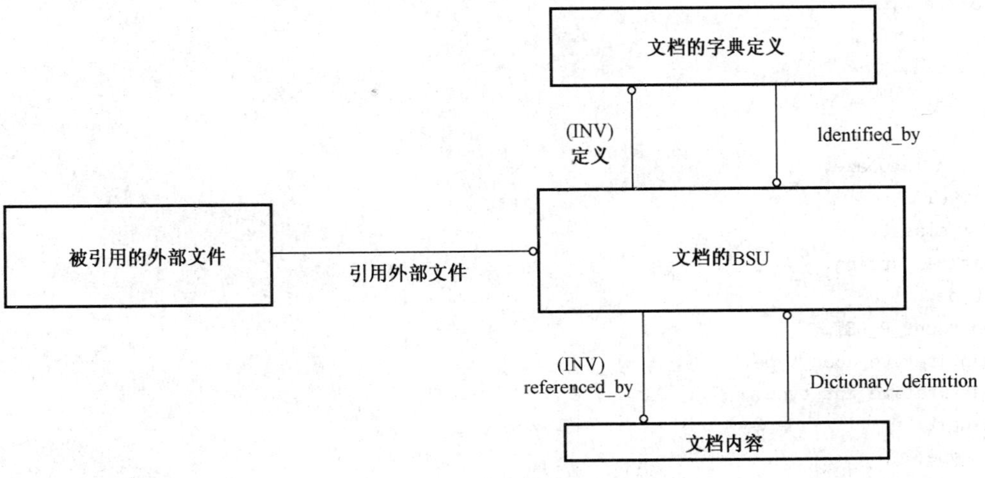

图 4 外部文件引用机制

在标准规定的字典中，通过使用 graphics(图)实体的子类 referenced_graphics(被引用的图)实体引用一种外部文件，以规定零件简单族的 simplified_drawing(简图)属性。referenced_graphics 的 graphics_reference 属性的值域是 document_BSU(文档基本语义单元)。基于 document_BSU，计算机可查找到对应的 document_element(文档元素)和 document_content(文档内容)。这样计算机可读取和处理文档。

外部文件的描述应遵守 GB/T 17645.24—2003 定义的实体 ISO 13584_extended_dictionary_schema(ISO 13584 外部字典模式)和 实体 ISO 13584_extended_file_schema(ISO 13584 外部文件模式)的规定。

6.2 信息模型和一致性类

本标准遵守 GB/T 17645.25—2008 库集成信息模型 LIIM25 和 GB/T 17645.24—2003 定义的库集成信息模型 LIIM24 的规定。

本标准使用的模式符合 GB/T 17645.25—2008 定义的一致性类 2 的规定。一致性类 2 要求实现支持一致性类 1 并支持聚集数据类型和值。符合库信息集成模型 LIIM25 规定的一致性类 2 的实现支持下列实体和相关构造。

```
SCHEMA ISO 13584_25_IEC 61360_5_liim_schema;
USE FROM ISO 13584_IEC 61360_dictionary_schema
(axis1_placement_type,
axis2_placement_2d_type,
axis2_placement_3d_type,
boolean_type,
class_BSU,
class_instance_type,
class_value_assignment,
complex_type,
component_class,
condition_DET,
data_type_BSU,
data_type_element,
dates,
dependent_P_DET,
dic_unit,
dic_value,
entity_instance_type,
identified_document,
int_currency_type,
int_measure_type,
int_type,
integer_type,
item_class,
item_names,
label_with_language,
level_type,
material_class,
mathematical_string,
named_type,
non_dependent_P_DET,
non_quantitative_code_type,
non_quantitative_int_type,
non_si_unit,
number_type,
placement_type,
property_BSU,
```

```
property_DET,
real_currency_type,
real_measure_type,
real_type,
string_type,
supplier_BSU,
supplier_element,
value_domain);

USE FROM ISO 13584_IEC 61360_language_resource_schema
    (global_language_assignment, present_translations, translated_label, translated_text);

USE FROM ISO 13584_instance_resource_schema (null_value, primitive_value,
    null_or_primitive_value, simple_value, null_or_simple_value,
    number_value, null_or_number_value, integer_value,
    null_or_integer_value, real_value, null_or_real_value, boolean_value,
    null_or_boolean_value, translatable_string_value,
    translated_string_value, string_value,
    null_or_translatable_string_value, complex_value,
    null_or_complex_value,
    entity_instance_value,
    null_or_entity_instance_value,
    defined_entity_instance_value,
    controlled_entity_instance_value,
    STEP_entity_instance_value,
    PLIB_entity_instance_value,
    property_or_data_type_BSU,
    level_spec_value,
    null_or_level_spec_value,
    int_level_spec_value,
    null_or_int_level_spec_value,
    real_level_spec_value,
    null_or_real_level_spec_value,
    property_value,
    context_dependent_property_value,
    dic_class_instance,
    null_or_dic_class_instance,
    dic_component_instance,
    dic_feature_instance,
    dic_material_instance,
    lib_component_instance,
    lib_feature_instance,
    lib_material_instance,
    dic_f_model_instance,
    lib_f_model_instance);

USE FROM ISO 13584_IEC 61360_dictionary_aggregate_extension_schema
    (entity_instance_type_for_aggregate, list_type, set_type, bag_type,
    array_type, set_with_subset_constraint_type);
USE FROM ISO 13584_extended_dictionary_schema (dictionary,
    dictionary_in_standard_format, library_iim_identification,
    view_exchange_protocol_identification, representation_type,
    geometric_representation_context_type,
    representation_reference_type, program_reference_type,
    program_library_BSU, document_BSU,
    supplier_program_library_relationship, class_document_relationship,
```

```
    representation_P_DET, class_related_dictionary_element,
    program_library_element, document_element,
    document_element_with_http_access,
    document_element_with_translated_http_access,
    referenced_document,
    referenced_graphics,
    feature_class,
    functional_model_class,
    fm_class_view_of,
    functional_view_class,
    non_instantiable_functional_view_class,
    view_control_variable_range,
    item_class_case_of,
    component_class_case_of,
    material_class_case_of,
    feature_class_case_of,
    a_posteriori_case_of,
    a_posteriori_view_of);

USE FROM ISO 13584_external_file_schema (standard_simple_program_protocol,
    non_standard_simple_program_protocol,
    linked_interface_program_protocol, standard_data_protocol,
    non_standard_data_protocol, http_protocol, program_library_content,
    document_content, representation_reference, program_reference,
    property_value_external_item, message, illustration, A6_illustration,
    A9_illustration, translated_external_content,
    not_translated_external_content, not_translatable_external_content,
    language_specific_content, external_file_unit, http_file,
    http_class_directory, simple_program_protocol);

USE FROM ISO 13584_aggregate_value_schema (aggregate_entity_instance_value,
    list_value, set_value, bag_value, array_value,
    set_with_subset_constraint_value);

USE FROM ISO 13584_library_content_schema (library,
    library_in_standard_format, explicit_item_class_extension,
    explicit_functional_model_class_extension,
    property_classification, property_value_recommended_presentation);

USE FROM measure_schema (amount_of_substance_measure, area_measure,
    context_dependent_measure, context_dependent_unit,
    conversion_based_unit, count_measure, derived_unit,
    derived_unit_element, dimensional_exponents,
    electric_current_measure, global_unit_assigned_context,
    length_measure, length_measure_with_unit, length_unit,
    luminous_intensity_measure, mass_measure, measure_value,
    measure_with_unit, named_unit, numeric_measure, parameter_value,
    plane_angle_measure, positive_length_measure,
    positive_plane_angle_measure, ratio_measure, si_unit,
    solid_angle_measure, thermodynamic_temperature_measure,
    time_measure, volume_measure);

USE FROM person_organization_schema (address, organization, person);

USE FROM date_time_schema (date, date_and_time, local_time, calendar_date,
    ordinal_date, week_of_year_and_day_date);
```

```
    USE FROM geometry_schema (axis1_placement, axis2_placement_2D,
        axis2_placement_3D, geometric_representation_context, placement);

    USE FROM representation_schema
        (representation,
        representation_context,
        representation_item);

    USE FROM application_context_schema
        (application_context,
        application_context_element,
        application_protocol_definition);

END_SCHEMA; -- ISO 13584_25_IEC 61360_5_liim_schema
```

附 录 A
（规范性附录）
分类表

链、带传动、键和键槽类的分类结构和代码见表 A.1、表 A.2 和表 A.3。

表 A.1 链传动及其零件的分类结构表

结构分类	超类码	代码
链传动及其零件	$	P513AAA001
链条	P513AAA001	P513AAA002
滚子链条	P513AAA002	P513AAA003
短节距滚子链条	P513AAA003	P513AAA004
单排滚子链条	P513AAA004	P513AAA005
自行车链条	P513AAA005	P513AAA006
摩托车单排滚子链条	P513AAA005	P513AAA007
双排滚子链条	P513AAA004	P513AAA008
联轴器链条	P513AAA008	P513AAA009
摩托车双排滚子链条	P513AAA008	P513AAA010
三排滚子链条	P513AAA004	P513AAA011
多排滚子链条	P513AAA004	P513AAA012
双节距滚子链条	P513AAA003	P513AAA013
S 型和 C 型农用滚子链条	P513AAA003	P513AAA014
农机传动用滚子链条	P513AAA014	P513AAA015
农机输送用滚子链条	P513AAA014	P513AAA016
弯板链条	P513AAA003	P513AAA017
工程用焊接结构弯板链条	P513AAA017	P513AAA018
带附件滚子链条	P513AAA003	P513AAA019
空心销轴滚子链条	P513AAA003	P513AAA020
侧弯滚子链条	P513AAA003	P513AAA021
套筒链条	P513AAA002	P513AAA022
套筒式链条	P513AAA022	P513AAA023
摩托车套筒链条(单排)	P513AAA022	P513AAA024
摩托车套筒链条(双排)	P513AAA022	P513AAA025
短节距传动用精密套筒链(单排)	P513AAA022	P513AAA026
短节距传动用精密套筒链(双排)	P513AAA022	P513AAA027
短节距传动用精密套筒链(三排)	P513AAA022	P513AAA028
输送链条	P513AAA002	P513AAA029
实心销轴输送链条	P513AAA029	P513AAA030

表 A.1(续)

结构分类					超类码	代码
			空心销轴输送链条		P513AAA029	P513AAA031
			双节距输送链条		P513AAA029	P513AAA032
			加高链板输送链条		P513AAA029	P513AAA033
			并排输送链条		P513AAA029	P513AAA034
			外置滚轮输送链条		P513AAA029	P513AAA035
			组合输送链条		P513AAA029	P513AAA036
		多板链条			P513AAA002	P513AAA037
			板式链条		P513AAA037	P513AAA038
				叉车链条	P513AAA038	P513AAA039
				起重链条	P513AAA038	P513AAA040
				升降机链条	P513AAA038	P513AAA041
			多板销轴链条		P513AAA037	P513AAA042
			齿形链条(无声链条)		P513AAA037	P513AAA043
		平顶链条			P513AAA002	P513AAA044
		月牙板输送链条			P513AAA002	P513AAA045
		易拆方框链条			P513AAA002	P513AAA046
		块式链条			P513AAA002	P513AAA047
		模锻易拆链条			P513AAA002	P513AAA048
		销合链条			P513AAA002	P513AAA049
		组合刮板链条			P513AAA002	P513AAA050
		十字节链条			P513AAA002	P513AAA051
		推式链条			P513AAA002	P513AAA052
		整体内节链条			P513AAA002	P513AAA053
		带密封圈链条			P513AAA002	P513AAA054
	链轮				P513AAA001	P513AAA055
		平板链轮(A 型)			P513AAA055	P513AAA056
			外导式平板链轮		P513AAA056	P513AAA057
				外导式齿形链轮	P513AAA057	P513AAA058
				外导式 S 型和 C 型钢制滚子链轮	P513AAA057	P513AAA059
				平顶链轮	P513AAA057	P513AAA060
				组合刮板链轮	P513AAA057	P513AAA061
			内导式平板链轮		P513AAA056	P513AAA062
				内导式传动用短节距链轮	P513AAA062	P513AAA063
				内导式齿形链轮	P513AAA062	P513AAA064
			双内导式平板链轮		P513AAA056	P513AAA065

表 A.1(续)

结构分类	超类码	代码
双内导式传动用短节距链轮	P513AAA065	P513AAA066
双内导式齿形链轮	P513AAA065	P513AAA067
单侧凸缘链轮(B型)	P513AAA055	P513AAA068
输送链轮	P513AAA068	P513AAA069
双侧凸缘链轮(C型)	P513AAA055	P513AAA070
传动用链轮	P513AAA070	P513AAA071
重载传动用弯板滚子链轮	P513AAA070	P513AAA072
工程用焊接结构弯板链轮	P513AAA070	P513AAA073
槽轮	P513AAA001	P513AAA074
板式链槽轮	P513AAA074	P513AAA075
附件	P513AAA001	P513AAA076
传动用短节距链附件	P513AAA076	P513AAA077
短节距链 K1 型附板	P513AAA077	P513AAA078
短节距链 K2 型附板	P513AAA077	P513AAA079
短节距链 M1 型附板	P513AAA077	P513AAA080
短节距链 M2 型附板	P513AAA077	P513AAA081
短节距链 M2 型附板(X 型加长销轴)	P513AAA077	P513AAA082
短节距链 M2 型附板(Y 型加长销轴)	P513AAA077	P513AAA083
传动及输送用链附件	P513AAA076	P513AAA084
传动及输送用链 K1 型附板	P513AAA084	P513AAA085
传动及输送用链 K2 型附板	P513AAA084	P513AAA086
S 型和 C 型钢制链附件	P513AAA076	P513AAA087
F1 型附板	P513AAA087	P513AAA088
F4 型附板	P513AAA087	P513AAA089
S 型链条 K1 型附板	P513AAA087	P513AAA090
C 型链条 K2 型附板	P513AAA087	P513AAA091
S 型链条 M1 型附板	P513AAA087	P513AAA092
输送链附件	P513AAA076	P513AAA093
输送链 K1 型附板	P513AAA093	P513AAA094
输送链 K2 型附板	P513AAA093	P513AAA095
输送链 K3 型附板	P513AAA093	P513AAA096
输送链加高链板	P513AAA093	P513AAA097
板式链附件	P513AAA076	P513AAA098
连接环	P513AAA098	P513AAA099
曳引用焊接结构弯板链附件	P513AAA076	P513AAA100

表 A.1(续)

结构分类				超类码	代码
			C1,C3 和 C4 型附板	P513AAA100	P513AAA101
			RR 型附板	P513AAA100	P513AAA102
			Wing 型附板	P513AAA100	P513AAA103
		工程用焊接结构弯板链附件		P513AAA076	P513AAA104
			弯板链 A1 型附板	P513AAA104	P513AAA105
			弯板链 A2 型附板	P513AAA104	P513AAA106
			弯板链 A22 型附板	P513AAA104	P513AAA107
			弯板链 F2 型附板	P513AAA104	P513AAA108
			弯板链 F4 型附板	P513AAA104	P513AAA109
			弯板链 K1 型附板	P513AAA104	P513AAA110
			弯板链 K2 型附板	P513AAA104	P513AAA111
			弯板链 W1 型附板	P513AAA104	P513AAA112
		短节距传动用套筒链附件		P513AAA076	P513AAA113
			垂直延伸链板	P513AAA113	P513AAA114
			弯曲延伸链板	P513AAA113	P513AAA115
			单侧加长销轴链条	P513AAA113	P513AAA116

注:表中 $ 表示机械系统和通用件的代码。

表 A.2 带传动及其零件的分类结构表

分类结构			超类码	代码
带传动及其零件			$	P512AAA001
	V 带传动		P512AAA001	P512AAA002
		联组普通 V 带轮(有效宽度制)	P512AAA002	P512AAA003
		普通和窄 V 带轮(基准宽度制)	P512AAA002	P512AAA004
		窄 V 带轮(有效宽度制)	P512AAA002	P512AAA005
		汽车 V 带轮	P512AAA002	P512AAA006
		普通 V 带传动	P512AAA002	P512AAA007
		窄 V 带传动	P512AAA002	P512AAA008
		农业机械用双面 V 带轮	P512AAA002	P512AAA009
		农业机械用半宽 V 带轮	P512AAA002	P512AAA010
		宽 V 带	P512AAA002	P512AAA011
		半宽 V 带	P512AAA002	P512AAA012
		大楔角 V 带	P512AAA002	P512AAA013
		汽车 V 带	P512AAA002	P512AAA014
		齿形 V 带	P512AAA002	P512AAA015
		联组 V 带	P512AAA002	P512AAA016

表 A.2(续)

分类结构				超类码	代码
		接头V带		P512AAA002	P512AAA017
		双面V带		P512AAA002	P512AAA018
	同步带传动			P512AAA001	P512AAA019
		同步带传动　带轮		P512AAA019	P512AAA020
		汽车同步带轮		P512AAA019	P512AAA021
		汽车同步带轮		P512AAA019	P512AAA022
		汽车同步带轮		P512AAA019	P512AAA023
		汽车同步带轮		P512AAA019	P512AAA024
	带传动部件			P512AAA001	P512AAA025
		日型皮带扣		P512AAA025	P512AAA026
		夹胶支承轮(装尼龙套)		P512AAA025	P512AAA027
		包胶铝支承轮(装尼龙套)		P512AAA025	P512AAA028
		包胶铝支承轮(装轴承)		P512AAA025	P512AAA029
		主动轮		P512AAA025	P512AAA030
		从动轮		P512AAA025	P512AAA031
		塔轮		P512AAA025	P512AAA032
		锥轮		P512AAA025	P512AAA033
		导轮		P512AAA025	P512AAA034
		张紧轮		P512AAA025	P512AAA035
	平带传动			P512AAA001	P512AAA036
		皮革平带		P512AAA036	P512AAA037
		帆布芯平带		P512AAA036	P512AAA038
		编织平带		P512AAA036	P512AAA039
		复合平带		P512AAA036	P512AAA040
	圆带传动			P512AAA001	P512AAA041
	多楔带传动			P512AAA001	P512AAA042

注：表中＄表示机械系统和通用件的代码。

表 A.3　键和键槽的分类结构表

分类结构					超类码	代码
键和键槽、花键					$	P514AAA049
	键				P514AAA049	P514AAA001
		花键			P514AAA001	P514AAA002
			矩形花键		P514AAA002	P514AAA003
				圆柱直齿矩形花键	P514AAA003	P514AAA004
				圆柱斜齿矩形花键	P514AAA003	P514AAA005

表 A.3(续)

分类结构				超类码	代码
	渐开线花键			P514AAA002	P514AAA006
		圆柱直齿渐开线花键		P514AAA006	P514AAA007
			圆柱直齿渐开线花键 45°压力角	P514AAA007	P514AAA008
			圆柱直齿渐开线花键 37.5°压力角	P514AAA007	P514AAA009
			圆柱直齿渐开线花键 30°压力角	P514AAA007	P514AAA010
		圆锥直齿渐开线花键		P514AAA006	P514AAA011
		圆柱斜齿渐开线花键		P514AAA006	P514AAA012
	端齿花键			P514AAA002	P514AAA013
		直齿端齿花键		P514AAA013	P514AAA014
		弧齿端齿花键		P514AAA013	P514AAA015
平键				P514AAA001	P514AAA016
	普通型　平键			P514AAA016	P514AAA017
		普通型　平键(A型)		P514AAA017	P514AAA018
		普通型　平键(B型)		P514AAA017	P514AAA019
		普通型　平键(C型)		P514AAA017	P514AAA020
	导向型　平键			P514AAA016	P514AAA021
		导向型　平键(A型)		P514AAA021	P514AAA022
		导向型　平键(B型)		P514AAA021	P514AAA023
	薄型平键			P514AAA016	P514AAA024
		薄型　平键(A型)		P514AAA024	P514AAA025
		薄型　平键(B型)		P514AAA024	P514AAA026
		薄型　平键(C型)		P514AAA024	P514AAA027
	半圆键			P514AAA001	P514AAA028
		普通型半圆键		P514AAA028	P514AAA029
		平底型半圆键		P514AAA028	P514AAA030
楔键				P514AAA001	P514AAA031
	普通型　楔键			P514AAA031	P514AAA032
		普通型　楔键(A型)		P514AAA032	P514AAA033
		普通型　楔键(B型)		P514AAA032	P514AAA034
		普通型　楔键(C型)		P514AAA032	P514AAA035
	薄型　楔键			P514AAA031	P514AAA036
		圆头薄型楔键(A型)		P514AAA036	P514AAA037
		平头薄型楔键(B型)		P514AAA036	P514AAA038
		半圆头薄型楔键(C型)		P514AAA036	P514AAA039
		钩头薄型楔键		P514AAA036	P514AAA040

表 A.3(续)

分类结构				超类码	代码
			钩头型楔键	P514AAA031	P514AAA041
		切向键		P514AAA001	P514AAA042
	键槽			P511AAA001	P514AAA0043
		花键键槽剖面尺寸		P514AAA0043	P514AAA0044
		平键键槽剖面尺寸		P514AAA0043	P514AAA0045
		半圆键键槽剖面尺寸		P514AAA0043	P514AAA0046
		楔键键槽剖面尺寸		P514AAA0043	P514AAA0047
		切向键键槽剖面尺寸		P514AAA0043	P514AAA0048
注：表中＄表示机械系统和通用件的代码。					

参 考 文 献

[1] GB/T 6931.1—1986 带传动基本术语

[2] GB/T 6931.2—1986 V带传动术语

[3] GB/T 6931.3—1986 同步带传动术语

[4] GB/T 9785—2007 链条链轮术语(ISO 13203:2005,IDT)

[5] GB/T 15758—1995 花键基本术语

[6] GB/T 17645.1—2008 工业自动化系统与集成 零件库 第1部分:综述与基本原理

[7] GB/T 17645.511—2010 工业自动化系统与集成 零件库 第511部分:机械系统和通用件:紧固件参考字典

[8] GB/T 16656.1—2008 工业自动化系统与集成 产品数据表达与交换 第1部分:概述与基本原理

[9] GB/T 16656.11—1996 工业自动化系统与集成 产品数据表达与交换 第11部分:描述方法:EXPRESS语言参考手册

[10] GB/T 16656.21—2008 工业自动化系统与集成 产品数据表达与交换 第21部分:实现方法:交换文件结构的纯正文编码

[11] GB 17564.4—2001 电器元器件的标准数据元素类型和相关分类模式 第4部分:IEC标准数据元素类型、元器件分类和项的基准集

ICS 35.240.80
L 09

中华人民共和国国家标准

GB/T 25512—2010/ISO 22857:2004

健康信息学 推动个人健康信息跨国流动的数据保护指南

Health informatics—Guidelines on data protection to facilitate trans-border flows of personal health information

(ISO 22857:2004,IDT)

2010-12-01 发布 2011-05-01 实施

中华人民共和国国家质量监督检验检疫总局
中国国家标准化管理委员会 发布

前　言

本标准等同采用 ISO 22857:2004《健康信息学　推动个人健康信息跨国流动的数据保护指南》(英文版)。

本标准与 ISO 22857:2004 相比做了下列编辑性修改:

——由于 ISO 22857:2004 中没有规范性引用文件但仅设立了该章,所以在本标准中删除了对应的"规范性引用文件"一章。ISO 22857:2004 中第 3 章至第 12 章,在本标准中其章条号对应改为第 2 章至第 11 章,其他各处对章条号的引用均按此相应调整。

——ISO 22857:2004"引言"中最后三段,在本标准中以"注"的形式给出。

——删除了 ISO 22857:2004 第 1 章"范围"中"无需协调现有的国家标准、法规或条例"和"本标准仅作为指南,并不提供明确的法律建议。具体应用时,还需参考适用于该应用的具体法律建议。"的内容,并对该章的语序进行了适当修改,以符合我国的表述惯例。

——ISO 22857:2004 第 1 章"范围"中最后一段,在本标准中以"注"的形式给出。

——删除了 ISO 22857:2004 第 3 章"术语和定义"中第 1 段和第 1 段下面的注解,增加了引导语。

——删除了 ISO 22857:2004 第 3 章 3.1 中"除非意思明显不同"、3.2 中"除非明确指出"、3.6 中"除非另有说明"的内容。

——在"5.1　基本原则"中添加了引导语"本标准遵循以下基本原则:"。

本标准的附录 A、附录 B、附录 C、附录 D、附录 E、附录 F 和附录 G 为资料性附录。

本标准由中国标准化研究院提出并归口。

本标准起草单位:中国标准化研究院。

本部分主要起草人:陈煌、石丽娟、董连续、杨雪峰、周继梅、李宪、郭默宁、黄锋、焦建军。

引　言

在健康语境中，有许多个体的信息需要采集、储存和处理以实现多种目标用途，主要包括：

——直接提供医疗看护，如病历；

——管理性流程，如预约；

——临床研究；

——统计。

所需的数据取决于使用目的。在涉及个体标识的语境中，数据可能用于：

——允许对个体进行简易而唯一的标识，如姓名、地址、年龄、性别、身份证号等的各种组合；

——确认两个数据集属于同一个体而不需对个体本身进行标识，如相关记录的链接和/或纵向统计；

——统计目的，但要避免最终能标识出任何个体。

在所有这些情形下，个体的相关数据现在和将来都在不断增加，而且会跨国传输，或者被特意提供给该数据采集地或存储地之外的其他国家访问。数据可能采集于一个国家，存储于另一国家，又由第三个国家管理，同时提供给许多其他国家甚至是全世界访问。关键要求是：

——所有这些处理过程应在一个模式下进行，并与其目标一致同时应得到原始数据采集方的同意；

——尤其是，所有个人健康数据都宜在这些目的和同意的范围内披露给适当的个体和组织。

国际上与健康相关的应用可能需要跨国传输个人健康数据。主要体现在远程医疗，或以电子方式(如电子邮件)发送数据，或作为数据文件添加到国际数据库中。其次还体现在通过互联网等手段查阅他国的数据库。这可能看起来是一种被动的应用，但这种查阅的行为涉及数据披露，可看作是一种“处理”。此外，还需要下载，这会将数据自动保存在电脑缓存中直到被“清空”，这也是一种处理并且涉及了特定的安全隐患。

很多类组织都可能涉及从他国接收个人健康数据，例如：

——医疗机构，如医院；

——进行研究活动的制药公司；

——远程跨国维护医疗保健系统的承包商；

——拥有教学资料库(如：带诊断和病历注释的放射影像)的组织；

——拥有一系列不同国家患者医疗记录的公司；

——开展与健康相关的国际电子商务(如电子药房)的组织。

所有涉及个人健康数据的应用都可能对个体隐私构成潜在威胁。这种威胁及其程度将取决于：

——数据被保护的程度，以防止在存储和传输中的非授权访问；

——有权访问数据的人数；

——个人健康数据的性质；

——访问数据时识别出个体的难易程度；

——未经授权而实现访问的难易程度。

无论在何地采集、存储、处理或发布(包括在互联网上发布)健康数据，对隐私的潜在威胁都要加以评估并采取充分的保护措施。通常有必要进行风险分析以确定所需的安全措施等级。

除了国际标准化组织(ISO)、国际电工委员会(IEC)、欧洲标准化委员会(CEN)和欧洲电工标准化委员会(CENELEC)外，还有四个主要的跨国机构共同协商出台了关于跨国流动中数据保护和安全的权威性国际文件。

——经济合作与发展组织(OECD);

——欧洲委员会(Council of Europe);

——联合国(UN);

——欧盟(EU)。

这些机构的主要文件有:

——OECD《隐私保护和个人数据跨国流动指南》[1];

——OECD《信息系统安全指南》[2];

——欧洲委员会 No. 108 公约《个人数据自动化处理中的个体保护公约》[3];

——欧洲委员会第 R(97)5 号建议书《关于医疗数据的保护》[4];

——UN《计算机化个人数据文件规则指南》[5];

——EU《涉及个人数据处理及其自由流动的数据保护指令》[6]。

附录 A 提供了这些文档重点方面的概要。

各国对于个人健康数据保护的手段和程度不同[7]。一些国家有全国性的隐私法案,另一些国家也许只有州级或者同等级别的法规。很多国家可能存在各种从业原则或类似的规范和/或"医疗"法,要求医学专业人士保护患者隐私,但却没有相关的立法。

尽管世界上不同地方的隐私立法都可能会提及个人健康数据,但通常除了可能关系到政府机构和/或医学研究外都没有特定的针对健康的立法。

附录 B 包含了主要的各国国家标准或其他文件要求和不同国家间关于数据保护的法律原则的纲要。

事实上个人健康数据极为敏感,出于保护目的,因此在各国国内和国际上存在大量现行的关于各种行政和技术性"安全措施"的指南和标准(见附录 C 和附录 D)。

健康信息学　推动个人健康信息跨国流动的数据保护指南

1　范围

本标准给出了推动个人健康数据跨国传输的数据保护要求。

本标准仅适用于个人健康数据的国际交换。国内团体制定和实施数据保护原则可参照使用。

本标准既给出了适用于国际传输的数据保护原则，也给出了为确保与这些原则保持一致各组织应采纳的安全策略。

本标准将优先考虑在许多国家间已达成的多边协议(如EU数据保护指令)。

本标准旨在促进个人健康数据传输的国际应用。并致力于提供一些方法以确保数据主体(如患者)相关的健康数据在发送给他国及在他国处理时都能得到充分的保护。

注：各国对隐私和数据保护的要求不断变化，而且更新相对较快。本标准总体上包含了更为严格的国际和各国国内要求，尽管这些要求只是其中的一小部分。有些国家可能有一些更为严格和特定的要求，这有待核查。

2　术语和定义

下列术语和定义适用于本标准。

2.1

应用　the application

使用本标准的国际应用。

2.2

委员会　Commission

指欧盟委员会(European Commission)。

2.3

控制方　controller

自然人或法人、政府机关、机构或其他团体，能单独或共同决定处理个人数据的用途和方法。

2.4

数据主体　data subject

已标识或可标识的自然人，即个人数据的主体。

2.5

数据主体的同意　data subject's consent

体现数据主体意愿的各种特定的、知情的表示，这种表示显示数据主体同意对其个人数据进行处理。

2.6

欧盟指令　EU directive

欧盟数据保护指令[6]。

2.7

可标识的个人　identifiable person

可以被直接或间接标识的个人，尤其是通过其身份证号或关于其物理、生理、精神、经济、文化或社会身份等一个或多个特定因素标识的个人。

2.8

参与方　participants

数据导出方和数据导入方。

2.9

个人数据　personal data

任何涉及已标识或可标识自然人的信息。

2.10

个人健康数据　personal health data

任何涉及已标识或可标识自然人的健康情况的个人数据。

2.11

主要控制方　primary controller

数据导出方,作为控制方对确保数据主体同意跨国传输其个人健康数据等所有相关事宜负责。

2.12

处理方　processor

代表控制方处理个人数据的自然人、法人、政府机关、机构或其他团体。

2.13

个人数据处理　processing of personal data

处理　processing

对个人数据进行的自动化或非自动化(系列)操作,如采集、记录、组织、存储、改编或改动、检索、咨询、使用、(通过传输)披露、散播、提供、调整或组合、拦截、删除或销毁。

2.14

数据导入方　data importer

获取他国数据导出方数据的自然人、法人、政府机关、机构或其他团体。

2.15

数据导出方　data exporter

向他国数据导入方发送数据的自然人、法人、政府机关、机构或其他团体。

3　缩略语

下列缩略语适用于本标准。

EEA　欧洲经济区(European Economic Area)

EU　欧盟(European Union)

HLSP　高层安全策略(High Level Security Policy)

OECD　经济合作与发展组织(Organisation for Economic Co-operation and Development)

UN　联合国(United Nations)

4　本标准的结构

本标准的结构如下:

——第5章列出了国际文件中反映本主题的一些基本原则,并阐述了数据导入方和导出方、数据控制方和处理方这些主要角色;

——第6章概述了在本标准语境下合法传输个人健康数据的两个主要要求,即"同意"和数据保护的充分性,而本标准的其他部分则以此为基础;

——第7章详细论述了这两个主要的基本要求,确定了判断"充分性"的所有标准,深化了"同意"的概念;

——第 8 章要求数据导入方要有一个现行的高层数据保护策略，并对"高层"在本标准中的含义给出了解释；
——第 9 章针对高层策略给出详细的要求，这将确保充分的数据保护准则得到实施；
——第 10 章对数据导入方策略方面给出了详细要求，其中涉及保障数据处理安全的管理和技术手段；
——第 11 章论述了非电子形式的个人健康数据。

5 基本原则和角色

5.1 基本原则

本标准遵循以下基本原则：

——处理个人健康数据时，参与方应对自然人的有关隐私权的基本权利及自由给予保护；
——对数据主体而言，参与方的责任和义务应明确且透明；
——与确保安全一致，处理与之有关的个人健康数据时，数据主体应能够了解到并被告知该应用现有的安全措施、安全惯例和安全程序及其基本范围；
——应用及其相应的安全措施应当尊重所有相关方的权利和合法利益；
——应用的安全等级、费用、措施、惯例和程序应与该应用的价值和可靠度相当，并与该应用对数据主体潜在危害的范围、可能性及严重性相适应；
——为建立一个前后一致的安全系统，用于应用安全的措施、实践和程序不仅在其相互之间应协调和整合，而且还应与参与方的其他措施、实践和程序协调、整合；
——各参与方应及时协调以防止应用的安全遭到破坏，并能在破坏发生时及时做出反应；
——对与该应用相关的安全措施应定期评估；
——应用的安全性应与数据及信息合法使用和流动相适合。

5.2 角色

5.2.1 数据导出方和数据导入方

跨国的个人健康数据交换，需要数据导出方(2.15，下同)负责从一国发送数据以及数据导入方(2.14，下同)从另一国接收该数据，他们相互之间都有义务。

只有数据导入方符合本标准的相关部分时，数据导出方才能传输数据给数据导入方。

只有数据导出方符合本标准的相关部分时，数据导入方才能参与应用。

5.2.2 控制方和处理方

数据控制方(2.3，下同)有权决定处理的目的和方式，而处理方(2.12，下同)则代表控制方并依照其指示处理数据(见 2.13，下同)。作为应用中的各参与方，应被指明是控制方还是处理方。

6 数据传输合法化

6.1 "充分的"数据保护概念

本标准的基本理念是，要确保跨国传输个人健康数据得到"充分的"数据保护。

"充分的"保护既包括符合数据保护要求的管理和技术安全措施，同时还包含其他的重要事项。

当个人健康数据传输给其他国家时，数据主体有权得到导入方的尊重。数据主体认为其应享有权利的程度和性质，取决于他所定居的国家和文化。如果已知或怀疑数据导入方可能不尊重这些权利，数据主体应被完全告知，以便能够"同意"或不"同意"数据传输。另一方面，数据主体在某些情况下(即使从本标准方面来说数据保护可能不够"充分")也会同意数据传输，如健康紧急时刻涉及其重大利益时。

数据主体希望个人健康数据在数据传输过程中能够得到保护，并且数据导入方接收数据时要采取"充分的"保障措施。这些保障措施包括管理安全和技术措施，如访问控制、数据完整性、审计追踪、数据准确性等。数据主体希望导入机构应任用能胜任并经过训练的处理个人健康数据的工作人员。他们希望数据导入方采用了考虑到这些问题的安全策略。

数据主体有权知晓其数据的处理情况,并在必要时可访问这些数据,并有机会提出任何异议。

数据主体享有传输许可权,并享有关于传输的充分的知情权。

最后,数据主体若被数据传输侵害了权利,可以提出申诉,如有必要可由一独立机构对这一投诉进行公正地调查,若数据主体受损则在规定范围内以合理的方式赔偿数据主体。

本标准在提供"充分的"数据保护这一框架下讨论了所有这些问题。详细描述了"充分的"数据保护标准(第7章)和数据导入方应在实践中贯彻的"充分的"保护数据安全的高层安全策略的内容(第8章、第9章和第10章)。

6.2 合法传输的条件

6.2.1 同意

除保护数据主体切身利益所必要的传输之外,个人健康数据不应传输,除非得到数据主体明确的同意。

6.2.2 传输条件

除导入方能够确保充分的保护程度(见第7章)或符合下列条件中任一项外,个人健康数据不应传输给数据导入方:

a) 在知道存在保护措施不充分的情况下,数据主体明确同意进行相关的传输(应注意,尽管6.2.1要求在所有情况下都同意,但此处是要求这种同意应是各参与方都知道不充分的情况下还采用该条件,见7.7);

b) 有关传输对于履行数据主体和控制方之间的合同或为了响应数据主体在形成合同前提出的请求而采取措施而言是必要的;

c) 有关传输对于控制方和第三方之间达成或执行符合数据主体利益的合同而言是必要的;

d) 有关传输基于重要公众利益考虑是必要的或法律要求的,或是为了证明、提出法律请求或为了就该请求进行辩护而言是必要的或合法的;

e) 为了保护数据主体的切身利益,有关传输是必要的;

f) 由合法注册方实施的传输,该注册方根据法律或法规向公众提供信息,并向一般公众或任何能证明其有合法权益的个人开放查询,前提是在每个特定情形下法律规定的查询条件得到了遵守;

g) 通过使用附录E和附录F所示例的合同条款,控制方提供足够保证的情况。

注:7.4要求在所有情况下"应用中处理的实施应由参与方之间所签订的合同来管理",但对合同的形式无要求。然而如g)所示,应特别注意,需要确保该合同能涵盖数据保护方面的不足之处,以适用于补救、调查投诉等。附录E和附录F为此给出了示例。

7 个人健康数据传输的充分数据保护准则

7.1 充分数据保护要求

控制方不得传输个人健康数据给数据导入方,除非导入方能提供充分的数据保护。充分性有两大要素:

——内容原则:导入方在处理个人健康数据过程中,数据保护条款和相应责任的充分性;

——程序/执行要求:确保这些条款能在实践中遵循并确保数据主体权利的方式。

7.2 内容原则

内容原则见7.2.1～7.2.6。

7.2.1 目的限制、数据质量和相称原则

在应用的语境下,遵从7.2.7规定的豁免原则,个人健康数据应:

a) 被公正并合法地处理。

b) 特定、明确、有合法目的地传输且进一步处理方式不能与上述目的相冲突。
c) 对传输和/或进一步处理的目的而言是充分、相关且不多余的。
d) 准确,必要时更新。围绕传输或进一步处理目的,采取一切合理步骤,确保不准确或不完整的数据被删除或纠正。
e) 应以识别数据主体的时长不超过数据传输或进一步处理时长的形式保存。参与方可同意个人健康数据存储更长的时间以用于历史、统计或科研用途,前提是不对数据主体产生任何影响,但应告知数据主体相关协定。

7.2.2 透明原则

在应用的语境下,遵从7.2.7规定的豁免原则,应向数据主体提供以下信息:
a) 数据导出方、数据导入方及其代理(如果有的话)的身份;
b) 所传输数据的处理目的;
c) 对与其相关的应用中的任何数据享有的访问权和修正权;
d) 关于任何违背其权利时的责任、赔偿和制裁措施;
e) 数据的保留期限,特别是有关医疗的法律要求和关于数据主体死亡的任何政策的数据;
f) 有可能影响其是否同意该传输的任何因素;
g) 本标准规定的任何其他信息。

7.2.3 访问权、修正权和反对原则

在应用的语境下,遵从7.2.7规定的豁免原则,数据主体应享有以下权利:
a) 无额外延迟,无需费用,并在合理的时间间隔内不受限地获取:
——与其相关的数据是否正被处理的确认信息,至少含有处理的目的、包含的数据类别、接收(被透露)数据的数据导入方或数据导入方的类别信息;
——以可理解的形式,向其传输正在被处理的数据及其来源信息。
b) 有权对相关处理不符合本标准要求的数据进行修正、删除和阻止,特别是因为数据的不完整性或不准确性;
c) 将依据b)对泄漏的数据所作的任何修正、删除或阻止通知给已接收该数据的第三方,除非证明(该权利)不可能或不值得;
d) 由于其特殊情况,有权在任何时候反对处理与其相关的数据,一旦反对意见被证明合理,控制方发起的处理应不再涉及这些数据。

7.2.4 后续传输的限制原则

不允许原始数据传输的导入方进一步传输个人健康数据,除非第二个数据导入方能够提供与6.2及本标准的其他相关要求相一致的充分的数据保护。

7.2.5 安全原则

数据导入方应采取与处理中的风险相应的技术和组织安全措施。

7.2.6 特定情况下的附加原则

直接营销:当参与方以直接营销为目的而期望处理个人数据时,数据主体应有权对此提出反对(应需并无偿);或有权要求在个人数据第一次被透露给第三方前或在个人数据被用于直销的目的前被告知,并有权被明确赋予权利无偿反对上述泄漏和使用。数据主体应被告知具有以上权力。

数据主体的死亡:数据主体死后个人健康数据的保密处理方式在各国立法中不同,如英国数据保护法案只适用于生者。然而在许多情况下,死者的健康记录可以揭示与其他个体相关的个人健康数据并损及他人。记录可能明确地提及其他个体,如死者的家庭成员。如果某一个体死于可遗传的基因缺陷,他的记录可能揭示有关其后代的问题。

应用中的各参与方应就死亡情形下的处理方法达成明确的协议。该协议可能取决于有关国家及其处理医疗记录的方式,如用于死后医疗记录保存时间长短的法律或条规。不同的所有权也适用于这种情况，如患者是其记录的合法所有人，则死后此记录就可成为其部分遗产并遵从遗嘱。患者是否许可其个人健康数据被处理和传输给第三方可能取决于其死后这些数据将如何被处理，因此患者应被告知其死后关于处理这些数据的任何安排。

7.2.7 内容豁免原则

各参与方可豁免遵从 7.2.1、7.2.2、7.2.3 a)、b)和 c)原则，当豁免被认为必要并用于保障：

a) 国家安全；

b) 国防；

c) 公共安全；

d) 预防、调查、侦查和指控刑事犯罪或违反职业道德规范的行为；

e) 参与方所在国家重要的经济或金融利益，包括货币、预算和税务问题；

f) 与 c)、d)和 e)项提到的职权行使相关的监督、检查或监管职能；

g) 数据主体和权利的保护以及其他人的自由。

作为同意与否条件的一部分，当各参与方同意任何豁免时，数据主体应被告知，除非这种做法违反数据导出方的法律。

7.3 程序/执行机制

7.3.1 概述

即使“内容原则”是由个人健康数据处理、存储、传输等规则组成，除非切实遵照这些规范执行，否则就不能确保个体权利，如果不能保证其权利，个体应可得到有效的赔偿。

许多国际和各国文件，如经济合作与发展组织[1][2]、欧洲委员会[3][4]和联合国[5]的文件，涉及个体权利要求的本质一致，而其有效性的确保方式不同。

一些国家(如欧盟成员国)通过具有监测和信访职能的数据保护/保密专员或相应部门，以及法律规定的如责任、制裁和补救办法，确保有效性的方式在法律中得以体现。

很多国家和国际的指南和规则，在倡导相似的个体权利的同时，可能：

——不够全面；

——在法律上没有明文规定；

——没有涵盖与健康相关的所有部门，如可能只涉及公共部门。

因此，判断数据导入方是否提供了充分的数据保护要求司法和其他机制予以评估。这种评估应实现以下目标：

——提供遵守规则的良好水平(没有体系可以保证 100%遵守规则，但有一些体系会相对更好)。好的体系的特征通常是能使数据控制方高度意识到其义务和数据主体高度意识到其权利及相应的行使手段。有效的制裁和劝阻性制裁能够在确保尊重规则方面发挥重要的作用，由权威机构、审计机构或独立的数据保护官员进行直接核查的体系同样也发挥重要的作用。

——为单个数据主体行使其权利提供支持和帮助。能确保个体行使其权利时快速、有效并无过高花费。为达到此目的，应有某种机制能允许独立的投诉调查。

——当规则未被遵守时，为受害方提供充分的赔偿。这是一个关键因素，应有能独立判决或仲裁的体系允许支付赔偿并在适当时实施制裁。

7.3.2 确保遵守规则

确保遵守规则的方式是传输数据的控制方要求导入方处理被传输的个人健康数据应有明确的安全策略，这点包括：

——按本标准要求的组织和技术的安全措施以确保充分的数据保护；

——确保政策能得以遵守的措施，包括违规情况下的惩罚或制裁。

第 9 章、第 10 章和第 11 章对此政策的要求有详细说明。

7.3.3 提供赔偿

对于任何不符合本标准规定而蒙受损失的数据主体应能获得适宜的赔偿。

这一点最好由合同方式达成，下面给出了三种示例[8]。

方法一是数据导出方限制数据导入方仅为合同中的附属处理方，没有自主决策权。数据导出方，作为数据控制方，将详细规定该处理方的权限和职责。因此数据导出方对数据传输负全责，对于任何一方造成的损失，都由数据导出方自动承担其国家的法律责任。因此数据主体要求赔偿的权利可不比违规发生在其所在国时少。然而有些情形经常发生，如远程医疗共享电子病历时，导入方不仅仅提供数据处理服务。数据导入方认为合适时自主处理数据是必要的，因此也成为控制方。在这种情况下，要求有进一步的保护措施。

方法二是数据导出方与数据主体单独建立合同，规定数据导出方仍将承担数据导入方行为所造成的任何损失。如该合同在从数据主体获得数据时就建立，并在之后处理传输的问题。

这两种方法都是在数据导出方想追回向数据主体所支付的任何损失赔偿时，由数据导出方追究数据导入方违约的责任。

方法三取决于各国涉及合同的法律体系。有些法律体系允许第三方（非合同方）根据合同条款请求权利。在数据导出方和数据导入方之间有公开成文的合同的情况下，这就能提供令人满意的主体权利。

作为同意传输的一部分，数据主体应被告知其获赔偿权。

7.3.4 对数据主体的支持和帮助

数据主体有权对侵犯其权利的行为投诉，要求客观调查，包括当其投诉得不到解决时，有权要求独立的主管机构调查和/或仲裁。

例如许多国家已经合法成立的机构，有权监督其（如数据保护专员们）是否遵守数据保护法并有权调查投诉。如果某国数据主体能合法促使某数据导入国的这种机构进行调查，那么这就能构成符合独立调查要求的方式。

也可通过合同条款中数据导入方允许数据主体所在国的数据保护专员（或相应的机构）对投诉进行调查（如有必要通过导入方所在国机构）来形成相应的机构机制。

另一种方法是数据主体和数据导出方之间签订合同，一致形成数据主体可以合法援用的调查机制。

数据主体应被告知享有投诉并获得调查的权利。

7.4 合同

应用中处理的实施应由参与方之间所签订的合同来管理，即使数据导入方是唯一的处理方。

从本标准的广义上来看，合同的范围和内容取决于体现数据导入方所需要的数据保护充分性的程度。

数据导入方仅作为处理方时，该合同可能主要致力于将处理方与控制方/导出方捆在一起，确保处理方只遵照控制方的指令行动。当数据导入方是控制方时，其责任范围会更大，因此更加需要在合同中明确导入方对导出方的保证。

7.5 优先法规

国家的一般法或特殊法可能包含（在特殊情况下）数据导入方向另一方（如警方、法院、安全机构）透露数据的要求。这些法律可能凌驾于合同条款之上，因此在某些情况下，数据控制方向数据主体泄露其数据访问已被用于诸如警方调查等事件，此行为可能违法。7.2.7 中阐述了哪些情形下会发生对权利的限制。

数据主体应被告知可能产生的后果，任何这样的法律或国家惯例至少要在 7.2.7 所列出的范围内。如有疑问应明示。如法律允许，一旦发生例外访问应尽快告知数据主体。

7.6 匿名处理

7.6.1 概述

跨国传输个人健康数据的解决方案可以使其非个人化。应在本标准给出的个人数据定义的语境下实现数据非个人化。

7.6.2 数据非个人化

本标准定义的个人数据是“任何涉及已标识或可标识自然人的信息”。可标识的个人是“可以被直接或间接标识的个人,尤其是通过其身份证号或关于其物理、生理、精神、经济、文化或社会身份等一个或多个特定因素来标识的个人”。

数据非个人化通常被称为匿名处理。然而对匿名处理的理解各不相同。本标准中“匿名处理”是指本标准中“个人数据”定义语境下的数据“非个人化”。“可标识的个人”包括可“间接”由“一个或多个具体因素”标识的个人。显然这些因素不仅仅包括姓名和地址。数据主体可由任何一个或多个因素来标识,如年龄、性别、种族、职业、邮政/邮递编码、收入群体、心理或精神状态、家庭特征等。此外在一些健康应用中,如影像、牙齿记录、放射影像或脑电图扫描,都有详细记录单独或与其他数据(如专业和/或健康组织的特性)一起,使数据可标识到个人,从而作为个人数据。

这些数据元素的组合可能使被视为纯统计意义的数据个人化。邮政/邮递编码提供了在一个小群体中定位个体的有效途径。类似的事情也可通过小概率事件发生,如即使在一个大的地理区域内怀有三胞胎的妇女仍然极少。

数据非个人化要求注重大量的细节。如有足够的资源并能访问其他的相关信息,数据库推理问题在理论上总是可解的。然而,充分的匿名处理通常是通过保留明显的可标识信息,并确保数据导入方不重新标识个体或不透露超出所同意使用目的要求的匿名信息来实现。

相应地,考虑到公共领域中的资源以及其他数据库的引用,有关健康的统计信息通常会泄露个体身份。显然,基于涉及数据所需安全性和敏感性的概念的准则需要用于这些统计(见 5.1 第 5 项)。

任何向数据主体所作出的数据非个人化的保证应明确其身份被泄露的风险,并与实现该保证所需努力的程度相对应。这种资源的范围和花费将因技术进步而随时间变化。

7.7 同意的合法性

见 6.2.1 和 6.2.2 提及的“明确同意”。

“同意”需是“自主给予、具体并知情”(见 6.2.1)。“明确同意”应在了解所有相关情况的基础上,尤其是不予同意时所得到的权利会被削弱的情况。因此数据主体需要了解的不仅仅是个人健康数据跨国传输,也应了解所承担的(风险)。应注意,针对一种用途的同意不代表也同意另外一种。

当寻求数据主体明确同意时,应提供本标准具体指出的信息及其他影响其决定的任何信息。

注:本标准没有具体说明同意是否是隐含的还是明确的,或是否应成文或同等形式。本标准也没明确指出当数据主体因任何原因无法给出实质性的同意时应采取何种措施。这些问题可能在数据导出方所在国的国家级规章中有具体规定或是该国文化或风俗的问题。对于这些方面的考虑是,应在适用于数据主体的任何规章、习俗或文化的氛围下,由数据主体依照其期望给予同意。

8 安全策略

8.1 概述

数据控制方传输个人健康数据到另一国时,需要保证数据导入方已经采取必要的组织和技术方面的安全措施来充分地保护传输的数据,如涵盖保密性、完整性和可用性的一种充分的安全策略。以下章节给出了关于数据传输保护的要求,一般性安全管理的细节参见 ISO 17799(参见附录 C)。

作为控制方的数据导入方,应采取适当的安全策略以达到:

——确保数据控制方和数据导入方之间形成的合同条款(见 7.4)被满足;

——符合本标准第 8 章、第 9 章、第 10 章和第 11 章的规定。

仅作为处理方的数据导入方,应采取适当的安全策略以达到:

——确保其和数据导出控制方之间形成的合同条款(见 7.4)被满足;

——符合本标准第 8 章、第 9 章、第 10 章和第 11 章的规定。

8.2 安全策略的目的

适用于数据导入方的安全策略的目的是：

——向数据控制方导出数据提供保证；

——为数据主体提供保证，即数据导入方将满足本标准的规定。

8.3 安全策略的“层次”

本标准给出了用于数据导入方高层安全策略的指南。8.4.6 给出了“高层”含义的说明。

8.4 高层安全策略的一般性问题

8.4.1 确保安全性的抽象层次

安全性可从四个不同的层次[9]来看，见图 1。本标准关注的是高层策略。该图和以下章条将说明“高层”含义所包含的内容。

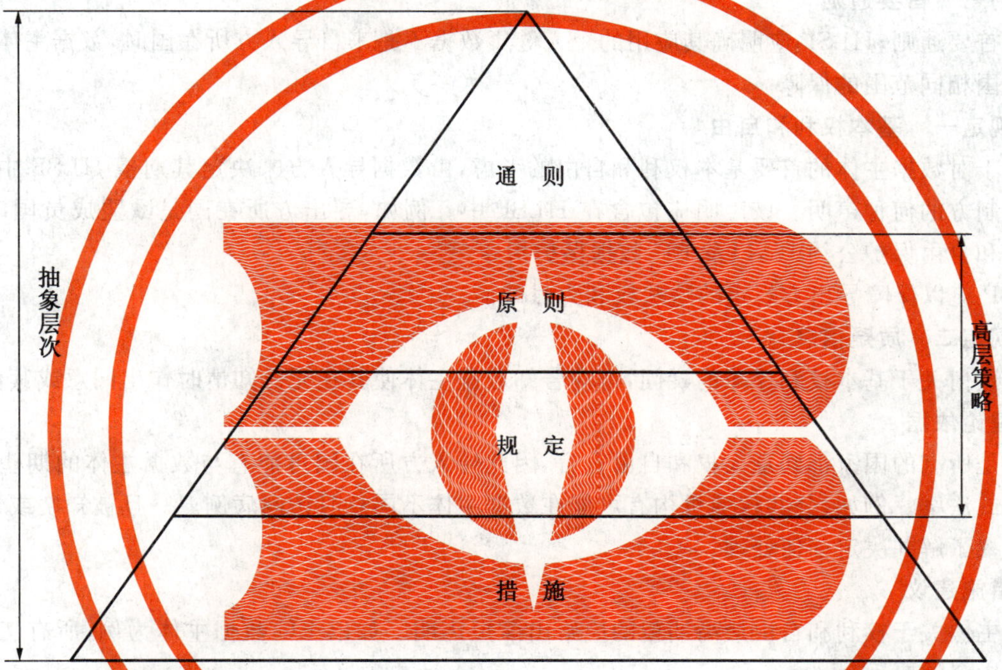

图 1 抽象层次

8.4.2 通则

“通则”源于能体现人权和隐私的社会文化环境。这种权利如何体现，世界各地各不相同。例如 EU 数据保护指令[6]源于西欧的民主文化，特别是 EU 成员国。因此它源于《欧洲保护人权和基本自由公约》[10]所包含的一种情形。后者不是仅适用于 EU 或仅适用于欧洲。世界其他地区可能也有其他高于或等同水平的公约。

其重要性是通过像“优先法规”(见 7.5)一样的事情来证明。以 EU 数据保护指令允许 EU 成员国限制权利和义务的范围为例，此时指令所考虑的情形如：保障国家或公共安全、国防、刑事犯罪的调查、成员国的重大经济或金融利益的需要(见 7.2.7)。其他国家也可有类似的法律条款，可超越任何组织机构的数据保护规则。这里的“优先法规”可能基于不同的人权观念，也可能不同于和/或更广于导出方所在国相关法律。这些问题将在获得传输同意时得到解释，并能在组织安全策略中得到体现。

8.4.3 非通用的原则

当通则需要在特定的国家或地方的行政环境中考虑时就产生了具体“原则”。例如，这些原则是针对特定机构的，但会受到通则的影响，如受到机构所在国家的文化或立法影响。

8.4.4 规定

“规定”源于“原则”，是为了满足特定的原则所要遵循的特定操作步骤。它们指出满足原则应做的事而不指出具体如何去做。

8.4.5 措施

当“规定”在特定环境中考虑时就产生了“措施”。它详细地规定了遵循规定应做的事。

8.4.6 高层安全策略要素

高层安全策略应包括中间的两个抽象层:原则和规定。

高层安全策略应以“通则”为基础,并在特定的机构中依据特定的“措施”来补充。

本标准关注的是高层安全策略的指南,而措施与组织紧密相关,因此不具体给出“措施”的内容。然而,对应支持规定的措施提出了指导性意见。

9 高层安全策略的内容

9.1 原则一 首要通则

作为首要通则,HLSP 应明确其应用的个人健康数据不是来自导入方所在国时,数据主体的权利应得到与本国相同范围的保障。

9.1.1 规定一 基本权利和自由

应基于对数据主体的首要基本权利和自由的考虑,由数据导入方来决定其期望 HLSP 中应包含来自数据控制方的何种声明。该声明应包含在 HLSP 中。例如,导出方所在国是欧盟成员国时,则参照欧洲人权和自由保护公约[10],以及 EU 数据保护指令[6]。

HLSP 应以保障导出方规定的这些权利为目的。

9.1.2 规定二 质疑信息

如有任何关于基本权利保障的疑问,都应告知数据主体使其在充分知情时作出同意或其他决定。

9.1.3 理论依据

并不是所有的国家都同意人权和自由宣言,因此导入方所在国可能有与数据主体的期望不一致的优先法规或法案。例如,公共权威机构有可能在数据主体不同意时访问病例。一旦被知晓或怀疑,数据主体都有权了解并决定如何处理。

9.1.4 措施建议

数据主体关于权利和自由最高期望的应给出简短声明。如以 EU 数据主体为例,所有工作人员应了解 EU 指令的要旨。

9.2 原则二 主管方支持

该 HLSP 应由组织机构的主管方签署,任何有需要的数据主体或其他合法查询人都能免费获得。

9.2.1 规定一 符合本地实际

在实践中,该 HLSP 应与数据导入方所在机构的一般数据保护策略一致。否则,应明示。

9.2.2 规定二 组织安排

导入方机构应建立一个适当的组织结构来支持 HLSP。

9.2.3 规定三 定期复审 HLSP

应定期对 HLSP 进行复审,间隔时间不得超过两年。

9.2.4 理论依据

主管方不支持的策略不一定能确保得到全体工作人员遵守,也不一定能要求数据主体尊重。与一个机构的总体实际严重脱节的策略和措施更有可能不被遵守。

9.2.5 措施建议

对 HLSP 的签署仅有主管方的签名是不够的,还应有主管方的评价,最好还有其个人意见。

如有高级临床工作人员如医疗主管的附加签署则更好,这可通过“措施”来实现。

9.3 原则三 措施的文档化和复审

HLSP 应由成文的措施来支持以确保遵守“原则”和“规定”,并应定期复审且间隔时间不得超过一年。

9.3.1 规定一 工作人员信息

合理构建措施以便接收它们的工作人员应用。

9.3.2 理论依据

工作人员需要明确知道要做和不要做的。措施应被调整以适合相关工作人员贯彻执行，如适用于临床工作人员的措施可与管理人员的措施无关。大部分工作人员不需要了解大多数技术安全措施的确切细节。

9.3.3 措施建议

措施以业务守则的形式成文较实用。

9.4 原则四 数据保护安全官员

应单独任命数据保护安全官员以确保 HLSP 得到遵守并有相应的“措施”支撑。

9.4.1 规定一 数据保护安全官员和作为处理方的数据导入方

当数据导入方仅为个人健康信息处理方时，数据安全保护官员应确保数据处理要按照传输数据的控制方的规定来执行，并符合管辖这些规定的合同。

9.4.2 规定二 数据保护安全官员和作为控制方的数据导入方

当数据导入方本身也是控制方时，个人健康数据的处理界限应明确指出，并得到导出数据的主要控制方的认同。数据保护安全官员应确保遵守这些规定。

9.4.3 规定三 数据保护官员的岗位资格

数据保护安全官员应具备保护个人健康数据安全的必要技能和经验以承担其职责，还应有主管方或相应权威人员的授权。

9.4.4 理论依据

处理个人健康数据的导入方机构需自行决定必要的处理目的和方式。例如，在远程医疗/远程会诊中作为导入方的临床专家在与其他专家会诊时要求拥有最大的决断力，以适当的电子或纸质病例的形式保存结果以便其他授权人员访问。这种情况下通常要求该专家或该组织机构充当控制方而不仅仅是处理方。

数据保护安全官员要求来自最高管理层的授权。最好是主管方的授权，但其他方面(如医疗总监)的授权也可能满足要求。

9.4.5 措施建议

数据保护安全官员应有明确的参考条款，其审计和违规调查的授权应在“措施”中予以明确。

9.5 原则五 处理许可

除 7.2.1 所允许的外，如不能确保数据主体恰当同意(见 6.2.1 和 6.2.2a))就不能进行数据处理，且只能按照这种同意来进行该数据处理。

9.5.1 规定一 明确同意传输

(导出数据的控制方)应恰当确保数据主体“明确”同意传输其数据到导入方所在国，并同意其处理健康数据。

9.5.2 规定二 限于同意的目的

个人健康数据的处理应限于获得同意的目的。这些目的应当成文。

9.5.3 规定三 有条件同意

如果任何数据主体是有条件同意，而且这些同意条件被数据导入方所接受，那么这些同意条件应与个体的个人健康数据相关联并有“措施”来确保符合这些条件。

9.5.4 规定四 同意信息的复审

(作为)获取知情同意过程中(的一部分)，提供给数据主体的信息应在相关“措施”中予以明确。这些信息应定期复审，且间隔时间不超过一年，以确保信息的正确性和没有其他应当补充的信息。

9.5.5 理论依据

数据主体对于传输他们的个人健康数据必须给出明确的同意,除非传输是在与数据主体生命攸关的情况,如紧急救治(或急诊)。

同意应以知情为前提。因此如同意要想有效,则应向数据主体提供所有的相关信息,且需由数据导入方提供大量的这些信息。为此提供的任何信息都应成文,并保持更新。这些信息应包含以下问题,如:

——允许外界权威机构访问数据的优先法规或习惯做法,如执法机构或公共安全机构、外界临床审查或调查;

——缺少哪些与隐私相关的职业道德准则;

——本标准语境下数据保护不充分时,确保充分数据保护还应采取的措施。

数据导入方不清楚这些问题(如优先法规或习惯做法)时,应使其了解这些问题。

9.5.6 措施建议

如果任何条件都围绕"同意"展开(都以同意为中心),则这些条件应在相关措施中得以反映。这些措施应确保处理是限于给出同意的目的下(处理是依据给出同意的目的)。

9.6 原则六 对处理知情

应依照本标准以确保数据主体对处理的知情权、数据质量的获保障权、访问其个人数据以及反对处理的权利。

9.6.1 规定一 将经同意的处理文档化

数据主体同意处理个人健康数据的目的应明确成文,不应发生不符合这些目的的处理。

9.6.2 规定二 数据收集和处理的质量

对于数据主体所同意的目的而言,个人健康数据的收集和处理应是充分、相关且不多余的。

9.6.3 规定三 数据处理的准确性

应采取措施以确保个人健康数据的收集和处理准确并在必要时更新。

9.6.4 规定四 数据保存和销毁的策略

应有向数据主体交流数据保存和销毁策略的机构,该策略应与数据主体所同意的目的相符,包括个人健康数据用于处理的时间不应超过在数据主体同意的目的下所需要的时间。

9.6.5 规定五 数据主体对本人数据的访问

对于数据主体对本人数据访问的要求应做出识别和安排,并确保这些访问任何法定时间段得到允许且无需额外费用。

9.6.6 规定六 对处理的反对

数据主体有权反对与其相关的数据处理,如反对合理.对该数据的进一步处理应应数据主体的要求停止。

9.6.7 规定七 修正,删除和阻止

数据主体认为其数据不准确或不完整,或本标准的规定和/或任何数据导入方的保证未被遵守时,数据主体应能要求其个人健康数据被修正、删除或阻止。

对个人数据持有异议且不能得到客观解决时,数据主体对这些数据的看法应被记录下来并与该数据主体的其他个人数据一同处理。

9.6.8 规定八 传输数据标识

所有传输给导入方的个人健康数据都应进行同样的标识。

9.6.9 规定九 数据主体死亡的通告

关于数据主体死亡的通告,应执行7.2.6所要求的协议。

9.6.10 规定十 直接营销

未经数据主体明确同意,个人健康数据不得用于直接营销。

9.6.11 规定十一 非个人化数据再次个人化

如果个人健康数据是在其本身为非个人化健康数据(匿名数据,见7.6)的基础上传输给导入方时,应采取措施,确保其身份没有偶然或故意(有意或无意)因任何处理(包括与其他数据集的关联)而泄漏。适当时应制定应对“小概率”事件的策略。

9.6.12 理论依据

数据主体给出同意的目的应成文,以便提供给任何相关工作人员,并确保不用于其他目的。在医疗保健机构如医院,个人健康数据可能经常被用于国家或地区机构的审计、统计、财务或统计报表,第三方补偿,公共卫生部门疾病监测。这些都不适用于数据传输的目的,除非数据主体另外同意,否则需采取措施以避免(个人健康数据)不知情地被用于这些目的。

不能期望工作人员遵守HLSP及支持HLSP的“措施”,除非他们知道使用中的数据受到特别限制,因而同样需予以标识。

个人健康数据的保留时间不得超过数据主体所同意目的所需时间这一要求可能会引起一些问题。导入国可能要求保留病例至少一段时间。数据导入方可能希望有充分时间保留含有个人健康数据的记录以用于统计、审计并以防法律质疑或投诉。倘若如此,则应获得数据主体对这些目的的同意。

如果数据主体死亡,删除其数据时,除非事先取得另外同意,否则就可能会产生同样的困难。因此需要有明确的数据保管和销毁策略。

数据主体对与其相关的、正被处理的数据的知情权可能会引起困难,除非该数据已经被事先处理。例如,在医院,个人数据可能由许多部门系统和记录保有,除非医院有全面的电子病历系统,否则会导致追踪困难。

同样,如果由于法医学要求保留所有数据供审计和投诉调查,删除数据这一要求可能无法执行。这一点应在数据主体给出同意时予以告知。因此,恰当的方式是除因重要法医学目的而进行受控制的访问外,对数据进行存档并阻止任何的进一步处理。

9.6.13 措施建议

“措施”需含有用于快速处理数据主体访问要求的步骤以及用于数据主体死亡后需遵循的程序步骤。

“非个人化数据”的保障措施取决于风险程度。存在充分的技术处理有关“推理”的小概率问题[9]。

9.7 原则七 提供数据主体信息

应向数据主体告知数据导入方的身份、处理目的;其个人健康数据可能或将被传输的任何其他方;其反对处理的权利;投诉程序;第三方仲裁和调查安排;投诉权及如何投诉;可能影响数据主体同意的任何信息。所提供的这些信息应成文并予以保存。

9.7.1 理论依据

虽然很多这些信息是来自数据导入方,但应由传输数据的控制方负责向数据主体提供这些信息。应特别指出的是,需要向数据主体提供所有可能影响其数据传输同意决定的信息。因此数据导入方有责任全面考虑所有数据主体不希望的、可能会影响其隐私和基本自由的所有情况。

个人健康数据导入方的类别包括除临床医生和健康专业人员以外的其他人员,如财务管理结算人员或数据录入文秘人员等。

9.7.2 措施建议

“措施”应包括所提供信息的定期复审,时间间隔不超过一年。

9.8 禁止未经同意的数据传输

除非是有必要为保护数据主体或其他人的切身利益,且仅当数据主体不能亲自或合法同意时,否则未经传输数据的控制方和数据主体许可,个人健康数据不得从数据导入方传输给另一方。收到这些数据的任何其他方,除仅用于传输目的外,应提供充分的数据保护。

9.8.1 规定一 确保传输安全

应在本标准语境下判断“其他方”所提供的数据保护的充分性。

9.8.2 规定二 用于进一步传输的 HLSP

“其他方”应遵守或执行符合本标准的 HLSP。

9.8.3 规定三 公开注册

对于数据传输给其他方应公开注册和维护。

9.8.4 理论依据

如果个人健康数据再传输给另一方，数据主体会期望所得到的数据保护不被减弱。

可能经常会出现这样的情况，临床医生希望征求另一家机构同行的意见。如果与特定同行/机构的进一步会诊属于常规做法，则此时该“其他”机构应完全遵守其 HLSP。然而，如果该会诊只是偶尔发生，而且参与人员只限于一两个较少的次要专业人员时，虽然也是正式行为，则会诊即可。

任何情况下都要求有数据主体同意。但是并不一定总能预知需要的是什么的“其他”机构的其他医疗专家来参与会诊。在这种情况下，为满足数据主体所同意的处理目的所需，各类人员（如来自其他机构的其他临床医生）应寻求数据主体的同意。但不得滥用，且任何隐私风险应予以说明。

如果“其他方”是，或可能是在非导入方所在国，那么将考虑更多且复杂的因素。一开始为数据导入方所设立的充分数据保护可能无法适用。如数据要从某国家的一个州传输到采用不同数据保护法的另一州时，就是这种情况。

9.8.5 措施建议

如果要传输个人健康数据给另一方，“措施”中应包括需遵循的程序。

9.9 原则九 补救和赔偿

对于任何侵权行为，数据主体有权要求司法的或其他相当的补救，并有权要求赔偿由此造成的任何损害。

9.9.1 规定一 调查投诉

应有向数据主体公开的，独立于数据导入方的投诉调查机制。

9.9.2 规定二 独立仲裁

对未解决的争议，应有向数据主体公开的独立仲裁机制。

9.9.3 理论依据

这些机制是建立充分数据保护的必要部分。这些机制可能较复杂但应成文，并以使数据主体能理解并知道该机制如何及何时可启用的语言和形式提供给数据主体。

这些成文的机制应包括当个人健康数据传输给可导致违反权利的另一方（如在别的机构与别的医疗专家会诊）时应有的暗示或限制。

9.9.4 措施建议

与此原则相关的“措施”通常需要法律介入。

9.10 原则十 安全处理

应保护个人健康数据免遭意外或非法破坏或意外丢失、改动以及未经授权披露或访问以及任何非法处理。

9.10.1 规定一 风险分析

安全措施应与风险评估相适合。

9.10.2 规定二 传输过程加密处理

个人健康数据在数据导出方和数据导入方之间的传输应加密。

9.10.3 规定三 数据完整性证明和源鉴别

个人健康数据在数据导出方和数据导入方之间的传输应服从于保证数据完整性和源鉴别的安全服务。

9.10.4 规定四 访问控制和用户鉴别

个人数据的处理应有有效的访问控制,应对系统用户进行恰当鉴别。

9.10.5 规定五 人身和环境安全

应遵守有效医疗保健的要求采取有效的人身和环境安全措施。

9.10.6 规定六 应用管理

对所传输的个人健康数据进行处理的所有应用都应由具备相应知识和能力的人来管理。

9.10.7 规定七 网络管理

由导入方直接控制的网络和个人健康数据的传输都应由具备相应知识和能力的人来管理。

9.10.8 规定八 病毒监控

应安装有效的病毒监控工具,防止恶意软件对所传输的个人健康数据或相关系统处理数据的完整性造成危害。

9.10.9 规定九 违反安全报告

与被传输的个人健康数据相关的所有工作人员和信息系统用户应学会识别并向数据安全保护官员报告违反信息安全的事件。如有涉及数据主体的数据推理,应明确数据导出方和数据导入方对数据主体各自应承担的责任,相应的处理措施也应予以明确。

9.10.10 规定十 业务连续性计划

如处理系统发生故障,数据导入方应进行相关安排以保障继续完成对个人数据的处理。

9.10.11 规定十一 审计跟踪

对所有被传输的个人健康数据应有可防篡改的审计跟踪。

9.10.12 规定十二 处理特别敏感的数据

个人健康数据特别敏感时应进行严格的风险评估,并严格执行任何必要的特别措施。如个人基因数据以及与性传播疾病有关的数据(见附录G)。

9.10.13 理论依据和措施建议

涉及安全处理的理论依据和措施建议详见第10章。

9.11 原则十一 工作人员和其他承办方的职责

所有工作人员和为数据导入方工作以及参与处理传输个人健康数据的其他承办方应被告知其职责并能履行其职责。

9.11.1 规定一 告知工作人员和其他承办方

参与个人健康信息处理的工作人员和其他承办方应被告知HLSP并提供能使其遵守HLSP的“措施”。

9.11.2 规定二 指导和培训

参与个人健康数据处理的工作人员和其他承办方应接受与自己职责相对应的指导和/或(亦或)培训。培训材料应定期复审,间隔时间不超过一年。培训应在恰当的间隔时间内重复进行。

9.11.3 规定三 工作人员和承办方的合同义务

工作人员和承办方遵守“措施”以执行HLSP的义务应写进雇佣合同或合同条款中。

9.11.4 理论依据

工作人员可能受过关于数据保护的一般指导或培训。但是参与个人健康数据传输的工作人员还应了解任何相关附加或改进的程序。

9.11.5 措施建议

应建立一个可用来充当培训文件的简要说明性文件。

10 “原则十 安全处理”的理论依据和措施建议

10.1 概要

原则十(见9.10)要求数据导入方保护数据免遭“意外或非法破坏或意外丢失、改动以及未经授权被披露或访问以及任何非法处理”。

这些要求也适用于网络数据传输的处理。

导入方(如处理个人健康数据的健康机构)可能已经有保护这些数据的措施。然而这些措施应予以复审检查,确保其遵守本标准和传输该数据的控制方的要求。

“措施”应与处理中存在的风险和待保护数据的性质相对应。为确保“措施”能针对相应的风险,应进行正式的风险评估。

由于为“原则”规定对应的详细“措施”(见 8.4.6)不在本标准范围内,因此本章中以下各建议不应被视为是管理和技术“措施”所需的完整或充分说明。

“措施”应满足传输数据的控制方的要求。

10.2 传输到数据导入方过程中的加密和数字签名

考虑到实施的技术和费用,数据导出方和数据导入方之间个人健康数据的电子传输应以能确保完整性和鉴别的方式予以加密和数字签名。

加密算法的强度应与风险相对应,并可能受相关国家法规的限制。有些国家出于执行法律或国家安全的目的可能要求密钥第三方托管或依法获取密钥。对此数据主体应有所了解。

10.3 访问控制和用户鉴别

信息系统中所存个人数据完整性的一种控制方法是对所有的数据输入、编辑、处理以及所有需记录和审计的活动都进行有效签名。依据时间和地点进行物理控制是第一道防线,但还要求身份证明,以避免发生未授权的活动。病程记录签名就是出于类似的原因。

密码是访问控制和用户鉴别最常用的设置,但这是最低级形式的鉴别。采取如 CEN ENV 12551(参见附录 C)中详述的要求可能会使控制更有效,更有效的智能卡和生物识别系统正在逐渐可行,这些也应当给予考虑。数字签名也能用于确保信息不被篡改,并确保发送信息的个体经过鉴别。

10.4 审计跟踪

要保证数据主体的独立调查权,防篡改的审计跟踪将必不可少。需要强有力的“措施”来支持赔偿诉讼或制裁的法律活动。如有可能,宜只有数据安全保护官员才能访问这些审计跟踪。

10.5 物理安全和环境安全

需有物理安全以阻止不需要访问系统的人员访问系统,并确保已采取措施以防止、减轻或恢复如水灾、雷电、电力故障(断电)、抢劫等事件的影响。也需有充分的环境措施以确保系统能在指定的环境条件范围内持续工作。

10.6 应用管理和网络管理

详细的技术支持可由外部机构提供,但是地方管理部门应有权了解所有应用系统的人员以及能够应对基础培训、管理和故障排除的人员。支持措施应包括充分的应用文献和培训材料。这一点适用于应用和网络。网络配置和防火墙管理是系统安全的重要方面。

10.7 恶意软件

恶意软件攻击是对信息系统和网站攻击的最常见的一种形式。和导致拒绝服务一样,这种攻击可以摧毁或损坏机构所持有的个人健康数据。应以每月不少于一次的频率进行控制更新。

10.8 安全漏洞

数据安全保护官员有权访问关于当前安全问题的材料,并了解导入方所在组织机构的一些关键问题。然而除非贯穿整个组织机构的安全漏洞细节被重点报道,否则将没有人完全了解该机构所面临的隐患并着手解决这些隐患。

在培训计划中纳入安全漏洞报告的要求会有益,且报告应以不具威胁性为基础从而鼓励报告,至少其中一些报告将仅采自于操作方的失误。

10.9 业务连续性计划

即使处理设施遭受灾害被毁,机构也有必要能持续开展业务,如患者的诊断和治疗。如有灾难出现,则需要有明确的能解决问题的灾难评估,需要拟定、测试可供使用的合适计划并记录成文。问题出现后再制定计划会为时已晚。各种系统故障的后果应成为风险分析的一部分。发展业务连续性计划是针对其当前所承担的处理的重要项目。应当定期予以测试和更新。

10.10 处理特别敏感的数据

尽管所有的个人健康数据都敏感,但数据主体会认为有些数据额外敏感,如涉及性传播疾病、人工流产的数据等。患者的诊断和治疗中基因/染色体组信息的日益使用,以及出于警方和安全目的对这些信息的使用,要求特别保护这些数据的安全,避免不当泄漏。欧洲委员会第R(97)5号医疗数据保护建议书中包含关于处理个人遗传数据的最新建议。然而这仍是个当前研究活跃的领域。

一旦怀疑个人健康数据有可能对数据主体特别敏感,应就任何可能存在的额外安全预防措施的性质向数据主体咨询并执行经数据主体同意的额外安全措施。附录G提出了关于哪些数据可被视作“特别敏感”的意见。

10.11 标准

对于跨国电子传输个人健康数据宜参照ISO和CEN安全标准。附录C列出了可应用的标准。附录D列出了其他有用的意见来源。

11 非电子形式的个人健康数据

非电子形式的个人健康数据也应遵守本标准。例如非电子形式的个人健康数据只能在数据导出方和数据导入方之间以能提供应对风险的安全模式传输。这也许会要求安排特别信使。

应指出的是,非电子个人健康数据除了纸质以外,还可采取其他形式,如放射线照片、心电图、标本,这些数据需要同样有效的物理安全。

附　录　A
（资料性附录）
数据保护的主要国际文件

A.1　欧盟数据保护指令

欧盟国家最重要的数据保护文件是“欧盟数据保护指令”[6]。该指令的两个目标是保护自然人的基本权利和自由、促进个人数据在该指令保护下的自由流动。

A.1.1　覆盖范围

指令提及健康数据，但其规定是普遍的，涵盖所有部门和应用，无论是私人的或公共的。适用于手册、纸质文档和电脑记录。个人数据包含任何可直接或间接用于可识别人员的信息。如：通过一个或多个个体的特定因素，如身份证号码，物理特性，居住地的地理标识等。

A.1.2　合法处理的规定

个人数据必须：

——公正和合法地处理；

——对处理目的而言是充分、相关且不多余的；

——准确并保持更新；

——仅在处理目的所需时间内可识别；

——收集时要有具体、明确、合法目的，且不做与这些目的不符的进一步处理。

个人数据可在某种条件下被处理，如：仅当

——数据主体（给出）“明确同意”；

——或数据主体应是合同的当事人；

——或应遵守法律；

——或为了保护数据主体的切身利益；

——或为了执行实现公共利益的任务。

A.1.3　特殊的处理类型

有一些例外，成员国应禁止在处理个人数据时泄露：

——种族或原籍裔系；

——政治见解；

——宗教或哲学信仰；

——工会会员身份；

——有关健康或性生活的数据处理。

本附录最重要的特例是在第8章第3条，其中指出：

“禁令不适用于下述数据处理目的：

——预防医学；

——医疗诊断；

——提供护理或治疗；

——医疗保健服务的管理；

——按照国家主管机关建立的法律或法规，这些数据被承担保密职责的健康专业人士或承担同等保密职责的其他人来处理。”

成员国必须“确定在何种条件下的国家身份证号码或任何普遍适用的其他标识符可以被处理。”

A.1.4 数据主体的权利

收集数据时，应向数据主体至少提供以下信息，包括：

——拥有和控制该数据处理的团体身份；

——处理目的；

——数据接收方，或数据接收方及数据的类别；

——保证处理公正的其他信息。

如被处理的个人数据并非采自数据主体，仍应向数据主体提供该信息。特殊情况例外，如处理是用于统计或具体研究、且若向数据主体提供有关信息则耗费巨大时。

数据主体有权知道他/她的数据是否正在被处理，如果是，是什么数据，用于何种目的。如果该处理不符合指令，数据主体有权要求清除该数据或阻止该处理。在这种情况下已经被提供数据的第三方必须被告知且必须清除和阻止处理，但当这样做耗费巨大时则可例外处理。但是当数据被用于统计和科学研究的时，访问的权利可能会受限，如指令中第13章第2条中指出：

“受充分的法律保护，尤其当数据不是被用于采取措施或涉及任何特定个体的决定时，在明显不存在泄漏数据主体隐私风险的情况下，成员国可能通过立法措施限制第12章规定的访问权。”

A.1.5 安全处理

第17章规定了关于安全的义务。第1条规定：

“各成员国应规定控制方需执行适当的技术及组织措施，以保护个人数据免遭意外或非法破坏或意外损失、改动、未经授权的披露或访问，特别是涉及通过网络传输数据的处理和所有其他非法形式的处理。

重视技术发展水平和执行成本的同时，这类措施应确保安全级别与处理所带来的风险和待保护数据的特性相适应。”

以数据控制方名义进行数据处理时，处理方应“以书面或同等的形式”提供相同的安全保证。

A.1.6 监督机构

每个成员国应有一个独立的公共监督机构负责监督该指令的执行情况，通过该机构任何人都可提出其权利保护的“要求”。该机构必须具有调查权和有效的干预权。数据控制方应在数据处理前通知该监督机构。在某些情况下通知可由成员国简化或免除，如任命独立的数据保护官员以确保执行该指令并记录处理操作。通知的具体内容至少应含有计划/打算给第三方的任何传输。

A.1.7 补偿和制裁

对于任何违权行为，如果造成伤害，数据主体应可以从数据控制方获得“司法补救”。

A.1.8 传输个人数据给第三国

指令第25章要求各成员国不得向第三方国家传输个人信息，除非该国确保充分的保护（级别/水平）。第2条规定：

“第三国提供的保护（水平的）充分性应从数据传输操作或系列（数据传输）操作的所处环境予以评估，尤其对有问题的第三国，应从全面和局部两方面大规模地考虑数据的性质、计划处理操作及系列操作的目的和持续时间、数据原发国及最终目的国、法律法规以及与该国相符的专业规则和安全措施。”

如果欧盟委员会认为第三国没有充分的保护措施，可以要求成员国防止传输，并介入与该第三国的协商（第4条和第5条）。

但是第26章允许在特殊的情况下向不确保提供充分保护的第三国传输数据，如：

——数据主体明确同意；

——履行经数据主体同意的合同或数据主体的利益需要；

——保护数据主体切身利益的需要。

A.2 经济合作与发展组织（OECD）

经合组织的成员包括24个国家。其在数据保护领域最具权威性的文件是一套指导文件——并非指令或法规。其中有一般安全指南[2]和跨国数据流动的隐私保护指南[1]。后者包括8个基本原则：

a) 数据收集的限制：对个人数据的收集应加以限制。个人数据应在数据主体知情或同意的情况下，通过恰当的、公平和合法的手段获得。

b) 数据质量：个人数据宜围绕使用目的保证其准确性，完整性和有效性。

c) 目的性规范：收集数据时应告知该个体其个人数据被收集的原因。这些数据随后应只用于此目的或相似的目的。

d) 使用限制：不得泄漏或使用个人数据，除非目的规定原则允许、有个人同意或法律要求。

e) 安全保障：应使用合理的安全防范措施以防止未经授权地访问、使用、破坏、修改或泄漏个人数据。

f) 开放性：涉及个人数据的策略和程序应易于获得。个人数据收集的种类和数据收集负责方的联系信息应随时可得。

g) 个体参与：个体有权确认是否有其他个体或组织持有其个人数据，有权及时、合理地查看这些数据，有权在上述权利遭到拒绝时被给予理由(并予以反驳/争辩)。

h) 责任：数据控制者应负责执行上述原则。

A.3 欧洲委员会

欧洲委员会的成员较欧盟更广泛。欧洲委员会的部长委员会在各类国际公约下形成国际条约和建议书方面具有很明显的实力，尽管不必让公民个人在具体案例中要求其执行相应的法律权力。在数据保护方面，欧洲委员会的建议书为监督机构提供了重要的指导。第108号公约"个人数据自动化处理中的个体保护公约"为欧洲指令提供了基础。它主要涉及自动化处理，但也涉及参与国对非自动化处理应用同一原则，并为法人或个人团体以及已识别的或可识别的个体提供同样的保护。建议书R(97)5"关于医疗数据的保护"建议各签约国政府：

"采取措施确保本建议书中的各原则在其法律和实践中予以体现"和"确保本建议书中的各原则在收集和处理医疗数据涉及的各专业人员间普及"。

它涵盖如下主题：

——合法处理；

——提供信息给患者；

——同意及反对处理的权利；

——主体访问和校正；

——安全；

——个人数据的泄露；

——跨国的数据流动。

其中特别关注遗传数据。

A.4 联合国大会

A.4.1 总则

联合国发布了"个人数据文档规范指南"。该联合国指南根据一些"定位"为成员国提供了执行涉及计算机化个人数据文档有关规范的程序，其精髓见下面的A.4.2和A.4.3。

A.4.2 任何国家立法应提供的最低保障原则

a) 合法性和公正性：信息收集应以公平、合法的方式，其使用目的不得用于与联合国宪章相悖。

b) 隐私：宜保持文档的有效性与准确性。

c) 目的说明：文档的使用与使用目的宜明确并合法，并告知相关人员。任何人未经同意不应泄漏与目的不符的任何信息，数据保留时间应不超过目的所需时间。

d) 利害相关人的访问:利害相关人宜有访问权、修订权、删除权。

e) 非歧视原则:遵守下文 f),不应编辑可能引起歧视的数据,如种族或血统、肤色、性生活、政治观点、宗教、哲学和其他信仰、社团或工会会员。

f) 例外权:只有在保护国家安全、公共秩序、公共健康或道德或保护他人的权利和自由需要时,才可获准不遵守原则 a)至原则 d)。只有在"国际权利和自由法案"范围内才可获准不遵守原则 e)。

g) 安全:应采取恰当的措施保护文档使其免遭丢失、破坏、未授权访问、欺诈性滥用和恶意使用。

h) 监督和制裁:法律应指定负责监督贯彻这些原则的机构。它宜有恰当、独立的权力。任何违反行为都将受到法律或其他制裁并对个体适当赔偿。

i) 跨国流动:如两国之间有相当的安全措施保护隐私,则信息应能在这两国之间自由流动,否则应根据隐私保护的需要对其流动进行限制。

j) 应用领域:这些原则宜首先应用于所有公共和私人计算机文档。经适当调整,这些原则也可任意用于手册类文档。

A.4.3 指南应用于政府间国际组织持有的个人数据文档

这些指南宜应用于政府间国际组织,每个组织都应指定一个主管机构监督其执行。

当文档的目的是保护人权和个体的基本自由时,可(规定)降低或部分不遵守这些原则。

附 录 B
（资料性附录）
一些国家的国家文件性要求和法律条文

B.1 澳大利亚

AS 4400—1995 澳大利亚标准——医疗保健信息系统中的个人隐私保护（AS 4400—1995 Australian Standard-Personal Privacy Protection in Health Care Information Systems）。

澳大利亚隐私修正法案（隐私部分）2000（Australian Privacy Amendment（Private Sector）Act 2000）。

公正处理个人信息的国家法则，隐私委员会办公室，澳大利亚，修订版，1999年1月（National Principles for the Fair Handling of Personal Information，Office of the Privacy Commission，Australia，Revised edition January 1999）。

信息隐私，惯例法规，新南威尔士健康，1996（Information Privacy，Code of Practice，New South Wales Health，1996）。

B.2 加拿大

COACH 健康信息保护指南（2001）——加拿大（COACH Guidelines for the Protection of Health Information（2001）-Canada）。

加拿大个人信息及电子档案法案 2000（Canadian Personal Information and Electronic Documents Act 2000。）

B.3 欧洲

欧盟成员国（如：奥地利、比利时、丹麦、爱尔兰、芬兰、法国、德国、希腊、意大利、卢森堡、荷兰、葡萄牙、西班牙、瑞典和英国等）遵守"欧盟数据保护指令"[6]（EU Data Protection Directive）。非欧盟成员但属于欧洲经济区（EEA）的成员国（如：冰岛、列支敦士登、挪威）则遵守1999年6月25日达成的"83/1999号欧洲经济区贸易决议"（EEA Treaty Decision 83/1999）。

欧盟委员会有权判别其他国家所提供的数据保护是否达到与"欧盟数据保护指令"相当的水平。获得此认同的国家有匈牙利[13]和瑞士[14]。

遵守"欧盟数据保护指令"也是申请成为欧盟成员的必要条件之一。

B.4 日本

JIS Q 15001：1999，个人信息保护一致计划的要求（JIS Q 15001：1999，Requirements for compliance program on personal information protection），见〈http://privacymark.org/ref/jisq15001.en.html〉。

政府办公法案第100条（The Government Officials Act Article 100）中提到：公务员在职期间以及退休后都不得泄露他们知道的私密信息。

地方办公法案第34条（The Local Officials Act Article 34）中提到：公务员在职期间以及退休后都不得泄露他们知道的私密信息。

刑法第134条（The Criminal Law Article 134）中提到：医生、药剂师、药品商、助产士…，在职期间没有正当理由而泄露私密信息属于违法。

公共保健护士、助产士及护士法（The public health nurse，midwife and nurse law），放射咨询法

(The consulting radiologist law),牙科医师法(The dental technician law),急诊医师法(The emergency medical technician law),五官科医师法(The speech and hearing technician law),都规定了保守私密的义务和打击泄露私密的行为。

管理机构持有并计算机处理相关个人信息保护法(The Administrative Agency holding and computer processing related Personal Information Protection Law)涉及/处理:泄漏管理性文档时保护个人信息的责任。

个人信息保护法(讨论草案)(The Personal Information Protection Law (Draft under discussion))是基于多项原则进行拟定的,这些原则包括:恰当地获取个人信息,确保准确性,采取安全保护措施,向数据所有者共享信息(告知其个人数据的使用、披露、阻止和修正目的)。

远程服务安全隐私要求,NEMA/COCIR/JIRA 安全隐私联合委员会,2001 年 7 月 11 日(Security and Privacy Requirement for Remote Servicing, Joint NEMA/COCIR/JIRA Security and Privacy Committee, July 11, 2001)。

医疗保健信息技术安全隐私检查,NEMA/COCIR/JIRA 安全隐私联合委员会,2001 年 7 月 11 日(Security and Privacy Auditing in Health Care Information Technology, Joint NEMA/COCIR/JIRA Security and Privacy Committee, July 11, 2001)。

B.5 新西兰

健康信息隐私法规 1994,隐私专员,新西兰(Health Information Privacy Code 1994, Privacy Commissioner, New Zealand)。

B.6 英国

BS 7799-1:2000 第 1 部分,信息安全管理试实行法规,英国标准协会,伦敦(BS 7799-1:2000 Part 1, Code of Practice for Information Security Management, British Standards Institution, London)。

BS 7799-1:2000 第 2 部分,信息安全管理系统规定,英国标准协会,伦敦(BS 7799-2:2002 Part 2, Specification for Information Security Management Systems, British Standards Institution, London)。

数据保护法案 1998(Data Protection Act 1998)。

健康记录访问法案 1990(Access to Health Records Act 1990)。

保密普通法(Common Law of Confidentiality)。

保密性:国家医疗服务实行法规——2003,7 (卫生部,英格兰)(Confidentiality: National Health Service (NHS) Code of Practice—July 2003 (Department of Health, England)")。

医疗数据使用和披露——2002,5(Use and Disclosure of Health Data-May 2002 (Office of the Information Commissioner))。

B.7 美国

美国健康保险轻便和责任法案,1996(USA Health Insurance Portability and Accountability Act, 1996)。

医疗保健信息标准目录, ANSI/HISB, 1997, 1 (An Inventory of Healthcare Information Standards, ANSI/HISB, January 1997)。

ASTM E 1762,医疗保健信息电子认证标准指南(ASTM E 1762, Standard Guide for Electronic Authentication of Health Care Information)。

ASTM E 1869-97,含基于计算机的患者记录的健康信息保密、隐私、访问标准指南和数据安全法则(ASTM E 1869-97, Standard Guide for Confidentiality, Privacy, Access, and Data Security Principles for Health Information Including Computer-Based Patient Records)。

ASTM PS 115-99,健康信息系统使用检查和泄漏日志暂行标准规范(ASTM PS 115-99, Provisional Standard Specification for Audit and Disclosure Logs for Use in Health Information Systems)。

安全海港隐私法则[15],美国商务部,2000,7,21(Safe Harbor Privacy Principles[15]-US Department of Commerce-July 21,2000)。

附 录 C
（资料性附录）
相关的 ISO 和 CEN 标准

C.1 ISO

ISO/IEC 17799:2000, Information technology—Code of practice for information security management（信息技术 信息安全管理实行法规）。

ISO/IEC TR 13335, Information technology—Guidelines for the management of IT Security（信息技术 IT 安全管理指导）：

——Part 1: Concepts and models for IT Security（第 1 部分：IT 安全概念和模型）；

——Part 2: Managing and planning IT Security（第 2 部分：IT 安全管理及计划）；

——Part 3: Techniques for the management of IT Security（第 3 部分：IT 安全管理技术）。

C.2 CEN

ENV 12924:1997, Medical informatics—Security categorisation and protection for healthcare information systems（医疗信息学 医疗保健信息系统安全分类和保护）。

ENV 12388:1996, Medical informatics—Algorithm for digital signature services in health care（医疗信息学 医疗保健数字签名服务算法）。

ENV 13608:2000, Health informatics—Security for healthcare communications（健康信息学 医疗保健通信安全）：

——Part 1: Concepts and terminology（第 1 部分：概念和术语）；

——Part 2: Secure data objects（第 2 部分：安全数据对象）；

——Part 3: Secure data channels（第 3 部分：安全数据通道）。

ENV 13729:2000, Health informatics—Secure user identification—Strong authentication using microprocessor cards（健康信息学 安全用户识别 （使用）微处理器卡强认证）。

ENV 12251:2000, Health Informatics—Secure user authentication for health care—Management and security of authentication by passwords（健康信息学 安全用户识别 密码认证管理及安全）。

附 录 D
（资料性附录）
本标准中建议的来源

D.1 参考资料

信息系统安全指导，OECD，OECD/GD(92)190 巴黎，1992，11（"Guidelines for the Security of Information Systems"，OECD，OECD/GD(92)190 Paris，November 1992）。

SEISMED 协会，（面向）医疗远程信息处理安全，Barber B 等编，健康技术和信息学，卷 27（vol. 27），IOS 出版社，阿姆斯特丹，1996，ISBN 90 5199 246 7（SEISMED Consortium，"Towards Security in Medical Telematics"，ed Barber B et al，vol. 27 in Studies in Health Technology and Informatics，IOS Press，Amsterdam，1996，ISBN 90 5199 246 7）。

卫生保健数据安全，SEISMED Consortium，IOS 出版社，阿姆斯特丹，1996（"Data Security for Health Care" ed the SEISMED Consortium，in Studies in Health Technology and Informatics，IOS Press，Amsterdam，1996）：

——管理指导　卷 1（Management Guidelines　vol. Ⅰ ISBN 90 5199 264 5）；

——技术指导　卷 2（Technical Guidelines　vol. Ⅱ ISBN 90 5199 265 3）；

——户用指导　卷 3（User Guidelines　vol. Ⅲ ISBN 90 5199 266 1）。

信任健康 1&2，EU DG 13，健康远程通信处理计划第四构架，HC1051 and HC 4023，1996-1999（"TrustHealth 1 and 2，EU DG XIII Fourth Framework Health Telematics Projects，HC1051 and HC 4023，1996-1999"）。

安全隐私标准手册　卫生保健可交付 4 EU MEDSEC 计划，EU DG 3，信息社会 EU DG 3 卫生保健安全隐私，ISIS 计划，1997-1998（"Handbook of Standards for Security and Privacy-Healthcare Deliverable 4 EU MEDSEC Project，EU DG III Health Care Security and Privacy in the Information Society EU DGIII"，ISIS programme，1997-1998）。

SEMRIC，安全电子医疗信息通信，EU DG 3，ISIS 计划，1997（SEMRIC，Secure Electronic Medical Information Communication，EU DG III，ISIS programme，1997）。

欧洲隐私标准化提案权，（IPSE），讨论草案，2001，9（Initiative on Privacy Standardisation in Europe (IPSE)，Discussion Draft，September 2001）。

CRAMM 用户指南，2001，3，29，CCTA 风险分析和管理方法，CRAMM，软件版 4.0，CRAMM 管理人员，理解咨询有限公司，Churchfield House，5 The Quintet，Churchfield Road，Walton on Thames，KT12 2TZ[软件含用户指南]（The CRAMM User Guide，29 March 2001，The CCTA Risk Analysis and Management Methodology，CRAMM，Software Version 4.0，The CRAMM Manager，Insight Consulting Ltd，Churchfield House，5 The Quintet，Churchfield Road，Walton on Thames，KT12 2TZ[the user guide is included with the software]）。

不安全世界中的健康信息通信，Bakker AR，Barber B，Pellikka RT K & Treacher A 编，生物医学计算关机期刊，卷(43)，pp. 1-152，增刊，1996，10，阿姆斯特丹（Communicating Health Information in an Insecure World，ed. Bakker AR，Barber B，Pellikka RT K & Treacher A，International Journal of Bio-Medical Computing，vol. 43，pp. 1-152，Supplement October 1996 Amsterdam）。

患者数据通信安全通用解决方法，Bakker AR，Barber B，Ishikawa K & Yamamoto K 编，生物医学计算关机期刊，卷(49)，pp. 1-137，增刊，198，10，阿姆斯特丹（Common Security Solutions for Communicating Patient Data，ed. Bakker AR，Barber B，Ishikawa K & Yamamoto K，International Journal of

Bio-Medical Computing, vol. 49, pp. 1-137, Supplement October 1998 Amsterdam)。

电子患者记录分布安全，Bakker AR，Barber B，Moehr J 编，生物医学计算关机期刊，卷(60)，pp. 1-237，2000(Security of the Distributed Electronic Patient Record, ed. Bakker AR, Barber B, Moehr J, International Journal of Bio-Medical Computing, Vol. 60 pp. 1-237, 2000)。

D.2 所选的网址

ISO TC 215 Health Informatics-

〈http://isotc.iso.ch/livelink/livelink.exe? func=ll&objId=529137&objAction=browse&sort=name〉

OECD-〈http://www.oecd.org/〉

Council of Europe-〈http://www.coe.int/〉

CEN TC 251 Health Informatics-〈http://www.centc251.org/〉

ASTM (American Society for Testing and Materials)-〈http://www.astm.org/〉

CEN/ISSS including Initiative for Privacy Standardisation in Europe (IPSE)-〈http://www.cenorm.be/isss〉

European Union INFOSEC programme-〈http://www.cordis.lu/infosec〉

ISHTAR EU Security Projec-〈http://www.ishtar.org.uk/〉

European Commission Data Protection-〈http://europa.eu.int/comm/internal_market/en/dataprot/〉

EU Article 29 Working Party-〈http://europa.eu.int/comm/internal_market/privacy/workinggroup_en.htm〉

附 录 E
（资料性附录）
“控制方到控制方”合同条款范例

E.1 导言

下面给出适用于“控制方到控制方”之间传输个人健康信息(见6.2.2中的g))时的合同范例。

E.2 来历

这些“控制方到控制方”的标准合同条款最初由欧盟委员会创建，以允许控制方在充分理解欧盟数据保护指令的背景下例证数据保护的“充分性”。

E.3 合同的本质特征

任何合同都应包括以下内容：

——数据导出方和数据导入方的职责；

——数据传输的目的；

——数据主体对按照所陈述的目的进行传输给出了明确的同意；

——数据主体持有一份该合同条款副本的权利；

——数据主体获得赔偿、对投诉的客观调查和仲裁的权利；

——管辖法律；

——到第三方的数据传输；

——为确保充分的数据保护，数据导入方必须满足的要求。

上述内容均应符合本标准的规定。

E.4 合同范例及注意事项

以下合同条款只是一个范例。每一次国际应用时都需要依据应用特点和可能影响本合同的相关国家法律来考虑这些条款。有时候可能有必要去寻求法律建议。

宜注意的是：

——本合同条款宜是可强制执行的，不仅对合同各方的组织机构而言，而且对各数据主体也是如此，尤其是在数据主体会因合同的违背而遭受损害的地方。

——本合同的管辖法律应是传输数据的主要控制方所在国家的法律，目的是使第三方受益人能够实施本合同。在明确有利于数据主体的情况下，此款可以被修改。宜允许数据主体由协会或其他团体来代表。

——为了在根据这些合同条款去行使各自权利时减少数据主体可能遇到的实际困难，数据导出方和数据导入方宜共同承担由于违背了这些条款(包括第三方受益条款)而造成的任何损害，并负起各自的责任。

——数据主体有权采取行动并获得数据导出方和数据导入方或双方由于其任何不符合这些条款规定义务的行为导致的赔偿。如果他们可以证明各自都没有责任，但两方都可免于赔偿。

——连带赔偿责任不适用于第三方受益条款不涉及的规定，也不需要一方赔偿由于另一方非法处理所造成的损害。尽管参与方之间的相互赔偿不做要求的，并可能会被删除，但是为了清晰起见，将此列入条款中，以避免参与方之间单独协商赔偿条款的需要。

——在各参与方和数据主体之间发生的纠纷没有得到和解，并且数据主体援引了第三方受益条款的情况下，各参与方同意数据主体选择调解或诉讼。数据主体能在多大程度做出有效选择将取决于可靠的和公认的调解和仲裁系统的可用性。通过传输数据的主要控制方所属国家公认的权威机构来调解，如一个国家或地方的数据保护/隐私管理机构或同级机构将是一个好选择，如果可以有这种服务提供的话。

——当出现关于数据主体的数据被干扰时，宜明确数据导出方和数据导入方对于数据主体的责任。

标准合同条款的范例

数据导出机构的名称：____________________

地址：____________________

电话：__________ 传真：__________ Email：__________

机构的其他信息：____________________

（数据导出方）

以及

数据导入机构的名称：____________________

地址：____________________

电话：__________ 传真：__________ Email：__________

机构的其他信息：____________________

（数据导入方）

现已达成以下合同条款（简称："条款"），目的是对个人健康数据在数据导出方与数据导入方间传输时（具体见附件1）在个体隐私保护、基本人权和自由方面举出充分的安全保障措施。

条款 1

定义

以下定义适用于本合同的各条款：

——控制方：自然人或法人、政府机关、机构或其他团体，能单独或共同决定处理个人数据的用途和方法；

——数据主体：已标识或可标识的自然人，个人数据的主体；

——参与方：数据导出方和数据导入方；

——个人数据：任何涉及已标识或可标识自然人的信息；

——个人健康数据：任何涉及已标识或可标识自然人的健康情况的个人数据；

——个人数据的处理（处理）：对个人数据进行的自动化或非自动化（系列）操作，如采集、记录、组织、存储、改编或改动、检索、咨询、使用、（通过传输）披露、散播、调整或组合、拦截、删除或销毁；

——数据导入方：获取他国数据导出方数据的自然人、法人、政府机关、机构或其他团体；

——技术和组织性安全措施:这些措施旨在保护个人数据免受意外或非法破坏或意外丢失、改动、未经授权披露或访问(特别是处理中涉及到通过网络的数据传输时),并避免一切非法处理形式;

——数据导出方:向他国数据导入方发送数据的自然人、法人、政府机关、机构或其他团体。

条款 2

传输细节

作为条款的基本组成部分,附件 1 详细说明了传输的细节,特别是个人数据的种类,以及它们被传输的目的。

条款 3

第三方受益条款

数据主体能作为第三方受益者主张强制执行本条款,以及条款 4 中 b)、c)和 d)项,条款 5 中 a)、b)、c)、d)、e)、f)和 g)项,条款 6 中 1)和 2),以及条款 7、9 和 11。各参与方不得反对数据主体由符合他们意愿的协会或团体来代表,只要是国家法律允许的。

条款 4

数据导出方的义务

数据导出方同意并保证:

a) 由其进行的个人健康数据的处理(包括传输本身)已经(直到传输时刻)并将继续根据数据导出方所在国家(且适用范围已经通知该国的有关权威机构)的相关规定执行,并且不会违反该国的相关规定;

b) 在传输前,数据主体已被告知或将被告知该数据会传输给导入国,并且数据主体已经明确地同意;

c) 数据主体获取本合同各项条款副本的要求总是可以被满足;并且

d) 应在合理的时间和范围内回答数据主体关于数据导入方对其个人健康数据处理方面的任何问题。

条款 5

数据导入方的义务

数据导入方同意并保证：

a) 他没有理由相信，适用于他的立法会不允许他完成本合同下他应履行的各项义务，并且当立法发生变更并对本条款提供的担保产生了不利的影响时，他会将本变更通知给数据导出方，而此时，数据导出方有权暂停数据传输和/或终止本合同。
b) 依照附件 2 列出的强制性数据保护要求来处理个人数据。
c) 迅速并适当地处理来自数据导出方或数据主体对有关其如何处理传输中的个人健康数据的所有合理查询。
d) 应数据导出方的要求为审计提交其数据处理的责任，该审计由数据导出方执行，或由独立成员组成的、并拥有所要求的专业资质的检查机构(并由数据导入方来选定)来执行。
e) 将迅速通知数据导出方关于：
   i) 执法机关任何涉及披露个人数据的司法要求，除非法律禁止他进行该等通知，如根据刑法下的禁令，从而维护执法调查的保密性；
   ii) 任何意外或未经授权的访问；
   iii) 直接来自数据主体的任何请求，但并不对数据主体作出回应，除非他已另外获得授权可以对该等请求作出回应。
f) 数据主体获取本合同各项条款副本的要求总是可以被满足，并且指定处理投诉的部门。
g) 遵守附件 3 中列出的数据导出国的数据保护/隐私管理机构的各项要求。

条款 6

责　任

1) 各参与方同意因条款 3 中的规定被违反而遭受损失的数据主体有权从导致损失方获得赔偿。各参与方同意，在能够证明他们都对违反规定不负有责任时，他们可以免于承担责任。
2) 数据导出方和数据导入方同意他们将为 1)中提到的数据主体遭受的损失共同承担责任。在这种违规行为中，数据主体可对数据导出方或数据导入方或对两者都提起诉讼。
3) 各参与方同意，如果一方被另一方据 1)所述中的违反行为而承担法律责任，后者将承担他应承担的扩展责任，赔偿前者的任何损耗、费用、损害、支出或已造成的损失。
   赔偿取决于：
   i) 数据导出方及时将索赔要求通知给数据导入方；并且
   ii) 数据导入方被提供了与数据导出方在对索赔的进行辩护与和解方面合作的可能性(*)。

条款 7

调解和管辖

a) 各参与方同意,如果数据主体和其他方之间存在没有得到和解的争端,并且数据主体引用了条款 3 中关于第三方受益的条款,他们接受数据主体的如下决定:
   1) 将争端提交给一名独立的个人或机构来调解;
   2) 将争端提交给数据导出方所在国家的法院来裁决。
b) 各参与方同意,根据数据主体和相关参与方之间协定,能将争端提交给一个仲裁机构。(**)
c) 各参与方同意,a)和 b)条款的适用,不得损害数据主体依据国家或国际法律的其他规定寻求赔偿的实体上的或程序性的权利。

条款 8

与国家权威机构的合作

各参与方同意向任何国家数据保护/私隐管理机构或等同机构交存一份本合同的副本,如果国家法律要求这样做的话。

条款 9

条款的终止

各参与方同意在任何时候、任何情况和任何原因下终止条款后,依然要对与处理所传输数据相关的条款中的义务和/或条件负责。

条款 10

管辖法律

本合同各项条款受数据导出方所在国的国家法律制约,即(***):

条款 11

合同的变动

各方承诺不更改或修改条款。

数据导出方：

机构图章

名称(全称)：________________________________
地址：________________________________
电话：__________ 传真：__________ Email：__________
使合同具有约束力的其他必要信息(如有的话)：

数据导入方：

机构图章

名称(全称)：________________________________
地址：________________________________
电话：__________ 传真：__________ Email：__________
使合同具有约束力的其他必要信息(如有的话)：

____
(签字)

(*) 3)是可选的。

(**) 相关参与方是否成立于签署了关于仲裁实施方面的纽约公约的国家中是重要的。

(***)管辖法律通常是数据导出方所在国家的法律，除非一些其他安排明显更有利于数据主体。

附件 1

关于合同条款

本附件作为合同条款的组成部分，且由各参与方完成并签署。
（各参与方可在本附件中填写或指定的任何其他必要的附加信息）。

数据导出方
数据导出方是（请简要说明您与传输有关的活动）：
____
____
____

数据导入方
数据导入方是（请简要说明您与传输有关的活动）：
____
____
____

数据主体
个人健康数据的传输，涉及以下数据主体类型（请具体说明）：
____
____
____

传输目的
传输主要用于下列目的（请详细说明）：
____
____
____

数据的类别
所传输的个人数据具有以下性质（请具体说明，并指出任何可能特别敏感的性质）：
____
____
____

接收方
所传输的个人数据只能披露给以下接收方或以下几类接收方（请具体说明）：
____
____
____

存储限制
所传输的个人数据的存储时间不可超过
（以“月/年”或以其他方式填写，确保数据保存时间不超过传输目的所需时间）：

______________	______________
数据导出方	数据导入方
姓名：______________	姓名：______________
______________	______________
（授权签字）	（授权签字）

附件 2

关于合同条款

条款 5 中 c)提到的强制性数据保护要求

强制性数据保护要求是指 ISO 22857 Health informatics—Guidelines on data protection to facilitate trans-border flows of personal health information 中的强制性要求。在中华人民共和国则对应的是 GB/T 25512—2010《健康信息学 推动个人健康信息跨国流动的数据保护指南》中规定。

附件 3

关于合同条款

在此附件中详细说明数据导出方所在国家的国家/地方数据保护/私隐管理机构或等同机构规定的任何要求,如果有的话。

附 录 F
（资料性附录）
“控制方到处理方”合同条款范例

F.1 导言

下面给出适用于“控制方到处理方”之间传输个人健康信息(见6.2.2中的g))时的合同范例。

在“控制方到控制方”的传输模式中，导入控制方作为控制方，有权决定如何处理个人健康数据及其方式，即使传输数据的主要控制方可能违反确保数据保护的全部充分性应遵循的基本原则。由于导入控制方有这种权利，他必须承担因其特权所采取的任何行为的后果，并对由于其中的缺陷所引起的对数据主体的赔偿负责。

在“控制方到处理方”的传输模式中，导入处理方作为处理方，仅遵守控制方的指令来处理传输的数据。后者因此必须具体说明处理方要做的事情以及必须执行的技术和组织性安全措施。如此则控制方要对其指令和措施的充分性负责，并对由于(已证实的)不充分性引起的对数据主体的赔偿负责。处理方有责任贯彻控制方指定的技术和组织性安全措施，而控制方有责任确保这些措施得以实际执行。

在“控制方到处理方”的传输环境中，数据主体宜仅对控制方并在控制方所在国家的管辖法律下主张其所有权利。由处理方体现出的任何缺陷都将是控制方和处理方之间要解决的问题。然而，如果控制方不复存在，数据主体宜能够就处理方应负责的缺陷向导入处理方行使其权力。

F.2 来历

这些“控制方到处理方”的标准合同条款最初由欧盟委员会创建，以允许处在欧盟成员国的控制方在充分理解欧盟数据保护指令的背景下例证数据保护的“充分性”。

F.3 合同的本质特征

任何合同都应包括以下内容：

——数据传输的控制方和导入处理方的职责；

——数据传输的目的；

——数据主体对按照所陈述的目的进行传输给出了明确的同意；

——数据主体持有一份该合同条款副本的权利；

——数据主体获得赔偿、对投诉的客观调查和仲裁的权利；

——管辖法律；

——导入处理方须确保充分数据保护的技术和组织性安全保护措施。

上述内容均应符合本标准的规定。

F.4 合同范例及注意事项

以下合同条款只是一个范例。每一次国际应用时都需要依据应用特点和可能影响本合同的相关国家法律来考虑这些条款。有时候可能有必要去寻求法律建议。

需要注意的是：

——导入处理方只能代表传输控制方并按照其指示和合同条款中的各项义务来处理传输的数据。特别是数据导入方不应向第三方公开个人健康数据，除非按照传输控制方的指示。输入控制方宜在整个数据处理服务过程中指导导入处理方按照其指令处理数据，并遵守本合同条款中任何适用的数据保护法律和义务。

——本合同条款宜是可强制执行的，不仅对合同各方的组织机构而言，而且对各数据主体也是如此，尤其是在数据主体会因合同的违背而遭受损害的地方。

——本合同的管辖法律应是传输数据的主要控制方所在国家的法律，目的是使第三方受益人能够实施本合同。

——数据主体对不符合本合同条款规定的行为有权采取行动并从传输数据的控制方获得适当的赔偿。特殊情况下，如当传输控制方已消失或已在法律上不复存在或已经破产，由于导入处理方的违规(参照条款 3 中范例条款规定的责任)，数据主体也宜有权采取行动，并酌情获得导入处理方的赔偿。

——在各参与方和数据主体之间发生的纠纷没有得到和解，并且数据主体援引了第三方受益条款的情况下，各参与方同意数据主体选择调解或诉讼。数据主体能在多大程度做出有效选择将取决于可靠的和公认的调解和仲裁系统的可用性。通过传输数据的主要控制方所属国家公认的权威机构来调解，如一个国家或地方的数据保护/隐私管理机构或同级机构将是一个好选择，如果可以有这种服务提供的话。

——当出现关于数据主体的数据被干扰时，宜明确数据导出方和数据导入方对于数据主体的责任。

标准合同条款的范例

数据导出机构的名称：________________

地址：________________

电话：________ 传真：________ Email：________

机构的其他必要信息：________________

(数据导出方)

数据导入机构的名称：________________

地址：________________

电话：________ 传真：________ Email：________

机构的其他必要信息：________________

(数据导入方)

现已达成以下合同条款(简称“条款”)，目的是对个人健康数据在数据导出方与数据导入方间传输时(具体见附件 1)在个体隐私保护、基本人权和自由方面举出充分的安全保障措施。

条款 1

定　义

以下定义适用于本合同的各条款：

——控制方：自然人或法人、政府机关、机构或其他团体，能单独或共同决定处理个人数据的用途和方法；

——数据主体:已标识或可标识的自然人,个人数据的主体;
——参与方:数据导出方和数据导入方;
——个人数据:任何涉及已标识或可标识自然人的信息;
——个人健康数据:任何涉及已标识或可标识自然人的健康情况的个人数据;
——个人健康数据的处理(处理):对个人数据进行的自动化或非自动化(系列)操作,如采集、记录、组织、存储、改编或改动、检索、咨询、使用、(通过传输)披露、散播、调整或组合、拦截、删除或销毁;
——数据导入方:获取他国数据导出方数据的自然人、法人、政府机关、机构或其他团体;
——技术和组织性安全措施:这些措施旨在保护个人数据免受意外或非法破坏或意外丢失、改动、未经授权披露或访问(特别是处理中涉及到通过网络的数据传输时),并避免一切非法处理形式;
——数据导出方:向他国数据导入方发送数据的自然人、法人、政府机关、机构或其他团体。

条款 2

传输细节

作为条款的基本组成部分,附件 1 详细说明了传输的细节,特别是个人数据的种类,以及它们被传输的目的。

条款 3

第三方受益条款

数据主体能作为第三方受益者向传输控制方主张执行本条款,以及条款 4 中 b)到 h),条款 5 中 a)到 e)和 g)、h),条款 6 中 1)和 2),条款 7,条款 8,条款 9,条款 10 和条款 11。

当传输控制方已经事实上消失或从法律上消失时,数据主体能向导入处理方主张执行本条款,以及条款 5 中 a)到 c)和 g),条款 6 中 1)和 2),条款 7,条款 8,条款 9,条款 10 和条款 11。

各参与方不得反对数据主体由符合他们意愿的协会或团体来代表,只要是国家法律允许的。

条款 4

数据导出方的义务

数据导出方同意并保证:

a) 由其进行的个人健康数据的处理(包括传输本身)已经(直到传输时刻)并将继续根据数据导出方所在国家(且适用范围已经通知该国的有关权威机构)的相关规定执行,并且不会违反该国的相关规定。
b) 他已指示,并将在个人数据服务整个过程中指示数据导入方代表数据导出方来处理所传输的数据,并遵守本合同条款中任何适用的数据保护法律和义务。

c） 数据导入方应提供本合同附件 2 中技术和组织性安全保障措施方面的足够担保。

d） 评定任何可适用的数据保护法的需求后，其安全保护措施可用于保护个人健康数据免受由意外损失、更改、非授权泄露或访问引起的意外或者非法破坏，特别是涉及网络数据传输的处理，使其免受其他非法的处理形式。这些措施可以确保与处理风险和被保护数据本质相对应的安全级别，并考虑到了现行实施现状和成本。

e） 确保遵守安全措施。

f） 数据主体已被告知或将在传输前被告知其数据可以传输给导入国并得到明确的许可。

g） 除附件 2 可用一个安全措施的简要说明代替外，只要数据主体要求就向其提供一份本合同各条款的副本。

h） 应在合理的时间和范围内回答数据主体关于数据导入方对其个人健康数据处理方面的任何问题。

条款 5

数据导入方的义务

数据导入方同意并保证：

a） 仅代表数据导出方处理个人数据并遵守其指示和本合同的条款。如果他无论基于何种原因不能遵守时，都将此及时通知给数据导出方，在这种情况下，数据导出方有权暂停数据传输和/或终止本合同。

b） 他没有理由相信，适用于他的立法会不允许他完成本合同下他应履行的各项义务，并且当立法发生变更并对本条款提供的担保产生了不利的影响时，他会将本变更通知给数据导出方，而此时，数据导出方有权暂停数据传输和/或终止本合同。

c） 在处理所传输的个人数据前，已实施附件 2 规定的技术和组织性安全保障措施细则。

d） 将迅速通知数据导出方关于：

  i） 执法机关任何涉及披露个人数据的司法要求，除非法律禁止他进行该等通知，如根据刑法下的禁令，从而维护执法调查的保密性；

  ii） 任何意外或未经授权的访问；

  iii） 直接来自数据主体的任何请求，但并不对数据主体作出回应，除非他已另外获得授权可以对该等请求作出回应。

e） 迅速并适当地处理数据导出方对有关其如何处理传输中的个人健康数据的所有询查。

f） 应数据导出方的要求为审计提交其数据处理的责任，该审计由数据导出方执行，或由独立成员组成的、并拥有所要求的专业资质的检查机构（并由数据导入方来选定）来执行。

g） 除附件 2 可用一个安全措施的简要说明代替外，只要数据主体要求就向其提供一份本合同各条款的副本，并且指定处理投诉的部门。

h） 遵守附件 3 中列出的数据导出国的数据保护/隐私管理机构的各项要求。

条款 6

责　任

1） 各参与方同意因条款 3 中的规定被违反而遭受损失的数据主体有权从导致损失方获得赔偿。

2) 如果因为数据导出方事实上消失、或者在法律上不复存在、或者破产，数据主体不能因数据导入方的违规依据 1)中所述采取的行动，或无法依据条款 3 要求数据导出方承担任何义务时，数据导入方同意数据主体可将其作为传输控制方提起索赔。

3) 各参与方同意，如果一方被另一方据 1)所述中的违反行为而承担法律责任，后者将承担他应承担的扩展责任，赔偿前者的任何损耗、费用、损害、支出或已造成的损失。
赔偿取决于：
i) 数据导出方及时将索赔要求通知给数据导入方；并且
ii) 数据导入方被提供了与数据导出方在对索赔的进行辩护与和解方面合作的可能性(*)。

条款 7

调解和管辖

a) 数据导入方同意，如果数据主体针对数据导入方引用了条款 3 中关于第三方受益权和/或按照合同条款向其索赔，数据导入方将接受数据主体的如下决定：
1) 将争端提交给一名独立的个人或机构；
2) 将争端提交给已确定的数据导出方所在的国家法院。

b) 数据导入方同意，根据其与数据主体之间的协定，能将具体争端提交给一个仲裁机构。(**)

c) 各参与方同意，a)和 b)条款的适用，不得损害数据主体依据国家或国际法律的其他规定寻求赔偿的实体上的或程序性的权利。

条款 8

与国家权威机构的合作

各参与方同意向任何国家数据保护/私隐管理机构或等同机构交存一份本合同的副本，如果国家法律要求这样做的话。

条款 9

管辖法律

本合同各项条款受数据导出方所在国的国家法律制约，即(***)：

条款 10

合同的变动

各方承诺不更改或修改条款。

条款 11

个人数据处理终止后的责任

1） 各参与方同意，终止提供数据处理服务时，数据导入方应按照数据导出方的选择，向数据导出方归还所有已传输的个人数据及其副本或销毁所有已传输的个人数据并向数据导出方证实他已这么做了，除非法律不允许数据导入方归还或销毁全部或部分已传输的个人数据。在后一种情况下，数据导入方应确保已传输个人数据的保密性并不再擅自处理已传输的个人数据。

2） 数据导入方保证依据数据导出方的要求，他将提交数据处理工具以用于涉及上段所述某种方式的审计。

数据导出方：

机构图章

名称（全称）：______________________________

地址：______________________________

电话：______________传真：______________Email：______________

使合同具有约束力的其他必要信息（如有的话）：

____

数据导入方：

机构图章

名称（全称）：______________________________

地址：______________________________

电话：______________传真：______________Email：______________

使合同具有约束力的其他必要信息（如有的话）：

____

____

（签字）

（*） 3)是可选的。

（**） 相关参与方是否成立于签署了关于仲裁实施方面的纽约公约的国家中是重要的。

（***）管辖法律通常是数据导出方所在国家的法律，除非一些其他安排明显更有利于数据主体。

附件 1

关于合同条款

本附件作为合同条款的组成部分，且由各参与方完成并签署。
（各参与方可在本附件中填写或指定的任何其他必要的附加信息。）

数据导出方
数据导出方是（请简要说明您与传输有关的活动）：

数据导入方
数据导入方是（请简要说明您与传输有关的活动）：

数据主体
个人健康数据的传输，涉及以下数据主体类型（请具体说明）：

传输目的
传输主要用于下列目的（请详细说明）：

数据的类别
所传输的个人数据具有以下性质（请具体说明，并指出任何可能特别敏感的性质）：

接收方
所传输的个人数据只能披露给以下接收方或以下几类接收方（请具体说明）：

存储限制
所传输的个人数据的存储时间不可超过
（以“月/年”或以其他方式填写，确保数据保存时间不超过传输目的所需时间）：

数据导出方	数据导入方
姓名：	姓名：
（授权签字）	（授权签字）

附件 2

关于合同条款

条款 5 中 c)提到的强制性数据保护要求

强制性数据保护要求是指 ISO 22857,"*Health informatics—Guidelines on data protection to facilitate trans-border flows of personal health information*"中的强制性要求。在中华人民共和国则对应的是 GB/T 25512—2010《健康信息学 推动个人健康信息跨国流动的数据保护指南》中的规定。

数据导出方在此插入一个保护所传输个人健康数据的必要"措施"的详细说明,这里"措施"的含义由本标准的 9.4.5 给出。

附件 3

关于合同条款

在此附件中详细说明数据导出方所在国家的国家/地方数据保护/私隐管理机构或等同机构规定的任何要求,如果有的话。

附　录　G
（资料性附录）
处理特别敏感的个人健康数据

G.1　导言

所有的个人健康数据在欧洲委员会的《关于医疗数据的保护》建议书和“欧盟数据保护指令”中作为一个尤其敏感的类别被定义。另一方面，大多数数据主体都认为某些种类的个人健康数据更是特别敏感的。许多国家正式在国家级规章或指南中承认，例如关于性传播疾病和人工流产，针对这些特别敏感的个人健康数据可能需要采取特别严格或特殊的预防措施。

G.2　遗传学或基因组学数据

随着个体的遗传特征和各种敏感个体的疾病及其身体或精神上的特征有关的信息的日益增多，新的围绕个人遗传学数据使用权的争论变得越来越敏感。来自遗传学检测的“意外”发现可能会特别敏感并需要特殊保护；在某些情况下如果未经过专门的商议或讨论，这种“意外”发现甚至可能来自其本人。此外，个人遗传学数据所提供的信息还包含了具有相同遗传系谱的其他人的特征信息。这些数据目前已普遍被视为敏感的医疗数据，但详细的遗传检测提供了大量的来源于DNA分析的额外数据。

能够把“个人基因组数据”或“个人以DNA为基础的数据”定义为“特别敏感”类别的一部分：该类别可扩大到包括所有的“个人遗传学数据”。前者中的大多数数据可能会在专门的实验室发现，并在病程记录中只出现一个摘要，而后者，一些“个人遗传学数据”会出现在大多数病案注释中。

“个人基因组数据”或“个人以DNA为基础的数据”的一个问题是，许多非健康机构出于就业、保险、标识和司法的目的有兴趣获得它。确定这种数据的特征的方法是将“个人基因组数据”或“个人以DNA为基础的数据”作为“个人遗传学数据”的一个子类，而“个人遗传学数据”又作为“个人医疗数据”的一个子类。这样不管是谁要进行DNA分析或此分析是为了何种目的，这都将确保任何个人DNA分析包括在“特别敏感”的个人健康数据类别中。这也可以对那些处理这种数据的人员提出法律的或专门的安全保护要求，无论他们是医务人员、DNA检测实验员、警察和司法机关，还是雇主或保险公司。这类附加的要求将会阻止人们处理这种类型的个人数据，除非事关重要。

在一些数据保护要求的管辖区仅适用于有生命的个体。在这种情况下需要注意，死者试验提供的信息包括了一个遗传系谱中有生命的个体或虽不是但接近该遗传系谱的个体。正常的数据保护措施还必须满足保护有生命个体的要求。

G.3　社会敏感性或传染性疾病

历史上，社会敏感性疾病或传染性疾病一直是疑难问题，这也是个人健康数据被赋予一个特别敏感的地位的主要原因之一。然而，社会联系的电子化使得在更广阔的地理区域上都能访问此类信息，因此尽管系统具有更良好的访问控制机制，“这只有我和医生知道”这种传统保护的观念与以前相比已不再那么有效了。这些数据同样常常会提供第三方信息。

G.4　有关妊娠和分娩的信息

在一些地方，有关人工流产的信息和怀孕及收养的信息一样特别敏感。在许多情况下，个人数据也将涉及另一个体。这种数据需要特殊的保护。

G.5　健康信息的特异性语境

保护个人健康数据的问题之一是其敏感性往往有特异性语境。目前仍有很多，甚至大多数人可能会对特殊人群的看法存在相当严重的问题。可能仅仅涉及到他们的住址或出席了一个特别的门诊，更不用说需要公开的特殊护理了。这些问题必须由“用户自定义”，因为只有患者自己知道在何种特殊环境下需要对他们的个人健康或遗传学数据进行特定地保护。

G.6　一类“特别敏感”的个人健康数据

因为每一个体根据个体情况，甚至他的民族文化会对特别敏感的数据有不同的理解，很难对“特别敏感”的类别下一个令人满意的定义。本标准也没有因此提供一个定义。然而，大多数人认为下列内容属于这种“特别敏感”的类别：

——来自 DNA 分析的基因组信息和可能所有的个人遗传学数据；

——有关测试结果或阳性结果，尤其是社会敏感的传染性疾病，包括性传播疾病；

——有关妊娠信息，结果或终止怀孕或收养。

此外任何被数据主体视为“特别敏感”的个人健康数据都属于这一类。

G.7　确保“特别敏感”的个人健康数据的安全

考虑特殊的健康数据是否“特别敏感”没有任何意义，除非已超过或适用于其他个人健康数据的安全措施能够得到执行。这些措施可能取决的情况，例如包括伪匿名处理、加密、特殊的手段来限制访问和用户身份鉴别、审计跟踪的特殊监控，对可能参与的工作人员额外的集中培训和因违反规则而采取的特别强有力的制裁措施。

参 考 文 献

[1] OECD "Recommendations of the Council of the OECD Concerning Guidelines on the Protection of Privacy and Trans-border Flows of Personal Data", OECD, 23 September 1980.

[2] OECD "Guidelines for the Security of Information Systems", 1996, OECD Publications, ISBN 96-64-14569-9.

[3] "Convention for the Protection of Individuals with Regard to Automatic Processing of Personal Data (ETS No. 108)", Council of Europe, Strasbourg, 28 January 1981.

[4] "Council of Europe Recommendation R(97)5 on the Protection of Medical Data". Council of Europe Publishing, Strasbourg, 12 February 1997.

[5] "Guidelines for the Regulation of Computerised Personal Data Files", United Nations General Assembly, 14 December 1990.

[6] "Directive 95/46/EC of the European Parliament and of the Council of Europe of 24 October 1995, on the protection of individuals with regard to the processing of personal data and on the free movement of such data", Official Journal of the European Communities, Number L281/31, 23 November 1995.

[7] Ray Rogers and Joy Reardon, "Barriers to a Global Information Society for Health: Recommendations for International Action, Appendices 7 to 15", Studies in Health Technology and Informatics No. 63, IOS Press, Amsterdam, February 1999.

[8] "Transfers of personal data to third countries: Applying Article 25 and 26 of the EU Data Protection Directive", Working Party on the Protection of Individuals with regard to the Processing of Personal data, Working document DGXV D/5025/98 WP 12, Adopted 24 July 1998.

[9] Data security for healthcare, Vol. 1 Management Guidelines, Vol. 2 Technical Guidelines, Vol. 3 User Guidelines, Edited by the SIESMED Consortium, Studies in Health Technology and Informatics 31, 32, and 33, IOS Press, Amsterdam.

[10] European Convention on the Protection of Human Rights and Fundamental Freedoms, Council of Europe, Strasbourg 1951.

[11] EN 14485, Health Informatics—Guidance for handling personal health data in international applications in the context of the EU data protection directive.

[12] EN 14484, Health Informatics—International transfer of personal health data covered by the EU data protection directive—High level security policy.

[13] "Opinion 6/99 on level of personal data protection in Hungary", working party on the protection of individuals with regard to the processing of personal data, 7 September 1999.

[14] "Opinion 5/99 on level of protection of personal data in Switzerland", working party on the protection of individuals with regard to the processing of personal data, 7 June 1999.

[15] Commission Decision of July 2000 pursuant to Directive 95/46/EC of the European Parliament and of the Council on the adequacy of the protection provided by the Safe Harbor Privacy Principles and related Frequently Asked Questions issued by the US Department of Commerce.

[16] Commission Decision of 15 June 2001 on standard contractual clauses for the transfer of personal data to third countries, under Directive 95/46/EC, Official Journal of the European Communi-

ties,L181/19,4.7.2001.

[17] Commission Decision of 27 December 2001 on standard contractual clauses for the transfer of personal data to processors established in third countries,under Directive 95/46/EC,Official Journal of the European Communities,L6/52,10.1.2002.

ICS 35.240.80
C 07

中华人民共和国国家标准

GB/T 25513—2010/ISO/TS 21091:2005

健康信息学 安全、通信以及专业人员与患者标识的目录服务

Health informatics—Directory services for security, communications and identification of professionals and patients

(ISO/TS 21091:2005,IDT)

2010-12-01 发布　　2011-05-01 实施

中华人民共和国国家质量监督检验检疫总局
中国国家标准化管理委员会　发布

前　言

本标准等同采用 ISO/TS 21091:2005《健康信息学　安全、通信以及专业人员与患者标识的目录服务》,其技术内容和结构与 ISO/TS 21091 一致。为便于使用,本标准与 ISO/TS 21091:2005 相比作了下列编辑性修改:

——正文、附录 A 和附录 B 中增加了表的编号和表题;

——正文、附录 A 和附录 B 中增加了提及表的文字。

本标准的附录 A 和附录 B 为资料性附录。

本标准由中国标准化研究院提出并归口。

本标准起草单位:中国标准化研究院。

本标准主要起草人:董连续、郭玉峰、石丽娟、陈煌、尹书蕊。

引　言

本标准旨在支持卫生保健专业人员在执行临床与管理功能时对通信及其安全性的需求。卫生保健服务在进行各种保密性健康信息的解密与传输时，对加密与访问控制有广泛需求。为支持卫生保健公钥基础设施，需完成与处理卫生保健事物相关的、包括企业与专业人员信息的许可证注册。这些信息应包含个体角色在卫生保健系统中的标识，而且只能由卫生保健组织各自来识别。同样，注册和管理功能应是可扩展的，而且能够分布到卫生保健的所有实体中。对这些附加的卫生保健安全需求的支持，也需要通过目录服务来提供。

目录正在成为越来越普遍的方法，能够提供单点登录能力。这个目标已使得目录模式得到扩展，包括了组织雇员管理信息、卫生保健具体的联系信息以及卫生保健标识符。本标准将评价卫生保健对目录的具体需求，并适当地将这些信息纳入卫生保健目录的标准规范。

健康信息学 安全、通信以及专业人员与患者标识的目录服务

1 范围

本标准给出了使用X.500框架的卫生保健目录服务的基本规范。本标准规定了用以支持在公共网络上安全地交换卫生保健信息所需的通用目录信息和服务。本标准从联合体的视角来编址健康目录,期待其能够用来支持企业间、管辖区域间以及国际间的卫生保健的通信。卫生保健数据通信不仅需要依赖主要在其他ISO标准中推出的安全技术措施,还需要一个可信赖的、可问责的"信任链"。为了在公钥基础设施中维护此信任链,用户(依赖方)应能够通过安全目录管理获得当前正确的证书和证书状态信息。

本标准除支持对访问控制、保密性等安全服务外,还给出了通信的其他方面的规范,如通信实体的地址与协议。

本标准还支持对卫生保健专业人员、健康组织和患者/消费者进行标识的目录服务,后面这些服务包括的内容有时被称为患者主索引。

本卫生保健目录将只支持标准的LDAP(轻量目录访问协议)客户搜索。具体的实施指南、搜索标准和相关支持已超出本标准的范围。

2 规范性引用文件

下列文件中的条款通过本标准的引用而成为本标准的条款。凡是注日期的引用文件,其随后所有的修改单(不包括勘误的内容)或修订版均不适用于本标准,然而,鼓励根据本标准达成协议的各方研究是否可使用这些文件的最新版本。凡是不注日期的引用文件,其最新版本适用于本标准。

GB/T 16264.1—2008 信息技术 开放系统互连 目录 第1部分:概念、模型和服务的概述(ITU-T Recommendation X.500:2001,ISO/IEC 9594-1:2005,IDT)

GB/T 16264.2—2008 信息技术 开放系统互连 目录 第2部分:模型(ITU-T Recommendation X.501:2001,ISO/IEC 9594-2:2005,IDT)

GB/T 16264.3—2008 信息技术 开放系统互连 目录 第3部分:抽象服务定义(ITU-T Recommendation X.511:2001,ISO/IEC 9594-3:2005,IDT)

GB/T 16264.6—2008 信息技术 开放系统互连 目录 第6部分:选定的属性类型(ITU-T Recommendation X.520:2001,ISO/IEC 9594-6:2005,IDT)

GB/T 16264.7—2008 信息技术 开放系统互连 目录 第7部分:选定的客体类(ITU-T Recommendation X.521:2001,ISO/IEC 9594-7:2005,IDT)

IETF/RFC 3771:2004 轻量目录访问协议(LDAP)中间应答消息

IETF/RFC 3377:2002 轻量目录访问协议(v3)技术规范

IETF/RFC 3698:2004 轻量目录访问协议(LDAP)附加的匹配规则

3 术语和定义

下列术语和定义适用于本标准。

3.1

访问控制 access control

一种保证手段，即数据处理系统的资源只能由被授权实体按授权方式进行访问。

[GB/T 5271.8—2001,08.04.01]

3.2

可核查性 accountability

一种特性，即能保证某个实体的行动能唯一地追溯到该实体。

[GB/T 5271.8—2001,08.01.10]

3.3

属性机构 attribute authority;AA

通过发布属性证书来分配权限的机构。

[X.509]

3.4

属性证书 attribute certificate

由属性机构进行数字签名的数据结构，它将某些属性值与其持有者的标识绑定在一起。

[X.509]

3.5

鉴别 authentication

通过将标识符与其鉴别码进行安全关联来可靠识别安全主体的过程。

注：也可参见"数据原发鉴别"和"对等层实体鉴别"。

[GB/T 21716.1—2008,3.2.4]

3.6

授权 authorization

授予权限，包括允许基于访问权的访问。

[GB/T 9387.2—1995,3.3.10]

3.7

可用性 availability

根据授权实体的请求可被访问与使用。

[GB/T 9387.2—1995,3.3.11]

3.8

证书 certificate

公钥证书。

3.9

证书分发 certificate distribution

向安全主体发布和传输证书的行为。

3.10

证书发行方 certificate issuer

受到一个或多个依赖方所信任的、创建并分配证书的权威机构。

注：证书管理机构能够可选择地创建依赖方密钥。

[ISO/IEC 9594-8]

3.11

证书管理 certificate management

与证书相关的程序，即证书生成、证书分发、证书归档和撤销。

3.12

证书撤销　certificate revocation

即使证书没有过期，但由于证书不再可信，导致对证书与其持有方(或安全主体持有者)之间所有可靠链接进行删除的行为。

3.13

证书撤销列表　certificate revocation list;CRL

被中止和被废除的证书的公布列表(由CA数字签名)。

3.14

证书验证　certificate verification

验证证书是否可信。

3.15

认证机构　certification authority;CA

证书机构

证书认证机构

通过使用其私有签名密钥签署证书数据来发放证书的实体。

注：术语“CA”中的机构并不特指政府机构，它只是说明该机构是可信任的。“证书发行方”可能是一个更合适的术语，但广泛使用的是“CA”。

3.16

保密性　confidentiality

机密性

这一性质使信息不泄露给非授权的个人、实体或进程，不为其所用。

[GB/T 9387.2—1995,3.3.16]

3.17

数据完整性　data integrity

这一性质表明数据没有遭受以非授权方式所作的篡改或破坏。

[GB/T 9387.2—1995,3.3.21]

3.18

数字签名　digital signature

附加在数据单元上的数据，或是对数据单元所作的密码变换(见“密码学”)，这种数据或变换允许数据单元的接收者用以确认数据单元来源和数据单元的完整性，并保护数据，防止被人(例如接收者)进行伪造。

[GB/T 9387.2—1995,3.3.26]

3.19

标识　identification

以使数据处理系统能够识别实体的测试性能。

[ISO/IEC 2382-8]

3.20

标识符　identifier

在用相应的鉴别码进行进一步确证之前，用于说明身份的信息片段。

[ENV 13608-1]

3.21

完整性　integrity

证明在传输过程中没有以任何方式对消息内容进行有意或偶然的改变。

[GB/T 9387.2—1995,3.3.31]

3.22

密钥 key

控制加密和解密操作的一符号序列。

[GB/T 9387.2—1995,3.3.32]

3.23

密钥管理 key management

在一种安全策略指导下密钥的产生、存储、分配、删除、归档及应用。

[GB/T 9387.2—1995,3.3.33]

3.24

轻量目录访问协议 lightweight directory access protocol;LDAP

标准的目录访问协议,允许对公钥基础设施中所需的证书以及其他信息进行公开或受控的访问。

3.25

对象标识符 object identifier;OID

在 ISO 注册标准下注册,用于参照特定对象或对象类的唯一的字母数字/数字标识符。

3.26

患者 patient

消费者 consumer

健康相关服务的接受者和健康信息系统中的参与者。

注:健康相关服务的接受者不限于病人。

[GB/T 21716.1—2008,3.1.6]

3.27

隐私权 privacy

防止因不正当或非法收集和使用个人数据而对个人的私生活或私事进行侵犯。

[ISO/IEC 2382-8]

3.28

私有密钥 private key

私钥

在非对称密码算法中使用的并且其拥有者是受限制(通常只能由一个实体拥有)的密钥。

[GB/T 18794.1—2002,3.3.10]

3.29

公开密钥 public key

公钥

在非对称密码算法中使用的并且可以被公开的密钥。

[GB/T 18794.1—2002,3.3.11]

3.30

公钥证书 public key certificate;PKC

将身份与公钥绑定的 X.509 公钥证书。

注:在客户端证明它拥有 PKC 中公钥对应的私钥后,可以使用身份来支持基于身份的访问控制决策。

[IETF/RFC 3280]

3.31

公钥基础设施 public key infrastructure;PKI

由硬件、软件、人员、过程和策略所构成,它使用数字签名技术为依赖方提供非对称密钥对的公开组件与特定主体之间的可验证关联。

3.32

依赖方　relying party

证书的接收方,它依靠证书和/或通过该证书验证的数字签名进行活动。

[IETF/RFC 3647]

3.33

角色　role

与一项任务相关的能力和/或行为的集合。

3.34

安全　security

可用性、保密性、完整性和可确认性的组合。

[ENV 13608-1]

3.35

安全策略　security policy

为保障计算机安全所采取的行动计划或方针。

[GB/T 5271.8—2001,08.01.06]

3.36

安全服务　security service

由参与通信的开放系统的层所提供的服务,它确保该系统或数据传送具有足够的安全性。

[GB/T 9387.2—1995,3.3.51]

3.37

主体　subject

所属公钥在证书中被证明的实体。

3.38

第三方　third party

数据发送方和数据接收方之外的另一参与方。它被要求实施通信协议部分的安全功能。

3.39

可信第三方　trusted third party;TTP

对于安全协议而言被认为是可信第三方。

注:本术语被用于许多 ISO/IEC 国际标准和其他主要描述 CA 服务的文献中。然而,该定义是比较宽泛的,它包括诸如时间戳和由第三方保存的契据之类的服务。

[ENV 13608-1]

3.40

X.509

针对证书和相应鉴别框架的国际电信联盟标准 X.509。

4　缩略语

下列缩略语适用于本标准。

CA	认证机构	Certification Authority
CRL	证书撤销列表	Certificate Revocation List
DAP	目录访问协议	Directory Access Protocol
DIT	目录信息树	Directory Information Tree

LDAP	轻量目录访问协议	Lightweight Directory Access Protocol
MPI	患者主索引	Master Patient Index
PDA	个人数字助理	Personal Data Assistant
PIDS	个人标识服务	Person Identification Service
PKC	公钥证书	Public Key Certificate
PKI	公钥基础设施	Public Key Infrastructure
RA	注册机构	Registration Authority
TTP	可信第三方	Trusted Third Party

5 卫生保健的相关环境

5.1 概述

为了适应对特定卫生保健项目的关切，卫生保健目录应加以扩展。健康信息的通信与管理工作日渐依赖网络，扩大了对卫生保健特定目录以及与之相关的大量信息与安全服务支持的需求。伴随对基于互联网与内联网的健康信息系统使用的增加，需要利用自动系统和基于人机交互的系统，使健康信息在内部多个实体间以及与外部实体间进行传递。实现这种分布式的健康信息管理和通信，需要一部涵盖通信数据、卫生保健专业目录以及消费者信息等内容的标准(见附录 A)。

相关组织越来越依赖于不断增强的信息技术基础设施，通过使用 LDAP 简化并加强用户管理功能，从而在组织内部的多个系统间管理与访问用户中心存储库。这些活动涉及到社团和公共机构目录、系统和服务的定义、合作方目录的定义等。不同于企业模式，在卫生保健领域需要更强的模式化的相关环境，以应对卫生保健规章信息、临床资格、卫生保健专业和组织层面上的多种隶属关系、卫生保健联合体的非组织成员、消费者和业务伙伴的表达需求。

另外，目录在用户鉴别与安全基础设施管理等方面的应用也在扩大，通过创建用于用户管理的单一信息来源，卫生保健组织能够增强用户标识识别与安全鉴别、退出过程的权限撤销、角色管理和访问控制。通过提供"单点登录"能力，可以支持更好的口令安全性。然而，当它作为提高安全性的强有力的工具时，目录本身以及目录间的需求也更为复杂了。

卫生保健目录的另外一种安全服务是支持卫生保健 PKI。此类服务利用目录进行公钥的存取及 PKI 服务支持(如 CRL 的存取)。对 PKI 和增强安全服务的支持，带来了对服务、应用组件和设备的额外对象的支持需求，从而增加了卫生保健目录的复杂性。

5.2 卫生保健人员

虽然 X.500 标准包括多个用以表达个人、雇员等人员信息的对象类，但这些对象类中缺乏支持行业通信与服务所需的、用于表达关键的卫生保健特定信息的标准属性。在目录中，卫生保健联合体需要表达诸如证书、卫生保健标识符、角色特定信息以及卫生保健特定联系信息等专业信息。由于卫生保健的联系信息具有多种从属关系的性质(见 5.3)，所以这类联系信息比典型业务环境中的联系信息要复杂得多。卫生保健人员包括：

——正规的卫生保健专业人员；

——非正规的卫生保健专业人员；

——卫生保健组织及其支持组织的雇员；

——卫生保健消费者。

卫生保健消费者所含内容要求保持核心目录信息、MPI 信息和保密性的平衡。

5.3 多种从属关系

在许多环境里，卫生保健人员可能与多个组织有关系，而且这些人在与他们有关系的每个组织中都可能会行使不同的职责。卫生保健专业人员可以独立营业,也可以在一个或者多个组织内从业。同样,支撑服务也能够被提供给多个卫生保健组织。按照保健环境或其他因素,在卫生保健组织内部的个人可以担任不同角色。保健消费者通常向众多的卫生保健专家和组织寻求服务。为了尽量减少由于信息重复管理所致的不精确性,卫生保健模式中应备有与主要管理资源的链接,以支持多种从属关系。卫生保健工作人员也是卫生保健的消费者,但应该区分这两种身份。

5.4 卫生保健组织

虽然 X.500 标准提供了用于描述组织的对象类,但在这些构造中,缺乏支持卫生保健目录、用于表达卫生保健特定信息的足够属性。卫生保健特定信息包括:

——监管的标识符;

——所提供的服务类别;

——服务地址;

——密钥信息管理功能的联系信息。

卫生保健组织包括:

——正规的卫生保健组织(即:医院、药房、门诊部、机动部门、专业的护理所、专科单元);

——付款方、支持组织(即:供应方、转录服务、编码服务、索赔处理服务);

——监管/监控机构(即:疾病控制、药品控制、公共卫生)。

5.5 硬件/软件

当 X.500 为服务和应用提供对象类时,卫生保健设备和软件应服从监管和确认要求,因此上述对象类中应包括能够确切地表达卫生保健目录要求的额外属性。PDA 和其他设备也可以在卫生保健目录中与其他实体有特定关联。目录中硬件和软件的表达只限于它们的标识及其通信参数,以及它们与个体和组织的关联。目录可以用于资产标识,但不宜用于资产管理。

5.6 卫生保健安全服务

卫生保健认证机构、属性管理机构和注册机构需在目录中予以表达,这些机构应能发布有关密钥管理信息。对目录内卫生保健角色管理的支持应能够表达卫生保健的特定组成部分,包括与卫生保健人员相关的工作职能、工作特定的联系信息及其证书(包括职业证书和属性证书),但不包括对功能角色表达的直接支持。

6 目录安全管理框架

卫生保健应由强安全管理策略的框架所支持,以确保通信数据和鉴别基础设施的完整性。国际标准已对此类强实践原则给出了定义。以下标准并非针对目录,但为保护目录基础设施也应遵守这些标准:

——ISO 22600-2[2];

——ISO/IEC TR 13335-1[6]:信息技术安全 GMITS 的管理的指南;

——信息及相关技术的控制目标(COBIT)规范,由信息系统审计与控制基金会(Information Systems Audit and Control Foundation)制定。

特定安全措施和访问控制的规范虽不属于本标准范围,但由于目录服务支持的健康相关信息和隐私信息的敏感性,所以应能在有关分支、对象类和属性层面予以有效的控制。此框架应包含适当的进程和程序,以确保健康目录中所表达的可核查性和信息完整性。对卫生保健目录所有条目的读、写和修改最好都能在适当的访问控制管理下进行。

7 互操作性

7.1 要求

卫生保健目录应能与不同参与方目录联系和/或交换相关信息,所需技术包括目录之间的链接、复制、引用和单边或双边信任。其中有些技术会因应用或服务的模式不一致而受到影响。以下层级注意事项适用于互操作模型。

a) 应能将卫生保健客户群/联合体物理上分离为一种受控的、高级的服务环境;

b) 应能提供复制和负载平衡的管理功能;

c) 应能将检索树限制在特定的地理或逻辑区域,以提供有效率的访问性能(如80/20法则);

d) 应能通过分支点的引用来组织DIT,以利于访问控制管理,保护存储在目录中的敏感信息(例如:患者证书应不能被公开访问);

e) 应能组织DIT,以实现卫生保健权限的分布式访问。

7.2 命名空间/树形结构

7.2.1 概述

为了以统一的方式落实这些要求,并依附现行的卫生保健监管辖区,应有7.2.2～7.2.7所描述的高层命名空间和树形结构。命名空间和树形结构的视图表示见图1。

7.2.2 国家

在任何情况下,应有卫生保健专业权限的国家,并应将该国家置于树形结构的顶层。某组织在多个国家运营的情况下,应有一个视图,将该组织置于卫生保健监管辖区下。

C=必选的

7.2.3 地区

在地区代表监管辖区的国家(如美国各州)中,地区应被用来描绘卫生保健监管辖区的地域。

l=可选的

7.2.4 组织

组织应被用来指明卫生保健监管区域签发机构,目录中的卫生保健专业人员在此机构中被授权。组织也可以被用来表达卫生保健专业组织和机构。

O=签发机构,卫生保健专业组织

7.2.5 组织单元

对那些有多个专业授权分支的区域,应将签发机构进一步分类为组织单元。例如:在很多国家药剂师、内科医师、牙医可由单独的政府机构或部门分别管理。

OU=签发机构专业分支

7.2.6 结构化角色

在层级结构的每一层次,标准的结构化角色和本地定义的结构化角色都可并存。对结构化角色概念的进一步描述见9.2.5。

7.2.7 个体的多实例化

在系统中每一个体的标识只能表达一次,除非某个体具有多个专业凭证,或与多个卫生保健组织相关,或其他有多个表达的情况。相关的区分和信息表达由对象类和目录信息树所支持,不过仅用对象类不能确保完成理想的区分。然而,通用名(Common Name)唯一性的结构确实能够经由每个健康标识中的个体的多实例的实例化来实现这种区分。

在卫生保健领域,需要通过不同监管主体启用和表达卫生保健标识的独立的“所有权”。在不同的监管主体下,个体相应具有不同的联系信息和管理信息。例如:由于这种多重监管机制,每种许可证类型和辖区的联系信息和基本通信信息可能存在冲突的属性内容。这种在同一目录中跨管辖区的实例应保持独立。

个体在目录中可以同时作为患者和保健服务提供者存在,在目录中应将个体的个人实例与职业实例分开,以保障适当的隐私管理。虽然DIT(见图1)可描述个人、组织、设备等参与者,但并不要求在同一个物理或逻辑信息空间之内完全包含这些参与者。可以根据体系机构设计和优化服务性能的需要,对它们进行分割。一个卫生保健目录中可以全部、部分采用或完全不采用上述参与者,并且可以采用集中和分散的方法实现。

在任何给定的辖区中，正规的卫生保健专业人员仅能被实例化一次。通过采用以下所描述的HCOrganizationalRole中的RoleOccupant属性(包括专业人员的DN)，可以表达该实例在众多组织中的不同标识。使用这种结构，可以检索到工作特定的联系信息。

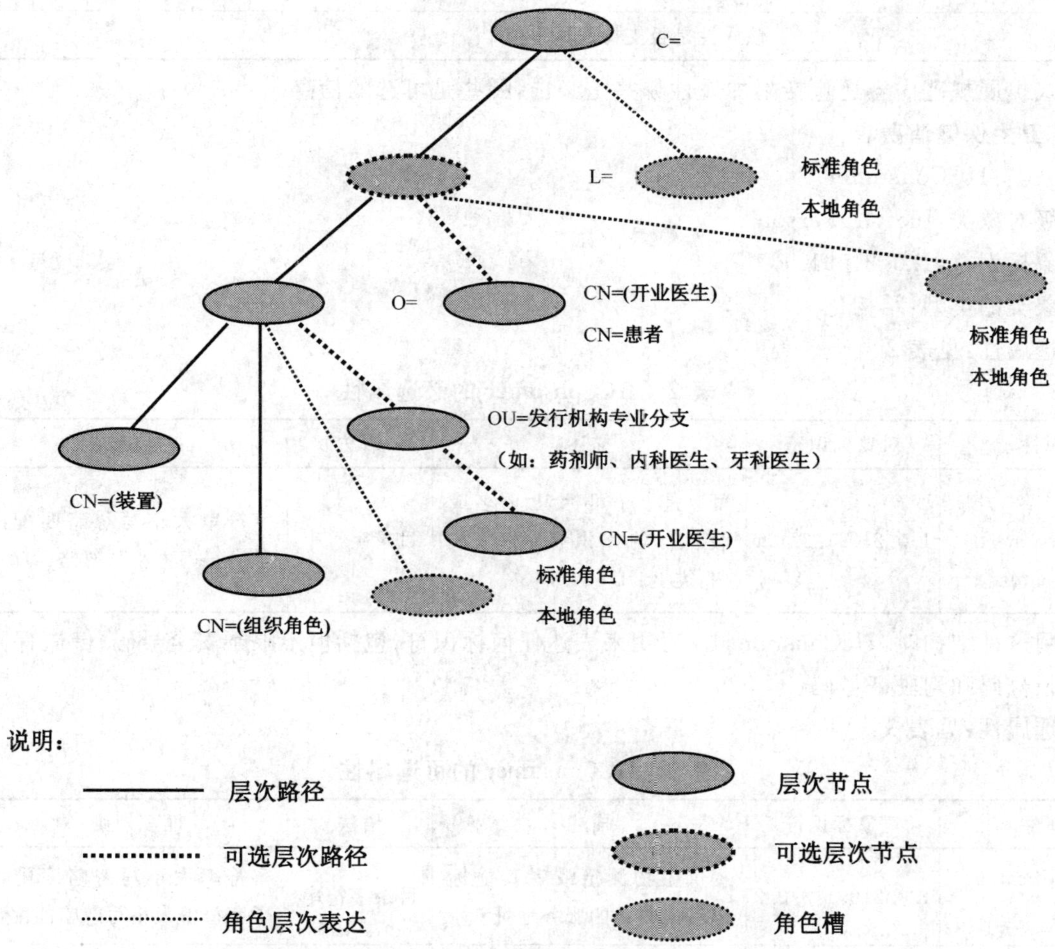

图 1　卫生保健的目录信息树(DIT)

8　卫生保健模式

8.1　卫生保健人员

8.1.1　概述

卫生保健目录中可表达个体的多种类型。除了在其他适合且必要的情况下，系统中每个个体的标识应该只被表达一次。例外的一个例子是，某个卫生保健专业人员在作为患者与卫生保健系统进行交互的情况下，该个体可以由两种对象类进行表达：一种包含专业特定信息，另一种包括患者特定信息。它们都具有“人员”的父类，并相应地进行特例化来表达如下个体类型：卫生保健消费者、卫生保健专业人员和卫生保健雇员。针对每个特例化类应在基本对象类上添加相应的信息属性(见附录B)。

包括扩展属性的对象类模式定义见表1。

表 1 对象类模式

属性	所支持的新属性名称
OID(对象标识符)	ISO/TC 215 设定的与新属性关联的对象标识符
描述	新属性的描述
语法	表达属性的 LDAP 支持的语法
匹配规则	当执行搜索和比较操作时,服务器对属性值与断言值进行比较所采用的匹配规则
多值	该属性是否支持表达多值

模式扩展规范内容还包括附加属性哪些是必选,哪些是可选的信息。

8.1.2 卫生保健消费者

对象类:HCConsumer

上级对象类:InetOrgPerson

对象标识符:1.0.21091.1.1

对象类的类型:结构化

必选属性:见表 2

表 2 HCConsumer 的必选属性

属性	对象标识符	描述	语法	匹配规则	多值
HcConsumerID	1.0.21091.2.1.1	可以是一个可标识、匿名或假名写的标识符(发布机构:类型:ID)	目录字符串	字符串大小写忽略匹配,子字符串大小写忽略匹配	是

使用这种结构时,HcConsumerID 可用来表达任何标识符,包括但不限于安全号码、健康保险号码、医学记录号码和驾驶证号码。

可选属性:见表 3

表 3 HCConsumer 的可选属性

属性	对象标识符	描述	语法	匹配规则	多值
HcIdentificationService	1.0.21091.2.0.2	提供生物测定或者其他标识验证服务的服务地址	目录字符串	字符串大小写忽略匹配,子字符串大小写忽略匹配	是
HcSigningCertificate	1.0.21091.2.0.3	针对用于健康交易的用户认可签名证书的公钥和证书	二进制	证书精确匹配和证书匹配	是
HcAttributeCertificate	1.0.21091.2.0.4	用于身份凭证、授权书、卫生保健决策者等,用 P7 格式证书填充	二进制	证书精确匹配和证书匹配	是
HcMPILocation	1.0.21091.2.1.2	可用于标识患者临床记录的患者主索引服务的定位	目录字符串	字符串大小写忽略匹配,子字符串大小写忽略匹配	是
HcSubstituteDecisionMaker	1.0.21091.2.1.3	可以签字或代表主体的人员的记录条目	可鉴别的名称	可区别的名称的匹配	是
HL7MothersMaidenName	1.0.21091.2.1.5	HL-7 定义的母亲的闺名	目录字符串	字符串大小写忽略匹配,子字符串大小写忽略匹配	是

表 3(续)

属性	对象标识符	描述	语法	匹配规则	多值
HL7DateTimeofBirth	1.0.21091.2.1.6	HL-7 定义的出生日期和时间	ISO 8601 日期	一般时间匹配 一般时间排序匹配	是
HL7Sex	1.0.21091.2.1.7	HL-7 定义的性别	目录字符串	字符串大小写忽略匹配, 子字符串大小写忽略匹配	是
HL7PatientAlias	1.0.21091.2.1.8	HL-7 定义的患者别名	目录字符串	字符串大小写忽略匹配, 子字符串大小写忽略匹配	是
HL7CountyCode	1.0.21091.2.1.11	HL-7 定义的国家代码	目录字符串	字符串大小写忽略匹配, 子字符串大小写忽略匹配	是
HL7Religion	1.0.21091.2.1.16	HL-7 定义的宗教。该属性的应用会涉及到护理过程的患者信仰问题,因此应作为敏感的隐私信息严格保护	目录字符串	字符串大小写忽略匹配, 子字符串大小写忽略匹配	是
HL7BirthPlace	1.0.21091.2.1.22	HL-7 定义的出生地点	目录字符串	字符串大小写忽略匹配, 子字符串大小写忽略匹配	是
HL7PatientDeathDateandTime	1.0.21091.2.1.28	HL-7 定义的患者死亡日期和时间	日期	一般时间匹配 一般时间排序匹配	否

使用父类和扩展属性对 PIDS 属性的选择性表达:

下列 HL-7 PIDS 属性应采用参考模型属性填充,在引用 LDAP 属性的相应约束中使用所定义的 HL-7 进行格式化,见表 4。

表 4 HL-7 PIDS 属性

HL-7 PIDS 属性	inetOrgPerson/HcConsumer 属性
PatientName	包括 cn 里 XPN 格式化名称,作为第二个 cn 值
PhoneNumber _Home	homePhone(家庭电话)
PhoneNumber_Business	telephoneNumber(电话号码)
PrimaryLanguage	preferredLanguage(首选语言)
PatientAddress	homePostalAddress(家庭邮政地址)
PatientAccountNumber	如有需要,使用 HcConsumerID
SSNNumber	如有需要,使用 HcConsumerID
DriversLicenseNumber	如有需要,使用 HcConsumerID

8.1.3 卫生保健人员

对象类:HCProfessional

上级对象类:InetOrgPerson

对象标识符:1.0.21091.1.2

对象类的类型:结构化

必选属性:见表 5

可选属性:见表 6

表 5 **HCProfessional 的必选属性**

属性	对象标识符	描述	语法	匹配规则	多值
HcIdentifier	1.0.21091.2.0.1	卫生保健标识符。在该标识符是指正式的卫生保健专业人员的情况下,该标识符应至少包含一项条目,用来指示该标识符由正规机构指定(发布机构:类型:ID:状态)	目录字符串	字符串大小写忽略匹配,子字符串大小写忽略匹配	是
HcProfession	1.0.21091.2.2.1	用户职业的文本表达(发布机构:代码系统:代码)	目录字符串	字符串大小写忽略匹配,子字符串大小写忽略匹配	是

表 6 **HCProfessional 的可选属性**

属性	对象标识符	描述	语法	匹配规则	多值
HcIdentificationService	1.0.21091.2.0.2	提供生物测定或者其他标识验证服务的服务地址	目录字符串	字符串大小写忽略匹配,子字符串大小写忽略匹配	是
HcSigningCertificate	1.0.21091.2.0.3	针对用于健康交易的用户认可签名证书的公钥和证书	二进制	证书精确匹配和证书匹配	是
HcAttributeCertificate	1.0.21091.2.0.4	用于身份凭证、证书、受教育程度等。用 P7 格式化证书填充	二进制	证书精确匹配和证书匹配	是
HcRole	1.0.21091.2.0.5	(发布机构:代码系统:代码)用 HL-7 角色编码填充	目录字符串	字符串大小写忽略匹配,子字符串大小写忽略匹配	是
HcSpecialization	1.0.21091.2.0.6	(发布机构:代码系统:代码)用 HL-7 特化编码填充	目录字符串	字符串大小写忽略匹配,子字符串大小写忽略匹配	是
HcPrincipalPracticeLocation	1.0.21091.2.2.3	使用组织的标识名	标识名	标识名匹配	否
HcPracticeLocation	1.0.21091.2.2.4	使用组织的标识名	标识名	标识名匹配	是

8.1.4 雇员

对象类:HCEmployee

上级对象类:InetOrgPerson

对象标识符:1.0.21091.1.3

对象类类型:结构化

必选属性:见表 7

可选属性:见表 8

表 7　HCEmployee 的必选属性

属性	对象标识符	描述	语法	匹配规则	多值
HcIdentifier	1.0.21091.2.0.1	卫生保健标识符。其发布机构允许为雇主(发布机构:ID)	目录字符串	字符串大小写忽略匹配,子字符串大小写忽略匹配	是

表 8　HCEmployee 的可选属性

属性	对象标识符	描述	语法	匹配规则	多值
HcIdentificationService	1.0.21091.2.0.2	提供生物测定或者其他标识验证服务的服务地址	目录字符串	字符串大小写忽略匹配,子字符串大小写忽略匹配	是
HcSigningCertificate	1.0.21091.2.0.3	针对用于健康交易的用户认可签名证书的公钥和证书	二进制	证书精确匹配和证书匹配	是
HcAttributeCertificate	1.0.21091.2.0.4	用于身份凭证、证书、受教育程度等,用 P7 格式化证书填充	二进制	证书精确匹配和证书匹配	是
HcRole	1.0.21091.2.0.5	(发布机构:代码系统:代码)用 HL-7 角色编码填充	目录字符串	字符串大小写忽略匹配,子字符串大小写忽略匹配	是
HcOrganization	1.0.21091.2.3.1	用于指明组织的组织标识名	标识名	标识名匹配	是

对属于非正规卫生保健专业人员的雇员,将会为每个雇佣该个体的卫生保健组织提供示例。正规的卫生保健专业人员则采用 8.3.1 中提到的 HCOrganizationalRole 表达。

8.2　组织标识

8.2.1　概述

各种组织应该被一个包含组织特定信息的对象类所表达。这种特定信息应包括执行卫生保健管理和临床功能所要的全部变量。下列组织的类型应在目录内表达:

a)　正规卫生保健组织;

b)　付款方;

c)　支持组织;

d)　管理机构。

为适应行业伙伴对卫生保健的特定需求的,上述每种组织类型都可能需要进一步特例化定。例如,对付款方可能规定包含国家付款方标识号码;雇主可能包括国家雇主标识号码;小型的内科医师诊所应被视作正规卫生保健组织,以便于容纳相关办公室职员。

8.2.2　正规的卫生保健组织

对象类:HCRegulatedOrganization

上级对象类:Organization

对象标识符:1.0.21091.1.4

对象类类型:结构化

必选属性:见表 9

可选属性:见表 10

表 9 HCRegulatedOrganization 的必选属性

属性	对象标识符	描述	语法	匹配规则	多值
HcIdentifier	1.0.21091.2.0.1	卫生保健标识符。发布机构可以是雇主(发布机构:ID)	目录字符串	字符串大小写忽略匹配,子字符串大小写忽略匹配	是

表 10 HCRegulatedOrganization 的可选属性

属性	对象标识符	描述	语法	匹配规则	多值
HcSigningCertificate	1.0.21091.2.0.3	针对用于健康交易的用户认可签名证书的公钥和证书	二进制	证书精确匹配和证书匹配	是
HcAttributeCertificate	1.0.21091.2.0.4	用于身份凭证、证书等。采用 P7 格式化的证书填充	二进制	证书精确匹配和证书匹配	是
HcSpecialisation	1.0.21091.2.0.6	(发布机构:代码系统:代码)	目录字符串	字符串大小写忽略匹配,子字符串大小写忽略匹配	是
EdiAdministrativeContact	1.0.21091.2.0.7	负责 EDI 管理的个体条目	标识名	标识名匹配	是
ClinicalInformationContact	1.0.21091.2.0.8	联系临床问题的个体条目	标识名	标识名匹配	是
HcOrganizationCertificates	1.0.21091.2.0.9	用于卫生保健组织证书的存储	二进制	证书精确匹配和证书匹配	是
HcClosureDate	1.0.21091.2.0.10	组织关闭的日期或组织变更名称/从属关系的日期	日期	广义时间匹配,广义时间序列匹配	否
HcSuccessorName	1.0.21091.2.0.11	继任者的标识名条目	标识名	标识名匹配	是
HcRegisteredName	1.0.21091.2.4.1	实体向卫生保健管理机构注册的合法名称	目录字符串	字符串大小写忽略匹配,子字符串大小写忽略匹配	是
HcRegisteredAddr	1.0.21091.2.4.2	在监管机构注册的地址,该地址应与 PostalAddress 的结构相同	目录字符串	字符串大小写忽略匹配,子字符串大小写忽略匹配	是
HcServiceLocations	1.0.21091.2.4.3	提供卫生保健服务的卫生保健组织	标识名	标识名匹配	是

8.2.3 付款方组织

对象类:HCPayer

上级对象类:Organization

对象标识符:1.0.21091.1.5

对象类类型:结构化

必选属性:见表 11

可选属性:见表 12

表 11 HCPayer 的必选属性

属性	对象标识符	描述	语法	匹配规则	多值
HcIdentifier	1.0.21091.2.0.1	卫生保健标识符 发布机构可以是雇主(发布机构:ID)	目录字符串	字符串大小写忽略匹配,子字符串大小写忽略匹配	是

表 12 HCPayer 的可选属性

属性	对象标识符	描述	句法	匹配规则	多值
HcSigningCertificate	1.0.21091.2.0.3	针对用于健康交易的用户认可签名证书的公钥和证书	二进制	证书精确匹配和证书匹配	是
HcAttributeCertificate	1.0.21091.2.0.4	用于身份凭证、证书等。采用 P7 格式化证书填充	二进制	证书精确匹配和证书匹配	是
EdiAdministrativeContact	1.0.21091.2.0.7	负责 EDI 管理的个体的条目	标识名	标识名匹配	是
ClinicalInformationContact	1.0.21091.2.0.8	联系临床问题的个体的条目	标识名	标识名匹配	是
HcOrganizationCertificates	1.0.21091.2.0.9	用于存储卫生保健组织证书。这些证书将用于与组织或组织部门的安全通信,而不是与组织内的具体个体的通信	二进制	证书精确匹配和证书匹配	是
HcClosureDate	1.0.21091.2.0.10	组织关闭的日期或组织变更名称/从属关系的日期	日期	广义时间匹配 广义时间序列匹配	否
HcSuccessorName	1.0.21091.2.0.11	接任者进入的标识名	标识名	标识名匹配	是
HcPayerProductID	1.0.21091.2.5.1	分配机构的名称:付款方计划:ID	目录字符串	字符串大小写忽略匹配,子字符串大小写忽略匹配	是

8.2.4 支持性组织

对象类:HCSupportingOrganization

上级对象类:Organization

对象标识符:1.0.21091.1.6

对象类类型:结构化

必选属性:见表 13

可选属性:见表 14

表 13 HCSupportingOrganization 的必选属性

属性	对象标识符	描述	语法	匹配规则	多值
HcIdentifier	1.0.21091.2.0.1	卫生保健标识符。发布机构可以是雇主(发布机构:ID)	目录字符串	字符串大小写忽略匹配,子字符串大小写忽略匹配	是

表 14 HCSupportingOrganization 的可选属性

属性	对象标识符	描述	语法	匹配规则	多值
HcSigningCertificate	1.0.21091.2.0.3	用于健康交易的在身份凭证上签字的用户的抗抵赖的公钥和证书	二进制	证书精确匹配和证书匹配	是
HcAttributeCertificate	1.0.21091.2.0.4	用于身份凭证、证书等。采用 P7 格式化证书填充	二进制	证书精确匹配和证书匹配	是
EdiAdministrativeContact	1.0.21091.2.0.7	负责 EDI 管理的个体的条目	标识名	标识名匹配	是
ClinicalInformationContact	1.0.21091.2.0.8	联系临床问题的个体的条目	标识名	标识名匹配	是
HcOrganizationCertificates	1.0.21091.2.0.9	用于存储卫生保健组织证书	二进制	证书精确匹配和证书匹配	是
HcClosureDate	1.0.21091.2.0.10	组织关闭的日期或组织变更名称/从属关系的日期	日期	广义时间匹配 广义时间序列匹配	否
HcSuccessorName	1.0.21091.2.0.11	接任者进入的标识名	标识名	标识名匹配	是

8.3 角色、工作职责和分组

8.3.1 组织化角色个体

这是个体雇员或订约人的组织定义的工作职责。在一个组织内部,一个个体可以承担一项或多项工作职责。例如,医院内的一名医师既可以作为临床工作者同时也可以作为管理工作者,针对每项工作职责可能会有不同的联系信息。因此在此例中,将临床通信指向不同于管理通信的存储单元是较为适合的。为了使一个单一标识能够在一个或多个组织中占据多项工作职责,其模式应包括一个不带唯一标识符(UID)的对象类,含有一个标识名类型为角色乘员(Role Occupant)的属性。

应注意到此模式对象与 Role(角色)不同,为其命名如此,目的在于保持与概念 OrganizationalRole(组织化角色)中表达的对象类的一致性。

对象类:HCOrganizationalRole

上级对象类:OrganizationalRole

对象标识符:1.0.21091.1.7

对象类类型:结构化

必选属性:没有附加的必选属性被指定

可选属性:见表 15

表 15 HCOrganizationalRole 的可选属性

属性	对象标识符	描述	语法	匹配规则	多值
HcAttributeCertificate	1.0.21091.2.0.4	用于身份凭证、证书、教育程度等。采用 P7 格式化证书填充	二进制	证书精确匹配和证书匹配	是
HcRole	1.0.21091.2.0.5	(发布机构:代码系统:代码)工作特定角色。采用 HL-7 定义的角色填充	目录字符串	字符串大小写忽略匹配,子字符串大小写忽略匹配	是
mail	0.9.2342.19200300.100.1.3	在此角色下用于通信的电子邮箱地址	IA5String	字符串忽略 IA5String 或 caseExactIA5 字符串	是
HcResponsibleParty	1.0.21091.2.7.1	人员或对此条目负责的 HCOrganizationalRole(医务工作者、法律审查、合约雇员、雇员)的标识名	标识名	标识名匹配	是

8.3.2 卫生保健标准角色

Role 是 Group(组)的一种特殊类型,旨在表达卫生保健中的多种角色类型,这些角色应当被限定为经过标准定义的。这些角色的成员用组织化角色个体的 DN 来标识。这些角色是涉及 SSL 基于证书鉴别的目录服务的应用的访问控制定义的基础。这些角色也可被临床应用所引用,从而这些临床应用可以基于用户的角色来限制某些功能。

对象类:HCStandardRole

上级对象类:GroupOfNames

对象标识符:1.0.21091.1.8

对象类类型:结构化

必选属性:没有附加的必选属性被指定

可选属性:见表 16

表 16 HCStandardRole 的可选属性

属性	对象标识符	描述	语法	匹配规则	多值
HcRole	1.0.21091.2.0.5	(发布机构:代码系统:代码)	目录字符串	字符串大小写忽略匹配,子字符串大小写忽略匹配	是
HcRoleValidTime	1.0.21091.2.0.12	用户能够以这个角色行动的 GMT 格式时间	目录字符串	字符串大小写忽略匹配,子字符串大小写忽略匹配	是
HcRoleLocationRestriction	1.0.21091.2.0.13	定位限制,角色仅在这个位置是有效(即仅从急诊、从 IP 地址等)	目录字符串	字符串大小写忽略匹配,子字符串大小写忽略匹配	是

8.3.3 本地角色

本地角色服务于标准中未定义的组织定义的群。大多数访问控制需求应基于标准的角色。如果角色不足以满足访问控制的需求时,群组应当是有效的,以满足这些特定需求。

对象类:HCLocalRole

上级对象类:GroupOfName

对象标识符:1.0.21091.1.9

对象类类型:结构化

必选属性:没有附加的必选属性被指定。

可选属性:见表 17

表 17 HCLocalRole 的可选属性

属性	对象标识符	描述	语法	匹配规则	多值
HcRole	1.0.21091.2.0.5	(发布机构:代码系统:代码)	目录字符串	字符串大小写忽略匹配,子字符串大小写忽略匹配	是
HcRoleValidTime	1.0.21091.2.0.12	用户能够以这个角色行动的 GMT 格式时间	目录字符串	字符串大小写忽略匹配,子字符串大小写忽略匹配	是
HcRoleLocationRe-striction	1.0.21091.2.0.13	定位限制,角色仅在这个位置是有效(即仅从急诊、从 IP 地址等)	目录字符串	字符串大小写忽略匹配,子字符串大小写忽略匹配	是

8.3.4 编码型参考

卫生保健需利用许多编码型参考文件。目录技术能够使健康信息管理应用所使用的这种信息的通信变得更加容易。编码型参考信息本身被存储为编码的连接值和 HcReferenceDescription 属性中的相关描述。以下属性构成了一种新的卫生保健特定对象类:

对象类:HCCodedReference

上级对象类:Top

对象标识符:1.0.21091.1.10

对象类类型:辅助

必选属性:见表 18

可选属性:见表 19

表 18 HCCodedReference 的必选属性

属性	对象标识符	描述	语法	匹配规则	多值
HcIssuingAuthority	1.0.21091.2.10.1	对编码场景负责的机构	目录字符串	字符串大小写忽略匹配,子字符串大小写忽略匹配	是
HcReferenceEffec-tiveDate	1.0.21091.2.10.2	参考词汇有效或曾经有效的日期	日期	广义时间匹配 广义时间序列匹配	否

表 18（续）

属性	对象标识符	描述	语法	匹配规则	多值
HcReferenceDescrip-tion	1.0.21091.2.10.3	连接值:参考编码:描述	目录字符串	字符串大小写忽略匹配,子字符串大小写忽略匹配	是

表 19 HCCodedReference 的可选属性

属性	对象标识符	描述	语法	匹配规则	多值
HcVocabularyOID	1.0.21091.2.10.4	被使用的卫生保健词汇的对象标识符	对象标识符	对象标识符匹配	否
HcReferenceDateOfIssue	1.0.21091.2.10.5	参考词汇被发布的日期	日期	广义时间匹配 广义时间序列匹配	否
HcReferenceInvalidDate	1.0.21091.2.10.6	参考词汇有效或曾经有效的日期	日期	广义时间匹配 广义时间序列匹配	否
HcReferenceVersion	1.0.21091.2.10.7	编码型参考文件的版本号码	目录字符串	字符串大小写忽略匹配,子字符串大小写忽略匹配	是

8.3.5 设备特征管理

设备支持应依据 DICOM 附录 67[1] 和 ISO 有关设备规范中的描述，并结合下述附加内容以支持特征管理。

对象类:HCDevice

上级对象类:Top

对象标识符:1.0.21091.1.11

对象类类型:辅助

必选属性:这些属性都不是强制性的。

可选属性:见表 20

表 20 HCDevice 的可选属性

属性	对象标识符	描述	语法	匹配规则	多值
HcDeviceIssuedTo	1.0.21091.2.11.1	已被分发到设备的个体的标识名	标识名	标识名匹配	否
HcDeviceDateOfIssue	1.0.21091.2.11.2	设备被分发给接受者的日期	日期	广义时间匹配 广义时间序列匹配	否
HcDeviceDateRecalled	1.0.21091.2.11.3	设备被召回的日期	日期	广义时间匹配 广义时间序列匹配	否
HcDeviceDateRetrieved	1.0.21091.2.11.4	设备被恢复的日期	日期	广义时间匹配 广义时间序列匹配	否
HcDeviceCertificate	1.0.21091.2.11.5	所发行的设备证书	二进制	证书精确匹配和证书匹配	是

表 20（续）

属性	对象标识符	描述	语法	匹配规则	多值
HcDeviceTracking Number	1.0.21091.2.11.6	(发行者:号码)分配到设备的跟踪号码	目录字符串	字符串大小写忽略匹配,子字符串大小写忽略匹配	是
HcDevicePhone	1.0.21091.2.11.7	分配给设备电话号码(如:PDA)	电话号码	电话号码匹配和电话字号码匹配	是

9 标识名

9.1 概述

标识名是条目的名称,由该条目的 RDN 序列及其各上层条目构成。相对标识名(RDN)是一个或多个属性及值配对的集合,每个配对都匹配该条目一个不同的显著属性值。

根据标识名所用属性搜索目录这种误解很常见。由于标识名仅是目录的一个唯一标识符,不能以此为依据进行检索;相反,应根据条目本身的属性类型和值配对搜索条目。

9.2 相对标识名

9.2.1 概述

相对标识名(RDN)经常是 UID 或通用名。由于我们希望在目录内表达多种概念,故在卫生保健领域内建立起通用的唯一命名约定尤为重要。这种唯一的 RDN 应由发布机构名称和标识符连接组成,根据 WG3 对名称间隔的规定,采用":"作为分隔符,例如:

ID=issuing_authority_name:ID

对卫生保健专业人员来讲,发布机构被认为是拥有管理卫生保健专业人员资格证书的正规机构。这就需要每个国家或管辖区域对代表国家、州/省和临床管辖范围(如医师、牙医、药剂师)的认证机构都有一个标识名,这些机构都应维护其唯一标识系统。链接时,如需要分隔符,则用"."为分隔符。

9.2.2 卫生保健专业人员

9.2.2.1 目录标识符

对于卫生保健专业人员,目录标识符应能表明专业人员的:

a) 多种职业执照;

b) 多个从业场所。

9.2.2.2 发布机构标识符(UID)

为表明多个正规职业和从业场所可能会与同一个卫生保健专业人员有所关联,UID 组成应是:

UID=发布机构标识符:国家/地区专业标识符

这确实可能会在健康目录内造成同一个体多种实例的情况,但是由于健康标识是卫生保健提供中用户交互不可缺少的部分,因此将个体表述为在任何时间由特定监管机构管理并依照该机构管理条例而行为活动是适当的。

9.2.2.3 通用名称

通用名称(CN)应维持个体或组织依法登记的名称。为确保通用名称的唯一性及个体查询的易用性,卫生保健专业人员的通用名称应由如下组成:

姓、名、UID

其中 UID 的组成见 9.2.2.2。

针对具有多姓的情况，通用名称应首先列出被选择的姓。如果由政府发布的个体标识中名称表达存在差异，则所用名称应与医疗管理机构所列名称相同。

在通用名称的表达中不应带有头衔(例如：医学博士、兽医学博士)。但是如小(Jr.)、老(Sr.)、二世(II)等区分同一家族名(或家族内名字相似)个体的称谓应予以保留。

9.2.2.4 多值的通用名称的使用

附加的通用名称值可用来表达所代表个体的首选名称和常用名称。

9.2.3 健康消费者

9.2.3.1 表达

健康消费者可以被包括匿名标识在内的众多标识系统表达。这些标识符可以包括区域标识符，MPI 以及区域管理系统。个体可以在大量的目录对象实例中所表达。对消费者搜索的条件应该包括 PIDS 标识属性列表。

9.2.3.2 UID

多个组织和实体需要在各自区域与地点内表达消费者，UID 的组成应是：

UID＝发布机构标识符：国家/地区/组织/患者/人员标识符

这确实可能会造成健康目录中同一个体多种实例的情况，但是由于健康标识是在卫生保健接受中用户交互不可缺少的部分，所以按照其在特定的标识发放机构下的活动来表达个体是适当的。这就必然(或必定)要求支持患者标识符定位服务，就这点而言，对象类中应含有支持此类搜索性能的变量。在消费者匿名的情况下，这些变量和标识符可以是是可逆的或不可逆的假名和编码值。为能够通过家庭地址进行辨别，ID 编号的住所标识符可以用作通用名称的组成部分或作为 HCConsumer 对象类中的可选变量。

9.2.3.3 通用名称

通用名称应保留个体或组织的合法名称。为了保证通用名称的唯一性并便于进行个体查询，通用名称的组成应该是：

姓、名，UID

UID 的组成见 9.2.3.2。

在通用名称的表达中不应带有头衔(例如，医学博士、兽医学博士)。然而，为了区分同一家族内有相同名字的个体的称号，如小(Jr.)、老(Sr.)、二世(II)等应保留。

9.2.3.4 多值的通用名称的使用

附加的通用名称值可用来表达所代表个体的首选名称和常用名称。

9.2.4 组织

9.2.4.1 UID

组织 UID 的组成应该是：

UID＝发布机构标识符：国家/地区标识符

这确实可能会在健康目录内造成同一组织多种实例的情况，但是由于健康标识是在卫生保健接受中用户交互不可缺少的部分，因此将组织表述为在特定的标识发放机构管理下行为活动是适当的。

9.2.4.2 通用名称

通用名称应保留组织当前的合法名称。

9.2.4.3 组织合法名称的保存

在发生业务从属关系变更、名称变更和其他继承实例的情况下，接任者应通过新实体条目的通用名称与目前组织合法名称被标明。在停业的情况下，关闭日期应由 HcClosureDate 表达。

9.2.5 角色/工作

9.2.5.1 概述

由于一个 UID 在卫生保健社团内可以有多个工作或从属关系，我们应考虑将此种类型的对象类作为通用名称的键控，从而使用通用名称作为此概念内任何对象类的相对标识名。角色的相对标识名就成为通用名称。此名称应基于 HCStandardRole 案例的标准化结构角色进行构建。

9.2.5.2 HCOrganizationalRole（卫生保健组织角色）

对象类 HC 用以表达代表关系的结构化角色和工作头衔。对象类 HC 不用于支持优先权管理，而是用于工作特定的联系信息和属性，它的命名格式是：

mailto:CN.job_function@organization_domain_name

此处的 CN 是个体的 CN，organization_domain_name 为该组织的域名，采用对象类 OrganizationalRole。Job_function 基于组织结构和职位，不被视为国际标准化候选，但不排除使用基于标准的名称。工作特定属性证书可填充在此对象类中。

9.2.5.3 HCstandardRole（卫生保健标准角色）

此角色是基于标准的卫生保健结构化角色，可用于基于目录的特权组的管理。其命名格式是：

standardRole@organization_domain_name

其中，standardRole 是结构化角色的标准名称，organization_domain_name 是组织的域名，那些基于标准的角色都隶属于该组织。其命名也可以是：

standardRole@Locality

如果适用于地区（如州），那么此处 standardRole 为结构化角色的标准名称。

9.2.5.4 HClocalRole（卫生保健本地角色）

此角色是非基于标准的 GroupOfNames 规范，用于新的、非标准的、区域或本地定义的角色。这其命名格式应该是：

localRole@organization_domain_name

其中 localRole 为结构角色的名称，organization_domain_name 是组织的域名，那些非基于标准的角色都隶属于该组织。其命名也可以是：

localRole@Locality

如果适用于地区（如州），那么此处 localRole 为结构化角色的标准名称。

附 录 A
（资料性附录）
卫生保健目录场景

A.1 引言

本附录介绍了一系列代表目录服务的核心业务和技术需求的高层卫生保健案例或场景，其目录服务支持卫生保健行业大范围的跨区域服务。

本附录首先介绍了通用要求，说明了基本的保密和安全规则以及卫生保健行业的基本需求。而后，本附录详细说明了如下场景：

a） 对场景的描述，或需要卫生保健目录服务的情形；

b） 目录服务应满足的、产生业务和技术需求的方案。

A.2 场景的解释

A.4 所描述的场景表明了目录服务在卫生保健中是如何被应用的。每个场景均意在描述卫生保健目录服务潜在和可能的应用，以便提供临床、管理和安全方面的支持，从而确保电子健康信息共享的安全。由于卫生保健遍及世界的分布性质，加之需要不同人员和组织都能积极合作来提供无缝的卫生保健，任何目录服务均能够进行交叉操作并支持不同的卫生保健设置就显得尤为重要，这些设置包括基于保健的医院和社区的设置以及公立和私立医院的设置。

A.3 在卫生保健场景中举例说明的服务

表 A.1 卫生保健场景与服务

服 务	场 景 编 号															
	1	2	3	4	5	6	7	8	9	10	11	12	13	14	15	16
专业人员关注的临床护理支持		X	X	X	X	X	X	X				X	X	X	X	X
健康信息管理与行政支持	X	X	X			X	X				X	X	X			
健康信息安全支持	X	X	X	X	X	X	X	X	X	X		X	X	X	X	X
消费者健康支持		X			X			X				X	X			X
个人联系卫生保健信息	X	X	X	X	X	X		X			X	X	X	X	X	X
系统联系卫生保健信息	X	X					X					X	X			
组织联系卫生保健信息			X	X		X		X			X	X	X			
检索用于加密的公钥	X	X	X	X	X	X	X	X			X	X	X			
签名验证			X	X	X	X	X					X	X		X	
CRL 检查			X	X	X	X	X	X			X	X	X	X	X	X
鉴定								X				X	X	X		X
生物测定参考								X								
证明/发布支持									X	X	X					

所列举的场景

1 声明处理	9 CA证书处理支持
2 实验室医嘱和结果处理	10 属性证书处理支持
3 电子处方	11 身份凭证处理支持
4 临床实践指南的群播	12 在其他国家进行的患者医护
5 疾病状态管理指南的群播	13 来自另一个国家的转诊证明
6 患者转诊	14 远程访问临床应用
7 患者纵向病史(MPI)	15 特权委托
8 例行疾病状态管理通信	16 移动用户鉴别

A.4 场景描述

A.4.1 声明处理

A.4.1.1 场景描述

卫生保健专业人员的计费系统处理一批声明并按照电子数据交换规范中的适当条款生成声明文件。该系统执行目录查找动作来识别接收系统的通信信息和接收者的公钥,相关信息被加密并发送给接收者等待处理。系统生成一个供追加跟踪的错误报告。声明处理系统在目录中查找卫生保健专业机构的EdiAdministrativeContact联系信息,并在电子邮件系统中检索联系和公共证书信息。一封加密的电子邮件消息将被发送给卫生保健专业联系组,请求卫生保健专业人员回馈识别和支持文档。卫生保健专业人员将包括患者信息的适当文档附在加密的电子邮件中作为对付款方的答复,同时,在目录中查找付款方的联系信息和加密证书。

A.4.1.2 运用的目录服务

本场景运用了个人和系统联系信息、群组间电子邮件以及检索加密所用公钥等目录服务。

A.4.2 实验室医嘱和结果处理

A.4.2.1 场景描述

卫生保健专业人员发送一封带有实验室服务医嘱并加密后的电子邮件给另一位卫生保健专业人员,需要在目录中查找实验室联系和通信信息的公钥。临床医师使用其个人的私钥签署上述请求,实验室为患者执行该请求的试验,并通过电子邮件或直接报告给提出请求的卫生保健专业人员,要使用目录查找正确的联系信息和加密所需的公钥。试验结果由实验室人员和/或系统酌情签署。卫生保健专业人员发送一封含有试验结果、签名并加密的电子邮件给患者,需要依据目录来标识联系信息和加密密钥。

A.4.2.2 运用的目录服务

本场景运用了个人和系统联系信息、加密所用公钥检索等目录服务。

A.4.3 电子处方

A.4.3.1 场景描述

临床医师开具处方并用其私人签名密钥签署。为避免潜在的专业人员困窘,在应用证书之前需要首先在CRL中核查该医生证书的撤销情况。经签名并加密后的处方被发送给药房,组织的联系信息和密码证书信息通过LDAP查找而获得。本地环境中药剂师的鉴别使本地系统可将解密的消息提交给用户,并通过LDAP查找利用公钥验证签名与数据内容。比对目录检查签名证书的撤销情况,并保障证书是通过一个可信的CA发布的。如果过程中使用了在线证书状态协议的服务，其联系信息的标识是通过目录来鉴定的。

A.4.3.2 运用的目录服务

本场景运用了个人和组织联系信息、加密和签名鉴别的公钥检索以及CRL查验等目录服务。

A.4.4 临床实践指南的群播

A.4.4.1 场景描述

儿童期免疫临床实践指南的修订版被作为广播消息发布给每个儿科医师。此处，目录被用来标识包括所有儿科医师的群。此消息是经过签名的，目录被接收方用来验证签名的真实性和签名者证书的有效状态。

A.4.4.2 运用的目录服务

本场景运用了个人联系信息、加密和签名验证公钥检索、组织查找及CRL查验等目录服务。

A.4.5 疾病状态管理指南的群播

A.4.5.1 场景描述

疾病状态管理指南的修订版已被公布。临床资源识别需参考该指南的患者，使用目录来确定患者联系信息和公钥，从而对同意接收此类消息的患者启动消息广播。发送给患者的电子邮件消息是被签名和加密过的。患者的电子邮件系统会按照目录来验证签名人的证书，并确认此签名。

A.4.5.2 运用的目录服务

本场景运用了个人联系信息、加密和签名鉴别的公钥检索以及CRL查验等目录服务。

A.4.6 患者转诊

A.4.6.1 场景描述

患者转诊应用与目录进行交互，用于鉴别获得患者转诊信息的卫生保健专业人员。在接受组织的卫生保健专业人员既作为管理人员同时也是临床医生。当电子邮件中出现objectClass＝HcOrganizationalRole，和开业医生的标识名为roleOccupant以及通用名称包含job_function@organization等情况时，需要查询健康目录。另外也可以执行一个双路查询，首先检索开业医生在该组织内的全部工作职能，其次获取那些工作职能的联系信息。通信信息和加密证书经LDAP查询和具体应用来鉴定，此处应用包括发送签名过的通知和护理说明给患者转诊的接收方。接收患者转诊的组织通过目录和CRL来验证签名和证书的有效性。

A.4.6.2 运用的目录服务

本场景运用了个人联系信息、加密和签名验证公钥检索、组织查找及CRL查验等目录服务。

A.4.7 患者纵向病史(MPI)

A.4.7.1 场景描述

患者求诊并要求得到初级、非卧床或紧急护理。由患者签署同意查阅医疗记录的授权。相关签名和数据内容是通过LDAP查找对照公钥进行验证的，证书需要经过撤销检验。

患者纵向病史应用从目录中标识MPI数据来源，同时也从可获得的资源记录中的细节进行标识。通信信息和加密证书通过应用的LDAP查询被标识，对细节的请求被发送至ClinicalInformationContact。

此外，当没有数字身份凭证的患者来求诊时，通过对已知的PIDS数据进行目录查询可识别患者的MPI定位符，从而可标示其MPI资源。在征得患者同意后，可从患者的MPI资源中检索所需信息。

A.4.7.2 运用的目录服务

本场景运用了MPI定位信息目录服务,并使用目录比较目录中CRL的签名验证对患者同意的身份凭证进行验证。目录还用于检索加密公钥和通信信息。

A.4.8 例行疾病状态管理通信

A.4.8.1 场景描述

患者预定疾病状态管理计划。患者使用用户ID和密码或者数字证书进行验证使用定期程序来登录例行程序度量,CRL被用于确证目的。次级生物测定也可被提供以保障患者标识。提醒患者即将/已错过预约或其他类似的警报,由自动化系统或执行案例考察的个体生成,加密后发送给患者。通信信息和加密证书由应用通过LDAP查询所鉴定。

A.4.8.2 运用的目录服务

本场景运用了个人联系信息、用户鉴别、生物测定服务参照、加密所需公钥的检索和CRL检验等目录服务。

A.4.9 CA证书处理支持

A.4.9.1 场景描述

卫生保健认证机构所使用的目录包含CA层级和CA联系信息。由认证机构向卫生保健个人颁发证书。证书的主体及其所携带的属性和卫生保健模式信息一同被输入目录。CA将公钥/证书登入目录,用来签名、鉴别和加密密钥。由CA负责更新目录中所存储的CRL。

A.4.9.2 运用的目录服务

本场景中,目录用于存储证书持有者标识和联系信息。也用于存储和维护签名用户的证书、CA联系信息和CRL。

A.4.10 属性证书处理支持

A.4.10.1 场景描述

该目录用于包含AA层级和AA联系信息的卫生保健属性机构。由属性机构对卫生保健个人颁发属性证书。在目录中用证书所保存的属性对证书的主体进行更新。AA将属性证书登入签署人条目或签署人OrganizationalRole所属的目录。AA负责更新存储在目录中的CRL。

A.4.10.2 运用的目录服务

该目录用于存储和维护签署人证书、AA联系信息和CRL。

A.4.11 身份凭证处理支持

A.4.11.1 场景描述

从事认可工作的卫生保健组织或管理机构从目录中查找教育信息和联系信息。将具有属性证书信息形式的认证登入。

A.4.11.2 运用的目录服务

该目录用于存储和维护与卫生教育相关的教育凭证。

A.4.12 在其他国家进行的患者医护

A.4.12.1 场景描述

患者在国外逗留期间患病。患者联系到一位当地的医师。医师使用比较本地目录服务验证的本地证书凭证和比较CRL所检查撤消状况向本地医疗机构进行认证。医师通过加密的消息向患者祖国的初级医护医师查询患者的病史信息,并向该国目录提供证书凭证。相关凭证和CRL通过源目录进行检验。

A.4.12.2 运用的目录服务

本场景运用了个人联系信息、加密和签名认证所需公钥的检索、组织查找和 CRL 检验等目录服务。

A.4.13 来自另一个国家的转诊证明

A.4.13.1 场景描述

正在国外逗留的患者要求本国的初级保健医师提供转诊证明。初级保健医生向本地目录进行认证,请求服务于患者所在地的外国目录的专业信息。一旦一名临床医生被标识,转诊医师使用由本地目录验证的凭证向消息应用进行认证。这些凭证用于向指定的临床医生生成转诊消息,用他/她的签名证书证实信息的内容。接收方的凭证通过 CRL 进行验证,发送医师的凭证通过 CRL 检查进行验证。

A.4.13.2 运用的目录服务

本场景运用了个人联系信息、加密和签名认证所需公钥的检索、组织查找和 CRL 检验等目录服务。

A.4.14 远程访问临床应用

A.4.14.1 场景描述

某应用被配置为,需要来自被信任的 CA 的 SSL3 客户端认证证书。用户为进入应用环境的认证提供令牌存储证书。证书映射将所提供的证书链接至用户目录条目,完成用户标识。通过 LDAP 查询对所认证用户的角色进行标识。通过作为适当的群成员的个体或证书属性断言,基于角色访问控制的决策根据在目录中所注册的角色制定。证书的撤消状态被检查,用户被允许依照在信赖应用中被指定的特权进行访问。

A.4.14.2 运用的目录服务

本场景中,目录用于鉴别基于角色的访问控制的角色信息,也用于对 CRL 的检查。

A.4.15 特权委托

A.4.15.1 场景描述

在特定条件下经由属性证书,卫生保健专业人员托付机构来代表他们的利益。通过查询目录可以验证特权路径和身份凭证撤消状态。

A.4.15.2 运用的目录服务

本场景中,目录用于验证授权身份凭证,并经由 CRL 验证撤消状态。

A.4.16 移动用户鉴别

A.4.16.1 场景描述

用户为移动环境的应用提供用于鉴别的软件证书。证书的撤消状态被检查。该应用请求对照目录进行第二次口令验证。

A.4.16.2 运用的目录服务

本场景中,目录用于用户鉴别、CRL 检查和口令验证。

附 录 B
（资料性附录）
引用的对象类

B.1 inetOrgPerson

对象类:inetOrgPerson

上级对象类:organizationalPerson

对象标识符:2.16.840.1.113730.3.2.2

对象类的类型:结构化

必选属性:见表B.1

可选属性:见表B.2

表 B.1 inetOrgPerson 的必选属性

属性	对象标识符	描述	语法	匹配规则	多值
SN	2.5.4.4	姓	目录字符串	字符串大小写忽略匹配	是
CN	2.5.4.3	通用名:RFC2256:名称属性的通用父型	目录字符串	字符串大小写忽略匹配	是

表 B.2 inetOrgPerson 的可选属性

属性	对象标识符	描述	语法	匹配规则	多值
description	2.5.4.13	描述性的信息	目录字符串	字符串大小写忽略匹配	是
seeAlso	2.5.4.34	RFC2256：标识名属性的通用父型	标识名	标识名匹配	是
telephoneNumber	2.5.4.20	RFC2256:电话号码	电话号码	电话号码匹配	是
userPassword	2.5.4.35	RFC2256/2307：用户的口令	八位字节串	八位字节串匹配	是
title	2.5.4.12	工作头衔(与人员头衔相对。)	目录字符串	字符串大小写忽略匹配	是
ou	2.5.4.11	主要联合组织的标识名	目录字符串	字符串大小写忽略匹配	是
preferredDelivery-Method	2.5.4.28	RFC2256:首选交付模式	1.3.6.1.4.1.1466.115.121.1.14		否
st	2.5.4.8	州或省	目录字符串	字符串大小写忽略匹配	是
telexNumber	2.5.4.21	电报号码	电报号码		是
l	2.5.4.7	所在地名称	目录字符串	字符串大小写忽略匹配	是

表 B.2（续）

属性	对象标识符	描述	语法	匹配规则	多值
physicalDelivery OfficeName	2.5.4.19	实际交付办事处的名称	目录字符串	字符串大小写忽略匹配	是
postalCode	2.5.4.17	邮政编码	目录字符串	字符串大小写忽略匹配	是
internationalIS-DNNumber	2.5.4.25	RFC2256：国际综合业务数字网(ISDN)编码	数字串	数字串匹配	是
x121Address	2.5.4.24	RFC2256:X.121 地址	数字串	数字串匹配	是
registered Address	2.5.4.26	RFC2256:邮政地址	邮政地址	字符串大小写列表忽略匹配	是
street	2.5.4.9	RFC2256：对象的街道地址	目录字符串	字符串大小写忽略匹配	是
postalAddress	2.5.4.16	RFC2256:邮政地址	邮政地址	字符串大小写列表忽略匹配	是
facsimileTelephone Number	2.5.4.23	RFC2256:传真电话号码	传真电话号码		是
teletexTerminal Identifier	2.5.4.22	RFC2256：电报终端标识符	1.3.6.1.4.1.1466.115.121.1.51		是
postOfficeBox	2.5.4.18	RFC2256:邮政信箱	目录字符串	字符串大小写忽略匹配	是
destinationIndica-tor	2.5.4.27	RFC2256:目标指示符	可印刷字符串	字符串大小写忽略匹配	是
userCertificate	2.5.4.36	RFC2256:X.509 用户证书使用;二进制的	证书		是
uid	0.9.2342.19200300.100.1.1	RFC1274:用户标识符	目录字符串	字符串大小写忽略匹配	是
homePostalAd-dress	0.9.2342.19200300.100.1.39	RFC1274:家庭邮政地址	邮政地址	字符串大小写列表忽略匹配	是
employeeType	2.16.840.1.113730.3.1.4	RFC2798：个人受雇佣类型	目录字符串	字符串大小写忽略匹配	是
preferredLanguage	2.16.840.1.113730.3.1.39	RFC2798:个人擅长的书面或口头语言	目录字符串	字符串大小写忽略匹配	否
mail	0.9.2342.19200300.100.1.3	RFC1274:RFC822 邮箱	IA5 字符串	字符串大小写忽略 IA5 匹配	是

表 B.2（续）

属性	对象标识符	描述	语法	匹配规则	多值
homePhone	0.9.2342.1920 0300.100.1.20	RFC1274:家庭电话号码	电话号码	电话号码匹配	是
roomNumber	0.9.2342.1920 0300.100.1.6	RFC1274:房间号码	目录字符串		是
x500UniqueIdentifier	2.5.4.45	RFC2256:X500 唯一性标识符	位串	位串匹配	是
employeeNumber	2.16.840.1.113 730.3.1.3	RFC2798:数字化标识某组织内的某个雇员	目录字符串	字符串大小写忽略匹配	否
photo	0.9.2342.1920 0300.100.1.7	RFC1274:照片（G3 传真）	1.3.6.1.4.1.1466.1 15.121.1.23		是
businessCategory	2.5.4.15	RFC2256:商业类别	目录字符串	字符串大小写忽略匹配	是
pager	0.9.2342.1920 0300.100.1.42	RFC1274:寻呼电话号码	电话号码	电话号码匹配	是
o	2.5.4.10	组织名称:RFC2256:名称属性的通用父型	目录字符串	字符串大小写忽略匹配	是
jpegPhoto	0.9.2342.1920 0300.100.1.60	RFC2798:JPEG 格式的图像	JPEG		是
secretary	0.9.2342.1920 0300.100.1.21	RFC1274:秘书的标识名	标识名	标识名匹配	是
audio	0.9.2342.1920 0300.100.1.55	RFC1274:音频（u-law）	音频		是
userPKCS12	2.16.840.1.113 730.3.1.216	RFC2798: PKCS ＃ 12 PFX PDU 用于个人识别信息交换	二进制的		是
displayName	2.16.840.1.113 730.3.1.241	RFC2798:显示输入时所用的首选名称	目录字符串	字符串大小写忽略匹配	否
mobile	0.9.2342.1920 0300.100.1.41	RFC1274:移动电话号码	电话号码	电话号码匹配	是
labeledURI	1.3.6.1.4.1.25 0.1.57	RFC2079:带有可选标记的统一资源标识符	目录字符串	字符串大小写精确匹配	是
carLicense	2.16.840.1.113 730.3.1.1	RFC2798:RFC2798:汽车牌照	目录字符串	字符串大小写忽略匹配	是
givenName	2.5.4.42	RFC2256:名称属性的通用父型	目录字符串	字符串大小写忽略匹配	是

表 B.2（续）

属性	对象标识符	描述	语法	匹配规则	多值
manager	0.9.2342.1920 0300.100.1.10	RFC1274：经理的标识名	标识名	标识名匹配	是
userSMIMECertificate	2.16.840.1.113 730.3.1.40	RFC2798：PKCS#7 用于支持 S/MIME 的已标记数据	二进制的		是
initials	2.5.4.43	RFC2256：名称属性的通用父型	目录字符串	字符串大小写忽略匹配	是
departmentNumber	2.16.840.1.113 730.3.1.2	RFC2798：识别组织内部的部门	目录字符串	字符串大小写忽略匹配	是

B.2　Organization

对象类：organization

上级对象类：Top

对象标识符：2.5.6.4

对象类的类型：结构化

必选属性：见表 B.3

可选属性：见表 B.4

表 B.3　Organization 的必选属性

属性	对象标识符	描述	语法	匹配规则	多值
o	2.5.4.10	组织名称：RFC2256：名称属性的通用父型	目录字符串	字符串大小写忽略匹配	是

表 B.4　Organization 的可选属性

属性	对象标识符	描述	语法	匹配规则	多值
description	2.5.4.13	描述性的信息	目录字符串	字符串大小写忽略匹配	是
preferredDeliveryMethod	2.5.4.28	RFC2256：首选交付模式	1.3.6.1.4.1.146 6.115.121.1.14		否
searchGuide	2.5.4.14	RFC2256：已被增强型搜索向导取代了的搜索向导	1.3.6.1.4.1.146 6.115.121.1.25		是
st	2.5.4.8	RFC2256：名称属性的通用父型	目录字符串	字符串大小写忽略匹配	是
businessCategory	2.5.4.15	RFC2256：商业类别	目录字符串	字符串大小写忽略匹配	是
telexNumber	2.5.4.21	电报号码	电报号码		是
l	2.5.4.7	所在地名称	目录字符串	字符串大小写忽略匹配	是

表 B.4(续)

属性	对象标识符	描述	语法	匹配规则	多值
seeAlso	2.5.4.34	RFC2256:标识名属性的通用父型	标识名	标识名匹配	是
telephoneNumber	2.5.4.20	RFC2256:电话号码	电话号码	电话号码匹配	是
physicalDeliveryOffice-Name	2.5.4.19	实际交付办事处名称	目录字符串	字符串大小写忽略匹配	是
postalCode	2.5.4.17	邮政编码	目录字符串	字符串大小写忽略匹配	是
internationalISDNNumber	2.5.4.25	RFC2256:国际综合业务数字网(ISDN)编码	数字串	数字串匹配	是
x121Address	2.5.4.24	RFC2256:X.121 地址	数字串	数字串匹配	是
userPassword	2.5.4.35	RFC2256/2307:用户的口令	八位字符串	八位字符串匹配	是
registeredAddress	2.5.4.26	RFC2256:邮政地址	邮政地址	字符串大小写列表忽略匹配	是
street	2.5.4.9	RFC2256:对象的街道地址	目录字符串	字符串大小写忽略匹配	是
postalAddress	2.5.4.16	RFC2256:邮政地址	邮政地址	字符串大小写列表忽略匹配	是
facsimileTelephoneNumber	2.5.4.23	RFC2256:传真电话号码	传真电话号码		是
teletexTerminalIdentifier	2.5.4.22	RFC2256:电报终端标识符	1.3.6.1.4.1.146 6.115.121.1.51		是
postOfficeBox	2.5.4.18	RFC2256:邮政信箱	目录字符串	字符串大小写忽略匹配	是
destinationIndicator	2.5.4.27	RFC2256:对象指示符	可印刷字符串	字符串大小写忽略匹配	是

B.3 OrganizationalRole

对象类:organizationalRole

上级对象类:Top

对象标识符:2.5.6.8

对象类的类型:结构化

必选属性包括:见表 B.5

可选属性包括:见表 B.6

表 B.5 organizationalRole 的必选属性

属性	对象标识符	描述	语法	匹配规则	多值
CN	2.5.4.3	通用名:RFC2256:名称属性的通用父型	目录字符串	字符串大小写忽略匹配	是

表 B.6 organizationalRole 的可选属性

属性	对象标识符	描述	语法	匹配规则	多值
description	2.5.4.13	描述性的信息	目录字符串	字符串大小写忽略匹配	是
ou	2.5.4.11	主要联合组织的标识名	目录字符串	字符串大小写忽略匹配	是
preferredDelivery-Method	2.5.4.28	RFC2256:首选交付模式	1.3.6.1.4.1.1466.115.121.1.14		否
st	2.5.4.8	RFC2256:名称属性的通用父型	目录字符串	字符串大小写忽略匹配	是
telexNumber	2.5.4.21	电报号码	电报号码		是
l	2.5.4.7	所在地名称	目录字符串	字符串大小写忽略匹配	是
seeAlso	2.5.4.34	RFC2256:标识名属性的通用父型	标识名	标识名匹配	是
telephoneNumber	2.5.4.20	RFC2256:电话号码	电话号码	电话号码匹配	是
physicalDeliveryOffice-Name	2.5.4.19	实际交付办事处名称	目录字符串	字符串大小写忽略匹配	是
postalCode	2.5.4.17	邮政编码	目录字符串	字符串大小写忽略匹配	是
roleOccupant	2.5.4.33	RFC2256:标识名属性的通用父型	标识名	标识名匹配	是
internationalISDN-Number	2.5.4.25	RFC2256:国际综合业务数字网(ISDN)编码	数字串	数字串匹配	是
x121Address	2.5.4.24	RFC2256:X.121 地址	数字串	数字串匹配	是
registeredAddress	2.5.4.26	RFC2256:邮政地址	邮政地址	字符串大小写列表忽略匹配	是
street	2.5.4.9	RFC2256:对象的街道地址	目录字符串	字符串大小写忽略匹配	是
postalAddress	2.5.4.16	RFC2256:邮政地址	邮政地址	字符串大小写列表忽略匹配	是
facsimileTelephoneN-umber	2.5.4.23	RFC2256:传真电话号码	传真电话号码		是
teletexTerminalIdenti-fier	2.5.4.22	RFC2256:电报终端标识符	1.3.6.1.4.1.1466.115.121.1.51		是
postOfficeBox	2.5.4.18	RFC2256:邮政信箱	目录字符串	字符串大小写忽略匹配	是
destinationIndicator	2.5.4.27	RFC2256:目标指示符	可印刷字符串	字符串大小写忽略匹配	是

B.4 GroupOfNames

对象类:groupOfNames

上层对象类:Top

对象标识符:2.5.6.9

对象类的类型:结构化

必选属性:见表 B.7

可选属性:见表 B.8

表 B.7 groupOfNames 的必选属性

属性	对象标识符	描述	语法	匹配规则	多值
CN	2.5.4.3	通用名:RFC2256:名称属性的通用父型	目录字符串	字符串大小写忽略匹配	是
member	2.5.4.31	RFC2256:标识名属性的通用父型	标识名	标识名匹配	是

表 B.8 groupOfNames 的可选属性

属性	对象标识符	描述	语法	匹配规则	多值
description	2.5.4.13	描述性的信息	目录字符串	字符串大小写忽略匹配	是
ou	2.5.4.11	主要联合组织的标识名	目录字符串	字符串大小写忽略匹配	是
businessCategory	2.5.4.15	RFC2256:商业类别	目录字符串	字符串大小写忽略匹配	是
owner	2.5.4.32	RFC2256:标识名属性的通用父型	标识名	标识名匹配	是
seeAlso	2.5.4.34	RFC2256:标识名属性的通用父型	标识名	标识名匹配	是
o	2.5.4.10	组织名称:RFC2256:名称属性的通用父型	目录字符串	字符串大小写忽略匹配	是

参 考 文 献

[1] GB/T 5271.8—2001 信息技术 词汇 第8部分:安全(ISO/IEC 2382-8:1998,IDT)

[2] GB/T 9387.2—1995 信息处理系统 开放系统互连 基本参考模型 第2部分:安全体系结构(ISO 7498-2:1989,IDT)

[3] GB/T 18794.1—2002 信息技术 开放系统互连 开放系统安全框架 第1部分:概述(ISO/IEC 10181-1:1996,IDT)

[4] ISO 22600-2 Health informatics—Privilege management and access control—Part 2: Formal models

[5] ISO/IEC 9594-8 Information technology—Open Systems Interconnection—The Directory: Publickey and attribute certificate frameworks—Part 8

[6] ISO/IEC TR 13335-1:1996 Information technology—Guidelines for the management of IT Security—Part 1: Concepts and models for IT security

[7] ISO/IEC 14516:2002 Information technology—Security techniques—Guidelines for the use and management of Trusted Third Party services

[8] ISO/IEC 15945:2002 Information technology—Security techniques—Specification of TTP services to support the application of digital signatures

[9] ISO 17090 (all parts) Health informatics—Public key Infrastructure

[10] DICOM Supplement 67:2003 Configuration Management

[11] ENV 13608-1 Health informatics—Security for healthcare communication—Part 1: Concepts and terminology

[12] HL7 V3 RIM Reference Information Model

[13] IETF/RFC 3280: 2002 Internet X. 509 Public Key Infrastructure Certificate and CRL Profile

[14] IETF/RFC 3647:2003 Internet X. 509 Public Key Infrastructure Certificate Policy and Certification Practices Framework

[15] ITU-T Recommendation X. 509:2000 | ISO/IEC 9594-8:2001 ITU-T Information technology—Open systems Interconnection—The Directory—Public-Key and Attribute Certificate Frameworks

---

ICS 01.040.35
L 70

中华人民共和国国家标准

GB/T 25514—2010/ISO/TS 17117:2002

健康信息学 健康受控词表
结构和高层指标

Health informatics—Controlled health terminology—Structure and high-level indicators

(ISO/TS 17117:2002,IDT)

2010-12-01 发布

2011-05-01 实施

中华人民共和国国家质量监督检验检疫总局
中国国家标准化管理委员会 发布

前　言

本标准使用翻译法等同采用ISO/TS 17117:2002《健康信息学　健康受控词表　结构和高层指标》(英文版)。

本标准的附录A为资料性附录,附录B为规范性附录。

本标准由中国标准化研究院提出并归口。

本标准起草单位:中国人民解放军总医院、中国标准化研究院。

本标准主要起草人:尹岭、成福春、董连续、任冠华、陈煌、尹书蕊、刘碧松。

引 言

1839年,William Farr在关于英国出生、死亡与结婚基本情况的第一个年度报告中指出:"查询系统中的术语与物理科学中的重量与计量一样重要,应当立即制定"。从那时起,广大的科学家们一再强调这个主题。当前,人们已经广泛认识到健康记录系统对受控词表的需求(E-1238,E-1239,E-1384,E-1633,ENV 12017)。受控词表为系统统计提供了方便。这些统计数据能够从各种层次粒度进行统计,因此能够扩展为以问题为导向的临床记录检索,针对财务系统的分类,或者针对给定人群的结果数据。随着术语不断地增加,维护一个大范围的术语成了一个繁重的工作。没有一个良好的结构,大容量的术语不能够提供相应的互操作性,而这是今天日益复杂的电子健康记录程序所要求的。

问题的解决归结于标准。在过去的10多年,医学信息学研究者一直在研究受控词表。他们审查了当时存在的术语结构和内容,得出它们为什么不适合特定需求的原因,而且提出了相应的解决方案。在某些地方,解决方案已经在使用,并且又获得了新的经验。现在是到了总结这些经验,发布一个可持续发展的受控医学词表标准集的时候了。

在国际上,ISO/TC 215/WG 3总结了这些经验,并首次将其制定为技术规范ISO/TS 17117,以满足健康信息学领域的术语标准化工作需求。

本标准采用了ISO/TS 17117的全部技术内容,使我国健康信息学标准化领域在概念表达层面能够与国际惯例保持一致,从而支撑我国健康信息学标准的国际接轨。本标准的制定对我国健康信息学领域术语的规范、集成和使用均有重要指导意义。

健康信息学　健康受控词表
结构和高层指标

1　范围

本标准描述了健康受控词表所需要的和足够的重要理念。

本标准适用于健康保障信息需要保存和利用的所有领域。

2　规范性引用文件

下列文件中的条款通过本标准的引用而成为本标准的条款。凡是注日期的引用文件，其随后所有的修改(不包括勘误的内容)或修订版均不适用于本标准，然而，鼓励根据本标准达成协议的各方研究是否可使用这些文件的最新版本。凡是不注日期的引用文件，其最新版本适用于本标准。

GB/T 18391.3—2009　信息技术　元数据注册系统(MDR)　第3部分：注册系统元模型与基本属性(ISO/IEC 11179-3:2003,IDT)

ISO 704　术语工作　原则与方法

ISO 860　术语工作　概念和术语的一致

ISO 1087-1　术语工作　词汇　第1部分：理论与应用

ISO 1087-2　术语工作　词汇　计算机应用

ISO 12620　关于术语的计算机应用　数据分类

ISO/IEC 2382-4　信息技术　词汇　第4部分：数据的组织

ISO/IEC/TR 9789　信息技术　针对数据交换的数据元素组织与表示指南　编码方法与原则

E-1284　支持电子健康档案的临床术语构建标准指南

E-1712　临床实验室检验与分析物命名表示标准规范

ENV 12264　健康信息学　概念系统的分类结构　语义表达模型

3　术语和定义

下列术语和定义适用于本标准。

3.1

术语表　terminology

在一个特定的领域，表示系统性概念的术语集。

注：这意味着从发布的目标与范围，人们能够决定这个表达覆盖特定领域的合适程度。

3.2

健康受控词表　controlled health terminology

为临床应用而发展的术语集。

注：这意味着在特定被表达领域，在术语的目标和范围内，与实践所产生的粒度一致，为表达编码可比较数据所提供的足够的内容和结构。

3.3

分类　Classification

为一个特定领域所做的数据集合在规定层次上的抽象。

注1：能够被用分类系统表达的抽象层次的固定性经常被扩展一致，当分类将被应用于不同的用户群时，如一些目前的账务分类模式。

注2：参见附录A分类的历史。

3.4

本体论　ontology

概念的有机组合，通过其可以推导出合理的结论。

示例：限定词的层次是一个限定本体论。

注：通俗地讲，这个术语用于描述为一个特定目的构建的一个层次。

3.5

限定词　qualifier

限定词对核心术语作进一步的说明，如肿瘤的分期。

示例："历史的"或"反复发生的"。

3.6

修饰词　modifier

修饰词也是对核心术语的进一步说明，如难以控制的糖尿病。

示例："临床分期"或"疾病的严重性"。

3.7

首选术语　canonical term

一个特定医学概念的首选原子词或首选先组词。

3.8

术语　term

与一个或多个概念相关的词语。

4　概述

4.1　基本情况

术语的基本特征影响其临床应用的实用性与恰当性。参照其他国家和国际标准组织确定的术语理念，制定符合本国实际的术语标准。

本标准明确表明，不仅仅被用来作为临床概念表达，同时也提供术语开发者和创作者以构建有用的和可维护的健康受控词表质量指南。这些原则并不试图整合所有健康领域的丰富词汇。然而，本标准确实规定了最低要求，假如不依照最低要求，术语将会很难维护。目前没有达到这些要求的术语集，可依从本标准，通过某些机制向这个目标前进。分类历史参见附录A，实现原则见附录B。

本标准为医学术语的可持续性发展提供理论依据。这些基础工作将为术语不断完善提供一个良好的开端。

4.2　概念的定位

术语的基本单元应是概念，它是一个特定含义的体现，而不是一个编码或一个字符串。在一个组织很好的术语中，概念的标识符应且唯一与一个意思相符。如ISO 860定义的那样，一个概念表达一个意思。然而，多个词语（语言上的表达），如果它们表达了明确的同一概念，就具有相同的意思。

这意味着无冗余性、无歧义性、无模糊性和内部一致性。

4.2.1　无冗余性

术语应在内部被规范化。在一个术语体系中，不应有超过一个概念标识符具有同一个意思，如ISO 704和E-1284中规定的那样。这并不是排除同义词，而且要求同义词被明确表达。

4.2.2　无歧义性

概念标识符应只有一个意思。然而，一个录入术语可以指向多个概念。

示例：录入术语MI既可以代表心肌梗死，也可以代表二尖瓣关闭不全。

注：有些作者将录入术语表示为接口术语。

4.2.3　无模糊性

概念名称应与环境无关。

示例："糖尿病"不应有子概念"控制良好的"，然而，可以有子概念名"控制良好的糖尿病"。

注：有些作者将与环境无关称为是环境的装载。

4.2.4 内部一致性

在一个术语体系中,跨平行领域概念间的关系应是统一的。

示例:假如心脏瓣膜结构已经被解剖明确规范,那么与每一个结构相关的诊断也应用相应的关系来进行规范。

4.3 目标和范围

任何一个受控词表在操作术语上应有其明确的目标和范围,因此针对一个特定的目标,它的适合程度能够被评定与评估。在适当的场合,可以在数据库模型中和其他的规范工具中通过范例或"用例"来展现其范围。评估原则,如覆盖范围和全面性,需要用原本意图的用途与范围来评判。

示例:一个术语表对一个心血管的症状、体征和不适来说,可能已经非常全面和详细,但是不适合一个特定的心脏学或一个特定的心胸手术单元。相反地,一个足够详细的心脏学或心胸手术术语表可能完全不适用于心血管的一般实践。

4.3.1 覆盖范围

医疗保健过程的每一个段都应有一个明确的深度覆盖,而不是通过宽广的叶子节点分类将特定的临床概念集中在一起。覆盖的不完全性(与原本的范围与目标比较)应明确地进行说明。

示例:从目前标记的类别"未被分类的"(NEC)中区别特定的诊断经常是非常重要的,或者区分出疾病的严重性如进展缓慢的前列腺癌与广泛的代谢性疾病。

4.3.2 全面性

全面性的程度应被明确说明。在目标与范围中,所有医疗保健处理过程中所涉及到的相关约束和要求,如横跨药学、手术、护理和牙科领域的物理发现、危险因素、功能状态等,都需要进行说明。应用这个原则,是因为决策支持,风险调整、结果研究和有用的指南,需要的不仅仅是临床诊断与处理数据。

示例:目前存在的健康保健研究机构、质量指南机构,以及健康保健财务管理机构的死亡模型等。

4.4 映射

在更多的临床数据交换中,政府和付费者需要处理各种表单及分类模式。因此,基于计算机全面和详细的表达病人数据,应有能力映射到那些分类,如 ICD-10。这需要临床医疗保健的多粒度,如 ISO/IEC/TR 9789 规定的那样。术语能够被映射到其他术语的程度应被明确地说明。

示例:内分泌学医师可能比普通的临床内科医师更关注糖尿病的详细信息,虽然这些专家可能处理同一个病人。

4.5 系统性定义

为了使术语使用者能够准确地理解术语概念的含义,原创作者应让术语使用者明白并且能够获取到这些定义。更重要地,如术语间的内在联系,不同的作者也需要这些定义,来确保与原创作者定义的一致性。

示例:临床概念"高血压"可能被定义为持续增高的血压,需要与简单的"BP>140/85"相区别。

4.6 形式定义

一个组合系统应包含非原子概念和形式规则的形式定义,这样就可以从形式定义推导出小类,如 E-1712 中定义的那样。

4.7 关系的明确性

小类的逻辑关系应被定义。所有的链接/关系/属性的形式行为应被明确定义。假如限定词如"更宽/更窄"使用,它应被明确说明。

示例:主要的层次关系应由小类逻辑关系所例证:B 是 A 的一种类型,意味着所有的 B 都是 A,如糖尿病是一种疾病,所有的糖尿病都是疾病。

4.8 参照术语表

首选术语、结构、关系,系统性的和正式的定义的集合,形成了健康受控词表的核心。

4.9 原子参照术语表

在参照术语表中,仅仅由原子概念和它们的系统性定义构成,而不能由两个或多个概念组合以创建一个组合表达式来表达一个原子的概念。

4.10 通用术语表

日常使用的术语表。当在录入数据时,可映射到一个或多个首选术语。

注:这些也被不同的作者称为"录入术语"或"接口术语"。

5 术语模型的结构

5.1 术语结构

术语结构决定了其实际的和有用的接口(如术语导航、录入、或者检索支持)的难易程度,如ISO 704,ISO 1087-1 和 ENV 12264 中规定的那样。

5.2 组合术语表

5.2.1 组合性

组合概念从原子和先组式概念产生,具有产生组合表达式的能力。

示例:"结肠癌"由"恶性赘生物"和"大肠"原子组分构成。在一个组合系统中,概念表达式能够被分为原子和组合概念表达式。

组合概念表达式能够被更深入地分为"先组式概念表达"和"后组式概念表达"。在一个组合概念中,组分可以被分成三类:"核心概念","限定概念(也叫"状态")",和"修饰概念"。

注:一个概念是被语言表达的一种观念,它标识了一个想法。然而,术语"概念"在此处用于概念的表达而不是想法本身。

5.2.1.1 原子概念

在一个特定的术语集中,一个原子概念不是由其他简单概念组合而成。在很多场景,原子概念与某些哲学家称作的"自然种类"类似。该实体不能够被意义上的拆分。从广度的实践角度上说,概念应被分在它们的组分中。这些应成为所有概念的基石。

示例:在 SNOMED-RT,"结肠(colon)"是"大肠(large bowel)"的同义词,而"癌(cancer)"是"恶性赘生物(neoplasm, malignant)"的同义词。因此,术语"结肠癌"是一个非原子术语,其可以被分为"结肠"和"恶性赘生物"。这两个原子术语的任一个都有一个独立概念标识符,就如先组式术语"结肠癌"一样。

5.2.1.2 组合概念

一个组合概念由一个原子组合表达式构成,被语义关系所链接(如角色、属性或者链接)。

5.2.1.2.1 先组式概念

该实体能够被打散成几个原子概念,当这些原子概念重新聚集的时候,不会损失实体信息。这些实体在宿主词汇域中被认为是一种简单概念的表达。理想情况下,在术语系统中,这些概念以及他们等价组合概念应被明确定义。

示例:术语"结肠癌"是非原子的,然而它有一个唯一的标识符,在 SNOMED-RT 中,它代表着一个"单独"的概念。它在术语中与位置"大肠"和诊断"恶性赘生物"具有同样的状态。

5.2.1.2.2 后组式概念

后组式概念是一个组合概念,因其不是先组式,因此应用表达语言的多概念表达式来表达。这是从受控词表中建立的一整套概念去完整表达用户查询的一个尝试。

示例:在 SNOMED-RT 中,概念"细菌性液体流出,左膝"不是一个单独的术语。它表达一个临床概念,有些病人有左膝关节感染。由于它不能被一个简单的概念标识符所表达,为了完整地把握其本义,需要用多概念标识符建立一个表达式,否则将会丢失某些自然文本的信息。

5.2.1.3 原子和先组式概念的类型

在一个术语中,唯一概念表达式能够被分为至少三种类型:核心概念、限定概念和修饰概念。这个区分允许用户接口提供更易读的因此也更有用的概念表达。

5.2.1.3.1 核心概念

这是一个原子的或先组式概念,代表了一个原子概念或者先组式概念或者后组式概念的一个主要概念。

5.2.1.3.2 修饰符或限定符

组合概念的组成部分,改变了核心概念的意思,被认为是修饰符或限定符。

示例:"1a 期"在表达式"大肠癌 1a 期"或"易反弹的、难以控制的"在表达式"易反弹的、难以控制的糖尿病"中,它们就是修订符或限定符。

一般而言，这些概念用一个链接加上一个值（“属性-值-对”）来表达。术语应支持包括短暂的持续和长期的趋势的逻辑结构。属性应是术语元素的一部分，符合一个实际的模型，并可扩展为一个术语。

示例：“癌”，在一个特定的时间具有某些特定的症状，经过一段时间后可能会进展，能够被其分期和组织学再细分。

为了结构化的数据录入和数据二次利用，如聚合统计和检索，属性应体现数据的重要特征。核心概念能够被多种方式精化，包括临床感觉、临时感觉和状态术语，如“反复发作的”。

5.2.2 内容的规范化

在组合概念中，规范化是支持和映射替代词和速记词的一个过程。所有的先组式概念应被映射到，或者被所有可能等价的后组式概念所逻辑认知。应有一种机制，为用户创建的新的后组概念确定同义词（在术语集中该创新的概念没有先组式概念的时候）。为了适合个人的、区域的和某些特定的约束，定义明确的等价意义，该功能是非常关键的。并且，作为同义词的术语合作，在一个语言里表达而不仅仅主要用于宿主术语，能够达到一个简单的多语言支持形式。

5.2.3 语义的规范化

在组合系统中，表达一个概念可以有多种可能的原子集，可能用多种语义关系进行链接。在这种情况下，术语需要能够识别冗余/同义词。这个系统能够进行规范化的程度（广度）应被明确地说明。

示例：“腹腔镜胆囊切除术”可以用以下两种形式表达：

手术：切除{胆囊}，{使用腹腔镜方法}

手术：切除{胆囊}，{利用腹腔镜设备}

5.2.4 多层次

概念应被各种合理的层次路径所访问，即应允许它们有多语义父体。应保持父体和子女之间数目上的平衡。能够利用直觉的路径，保持自然的导航（检索与分析），找到其感兴趣的概念。即用户不应猜测一个特定的概念究竟放在什么地方。

示例：一个多语义血统中“胃癌”应能够在“赘生物”或者“胃肠道疾病”中找到。

5.2.5 视图的一致性

在每一个场景中的多层次系统中的术语，概念应是统一的。前面例子中提到的胃癌在癌症轴上和胃肠道疾病轴上，其意义与结构不应有所差别。当引入了某些不易被察觉的变量时，不一致性可能导致检索和决策支持灾难性的后果，并会误导这个系统中的用户。

5.2.6 明确地表达不确定性

如“可能”，“怀疑”，“历史上有过的”或者不同的可能性、不同的诊断列表，都应被支持。“确定的”和“非常不确定”信息对决策支持和数据二次利用有着重要的影响。

类似的，在不完全的症状场景中，临床医师应能够记录与病人表现一致的部分准则（criteria）。这个准则在这里单独列出来，是因为许多目前的术语系统在这方面没有明确地足够地表述。

5.2.7 表现形式

在术语中的表现形式应是没有特别意义的。概念标识符的计算机编码不应加上术语主观的限制，如数字的位数、属性，或者组合元素。如果这样做，经常会导致当层次结构更改时，这个编码将不再适用于当前系统。如统一医学语言系统（UMLS）的长的、顺序的、字母数字的标签就是一个很好的例证。

6 维护

6.1 基本情况

在一段时间内，技术选择能够影响术语进化、改变和保持可用性的能力。

6.1.1 与环境无关的标识符

附加于概念上的唯一编码不应被层次结构或其他的环境所绑定；它们的格式不应带有任何含义。因为健康知识一直处于更新中，健康概念的分类很有可能改变。因为这个原因，附加于概念的编码不应被术语的层次结构所固定，当这个层次结构被重新组织时编码不用更改。改变编码可能引起历史数据的困惑或错误。

示例:"胃溃疡"现在被认为是一种细菌感染性疾病,但是以前并不这样认为。

注:这个"与环境无关的标识符"与"无语义的标识符"同义。

6.1.2 标识符的一致性

当一个概念过时或被取代时,编码不应再使用。当概念改变编码(概念未变,编码改变,增加了编码),经过一段时间后,病人描述的一致性就成为不可能;更糟糕的是,编码的含义改变(编码未变,概念改变)。这种情况不仅仅干扰了历史集合数据的分析,而且对于个人患者的管理是非常危险的,因为他的数据有可能被错误地理解与翻译。

注:这实际上是概念的持久性理念。

6.1.3 版本控制

通过一致的版本标识符,更新与修改的部分应能够被查到。对病人记录的使用应携带版本信息。因为解释病人在特定的时间的编码数据是术语的一个基本功能。

示例:AIDS病人的编码与以前AIDS术语的编码就不一致。

当该术语被使用时,术语系统表达应明确该术语当时的状态;版本信息最容易实现这个功能,而且可以被普通的视图所隐藏,如ISO 12620、ISO 1087-2、GB/T 18391.3和ISO/IEC 2382-4所描述的那样。

6.1.3.1 编辑信息

新的和修订的术语、概念和同义词应有他们进入或者影响系统的时间,而且应指明它们的来源和/或者机构。为了历史检索的目的,一个新录入词的以前表达方式应被记录。

6.1.3.2 已废弃标记

已经被替代的词项应与他们的后续者一起被标记。因为过时的术语数据可能继续存在病人的历史记录中,他们的未来解释和数据聚合统计依赖于那些已经被使用和交叉引用的后继术语。

示例:人类T-细胞白血病病毒——类型III(HTLV III)与人类免疫缺陷病毒(HIV)。

6.1.4 确认冗余

当冗余发生时,大范围(large-scale)术语的作者们将需要某种机制去验证鉴别冗余。对任何一个术语系统的安全进化来说,这是非常必要的。这意味着概念和语义的规范化,但是特别强调的是,需要提供一些工具和资源来完成这项任务。

6.1.5 语言独立

支持多语言表达是术语本身的一个目的。当医疗保健面临着全球的经济和多民族实现环境时,常规的术语维护应与多语言支持结合起来。然而,本质上缺乏机器翻译语言的能力和设备,这个简单化的增加将会扩展全球对术语的理解和使用。

6.1.6 响应性

更新的频率或子版本,应是足够短地去适合新的代码或者快速地修改原有版本,理想情况是在几周之内。

7 评估

7.1 基本情况

当我们尝试理解受控词表的质量时,需要一个评价这个系统的标准准则。所有的评价都应反映和界定出其术语本身的范围与目标。

7.1.1 目标与范围的度量

这是一个重要的维度,应从以下的条目进行目标与范围的度量。

7.1.1.1 临床领域

使用术语的临床领域、病人的疾病领域和/或期望的专业用户是什么?医疗保健术语的哪一个部分是被期望使用和被谁使用?

7.1.1.2 **主要用途**

术语的主要用途是什么?

示例:一些用途领域包括:报酬报告、计划管理、流行病学研究、文献索引、基于Web的检索、与病人直接相关的临床详细记录、决策支持、决策支持的链接等。

7.1.1.3 **使用的一致性和广泛性**

至少在最初,部分术语主要是为了一个特定的研究或一个特定的地域。假如试图保持一致性,更新与管理方式是什么,等等。

7.1.1.4 **自动推论意图程度**

开发者应定义是否支持和支持到哪种程度的自动推论意图。开发者应定义分类是否自动化。开发者应定义是否输入验证的可能性和在什么限制之内。开发者应当定义后组式表达是否能够被接受,如果被接受,什么能够被推论出,什么限制应被附加在上面(即正式的核准是否需要)。

7.1.1.5 **转换(映射)到其他术语**

什么转换(映射)被支持,为哪一个目的?什么是转换的敏感性和特异性?

示例:为临床用途的变形,比起为文献检索的变形可能需要更少的精确性。

7.1.1.6 **用户/开发者的可扩展性**

用户和程序开发者是否可以扩展术语?如果可扩展,限制是什么?假如不能,什么机制能够满足新的需求?

7.1.1.7 **自然语言**

自然语言的输入与输出是否支持(为分析或输入)?到什么精度水平?

7.1.1.8 **其他功能**

其他的功能是什么?

示例:链接到一个特定的决策支持系统,链接至一个事后市场监督等。

7.1.1.9 **目前状态**

系统最后将到什么程度,目前的进程?假如术语的不同部分处于不同的完成阶段,如何表明?

7.1.2 **质量度量,术语工具**

7.1.2.1 **互联性(映射)**

7.1.2.1.1 **术语和其他编码系统**

术语与其他编码系统或参照术语的映射到达哪种程度?

7.1.2.1.2 **术语和术语的扩展**

术语适应本地扩展的程度?

7.1.2.1.3 **术语和网络**

术语服务器是否能够对本地网、广域网的查询进行响应?

7.1.2.2 **精度和废止**

7.1.2.2.1 **术语**

用一个标准的较好的方法,对比与一个固定的和国家认可的标准查询集,什么是术语的精度和为映射诊断、手术、展示、解剖、组织等的废止?这应就术语系统本来的目标与范围内评价。

7.1.2.2.2 **搜索引擎**

在映射过程中是否使用标准的搜索引擎?

7.1.2.3 **可用性**

7.1.2.3.1 **可用性的确认**

术语的可用性是否被确认?

7.1.2.3.2 **接口考虑**

接口考虑如何与术语评价分开?

7.1.2.3.3 原型

有效的用户接口是否已经被建立？针对一个有效的用户接口，针对其本来意图的使用，术语是否已经被展示？假如不行，突出的问题是什么？如果用不同的方式，是否有证据说明实际录入的速度、精度、全面性？假如不行，是否有概念性的证据？

7.1.2.3.4 应用程序编程接口

是否有计算机接口和系统实现的支持？是否有概念实现的明显证据(在软件上)？如其所说的主要目的能否被展示？是否有实现上的失败？

7.1.2.4 可行性

假如术语意图用于电子健康档案，信息存储的选项是什么？是否被展示为可行？

7.1.3 其他质量度量

可概括性(适用性)，任何一个研究设计报告(评估报告评价)应可以被评价。

7.1.3.1 健康保障/临床关联性

什么是术语的健康保障/临床关联性？

7.1.3.2 金标准

在评估中什么是金标准？

7.1.3.3 研究人口

假如用人口比率用于比较，人口比率如何得出？

7.1.3.4 特定的目标

特定的目标是否清晰？

7.1.3.5 盲法

研究是否采用合适的盲法？

7.1.3.6 随机

样本集的选择是否随机？或者在某种程度上代表了最终样本？

7.1.3.7 试验场所

7.1.3.7.1 独立性

是否试验场所不同于发展者的场所？

7.1.3.7.2 研究设计的适当性

试验场所是否适合于研究设计(工具、资源，等等)？

7.1.3.7.3 主要的研究组织

以下是主要的研究组织：

——大学；

——学术医疗中心；

——有限公司或公司；

——医院；

——政府机构；

——首诊中心(医疗保健机构)；

——私人实践；

——学术组织。

7.1.3.7.4 主要的调查者

主要的调查者是否独立于被评估的术语系统？在这个研究领域中主要的调查者是否有跟踪记录？在进行这项研究中是否有利益上的冲突？

7.1.3.8 项目完成

项目是否在一个合理的时间内完成？

7.1.3.9 样本大小

影响力度:样本大小是否足够,以显示的期望的影响,谁应存在?

统计:谁审查统计方法?

7.1.3.10 个人

7.1.3.10.1 训练水平

研究人员的平均训练水平和经验如何?

7.1.3.10.2 审查者

变异性:什么是内部审查者的变异性?

类型:在这个研究中,审查者的类型是什么(内科医生、护士、其他临床医生、编码者和工程师)?

独立性:这个审查者是否对其他审查者的判断未知(即审查者的独立性)。

附 录 A
（资料性附录）
分类的历史

自从17世纪中叶采用死亡统计单以来，在术语维护的数据方法和原则方面没有太多变化。最广泛被接受的表示病人疾病状态的ICD-9-CM，就是一个很好的例证。ICD-9-CM完全依赖于表格结构，具有有限的概念层次，并且没有对同义词的明确机制，值域限制，继承或者语义和非语义的链接。该健康保障分类的维护环境是一个文字处理器，它的分发几乎完全基于纸本。

当前内科医师处理术语(CPT)第一版出现于1966年。在美国，CPT编码系统被医疗保险公司如Medicare和几乎所有第三方付费者所使用，包括工人补偿和Medicaid。作为Medicare的B部分——内科医师赔付目录，CPT代码与基于资源的相对量表(Resource Based Relative Value Scale (RBRVS))一起用于决定赔付服务。CPT代码集是健康保障经济管理通用程序编码系统(Health Care Financing Administration Common Procedure Coding System (HCPCS))的第一层。CPT代码集，目前是第4版，包含数字修订符，注释、指南和一个索引，便于正确利用该编码系统所提供的解释信息。美国医疗学会(AMA)目前正准备发展下一代CPT(CPT-5)。ICD-10(国际疾病统计分类)和相关的健康问题的维护环境中也具有了相同的限制，而ICD-10正在被越来越多的国家采用为诊断编码的国家标准。

在疾病和治疗过程表示方面，重要的进展发生在1928年的纽约医学科学院，结果是产生了工业范围内的支持，并且成为疾病与操作的标准术语。这个深刻的技术革新是采用了多轴分类体系。现在一个病理过程(如炎症)能够与一个原子位置(如口咽部分:扁桃腺)组合成为一个诊断(扁桃腺炎)。采用多轴术语编码系统的自然组合，极大地提高了可管理术语的范围和表达能力，并且，提升了为病人编码的粒度水平。

美国病理学院(CAP)通过创建系统化病理术语集(SNOP)及随后的系统化医学术语集(SNOMED)，将这件事情更推进一步。在这些系统中，能够被SNOMED原子术语合成的术语数字、范围和大小增长到几乎是天文数字。一个比较公认的缺陷，是这种表达缺乏语法规则、组合规则以及概念和语义两者之间的正规化。正规化是一个过程，通过它系统能够知道两个组合的结构是否具有一个相同的意思，实际上也应如此(如术语“大肠癌”等同于“恶性赘生物”和部位“大肠”的组合)。让SNOMED成为强壮的医疗保障的参照术语，也是CAP成立以来的一直想要实现的一个目的。

其他重要的原创是临床术语V3(只读编码)，由英国的国家健康服务(NHS)和医师协会维护与发布，其术语描述的组合规则非常详细。这个只读编码是一个非常巨大的术语库，现在是第3个版本，采用分层体系的结构设计，并且将在全英国范围内使用。统一医学语言系统(UMLS)和其词库由美国国立医学图书馆发起，目的是为目前存在着的多个健康保障术语系统，提供一个医学领域的世界术语。一个值得注意的进展是CAP和NHS新签订的协议(1999年4月)，将SONMED-RT和临床术语V3合并，产生出一个新的成果，即SNOMED临床术语集。

附 录 B
（规范性附录）
实 现 原 则

B.1 概述

B.1.1 基本情况

在临床应用中，术语的基本特征影响其实用性与适合性。

B.1.2 概念的定位

什么是概念的定位？这是一个重要的问题。一个标识符能够与多少个含义相关联？

B.1.2.1 无冗余性

在术语系统中，初始概念不应具有冗余性。

B.1.2.2 无歧义性

概念定义是不应有歧义？

B.1.2.3 无模糊性

概念定义应独立于他们的环境。

B.1.2.4 内部一致性

术语之间的关系应用是否一致？当然应一致。

B.1.3 目标和范围

术语的目标是什么？术语的范围是什么？这些应在操作术语中说明（即术语意图实现的功能是什么?）。

B.1.3.1 覆盖范围

术语的覆盖范围是什么？

B.1.3.2 全面性

在一个原本的覆盖范围领域，术语的全面性的程度（用完全百分比来表示）？什么研究能够被引用以支持这个论断？（使用第4章中给定的原则来评估这个参考研究的有效性和概括性）。

B.1.4 映射

是否这个术语集能够映射到其他的分类或术语集？如果可以，哪一个术语集？假如是能够部分映射到某些分类或者其他术语集，到什么程度（用完全百分比表示）？（使用短语4中给定的原则来评估这个参考研究的有效性和概括性）。

B.1.5 系统性定义

是否术语集中每一个特定的概念能够被用户所理解？这个要求应被满足。

B.1.6 形式定义

是否术语支持形式定义？假如这样的话，完整定义支持到哪种程度？（用完全百分比表示）？什么研究能够被引用以支持这个论断？（使用第4章中给定的原则来评估这个参考研究的有效性和概括性）。参照术语支持形式定义是必要的。

B.1.7 关系的明确性

术语是否支持正式的小结？层次体系通过描述逻辑自动产生到什么程度（用术语集中所有包含概念和一个百分比表示）？这是一个期望的特征。

B.1.8 参照术语表

是否这个术语意图被用于参照术语？

B.1.9 原子参照术语表

是否有一个明确的机制确定参照术语的原子位置？是否先组式术语能够被用于组合表达式？这应是所有参照术语的目标。

B.1.10 通用术语表

特别地，在通用术语与参照术语之间的关系是怎样？这两个术语如何保持以避免产生数据实例的歧义或冗余？这是所有意图用于临床的参照术语应解决的问题。

B.2 术语模型的结构

B.2.1 术语结构

术语结构决定了其实用的与有用的接口的难易程度，如术语导航、录入或者检索能否被支持，如ISO 704，ISO 1087-1 和 ENV 12264。

B.2.1.1 组合术语表

B.2.1.1.1 组合性

术语是否支持组合术语表达式？组合表达式怎样产生？如果是在规则指导下产生的，它们将是精致的。假如这样，等价的表达能否被任意的组合表达式鉴定，并且用什么方法？

B.2.1.1.1.1 原子概念

术语作者是否明确表示其概念是原子的？

B.2.1.1.1.2 组合概念

组合概念作为一个表达式，由原子概念与语义链接（如角色、属性或链接）构成。

先组式概念：术语作者是否明确表明其概念是先组式的？在所的组合术语中，这种情况都应出现。

后组式概念：术语是否支持后组式表达式的创建？

B.2.1.1.1.3 原子和先组式概念的类型

在一个术语中唯一性的概念表达至少能够被分成三个显著的部分：核心概念、修饰符和限定符（其包含了状态概念）。这种区分能够允许用户界面提供更多的可读的因此也更加有效地进行组合概念的表达。

核心概念：是否术语单独地表明了核心概念？在组合术语中这个应当被表明。

修订符与限定符是精化核心概念的词汇。在术语中是否明确表明了修订符与限定符？如果表明，它们如何被使用？在组合术语中应当被表明。

B.2.1.1.2 内容的正规化

术语的内容是否被正规化？什么研究能够被引用以支持这个论断（用给定的短语 7 规则评估有效性和研究引用的概括性。）？在所有的组合术语中，这个应被完成。

B.2.1.1.3 语义的正规化

是否术语的语义被正规化？什么研究能够被引用以支持这个论断（用给定的短语 7 规则评估有效性和研究引用的概括性。）？在组合术语中，表达同一个概念能否用不同的语义？在所有的组合术语中，这个应被完成。

B.2.1.1.4 多层次体系

是否多层次体系被支持？在目前的术语版本中他们是否出现？

B.2.1.1.5 视图的一致性

术语中视图的一致性是否被维护？在支持多层次体系的术语中，这个应被实现。

B.2.1.1.6 明确地表达不确定性

是否术语支持明确的不确定性和不完整症状的输入？这个应是组合术语的一个特性。

B.2.1.1.7 表现形式

是否术语的概念标识符表现形式具有某些限制？如果有，是什么限制？这种情况不应发生。

B.3 维护

B.3.1 基本情况

技术选择能够影响术语在一段时间内进化、改变和保持有用性的能力。

B.3.1.1 与环境无关的标识符

是否术语支持与环境无关的标识符？应支持。

B.3.1.2 标识符的一致性

因为不同的概念引起编码曾经被重用的现象是否发生过？假如是，什么情况下可能发生？这种情况不应出现。

B.3.1.3 版本控制

是否术语的编码明确地与版本紧密绑定？应与版本绑定。

B.3.1.3.1 编辑信息

当术语被修订，导致更新的时间、来源或者机构信息是否被记录？应被记录。

B.3.1.3.2 已废弃标记

在术语的条目中，废弃的标记是否被包含在其中？应包含。

B.3.1.4 确认冗余

术语能否识别冗余？应识别冗余。假如这样的话，怎样完成？

B.3.1.5 语言独立

术语是否被多语言表达？当然应被多语言表达。假如不是，是否术语有多语言表达的能力？假如这样的话，应当给出一个解释。

B.3.1.6 响应性

术语更新的频率是多少？是否少于或等于12周？应少于。

B.4 评估

B.4.1 基本情况

当我们创建或理解受控词表的时候，需要一个评估这些系统的标准准则。所有的评估应反映和明确地鉴定被评估术语的目标和范围。这个准则促进了受控词表评估方法的研究。这个准则也有利于指导那些希望实施健康受控词表的个人或组织。

B.4.1.1 目标与范围的度量

这是一个重要的维度，应从以下方面来定义和说明目标与范围。

B.4.1.1.1 临床领域

术语的临床领域是什么？病人的疾病领域和/或者期望的专业用户？在健康保健术语中的哪一个部分打算被使用和被谁使用？

B.4.1.1.2 主要用途

术语本来的最主要用途是什么？

例：一些用途领域包括：报酬报告、计划管理、流行病学研究、文献索引、基于 Web 的检索、与病人直接相关的临床详细记录、决策支持、决策支持的链接等。

B.4.1.1.3 使用的一致性和广泛性

术语是否意图保持一致性和进化？如果意图保持一致，更新和改变的机制是什么，等等？

B.4.1.1.4 自动推论意图程度

术语是否意图支持自动分类？输入的验证是否进行，或者具有什么限制？后组式表达式是否被接受，假如是的话，什么能够被从他们中推论出来，什么限制会附加于上面？

B.4.1.1.5 转换(映射)到其他术语

什么转换(映射)被支持和本来用于什么目的(如为文献检索的目的而转换的精度要低于为临床使

用而转换的精度。)？转换的敏感性和专一性是什么？

B.4.1.1.6　用户/开发者的可扩展性

术语是否意图被使用者或者应用程序开发者扩展？假如可以的话，有什么限制？假如不行，可通过什么样的机制去满足新出现的需求？

B.4.1.1.7　自然语言

是否支持自然语言的输入与输出(为分析或输入)？到达哪种程度的精度？

B.4.1.1.8　其他功能

原本还有哪些其他功能？

示例：链接到特定的决策支持系统，链接到后市场监管，等等。

B.4.1.1.9　目前状态

到什么程度系统将会"完成"或正在进行中？假如术语的不同部分处于不同的完成阶段，应如何表示出来？

B.4.1.2　质量度量，术语工具

B.4.1.2.1　互联性(映射)

B.4.1.2.1.1　术语和其他编码系统

术语能够与其他编码系统或参照术语映射到什么程度？

B.4.1.2.1.2　术语和术语的扩张

术语能够适应本地扩张的程度？

B.4.1.2.1.3　术语和网络

通过网络的查询(本地网、广域网)，词汇服务器的响应如何？

B.4.1.2.2　精度和废止

B.4.1.2.2.1　术语

用一个标准的程序化的方法，对比与一个固定的和国家承认的标准查询集，评价术语为映射、诊断、手术、展示、角度、组织等的精度和废止？这应就术语系统本来的目标与范围内评价。

B.4.1.2.2.2　搜索引擎

是否一个标准的搜索引擎用于映射过程？

B.4.1.2.3　可用性

B.4.1.2.3.1　可用性的确认

术语的可用性是否被确认？

B.4.1.2.3.2　接口考虑

接口考虑如何与术语评价分开？

B.4.1.2.3.3　原型

有效的用户接口是否已经被建立？针对一个有效的用户接口，针对其本来意图的使用，术语是否已经被展示？假如不行，突出的问题是什么？如果用不同的方式，是否有证据说明实际录入的速度、精度、全面性？假如不行，是否有概念性的证据？如果用户接口未建立，是否有概念实现的证据？

B.4.1.2.3.4　应用程序编程接口

是否有计算机接口和系统实现的支持？是否有明显的证据在软件上实现？如其所说的主要目的能否被展示？是否有实现上的失败？

B.4.1.2.4　可行性

假如术语意图用于电子健康档案，信息存储的选项是什么？是否被展示为可行？

B.4.1.3　其他质量度量

可概括性(适用性)，任何一个研究设计报告(评估报告评价)应可以被评价。

B.4.1.3.1　健康保障/临床关联性

什么是术语的健康保障/临床关联性？

B.4.1.3.2 金标准

在评估中什么是金标准?

B.4.1.3.3 研究人口

假如用人口比率用于比较,人口比率如何得出?

B.4.1.3.4 特定的目标

特定的目标是否清晰?

B.4.1.3.5 盲法

研究是否采用合适的盲法?

B.4.1.3.6 随机

样本集的选择是否随机?或者在某种程度上代表了最终样本?

B.4.1.3.7 试验场所

B.4.1.3.7.1 独立性

是否试验场所不同于发展者的场所?

B.4.1.3.7.2 研究设计的适当性

试验场所是否适合于研究设计(工具、资源,等等)?

B.4.1.3.7.3 主要的研究组织

以下是主要的研究组织:

——大学;

——学术医疗中心;

——有限公司或公司;

——医院;

——政府机构;

——首诊中心(健康保健机构);

——私人实践;

——学术组织。

B.4.1.3.7.4 主要的调查者

主要的调查者是否独立于被评估的术语系统?在这个研究领域中主要的调查者是否有跟踪记录?在进行这项研究中是否有利益上的冲突?

B.4.1.3.8 项目完成

项目是否在一个合理的时间内完成?

B.4.1.3.9 样本大小

影响力度:样本大小是否足够,以显示期望的影响,谁应存在?

统计:谁审查统计方法?

B.4.1.3.10 个人

B.4.1.3.10.1 训练水平

研究人员的平均训练水平和经验是什么?

B.4.1.3.10.2 审查者

变异性:什么是内部审查的变异性?

类型:在这个研究中,审查者的类型是什么(内科医生、护士,其他临床医生、编码者和工程师)?

独立性:这个审查者是否对其他审查者的判断未知(即审查者的独立性)。

参 考 文 献

[1] ISO 12200 Computer applications in terminology—Machine-readable terminology interchange format (MARTIF)—Negotiated interchange

[2] E-1238 Standard Specification for Transferring Clinical Observations Between Independent Computer Systems

[3] E-1239 Standard Guide for Description of Reservation/Registration—Admitting, Discharge, Transfer (R-ADT) Systems for Electronic Health Record (EHR) Systems

[4] E-1384 Standard Guide for Content and Structure of the Electronic Health Record (EHR)

[5] E-1633 Standard Specification for Coded Values Used in the Electronic Health Record

[6] ENV 12017 Health Informatics—Medical Informatics Vocabulary

[7] Masys DR. Of codes and keywords: standards for biomedical nomenclature. Acad Med. 1990;65:627-629

[8] Solbrig HR. Final submission to the CorbaMED Request for Proposals on Lexical Query Services (CorbaLex) OMG. 1998. http://www. omg. org/cgi-bin/doc? formal/99-3-6. pdf or http://www. omg. org/cgibin/doc? formal/99-3-1. pdf

[9] Cimino JJ. Desiderata for Controlled medical Vocabularies in the Twenty-first Century. Methods of Information in Medicine. 1998;37(4/5):394-403

[10] Cote RA, Rothwell DJ. The Classification-nomenclature Issues in Medicine: A Return to Natural Language. Medical Informatics. 1989;14(1):25-41

[11] Rocha RA, Rocha BH, Huff SM. Automated Translation Between medical Vocabularies using a Framebased Interlingua. Proceedings of the Annual Symposium of Computer Applications in Medical Care. 1993:690-694

[12] Bernauer J, Franz M, Schoop D, Schoop M, Pretschner DP. The Compositional Approach for Representing Medical Concept Systems. Medinfo 95;8 Pt (1):70-4

[13] Campbell KE, Musen MA. Representation of Clinical Data Using SNOMED III and Conceptual Graphs. Proceedings of the Annual Symposium on Computer Applications in Medical Care 1992:354-8

[14] Rossi Mori A, Galeazzi E, Gangemi A, Pisanelli DM, Thornton AM. Semantic Standards for the Representation of Medical Records. Medical Decision Making 1991;4(Suppl):S76-80

[15] Tuttle MS, Olson NE, Campbell KE, Sherertz DD, Nelson SJ, Cole WG. Formal Properties of the Metathesaurus. Proceedings of the Annual Symposium on Computer Applications in Medical Care 1994:145-9

[16] Campbell KE, Cohn SP, Chute CG, Rennels G, Shortliffe EH. Galapagos: Computer-based Support for Evolution of a Convergent Medical Terminology. JAMIA 1996;SympSuppl:269-73

[17] Cimino JJ. Formal Descriptions and Adaptive Mechanisms for Changes in Controlled Medical Vocabularies, Methods of Information in Medicine 1996;35(3):211-217

[18] Elkin PL, Chute CG. ANSI-HISB Code Set Evaluation Criterion Survey, 1998; Minutes ANSI-HISB meeting 4/98

[19] William Farr; Regarding the Cullenian system of 1785, First Annual Report of the Registrar-General of Births, Deaths, and Marriages in England. London:1839 p. 99

[20] Evans DA, Cimino JJ, Hersh WR, Huff SM, Bell DS, for the Canon Group. Toward a Medi-

cal-Concept Representation Language. JAMIA 1994,1:207-217

[21] Musen MA. Wieckert KE. Miller ET. Campbell KE. Fagan LM. Development of a controlled medical terminology:knowledge acquisition and knowledge representation. Methods of Information in Medicine. 34 (1-2):85-95,1995 Mar

[22] Cimino JJ. Desiderata for Controlled Medical Vocabularies in the Twenty-first Century. Methods of Information in Medicine 1998,in press

[23] Cote RA,Rothwell DJ. The Classification-nomenclature Issues in Medicine: A Return to Natural Language. Medical Informatics 1989;14(1):25-41

[24] Rocha RA,Rocha BH,Huff SM. Automated Translation Between medical Vocabularies using a Framebased Interlingua. Proceedings of the Annual Symposium of Computer Applications in Medical Care. 1993:690-694

[25] Campbell KE,Musen MA. Representation of Clinical Data Using SNOMED III and Conceptual Graphs. Proceedings of the Annual Symposium on Computer Applications in Medical Care 1992:354-8

[26] Rossi Mori A,Galeazzi E,Gangemi A,Pisanelli DM,Thornton AM. Semantic Standards for the Representation of Medical Records. Medical Decision Making 1991;4(Suppl):S76-80

[27] Tuttle MS,Olson NE,Campbell KE,Sherertz DD,Nelson SJ,Cole WG. Formal Properties of the Metathesaurus. Proceedings of the Annual Symposium on Computer Applications in Medical Care 1994:145-9

[28] Campbell KE,Cohn SP,Chute CG,Rennels G,Shortliffe EH. Galapagos:Computer-based Support for Evolution of a Convergent Medical Terminology. Journal of the American Medical Informatics Association 1996;SympSuppl:269-73

[29] Elkin PL,Chute CG. ANSI-HISB Code Set Evaluation Criterion Survey,1998; Minutes ANSI-HISB meeting 4/98

ICS 35.240.80
L 09

中华人民共和国国家标准

GB/T 25515—2010/ISO 18104:2003

健康信息学 护理参考术语模型集成

Health informatics—Integration of a reference terminology model for nursing

(ISO 18104:2003,IDT)

2010-12-01 发布

2011-05-01 实施

中华人民共和国国家质量监督检验检疫总局
中国国家标准化管理委员会 发布

前　言

本标准等同采用 ISO 18104:2003《健康信息学　护理参考术语模型集成》。

本标准对 ISO 18104:2003 主要进行了如下编辑性修改：

——ISO 18104:2003 第 3 章第一段中“Additional background terms and definitions from ISO 1087-1:2000[27] are provided in Annex A.”为其从草案到正式标准出版时应予以删除的部分，但是其正式出版的文本中未予删除，故本标准中删除了此句；

——同上，原文在该句中所标出的参考文献[27]并未在其他地方被引用，故在本标准中相应予以删除。

本标准的附录 A、附录 B、附录 C、附录 D、附录 E 和附录 F 为资料性附录。

本标准由中国标准化研究院提出并归口。

本标准起草单位：中国标准化研究院。

本部分主要起草人：陈煌、石丽娟、董连续、杨雪峰、张修梅、周继梅、李宪、郭默宁、黄锋、焦建军。

引　言

护理术语的发展受以下多个因素的推动:

——临床设施中计算机辅助系统的实施;

——所提供护理服务的偿付请求;

——有利于提高患者医疗照顾效果的护理的文档化;

——学生的教育;

——护理知识体系的增强。

护理术语,不管是基于纸质的还是计算机的形式,都设计作为可枚举的分类,并实施为在医疗照顾点的接口术语及管理术语以便检查跨设施的护理数据。目前存在许多标准化术语,但是没有一套标准化术语是在宽度或粒度方面完全适用于护理领域的。而且,目前还没有集成护理领域内,适合计算机处理的面向概念的术语。

然而,近几年来,在制定支持护理领域的面向概念的参考术语方面已经取得了巨大进步。其中还有一些主要的挑战在于制定一个支持护理概念表示的参考术语模型,以及该模型与医疗保健领域其他模型的集成[1]。针对这些挑战已经做了大量的努力。其中比较突出的是欧洲标准化委员会(CEN/TC 251)将ICNP®(国际护理实践分类)项目、远程护理标识(Telenurse ID)和欧洲的其他相关工作整合成一个预标准ENV 14032[2-6]。此外,该标准还涉及到国际医学信息学会(IMIA)护理信息学小组、护理术语峰会、SNOMED®(医学术语分类)护理术语组、HL7和LOINC(临床逻辑观察标识符、名称和代码)[3][7][8][9]。

相比而言,CEN预标准所阐述的是用于护理诊断和护理活动的宽泛的类属结构,而本标准则尤其侧重于参考术语模型而不是其他信息模型所表示的概念结构。此外,为了实现与其他医疗保健模型的整合目标,本标准中用于护理诊断和护理活动的参考术语模型试图与护理领域之外不断发展的术语和信息模型标准相协调。

健康信息学 护理参考术语模型集成

1 范围

1.1 主要目的

本标准的目的是建立一个与其他特定健康术语模型的任务和目标一致的护理参考术语模型，以便提供一个更统一的参考健康模型。本标准给出了用于护理诊断、护理活动的参考术语模型，以及用于其实施的相关术语和定义。

本参考术语模型的潜在用途是：

a) 支持反映广泛角色和实际设施的护理诊断和护理活动概念的内涵定义；

b) 促进适合计算机处理的护理诊断和护理活动概念及其关系的表征；

c) 提供了一个从参考术语的原子概念产生复合表示的框架；

d) 促进常规形式的护理术语的构建，该形式使术语之间的映射更容易；

e) 促进不同术语（包括制定为接口术语和统计分类的术语）中护理诊断和护理活动概念之间的映射；

f) 能够对术语和相关术语模型进行系统性评价以实现其协调；

g) 提供描述护理诊断和护理活动概念架构的语言，以便与其他参考术语模型和信息模型适当集成。

1.2 适用范围

本标准的目标群体是：

a) 编码系统和术语的开发人员，（该系统和术语）包括护理诊断和护理活动的概念，以辅助特定术语的制定、完善和维护，并在不同的系统之间进行比较；

b) 其他医疗保健领域参考术语模型的开发人员，以阐明护理概念之间的关系和重叠部分；

c) 为健康信息管理系统（如电子健康记录和决策支持系统）建模的信息模型人员、知识工程师和标准开发人员，以描述用于信息系统中特殊属性和数据元素的术语值域的预期内容；

d) 需要关于内部组织、数据仓库管理及中间件服务的明确概念体系的信息系统开发人员；

e) 自然语言处理的软件开发人员，以促进其输出与编码系统的协调；

f) 用于医疗保健文档表示的置标（语言）标准的开发人员。

1.3 不适用范围

下列主题不适用于本标准：

a) 护理诊断和护理干预的综合类别结构；

b) 护理诊断或护理活动的详细分类、命名或参考术语；

c) 电子健康记录的信息记录中表示语境的描述符和指南；

d) 可能出现在护理诊断和护理活动表述中所有潜在细节的详单；

e) 护理诊断和护理活动的描述符完整列表的详尽辞典；

f) 健康专业人员之间的关系；

g) 电子健康记录之间护理诊断和护理活动的概念级通信。

2 规范性引用文件

下列文件中的条款通过本标准的引用而成为本标准的条款。凡是注日期的引用文件，其随后所有的修改单(不包括勘误的内容)或修订版均不适用于本标准,然而,鼓励根据本标准达成协议的各方研究是否可使用这些文件的最新版本。凡是不注日期的引用文件,其最新版本适用于本标准。

GB/T 25514—2010 健康信息学 健康受控词表 结构与高层指标(ISO/TS 17117:2002,IDT)

ENV 12264:1997 医学信息学 概念系统的类别结构 语义表征模型(Medical informatics—Categorial structures of systems of concepts—Model for representation of semantics)

ENV 14032:2001 健康信息学 支持护理的概念系统(Health Informatics—System of concepts to support nursing)

注:ENV 为欧洲暂行标准的缩写。

3 术语和定义

下列术语和定义适用于本标准。本标准只提供了关键术语和定义。第 4 章和第 5 章给出了具体参考术语模型构件的定义。

3.1

域概念模型 domain concept model

表示某领域中概念的一套正式类别、语义连接以及描述潜在特征的约束条件。

[ISO 17115]

3.2

参考术语模型 reference terminology model

用于术语管理优化的**域概念模型**(3.1)。

3.3

截面 dissection

与预定义的**域概念模型**(3.11)相符的短语的系统性表达。

4 护理诊断参考术语模型

4.1 概述

出于本标准的目的,护理诊断既可视为〈〈focus〉〉[1](关注点)上的〈〈judgement〉〉(判断),也可视为〈〈focus〉〉中某特定〈dimension〉[2](维度)上的〈〈judgement〉〉(如能力、知识)(见 ENV 14032)。护理诊断参考术语模型见图 1。护理诊断的内涵定义应包括〈〈focus〉〉和〈〈judgement〉〉描述符。在一些特殊情况下,一个单一的描述符(如焦虑)既可充当〈〈focus〉〉也可充当〈〈judgement〉〉。与 ENV 14032 相比,本标准没有规定基本类别;此决策由术语开发者和/或实施者制定。附录 A 给出了三种截面示例:〈〈focus〉〉用作基本类别、〈〈judgement〉〉用作基本类别、同时包含〈〈focus〉〉和〈〈judgement〉〉的描述符。必要时应使用 4.4 至 4.6 中其他语义域、语义类的描述符及限定符来支持具体护理诊断进行内涵定义。

---

1) 语义域被视为 UML 中的抽象类,用于组建类别以简化模型。语义域在图表中以斜体表示,并在全文中以双尖括号〈〈 〉〉标明。

2) 语义类被视为 UML 中的可实例化类,在图表中以普通字体表示,并在全文中都以尖括号〈 〉标明。

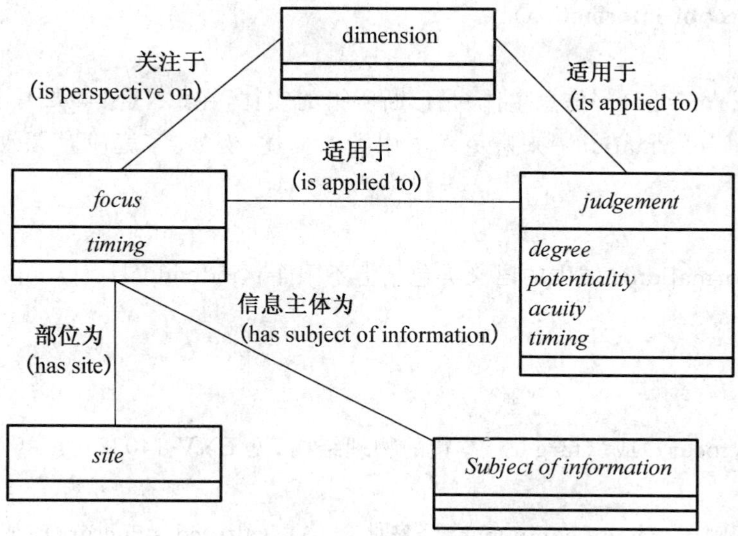

图 1 护理诊断参考术语模型

4.2 关注点(focus)

4.2.1 定义

关注点(focus)被定义为注意区域[10]。〈〈focus〉〉可由时间限定(timing)来限制。

4.2.2 语义类示例

〈〈focus〉〉域的语义类包括但不限于〈property〉(特性)、〈process〉(过程)、〈structure〉(结构)及〈state〉(状态)。在〈altered process〉(已变更的过程)、〈altered state〉(已变更的状态)和〈altered structure〉(已变更的结构)的情况中,〈〈focus〉〉描述符与〈〈judgement〉〉描述符进行了先组合,例如焦虑。在护理活动的参考术语模型中,〈〈focus〉〉类也可作为〈〈target〉〉(目标)类。

4.3 判断(judgement)

4.3.1 定义

〈〈judgement〉〉是与〈〈focus〉〉或〈dimension〉有关的意见或判别(改编自 ENV 14032)。护理诊断应包括〈〈judgement〉〉描述符。〈〈judgement〉〉可由程度(degree)、潜在性(potentiality)、时间限定(timing)和紧急度(acuity)来限制。程度(等级量表)的描述符包括但不限于:适中、不严重和严重。时间限定(时间点或时间段)的描述符包括但不限于:处置期、围产期和术后。紧急度(持续时间)的描述符包括但不限于:急性的和慢性的。潜在性(可能性)的描述符包括但不限于:有风险的、现存的、可能的和潜在的。

4.3.2 语义类示例

〈〈judgement〉〉域中的语义类包括但不限于〈alteration〉(变更)、〈adequacy〉(充分)、〈altered process〉、〈altered state〉和〈altered structure〉。在〈altered process〉、〈altered state〉和〈altered structure〉的情况中,〈〈focus〉〉描述符与〈〈judgement〉〉描述符进行了先组合,例如焦虑。

4.4 维度(dimension)

4.4.1 定义

〈dimension〉是〈individual〉(个体)或〈group〉(群体)所具有的特性,为下列语义类(但不限于):〈process〉、〈structure〉、其他起〈〈focus〉〉作用的语义类和护理诊断提供了看问题的角度,(见 ENV 14032)。〈dimension〉也可作为护理活动中参考术语模型的〈target〉。

4.4.2 语义类描述符的示例

示例描述符包括但不限于:知识、动机和能力。

4.5 信息主体(subject of information)

4.5.1 定义

〈〈subject of information〉〉(信息主体)是诊断所指的实体,在 ENV 14032 中被称为"载体"。必要时应使用〈〈subject of information〉〉来避免术语中类似描述(例如:家庭应对无效与个人应对无效)的歧义。

4.5.2 语义类示例

〈〈subject of information〉〉域中的语义类包括但不限于:〈individual〉、〈group〉和〈physical environment〉(物理环境)。

4.6 部位(site)

4.6.1 定义

进一步规定了〈〈focus〉〉或〈〈target〉〉位置的物理结构(见 ENV 14032)。

4.6.2 语义类示例

语义类包括但不限于:〈body component〉(身体部位)、〈altered structure〉(如伤口)和〈device〉(设备及器械)。

4.7 语义连接

ENV 14032 中包含了所有的语义连接,除与〈〈is applied to〉〉(适用于)对应的外。附录 A 和附录 C 给出了语义连接的使用范例。

has acuity 紧急度为

表示紧急度的限定符与〈〈judgement〉〉之间的关联关系。

has degree 程度为

表示程度的限定符与〈〈judgement〉〉之间的关联关系。

has potentiality 潜在性为

表示潜在性的限定符与〈〈judgement〉〉之间的关联关系。

has subject of information 信息主体为

表示〈〈focus〉〉与〈〈subject of information〉〉之间的关联关系。

has site 部位为

表示〈〈focus〉〉与〈〈site〉〉之间的关联关系。

has timing 时间限定为

表示时间限定的限定符与〈〈judgement〉〉、〈〈focus〉〉和〈〈site〉〉之间的关联关系。

is applied to (IS JUDGED BY) 适用于

表示〈〈judgement〉〉、〈〈focus〉〉和〈〈dimension〉〉之间的关联关系。

is perspective on 关注于

表示〈〈focus〉〉和〈〈dimension〉〉之间的关联关系。

5 护理活动参考术语模型

5.1 概述

根据本标准,护理活动可视为经由〈action〉(活动)对〈〈target〉〉(目标)采取的有目的的活动。护理活动参考术语模型见图 2。护理活动的内涵定义应包括〈action〉和〈〈target〉〉的描述符。其截面示例见附录 B。必要时应使用 5.4 至 5.7 中其他语义域、语义类的描述符及限定符来支持用特定的术语对具体护理活动进行内涵定义。

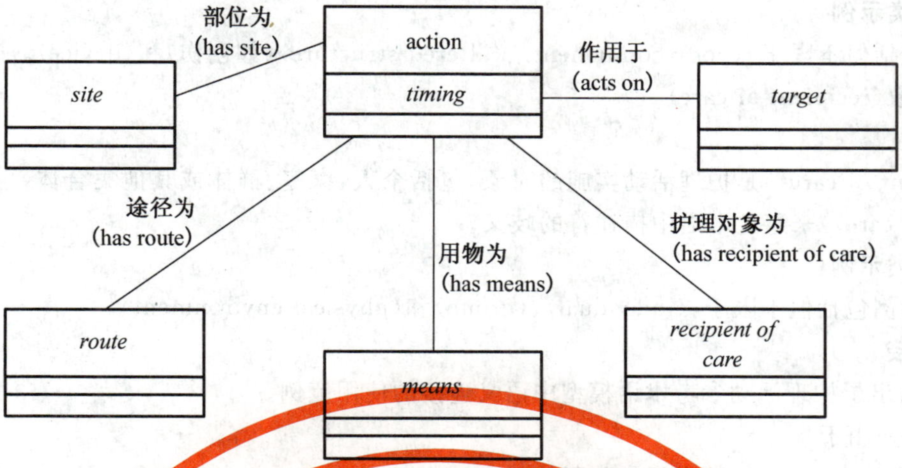

图 2 护理活动参考术语模型

5.2 活动(action)

5.2.1 定义

〈action〉是一个对护理对象实施有目的服务的过程[11][12]。活动通常以动词或动词词组来表示。所有的护理活动都有一个〈action〉。〈action〉可由时间限定来限制。

5.2.2 语义类描述符的示例

〈action〉的描述符示例包括但不限于:观察、指导、预防和喂养。护理〈action〉的一些术语(如ICNP、家庭医疗保健分类)[13][14]的示例可分几大类,如评估、指导、实施、照顾和管理。

5.3 目标(target)

5.3.1 定义

〈〈target〉〉是受护理活动影响或提供护理活动内容的实体[11][13][15]。所有护理活动都有一个〈〈target〉〉。

5.3.2 语义类示例

〈〈target〉〉域中的语义类包括但不限于:〈body component〉(身体部位)、〈sign〉(征象)、〈device〉(设备)、〈substance〉(物品)、〈physical environment〉(物理环境)、〈resource〉(资源)、〈process〉(过程)、〈dimension〉(维度)、〈individual〉(个体)、〈group〉(群体)以及在护理诊断中起〈〈focus〉〉作用的类(见 4.2)。护理诊断也可以是一个〈〈target〉〉。

5.4 用物(means)

5.4.1 定义

〈〈means〉〉是实施护理活动(所使用)的实体[13]。

5.4.2 语义类示例

语义类包括但不限于:〈resource〉、〈device〉和〈substance〉。

5.5 途径(route)

5.5.1 定义

〈〈route〉〉是指实施护理活动所经过的路径(见 ENV 14032)。

5.5.2 语义类描述符的示例

〈〈route〉〉描述符的示例包括但不限于:经口、皮下和硬膜外。

5.6 部位(site)

5.6.1 定义

〈〈site〉〉进一步规定〈〈focus〉〉或〈〈target〉〉位置的物理结构(见 ENV 14032)。

5.6.2 语义类示例

语义类包括但不限于:〈body component〉、〈altered structure〉(如创伤)和〈device〉。

5.7 护理对象(recipient of care)

5.7.1 定义

〈〈recipient of care〉〉是护理活动实施的对象,包括个人、家庭、群体或其他集合体。必要时应使用〈〈recipient of care〉〉来避免术语中描述符的歧义。

5.7.2 语义类示例

语义类示例包括但不限于:〈individual〉、〈group〉和〈physical environment〉。

5.8 语义连接

附录B给出了护理活动参考术语模型中语义连接的使用范例。

acts on 作用于

表示〈action〉和〈〈target〉〉之间的关联关系。

has recipient of care 护理对象为

表示〈action〉和〈〈recipient of care〉〉之间的关联关系。

has means 用物为

表示〈action〉和〈〈means〉〉之间的关联关系。

has route 途径为

表示〈action〉和〈〈route〉〉之间的关联关系。

has site 部位为

表示〈action〉和〈〈site〉〉之间的关联关系。

has timing 时间限定为

表示时间限定的限定符与〈〈judgement〉〉、〈〈focus〉〉及〈action〉之间的关联关系。

附 录 A
（资料性附录）
护理诊断截面的示例

A.1 概述

本附录提供了护理诊断截面的示例。这些诊断选自 ENV 14032（由*标明）资料性附录，已选定的主题词来源于北美护理诊断学会（North American Nursing Diagnosis Association）分类 1 和分类 2、家庭医疗保健分类（Home Health Care Classification）以及 Omaha 系统（Omaha System）中护理诊断的标准化术语。下列截面示例构建在假定默认值的基础上，即“潜在性为”的默认值为“现存的”，〈〈subject of information〉〉的默认值为“个体”。本标准中的参考术语模型规定，〈〈judgement〉〉或〈〈focus〉〉可作为概念定义的基本类别。因此，在第一组示例（A.2）中，〈〈judgement〉〉被用作基本类别。第二组示例（A.3）中，〈〈focus〉〉被用作基础类别。第三组示例（A.4）中是在一个简单术语中同时包含〈〈focus〉〉和〈〈judgement〉〉的护理诊断。

A.2 判断（Judgement）作为基本类别的示例

A.2.1

养育能力降低（decreased parenting ability）

降低（decrease）

潜在性为（has potentiality）	现存的（actual）
适用于（is applied to）	能力（ability）
关注于（is perspective on）	养育（parenting）
信息主体为（has subject of information）	个体（client）

A.2.2

自我沐浴能力降低（reduction of ability to bathe oneself*）

降低（reduction）

潜在性为（has potentiality）	现存的（actual）
适用于（is applied to）	能力（ability）
关注于（is perspective on）	自我沐浴（bathing oneself）
信息主体为（has subject of information）	个体（client）

A.2.3

书写能力低下（reduced ability to write*）

降低（reduction）

潜在性为（has potentiality）	现存的（actual）
适用于（is applied to）	能力（ability）
关注于（is perspective on）	书写（writing）
信息主体为（has subject of information）	个体（client）

A.2.4

日常生活活动改变（activities of daily living alteration）

改变（alteration）

潜在性为（has potentiality）	现存的（actual）
适用于（is applied to）	日常生活活动（activities of daily living）
信息主体为（has subject of information）	个体（client）

A.2.5

无法如厕(inability to toilet)

不足(inadequacy)

潜在性为(has potentiality)	现存的(actual)
适用于(is applied to)	能力(ability)
关注于(is perspective on)	如厕(toileting)
信息主体为(has subject of information)	个体(client)

注：此示例明确说明"inability"(无法)是"unable"的名词形式,例如,"能力"(ability)为"不足"(inadequate)。

A.2.6

性生活型态改变(alteration in sexuality patterns*)

改变(alteration)

潜在性为(has potentiality)	现存的(actual)
适用于(is applied to)	性生活型态(sexuality pattern)
信息主体为(has subject of information)	个体(client)

A.2.7

胃肠组织灌注改变(alteration in gastrointestinal tissue perfusion*)

改变(alteration)

潜在性为(has potentiality)	现存的(actual)
适用于(is applied to)	灌注(perfusion)
部位为(has site)	胃肠组织(gastrointestinal tissue)
信息主体为(has subject of information)	个体(client)

A.2.8

注意力降低(reduction in ability to concentrate*)

降低(reduction)

潜在性为(has potentiality)	现存的(actual)
适用于(is applied to)	能力(ability)
关注于(is perspective on)	注意(concentrating)
信息主体为(has subject of information)	个体(client)

A.2.9

气体交换受损(impaired gas exchange)

损害(impairment)

潜在性为(has potentiality)	现存的(actual)
适用于(is applied to)	气体交换(gas exchange)
信息主体为(has subject of information)	个体(client)

A.2.10

认知能力降低(decreased cognitive ability)

降低(decrease)

潜在性为(has potentiality)	现存的(actual)
适用于(is applied to)	能力(ability)
关注于(is perspective on)	认知(cognition)
信息主体为(has subject of information)	个体(client)

A.3 关注点(Focus)用作基本类别的示例

A.3.1

体温改变的危险(risk of altered body temperature)

体温(body temperature)

有判断为(has judgement) 改变(altered)
潜在性为(has potentiality) 危险(risk of)
信息主体为(has subject of information) 个体(client)

A.3.2

不依从用药方案(non-compliance with medication regimen)

用药方案(medication regimen)
关注于(has perspective) 依从(compliance)
有判断为(has judgement) 缺陷(inadequate)
潜在性为(has potentiality) 现存的(actual)
信息主体为(has subject of information) 个体(client)

A.3.3

家庭妥协性应对(compromised family coping)

应对(coping)
有判断为(has judgement) 妥协性(compromised)
潜在性为(has potentiality) 现存的(actual)
信息主体为(has subject of information) 家庭(family)

A.3.4

体温调节无效(ineffective thermal regulation)

体温调节(thermal regulation)
有判断为(has judgement) 无效(ineffective)
潜在性为(has potentiality) 现存的(actual)
信息主体为(has subject of information) 个体(client)

A.3.5

皮肤完整性受损的危险(risk of impaired skin integrity)

皮肤完整性(skin integrity)
有判断为(has judgement) 损害(impaired)
潜在性为(has potentiality) 危险(risk of)
信息主体为(has subject of information) 个体(client)

A.3.6

体液不足(fluid volume deficit)

体液容量(fluid volume)
有判断为(has judgement) 不足(deficit)
潜在性为(has potentiality) 现存的(actual)
信息主体为(has subject of information) 个体(client)

A.3.7

心排量减少(decreased cardiac output)

心排量(cardiac output)
有判断为(has judgement) 减少(decreased)
潜在性为(has potentiality) 现存的(actual)
信息主体为(has subject of information) 个体(client)

A.3.8

组织完整性受损(impaired tissue integrity)

组织完整性(tissue integrity)

有判断为(has judgement)　　　　损害(impaired)

潜在性为(has potentiality)　　　　现存的(actual)

信息主体为(has subject of information)　　　　个体(client)

A.3.9

睡眠型态紊乱(disturbed sleep pattern)

睡眠型态(sleep pattern)

有判断为(has judgement)　　　　紊乱(disturbed)

潜在性为(has potentiality)　　　　现存的(actual)

信息主体为(has subject of information)　　　　个体(client)

A.3.10

缺乏社会支持(inadequate social support)

社会支持(social support)

有判断为(has judgement)　　　　缺乏(inadequate)

潜在性为(has potentiality)　　　　现存的(actual)

信息主体为(has subject of information)　　　　个体(client)

A.4　判断(Judgement)和关注点(Focus)先组合作为简单术语的示例

A.4.1

窒息的危险(risk of suffocation*)

窒息(suffocation)

潜在性为(has potentiality)　　　　危险(risk of)

信息主体为(has subject of information)　　　　个体(client)

A.4.2

焦虑(anxiety*)

焦虑(anxiety)

潜在性为(has potentiality)　　　　现存的(actual)

信息主体为(has subject of information)　　　　个体(client)

A.4.3

疼痛(pain*)

疼痛(pain)

潜在性为(has potentiality)　　　　现存的(actual)

信息主体为(has subject of information)　　　　个体(client)

A.4.4

恐惧(fear*)

恐惧(fear)

潜在性为(has potentiality)　　　　现存的(actual)

信息主体为(has subject of information)　　　　个体(client)

A.4.5

出血(bleeding*)

出血(bleeding)

潜在性为(has potentiality)　　　　现存的(actual)

信息主体为(has subject of information)　　　　个体(client)

A.4.6

术后恶心(postoperative nausea*)

恶心(nausea)

潜在性为(has potentiality)	现存的(actual)
时间限定为(has timing)	手术后(postoperatively)
信息主体为(has subject of information)	个体(client)

A.4.7

压疮(pressure ulcer*)

压疮(pressure ulcer)

潜在性为(has potentiality)	现存的(actual)
信息主体为(has subject of information)	个体(client)

A.4.8

便秘(constipation*)

便秘(constipation)

潜在性为(has potentiality)	现存的(actual)
信息主体为(has subject of information)	个体(client)

A.4.9

感染的危险(risk of infection*)

感染(infection)

潜在性为(has potentiality)	危险(risk of)
信息主体为(has subject of information)	个体(client)

附 录 B
（资料性附录）
护理活动截面的示例

B.1 概述

本附录提供了护理活动截面的示例。这些护理活动选自于ENV 14032（由*表示）资料性附录的部分内容、护理记录中的术语以及选自于标准化护理术语中的其他护理活动，这些标准化术语包括家庭医疗保健分类（Home Health Care Classification）、护理措施分类（Nursing Interventions Classification）、Omaha系统（Omaha System）、患者护理数据集（Patient Care Data Set）和围手术期护理数据集（Perioperative Nursing Data Set）。

应注意，当需要组成一个特定的术语系统和区分相似的表述时，可引入本标准中未涉及的语义连接和语义类。

下列截面示例构建在假定默认值的基础上，即〈〈recipient of care〉〉的默认值为“个体”。

B.2 护理活动截面的示例

B.2.1

更换敷料（replace dressing*）

更换（replacing）

作用于（acts on）	敷料（dressing）
有护理对象为（has recipient of care）	个体（client）

B.2.2

拔除引流管（removal of drain*）

拔除（removing）

作用于（acts on）	引流管（drain）
有护理对象为（has recipient of care）	个体（client）

B.2.3

拔除导尿管（removal of urethral catheter*）

拔除（removing）

作用于（acts on）	导尿管（urethral catheter）
有护理对象为（has recipient of care）	个体（client）

B.2.4

检查鼻胃管位置（checking position of nasogastric tube*）

检查（checking）

作用于（acts on）	鼻胃管位置（position of nasogastric tube）
有护理对象为（has recipient of care）	个体（client）

B.2.5

肺动脉导管气囊放气（deflating balloon on pulmonary artery catheter）

放气（deflating）

作用于（acts on）	肺动脉导管气囊（pulmonary artery catheter balloon）
有护理对象为（has recipient of care）	个体（client）

B.2.6

压疮评估(pressure ulcer assessment)

评估(assessing)

作用于(acts on)	压疮(pressure ulcer)
有护理对象为(has recipient of care)	个体(client)

B.2.7

更换结肠造口袋(changing colostomy bag*)

更换(changing)

作用于(acts on)	结肠造口袋(colostomy bag)
有护理对象为(has recipient of care)	个体(client)

B.2.8

观察生命体征(observation of vital signs*)

观察(observing)

作用于(acts on)	生命体征(vital signs)
有护理对象为(has recipient of care)	个体(client)

B.2.9

转诊物理治疗(physiotherapy referral)

转诊(referring to)

作用于(acts on)	物理治疗(physiotherapy)
有护理对象为(has recipient of care)	个体(client)

B.2.10

监测血压(monitor blood pressure*)

监测(monitoring)

作用于(acts on)	血压(blood pressure)
有护理对象为(has recipient of care)	个体(client)

B.2.11

指导糖尿病照顾者(teach caregiver about diabetes)

指导(teaching)

作用于(acts on)	糖尿病(diabetes)
有护理对象为(has recipient of care)	照顾者(caregiver)

B.2.12

注射胰岛素(administer insulin*)

注射(administering)

作用于(acts on)	胰岛素(insulin)
有护理对象为(has recipient of care)	个体(client)

B.2.13

经气管套管吸痰(suctioning secretions in airway through trachea*)

抽吸(suctioning)

作用于(acts on)	分泌物(secretions)
部位为(has site)	呼吸道(airway)
途径为(has route)	经气管套管(through trachea)
有护理对象为(has recipient of care)	个体(client)

B.2.14

肠管喂养(feeding client using an enteral tube*)

喂养(feeding)

作用于(acts on)	个体(client)
用物为(has means)	肠管(enteral tube)
有护理对象为(has recipient of care)	个体(client)

B.2.15

硬膜外注射镇痛剂(administration of analgesics into epidural space*)

给予(administering)

作用于(acts on)	镇痛剂(analgesics)
部位为(has site)	硬膜外(epidural space)
有护理对象为(has recipient of care)	个体(client)

B.2.16

刺手指采集血样监测血糖(monitor blood glucose via finger stick)

监测(monitoring)

作用于(acts on)	血糖(blood glucose)
用物为(has means)	手指穿刺(finger stick)
有护理对象为(has recipient of care)	个体(client)

B.2.17

评估腹围(assess abdominal girth)

评估(assessing)

作用于(acts on)	周长(girth)
部位为(has site)	腹部(abdomen)
有护理对象为(has recipient of care)	个体(client)

B.2.18

清醒时给予流食(give clear liquids when awake)

给予(giving (administering))

作用于(acts on)	流食(clear liquids)
时间限定为(has timing)	清醒时(when awake)
有护理对象为(has recipient of care)	个体(client)

B.2.19

喂养管给水(administer water bolus via feeding tube)

给予(administering)

作用于(acts on)	水(water bolus)
用物为(has means)	喂养管(feeding tube)
有护理对象为(has recipient of care)	个体(client)

B.2.20

石膏护理(perform cast care)

实施(performing)

作用于(acts on)	石膏护理(cast care)
有护理对象为(has recipient of care)	个体(client)

B.2.21

评估出入量(assess intake/output)

评估(assessing)

作用于(acts on)	入量/出量(intake/output)

有护理对象为(has recipient of care)　　　个体(client)

B.2.22

增强学习准备(learning readiness enhancement)

增强(enhancing)

作用于(acts on)　　　学习准备状态(learning readiness)

有护理对象为(has recipient of care)　　　个体(client)

B.2.23

评估骨突部皮肤(assess skin at bony prominences for reddened or raised areas)

评估(assessing)

作用于(acts on)　　　皮肤变红或突起(skin for reddened or raised areas)

部位为(has site)　　　骨突部(bony prominences)

有护理对象为(has recipient of care)　　　个体(client)

B.2.24

皮肤护理家庭指导(teach skin care to family)

指导(teaching)

作用于(acts on)　　　皮肤护理(skin care)

有护理对象为(has recipient of care)　　　家庭(family)

B.2.25

监测社区免疫接种率(monitor community immunization rate)

监测(monitoring)

作用于(acts on)　　　免疫接种率(immunization rate)

有护理对象为(has recipient of care)　　　社区(community)

B.2.26

情感支持(emotional support)

支持(supporting)

作用于(acts on)　　　情感(emotion)

有护理对象为(has recipient of care)　　　个体(client)

B.2.27

评估行为改变的准备状态(assessment of readiness for behaviour change)

评估(assessing)

作用于(acts on)　　　行为改变的准备状态(readiness for behaviour change)

有护理对象为(has recipient of care)　　　个体(client)

B.2.28

监测家庭应对(monitor family coping)

监测(monitoring)

作用于(acts on)　　　应对(coping)

有护理对象为(has recipient of care)　　　家庭(family)

B.2.29

用 MMSE 评估精神状态(assess mental status using Mini Mental Status Exam)

评估(assessing)

作用于(acts on)　　　精神状态(mental status)

用物为(has means)　　　简易精神状态检查表(Mini Mental Status Exam)

有护理对象为(has recipient of care)　　　个体(client)

B.2.30

观察母婴互动(observe mother-baby interaction)

观察(observing)

作用于(acts on)	互动(interaction)
有护理对象为(has recipient of care)	母婴(mother-baby dyad)

附　录　C
（资料性附录）
非护理学科的诊断和活动的截面示例

C.1　概述

本附录提供除护理以外学科的诊断和活动截面的示例，以说明本模型用于将其他学科术语模型化的方式。具体而言是选择与牙科、医学、作业治疗、药学、物理治疗、社会工作和外科有关的术语。

需要注意的是，可能需要引进本标准中不推荐的语义连接和语义类作为特定术语系统的一部分和辨别类似表述方式的要求。

与附录A和附录B中的护理示例一样，下列截面示例构建在假定默认值的基础上，即〈〈recipient of care〉〉的默认值为“个体”。对于诊断来说，截面示例把〈〈focus〉〉作为基本类别。

C.2　截面示例

C.2.1

认知受损（impaired cognition）

认知（cognition）

有判断为（has judgement）	损害（impaired）
潜在性为（has potentiality）	现存的（actual）
信息主体为（has subject of information）	个体（client）

C.2.2

术后腹部切口剧烈疼痛（severe post-operative abdominal incision pain）

疼痛（pain）

潜在性为（has potentiality）	现存的（actual）
程度为（has degree）	剧烈（severe）
时间限定为（has timing）	术后（post-operative）
部位为（has site）	腹部切口（abdominal incision）
信息主体为（has subject of information）	个体（client）

C.2.3

营养不良（inadequate nutrition）

营养（nutrition）

有判断为（has judgement）	缺乏（inadequate）
潜在性为（has potentiality）	现存的（actual）
信息主体为（has subject of information）	个体（client）

C.2.4

疑似右中耳炎（possible right otitis media）

耳炎（otitis）

潜在性为（has potentiality）	可能（possible）
部位为（has site）	右中耳（right middle ear）
信息主体为（has subject of information）	个体（client）

C.2.5

冠状动脉疾病（coronary artery disease）

疾病（disease）

潜在性为（has potentiality）	现存的（actual）

部位为(has site)　冠状动脉(coronary artery)
信息主体为(has subject of information)　个体(client)

C.2.6

牙槽脓肿(abscessed tooth)

牙齿(tooth)
有判断为(has judgement)　脓肿(abscessed)
潜在性为(has potentiality)　现存的(actual)
信息主体为(has subject of information)　个体(client)

C.2.7

步态不稳(unsteady gait)

步态(gait)
有判断为(has judgement)　不稳(unsteady)
潜在性为(has potentiality)　现存的(actual)
信息主体为(has subject of information)　个体(client)

C.2.8

家庭收入不足(inadequate family income)

收入(income)
有判断为(has judgement)　不足(inadequate)
潜在性为(has potentiality)　现存的(actual)
信息主体为(has subject of information)　家庭(family)

C.2.9

左踝活动范围降低(decreased range of motion left ankle)

关节活动范围(range of motion)
有判断为(has judgement)　降低(decrease)
潜在性为(has potentiality)　现存的(actual)
部位为(has site)　左踝(left ankle)
信息主体为(has subject of information)　个体(client)

C.2.10

胆红素升高(elevated bilirubin)

胆红素(bilirubin)
有判断为(has judgement)　升高(elevated)
潜在性为(has potentiality)　现存的(actual)
信息主体为(has subject of information)　个体(client)

C.2.11

协调服务(service coordination)

协调(coordinating)
作用于(acts on)　服务(service)
有护理对象为(has recipient of care)　个体(client)

C.2.12

适时施行胸部物理治疗(administer chest physiotherapy as appropriate)

施行(administering)
作用于(acts on)　物理治疗(physiotherapy)
部位为(has site)　胸部(chest)
有护理对象为(has recipient of care)　个体(client)

时间限定为(has timing) 适时(as appropriate)

C.2.13

促进活动(movement facilitation)

促进(facilitating)

作用于(acts on) 活动(movement)

有护理对象为(has recipient of care) 个体(client)

C.2.14

转诊到物理治疗(physiotherapy referral)

转诊(referring)

作用于(acts on) 物理治疗(physiotherapy)

有护理对象为(has recipient of care) 个体(client)

C.2.15

转诊到作业治疗师(referral to occupational therapist)

转诊(referring)

作用于(acts on) 作业治疗师(occupational therapist)

有护理对象为(has recipient of care) 个体(client)

C.2.16

作业治疗评价(occupational therapy evaluation)

评价(evaluating)

作用于(acts on) 作业治疗(occupational therapy)

有护理对象为(has recipient of care) 个体(client)

C.2.17

膳食咨询(diet counselling)

咨询(counselling)

作用于(acts on) 膳食(diet)

有护理对象为(has recipient of care) 个体(client)

C.2.18

营养管理(nutritional management)

管理(managing)

作用于(acts on) 营养(nutrition)

有护理对象为(has recipient of care) 个体(client)

C.2.19

膳食评估(dietary assessment)

评估(assessing)

作用于(acts on) 膳食(diet)

有护理对象为(has recipient of care) 个体(client)

C.2.20

转诊到社会工作者(referral to social worker)

转诊(referring)

作用于(acts on) 社会工作者(social worker)

有护理对象为(has recipient of care) 个体(client)

C.2.21

工作能力评价(work capacity evaluation)

评价(evaluating)

作用于(acts on) 工作能力(work capacity)

有护理对象为(has recipient of care) 个体(client)

C.2.22

异物取出(removal of foreign body)

取出(removing)

作用于(acts on) 异物(foreign body)

有护理对象为(has recipient of care) 个体(client)

C.2.23

双尖牙拔除(bicuspid extraction)

拔除(extracting)

作用于(acts on) 双尖牙(bicuspid)

有护理对象为(has recipient of care) 个体(client)

C.2.24

牙科诊治会诊(dental procedure consultation)

咨询(consulting)

作用于(acts on) 牙科诊治(dental procedure)

有护理对象为(has recipient of care) 个体(client)

附 录 D
（资料性附录）
模型图中的约定

D.1 概述

本标准图释中用到的模型化技术遵循了统一建模语言（UML）的约定，但有少数情况例外。本附录给出了本标准中图释约定的概览。然而，本标准中所采用的建模只用来示范一致性和说明该领域。本标准或本附录介绍了模型化方法或其实施，但不是为了将其作为模型化医疗保健信息的通用方法。

本附录仅给出图释中实际用到的 UML 构件。

D.2 类

类表示具有相似结构、行为和关系的对象集。本标准提供类实例之间关系的一种图形化符号（见图 D.1），以清晰地描述本领域。规范性条款和附录 A 给出了所有的类的文字性描述。

注：类的一个实例可称为一个“对象”。

在 UML 中，类由水平线隔成三格的长方形实线框表示。上格表示类的名称，中间格表示一系列属性，底格表示一系列操作。

图 D.1 类的图示

图 D.1 的图释中，类的表示只包括两格，即名称格和属性格。上格的标签表示语义类或语义域。限定符被作为 UML 的属性在中间格表示。

D.3 类之间的关联

两个类符号之间的实线表示这些类之间的关联。线上标注关联本质的指征（见图 D.2）。

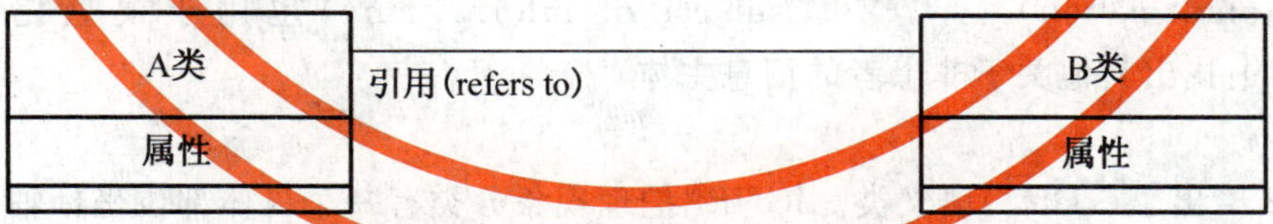

图 D.2 类之间的关联说明

本标准中带有标签的线表示语义连接，标签的位置表示方向。

D.4 特定类和抽象类

类之间的泛化/特定关系，意味着特定类是泛化类的一种或是其子类。一个泛化可以是一个抽象类。在这种情况下，不存在泛化类的实例，但存在其某一特定类的实例。抽象类的名称在模型的图释中以斜体表示。

本标准中语义域被视为 UML 的抽象类，用于组建类别以简化模型。语义域在图释中以斜体表示，并在全文中以双尖括号〈〈 〉〉标明。语义类被视为可实例化类，在图释中以普通字体表示，并在全文中以尖括号〈 〉标明。在 UML 中，特定类继承了其泛化类的所有属性、关系和服务。因此，在本标准中，语义类将继承语义域中出现的所有属性、关系和服务。

附 录 E
（资料性附录）
模型构建依据汇总

E.1 护理诊断

E.1.1 Focus

ENV 14032 给出了〈〈focus〉〉语义域。〈〈focus〉〉语义域普遍存在于现有的标准化术语和健康记录的图表化术语的截面中，并通过 ICNP®、Telenurse ID 项目和 ENV 14032 的开发相关联的活动以及评测分类结构发展的其他调查研究[2][3][8][11][12][13]被文档化。

E.1.2 Judgement

ENV 14032 给出了〈〈judgement〉〉语义域。与 ICNP®、Telenurse ID 项目和 ENV 14032 的开发相关联的活动以及用标准术语和健康记录的图表专用语的截面评测分类结构发展的其他调查研究，支持将〈〈judgement〉〉用作护理诊断的内涵定义[2][3][8][11][12][13][15]。〈〈judgement〉〉可由程度（degree）、潜在性（potentiality）、时间限定（timing）和紧急度（acuity）限定。这些限定符与从诊断相关的出版物和 SNOMED® CT[8][16][17]中找到的限定符的类型相一致。程度（degree）与 SNOMED® CT 中的严重程度（severity）和期（stage）类似[18]。在 SNOMED® CT 中，与时间限定（timing）相关联的概念来自于“temporally_follows”（病程）的语义连接和“occurrence”（发生）的限定符（例如预期寿命）。紧急度（acuity）与 SNOMED® CT 中的“onset”（起病）类似。

E.1.3 Dimension

ENV 14032 给出了〈dimension〉语义类。通过对选定的标准术语（NANDA Taxonomy Ⅰ、NANDA Taxonomy II 和家庭医疗保健分类）的截面来评测 CEN 分类结构的调查研究指出，现有〈dimension〉的描述符在术语中占了近 15％[8][12]。

E.1.4 Subject of information

〈〈subject of information〉〉语义域与 ENV 14032 中定义的“bearer”（载体）意义相同，并与一些标准化术语明显一致（如家庭应对），但也有隐含含义（如术语“无法如厕（inability to toilet）”暗含将个体作为〈〈subject of information〉〉）[8][12]。〈〈subject of information〉〉也用于模型化护理诊断和在 SNOMED® CT 中找出其他关于非患者的信息主体[18]。

E.1.5 Site

ENV 14032 给出了〈〈site〉〉语义类。ICNP®护理现象分类有一个身体部位坐标轴。ICNP®的位置坐标轴包括身体部位。SNOMED® CT 进一步将〈〈site〉〉规定为“finding site”（发现部位）和“procedure site”（处理部位）。“finding site”用于定义 finding（发现）的属性，“procedure site”用于定义 procedure（处理）的属性。只有少数研究检验了所选的标准护理术语系统中〈〈site〉〉描述符出现的情况[8][12]。NANDA Taxonomy II 中的截面实例与 NANDA Taxonomy I 中的相关实例表达并不一致，NANDA Taxonomy I 所用研究设计更加严谨，以 ICNP®这一正规术语模型为基础，而 ICNP®则是采用 GALEN 表示与集成语言（GRAIL）构建的[13]。

E.2 护理活动

E.2.1 Action

ENV 14032 给出了〈action〉语义类。它所代表的护理活动的结构已受到许多术语开发者[11][19][20]（如 ICNP®、Omaha 系统、家庭医疗保健分类）以及为护理活动开发和/或评测术语模型的其他调研人员[4][15][21][22][23]的广泛检验。对〈action〉语义类的支持，在一些调研中被称为“delivery mode”（交付模式),与上述研究是一致的。

E.2.2 Target

ENV 14032 给出了〈〈target〉〉语义域。〈target〉已受到许多术语开发者[11][19][20][25](如家庭医疗保健分类、ICNP®、护理措施分类、Omaha 系统)以及为护理活动开发和/或评测术语模型的其他调研人员[4][15][21][22][23]的广泛检验。〈target〉的语义类的支持,在一些调研中被称为"activity focus"(活动关注点),与上述研究是一致的。

E.2.3 Means

ENV 14032 给出了〈〈means〉〉语义域。〈〈means〉〉是一个 ICNP®的坐标轴,护理活动开发和/或评测术语模型的调研人员[4][15][21][22][23]已对其进行了严格的分析。从选定的标准化护理术语系统截取术语的研究中,包含〈〈means〉〉的术语的比例是 0(Omaha 系统和家庭医疗保健分类)到 52%(患者护理数据集)。在 SNOMED® CT 中,用物(means)包括了实施护理活动所耗费的仪器、设备或能源,并通过语义连接"using"(使用)被模型化。

E.2.4 Route

ENV 14032 给出了〈〈route〉〉语义类。从选定的标准化护理术语系统截取术语的研究中,包含〈〈route〉〉的术语的比例是 0(Omaha 系统和家庭医疗保健分类)到 4%(患者护理数据集)。此语义类相当于 SNOMED® CT 中的"approach"(途径)。

E.2.5 Site

ENV 14032 给出了〈〈site〉〉语义域。ICNP®的位置坐标轴包括身体部位。SNOMED® CT 进一步将〈〈site〉〉规定为"finding site"和"procedure site"。"finding site"用于定义 finding 的属性,"procedure site"用于定义 procedure(处理)的属性。只有少数研究检验了所选标准护理术语系统中〈〈site〉〉描述符的出现程度。某项调研报告的是 0(家庭医疗保健分类)到 15%(患者护理数据集)。

E.2.6 Recipient of care

ENV 14032(见该标准的 5.7.4)中没有具体规定语义域〈〈recipient of care〉〉。但是,它已在其他许多成果一些其他结果中得到了检验可以发现该语义域。有研究从两套标准化术语(家庭医疗保健分类和 Omaha 系统)和一组图表术语中截取术语来评测其所提出的护理活动类型定义。该研究指出,75%以上的图表术语和家庭保健分类术语中暗含了"recipient"(对象)为隐性,而约 5%的图表术语和约 9%的家庭保健分类术语中 "recipient"(对象)是模糊的为模糊不清[24]。在 Omaha 系统中,"individual"(个体)或"family"(家庭)都明显与 nursing diagnosis(护理诊断)后组合,与而不涉及措施术语。SNOMED® CT 中仅为 procedure(处理)定义了"recipient",且在其中"recipient"是为表示群体(group)或个体(individual)而非患者(patient)而设[18]。

附　录　F
（资料性附录）
参考术语模型相关问题汇总

F.1　参考术语模型中护理诊断相关问题

F.1.1　判断(judgement)和关注点(focus)的特例

ENV 14032〈altered process〉、〈altered state〉和〈altered structure〉的案例中，〈〈focus〉〉描述符与〈〈judgement〉〉描述符进行了先组合，例如疼痛和焦虑。这类描述符通常与其他学科共享概念，术语开发者或实施者表示这些实例时会选择与其他特定术语中类似概念保持一致。

F.1.2　判断的嵌套(nesting of judgements)

ENV 14032 通过语义连接"is associated with"(相关联)支持判断的嵌套。本标准不支持参考术语模型中判断的嵌套表征。而建议在信息模型中表征判断的嵌套。

F.1.3　维度截面内部编码器的可靠性(inter-coder reliability of dissections of dimension)

几项研究指出〈dimension〉术语截面的内部编码器可靠性低[8][12]。这可能是由定义不准确、截面人员培训不足和/或〈dimension〉描述符通常隐含在术语截面中等原因造成的。有人建议〈dimension〉完全可由〈focus〉或〈judgement〉来表示。因此，〈dimension〉在参考术语模型中用于护理诊断，以便进一步评测。

F.1.4　潜在性(potentiality)

目前标准界对于潜在性等概念如何模型化存在很大争议。有人认为，该概念应出现在信息模型中，甚至是临床文件架构中。然而，许多护理诊断术语在其标题中就包含了潜在性。鉴于目前的模式符合ENV 14032 并且缺乏最佳途径的例据，潜在性(potentiality)在参考术语模型中用于护理诊断，以便进一步评测。

F.2　参考术语模型中护理活动相关问题

F.2.1　受益人和护理对象

ENV 14032 把"beneficiary"(受益人)(护理活动中的受益方)作为护理活动类别结构中的语义域，并使用〈individual〉、〈group〉和〈physical environment〉的语义类扮演〈〈target〉〉的角色。在大多数情况下，受益人和本标准规定的〈〈recipient of care〉〉使用相同的描述符。但是在一定情况下，〈〈recipient of care〉〉是个体或群体而不是"beneficiary"。例如，在护士指导家庭照顾者对患者进行糖尿病足护理时，家庭护理者是指导活动的〈〈recipient of care〉〉，患者在其健康记录中是该活动的"beneficiary"。"beneficiary"将被信息模型(如 Health Level 7 Reference Information Model)采集，而不必在参考术语模型中表述。

F.2.2　附加属性或限定符

本标准建议许多与护理活动相关的限定符适合在信息模型中表征，而不是在参考术语模型中先组合。例如，Health Level 7 Reference Information Model(HL7 参考信息模型)中的此类属性为：effective_time(有效时间)、ActPriority(活动优先性)、ActReason(活动理由)、ActStatus(活动状态)、Actcontext(活动背景)、dose_quantity(剂量)和 healthcare_provider(医疗保健提供方)[26]。

F.2.3　活动的嵌套(nesting of actions)

ENV 14032 通过语义连接"is associated with"(相关联)支持活动的嵌套。本标准不支持参考术语模型中活动的嵌套表征。而建议在信息模型中表征活动的嵌套。

参 考 文 献

[1] BAKKEN S, et al. On the path toward a reference terminology for nursing concepts. In International Medical Informatics Association Working Group 6 Conference on Natural Language and Medical Concept Representation. Phoenix, Arizona: I MIA, 1999

[2] MORTENSEN RA. ICNP and telematic applications for nurses in Europe: The Telenurse experience. Vol. 61-Studies in Health Technology and Informatics. Amsterdam: IOS Press, 1999

[3] COENEN A, et al. Collaborative efforts for representing nursing concepts in computer-based systems: International perspectives. Journal of the American Medical Informatics Association, 2001, vol. 8, no. 3, pp. 202-211

[4] HARDIKER NR, RECTOR AL. Modeling nursing terminology using the GRAIL representation language. Journal of the American Medical Informatics Association, 1998, vol. 5, no. 1, pp. 120-128

[5] HARDIKER NR, HOY D, CASEY A. Standards for nursing terminology. Journal of the American Medical Informatics Association, 2000, vol. 7, no. 6, pp. 523-528

[6] NIELSEN GH, MORTENSEN RA. The architecture for an International Classification of Nursing Practice (ICNP). International Nursing Review, 1996, vol. 43, no. 6, pp. 175-182

[7] OZBOLT JG. Terminology standards for nursing: collaboration at the summit. Journal of the American Medical Informatics Association, 2000, vol. 7, no. 6, pp. 517-522

[8] BAKKEN S, et al. An evaluation of the utility of the CEN Categorial Structure for Nursing Diagnoses as a terminology model for integrating nursing diagnosis concepts into SNOMED. In MedInfo 2001, Proceedings of the 10th World Congress on Medical Informatics, edited by V. Patel, R. Rogers, and R. Haux. London: IOS Press, 2001

[9] BAKKEN S, et al. Evaluation of the Clinical LOINC specification as a terminology model for standardized assessments. Journal of the American Medical Informatics Association, 2000, vol. 7, no. 6, pp. 529-538

[10] ISO 17115 Health informatics—Vocabulary on terminological systems

[11] INTERNATIONAL COUNCIL OF NURSES. ICNP Update—Beta 1 Version. International Council of Nurses: Geneva, Switzerland: International Council of Nurses, 1999. pp. 1-8

[12] HWANG J-I. An evaluation of the utility of the CEN categorial structure for nursing diagnoses as a terminology model for representing nursing diagnostic concepts. 2001. Unpublished manuscript

[13] HARDIKER NR, RECTOR AL. Structural validation of nursing terminologies. Journal of the American Medical Informatics Association, 2001, vol. 8, no. 3, pp. 212-221

[14] INTERNATIONAL COUNCIL OF NURSES. ICNP International Classification of Nursing Practice Beta. Geneva, Switzerland: International Council of Nurses, 1999

[15] BAKKEN S, et al. An evaluation of ICNP intervention axes as terminology model components. In Proceedings of the American Medical Informatics Association Annual Symposium, edited by M. Overhage. Philadelphia, Pennsylvania: Hanley and Belfus, Inc, 2000, pp. 42-46

[16] CHUTE CG, COHN SP and, CAMPBELL, JR. A framework for comprehensive terminology systems in the United States: Development guidelines, criteria for selection, and public policy implications. ANSI Healthcare Informatics Standards Board Vocabulary Working Group and the Computer-based Patient Records Institute Working Group on Codes and Structures. Journal of the American Medical Informatics Association,

1998, vol. 5, no. 6, pp. 503-510

[17] CIMINO JJ. Desiderata for controlled medical vocabularies in the twenty-first century. Methods of Information in Medicine, 1998, vol. 37, no. 4-5, pp. 394-403

[18] COLLEGE OF AMERICAN PATHOLOGISTS. SNOMED Clinical Terms Concept Modeling Style/Authoring Guide. Northfield, Illinois: CAP, 2001

[19] MARTIN KS, SCHEET NJ. The Omaha System: Applications for community health nursing. Philadelphia: WB Saunders, 1992

[20] SABA, VK. Home Health Care Classification. Caring Magazine, 1992, vol. 11, no. 4, pp. 58-60

[21] BUTTON P, et al. Development of the Loose Cannon Model for nursing intervention. In Nursing Informatics 2000. One Step Beyond: The Evolution of Technology and Nursing—Proceedings of the 7th IMIA International Conference on Nursing Use of Computers and Information Science, edited by V. Saba, et al. Auckland, New Zealand: Adis International, 2000, pp. 350-354

[22] HENRY SB, MEAD CN. Nursing classification systems: Necessary but not sufficient for representing "what nurses do" for inclusion in computer-based patient record systems. Journal of the American Medical Informatics Association, 1997, vol. 4, no. 3, pp. 222-232

[23] BAKKEN S, et al. Representing nursing activities within a concept-based terminologic system: evaluation of a type definition. Journal of the American Medical Informatics Association, 2000, vol. 7, no. 1, pp. 81-90

[24] BAKKEN S, CASHEN MS, O'BRIEN A. Evaluation of a type definition for representing nursing activities within a concept-oriented terminologic system. In 1999 American Medical Informatics Association Annual Symposium. Journal of the American Medical Informatics Association Symposium Supplement, edited by N. Lorenzi. Philadelphia, PA: Hanley and Belfus, Inc, 1999

[25] MCCLOSKEY JC, BULECHEK GM. Nursing Interventions Classification. 3rd ed. St. Louis: C. V. Mosby, 2000

[26] Health Level 7. Health Level 7 Reference Information Model Version 01-07. Ann Arbor, Ml: Health Level 7, 2000

ICS 13.140
Z 32

中华人民共和国国家标准

GB/T 25516—2010/ISO 7235:2003

声学　管道消声器和风道末端单元的实验室测量方法　插入损失、气流噪声和全压损失

Acoustics—Laboratory measurement procedures for ducted silencers and air—Terminal units loss, flow noise and total pressure loss

(ISO 7235:2003, IDT)

2010-12-01 发布　　2011-05-01 实施

中华人民共和国国家质量监督检验检疫总局
中国国家标准化管理委员会　发布

前　言

本标准等同采用 ISO 7235:2003《声学　管道消声器和风道末端单元的实验室测量方法　插入损失、气流噪声和全压损失》(英文版)。

本标准的附录 A、附录 B、附录 C、附录 D、附录 E、附录 F 为规范性附录，附录 G、附录 H 为资料性附录。

本标准由中国科学院提出。

本标准由全国声学标准化技术委员会(SAC/TC 17)归口。

本标准主要起草单位：中国科学院声学研究所、深圳中雅机电实业有限公司、同济大学、北京市劳动保护科学研究所、南京大学、长沙奥邦环保实业有限公司、南京常荣噪声控制工程有限公司。

本标准主要起草人：程明昆、吕亚东、方庆川、李振格、毛东兴、李孝宽、邱小军、莫建炎、徐欣、张荣初。

引　言

本标准规定了测量管道消声器插入损失的替代法和风道末端单元传声损失测量法。

在替代方法中，首先测定试件安装时声波传输的声压级，然后再用替换管替代试件后测定声波传输的声压级。声波传输的声压级可以在下述环境下测量：

——在混响室中；

——在消声器后面的测试管道中；

——在近似自由场中。

测试方法优先按上述顺序排列选择。

消声器的声学性能取决于消声器入口端的声场模态成分、出口端的反射性能、侧向传声以及测量信号与气流噪声(再生噪声)的声压级差。

本标准描述了在进口端为使基模衰减最小而提供的配置。在出口端，描述了末端反射不会影响测量结果或测量误差可以修正的消声末端和测量的方法。此外，本标准提出了控制侧向传声和环境噪声的措施。

风道末端单元的传声损失由混响室的测量结果和替换管的理论反射系数确定。

消声器的插入损失通常受气流影响。在高流速管道中使用的消声器，其插入损失的测量最好配上高速气流来测量。

对阻性消声器而言，当内部最大流速不足 20 m/s 时，虽然气流对插入损失的影响不大，但会出现气流分布不均的现象。因此，对应于 20 m/s 的限速，设计速度宜控制在(10～15)m/s 之间。

气流通过消声器时产生再生气流噪声。再生气流噪声决定了消声器下游的最低声压级。因此，有必要得到消声器后面的再生气流噪声的功率级，最好将消声器通过管道连接到混响室内来测定。

依据本标准，可以测定有气流的消声器的全压损失。因此，需配备测定全压损失的测试仪器和设备。

声学　管道消声器和风道末端单元的实验室测量方法　插入损失、气流噪声和全压损失

1　范围

本标准规定了下列测试方法：

——有气流和无气流状态下，管道消声器的频带插入损失；

——消声器再生气流噪声的频带声功率级；

——有气流通过时，管道消声器的全压损失；

——风道末端单元的频带传声损失。

本标准规定的是环境温度下实验室的测量方法。而消声器的现场测量方法在GB/T 19512中作了详细描述。

需要说明的是，根据本标准得到的实验室测试结果没有必要与现场(安装)得到的测试结果相一致。不同的声场和流场都会导致不同的结果。例如，实验室测出的压力损失会比现场的低。不过，不同实验室的测试结果可以进行对照。

本标准适用于包括通风和空调系统、燃气的进气和排气系统以及其他类似系统所有类型的消声器。另一些无源通风装置，如弯头、风道末端和T型连接管等也可根据本标准进行测试。

本标准不适用于机动车的抗性消声器。

注1：风道末端设备和风机盘管的声学测试也归结为风道末端单元的测试。

注2：GB/T 21229详细描述了风道末端单元声功率的测试方法。EN 12238、EN 12239、EN 12589对风道末端单元压力损失的测试做了详细描述。

2　规范性引用文件

下列文件中的条款通过本标准的引用而成为本标准的条款。凡是注日期的引用文件，其随后所有的修改单(不包括勘误的内容)或修订版均不适用于本标准，然而，鼓励根据本标准达成协议的各方研究是否可使用这些文件的最新版本。凡是不注日期的引用文件，其最新版本适用于本标准。

GB/T 2624.1　用安装在圆形截面管道中的差压装置测量满管流体流量　第1部分：一般原理和要求(GB/T 2624.1—2006，ISO 5167-1:2003，IDT)

GB/T 3768—1996　声学　声压法测定噪声源声功率级　反射面上方采用包络测量表面的简易法(eqv ISO 3746:1995)

GB/T 6881.1—2002　声学　声压法测定噪声源声功率级　混响室精密法(idt ISO 3741:1999)

GB/T 16404.3—2006　声学　声强法测定噪声源的声功率级　第3部分：扫描测量精密法(ISO 9614-3:2002，IDT)

ISO 5167-1　在圆截面管道中放置压力计测量流量法　第1部分：总则和要求

ISO 5221　空气配给与空气扩散　用空调管道测量气流流量原则

IEC 60651:2001　声级计

IEC 60804:2000　积分平均声级计

IEC 60942:1997　声校准器

IEC 61260　电声学　倍频带和分数倍频带滤波器

3 术语和定义

下列术语和定义适用于本标准：

3.1

插入损失 insertion loss

D_i

（试件的）插入损失为管道中安装替换管以及用试件（消声器）替代替换管后，在试件下游管道中测量的声功率级差值，单位为分贝（dB），见式（1）：

$$D_i = L_{W\,\mathrm{II}} - L_{W\,\mathrm{I}} \qquad (1)$$

式中：

$L_{W\,\mathrm{I}}$——当试件安装时，沿测试管道传播或辐射到与管道连接的混响室中的测量频带的声功率级；

$L_{W\,\mathrm{II}}$——把试件换成替换管，沿测试管道传播或辐射到与管道连接的混响室中的测量频带的声功率级。

注：按本标准进行测量，得到的消声器的插入损失等于它的传声损失。

3.2

传声损失 transmission loss

D_t

（风道末端单元的）传声损失为入射到试件的声功率级和通过试件传输的声功率级的差值，单位为分贝（dB）。

注：见 GB/T 19512。

3.3

迎面风速 face velocity

v_f

试件前方的风速，见式（2）：

$$v_f = \frac{q_V}{S_1} \qquad (2)$$

式中：

q_V——体积流量，单位为立方米每秒（m^3/s）；

S_1——试件入口截面积，单位为平方米（m^2）。

注：迎面风速单位为米每秒（m/s）。

3.4

全压损失 total pressure loss

Δp_t

试件上游与下游之间的全压差。

注：全压损失的单位为帕斯卡（Pa）。

3.5

全压损失系数 total pressure loss coefficient

ζ

全压损失除以试件上游动压（基于迎面风速压强），见式（3）：

$$\zeta = \frac{\Delta p_t}{\frac{1}{2}\rho_1 v_f^{\,2}} \qquad (3)$$

式中：

Δp_t——全压损失，单位为帕斯卡（Pa）；

ρ_1——消声器上游空气密度，单位为千克每立方米（kg/m^3）；

v_f——迎面风速，单位为米每秒（m/s）（见 3.3）。

3.6

前方 front

在待测声信号传播方向上，对应声源端的位置为前方。

3.7

后方 behind

在待测声信号传播方向上，对应接收端的位置为后方。

3.8

测试管道 test duct

试件的“前方”和“后方”截面不变的刚性直管道。

3.9

变径管 transition

将两段截面不同的管道连接起来的管道元件。

注：如果变径管是消声器（由生产商/供应商一体供应）的组成部分，那么，变径管应作为试件的组成部分。

3.10

消声末端 anechoic termination

用来降低测试管道中接收端末端声反射的装置。

3.11

连接管 transmission element

把试件后面的测试管道与混响室相连接、按一定比例把声能量从管道传输到混响室的连接构件。

3.12

替换管 substitution duct

与试件等长、等接口截面的刚性、不吸声管道。

3.13

混响室 reverberation room

满足 GB/T 6881.1 规定的测试房间。

3.14

再生气流噪声 regenerated sound; flow noise

气流通过试件时产生的噪声。

注：见 GB/T 20431。

3.15

背景噪声级 background noise level

扬声器关闭且试件换成替换管进行测量时，测试仪器所显示的声压级，单位为分贝（dB）。

注 1：见 GB/T 17248.1。

注 2：背景噪声的主要成分是：

——风机的气流噪声；

——传声器上产生的气流噪声；

——管道系统的气流噪声；

——从风机到测试点之间沿管壁的结构传声；

——从风机或从扬声器设备传播到测试室再通过管壁传播到传声器的噪声，以及

——测量仪器本身产生的电噪声。

注 3：扬声器或试件的再生气流噪声的测向传声均不属于背景噪声，但是它们都会决定试件的极限插入损失。

3.16

反射系数 reflection coefficient

r

反射物体表面反射声压幅值与入射声压幅值之比。

注：见 GB/T 17697。

3.17

测试频率范围　frequency range of interest

中心频率为 50 Hz 到 10 000 Hz 的 1/3 倍频带。

注：在某些应用中，测量的频率范围从 100 Hz 到 5 000 Hz 即可。

3.18

极限插入损失　limiting insertion loss

在确定的测试装置中无气流通过时所能测得的最大插入损失。

注 1：极限插入损失单位为分贝(dB)表示。

注 2：极限插入损失通常由管壁的侧向传声决定。

3.19

试件　test object

由制造商/供货商提供的完整消声器、安装在替换管里一片或数片并排吸声体，或者安装在测试系统的风道末端单元，包括外壳和连接管道的入口、出口的连接构件。

注 1：图 1 和附录 E 给出了几种消声器示例。适用本标准的其他器件都被列在条款 1 中。

注 2：并排吸声体，或称消声片。

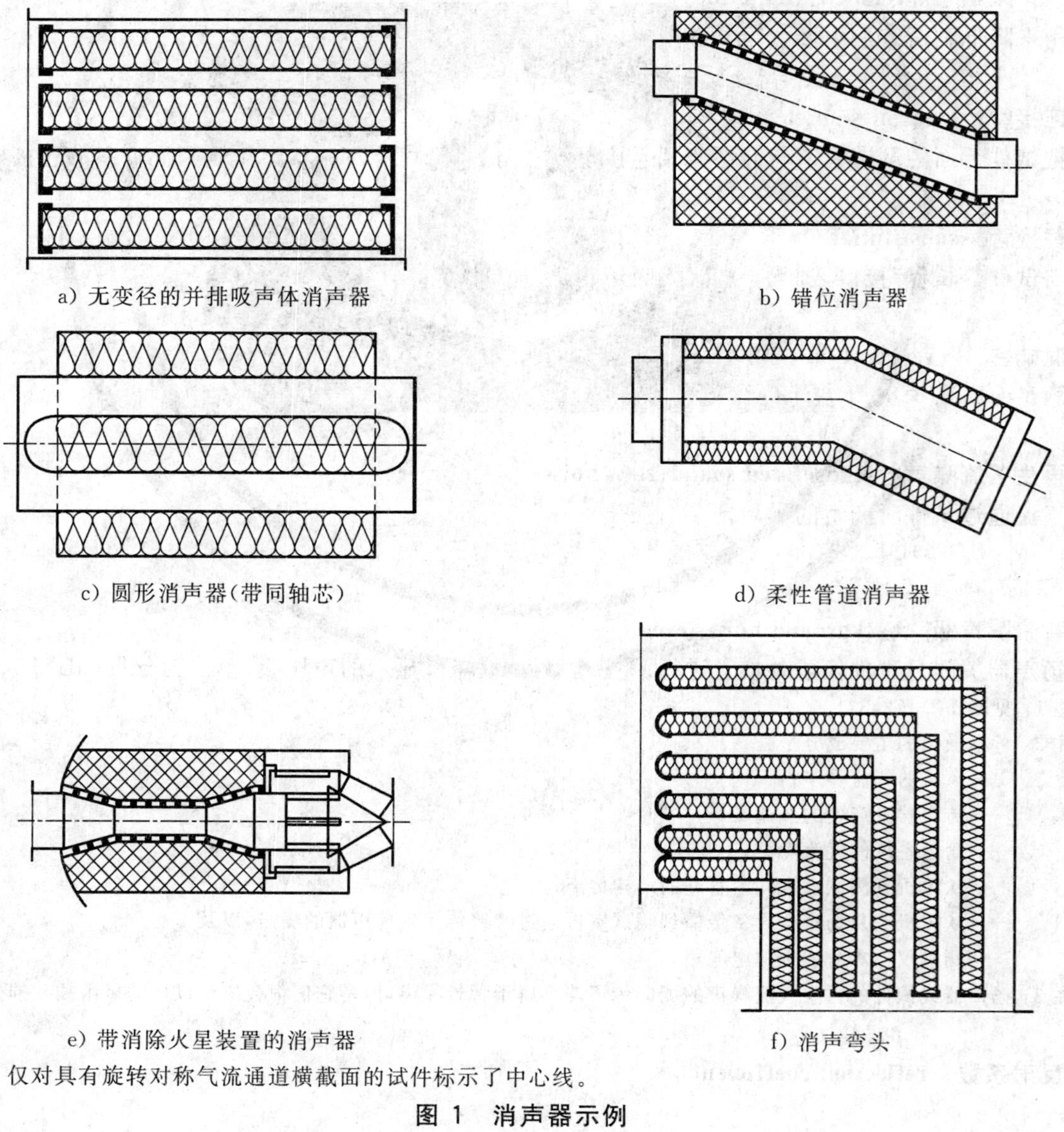

a) 无变径的并排吸声体消声器　b) 错位消声器

c) 圆形消声器(带同轴芯)　d) 柔性管道消声器

e) 带消除火星装置的消声器　f) 消声弯头

注：仅对具有旋转对称气流通道横截面的试件标示了中心线。

图 1　消声器示例

4 符号

表1列出了本标准引用的各种符号;表2解释了本标准中各种标记的含义。

表1 符号

符号	定义	单位	对应条款
C	辐射到混响室的声功率级和混响室内平均声压级的差值	dB	6.4
c	声速	m/s	5.2.2.3,B.3
D_a	传播损失	dB/m	附录F
D_i	插入损失	dB	3.1,6.2,6.3,A.4
D_t	传声损失	dB	3.2,6.3
D_{td}	试件开口端传声损失	dB	6.3,6.4,B.4
d	风管直径	m	5.2.2.3,G.1.4
d_e	等效直径	m	6.5.2.2.1
f	频率	Hz	B.3
f_C	管道中高阶模态截止频率	Hz	B.2.2,G.2.2,G.2.3.7
f_{Cd}	圆形管道中高阶模态截止频率	Hz	5.2.2.3
f_{CH}	矩形管道中高阶模态截止频率	Hz	5.2.2.3
H	消声器或模型试件的高度	m	5.2.2.3,附录E
l_{min}	变径管的最小长度	m	5.4.2.3,图7
L_p	声压级	dB	6.2,6.3,6.4
L_W	声功率级	dB	3.1,6.4
p	压强	Pa	图6,表4,图9,6.5.2.1,6.5.2.2.1,6.5.2.2.2,6.5.2.2.3
q_m	质量流量	kg/s	5.4.2.2,6.5.1
q_V	体积流量	m^3/s	3.3,表3,6.5.1,6.5.2.1,6.5.2.2.1,6.5.2.2.2,图9,6.5.2.2.3
R	空气气体常数 $R=287$	N·m/(kg·K)	6.5.2.1,6.5.2.2.3
r	反射系数	1	3.16,5.4.2.6,表5,B.2.1,B.3,G.2.1,G.2.3.6
r_t	转弯半径	m	5.2.2.4.c,图4
S	截面积	m^2	6.5.2.1,B.3,附录E
S_1	测试管道进口截面积	m^2	3.3,图6,图7,6.5.2.1,6.5.2.2.2,6.5.2.2.3
S_2	测试管道出口截面积	m^2	图7,6.5.2.1
S_T	试件截面积	m^2	图6
s	消声器消声片片间距	m	附录E
t_b	消声片片厚	m	图6,附录E
v_f	截面风速	m/s	3.3,3.5
w	消声器或试件的宽度	m	附录E

表 1（续）

符号	定　　义	单位	对应条款
ΔL	管道内驻波的声压级最大值与最小值差值	dB	B.2.1,G.2.1,G.2.3.6
Δp	压差	Pa	3.4,3.5,6.5.2.1,6.5.2.2.2,图 6
ζ	全压损失系数	1	3.5,6.5.2.1,6.5.2.2.2,6.5.2.2.3,7.8
θ_1	试件上游温度	℃	6.5.2.1,6.5.2.2.1,6.5.2.2.3
ρ_1	试件上游空气密度	kg/m³	3.5,6.5.1,6.5.2.2.3
σ_{Ri}	插入损失的再现性标准偏差	dB	7.9,表 7
σ_{RI}	声强级的再现性标准偏差	dB	7.9,表 7
σ_{Rt}	传声损失的再现性标准偏差	dB	7.9,表 7
Ω	管道末端声辐射立体角	sr	B.3

表 2　角标

缩　写	含　义
a	环境
d	动态
i	插入
I	声强
n	表示测量范围中部的流量
R	接收端
R	再现性
S	声源
s	静态
t	传输
T	试件
tot	全部
Ⅰ	安装试件
Ⅱ	以替换管替代试件

5　测试设备和使用要求

5.1　测试设备用途和类型

根据测试用途，测试设备介绍如下：

a）无气流的声学测试用于测定安装在测试系统内的一个完整消声器的插入损失。当气流对测试结果的影响可以忽略不计的时候（例如：阻性消声器的片间风速小于 20 m/s），可以用替换管替换消声器（或在替换管内设置高度不小于厚度的消声片）。

b）无气流的声学测试也可用于测定风道末端单元的传声损失。风道末端单元可以安装在混响室内，也可以安装在混响室的外面，可以带有风量调节阀（空气动力、电动或气动激励的缓冲器）和有套口接头及缓冲器的风阀分风箱。

c）气流测试用来测定试件的全压损失和气流噪声（再生噪声）声功率级。

d) 当气流对测试结果的影响不能忽略时(例如对某些类型的抗性消声器和高流速的情况下),有气流的动态测试被用来测定一个完整的消声器或一组消声片的插入损失。

无气流的动态声学测试允许声源和试件更简便的连接,而不需要用强声源来掩盖气流噪声(再生噪声)。通风和动态测试时需要安静的进流。

5.2 消声器声学测试设备

5.2.1 设备组合

声学测试的设备包括(见图 2):

——声源端设备(见 5.2.2);

——试件;

——接收端设备(见 5.2.4)。

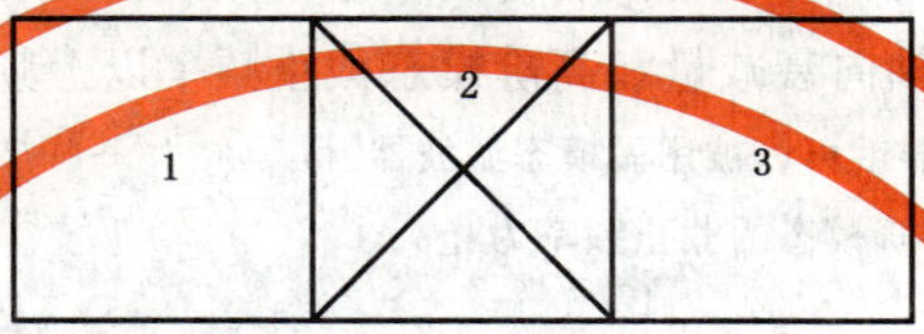

图中:

1——声源端设备;

2——试件;

3——接收。

图 2 声学测试的组合(示意图)

5.2.2 声源端设备

5.2.2.1 部件

声源端设备用来在试件前端产生一个以平面波为主的声场,它将包括(见图 3):

——电子设备和扬声器单元(见 5.2.2.2);

——模态滤波器(见 5.2.2.3);

——扬声器和试件之间的变径管(见 5.2.2.4)。

要避免试件前端管道内的共振(见 5.2.2.5)。

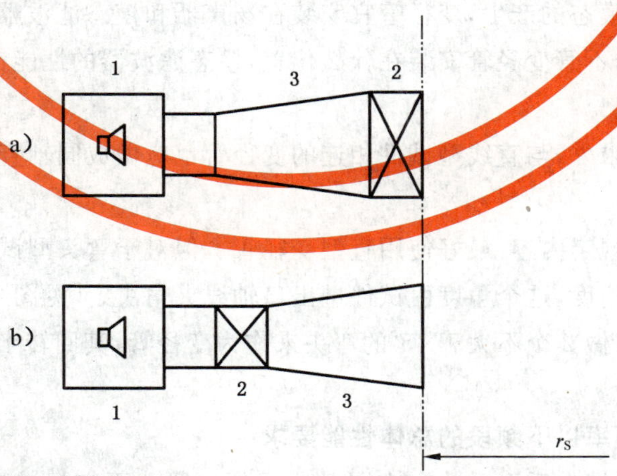

图中:

1——扬声器单元;

2——模态滤波器;

3——变径管。

r_S为图示平面的反射系数

图 3 可能的声源端设备组成示例(示意图)

5.2.2.2 电子设备和扬声器单元

用随机信号发生器和功率放大器驱动一个或多个装在不漏声的密闭箱里的扬声器(见图 A.2),箱内的吸声衬里可以抑制箱的共振,并避免扬声器单元将不必要的结构声传递到与之相连接的管道,且通过箱壁的空气传声也要足够低。

为避免扬声器在有气流的情况下受到损坏,应提供压力平衡开口。

在测试频率范围内,设备产生的声源声功率应该足以保证每个测点的声压级至少比背景噪声高 6 dB,最好能高出 10 dB。

5.2.2.3 模态滤波器

模态滤波器就是内部带有吸声或抗性元件的管道。它使轴向传播的基模衰减小而高阶模态衰减大。此外,模态滤波器也用来减弱试件或替换管传向声源的噪声。因此,模态滤波器在连接管道里要在低频段为基模提供 3 dB 的最小轴向衰减量和高阶模态截止频率以上频段 5 dB 的最小衰减量。

注 1:例如与试件相似的短消声器就可以被用做模态滤波器。

注 2:在圆截面管道中,第一个高阶模态的截止频率为:

$$f_{Cd} = \frac{0.59c}{d} \qquad \cdots\cdots (4)$$

式中:

c——声速;

d——管道直径。

在大边尺寸为 H 的矩形管道中,第一个高阶模态的截止频率为:

$$f_{CH} = \frac{0.5c}{H} \qquad \cdots\cdots (5)$$

附录 F 对轴向衰减的测试方法做了规定。

5.2.2.4 变径管

5.2.2.4.1 概述

为避免管壁透声,变径管应具有足够的刚性。它可以安装在扬声器和模态滤波器之间,也可以安装在模态滤波器和试件之间(见图 3)。

为抑制变径管中高阶模态的产生,变径管宜安装在扬声器和模态滤波器之间[见图 3a)]。然而,由于末端部分声波相互叠加,不管变径管安装在什么位置,模态滤波器的性能都会受到限制。

5.2.2.4.2 直线型试件

除了 5.2.2.4.1 的要求外,与直线型试件相连的变径管也应做成同轴直线型。

5.2.2.4.3 弯头型试件

通常根据 5.2.2.4.2 规定内容,最好使用直型变径管。但对于弯头型试件来说,就意味着试件前面的声源端设备旋转了一定角度,这个角度由试件进出口轴线夹角决定[见图 4a)]。

如果不这样做,也可以做 2 个不大于 45°的弯头来作为变径管,其回转半径 r_t 不应小于传输管道的截面尺寸[见图 4b)]。

5.2.2.5 高阶模态截止频率以下频段的总体性能要求

当扬声器关闭时,声源端的反射系数 r_S 在图 3 所示的位置上不宜超过 0.3。这一条件可用测试管道替换试件,通过测试管道内纯音的驻波比测量来确定。驻波在相反的一端激励,其频率低于测试管道高阶模态的截止频率,[见 B.2 及式(4)和式(5)]。

若在测试频率范围内模态滤波器 1/3 倍频带的轴向衰减能够满足要求,而且在低于高阶模态截止频率的测试频率范围内,中心频率的驻波极大值与极小值之差小于 5 dB,那么这样的声源设备是符合要求的。

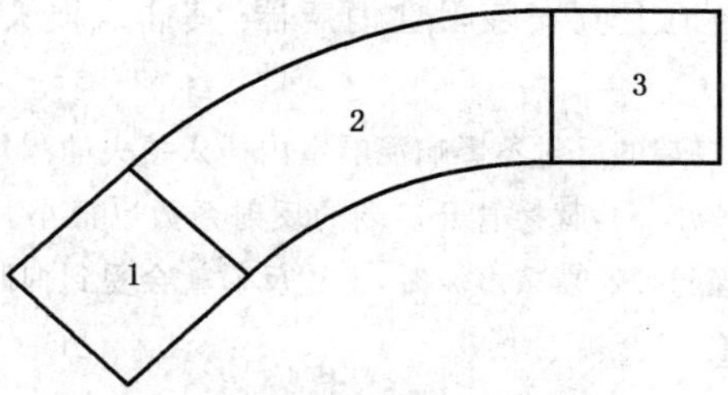

a)

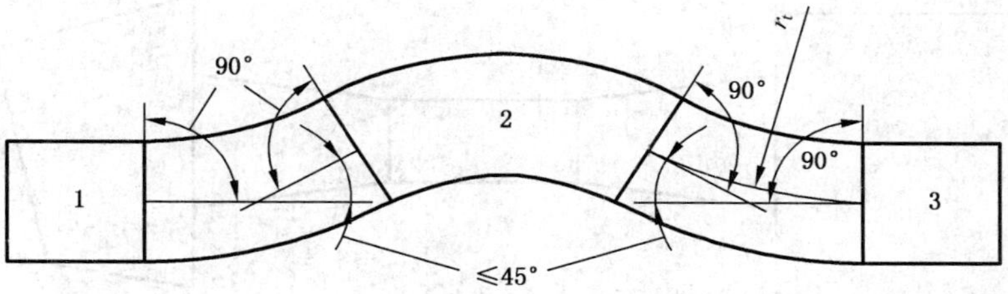

b)

图中：

1——声源端设备；

2——试件；

3——接收端设备。

图 4 弯头型试件的测试设备组合(示意图)

5.2.3 替换管

替换管管壁应不吸声，同时还要避免空气声透射和结构传声(见附录 C)。

替换管的几何尺寸应做记录并写入报告。

对于待安装的完整消声器，如果可能且满足测试要求时，可以用消声器外壳做替换管。否则，替换管进出口的尺寸、形状一定要与试件相匹配。线尺度允许误差为±5%。

直线型试件的替换管壁面应平直、光滑。

如果试件的连接平面互不平行(如弯头)，则替换管截面应为：

a) 如果可能且满足测试要求时，则替换管应为试件外壳；

b) 如果试件为光滑弯曲的，则替换管截面应为曲率半径尽可能大的光滑弯管；

c) 如果试件为消声弯头，替换弯头截面几何尺寸应与试件相似。

5.2.4 接收端设备

5.2.4.1 用途、可供选择的配置和仪器

接收端设备是来用于声压测量以便测定试件的插入损失。因此，在测试过程中要避免侧向传声和传声器位置处明显的干扰。下列 3 种配置均可采用(见图 5)：

a) 一个混响室和一个将试件与混响室连接的连接管(见 5.2.4.2)；

b) 带有消声末端的测试管道(见 5.2.4.3)；

c) 紧靠试件或替换管开口端为近似自由声场(见 5.2.4.4)；

此外，只要测试条件满足 GB/T 16404.3—2006 的要求，可采用声强测量(见 5.2.4.5)；

对于消声弯头的声学性能测试，见 5.2.2.4.3 规定的内容。

5.2.4.2 混响室和连接管

推荐优先采用在符合 GB/T 6881.1—2002 要求的混响室内进行声学测试。该混响室至少在 1/3 倍频带中心频率低到 125 Hz 都应满足要求，其体积允许大于 300 m^3。为此，对本标准而言，符合 GB/T 6881.1 的混响室测量可以扩展到中心频率为 50 Hz 的 1/3 倍频带。

将混响室与试件或替换管相连的连接管可以是截面恒定的直管，也可以在任意一端做成圆锥形。

对于抗性消声器的测试，在传输管道上应安装阻性消声器，其插入损失在高阶模态截止频率以下频率范围内至少为 3 dB[见式(4)和式(5)]。

注：不管是否安装了试件，管道开口端的反射不影响混响室内插入损失的测量结果。阻性消声器的反射系数很小。当反射系数 r_S＜0.3 时(见 5.2.2.5)，替换管开口端的反射系数也很小。对于抗性消声器来说，在直管两端就会出现多次反射问题。当管道能有效衰减声波时，上述反射就会受到抑制。

5.2.4.3 带消声末端的测试管道

当没有混响室时，应优先选择在试件接收端的管道内部测量的方案。

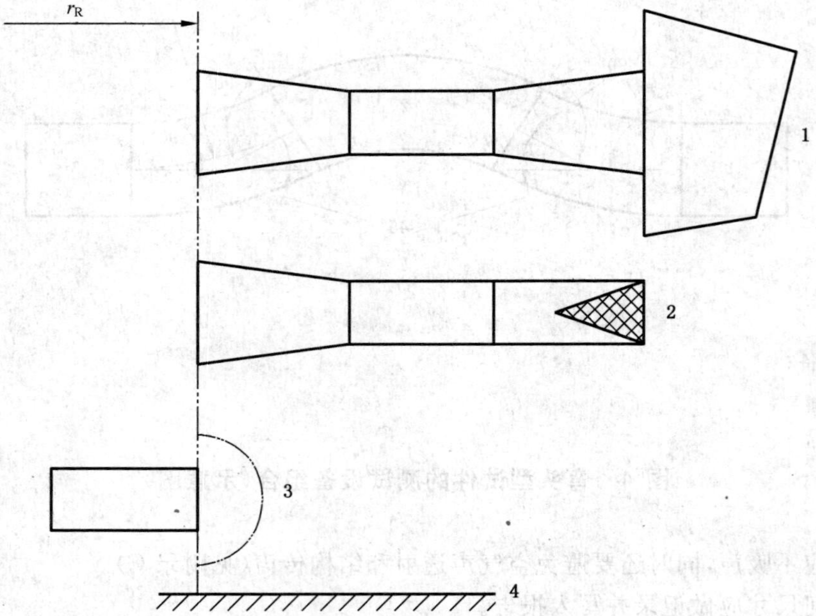

图中：

1——混响室；

2——带消声末端的测试管道；

3——近似自由声场；

4——地面。

r_R——相对于该平面的反射系数

图 5　接收端设备配置示例(示意图)

测试管道直接或通过圆锥形连接管与试件(或替换管)相连(见图 5)。测试管道管壁应有足够的刚性，并带有消声末端。测试管应为矩形或圆形截面的直管，其长度不小于测试频率范围内最低频带中心频率波长的一半，且大于管道大边尺寸的 4 倍长度。消声末端的设计举例详见附录 G。

整个接收端系统(如果用了变径管，还应包括变径管，)的反射系数 r_R 不应超过 0.3。系统是否符合要求将通过测量替换管和测试管道内高阶模态截止频率以下的纯音驻波比来验证［见 B.2 和式(4)、式(5)］。

若测试频率范围内 1/3 倍频带中心频率的驻波极大值不超过极小值 5 dB，则系统视为合格。

传声器及其夹具引起的遮挡面积不应超过测试管道横截面积的 5%。可以利用专用装置沿着管道与轴线呈一定夹角的直线分步地或连续地移动传声器，移动距离至少为测量频率范围内最低的 1/3 倍频带中心频率的 1/4 波长(见图 8)。

5.2.4.4 近似自由场

在测试频率范围内，来自试件或替换管开口端各个频带的直达声比其附近任何表面的反射声都高 10 dB 时，传声器附近的声场可以认为是这样的条件。当开口端与反射表面的距离大于开口端与传声器之间距离的两倍时，满足上述要求。

在近似自由场中进行测量时，要求声源设备的管壁具有足够的隔声性能(或传声损失)。在测试频率范围内，当替换管按C.2.2要求堵死后测量得到的极限插入损失高于试件各个频带插入损失10 dB时，满足近似自由场的要求。

提高极限插入损失的可行方法是在试件前后安装弹性衬垫或用内损耗高的材料包裹管道外壁(例如夹心结构)或用更重的管壁。

当透过试件管壁的漏声或环境噪声对传声器位置的声压级有明显影响时，不能在近似自由场中进行测试。这个条件可通过测量试件后面的管道有和没有按C.2.2堵死的声压级差来检验，如果在测试频率范围的任意频带测得的声压级差小于10 dB时，则不能进行自由场条件下的声学测试。

5.2.4.5　声强测量

声强测量可用于区分试件(或相连的管道)开口端的辐射声和管壁的透声或抑制侧向传声。可以降低背景噪声的影响达15 dB。

测点位置的选择应符合GB/T 16404.3—2006的要求。

5.2.4.6　测量仪器

声学测量仪器至少由以下设备组成：

a)　传声器；

b)　符合IEC 61260要求的1/3倍频程滤波器；

c)　声级计或声强仪。

包括电缆在内的测量仪器系统应符合IEC 60651:2001规定的1级仪器要求或满足IEC 60804规定的积分-平均声级计的要求。

声强测试仪器应符合GB/T 16404.3—2006的要求。

5.3　风道末端单元的声学测试设备

5.3.1　声源端设备

测试的声源设备要符合5.2.2的规定，只是不需要模态滤波器。声源设备被安装在混响室外并与试件的高压端相连。如果试件被安装在混响室内，连接声源和试件高压端的管道需要声学包扎，测试时应打开套管接头阀门。

5.3.2　接收端设备

接收端设备应包括符合国标GB/T 6881.1—2002规定的混响室，如果试件安装在混响室外面，还应包括试件和混响室之间的连接管。只要保证截面积不变，连接管的形状可以根据混响室墙壁上的预留洞口形状进行调整。按照GB/T 21229的规定记录连接管在混响室伸出的形式。

对仪器的要求，见5.2.4.6内容。

如果试件仅与混响室外的连接管相连，应安装第二段连接管使之延伸到混响室内(连接管应与试件出口的截面尺寸或面积相同)。

5.4　气流测试设备

5.4.1　设备配置

5.4.1.1　全压损失

注：风道末端单元的气流速度和压力损失的测量方法在EN 12238、EN 12239和EN 12598中有详细描述。

全压损失测量的测试装置由以下设备组成(见图6)：

——风机：产生气流，但在不同风量下不会产生显著的涡流(见5.4.2.1)；

——风速仪(见5.4.2.2)；

——试件/替换管(见5.2.3)；

——带有符合空气动力学要求的变径管的测试管道，如果需要的话可以安装在试件的任何一端(见5.4.2.3)；

——测量试件上下游静压差的仪器(见5.4.2.4)。

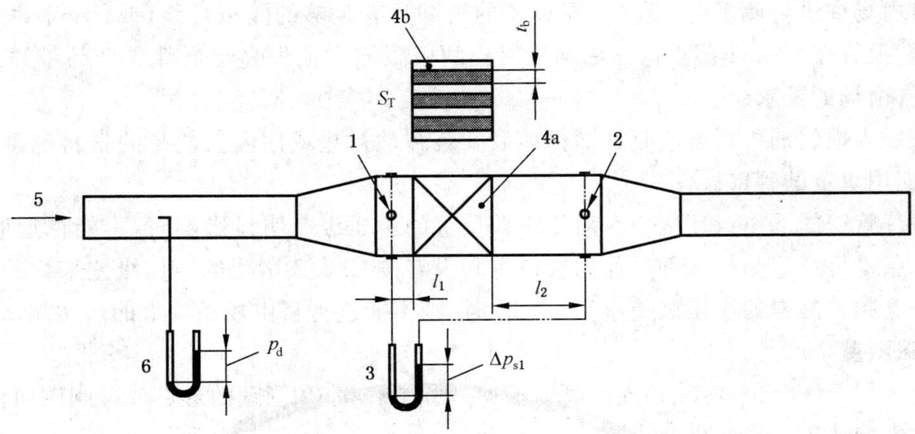

a）不带变径管的消声器

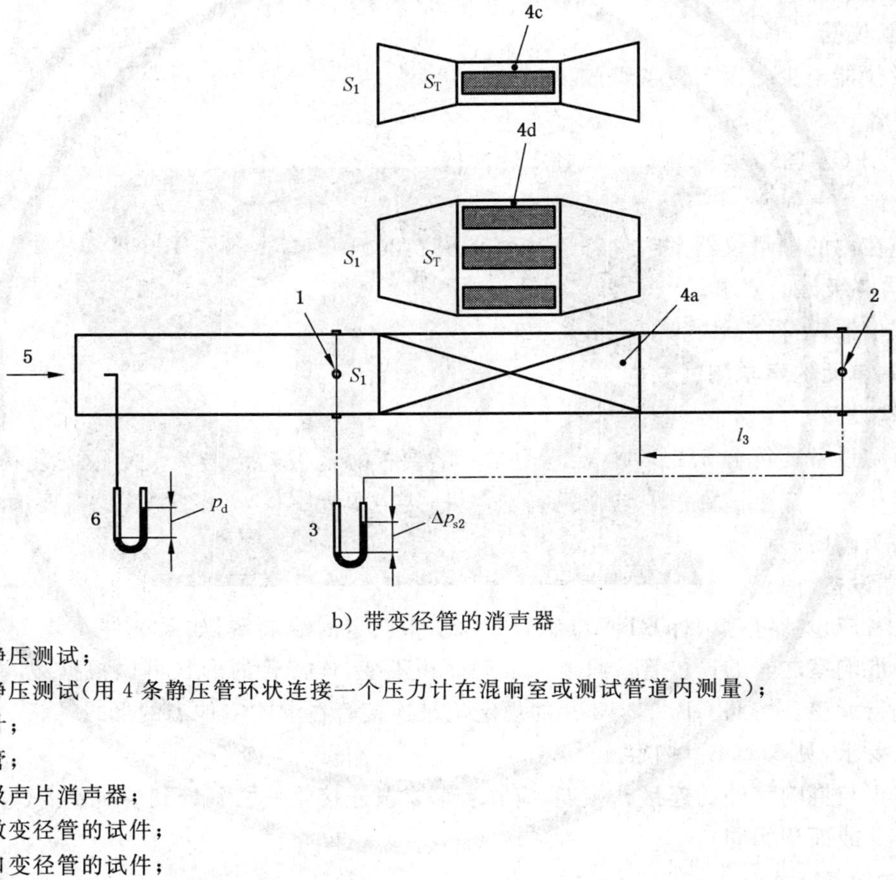

b）带变径管的消声器

1——上游静压测试；

2——下游静压测试(用 4 条静压管环状连接一个压力计在混响室或测试管道内测量)；

3——压力计；

4a——替换管；

4b——平排吸声片消声器；

4c——带扩散变径管的试件；

4d——带收口变径管的试件；

5——气流方向；

6——气流速度测试。

t_b——吸声片厚度；

l_1——上游压力测试点与试件的距离，$l_1 > 0.5t_b$；

l_2——下游压力测试点与试件的距离，$l_2 > 6t_b$；

l_3——下游压力测试点与带扩散(或收口)变径管的试件的距离，$l_3 \geqslant 8(\sqrt{S_1} - \sqrt{S_T})$；

S_1——测试管道截面积；

S_T——试件截面积；

Δp_{s1}——带有变径管的测试管道的静压差；

Δp_{s2}——带有变径管的试件的静压差；

p_d——动压。

图 6　气流速度和压力损失的典型测试装置

5.4.1.2 **气流噪声(再生噪声)**

气流噪声(或再生噪声)的测试装置由以下设备组成:

——经过消声处理的,可以提供不同流量的安静气流的风机(见5.4.2.1);

——风速仪(见5.4.2.2);

——试件/替换管(见5.2.3);

——符合空气动力学要求的变径管,如果需要的话可以安装在试件的任何一端(见5.4.2.3);

——连接管(见5.4.2.6)和符合GB/T 6881.1—2002规定的混响室。

试件的再生气流噪声总是和相连管道的再生噪声同时发生,尤其是在接收端。为了抑制与混响室相连管道的再生噪声的产生,试件内的最高风速应比该管道内的风速高,由此决定了相连管道的截面积和形状的选择。注意:涡流和湍流会增大气流噪声。

5.4.1.3 **其他参数**

使用校准过的压力计测量环境压力,精确到1 000 Pa。

使用校准过的温度计测量环境温度,精确到±1 K。

5.4.2 **构件**

5.4.2.1 **风机和连接构件**

风机转速应可调节以产生不同的气流流量,风机产生的振动应与管道隔绝。

为了测试再生气流噪声,在风机相连的管道上要加装消声器来降低风机噪声,以使混响室内测试频率范围内各个频带的风机噪声比试件的再生气流噪声至少要低10 dB。

在试件和风速仪上游可用整流栅来抑制涡流现象的发生。

混响室内测试管道开口端1 m内不能有障碍物。

5.4.2.2 **风量测量装置**

ISO 5221给出了气密管道截面中测试气体流量的几种方法,气密管道截面可以是圆形的也可以是矩形的(毕托管除外)。

注:根据ISO 5221给出的测试方法就可以测出管道内气体的质量流量。如果知道试件上游的空气密度,就能计算出气体体积或气流平均速度。

气流速度的测量仪器不应干扰声学测量。

GB/T 2624.1规定了采用插接圆截面导管的压差设备测试气体流量的测试方法(如节流阀、文氏管和喷嘴)。

质量流量 q_m 要用ISO 5221和GB/T 2624.1规定的仪器来测量。

所有流量计的准确度至少要达到表3的要求。

表3 流量计的相对误差

体积流量 $q_V/(m^3/s)$	相对误差/%
$0.07<q_V\leqslant 7$	±2.5
$0.007<q_V\leqslant 0.07$	±5.0

可根据ISO 3966的规定,利用毕托管横向移动来校准流量计。

流量计可以隔一段时间校准一次,但间隔时间不能超过12个月。

5.4.2.3 **测试管道和符合空气动力学要求的变径管**

试件任何一端的测试管道应当是直的、恒定等截面的。

最好使试件与测试管道截面尺寸相同。如果需要在任意一端用变径管将截面不同的试件和测试管道连接起来,则根据空气动力学,变径管应如下设计:

——圆锥形变径管:圆锥角约为10°;

——任意形状变径管:最小长度 l_{min} 由变径管两端的截面积 S_1 和 S_2 决定(见图7)。

变径管两端面积比限值为 1 到 4 或 4 到 1。

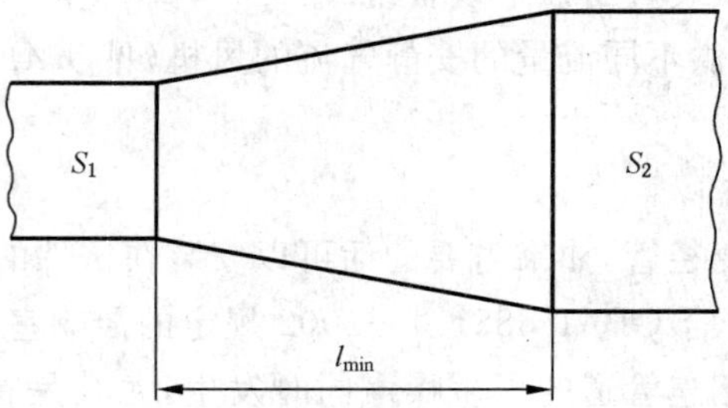

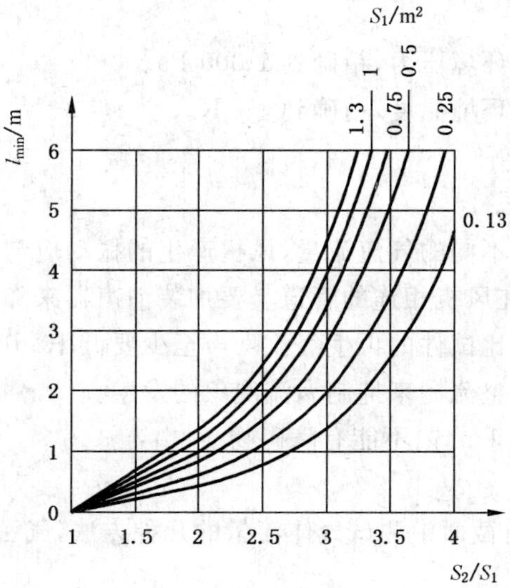

图 7 变径管最小长度是面积比 S_2/S_1 的函数

5.4.2.4 压力损失

测量试件任意一端平均静压和通过试件的全压损失的设备和布置如图 6 所示。

5.4.2.5 压力测试

用校准过的气压计测量管道内气压。

在一定气压范围的最大测量刻度见表 4。

表 4 气压计的最大刻度

压强范围 p/Pa	最大测量刻度 Δp/Pa
$p \leqslant 25$	1.0
$25 < p \leqslant 250$	2.5
$250 < p \leqslant 500$	5.0
$p > 500$	25

对于气流测量，最小压差为：

a) 使用斜管气压计或微压计，最小压差为 25 Pa；

b) 使用垂直管道气压计，最小压差为 500 Pa。

校准标准为：

a) 对于量程为 25 Pa 微压计，其允许误差为±0.5 Pa；

b) 对于量程为 100 Pa 微压计，其允许误差为±1.0 Pa；

c) 对于量程超过 100 Pa 微压计,其允许误差为读数的 1%。

5.4.2.6 连接管

连接试件和混响室的连接管应设计成能够抑制试件后部管道的共振,而且管道不能有显著的吸声。

按照 B.2 规定的测试方法或者,如果可行的话,按 B.3 规定的计算方法,确定末端反射系数 r。如果试件接收端的反射性能较强,末端反射系数 r 不应超过表 5 规定的最大值。可用一根测试管道替换连接管来连接试件,并在测试管道开口端用低于高阶截止频率的频率进行激发,通过测量驻波比的方法来确定试件的反射系数 r_T[见式(4)和式(5)]。

注:一般来讲,阻性消声器的反射性能较弱。

如果试件接收端的反射较弱,如对一根连接管的反射系数,$r_T<0.3$,则反射可忽略不计。

表 5 连接管反射系数最大值

中心频率/Hz	反射系数最大值 r
50	0.7
63	0.6
80	0.5
100	0.4
125	0.3
>160	0.2
注:本表数据在截面积不小于 2 m^2 的测试管中测得(无连接管)。	

5.5 动态性能测试装置

5.5.1 设备配置

空气动力性能测试装置由以下设备组成(见图 H.2):

——风机:产生不同流速的气流(见 5.4.2.1);

——流量测量仪器(见 5.4.2.2);

——特定的声源设备(见 5.5.2);

——试件/替换管(见 5.2.3);

——试件两端(或一端)的符合空气动力性能的变径管(见 5.4.2.3);

——特定的接收端设备(见 5.5.3)。

5.5.2 动态性能测试的声源设备

除符合 5.2.2.1 要求外,声源设备产生的声功率应当足以保证在测试频率范围内和每个测点上的声压级至少比再生气流噪声高 10 dB。

使用倍频程或 1/3 倍频程的带宽限制信号能够提高声测试的信噪比。

附录 A 给出了扬声器单元的合理设计示例和鉴定方法。

5.5.3 动态性能测试的接收端设备

如果声学测试在带有消声末端的测试管道内进行,消声末端的再生噪声不应影响声学测试结果。其合理设计在附录 G 和 GB/T 17697 中有详细介绍。为了得到足够的信噪比,使用防风罩(如鼻锥、海绵球或采样管)减少管道内传声器的气流噪声是很有必要的。由声源产生的通过试件衰减后到达传声器的声压级,和气流紊流在传声器上产生的再生噪声声压级,在测试频率范围内的各个频带的差值至少应为 10 dB。

注:如果按照 GB/T 17697 选用采样管,要注意采样管的指向性。

如果在混响室内进行声学测试,那么,连接管的设计应该使得由声源产生并通过试件和连接管的衰减到达测试点的声压级与再生气流噪声在测试点的声压级的差值,在测试频率范围内的各个频带都不少于 10 dB。

声信号与气流噪声的声级差可以通过打开和关闭声源进行测量。

6　测试步骤

6.1　概述

从 50 Hz、63 Hz 等 1/3 倍频带中心频率到管道的第一个横向模态截止频率为止，用纯音测量设备各部件的反射系数[见 B.2 和式(4)、式(5)]。

由声源设备激发测试频率范围内的随机噪声，测定 1/3 倍频带的插入损失/传声损失。并测量中心频率从 50 Hz 到 10 kHz 的 1/3 倍频带再生气流噪声。

在无气流状态下，通过隔声封堵和不封堵替换管的测量(见 C.2.2)，测定测试系统的极限插入损失。

测定不同流速下试件的插入损失、再生气流噪声(如果需要)和全压损失。

在每个声学测试过程前后，都要用符合 IEC 60942:1997 规定的误差为±0.3 dB 的 1 型声校准器加在传声器上，在测试频率范围内的一个或多个频率上对整个测试系统进行校准校验。

6.2　插入损失

6.2.1　声压测试

插入损失 D_i 要根据相同测点或相同路径的空间能量平均声压级$\overline{L_p}$来测定：

——在符合 GB/T 6881.1—2002 规定的混响室内，或

——在试件后方的测试管道里，或

——在靠近试件/替换管开口端符合 GB/T 3768—1996 规定的包络面上。

注：由于声功率级差是通过在相同位置的测量结果换算的，且试件和替换管的开口的形状和位置相同，因此测量的精确度要比按 GB/T 3768 预期的精确度高。

第一步，测定安装了试件的$\overline{L_{p\mathrm{I}}}$。

第二步，用替换管替换试件，测定$\overline{L_{p\mathrm{II}}}$。

在上述 2 个测试步骤中，应该保证声源发出的声信号声功率谱是一样的，测试装置和测试环境也应保持一致。

若声压级是在混响室中测量，那么测量方法和换算方法应按照 GB/T 6881.1 的要求进行。

若声压级是在试件后方的测试管道中测量，则平均声压级至少应通过图 8 所示的 3 个等间距的关键点声压级的测量来确定。此 3 个测点的布置线的纵向跨度，至少要与对应的 1/3 倍频带中心频率波长 λ 的 1/4 相等，传声器的布置跨度宜为测试管道长度的一半。传声器的轴向最好与管道的轴线一致。如果 3 个测点分贝数的极大值与极小值之差超过表 6 的数值，就应布置 5 个传声器。空间平均值也可以通过沿着管道截面的对角线连续测量获取。

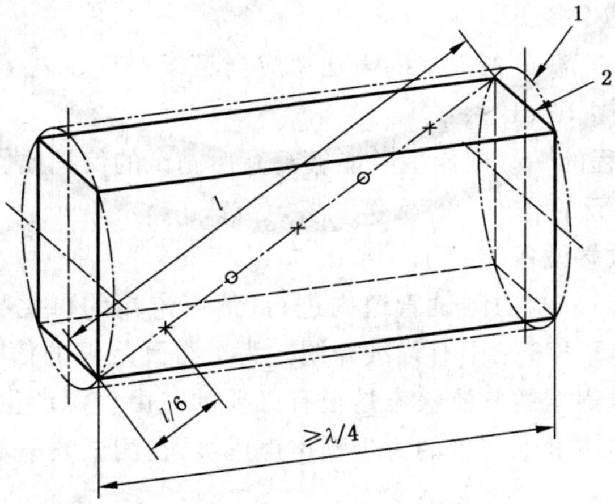

图中：

1——圆形测试管道；

2——矩形测试管道；

×——传声器布置点；

○——增加的传声器布置点。

图 8　传声器位置图

表 6　测试管道中 3 个位置布置传声器允许的声压级最大差值

频率/Hz	声压级最大差值/dB
50	10
63	10
80	8
100	8
125	7
>160	6

6.2.2　声强测量法

在无气流情况下，插入损失 D_i 可以通过声强测量法确定。声强的测量应按照 GB/T 16404.3 的规定在靠近试件或替换管开口端一个包络面上沿同样的路径分别测试。插入损失 D_i 由测试的平均声强计算得出。

6.3　传声损失

试件(风道末端单元)的传声损失 D_t，应根据符合 GB/T 6881.1—2002 规定的(见 5.3)混响室内测得的空间能量平均声压级$\overline{L_{p1}}$和$\overline{L_{p2}}$和根据用式(6)(见参考文献[22])算得的试件开口端的传声损失理论值 D_{td}来确定。首先，测量出安装替换管而没安装试件的声压级$\overline{L_{p1}}$。如有必要，也要测量混响时间 T_1。然后把试件与导入混响室的连接管相连，测量经试件衰减后的声压级$\overline{L_{p2}}$。如果试件安装在混响室内，就要测量混响室的混响时间 T_2。否则，取 $T_2=T_1$。

$$D_t = D_i + D_{td} \qquad \cdots\cdots(6)$$

式中：

$D_i=\overline{L_{p1}}-\overline{L_{p2}}+10\lg\frac{T_2}{T_1}$；

D_{td}——定义见附录 B.3。

同时要记录流量控制器的设置。

6.4　气流噪声(再生噪声)的声功率级

气流噪声(再生噪声)声功率级的测定要针对试件准备采用的气流方向和迎面风速来测定。

推荐优先采用满足 GB/T 6881.1—2002 的混响室法来测试声功率级。通过测试管道把试件和混响室连接起来。若无混响室，可采用按 GB/T 17697 介绍的管道测试法。

测量按下述 2 个步骤进行。第一步，用替换管代替试件测量背景噪声；第二步是测量试件的气流噪声声压级。在这 2 个测量步骤中，其他测试条件(如气流条件，传声器位置，管道系统的尺寸等)都要保持不变。

试件的气流噪声(再生噪声)声功率级 L_W，按式(7)计算：

$$L_W=\overline{L_p}+D_{td}+C \qquad \cdots\cdots(7)$$

式中：

$\overline{L_p}$——1/3 倍频带声压级的空间能量平均值，依据 GB/T 6881.1—2002 测定，但无背景噪声修正；

D_{td}——接入混响室的管道开口末端的传声损失；

C——辐射入混响室内的声功率级和声压级的差值，可按照 GB/T 6881.1—2002 的直接或间接方法来确定。

对于横截面的管道，传声损失 D_{td}可按式(B.3)获得。

安装试件和替换管测定的声功率级均不作背景噪声修正。

6.5 体积流量和压力损失系数

6.5.1 入口的体积流量

在试件入口端的体积流量 q_V,由式(8)计算：

$$q_V=\frac{q_m}{\rho_1} \qquad (8)$$

式中：

q_m——质量流量,单位为千克每秒(kg/s)；

ρ_1——试件上游的空气密度,单位为千克每立方米(kg/m³)。

6.5.2 平均全压损失系数

6.5.2.1 简易法

为了确定压力损失系数,应测量5个不同的空气体积流量。最低的体积流量要产生大于10 Pa的压差。

如果流量计与试件之间的空气温度和静压有明显的差异,以至于空气密度比 $\frac{\rho_1}{\rho_2}$ 小于0.98或大于1.02,体积流量应作以下修正：

$$q_V=\frac{q_m}{\rho_{1n}} \qquad (9)$$

式中：

$$\rho_{1n}=\frac{p_{s1}+p_a}{R(\theta_1+273\ ℃)} \qquad (10)$$

和

$$R=287$$

测量平面上的全压(p_{tot})等于测得的静压(p_s)和动压(p_d)的算术和,按式(11)：

$$p_t=p_s+\frac{\rho}{2}\left(\frac{q_V}{S}\right)^2 \qquad (11)$$

全压损失为：

$$\begin{aligned}\Delta p_t&=p_{t1}-p_{t2}=(p_{s1}+p_{d1})-(p_{s2}+p_{d2})\\&=\Delta p_s+\Delta p_d\\&=\Delta p_s+p_{d1}\left[1-\left(\frac{S_1}{S_2}\right)^2\right]\end{aligned} \qquad (12)$$

式中：

$$p_{d1}=\frac{\rho}{2}\left(\frac{q_V}{S_1}\right)^2 \qquad (13)$$

S_1——测试管入口处的截面积；

S_2——测试管出口处的截面积。

全压损失系数为：

$$\zeta=\frac{\Delta p_t}{p_{d1}}=\frac{\Delta p_s}{p_{d1}}+1-\left(\frac{S_1}{S_2}\right)^2 \qquad (14)$$

注：通常 $S_1=S_2$。

平均压力损失系数是所有测量结果的线性平均值。

6.5.2.2 基本方法

6.5.2.2.1 方法和要求

运用替换管法确定试件的平均压力损失系数。分2个测试步骤实施：

——安装试件测量；

——用替换管替换试件再测量一次。

每个步骤都要测量不少于 5 个均匀通过测试面的体积流量。

上游测试管道要直而且长度最少要为 $5d_e$ 和 2 m 当中的较大者，d_e 是管道的等效直径。

$d_e=\sqrt{\frac{4S}{\pi}}$，$S$ 是管道的横截面积。

要保证上游测试管的气流没有明显的涡流(见 5.4.2.1)。

靠近上游管道与试件连接处的剖面上的风速应当是均匀的，其差值不应超过测试管道横截面平均风速的±10%，距管道壁面小于 15 mm 的区域除外。在距试件为 $1.5d_e$ 的截面上沿相互垂直的 2 个方向等距布置 10 个风速测点进行风速测量，以核实截面风速在此截面的分布符合此限制。

通过测量在试件上游 $1.5d_e$ 距离处的 4 个点的平均静压来确定管道上游的静压 p_{s1}。对矩形管道，静压测点应选在各个面的中点，对圆形管道，静压测点则在圆环上均匀分布。这些静压测试接头通过一个测压环连接在一起。上游管道的静压 p_{s1} 是相对于试件或替换管下游的管道内或与之相连的混响室的气压值。

为了确定流体的密度，当把试件装上时，也要测量管道上游相对于环境大气压 p_a 的静压 $p_{s1(a)}$。

要测试试件上游距离 $2d_e$ 位置和流量计位置的大气温度；整个测试过程温度变化不要大于 3。

记录以下数据：

a) 装有试件时管道入口处相对于下游的静压 $p_{s1(\mathrm{I})}$，单位为帕(Pa)；

b) 测试管上游相对于环境大气压的静压 $p_{s1(a)}$，单位为帕(Pa)；

c) 安装替换管时管道入口处相对于下游的静压 $p_{s1(\mathrm{II})}$，单位为帕(Pa)；

d) 环境大气压 p_a，单位为帕(Pa)；

e) 试件入口处的气温 θ_1，单位为摄氏度(℃)。

每个测试，体积流量 q_V 都要遵照 ISO 5221 或 ISO 5167-1 的规定，见 6.5.1。

6.5.2.2.2 用图线法评估来确定平均全压损失系数

按比例画出以下图线：

a) 相对于 $\lg q_V$ 的 $\lg p_{s1(\mathrm{I})}$；

b) 相对于 $\lg q_V$ 的 $\lg p_{s1(\mathrm{II})}$；

c) 相对于 $\lg q_V$ 的 $\lg p_{s1(a)}$。

最佳拟合直线是依照一组 $\lg p_{s1}$ 在±5%范围内做的一条斜率为 2 的直线，见图 9(图中静压和体积流量均为常用对数刻度)。

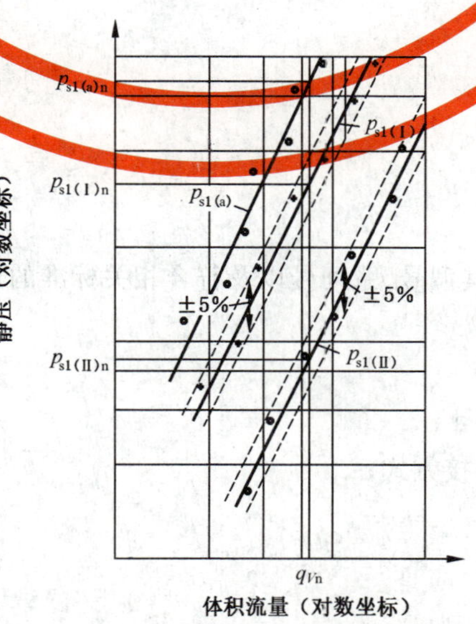

图 9 流量/压力条件(平面 1 的静压和相应的流量)

选取图 9 流量 q_{Vn} 当中的一个中间值，计算试件的总压差：

$$\Delta p_{tot,n}=\Delta p_{sn}=p_{s1(\mathrm{I})n}-p_{s1(\mathrm{II})n} \quad \cdots\cdots(15)$$

计算入口动压，p_{dn}：

$$p_{dn}=\frac{1}{2}\rho_{1n}\left(\frac{q_{Vn}}{S_1}\right)^2 \quad \cdots\cdots(16)$$

式中：

ρ_{1n}——按式(10)计算；

S_1——上游测试管道的横截面积，单位为平方米(m^2)。

测试流速的平均全压力损失系数 ζ，按式(17)计算：

$$\zeta=\frac{\Delta p_{tot,n}}{p_{dn}} \quad \cdots\cdots(17)$$

所有引用测试结果的全压损失都要根据平均全压损失系数来计算。

6.5.2.2.3 **平均全压损失系数计算方法**

按式(18)：

$$\zeta=\frac{1}{N}\sum_{i=1}^{N}\frac{p_{s1(\mathrm{I})i}}{p_{di}}-\frac{1}{M}\sum_{k=1}^{M}\frac{p_{s1(\mathrm{II})k}}{p_{dk}} \quad \cdots\cdots(18)$$

式中：

N,M——分别是试件测试的次数和用替换管测试的次数；

$$p_{di}=\frac{1}{2}\rho_{1i}\left(\frac{q_{Vi}}{S_1}\right)^2 \quad \cdots\cdots(19)$$

$$p_{dk}=\frac{1}{2}\rho_{1k}\left(\frac{q_{Vk}}{S_1}\right)^2 \quad \cdots\cdots(20)$$

式中：

$$\rho_{1i}=\frac{p_{s1(a)i}+p_a}{R(\theta_{1i}+273\ ℃)} \quad \cdots\cdots(21)$$

$$\rho_{1k}=\frac{p_{s1(a)k}+p_a}{R(\theta_{1k}+273\ ℃)} \quad \cdots\cdots(22)$$

7 记录内容

7.1 试件的描述

一般要记录以下信息：

a) 试件的类型和用途；

b) 试件的尺寸；

c) 气流方向。

7.2 使用仪器

记录所有使用的设备，包括其型号、系列号以及符合相关标准的检定日期和标准。

7.3 声源设备

一般要记录以下信息：

a) 扬声器单元的类型和尺寸；

b) 扬声器与测试管道的连接方式；

c) 模态滤波器的轴向衰减；

d) 声源设备的反射系数。

7.4 测试管，替换管和连接管

一般要记录以下信息：

a) 管道的壁厚、长度、截面尺寸、材料和结构；

b) 当替换管按 C.2.2 所述要求封堵时的极限插入损失；

c) 混响室内管道出口的位置。

7.5 变径管

一般应记录以下信息：

a) 壁厚，长度和材料；

b) 最大圆锥角；

c) 两端的开口面积。

7.6 消声末端

包括变径管和测试管道的消声末端的反射系数。

7.7 混响室

混响室的体积。

7.8 声学测试结果

根据 7.8a)到 e)的要求给出的测试结果，应该把小数修约，用表格的形式给出。也可以以横坐标 5 mm 为 1/3 倍频带宽度，纵坐标 20 mm 为 10 dB 的函数曲线给出，或纵横坐标按此比例给出。

a) 对于所有测试的流量工况，都要记录从中心频率 50 Hz～10 000 Hz(或从 100 Hz～5 000 Hz，见 3.17)的 1/3 倍频带插入损失。不允许将测试结果外推到 250 K～330 K 的温度范围之外和 0.8×10^5 Pa～1.2×10^5 Pa 的压力范围之外[1)]。如果有变径管，应当说明："由于通常变径管的影响不能忽略，因此试件的插入损失包含了变径管的插入损失"。

b) 记录整套测试装置的极限插入损失的频率特性。

c) 记录没有试件时，用于测量的所有入口体积流量对应的气流噪声声功率级。

d) 记录试件在所有入口体积流量条件下的所有测量频带的气流噪声声功率级。

e) 记录风道末端单元的 1/3 倍频带传声损失。

另外，还要记录平均全压损失系数 ζ(见 5.4.1.1 和 6.5.2)。

7.9 测试不确定度

目前还无法给出有关测试系统性能、需要的测试方法和可以到达的精确度的准确资料。比如几何尺寸与波长的比例关系、管壁的传声损失、试件的吸声性能、气流等，都是重要的参数。插入损失再现性标准偏差 σ_{Ri} 的估算见表 7，它是由 1 m 长的片式消声器的测试结果得到的。传声损失测量和声强测量的再现性标准偏差，是根据经验来估算的。

表 7 不同频带再现性标准偏差的估算值

1/3 倍频带中心频率 Hz	插入损失再现性标准偏差 σ_{Ri} dB	传声损失再现性标准偏差 σ_{Rt} dB	按 GB/T 16404.3 测得的声强级再现性标准偏差 σ_{RI} dB
50～100	1.5	3	3
125～500	1	3	1.5
630～1 250	2	3	1
1 600～10 000	3	3	1[a]
[a] 上限频率 5 000 Hz			

对于圆形截面的消声器测试，参见参考文献[18]。

1) 有关外推的内容在 GB/T 20431 给出。

除非有更具体的说明，置信度为95%的扩展的测量不确定度一般是表7给出的再现性标准偏差的2倍。

8 报告内容

测试报告应包括下述内容：

a） 测试的日期和时间；

b） 7.1到7.8的全部内容。

报告还应该说明测试结果是按本标准的要求得到的。

建议在报告中提供符合7.9的测量不确定度的内容。

附 录 A
（规范性附录）
声场激发设备的设计和符合性检定试验

A.1 概述

此处介绍几种可在试件前方激发以平面声波为主的声场的设备的设计。

A.2 用于无气流条件测量的模态滤波器

如果一段衬有吸声材料的直管，其衬里的吸声系数乘以管道的长度超过截面的等效直径，通常可满足条件。如果直管没有足够的长度，则可通过在管道内放置吸声片来减少有效等效直径（见图 A.1）。随着吸声衬里厚度的增加，衬里的低频吸声系数增加。

A.3 用于有气流条件测量的声场激发设备

试件前方的声场可用不同的设计来激发。但是，应按照 A.4 说明的方法进行检定，以确保试件前方的声场以平面波模态为主。

图 A.3 给出了由安装在声源箱体内的扬声器单元组成的声场激发设备的可能设计方案，声源箱体与试件前方的测试管道相接。

声源箱体的横截面积与测试管道的截面积之比不小于 5∶1，以确保试件入口气流均匀。

扬声器在箱体内的安装位置要保证其辐射面向测试管道的入口。扬声器膜前后的静压应保证相等。如果采用多个扬声器，所有扬声器要同相驱动。

只要满足检定的要求，用于有气流条件测量的声场激发设备，也可以用于无气流条件的测量。

A.4 符合性检定试验

为了确认模态滤波器的性能指标符合要求（见 5.2.2.3 和 A.2），需要进行纵向的衰减测试，见附录 F。有关声源设备对声学测试的进一步检定，见 5.2.2.5。

对于有气流情况下进行测量的声场激发，其符合性检定试验按下述说明进行。

符合性检定测试是基于测得的插入损失的比较。

每个测量频带都要采用如下步骤进行测试：

a） 用图 A.2 所示的声场激发方式（扬声器障板），按照 6.2 的方法（即没有气流的情况），测定试件的插入损失。

b） 按 A.3 要求的声场激发设备，按照 6.2 的方法（即有气流的情况），测定试件的插入损失。

测试步骤 a）和 b）的区别仅在于声场激发方式不同。

如果按步骤 a）测定的插入损失 $D_i \leqslant 20$ dB，那么步骤 a）和 b）测出的插入损失差值不得超过 2 dB。

如果按步骤 a）测定的插入损失 $D_i > 20$ dB，那么步骤 a）和 b）测出的插入损失差值不得超过 3 dB。

如果满足上述条件，那么按 A.3 设计的声场激发设备在相关的频带逐一进行符合性检定。

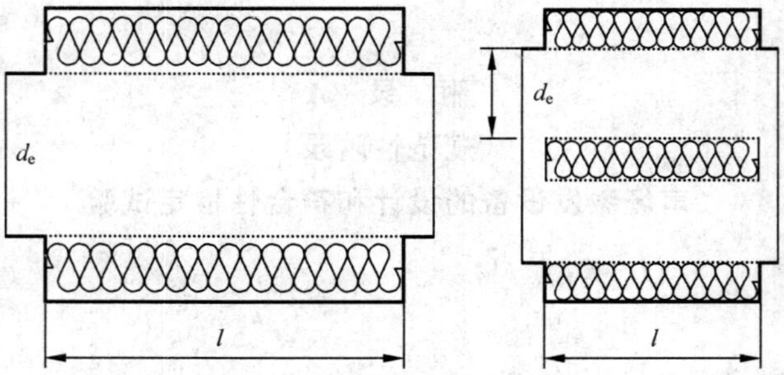

$l \cdot \alpha \geqslant d_e$　　d_e 见 6.5.2.2.1

图 A.1　模态滤波器示意图

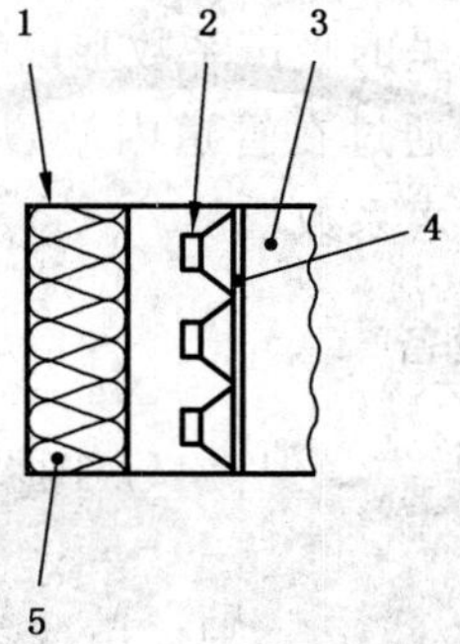

1——扬声器箱体；
2——扬声器；
3——测试管道；
4——障板；
5——吸声材料。

图 A.2　声源设备实际测试装置示意图

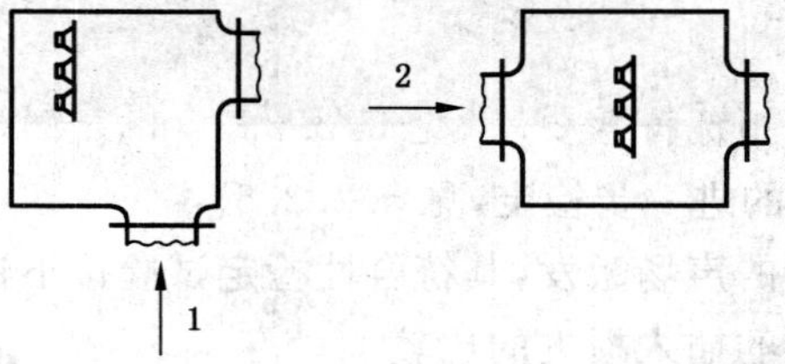

1——气流，实际测试安排；
2——气流。

图 A.3　带声源腔室的声场激发设备示意图

附 录 B
（规范性附录）
连 接 管

B.1 连接管的设计

B.1.1 对没有气流的测试，连接管呈喇叭形状或具有吸声性能都是允许的，连接管的反射系数不能超过表5给出的最大值。

B.1.2 对于气流噪声（再生噪声）的测量，连接管要保证气流噪声声功率大部分能够进入混响室。因此要求连接管的损耗接近于零，开口端的反射系数应很小，或者可根据B.3计算出来（见5.4.2.6）。

B.1.3 连接管不应产生对混响室测量造成影响的气流噪声（或再生噪声）。

B.1.4 连接管壁应有足够高的传声损失，以免透过管壁产生声能损失。

B.1.5 适合气流噪声测量的连接管是圆锥角不超过15°的喇叭状管道，其管壁从声学角度讲，是硬的和刚性的（见图B.1）。

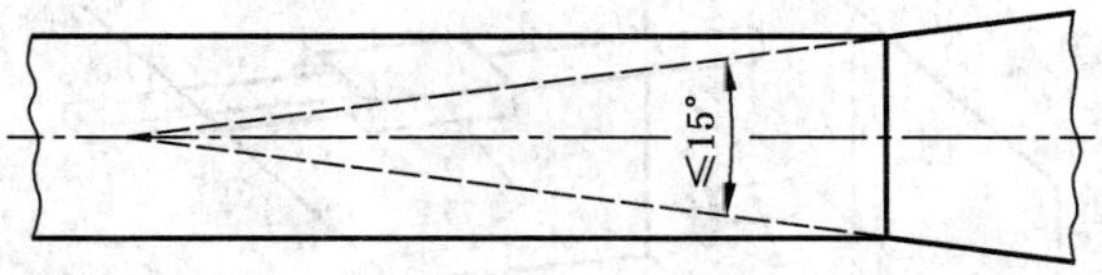

图 B.1 合适的连接管部件示意图

B.2 连接管反射系数的测量

B.2.1 连接管的反射系数 r 可由式（B.1）算出：

$$r=\frac{10^{\Delta L/20}-1}{10^{\Delta L/20}+1} \qquad \cdots\cdots\text{（B.1）}$$

驻波的极大和极小声压级之差 ΔL 是在刚性壁的管道内测量得到。

B.2.2 测量反射系数时，推荐采用50 Hz直到管内高阶模态截止频率 f_C 的1/3倍频带中心频率的纯音。

B.2.3 另外，还可采用双传声器法来测定沿测试管道轴线相距 $s<c/(4f)$ 的2个传声器信号的复传递函数 H_{12}，其中 $c=340$ m/s，f 是测量频率。那么，声压反射系数幅值由式（B.2）计算：

$$r=\frac{H_{12}e^{j2\pi fs/c}-1}{e^{j2\pi fs/c}-H_{12}} \qquad \cdots\cdots\text{（B.2）}$$

式中：

j为虚数单位（见GB/T 17697）。

B.3 管道开口端的传声损失和反射系数的计算

下列公式适用于本标准计算，对一直的刚性管道开口端的传声损失 D_{td}（单位dB）：

$$D_{td}=10\lg\left[1+\frac{\Omega}{\left(\frac{4\pi f\sqrt{S}}{c}\right)^2}\right] \qquad \cdots\cdots\text{（B.3）}$$

式中：

S——管道的横截面积；

Ω——管道末端声辐射的立体角（见表B.1）；

f——频率；

c——空气中的声速。

因此，反射系数 r 可由式(B.4)计算：

$$r=\left[\frac{1}{\Omega}\left(\frac{4\pi f\sqrt{S}}{c}\right)^2+1\right]^{-1/2} \qquad \text{(B.4)}$$

表 B.1　图 B.2 所示结构的 Ω 值

结构	Ω
A	2π
B	π
C	4π
D	2π
E	4π

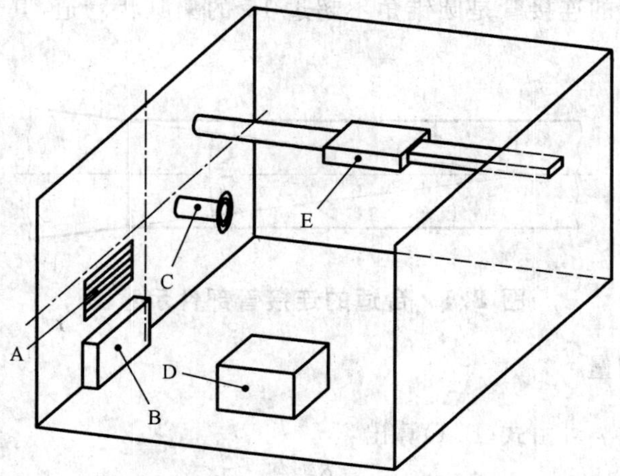

图 B.2　风道末端单元在测试室的安装位置(见表 B.1)

附 录 C
(规范性附录)
管壁及其极限插入损失

C.1 侧向传声

C.1.1 概述

整套测试装置的极限插入损失取决于以下现象引发的侧向传声(见图 C.1):

a) 结构传声旁支路径(见 C.1.2);

b) 空气传声旁支路径(Ⅰ),通过管壁和测试室的空气传播(见 C.1.3);

c) 空气传声旁支路径(Ⅱ),通过管道开口的空气传播(见 C.1.4)。

C.1.2 结构传声的旁路

一般来说,结构传声旁支路径是最严重的。沿着管壁的侧向传声可通过以下方法降低:

——使用高内损耗的管壁材料,如夹心结构,或

——将管道分段,段间以弹性层进行连接。

C.1.3 空气传声旁支路径(Ⅰ)

通过管壁和测试室的空气传声旁支路径(Ⅰ),可以通过使用传声损失至少为 30 dB 的厚管壁和(或)双层结构作管壁来避免。漏声的缝隙要通过有效的密封来解决,哪怕是非常细小的孔洞。

C.1.4 空气传声旁支路径(Ⅱ)

通过管道开口的空气传声旁支路径(Ⅱ),可以通过以下方法降低:

——把管道的开口放在不同的房间,和/或

——在管道的开口安装消声器或高吸声性能的消声末端。

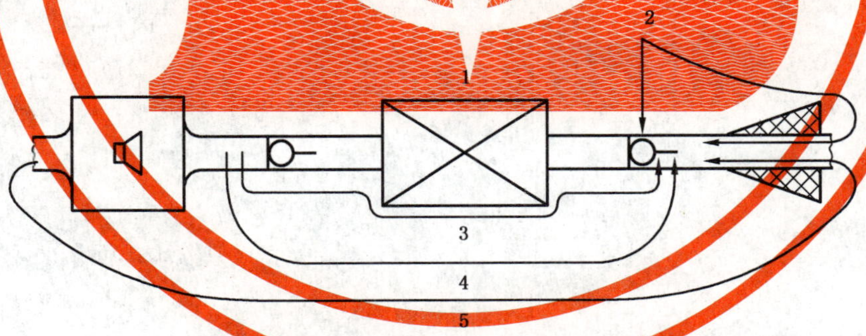

1——试件;

2——环境噪声;

3——结构传声旁支路径;

4——空气传声旁支路径(Ⅰ);

5——空气传声旁支路径(Ⅱ)。

图 C.1 管道法测试装置的传声旁支路径示意图

C.2 测定极限插入损失的方法

C.2.1 下面的 C.2.2 和 C.2.3 给出了 2 种可供选择的测定极限插入损失的方法(见图 C.2)。

C.2.2 在安装试件的位置,用高隔声量的壁板将测试管道堵住,例如,一道将管道密封的双层混凝土墙板。封堵壁板朝向声源的一面,贴上吸声性能良好的吸声层。

注:若无此吸声层,将会出现驻波,使得测出的极限插入损失不准确。

极限插入损失的测量与对应的试件插入损失的测定方法是一样的(见 6.1)。

C.2.3　试件安装就位,测试管道用硬纸板或石膏板堵塞,以达到气密。

按照 6.2 用同样的方法单独对安装了试件的情况来测量装置的插入损失。

如果硬纸板或石膏板使得插入损失增加了至少 10 dB,那么试件的插入损失测量不受侧向传声的影响。

注:这种情况下,测试装置的极限插入损失可能高于加隔板后测量的插入损失。不断增加隔板,直至测得的插入损失不再增加时,就是极限插入损失。

如果增加隔板后测得的插入损失增加不到 10 dB,那么加入更多隔板直至测量的插入损失不再增加,也就是直至达到测试装置的极限插入损失。

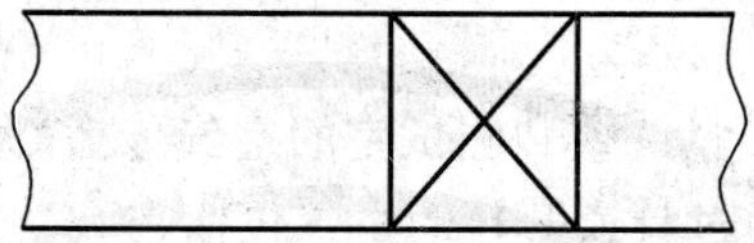

a) 试件

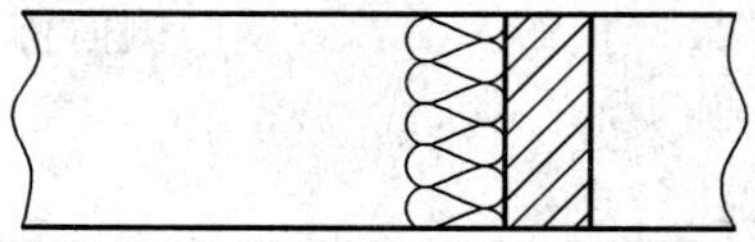

b) 见 C.2.2

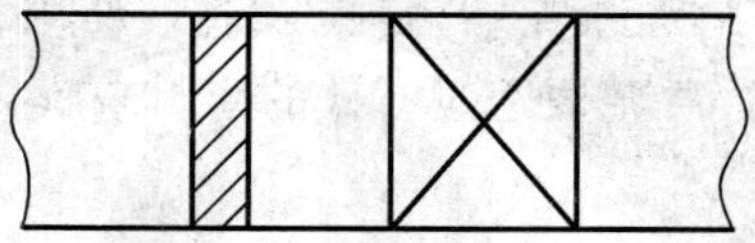

c) 见 C.2.3

图 C.2　极限插入损失测定方案

附 录 D
（规范性附录）
1/3 倍频带衰减值到倍频带衰减值的转换

按本标准测量的是 1/3 倍频带的衰减值。倍频带的衰减值要用式(D.1)来计算：

$$D_{1/1}=-10\lg\left(\frac{1}{3}\sum_{k=1}^{3}10^{-0.1D_{1/3,k}}\right) \quad \cdots\cdots\cdots\cdots(\mathrm{D}.1)$$

式中：

$D_{1/1}$——倍频带衰减值,单位为分贝(dB)；

$D_{1/3,1}$到$D_{1/3,3}$——相应的倍频带的 3 个 1/3 倍频带衰减值,单位为分贝(dB)。

倍频带衰减值对宽频噪声和宽频消声器已经足够。对于有调噪声和窄带性能的共振式消声器,建议给出 1/3 倍频带的衰减值。

注：倍频带衰减值数据主要取决于声音频谱(见：GB/T 20431,附录 B)。

附 录 E
（规范性附录）
大型并排吸声体式消声器的测量

并排吸声片式消声器可能尺寸很大，而且差别很大，无法根据本标准进行整机测试。在这种情况下，可用一个较小宽度和高度的消声器模型进行测试。模型的吸声片装入替换管中。替换管的高度可以适当大于被测吸声片的厚度。

注 1：通常测试吸声片的标准高度为 500 mm 和 600 mm。

消声器模型要与被测型号的消声器的技术条件相同（吸声片类型，长度和宽度，通道宽度；见注 2）。即它应当是被测消声器的一个切块。符合要求的切块示例见图 E.1。

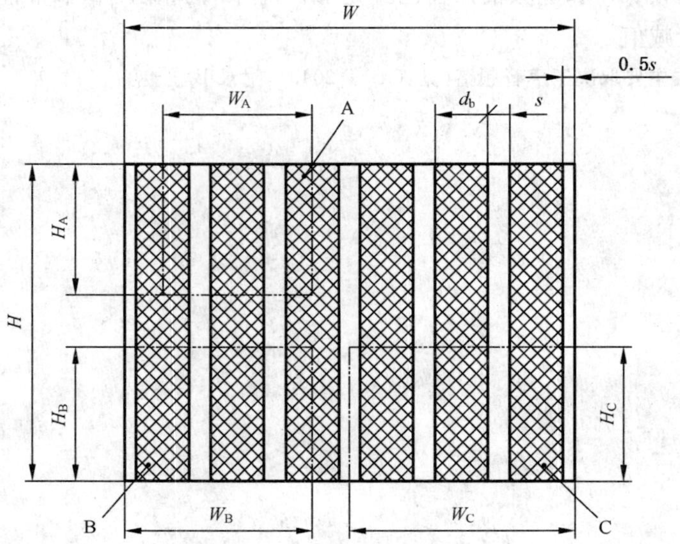

图 E.1 以一个实际应用的消声器为例，示意了 3 种可行的切块示例

切块至少要满足下列要求：

——吸声片的类型（对称的或非对称的）；

——片长；

——通风通道的宽度（完整通道和半通道，见注 2）。

要与实际应用的消声器一致。

吸声片要与测试管道的顶和底紧密连接完全紧固。

注 2：一般来说，消声器边上的通风通道（或吸声片）的宽度是里面通风通道（或吸声片）的一半，管壁看作几何反射面。

注 3：通常在吸声片顶部和管道顶壁之间采用弹性材料填充（以便拆卸）。

消声器测试模型可以包含以下部件。

a) 对包含对称吸声片的消声器：

——两个全宽度通道之间的全厚度吸声片（如下面示例的 A、B 和 C 切块）；

——靠管壁一边为半宽度风道，而另一边是全宽度风道的全厚度吸声片（如下面示例的 B 和 C 切块）；

——紧固在测试管道壁上的半宽厚度吸声片（如：下面示例的 B 切块）。

由于气动性能的原因，优先选择全厚度的吸声片。

注 4：在所示的示例中，只有 C 才适合非对称吸声片消声器。

b) 对包含非对称吸声片的消声器，切块不可以用半厚度吸声片。

大尺寸消声器采用模型测量插入损失，根据上述，其高度和宽度与实际应用的消声器不同。但是其他技术条件要与实际应用的消声器一致。

实际应用的消声器的气流噪声的声功率级可根据模型的测量值按式(E.1)计算：

$$L_{W,\mathrm{flow,sil}} = L_{W,\mathrm{flow,test}} + 10\lg(S_{\mathrm{sil}}/S_{\mathrm{test}}) \quad \cdots\cdots(\mathrm{E}.1)$$

式中：

$L_{W,\mathrm{flow,sil}}$——实际应用的消声器气流噪声声功率级的计算值，单位为分贝(dB)；

$L_{W,\mathrm{flow,test}}$——消声器模型气流噪声声功率级的测量值，单位为分贝(dB)；

S_{sil}——实际应用的消声器的截面积，单位为平方米(m^2)；

S_{test}——消声器测试模型的截面积，单位为平方米(m^2)。

实际应用的消声器阻力系数与测试模型的阻力系数相同，不需要修正。

举例：

一个带有相同吸声体的消声器的切块如下：

宽度 w：1 700 mm

高度 H：1 200 mm

片厚 t_b：200 mm

片间距 s：83 mm

图 E.1 例子中，切块的尺寸是：

A：567 mm×500 mm

B：708 mm×500 mm

C：850 mm×500 mm

$H_A = H_B = H_C = 500$ mm

$w_A = 567$ mm

$w_B = 708$ mm

$w_C = 850$ mm

附　录　F
（规范性附录）
纵向衰减的测试

恒定截面并且沿着纵向保持不变的管道的纵向衰减是用一个沿着管道轴向移动的传声器来测定的。在管道截面中心沿着管道长度方向的单位长度声压级减少值就是传播损失 D_a。测试频带的基本模态的纵向衰减由 $D_a l_m$ 确定，l_m 是吸声衬里的长度。

附 录 G
（资料性附录）
消声末端

G.1 消声末端的设计和制造指南

G.1.1 消声末端的主要特性就是管道截面充分地渐变以使得反射回到管道内从而影响声级测量的声波得到抑制和衰减。5.2.4.3 规定了利用最大允许声压反射系数来评估反射影响的判据。G.2 描述了确定一个给定的末端是否满足 5.2.4.3 要求的方法。

G.1.2 GB/T 17697 和参考文献[14]、[23]、[18]和[21]介绍了许多可以满足 5.2.4.3 要求的不同设计方案。

G.1.3 GB/T 17697 详细介绍了各种已经成功应用的设计方案。这些设计方案中管道截面积的渐变近似于指数或悬链线的号筒。悬链线号筒的性能比指数号筒要稍好。大多数成功的消声末端，在号筒部分都填有吸声材料，以便衰减号筒下游的设备噪声。这些号筒的性能和可供选择的各种设计的效果的细节，请见参考文献[23]和[18]。

不必追求精确的指数或悬链线的剖面，只要用指数或锥形截面来近似这些剖面并采用图 G.1 所示的逐节消声末端就行了。

G.1.4 由于消声末端的入口和管道的出口是平滑过渡的，因此内径要与接口相同，如图 G.1 所示。一些消声末端的尺寸要根据测试管道的内径 d 来确定。

然而，直径的缩放只能限定在一定的范围内进行，这是因为要考虑波长与尺寸的比例。

消声末端的外壳可用任何材料来制作，只要材料的强度足够，能保持尺寸特性即可。

图 G.1 所示的消声末端中，号筒中央的气动通道用穿孔率为 35%的金属穿孔板给定。在金属穿孔板和号筒壁之间的圆柱截面空间填充多孔吸声材料（例如，密度约为 32 kg/m^3 的聚氨脂发泡海绵）。

G.2 性能评价

G.2.1 本节介绍的是一个测定声压反射系数的例子。声压反射系数 r 是跟据每个频带中心频率的入射和反射平面波在管道内形成的驻波的声压级的极大值和极小值之差 ΔL，按式(B.1)计算而得到。

G.2.2 建议反射系数的测量范围从 50 Hz 到第一个横向高阶模态截止频率 f_C，f_C 由式(4)和式(5)给出。

注：只有当频率小于 f_C 时才能保证管道中是平面波。

G.2.3 G.2.3.1 到 G.2.3.7 介绍了评价消声末端性能的方法。

G.2.3.1 把测试管道与消声末端连接好了以后，将一个高质量的扬声器安装在对准测试管道入口的障板上。

G.2.3.2 做好沿测试管道长度方向中心线全程移动传声器的准备工作。

G.2.3.3 用音频振荡器让扬声器发出 1/3 倍频带中心频率的纯音信号，若有必要，可使用功率放大器。

G.2.3.4 通过窄带或 1/3 倍频带分析仪对传声器的信号进行滤波，并用声级记录仪记录滤波后的信号。如果没有声级记录仪，可以手工记录声压级的最大值和最小值。

G.2.3.5 沿着测试管道的轴移动传声器，并测定声级记录仪输出的最大声压级和最小声压级的差值。

G.2.3.6 把最大声压级和最小声压级的差值 ΔL 代入式(B.1)中，并将得到的反射系数 r 与 5.2.4.3 给出的值进行对比。

G.2.3.7 对从 50 Hz 到 f_C 的 1/3 倍频带中心频率，重复 G.2.3.3 到 G.2.3.5 的步骤。

G.2.3.8 如果消声末端安装了流量控制装置，那么通过流量调节阀调节，重复 G.2.3.7 步骤，提供最大流量和最小流量。

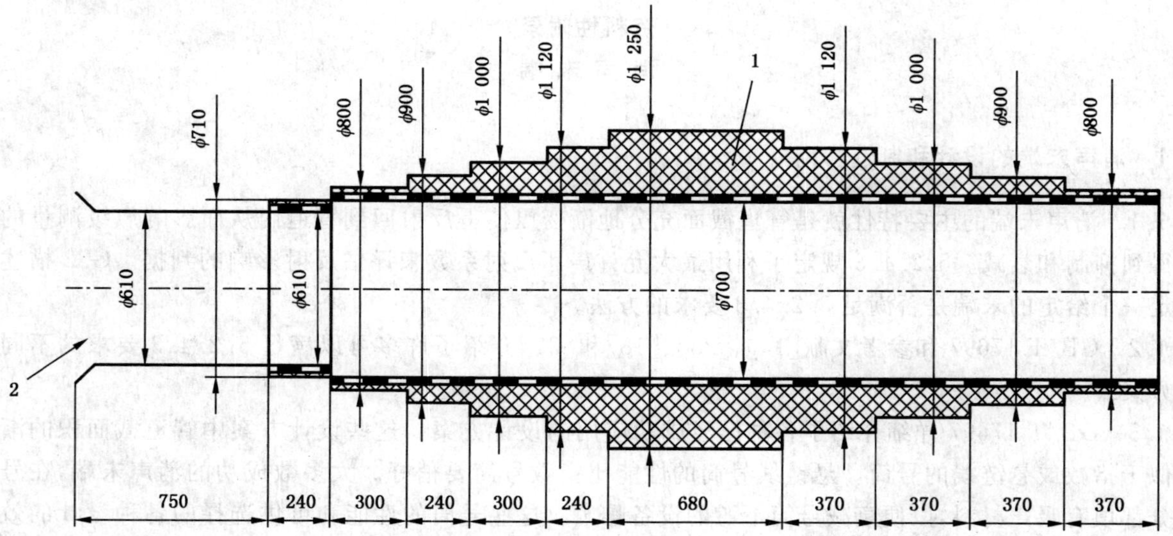

1——多孔吸声材料；
2——流量测试装置。

图 G.1 消声末端的示例(尺寸单位：mm)

附 录 H
（资料性附录）
测试装置示例图

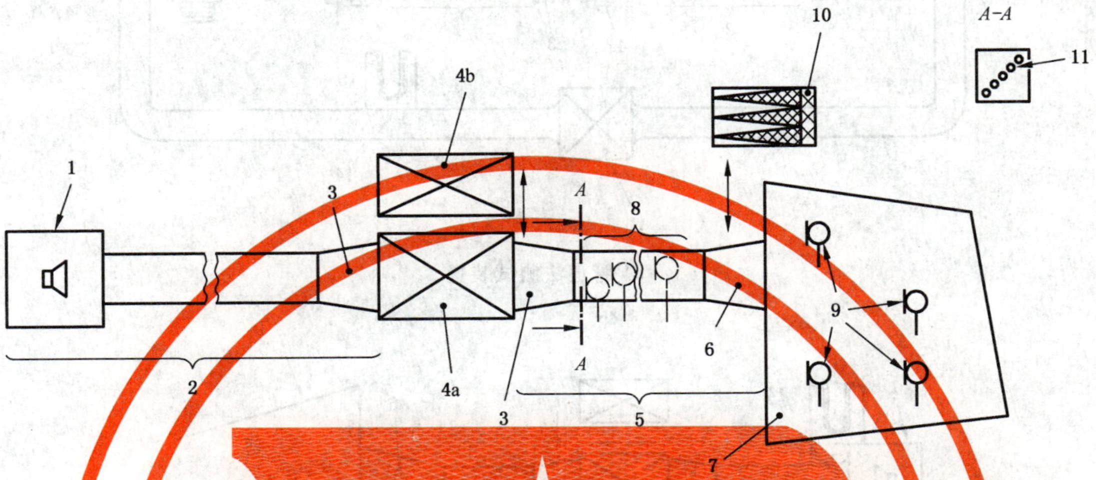

图中：

1——扬声器单元；

2——试件前方的测试管道；

3——变径管；

4a——试件；

4b——替换管；

5——试件后方的测试管道；

6——连接管部件(与 7 一起,可与 10 互换)；

7——混响室(与 6 一起,可与 10 互换)；

8——试件后的传声器位置(可与 9 互换)；

9——混响室中的传声器位置(可与 8 互换)；

10——消声末端(可与 6 和 7 互换)；

11——传声器位置。

图 H.1 无气流条件下插入损失测试的测试装置图

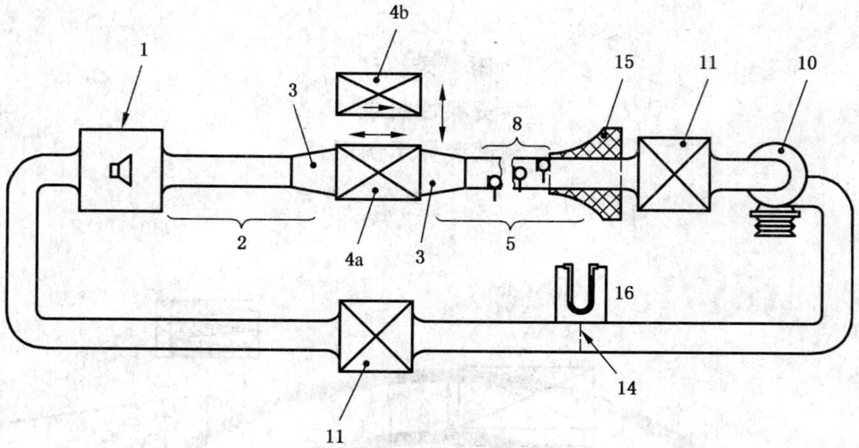

a）管道法测试装置

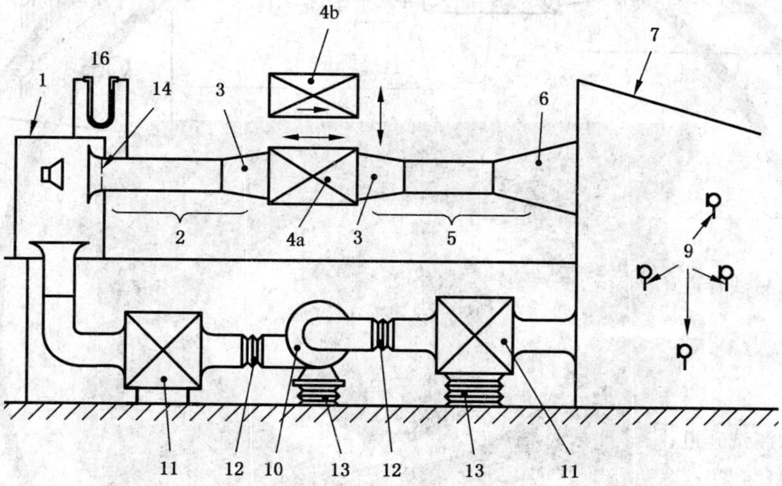

b）混响室法测试装置

图中：

1——在声源箱里的扬声器单元；

2——试件前方的测试管道；

3——变径管；

4a——试件；

4b——替换管；

5——试件后方的测试管道；

6——连接管部件，同样也用作气流扩散；

7——混响室；

8——带防风罩的传声器(可与9互换)；

9——混响室中传声器位置(可与8互换)；

10——风机(根据声传播方向，可提供正向或反向气流)；

11——风机消声器；

12——柔性管；

13——隔振器；

14——流量测试喷嘴(孔板式或文丘里管式)；

15——消声末端；

16——静压测量。

图 H.2 有气流条件下插入损失测量的测试装

参 考 文 献

[1] ISO 3966,Measurement of fluid flow in closed conduits—Velocity area method using Pitot static tubes

[2] GB/T 21229—2007 声学 风道末端装置、末端单元、风道闸门和阀噪声声功率级的混响室测定

[3] GB/T 17697—1999 声学 风机辐射入管道的声功率测定管道法

[4] GB/T 6379.1—2004 测量方法与结果的准确度(正确度与精密度) 第1部分:总则与定义

[5] GB/T 6379.2—2004 测量方法与结果的准确度(正确度与精密度) 第2部分:确定标准测量方法重复性与再现性的基本方法

[6] ISO 5725-3,Accuracy (trueness and precision) of measurement methods and results—Part 3:Intermediate measures of the precision of a standard measurement method

[7] GB/T 6379.4—2006 测量方法与结果的准确度(正确度与精密度) 第4部分:确定标准测量方法正确度的基本方法

[8] GB/T 6379.5—2006 测量方法与结果的准确度(正确度与精密度) 第5部分:确定标准测量方法精密度的可替代方法

[9] GB/T 16306—1996 产品质量监督复查程序及抽样方案

[10] GB/T 17248.1—2000 声学 机器和设备发射的噪声测定工作位置和其他指定位置发射声压级的基础标准使用导则

[11] GB/T 19512—2004 声学 消声器现场测量

[12] GB/T 20431—2006 声学 消声器噪声控制指南

[13] EN 12238,Ventilation for buildings—Air terminal devices—Aerodynamic testing and rating for mixed flow application

[14] EN 12239,Ventilation for buildings—Air terminal devices—Aerodynamic testing and rating for displacement flow applications

[15] EN 12589,Ventilation for buildings—Air terminal units—Aerodynamic testing and rating of constant and variable rate terminal units

[16] BS 4718,Methods of test for silencers for air distribution systems

[17] ASTM E 477-73,Standard method of testing—Duct liner materials and prefabricated silencers for acoustical and airflow performance

[18] BOLTON,A. N. and MARGETTS,E. J. Anechoic terminations for in-duct fan noise measurements. International Conference on Fan Design and Applications,Guildford,England,Sept. 7-9,1982,pp. 311-325

[19] IDELCHIK,I. E. Handbook of hydraulic resistance. 3rd edition,1994,Begell House(ISBN 0-8493-99908-4)

[20] NEISE,W.,HOPPE,G. and HERRMANN,I. W. Ger. uschmessungen an Ventilatoren. Heizung,Lüftung,Haustechnik,38,1987,pp. 343-351

[21] Nordtest,NT ACOU 095:96,Ducted silencers:Transmission loss,transfer function

[22] Nordtest,NT ACOU 105:2000-04,Air terminal devices—Acoustic transmission loss

[23] SHENODA,F. B. Reflexionsarme Abschlüsse für durchstr. mte Kan. le. Akustik und Schwingungstechnik,VDE-Verlag GmbH,Berlin,1972,p. 269

[24] UTSUMI,M. An efficient method for sound transmission in non-uniform circular ducts. J. Sound Vib.,227(4),1999,pp. 735-748